Die chemische Betriebskontrolle in der Zellstoff- und Papier-Industrie

und anderen Zellstoff verarbeitenden Industrien

von

Dr. phil. Carl G. Schwalbe und **Dr.-Ing. Rudolf Sieber**

Professor an der forstl. Hochschule
und Vorstand der Versuchsstation für Holz-
und Zellstoff-Chemie in Eberswalde

Chefchemiker des Kramfors-Konzernes,
Sulfit- und Sulfatzellstoff-Werke,
Kramfors, Schweden

Zweite
umgearbeitete und vermehrte Auflage

Mit 34 Textabbildungen

Springer-Verlag Berlin Heidelberg GmbH
1922

© Springer-Verlag Berlin Heidelberg 1922
Ursprünglich erschienen bei Julius Springer in Berlin 1922
Softcover reprint of the hardcover 2nd edition 1922

ISBN 978-3-662-37307-1   ISBN 978-3-662-38044-4 (eBook)
DOI 10.1007/978-3-662-38044-4

Vorwort zur ersten Auflage.

Eine Sammlung chemischer Untersuchungsmethoden der mächtig aufgeblühten Zellstoff herstellenden oder verarbeitenden Industrien in deutscher Sprache besteht noch nicht. Es wurde deshalb als nützlich erachtet, eine solche Zusammenstellung zu geben. Eine derartige Zusammenfassung sollte nicht nur die als brauchbar erprobten Methoden enthalten, es erschien auch erforderlich, den neueren Bestrebungen zur Verbesserung altbekannter Methoden Beachtung zu schenken und — natürlich nach kritischer Sichtung — in Kürze auch die Methoden wiederzugeben, die vorerst nur als beachtenswerte Vorschläge zu buchen sind.

Zur kritischen Sichtung und praktischen Erprobung des in der Fachliteratur, insbesondere in Fachzeitschriften, weit zerstreuten Materials haben sich die Verfasser zu gemeinsamer Arbeit vereinigt. Der eine der unterzeichneten Verfasser, Dr. Schwalbe, hatte vor Jahren als Vorsteher der Abteilung für Zellulose- und Papierchemie an der Technischen Hochschule in Darmstadt, darauffolgend als derzeitiger Leiter der Versuchsstation für Zellstoff- und Holz-Chemie in Eberswalde, endlich auch als Verfasser der von ihm im Rahmen des „Vereins der Zellstoff- und Papier-Chemiker" seit 10 Jahren herausgegebenen Literatursammlung: „Auszüge aus der Literatur der Zellstoff- und Papier-Fabrikation" reichlich Gelegenheit zur Sammlung analytischen Materials. Der zweite unterzeichnete Verfasser, Dr. Sieber, ist durch langjährige Tätigkeit als Direktor von Papier- und Zellstoff-Fabriken in der Lage gewesen, im praktischen Betriebe die Brauchbarkeit zahlreicher Methoden nachzuprüfen.

Die vorliegende Zusammenstellung scheint in der gegenwärtigen Zeit besonders nützlich, da in verschiedenen Ländern eifrig an der Ausgestaltung der chemischen Betriebskontrolle in der Zellstoff-Industrie gearbeitet wird. In Deutschland ist der „Verein der Zellstoff- und Papier-Chemiker" einer von dem unterzeichneten Verfasser, Schwalbe, gegebenen Anregung verständnisvoll gefolgt und hat ständige „Analysen-Kommissionen" eingesetzt. Für die Arbeiten dieser Kommissionen wird die hiermit der Öffentlichkeit übergebene Zusammenstellung hoffentlich eine sich als brauchbar erweisende Grundlage abgeben.

Bezüglich des Umfanges dieser Methodensammlung sei bemerkt, daß in erster Linie die Bedürfnisse der Zellstoff- und Papierfabriken berücksichtigt wurden. Da aber noch zahlreiche andere Industrien Zellstoff in steigendem Maße verarbeiten, wie z. B. die Sprengstoff-, Zelluloid-, Kunstseide-Industrien u. a. m., schien auch die Aufnahme derjenigen Sondermethoden zweckmäßig, die im Arbeitsbereich der Zellstoff verarbeitenden Industrien, den Zellstoff selbst betreffen. Die Abgrenzung wurde in der Weise gezogen, daß alle Untersuchungsmethoden ausgeschaltet wurden, die sich nicht auf das Ausgangsmaterial Zellstoff, sondern auf die Fertigerzeugnisse der jeweiligen Industrie beziehen.

Auch bezüglich des so umgrenzten Gebietes macht vorliegende Sammlung analytischer Methoden durchaus nicht den Anspruch der Vollständigkeit, sondern sie ist als ein erster Versuch auf diesem Gebiete gedacht. Bei der Fülle des Materials ist es sehr wohl möglich, daß die eine oder andere wichtige Bestimmungsmethode einfach übersehen wurde. Es werden außerdem in manchen Fabriken Sondermethoden benutzt, die der Öffentlichkeit nicht oder nur wenig bekannt geworden sind. Sollte die Sammlung sich brauchbar erweisen, so erhoffen die Verfasser die Zusendung von kritischen Bemerkungen und Ergänzungen seitens der Fachgenossen.

Nicht unerwähnt darf in diesem Vorwort bleiben, daß absichtlich die physikalischen Methoden der Zellstoff- und Papierprüfung, wie z. B. die Bestimmung der Reißlänge usw., unberücksichtigt geblieben sind. Für die Bestimmung derartiger Konstanten existieren vorzügliche Sonderschriften, hinsichtlich derer nur an das im gleichen Verlage erschienene bekannte Herzbergsche Werk über Papierprüfung erinnert zu werden braucht. Als ein ergänzendes Seitenstück zu diesem Werke ist die vorliegende Schrift gedacht.

Beim Lesen der Korrekturen hat uns Herr Dr. Ernst Becker, Assistent an der Versuchsstation für Zellstoff- und Holz-Chemie in Eberswalde, eifrigst unterstützt, wofür wir ihm auch an dieser Stelle bestens danken.

Dr. phil. **Carl G. Schwalbe.**

Dr.-Ing. **Rudolf Sieber.**

Vorwort zur zweiten Auflage.

Die Ende 1919 erschienene erste Auflage dieses Buches war im
Winter 1920/21 vergriffen. Wir dürfen aus dem schnellen Verbrauch
der Exemplare wohl den Schluß ziehen, daß unser kleines Werk
tatsächlich einem bestehenden Bedürfnis abgeholfen hat und von
den Fachgenossen freundlich aufgenommen worden ist. Auch die
Kritik unseres Buches war eine sehr wohlwollende, und es sind uns
nur geringfügige Ausstellungen am Text bekannt geworden. Wir
haben aber aus diesem Umstand durchaus nicht den Schluß gezogen,
daß keine weiteren Verbesserungen erforderlich seien; wir haben uns
vielmehr bemüht, das Werk für die 2. Auflage sorgfältig durch-
zuarbeiten, Änderungen in der Disposition, Richtigstellungen und
Ergänzungen im Text vorzunehmen.

Wie wir beim Erscheinen der 1. Auflage ausführten, haben wir
es für richtig gehalten, nicht nur erprobte Methoden der Betriebskontrolle zu bringen, sondern auch neue Vorschläge zu ihrer Verbesserung. Es ist bei dem gegenwärtigen, teilweise noch recht
problematischen und primitiven Zustande der Methodik kaum möglich, in vielen Fällen mit Bestimmtheit zu behaupten, eine gewisse
Methode sei die beste. Der in Frage kommende Methodenschatz ist
noch lange nicht so gut durchgearbeitet wie etwa derjenige der anorganischen Großindustrie. Auf einigermaßen vollständige Wiedergabe
der Methoden haben wir absichtlich bei dem ersten Kapitel des
Buches, dem Kesselhausbetrieb, verzichtet. Die Kontrollmethoden
für den Kesselhausbetrieb, also die Untersuchungsmethoden für
Wasser, Kohle, Schmiermittel sind in vielen Werken eingehend und
erschöpfend dargestellt. Es lag nicht in unserer Absicht, mit diesen
Sonderwerken in Wettbewerb zu treten. Wir wollten hier nur das
Notwendige geben und so unsererseits dazu beitragen, daß der
Kontrolle des Kesselhausbetriebes, in jeder Fabrik, die überhaupt
eine Dampferzeugungsstätte besitzt, die erforderliche Beachtung ge-
schenkt wird.

So hoffen wir, daß die zweite durchgesehene und vermehrte
Auflage unseres Buches sich in Wahrheit als eine verbesserte erweisen
wird. Wir bitten aber wiederum erneut alle Fachgenossen, uns auf

Unrichtigkeiten aufmerksam zu machen und mit Verbesserungsvorschlägen an uns heranzutreten.

Als ein Mangel der 1. Auflage ist es vielfach empfunden worden, daß das Werkchen zwar ein ausführliches Inhaltsverzeichnis, nicht aber ein Stichwortverzeichnis und ein Autorenregister besaß. Wir haben in der 2. Auflage diesem Mangel durch Beigabe der erforderlichen Verzeichnisse abgeholfen. Neu aufgenommen ist ferner ein von Herrn Dr. Sieber verfaßter Abschnitt über Betriebskontrolle in der Sulfitspritfabrik.

Der Verlag war bei der 2. Auflage imstande, dem Buche eine gute Ausstattung bezüglich Papier und Einband zu geben; so dürfte es auch starker Beanspruchung beim Gebrauche im Laboratorium gewachsen sein.

Beim Lesen der Korrekturen wurden wir von Herrn Dr. Hermann Wenzl, Assistent an der Versuchsstation für Holz- und Zellstoff-Chemie, und Fräulein Dr. Käte Koch eifrig unterstützt, wofür wir auch an dieser Stelle Dank sagen wollen.

Carl G. Schwalbe-Eberswalde.
Rudolf Sieber-Kramfors.

Inhaltsverzeichnis.

I. Der Kesselhausbetrieb.

Seite

Die Untersuchung des Kesselspeisewassers und des Fabrikationswassers.

Die Bestimmung der Härte des Wassers 3
Verfahren nach Clark 3. — Methode nach Pfeiffer-Wartha-Lunge 5. — Bestimmung der Gesamthärte nach Blacher 7.

Kalkbestimmung 9
Bestimmung der Magnesiumsalze 10
Bestimmung von Chlor 16
Bestimmung von Eisen 17
Bestimmung der freien Kohlensäure 18
Bestimmung des Sauerstoffgehaltes 18
Bestimmung der organischen Substanzen (Humus), Oxydierbarkeit . 19

Untersuchung des Fabrikationswassers auf Klarheit und Farbe 20

Bestimmung der zur Reinigung des Wassers erforderlichen Chemikalien: Kalkwasser und Soda 21

Berechnung der Zusätze an Kalk und Natriumhydroxyd 23

Wasserreinigung 25

Rohstoffe zur Wasserreinigung 26
Gebrannter Kalk 26. — Soda 28. — Kaustische Soda oder Ätznatron 29.

Die Prüfung des gereinigten Kesselspeisewassers 30

Ölgehalt von Kondenswasser 32
Weitere beachtenswerte Literatur 32

Untersuchung der Kohle 33
A. Probenahme 33
B. Chemische Untersuchung 34
Feuchtigkeitsbestimmung 34. — Aschenbestimmung 34. — Schwefelbestimmung 38. — Koksbestimmung 39. — Heizwertbestimmung 40.

Kontrolle der Feuerung 40
Allgemeines 40
Analyse der Rauchgase 43
Bereitung der Absorptionsflüssigkeiten 44
Temperatur- und Zugmessung 44
Berechnung der Luftmenge und des Schornsteinverlustes . . . 44
Auswertung der Rauchgas-Analysen 45
Ermittlung der Wärmebilanz einer Kesselhausanlage 46
Weitere beachtenswerte Literatur 48

Seite

Untersuchung der Mineral-Schmieröle 50
    Allgemeines 50
    Bestimmung des spezifischen Gewichtes 51
    Bestimmung der Zähflüssigkeit (Viskosität) 51
    Prüfung der Öle 53
    Prüfung der Viskosität kleiner Ölproben 54
    Bestimmung des Flammpunktes 55
    Säuregehalt und freies Alkali 56
    Nachweis von Wasser 57
    Gehalt an Asche 57
    Nachweis von Harzölen 57
    Nachweis von fetten Ölen 58
    Nachweis von Steinkohlenteerölen 58
    Nachweis von Asphalt 58
    Nachweis von Seife 59
    Nachweis von Zeresin 59
    Untersuchung aus dem Betrieb wiedergewonnener Öle 59
    Untersuchung von konsistenten Schmierfetten 59
Putzwolleuntersuchung 60
Untersuchung von Transformatorenölen 62
    Weitere beachtenswerte Literatur 62

II. Die Untersuchung der pflanzlichen Rohmaterialien: Holz, Stroh usw.

Allgemeines 64
Vorbereitung der Rohfaserstoffe zur Analyse und die Zerkleinerung . . . 65
Bestimmung des spezifischen Gewichtes 66
Bestimmung des Wassergehaltes 67
Bestimmung des Aschengehaltes 73
    Bestimmung des Chlors 74. — Bestimmung des Schwefels 74. —
    Bestimmung des Kieselsäuregehaltes 75.
Bestimmung des Harz-, Fett- und Wachsgehaltes 75
Furfurol-(Pentosan-)Bestimmung 80
Bestimmung von Methylfurfurol (Methylpentosan) 83
Bestimmung von Mannan und Galaktan nach Schorger 84
Bestimmung von Pektin durch Methylalkoholabspaltung 86
Bestimmung des Zellulosegehaltes 88
    Bestimmung der Zellulose nach Cross und Bevan 89 — nach
    König 96. — Rohfaserbestimmung nach Henneberg und Stoh-
    mann 98.
Bestimmung von Lignin 99
Direkte Methoden der Ligninbestimmung 100
    nach König mit 72%iger Schwefelsäure 100 — nach König und
    Rump mit Salzsäure 101 — nach Krull mit Salzsäure 102.
Indirekte Methoden der Ligninbestimmung 102
    Bestimmung der Methylzahl 103. — Ligninbestimmung nach v. Fellen-
    berg 104. — Saure Hydrolyse nach Schorger 106. — Bestimmung
    der Chlorzahl nach Waentig und Kerenyi 107. — Ligninbestim-
    mung nach Hempel-Seidel-Richter mit Salpetersäure 108. —
    Bestimmung der Verholzung nach Cross, Bevan und Briggs 109.
Weitere beachtenswerte Literatur 109

Seite

III. Die chemische Analyse in der Natron-(Sulfat-)Zellstoff-fabrikation.

A. Untersuchung der chemischen Hilfsstoffe 112
    Ätzkalk 112
    Sulfat 113
    Bisulfat 113
B. Untersuchung der Frischlaugen und kaustifizierten Laugen 114
    Bestimmung der Alkalinität (Gesamtalkali) 119
    Bestimmung der „wirksamen" Alkalien 119
    Bestimmung von Sulfid und Sulfit 119
    Bestimmung von Sulfit 119
C. Kontrolle der Kochung und Untersuchung der Schwarz- oder
   Braunlauge 121
    Bestimmung der „wirksamen" Alkalien 122
    Bestimmung von Schwefelnatrium 123
    Bestimmung des Silikats 124
    Bestimmung von Sulfat 124
    Gesamtgehalt an Natriumsalzen 124
    Bestimmung der organischen Stoffe in der Kocherlauge 126
D. Untersuchung der Sulfatschmelze (Schmelzsoda) 127
E. Untersuchung der Nebenerzeugnisse der Natron-(Sulfat-)
   Zellstoffabrikation 130
    Untersuchung des Kalkschlammes von der Kaustifizierung 130
    Flüssiges Harz und Fett („Tallöl") 131
    Terpentin 132
    Untersuchung der Abgase der Natronzellstoffabrikation 132
    Weitere beachtenswerte Literatur 133

IV. Die chemische Analyse in der Sulfitzellstoffabrikation.

A. Untersuchung der chemischen Hilfsstoffe 134
    Kalkstein für Sulfitlaugen-Türme 134
    Schwefel 136
        Bestimmung des Aschengehaltes 136. — Bestimmung der Feuchtig-
        keit 136. — Prüfung auf Selen 136.
    Schwefelkies 137
        Wasserbestimmung 137. — Bestimmung des Schwefels 138. —
        Zusammensetzung von Kiesen 139. — Bestimmung des Selens 140.
        — Bestimmung des austreibbaren Schwefels in Kiesen 143.
    Untersuchung der Abbrände 144
        Schwefelgehalt 144. — Kupferbestimmung 148.
    Gasreinigungsmasse 149
        Probeentnahme 149. — Bestimmung des Trockenverlustes 150.
        — Bestimmung des Schwefels 150.
B. Röstgase 154
    Bestimmung des Schwefeldioxydes nach Reich 154. — Bestimmung
    des Schwefeltrioxydes bzw. der Gesamtsäure nach Lunge 156. —
    Bestimmung nach Krull 157. — Bestimmung nach Dieckmann 159.
    — Bestimmung nach Sander 160. — Waschwasser 162. — Turm-
    arbeit bzw. Turmabgase 162.

Seite

C. Untersuchung der Frischlaugen 163

Spindelung 163. — Bestimmung von schwefliger Säure und Kalk 164.
— Bestimmung von gesamtschwefliger Säure 164. — Bestimmung
von Schwefligsäurespuren nach Frank 165. — Frischlaugenunter-
suchung nach Winkler-Höhn 165 — nach Streeb 166 — nach
Sander-Dieckmann 167. — Bestimmung des Kalkes in der
Frischlauge 168. — Bestimmung von Kalk und Magnesia 171. —
Bestimmung von Schwefelsäure 171. — Bestimmung des Gesamt-
schwefelgehaltes 172.

D. Kocherkontrolle 172

Bestimmung der schwefligen Säure und des Kalkes 172. —
Mitscherlich-Probe 173. — Bestimmung des organisch gebundenen
Schwefels 174. — Bestimmung der organischen Substanz 175. —
Bestimmung der Schwefelsäure 175. — Bestimmung des Aufschluß-
grades 175.

E. Untersuchung der Sulfitablauge 176

Bestimmung der freien schwefligen Säure 177. — Bestimmung
des Gesamtschwefels 177. — Bestimmung der Essigsäure und
Ameisensäure 178. — Bestimmung des Zuckers 178. — Bestimmung der gärfähigen Zucker 182. — Bestimmung des Gerbstoffgehaltes 183.

F. Betriebskontrolle in der Sulfitspritfabrik 185
    Rohstoffe 186
    Nahrungsstoffe für die Hefe 186
    Säuregrad der Maische 187
    Bestimmung der Spritausbeute 187
    Untersuchung des Sulfitsprits 187
    Untersuchung von Fuselölen 187
    Weitere beachtenswerte Literatur 192

V. Betriebskontrolle in der Bleicherei.

A. Untersuchung der Chemikalien 196
    Chlorkalk 196
    Untersuchung der Bleichflüssigkeiten 199
        Chlorkalklauge 199. — Hypochloritlaugen 201. — Wirksames
        Chlor 201. — Chlorat 202. — Chlorid 203. — Freies Alkali 204. —
        Bleichreste 204. — Säurereste 204.
    Andere Bleichmittel 206
        Untersuchung von elektrolytischem Chlorgas 206. — Untersuchung
        von Wasserstoffsuperoxyd 206. — Untersuchung von Natrium-
        superoxyd 207.
    Antichlor 209
B. Bleichbarkeitsprüfungen 210
        Herstellung der Bleichmuster 213. — Trocknung der Bleich-
        muster 213.
    Weitere beachtenswerte Literatur 215

Seite

VI. Untersuchung der Zellstoffe.

A. Allgemeine Methoden 217
   Herstellung reiner Baumwollzellulose als Vergleichsmuster 217
   Herstellung von Kupferoxydammoniaklösung 218
   Bestimmung des Wassergehaltes, der Asche, von Harz, Fett und
   Wachs in Zellstoffen 219
   Bestimmung von Furfurol, Methylfurfurol, Methylalkohol (Pektin) . 220
   Bestimmung des Holzgummis 220
   Bestimmung der α-, β- und γ-Zellulose 221
   Bestimmung der „Barytresistenz" 226
   Bestimmung der Zellulose 227
   Bestimmung des Lignins 228
   Bestimmung des Stickstoffgehaltes 228
   Erkennung und Bestimmung von Hydro- und Oxyzellulosen . . . 229
      Kupferzahlbestimmung 230. — Bestimmung von Oxyzellulosen
      nach Schwalbe-Becker 238 — nach Becker 241.
   Erkennung und Bestimmung des Quellgrades (Hydratzustandes) . 242
      Hydratkupfer- oder Zellulosezahl 242. — Hydrolysierzahl 243.
      — Säurezahl 244.
B. Sondermethoden 244
   Untersuchung von Baumwolle und Baumwollwaren 244
      Bestimmung der Oxyzellulosen 245. — Bestimmung von Holz-
      gummi 245. — Aufschlußgrad 248. — Schwefelbestimmung 249.
      — Erkennung der merzerisierten Baumwolle 249. — Merzeri-
      sierungsgrad 250.
   Untersuchung roher und gekochter Hadern 250
   Untersuchung von Flachs (Leinen) und Jute 252
   Untersuchung der Holzzellstoffe 254
      1. Qualitative Prüfungen 254
         Untersuchung von Sulfit- und Sulfat-(Natron-)Zellstoffen 254
         — nach Klemm 254 — nach Lofton-Merritt 255 —
         nach Schwalbe 256. — Bestimmung von Sulfitzellstoffen in
         Zellstoff und Papier 257.
      2. Quantitative Bestimmungen 257
         Allgemeines 257. — Trockengehalt 257. — Harz-Fett 258. —
         Wasserunlösliche Bestandteile 259. — Pentosan 260. — Be-
         stimmung des Mannans nach Lenze, Pleus, Müller 261. —
         Bleichgrads- bzw. Aufschlußgradsprüfung 262 — nach Erich
         Richter 263 — nach Johnsen 264 — nach Klason 265
         — nach Hempel-Seidel-Richter 267 — nach Waentig-
         Gierisch 272. — Chlorverbrauchszahl nach Sieber 272. —
         Ligninbestimmung 275.
   Weitere beachtenswerte Literatur 281

VII. Die chemische Analyse in der Papierfabrikation.

A. Untersuchung der chemischen Hilfsstoffe 283
   Leimstoffe 283
     Harz 283
      Grobe Verunreinigungen 284. — Unverseifbare Bestandteile
      284. — Säure- und Verseifungszahl 285. — Bestimmung des
      in Petroläther unlöslichen Teiles eines Harzes 288.

Seite

Harzleim 289
Allgemeines 289. — Probenahme 290. — Wassergehalt 290.
— Gesamtharzgehalt 291. — Freiharzgehalt 291. — Gesamt-
alkaligehalt 292. — Weitere Untersuchungsmethoden für
Harzleim 292 — nach Scheufelen und Goldberg 293. —
Maßanalytische Bestimmung nach Heuser 295. — Allgemeines
zur Ausführung der Untersuchung des Harzleimes 295. —
Harzgehalt der fertigen Leimmilch 296.

Ersatzleime 296
Harzleim mit organischen Kolloiden oder Wasserglas 296.

Gelatine und Tierleim 298
Allgemeines 298. — Feuchtigkeit 299. — Asche 299. — Prüfung der Reaktion 300. — Prüfung auf Fettkörper 301. —
Prüfung auf farbige, gelbbraune Körper 301. — Quellfähigkeit 301. — Ergiebigkeitsprüfung 302. — Viskosität 302.

Kasein 303
Feuchtigkeit 303. — Organische Verunreinigungen 303. — Löslichkeit 303. — Löslichkeit nach Höpfner und Burmeister
304. — Fettgehalt 304. — Säure 304. — Gesamtmenge der
Verunreinigungen 304. — Quantitative Bestimmung des Kaseins
305. — Stärke 305. — Kaolin-Bindungsvermögen 305.

Stärke 306
Wassergehalt 306. — Säure 307. — Mineralische Beimengungen 307. — Rohzellulose 308. — Mikroskopische Prüfung der Stärkesorten 308. — Klebfähigkeit 309.

Alaune 310
Wassergehalt 311. — Unlöslicher Rückstand 312. — Tonerde
312. — Schwefelsäure 313. — Eisen 313. — Freie Säure
313 — nach Beilstein und Grosset 314 — nach Iwanow
314 — nach Bellucci und Lucchesi 315 — nach Griffin
(Craig) 315.

Füllstoffe 317
Allgemeine Untersuchungen 317
Besondere Untersuchungen bei einzelnen Füllstoffen 322
Kaolin 322. — Talkum 322. — Schwerspat, Blanc fixe 323.
— Zusammenstellung der gebräuchlichsten Füllstoffe 324.

Farbstoffe 325
Ultramarin 325
Färbevermögen 326. — Feinheit 326. — Alaunbeständigkeit
326. — Verfälschungen 326.

Teerfarbstoffe 327
Probefärbung 328.

Tannin 328
Wassergehalt 328. — Anorganische Verunreinigungen 328.

Andere Chemikalien 329
Formaldehyd 329
Prüfung auf freie Säure 329. — Quantitative Bestimmung 329.

Bestimmung von Mineralsäuren 330
Schwefel- und Salzsäure 330.

Weitere beachtenswerte Literatur 331

Seite

B. Untersuchung der Abwässer 332

Allgemeines 332

Untersuchung des Gesamtabwassers 333
  Abdampf- und Glührückstand 335. — Schwebe- und Sinkstoffe
  335. — Freie Säure 335. — Alkalinität 336. — Schweflige
  Säure 336. — Schwefelwasserstoff und Sulfide 337. — Chlor 337.
  — Basen 338. — Oxydierbarkeit — Reduktionsvermögen 338. —
  Beurteilung der Schädlichkeit 339.

Untersuchung von Abwässern der einzelnen Betriebsabteilungen . 341

VIII. Anhang.

1. Herstellung von Normallösungen 342
  a) Normalsäure und Normallauge 342
  b) Arsenlösung. Jodlösung. Thiosulfatlösung 343
  c) Kaliumpermanganatlösung und Oxalsäurelösung 345
  d) Silberlösung, Rhodanammonlösung, Kochsalzlösung 346
2. Zahlentafeln
  A zu I: Kesselhausbetrieb 347
          Härtebestimmung nach Clark 347
          Faktorentabelle für Härtebestimmung 347
          Spezifisches Gewicht der Kalkmilch nach Lenart . . . 348
          Wärmeverluste durch Abgase 348
  B zu II: Untersuchung pflanzlicher Rohfaserstoffe 349
          Tabellen zur Berechnung des Methylalkohols 349
          Umrechnung von Furfurol in Pentosan 351
  C zu III: Die chemische Analyse in der Natronzellstoffabrikation . 351
          Tabelle für das spezifische Gewicht der Sulfatablauge . . 351
          Verdünnung der Sulfatablauge 352
          Gehalt von Schmelzsodalösungen 352
  D zu IV: Die chemische Analyse in der Sulfitzellstoffabrikation . . 352
          Messung der Temperaturen im Schmelzofen, Kiesofen . . 352
          Zusammenhang zwischen Temperatur und Lichtemission . 353
          Zusammenhang zwischen Temperatur und elektromoto-
              rischer Kraft 353
          Beziehung zwischen SO_2-Gehalt und Luftüberschuß der
              Kies-Röstgase 363
          Tafel für die Reichsche Methode 353
          Tabelle zur Gasanalyse nach Sander 354
          Wäscherleistung und Waschwassertemperatur 355
          Spezifisches Gewicht von Schwefligsäurelösungen 355
          Tension der schwefligen Säure 356
          Bestimmung des Gehaltes von Frischlaugen 356
          Bestimmung der Zucker in der Sulfitlauge 357
  E zu V: Betriebskontrolle in der Bleicherei 358
          Spezifisches Gewicht von Salzlösungen 358
          Tension des Chlors 358
          Vergleichung der Gradbezeichnungen von Chlorkalk . . . 359
          Chlorkalklösungen 359

Seite

F zu VI: Untersuchung der Zellstoffe 360
    Absoluttrockengewicht 360
    Klassifikation von Sulfitzellstoffen 361
G zu VII: Chemische Analyse in der Papierfabrikation 362
    Tabelle zur Bestimmung des Wassergehaltes der Stärke . 362
    Baumé-Grade von Gelatinelösungen 362
    Löslichkeit der Soda 362
    Harzleimbereitung 363
    Aluminiumsulfatlösungen 363

Namenverzeichnis 365
Sachverzeichnis 368

I. Der Kesselhausbetrieb.

Die Untersuchung des Kesselspeisewassers und des Fabrikationswassers.

Für jede Fabrik, die eine Dampfkesselanlage zur Krafterzeugung besitzt, ist reines Wasser ein wichtiges Erfordernis. Für Zellstoff- und Papierfabriken, die einen sehr hohen Verbrauch an Fabrikationswasser haben, ist die Reinigung des Wassers von ganz besonderer Bedeutung.

Das natürliche Wasser, sei es Quell-, Grund- oder Flußwasser, enthält neben mechanischen Verunreinigungen anorganischer und organischer Natur gewisse Mengen von Salzen gelöst. Vorzugsweise sind es die Bikarbonate, Sulfate und Chloride des Kalziums und Magnesiums, die den Mineralstoffgehalt der natürlichen Wässer bedingen. Enthält ein Wasser viele derartige Stoffe gelöst, so wird es als „hart" bezeichnet; ist es arm an Salzen, so liegt ein „weiches" Wasser vor.

Durch diese gelösten Mineralstoffe wird also die „Härte" eines Wassers bedingt. Die gelösten Bikarbonate verursachen die sogenannte „vorübergehende" oder „temporäre" Härte. Wird nämlich kalziumbikarbonathaltiges Wasser aufgekocht, so schwindet mit dem Entweichen von Kohlendioxyd die Löslichkeit des dabei entstehenden Kalziumkarbonates, damit aber zugleich ein Teil der Härte. Die verbleibende „permanente" oder „bleibende" Härte oder „Resthärte", auch „Nichtkarbonathärte" genannt, rührt von den oben schon erwähnten Sulfaten oder Chloriden des Kalziums oder Magnesiums her. Weil meist Kalziumsulfat der Urheber der bleibenden Härte ist, spricht man wohl auch von „Gipshärte", während man die vorübergehende Härte, weil von Karbonaten herrührend, als „Karbonathärte" bezeichnet. Ganz scharf sind diese Bezeichnungen nicht. Man erhält nämlich verschiedene Werte, wenn man die Karbonathärte durch Aufkochen des Wassers und Abfiltrieren der nicht völlig ausgeschiedenen Karbonate oder durch direkte Titration dieser mit Säure bestimmt.

Die „Gesamthärte" eines Wassers kann durch Fällung der Härtebildner mittelst Ätznatron und Soda bestimmt werden. Zieht man die nach Auskochen des Wassers verbleibende Härte von' der Gesamthärte ab, so erhält man die vorübergehende Härte, die kleiner als die Karbonathärte ist. Eine bleibende Härte ist größer als die Gipshärte, sie besteht aus dieser, vermehrt um einen wechselnden Anteil an gelöstem Magnesiumkarbonat.

Die Härte eines Wassers wird in Graden ausgedrückt. In Deutschland zeigt 1^0 deutsche Härte an, daß in 100000 Gewichtsteilen Wasser ein Gewichtsteil Kalziumoxyd, also Ätzkalk oder die äquivalente Menge Magnesium, gebunden an Kohlensäure, Schwefelsäure, Salpetersäure oder Salzsäure, vorhanden ist; im Liter derartigen Wassers wird also 1 cg CaO (0,01 g) vorhanden sein.

In Frankreich beziehen sich die Härtegrade auf Gewichtsteile Kalziumkarbonat in 100000 Gewichtsteilen Wasser. In England beziehen sich die Gewichtsteile Kalziumkarbonat auf 70000 Teile Wasser, weil ein „grain" Kalziumkarbonat auf eine Gallone kommt, nämlich 0,0648 g auf 4,543 Liter. Die verschiedenen Härtegrade verhalten sich demnach wie 1 (deutsche Härte) zu 1,79 (französische Härte) zu 1,25 (englische Härte).

Als hart wird ein Wasser bezeichnet, wenn es mehr als 10^0 deutsche Härte aufweist. Für Dampfkesselspeisung ist ein Wasser von $2—3^0$ Härte am geeignetsten. Stark gipshaltige Wässer neigen besonders zur Abscheidung des gefürchteten harten Kesselsteines, während bei Abwesenheit von Gips die Härtebildner meist mehr schlammartig abgeschieden werden.

Für das Fabrikationswasser der Zellstoff- und Papierfabriken ist Freiheit von mechanischen Verunreinigungen wesentlich; trübes Wasser muß filtriert werden. Die Durchsichtigkeit und die Färbung können durch kolorimetrische Bestimmung (siehe unten) in Zahlen ausgedrückt werden. Weiches Fabrikationswasser ist im allgemeinen, außer etwa bei der Fabrikation gewisser feiner Zeichen- und Schreibpapiere, dem harten Wasser vorzuziehen, bei der Herstellung von Löschpapier unerläßliche Vorbedingung normaler Fabrikation.

Von ausschlaggebender Bedeutung für die Herstellung hochweißer Zellstoffe und Papiere ist der Eisengehalt der Wässer. Das Fabrikationswasser sollte nicht mehr als 0,07—0,2 g Eisen im Liter enthalten, wenn reinweiße Papiere hergestellt werden sollen.

Die Zusammensetzung des natürlichen Wassers ist sehr schwankend. Bei Flußwasser können heftige Regengüsse im oft weit entfernten Quellgebiet der Flüsse die physikalische und chemische Beschaffenheit erheblich abändern. Beim Grundwasser machen sich die Schwankungen des Grundwasserspiegels in der Zusammensetzung ebenfalls bemerkbar; auch der Einfluß der Jahreszeit ist unverkennbar.

Es muß daher das Wasser in regelmäßigen Zwischenräumen geprüft werden, um Veränderungen in der Zusammensetzung rechtzeitig entdecken zu können. Die im Wassor gelösten Stoffe sind von deutlichem Einfluß auf die Fabrikationsprozesse, insbesondere bei der Mahlung und Leimung der Zellstoffasern. Diese besitzen die Eigenschaften der Kolloide, haben also die Fähigkeit, andere Körper zu adsorbieren. Die dadurch bedingte Beladung der Fasern mit Mineralstoffen kann zu Störungen der normalen Fabrikationsprozesse Veranlassung geben.

Die Bestimmung der Härte des Wassers.

1. Verfahren nach Clark. Die Bestimmung der Wasserhärte nach Clark geschieht durch Titration mit einer Seifenlösung von bestimmtem Gehalt. Der Methode liegt die Tatsache zugrunde, daß sich das in der Seife enthaltene fettsaure Kalium mit den im Wasser gelösten Salzen der Erdalkalien und des Magnesiums umsetzt. Hierbei werden diese Metalle als unlösliche Salze der Fettsäuren abgeschieden, während die vorher mit ihnen verbundenen anorganischen Säuren lösliche Kaliumsalze bilden. Sobald diese Umsetzung beendet ist, gibt ein geringer Überschuß an Seifenlösung beim Schütteln der zu titrierenden Flüssigkeit einen längere Zeit nicht verschwindenden Schaum. Nach J. D. Ruiys[1]) beeinträchtigen kolloide Stoffe die genaue Härtebestimmung nach Clark. Die Werte fallen zu gering aus bei Gegenwart von organischer Substanz.

Bei der Ausführung der Bestimmung verfährt man wie folgt. Man gibt eine abgemessene Wassermenge — bei weichen Wässern 100 ccm, bei harten 50 bis 25 ccm, die man mit destilliertem Wasser auf 100 ccm verdünnt — in einen 200 ccm fassenden Stöpselzylinder. Zu dieser Wasserprobe läßt man aus einer Bürette die Seifenlösung in immer kleiner werdenden Proben fließen, indem man nach jedem Zusatz den verschlossenen Zylinder kräftig durchschüttelt. Der den Endpunkt der Titration anzeigende Schaum ist dicht und feinblasig, er soll mindestens 5 Minuten lang bestehen bleiben, ohne zu zerreißen. Die verbrauchten Mengen an Seifenlösung sind nicht proportional der Härte des Wassers; zur Ermittlung dieser Größe muß man sich empirischer Tabellen bedienen. Gewöhnlich wird die im Anhang abgedruckte, von Faißt und Knauß gegebene Zahlentafel benutzt.

---

[1]) J. D. Ruiys, Über den störenden Einfluß von Kolloiden bei der Härtebestimmung von Wasser nach Clark. Chem. Weekblad [1914] **11**, 599; Wasser und Abwasser **14**, 169 [1919] Nr. 6. siehe auch Ruiys, Wasser und Abwasser **9**, 342 [1915].

Es ist nach dieser Methode möglich, sowohl die gesamte, als auch die permanente Härte zu ermitteln. Jene wird in der oben beschriebenen Weise im unbehandelten Wasser ermittelt, diese nach dem Kochen der Wasserprobe und Abfiltrieren des Niederschlages im Filtrat bestimmt.

Die Methode gibt nicht völlig genaue Werte. An und für sich ist das Verfahren nur dann brauchbar, wenn die Menge der Magnesia gegenüber dem Kalk sehr gering ist. Übersteigt aber die Summe beider ein gewisses Maß, — 12° Härte — so hat eine entsprechende Verdünnung des Wassers zu erfolgen. Bei Gegenwart von viel Magnesiumsalzen hat es sich als zweckmäßig erwiesen, nach dem Schütteln einige Minuten zu warten, da Magnesiumsalze langsam reagieren. Auch sollen stark eisenhaltige Wässer bei der Clarkschen Methode falsche Zahlen geben.

Die Seifenprobe wird wegen ihrer einfachen und schnellen Durchführbarkeit im Betriebe häufig angewandt. Bei der Reinigung des Wassers besonders für den Zweck der Kesselspeisung gestattet das Verfahren von Clark eine regelmäßige Überwachung, ein Umstand, auf den weiter unten noch zurückzukommen ist.

Herstellung und Einstellung der Seifenlösung. Die Herstellung der Seifenlösung geschah früher vielfach nach der von Clark gegebenen Vorschrift aus Bleipflaster und Kaliumkarbonat, oder durch Auflösen einer bestimmten Menge käuflicher Kaliseife in Alkohol. Besonders die letzte Art der Darstellung wird umständlich durch den zu bestimmenden Wassergehalt der Seife. Viel einfacher ist die folgende Herstellung der Seifenlösung: 10,08 g $=$ 11,25 ccm Ölsäure, die in sehr reinem Zustande käuflich ist, werden in 500 ccm Alkohol gelöst. Die Lösung wird nach Zusatz von 1 ccm einer 0,5 $^0/_0$igen Phenolphthaleinlösung mit 2,5 g chemisch reinem Ätzkali, welches in 100 ccm destilliertem Wasser und 100 ccm Alkohol gelöst ist, versetzt. Zweckmäßig fügt man $^4/_5$ der Ätzalkalilösung auf einmal zu, den Rest hingegen nur in kleinen Mengen bis zur Neutralisation der Oleinsäure. Beim Neutralisieren ist ein Schütteln der Lösung zu vermeiden, man rührt zweckmäßig nur mit einem Glasstab um. Durch weiteren Alkoholzusatz wird diese alkalische Lauge so weit verdünnt, daß 45 ccm 100 ccm einer 12° harten Gips- (oder Baryumchlorid)-Lösung entsprechen.

Bei dieser Einstellung ist es nach von Cochenhausen[1] zweckmäßig, nicht verdünnten, sondern absoluten Alkohol zu verwenden. Es wird hierbei die hydrolytische Zersetzung der Kaliumoleatlösung durch Wasser etwas verhindert, die Schaumbildung ist schärfer zu

---

[1] v. Cochenhausen, Z. f. angew. Chemie 19, 2024 [1906].

erkennen, während gleichzeitig die Fehler der Methode verringert werden.

Zur Einstellung der Seifenlösung kann entweder eine Baryumchlorid-, oder zweckmäßiger eine Gipslösung von 12^0 Härte dienen. Die Baryumchloridlösung wird durch Auflösen von 0,523 g $BaCl_2 \cdot 2$ aq in 1 Liter destilliertem Wasser erhalten. Da Baryumchlorid im Wasser nicht vorkommt, so verwendet man demnach zur Titerstellung ein Salz, das ganz anders auf die Seifenlösung einwirken kann, als die wirklichen Härtebildner des Wassers.

v. Cochenhausen hat daher mit Recht ein im Wasser enthaltenes Salz zur Titerstellung in Vorschlag gebracht, nämlich den Gips. Eine 12^0 harte Lösung dieses Salzes erzeugt man wie folgt. Bei Temperaturen von $0—30^0$ enthält 1 Liter Kalkwasser 1,350 g bis 1,219 g CaO. Durch Titrieren mit $n/_5$ Schwefelsäure (Methylorange-Indikator) läßt sich genau die gelöste Kalkmenge ermitteln. Bei dieser Bestimmung, die sehr rasch ausgeführt werden kann, erhält man eine vollkommen neutrale Gipslösung von bekanntem Gehalt, welche sich durch Verdünnen mit destilliertem Wasser auf 12^0 Härte (12 cg CaO im Liter) bringen läßt. Hat z. B. die Titration einer beliebigen Menge der klaren Kalkwasserlösung ihren Gehalt an CaO zu ag im Liter ergeben, so ist sie zu verdünnen auf $\dfrac{1000 \cdot a}{0,12}$ ccm.

Mit der auf diese Weise ohne jede Wägung erhaltenen Titerlösung erfolgt die Einstellung der Seifenlösung in der gleichen Weise wie die Titration der Härte selbst. Man gibt 100 ccm der Gipslösung in den Stöpselzylinder und titriert mit der Seifenlösung bis zum Verbleiben des Schaumes. Auf Grund dieser Bestimmung erfolgt dann die Verdünnung der Seifenlösung auf die oben gegebene Konzentration.

2. Methode nach Pfeiffer-Wartha-Lunge. a) Bestimmung der Alkalinität oder der vorübergehenden, temporären Härte. 100 ccm Wasser werden kalt unter Verwendung von 1—2 Tropfen Methylorange (1:1000) als Indikator mit $n/_{10}$ Salzsäure, bis zum Auftreten des ersten rötlichen Scheines titriert. Verwendet man Alizarin als Indikator, so ist kochend zu titrieren, bis die zwiebelrote Farbe in Gelb umschlägt und auch nach anhaltendem Kochen nicht wiederkehrt[1]). Es wird hierdurch die gebundene Kohlensäure, also die im Wasser durch Bikarbonate verursachte Härte (temporäre) bestimmt. Man erhält ihren Wert in deutschen Graden durch Multi-

---

[1]) Nach Wartha, erwähnt bei Winkler, Z. f. angew. Chemie **29**, 218 [1915], sieht man den Farbenumschlag äußerst scharf, wenn man das Titrieren in einer glänzenden Schale aus Platin oder Silber vornimmt.

plikation der verbrauchten Kubikzentimeter Salzsäure mit 2,8, da 1 ccm $n/_{10}$ Säure 2,8 mg CaO entspricht.

b) Gesamthärte. Man versetzt 100 ccm der nach a titrierten Wasserprobe mit einem Überschuß einer Lösung, die für gewöhnliche Verhältnisse aus gleichen Teilen $n/_{10}$ Natronlauge und Sodalösung besteht und kocht die Mischung einige Minuten lang. Darauf spült man sie in einen Kolben von 200 ccm Inhalt, läßt abkühlen und füllt bis zur Marke auf. Man filtriert nun durch ein trockenes Filter, verwirft die ersten Anteile des Filtrates und titriert in weiteren 100 ccm das überschüssige Alkali mit $n/_{10}$ Salzsäure unter Verwendung von Methylorange-Indikator. Aus der Zahl der insgesamt verbrauchten Kubikzentimeter Alkali (auf 200 ccm des Filtrates bezogen) erhält man durch Multiplikation mit 2,8 die Gesamthärte des Wassers. Die Differenz von Gesamt- und temporärer Härte ergibt die permanente Härte. Nach Winkler[1]) soll man bei mäßig hartem Wasser von dem üblichen Laugengemisch 25 ccm anwenden, bei sehr hartem Wasser aber 50 ccm.

Um bei dieser Bestimmung stets richtige Resultate zu erhalten, ist der Zusatz eines genügenden Überschusses — etwa dem der doppelten Wassermenge entsprechenden — von Soda-Natronlauge Bedingung. Ist im Wasser viel Magnesia enthalten, so muß der Gehalt an Natronlauge im Alkaligemisch erhöht werden. Bei unbekannten Wässern empfiehlt es sich aus diesem Grunde, stets zwei Bestimmungen mit verschiedenen Mengen an Soda und Natronlauge auszuführen, besonders dann, wenn man diese Bestimmungsmethode ausschließlich für die Ermittlung der Härte zugrunde legt. Es dürfte in diesem Falle auch zweckmäßig sein, die nach dem Zurücktitrieren verbleibenden Filtrate auf etwaigen Gehalt an Kalzium und Magnesium zu prüfen.

Es ist weiterhin zu beachten, daß bei der Titration stets die gleiche Menge von Methylorangelösung verwandt und immer auf den gleichen Farbton titriert wird.

Die Resultate der Bestimmung sind größtenteils etwas zu niedrig, doch haben neuerdings ausführliche Untersuchungen[2]) gezeigt, daß dieser Fehler unter normalen Verhältnissen 0,1—0,5 Härtegrade nicht übersteigt und daß nur im Falle eines ungenügenden Überschusses an Lauge erhebliche Fehler auftreten.

Enthält das zu prüfende Wasser Eisen und Mangan, so ergibt die Methode infolge der Einwirkung dieser Salze auf das Alkaligemisch,

---

[1]) Winkler, Beitrag zur Wasseranalyse. Ztschr. f. angew. Chemie **34**, 143, [1921].

[2]) **Man vergleiche Zink und Hollandt**, Z. f. angew. Chemie **27**, 235 [1914] und die dort gegebene Literaturübersicht.

meistens etwas zu hohe Werte. Alkalikarbonate haben hingegen keinen Einfluß auf die Resultate der Gesamthärtebestimung.

Nach v. Cochenhausen ist es zweckmäßig, statt 100, 250 ccm Wasser zur Bestimmung zu benutzen, wobei nach dem Fällen auf 500 ccm verdünnt, und in 250 ccm des Filtrates das überschüssige Alkali ermittelt wird.

Als Glasgefäße benutzt man, wie auch bei den anderen Härtebestimmungen, bei welchen mit alkalischen Flüssigkeiten gearbeitet wird, am besten solche aus widerstandsfähigem Jenaer Glas.

Nach Winkler[1] kann man die Härtebestimmung nach V. Wartha dadurch vereinfachen, daß man das Fällen kalt vornimmt, und in einem Anteil der durch Absetzen klar gewordenen Flüssigkeit das Zurückmessen vornimmt. Die Ausführung des Verfahrens gestaltet sich wie folgt:

Von dem Untersuchungswasser werden 100 ccm mit 2 Tropfen Methylorangelösung $(1:1000)$ versetzt und die „Alkalinität" mit $n/_{10}$ Salzsäure genau bestimmt. Die Flüssigkeit wird in einen Meßzylinder von 200 ccm gegossen, 50 ccm $n/_{10}$ Natriumhydroxyd-Natriumkarbonatlösung hinzugefügt und mit dem Spülwasser auf 200 ccm ergänzt. Es wird durchgeschüttelt und der Meßzylinder bis zum anderen Tage bei Zimmerwärmegrad stehen gelassen, endlich mit einer engen Heberöhre 100 ccm der kristallklar gewordenen Flüssigkeit abgelassen, noch ein Tropfen Methylorangelösung hinzugegeben und das Zurückmessen mit $n/_{10}$ Salzsäure ausgeführt.

Die Stärke der Lauge bestimmt man unter denselben Verhältnissen, indem man 100 ccm destilliertes Wasser abmißt, 2 Tropfen Methylorangelösung, dann soviel $n/_{10}$ Salzsäure (etwa 0,1 ccm) hinzufügt, bis die Übergangsfarbe eintritt, 50 ccm Lauge zugibt und auf 200 ccm verdünnt. Von dieser Flüssigkeit werden 100 ccm mit einem Tropfen Methylorangelösung versetzt und mit $n/_{10}$ Salzsäure titriert.

3. Bestimmung der Gesamthärte nach Blacher[2]. Die Gesamthärte wird mit $n/_{10}$-Kaliumpalmitatlösung bestimmt, und zwar folgendermaßen: 100 ccm Wasser werden mit 2 Tropfen einer wässerigen Methylorangelösung $1:1000$ versetzt, und mit $n/_{10}$ Schwefelsäure oder Salzsäure neutralisiert, bis die gelbe Farbe in ein deutliches Rot umgeschlagen ist, und rund 10 Minuten lang gekocht. Nach dem Abkühlen wird 1 ccm einer $1^0/_0$igen Phenolphthaleinlösung hinzugefügt und darauf tropfenweise $n/_{10}$ Natronlauge, bis die Phenolphthalein-

---

[1] L. W. Winkler, Beiträge zur Wasseranalyse VI. **44**, 2956 [1911]; Zeitschr. f. Elektrochemie **20**, 204 [1914]; Angew. Chemie **34**, 115—116 [1921], Nr. 24.

[2] Ausführungsform von Noll, Z. f. angew. Chemie **31**, 59 [1918].

rötung deutlich erkennbar ist. Dann wird die schwache Rotfärbung durch einen Tropfen $n/_{10}$ Säure wieder beseitigt und sofort die Titration mit der Palmitatlösung vorgenommen, wobei man bis zur deutlichen Rotfärbung titrieren muß. Die verbrauchten Kubikzentimeter an Palmitatlösung mit 2,8 multipliziert, zeigen die Gesamthärte in deutschen Härtegraden an. An Stelle von Methylorange kann man auch den von Blacher empfohlenen Indikator Dimethylamidoazobenzol (1 Tropfen einer $1\,^0/_0$igen alkoholischen Lösung) verwenden, doch ist der Umschlag mit Methylorange in genügender Weise auch erkennbar.

Die Palmitatlösung nach Blacher wird in folgender Weise hergestellt: 25,63 g Palmitinsäure[1] werden in 250 g Glyzerin und etwa 400 ccm $90\,^0/_0$igem Alkohol unter Erwärmem auf dem Wasserbade gelöst. Hierauf setzt man Phenolphthalein hinzu, neutralisiert mit alkoholischem Kali bis zur schwachen Rotfärbung und füllt nach dem Erkalten mit $90\,^0/_0$igem Alkohol zu 1 Liter auf.

Den Titer der Palmitatlösung ermittelt man entweder mit einer Chlorbaryumlösung von 0,523 g im Liter oder mit Gipslösung, wie sie auch bei der Clarkschen Seifenmethode zur Anwendung kommt. In einer Tabelle im Anhang sind die Faktoren zusammengestellt, die für die Berechnung der Härte in Frage kommen, falls die Palmitatlösung zu stark oder zu schwach sein sollte.

Winkler[1] gibt für die Herstellung der Palmitatlösung folgende Vorschrift, bei der das kostspielige Glyzerin in Wegfall kommt.

Zur Darstellung der Kaliumpalmitatlösung gibt man in einen Kolben 500 ccm konzentrierten Weingeist (von $95\,^0/_0$), 300 ccm destilliertes Wasser, 0,1 g Phenolphthalein und 25,6 g reinste Palmitinsäure; gewöhnliche stearinsäurehaltige Palmitinsäure ist nicht verwendbar. Man erwärmt auf dem Dampfbade und setzt unter Umschwenken so lange klare weingeistige Kaliumhydroxydlösung hinzu, bis alles gelöst, und die Lösung schwach rosenrot geworden ist. Sollte man zuviel Kaliumhydroxydlösung hinzugefügt haben, so entfärbt man die Flüssigkeit mit einem Tropfen Salzsäure und gibt nun wieder Kaliumhydroxydlösung bis zur blaß rosenroten Färbung hinzu. Die Kaliumhydroxydlösung bereitet man sich durch Lösen von 7—8 g zu Pulver zerriebenem Kaliumhydroxyd in etwa 50 ccm warmem konzentriertem Weingeist. Nach dem Erkalten wird die Palmitatlösung mit konzentriertem Weingeist zu 1000 ccm ergänzt.

Zur Bestimmung des Titers der Kaliumpalmitatlösung benutzt man dem Vorschlage Blachers gemäß Kalkwasser. Nach Winklers Beobachtungen verfährt man zweckmäßig wie folgt: In eine etwa

---

[1] Winkler, Z. f analyt. Chemie **53**, 412 [1913]; 409—415 [1914].

200 ccm fassende Flasche gibt man 40—50 ccm klares Kalkwasser, das aus gebranntem Marmor und reinem destilliertem Wasser bereitet wurde und titriert mit $n/_{10}$ Salzsäure; als Indikator dient 1 Tropfen Methylorangelösung (1 : 1000).

Die neutrale Flüssigkeit wird nun mit gewöhnlichem, also kohlensäurehaltigem destilliertem Wasser auf etwa 100 ccm verdünnt und mit einem Tropfen verdünntem Bromwasser $(0,5\,^0/_0)$ versetzt, wodurch sofortige Entfärbung erfolgt. Man gibt jetzt zur Flüssigkeit 1 ccm $0,5\,^0/_0$ige, mit konzentriertem Weingeiste bereitete Phenolphthaleinlösung, darauf tropfenweise so lange $n/_{10}$ Natronlauge, bis die Flüssigkeit kräftig rot gefärbt erscheint und diese Farbe auch nach einigem Stehen nicht mehr verblaßt. Zur Flüssigkeit läßt man unter Umschwenken langsam so lange $n/_{10}$ Salzsäure tropfen, bis sie eben farblos geworden ist, und fügt noch einen Tropfen $n/_{10}$ Salzsäure als Überschuß hinzu. In diese Lösung wird dann unter fleißigem Umschwenken so lange Kaliumpalmitatlösung hinzufließen gelassen, bis die anfänglich von der Bildung des Kalziumpalmitates schneeweiße Flüssigkeit nicht nur eben bemerkbar, sondern ausgesprochen rosenrot gefärbt erscheint, und diese Färbung auch einige Minuten bestehen bleibt. Von der verbrauchten Kaliumpalmitatlösung werden als Korrektur 0,3 ccm in Abzug gebracht. Ist die Kaliumpalmitatlösung richtig, so beträgt die verbrauchte korrigierte Menge davon ebensoviel, als $n/_{10}$ Salzsäure beim anfänglichen Titrieren des Kalkwassers benötigt wurde.

Eisen und Mangansalze werden bei Bestimmung der Gesamthärte mit den wahren Härtebildnern mitbestimmt.

Zur Korrektur genügt es für praktische Zwecke, für Eisen- und Mangansalze den 10. Teil der bei dem Liter Wasser berechneten Eisen- und Manganmenge als solche von den berechneten Härtegraden abzuziehen, um die wirkliche oder korrigierte Härte zu erhalten [1]).

Anmerkung: Statt Äthylalkohol wird zur Bereitung der Seifenlösung auch Propylalkohol empfohlen [2]).

Kalkbestimmung.

Die Bestimmung des Kalkes geschieht durch Fällen mit oxalsaurem Ammon und nachheriges Titrieren des in Schwefelsäure gelösten Niederschlages mit $n/_{10}$ Permanganatlösung.

Aus 100 ccm des zu untersuchenden Wassers werden Aluminium- und Eisensalze durch Ausfällen mit Ammoniak abgeschieden. Die

---

[1]) H. Fischer, Z. f. öffentl. Chemie 20, 377 [1914]; Chemiker-Ztg. Repertorium 39, 260 [1915].

[2]) Krieger, Chem. Ztg. 45, 559—609/6. Auch Winkler empfiehlt Propylalkohol, Ztschr. f. angew. Chemie 34, 143 [1921].

abfiltrierte klare Lösung wird mit Ammonchlorid versetzt und zum Sieden erwärmt. In der kochenden Lösung fällt man durch Zusatz einer siedenden Ammoniumoxalatlösung das Kalzium. Man läßt den Niederschlag über einer kleinen Flamme sich grobkristallinisch absetzen, was $\frac{1}{4}$—$\frac{1}{2}$ Stunde erfordert, und trennt Niedersclag und Flüssigkeit durch Absaugen unter Benutzung eines Büchnertrichters. Um ein Durchgehen des Niederschlages zu vermeiden, legt man zwei Filterblätter, welche etwa $\frac{1}{2}$—1 cm im Durchmesser größer als der Büchnertrichter sind, übereinander und versieht sie mit acht gleich-

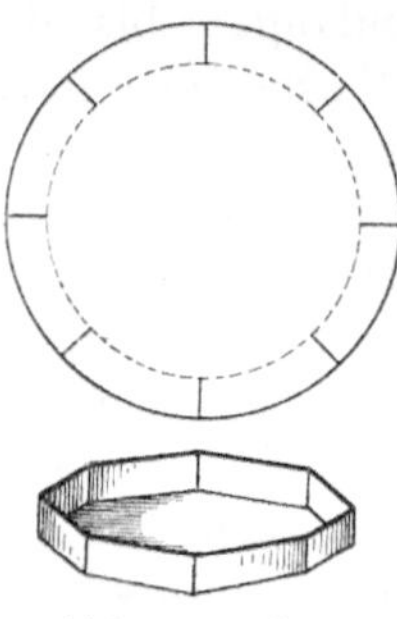

Abb. 1 u. 2.
Gefaltetes Filter.

mäßig voneinander entfernten radialen Einschnitten, derart, daß die inneren Endpunkte dieser Einschnitte auf einem Kreise vom Durchmesser des Büchnertrichters liegen (Abb. 1).

Die entstehenden Lappen biegt man nach oben um (Abb. 2) und legt beide Filterblätter so in den Trichter, daß die Lappen seine seitlichen Wände berühren, wobei man noch darauf achtet, daß die Einschnitte des einen Filters gegen die des anderen etwas verschoben werden. Nach dem Anfeuchten saugt man die Filter fest in die Nutsche ein.

Den auf diesem Filter gesammelten Niederschlag wäscht man mehrmals mit kochendem, Ammoniumchlorid enthaltendem Wasser aus, um überschüssige Fällflüssigkeit zu beseitigen. Hierauf bringt man ihn samt Filter in einen Titrierbecher, gibt 100 ccm Wasser und 10—15 ccm einer Schwefelsäure 1:3 hinzu, erwärmt zum Sieden und titriert die heiße Lösung der freigemachten Oxalsäure mit $n/10$ Kaliumpermanganatlösung bis zur schwachen Rosafärbung. Aus der Anzahl a der verbrauchten Kubikzentimeter Meßflüssigkeit berechnet sich der Gehalt an CaO in 100 ccm Wasser zu: CaO $= a \cdot 0{,}002\,804$ g[1]).

Bestimmung der Magnesiumsalze.

Obgleich die Bestimmung dieser Salze für Zellstoff- und Papierfabriken in den Kalirevieren ziemliches Interesse hat, ist bis jetzt eine einwandfreie, allgemein anerkannte Methode zu ihrer Bestimmung nicht im Gebrauch. Die Menge der Magnesiasalze wird meist indirekt ermittelt. Die Härtebestimmung gibt die Summe von Kalzium- und Magnesiumsalzen, die Bestimmung des Kalziums (s. vorigen Abschnitt) kann mit so großer Genauigkeit durchgeführt werden, daß die Diffe-

---

[1]) Über die Bestimmung der Kalkhärte mittelst Kaliumoleatlösung vgl. man L. Winkler, Z. f. analyt. Chemie **53**, 414 [1914].

renz bei der Bestimmung einen ziemlich richtigen Wert für vorhandene Magnesiumsalze geben muß. Da die Härte selbst als CaO ausgedrückt wird, ergibt sich auch diese Differenz als CaO und sie muß demnach noch in Äquivalente MgO umgerechnet werden nach der Gleichung: $CaO : MgO = 56 : 40$.

Sehr empfohlen wird folgende Methode der Bestimmung der Magnesiahärte nach Froboese-Noll[1]): 100 ccm Wasser werden mit zwei Tropfen Methylorangelösung versetzt und mit $^n/_{10}$ Salzsäure oder Schwefelsäure neutralisiert, bis die Farbe deutlich in Rot umgeschlagen ist, und dann 10 Minuten gekocht. Dann werden 5 ccm einer gesättigten Natriumoxalatlösung ($5\,^0/_0$ ige Lösung) hinzugefügt und damit noch ganz kurze Zeit (1—2 Minuten) gekocht. Nach dem Abkühlen wird 1 ccm $1\,^0/_0$ ige Phenolphthaleinlösung zugesetzt und mit $^n/_{10}$ Natronlauge der Phenolphthaleinneutralpunkt eingestellt. Die schwache Rötung wird mit einem Tropfen $^n/_{10}$ Säure wieder beseitigt und dann die Titration mit Palmitatlösung vorgenommen, bis eine deutliche Rotfärbung eingetreten ist. Die verbrauchten Kubikzentimeter an Palmitatlösung, mit 2,8 multipliziert, ergeben die Magnesiahärte in deutschen Graden. Ist der Magnesiagehalt des Wassers sehr gering, so empfiehlt es sich, 200 ccm Wasser für die Bestimmung zu nehmen. In diesem Falle ergibt sich die Magnesiahärte durch Multiplikation der verbrauchten Kubikzentimeter mit 1,4[2]).

Eine weitere Modifikation der Magnesiabestimmung nach Pfeifer gibt Anderson[3]) an:

Magnesia kann, praktisch frei von Kalk, aus einer verdünnten Lösung der Kalk- und Magnesiasalze durch Fällung mit Ätznatron in der Kälte erhalten werden. Man muß nur den Zutritt des Kohlendioxyd durch Verwendung eines geschlossenen Gefäßes und Vermeidung der Filtration verhüten.

100 ccm werden angesäuert und auf 30 ccm eingedampft, in einen 100 ccm-Meßzylinder mit Glasstopfen übertragen, genau neutralisiert, und 10 ccm einer $^n/_{10}$ Natronlauge zugefügt. Die Flüssigkeit wird bis zur 100 ccm-Marke aufgefüllt und der Zylinder verschlossen. Magnesia fällt als Hydroxyd aus. Wenn nach zwei Stunden die überstehende Flüssigkeit klar geworden ist, werden 50 ccm der Flüssigkeit mit Normalsäure titriert.

Zur Bestimmung der Magnesiahärte kann folgendes wenig bekannte Verfahren von Legler[4]) dienen, bei welchem Kalk- und

[1]) Froboese-Noll, Z. f. angew. Chemie **31**, 6 [1918].

[2]) Eine ähnliche Ausführungsform beschreibt Monhaupt, Chemiker-Ztg. **42**, 338 [1918].

[3]) Anderson, Journ. Soc. Chem. Ind. **34**, 1180 [1915].

[4]) Basweiler, Papierfabrikant **19**, 425 [1921].

Magnesiahärte nebeneinander durch Titration bestimmt werden können:

Die „Leglersche Methode" zur maßanalytischen Bestimmung von Kalk- und Magnesiahärte nebeneinander beruht auf der Fällbarkeit genannter Basen durch Alkalihydroxydlösung für das Magnesium und Kaliumoxalatlösung für das Kalzium; beide Fällungsmittel von einem bestimmten Gehalt werden durch Zurücktitrieren des nicht verbrauchten Teiles derselben mit $n/_{10}$ Schwefelsäure bzw. $n/_{10}$ Kaliumpermanganat bestimmt. Legler wendet die kohlensäurefreie Natronlauge und das neutrale Kaliumoxalat in einer Lösung an, von der er dann einen aliquoten Teil einem bestimmten Volumen des zu untersuchenden Wassers zusetzt, um den entstehenden Niederschlag dichter zu machen, dann aufkocht und nach dem Erkalten mit reinem destillierten Wasser auf ein bestimmtes Volumen auffüllt und abfiltriert. Den einen Teil des Filtrates versetzt er mit überschüssiger $n/_{10}$ Schwefelsäure (oder Salzsäure) und titriert mit $n/_{10}$ Alkali und Phenolphthalein als Indikator zurück; der andere Flüssigkeitsanteil wird mit Schwefelsäure angesäuert, auf etwa 70^0 C erwärmt und mit $n/_{10}$ Kaliumpermanganat bis zur bleibenden Rotfärbung titriert.

Enthält das Wasser erfahrungsgemäß oder laut Vorprüfung große Mengen organischer Substanzen, die zur Oxydation ihrerseits schon einen Teil Permanganatlösung erfordern, so wird man zweckmäßig das Wasser in einer Platinschale eindampfen, den trockenen Rückstand durch Glühen von der organischen Substanz befreien und den Glührückstand mit wenig Salzsäure und Wasser wieder auflösen.

Liegen sehr weiche Wasser vor, so verdampft man von diesen eine bestimmte Menge in der Porzellanschale mit überschüssiger Salzsäure zur Trockne. Stark gipshaltige Wasser versetzt man zweckmäßig mit einem Überschuß von $n/_{10}$ Säure, kocht die Kohlensäure fort und neutralisiert die Flüssigkeit nach dem Erkalten mit $n/_{10}$ Lauge unter Verwendung eines Tropfens Methylorange (wässerige Lösung) als Indikator. Aus dem Säureverbrauch läßt sich hierbei gleichzeitig mit großer Annäherung die Menge der gebundenen Kohlensäure berechnen.

$$1 \text{ ccm } n/_{10} \text{ HCl} = \frac{CO_2}{2 \cdot 1000 \cdot 10} = 0{,}0022 \text{ g } CO_2.$$

Man wendet bei dieser Neutralisation Methylorange zweckdienlich als Indikator an, weil dieses nur in geringem Maße reduzierend auf die $n/_{10}$ Kaliumpermanganatlösung einwirkt.

Zusammengefaßt ergibt sich, daß zur „Härtebestimmung nach Legler" folgende Lösungen erforderlich sind:

1. $n/_{10}$ Schwefelsäure
2. $n/_{10}$ Natronlauge
3. $n/_{10}$ Kaliumpermanganat
4. Härtelösung nach Legler.

Herstellung der Härtelösung.

30 g neutrales Kaliumoxalat, auf der Hornschalenwage abgewogen, und etwa 8 g kohlensäurefreies Natriumhydroxyd werden in destilliertem oder besser doppelt destilliertem Wasser gelöst und auf 1000 ccm im Maßkolben aufgefüllt.

Zur Herstellung der kohlensäurefreien Natronlauge kann man das reine karbonatfreie Natriumhydroxyd von Merck benutzen, von dem man die ungefähre Menge in einem gut verschlossenen Wägegläschen abwiegt. Man kann sich aber auch die kohlensäurefreie Natronlauge selbst herstellen; zu diesem Zweck läßt man 4,5—5 g reines metallisches Natrium im Exsikkator auf einem trichterförmigen Platinsieb über einem Bechergläschen mit rund 30 ccm doppeltdestilliertem Wasser zerfließen. Der Exsikkator muß tubuliert sein und durch ein mit Natronkalk gefülltes Röhrchen mit der Außenluft in Verbindung stehen. Nach 3—4 Tagen ist das Natrium meist ganz zerflossen und wird nun so schnell wie möglich in den 1000 ccm-Maßkolben gespült, in dem sich am besten schon die 30 g neutrales Kaliumoxalat befinden. Es bedarf keines Hinweises, daß man die Härtelösung stets verschlossen halten muß, da sonst aus der Luft begierig Kohlensäure angezogen wird; aus diesem Grunde empfiehlt es sich auch, die beim Titrieren gebrauchte Bürette durch ein Natronkalkröhrchen zu verschließen.

Bei der Einstellung der Härtelösung verfährt man nun in derselben Weise, wie bei der Einstellung einer empirischen Normallösung. Man nimmt also z. B. je 10 ccm der Härtelösung, versetzt sie mit einem Überschuß von $n/_{10}$ Schwefelsäure und titriert mit $n/_{10}$ Kalilauge zurück; damit hat man den Titer gegen $n/_{10}$ Schwefelsäure. Als Indikator verwendet man bei dieser Titration Phenolphthalein. Weitere je 10 ccm Härtelösung werden mit verdünnter Schwefelsäure angesäuert und dann bei 70—80° C mit $n/_{10}$ Kaliumpermanganat bis zur schwachen Rötung titriert; hierdurch erhält man den Titer der Härtelösung gegen $n/_{10}$ Permanganat.

Ein aliquoter Teil der eingestellten Härtelösung wird nun einer genau gemessenen Menge des zu untersuchenden Wassers in einem Maßkolben mit eingeschliffenem Stopfen zugefügt, zur besseren, körnigen Absetzung des Niederschlages aufgekocht und nach dem Erkalten auf ein bestimmtes Volumen mit destilliertem Wasser aufgefüllt. Man filtriert nun durch ein trockenes Filter und titriert von dem Filtrat je aliquote Teile, wie beim Einstellen mit $n/_{10}$ Schwefelsäure und $n/_{10}$ Kaliumpermanganat. Aus der Differenz des Schwefelsäure- bzw. Kaliumpermanganatverbrauches in ccm $n/_{10}$ Lösungen gegenüber der Einstellung errechnet sich im ersten Falle die äquivalente Menge Magnesia, im letzten Falle die äquivalente Menge Kalk

Im nachfolgenden soll ein kleines Beispiel aus der Praxis gegeben werden[1]).

Die Härtelösung war, wie oben erwähnt, hergestellt worden, indem die kohlensäurefreie Natronlauge durch Zerfließenlassen von etwa 5 g metallischem Natrium im Exsikkator gewonnen wurde. Die Einstellung ergab für:

. 10 ccm Härtelösung $=$ 22,80 ccm $n/_{10}$ Schwefelsäure,
   10 ccm Härtelösung $=$ 32,96 ccm $n/_{10}$ Kaliumpermanganat,

wobei die angewandten Normallösungen folgende Faktoren hatten:

$n/_{10}$ Kalilauge von Merck: Faktor $=$ 1,
$n/_{10}$ Schwefelsäure: Phenolphthalein-Faktor $=$ 1,015,
$n/_{10}$ Kaliumpermanganatlösung: Faktor $=$ 0,9898.

Genau 200 ccm Wasser wurden nun mit genau 20 ccm der obigen Härtelösung in einem 250 ccm-Maßkolben mit eingeschliffenem Stopfen versetzt. Um den entstandenen Niederschlag dichter zu machen, wurde aufgekocht und nach dem Erkalten auf genau 250 ccm mit doppelt destilliertem Wasser aufgefüllt und durchgeschüttelt.

I. Magnesiahärte:

Je 50 ccm der durch ein trockenes Filter filtrierten 250 ccm wurden mit 15,5 ccm $n/_{10}$ Schwefelsäure im Überschuß versetzt und mit 6,9 ccm Kalilauge im Mittel zurücktitriert. Der Verbrauch an $n/_{10}$ Schwefelsäure belief sich also bei Berücksichtigung der Faktoren auf

$$8,83 \text{ ccm } n/_{10} \text{ Säure.}$$

Der Gehalt des vorliegenden Wassers an Magnesiumoxyd in Gramm pro Liter errechnet sich unter Beobachtung der Wertigkeiten und Verdünnungen, in einer Formel zusammengezogen, zu:

$$5 \left(2 \cdot 22{,}80 - \frac{250}{5} \cdot 8{,}83 \right) \cdot \frac{40}{2 \cdot 1000 \cdot 10} \text{ g MgO pro Liter}$$

$$= 0{,}014\,500 \text{ g MgO in 1000 ccm.}$$

Auf 100 000 ccm kommen demnach 1,450 g MgO, oder als Kalziumoxyd ausgedrückt: $1{,}45 \cdot 1{,}4 = 2{,}030$ g CaO.

Mithin beträgt die Magnesiahärte: $2{,}03^{0}$ deutsche Härte.

---

[1]) Blasweiler a. a. O.

II. Kalkhärte:

Je 50 ccm des Filtrates wurden mit etwa 25 ccm verdünnter Schwefelsäure angesäuert und bei 70—80^0 mit $^n/_{10}$ Kaliumpermanganatlösung bis zur schwachen Rötung titriert. Der Verbrauch ergab sich bei Berücksichtigung der Faktoren zu 12,348 ccm $^n/_{10}$ Kaliumpermanganat.

Der Gehalt des vorliegenden Wassers an Kalziumoxyd in Gramm pro Liter errechnet sich auch hier unter Berücksichtigung der Wertigkeiten und Verdünnungen, in einer Formel zusammengezogen, zu:

$$5 \left(2 \cdot 32,95 - \frac{250}{50} \cdot 12,348 \right) \cdot \frac{56,1}{2 \cdot 1000 \cdot 10} \text{ g CaO pro Liter}$$

$$= 0,058\,624 \text{ g CaO in 1000 ccm.}$$

Auf 100 000 ccm kommen demnach 5,8624 g CaO.

Mithin beträgt die Kalziumhärte: 5,86^0 deutsche Härte.

Laut vorliegenden Bestimmungen beträgt also die Gesamthärte des untersuchten Wassers:

$$\begin{array}{ll} 5,86^0 & \text{D. H. Kalkhärte} \\ \underline{2,03^0} & \text{D. H. Magnesiahärte} \\ 7,89^0 & \text{D. H. Gesamthärte.} \end{array}$$

Dieselbe Versuchsreihe hätte man nun mit abgekochtem Leitungswasser zu wiederholen, um so die „bleibende" und „vorübergehende" Härte zu bestimmen. Bei der laufenden Kontrolle von gereinigtem Kesselspeisewasser käme dagegen nur der einmalige Arbeitsgang in Frage.

Die Leglersche Methode liefert in einigermaßen geübten Händen Werte von $^1/_{100}{}^0$ deutscher Härte genau, wie mit künstlich hartem Wasser nachgewiesen wurde; man hat die Kalk- und Magnesiahärten überdies getrennt bestimmt; außerdem dürfte die Ausführung der Untersuchung nur wenig Zeit mehr erfordern als die Härtebestimmung mit volumetrischen Seifenlösungen; vorausgesetzt ist hierbei, daß die erforderlichen Lösungen, im besonderen die Härtelösung, immer zu mehreren Litern eingestellt sind.

Für die Praxis, besonders bei täglicher Kontrolle des Fabrikationswassers, empfiehlt Blasweiler, die Härtelösung in einer großen Rollflasche mit angesetzter Einlaufbürette anzusetzen. Die Rollflasche wird durch ein Natronkalkröhrchen mit der Außenluft verbunden, damit die nachströmende Luft frei von Kohlensäure ist. Auf diese Weise hält sich die Härtelösung wochenlang und ist stets zum Gebrauch bereit.

Bestimmung von Chlor (Chloriden).

Ein hoher Gehalt an Chloriden ist für Industriewässer schädlich. Eisen und andere Metalle werden von chloridhaltigem Wasser, besonders wenn in ihm außerdem noch Sauerstoff gelöst ist, leicht angegriffen. Als sehr schädlich gilt das Chlormagnesium; ein hoher Gehalt an diesem Chlorid kann ein Wasser zur Kesselspeisung unbrauchbar machen.

Zur Bestimmung der Chloride dampft man 250—1000 ccm Wasser bis auf etwa 100—200 ccm ein. In dieser Lösung kann das Chlor entweder nach Volhard oder nach Mohr ermittelt werden.

Nach Volhard versetzt man die eingedampfte Lösung mit etwas Salpetersäure und dann mit soviel Kubikzentimetern einer $n/_{10}$ Silbernitratlösung, daß alles Chlor als Silberchlorid ausgefällt wird, und noch ein Überschuß von Silberlösung vorhanden ist. Nach Zugabe einiger Kubikzentimeter einer gesättigten, als Indikator dienenden Auflösung von Eisenalaun (Ferriammoniumsulfat) titriert man den Überschuß der Silberlösung mit $n/_{10}$ Rhodanammonlösung zurück. Das Auftreten einer hellrotbraunen Farbe zeigt den Endpunkt der Titration an. Die Differenz zwischen der verbrauchten Silberlösung und Rhodanlösung zeigt das Chloridchlor an. Jeder verbrauchte Kubikzentimeter der Silberlösung entspricht 0,00355 g Cl.

Bei der Mohrschen Methode benötigt man nur eine $n/_{10}$ Silbernitratlösung. Das eingedampfte Wasser, das bei dieser Bestimmung durch Na_2CO_3 schwach alkalisch zu machen ist, wird mit 4—5 Tropfen der als Indikator benutzten, gesättigten gelben Kaliumchromatlösung versetzt. In diese Flüssigkeit läßt man unter beständigem Umrühren die Silberlösung einlaufen, bis der anfangs entstehende weiße Niederschlag von Chlorsilber eine auch beim Umrühren nicht mehr verschwindende rötliche Farbe angenommen hat. Hierzu braucht man einen Überschuß von etwa 0,2 ccm der $n/_{10}$ Silberlösung, welcher von der gesamten verbrauchten Menge abzuziehen ist.

Bei manchen Wässern soll diese „Chromat-Methode" Schwierigkeiten verursachen, so daß der Volhardschen Methode oft der Vorzug bei der Chlorbestimmung gegeben wird.

Sind in dem zu untersuchenden Wasser größere Mengen organischer Substanzen, so müssen diese, da sie gleichfalls silberverbrauchend wirken, vor der Bestimmung des Chlors beseitigt werden. Man erhitzt zu diesem Zwecke das Wasser zum Sieden, und läßt so lange neutrale Permanganatlösung zufließen, bis das Wasser schwach rot gefärbt ist. Nach 5 Minuten langem Kochen muß diese Färbung noch bestehen, sonst sind noch einige Tropfen der Permanganatlösung zuzusetzen. Durch vorsichtiges tropfenweises Zusetzen von Alkohol zur heißen Flüssigkeit entfernt man den Überschuß an Permanganat.

Man läßt einige Zeit stehen, filtriert von abgeschiedenen Manganoxydverbindungen ab, und behandelt das so gereinigte Wasser in der oben beschriebenen Weise weiter.

Bestimmung von Eisen.

Bei den verhältnismäßig kleinen Mengen, die im Wasser enthalten sind, geschieht die Bestimmung des Eisens am schnellsten und besten kolorimetrisch in der von Lunge gegebenen Ausführungsform.

Zu ihrer Durchführung benötigt man zwei möglichst ganz gleichartige Meßzylinderchen, die etwa 30 ccm fassen, und mit einer Graduierung und gut eingeschliffenem Glasstöpsel versehen sind. An Reagenzien sind erforderlich: 1. eine $10\,^0/_0$ige Rhodanammonlösung, 2. reiner Äther, 3. $30\,^0/_0$ige reinste Salpetersäure, 4. eine Ammoniak-Eisenalaunlösung, welche im Liter 0,010 g Eisen enthält. Da eine solche verdünnte Eisensalzlösung sich schnell zersetzt, bereitet man sich eine konzentriertere durch Auflösen von 8,630 g Eisenalaun in einem Liter mit etwas (5 ccm konzentrierte) Schwefelsäure versetztem Wasser. Die zur Bestimmung benutzte Lösung stellt man vor den Versuchen durch Verdünnen von 1 ccm der konzentrierten auf 100 ccm her.

Zur Bestimmung selbst werden 50—200 ccm Wasser mit 1 ccm der reinen Salpetersäure versetzt und zur Oxydation des Oxyduleisens aufgekocht. Unter Umständen dampft man ein, bis die Flüssigkeit in einen 100 ccm-Meßkolben gespült werden kann. Man füllt nach dem Erkalten bis zur Marke auf, und pipettiert 5 ccm des Wassers in einen der kleinen Meßzylinder. Nach Zusatz von 5 ccm Rhodanammonlösung und 10 ccm Äther schüttelt man bis zur Entfärbung der wässerigen Schicht gut durch. In das zweite Zylinderchen gibt man 5 ccm destilliertes Wasser, das wie die Probe des Gebrauchswassers in je 100 ccm 1 ccm der reinen Salpetersäure enthält, und setzt nun die gleichen Mengen Rhodanlösung und Äther zu. Aus einer möglichst feingeteilten Bürette ($^1/_{20}$ ccm) setzt man darauf zu dieser Probe unter öfterem Durchschütteln so viel der verdünnten Eisenalaunlösung hinzu, daß der Farbton der Ätherschicht in beiden Zylindern gleich tief ist. Insgesamt sollen hierbei nicht mehr als 2 ccm der Eisenlösung verbraucht werden, andernfalls ist die Gebrauchswasserprobe vorher entsprechend zu verdünnen. Es ist zweckmäßig, die beiden Proben nach diesem ersten Zusatz der Eisenlösung einige Zeit sich selbst zu überlassen, nach einigen Stunden etwa aufgetretene Unterschiede in den Färbungen zu korrigieren und den dann erhaltenen Verbrauch an Eisenlösung der Rechnung zugrunde zu legen.

Bestimmung der freien Kohlensäure.

Freie Kohlensäure, die sich durch Schäumen des Wassers und Korrosion der Kesselwände unangenenehm bemerkbar machen kann, wird quantitativ nach Trillich bestimmt.

Man füllt einen 100 ccm fassenden, mit einem Glasstöpsel verschließbaren Meßkolben, dessen Marke möglichst tief unten am Hals sich befindet, mit dem zu prüfenden Wasser. Hierbei verfährt man so, daß man das Wasser durch ein bis nahe zum Boden der Flasche reichendes Glasrohr einlaufen und mehrere Minuten durch den Kolben strömen läßt. Man entfernt mittelst einer Pipette das über der Marke stehende Wasser, und titriert nach Zusatz einiger Tropfen Phenolphthaleinlösung mit $n/_{10}$ Sodalösung, bis eine schwache rote Färbung auftritt, welche auch beim Umschwenken des verstöpselten Kolbens nach 5 Minuten noch bestehen bleibt. Jeder Kubikzentimeter der verbrauchten Meßflüssigkeit entspricht 2,2 mg Kohlensäure.

Bei der Bestimmung der freien Kohlensäure in Wasser[1]) ist es üblich, die Kohlensäure ohne weiteres mit Phenolphthalein als Indikator zu messen. Infolge der langsamen Neutralisation muß nach jedem erneuten Laugenzusatz gewartet werden, bis Gleichgewicht eingetreten ist. Genaue Ergebnisse erhält man nach L. W. Winkler, wenn eine abgemessene Wassermenge in einer Flasche mit eingeschliffenem Stöpsel mit einem Laugenüberschuß versetzt wird und hierauf etwas festes Chlorbaryum zur Ausfällung des Karbonats hinzugefügt wird. Nach einstündigem Stehen ist man sicher, daß das Gleichgewicht erreicht ist, und man kann in üblicher Weise mit Salzsäure zurücktitrieren. Man muß möglichst schnell arbeiten und unnötiges Umschütteln durchaus vermeiden.

Bestimmung des Sauerstoffgehaltes.

Der im Wasser gelöste Sauerstoff, der Anlaß zu starken Korrosionen geben kann, wird nach Winklers[2]) jodometrischer Methode bestimmt.

In Gegenwart von Alkali wird durch Sauerstoff überschüssiges Manganohydroxyd zu Manganihydroxyd oxydiert. Zur Flüssigkeit wird Kaliumjodid und Salzsäure zugegeben, wobei sich eine dem gelösten Sauerstoff äquivalente Menge Jod ausscheidet, die mit Natriumthiosulfatlösung titriert wird; aus der Jodmenge läßt sich die Sauerstoffmenge berechnen.

---

[1]) Robert Stroeker, Beiträge zur Kenntnis der wässerigen Lösung der Kohlensäure. Zeitschr. f. Unters. d. Nahr.- u. Genußm. **31**, 121—160 [1916], Wasser und Abwasser **12**, 271—272 [1918].

[2]) Z. f. analyt. Chemie **53**, 615—672, [1914].

Erforderliche Lösungen: 1. Manganochloridlösung (40 g $MnCl_2$ 4 H_2O) in Wasser auf 100 ccm. Das Salz darf Eisen nicht enthalten; in einer angesäuerten Kaliumjodidlösung soll es höchstens Spuren von Jod freimachen.

2. Konzentrierte Natronlauge. Von nitritfreiem, reinstem Natriumhydroxyd wird 1 Teil in 2 Teilen Wasser gelöst. 1 Teil der Lauge wird mit etwa $10^0/_0$ Kaliumjodid versetzt, oder aber Kaliumjodid später in Kristallen[1]) erst bei der Untersuchung selbst zugefügt. Wird diese jodkaliumhaltige Natronlauge in einer Probe mit Salzsäure angesäuert, so darf Stärkelösung nicht sogleich gebläut werden, Karbonat soll nur wenig vorhanden sein.

Die Bestimmung wird in Flaschen mit eingeschliffenem Glasstöpsel von 125 bzw. 250 ccm Fassungsraum ausgeführt, der Inhalt muß genau ausgemessen werden. Die Flasche wird vollständig mit dem zu untersuchenden Wasser gefüllt, am besten wird das Wasser einige Zeit durch die Flasche geleitet. Die Reagenzien werden mit Pipetten von 1 ccm Inhalt, die bis auf den Grund des Gefäßes eingesenkt werden, zugefügt. Zunächst wird 1 ccm der kaliumjodidhaltigen Natronlauge eingetragen, hierauf 1 ccm der Manganosalzlösung; die Flasche wird nun verschlossen, indem man den angefeuchteten Stopfen derart aufsetzt, daß Luftblasen in ihr nicht zurückbleiben. Durch Umschütteln wird der Flascheninhalt sorgfältig gemischt. Ein flockiger Niederschlag setzt sich nach einigen Minuten ab, die im oberen Teile der Flasche befindliche Flüssigkeit soll völlig klar sein. Nach dem Öffnen werden mit einer langstieligen Pipette 5 ccm rauchende Salzsäure eingetragen, die Flasche abermals verschlossen und geschüttelt. Der Niederschlag löst sich dann rasch; die vom Jod gefärbte Flüssigkeit wird in bekannter Weise mit Natriumthiosulfatlösung titriert; 1 ccm einer $^n/_{100}$ Thiosulfatlösung entspricht 0,055825 ccm Sauerstoff (von 0^0 und 760 mm Druck).

Bestimmung der organischen Substanzen (Humus). Oxydierbarkeit.

Ein großer Gehalt des Kesselspeisewassers an organischen Stoffen kann infolge seiner Wirkung als Sauerstoffüberträger auf die Kesselwand schädigend wirken, und beim Vorkommen im Fabrikationswasser die Güte der Zellstoffe und Papiere beeinträchtigen.

Zu einer vergleichenden Bestimmung der Menge solcher organischen Stoffe benutzt man ihre Eigenschaft, durch Kaliumpermanganat oxydiert zu werden.

---

[1]) Weitere Ausführungsformen: Bruhns, Chemiker-Ztg. **39**, 845—848 [1915]. Noll, Z. f. angew. Chemie **30**, 105 [1917].

Zur Ausführung der Bestimmung gibt man 100 ccm des Wassers in ein Becherglas, fügt 10 ccm Schwefelsäure 1 : 3 und soviel Kubikzentimeter $n/_{100}$ Kaliumpermanganatlösung hinzu, daß die Flüssigkeit stark rot gefärbt wird. Nun erhitzt man zum Sieden und kocht genau 5 Minuten lang. Nach Zugabe von 10 ccm $n/_{100}$ Oxalsäure titriert man mit $n/_{100}$ Permanganat die wieder farblos gewordene Flüssigkeit bis zur schwachen Rotfärbung. Die Gesamtzahl der verbrauchten Kubikzentimeter $n/_{100}$ Pergamanganat, vermindert um 10 ccm $n/_{100}$ Oxalsäure, gibt den Grad der Oxydierbarkeit des Wassers in ccm $n/_{100}$ Permanganat. Man rechnet ihn meist auf 100000 Teile Wasser um.

Untersuchung des Fabrikationswassers auf Klarheit und Farbe.

Das Fabrikationswasser kann größere Mengen von Schwebestoffen enthalten, die man meist durch Absitzen, Abtrennen und Filtration und Wägung des auf dem Filter verbleibenden Rückstandes bestimmen kann. Wird der Filterrückstand verascht, so kann man auf diese Weise die mechanischen organischen und anorganischen Verunreinigungen des Wassers nebeneinander bestimmen, wenn das Gewicht der Asche von dem Gesamtgewicht des Niederschlags abgezogen wird.

Zur Bestimmung der Klarheit und Farbe kann man das Wasser in einen Zylinder von farblosem Glase von etwa 30 cm Höhe und 4 cm Weite einfüllen, und diesen auf weißes Papier stellen. Zum Vergleich wird ein ebenso großer Zylinder mit völlig farblosem und klarem Wasser gefüllt, daneben gestellt und nunmehr Farbton und Trübung der Flüssigkeit beobachtet, indem man von oben in die Zylinder hineinsieht. Die Huminsubstanzen verleihen dem Wasser eine gelbliche Farbe, die beim Stehen nicht verschwindet. Etwa sich abscheidendes Eisen verursacht eine rötlichbraune, Kalziumkarbonat eine weiße, und Schwefelmetall eine schwarze Farbe.

Die Trübung kann man zahlenmäßig durch eine von Dernby[1]) vorgeschlagene, kolorimetrische Wasseruntersuchung festlegen:

Zur Bestimmung der Färbung und Trübung eines Wassers dient eine Karamellösung von bekanntem Gehalt. Ist das Wasser gleichzeitig trübe, so müssen die Vergleichslösungen zuvor durch einige Tropfen reiner Mastixlösung mit der Probe auf gleiche Trübung gebracht werden; 2 g Mastix werden zu ihrer Herstellung in 50 ccm absolutem Alkohol gelöst und diese Lösung bei 18° mit der Pipette in feinem Strahl

---

[1]) Journ. f. Gasbeleucht. u. Wasserversorg. **59**, 641—643 [1916]. Wasser und Abwasser **2**, 328 [1917].

unter schnellem Umrühren in einen Meßkolben von 200 ccm einlaufen gelassen. In diesem Kolben müssen sich 140 ccm ungefärbtes destilliertes Wasser befinden. Nach Zusatz der Mastixlösung wird bis zur Marke mit destilliertem Wasser aufgefüllt. Jeder Kubikzentimeter enthält demnach 10 mg Mastix. Bei der Bestimmung der Trübung muß man von dieser Normalflüssigkeit ausgehen und geeignete Verdünnungen herstellen. Zur besseren Erkenntnis muß als Hintergrund schwarzes Papier verwendet werden. Der Trübungsgrad wird zweckmäßig als mg Mastix im Liter angegeben. Sind die Wässer gefärbt, so muß man den Vergleichsflüssigkeiten einige Tropfen geeigneter Farbstoffe zusetzen, so daß sie dieselbe Farbe enthalten wie die Probe, z. B. Bismarckbraun oder Tropäolin.

Tonhaltiges Wasser wird selbst nach langem Stehen nicht völlig klar, die erforderliche Klärung kann man durch Zusatz von Tonerdesulfat erreichen, wobei auf etwa 1 cbm Wasser durchschnittlich 0,2 bis 0,4 kg rohes Tonerdesulfat erforderlich sind.

Bestimmung der zur Reinigung des Wassers erforderlichen Chemikalien: Kalkwasser und Soda.

Die Bestimmung der Härte eines Wassers liefert die Grundlage für die Berechnung der zu seiner Enthärtung notwendigen Mengen an Kalk und Soda. Die Vorgänge bei der Wasserreinigung mit diesen Agentien lassen sich in folgende Gleichungen zusammenfassen:

$$1. \quad Ca(HCO_3)_2 + CaO = 2\,CaCO_3 + H_2O$$
$$2\,a. \quad Mg(HCO_3)_2 + CaO = MgCO_3 + CaCO_3 + H_2O$$
$$2\,b. \quad MgCO_3 + CaO \quad = MgO + CaCO_3$$
$$3. \quad CaSO_4 + Na_2CO_3 \quad = CaCO_3 + Na_2SO_4$$
$$4\,a. \quad MgCl_2 + CaO \quad = MgO + CaCl_2$$
$$4\,b. \quad CaCl_2 + Na_2CO_3 \quad = CaCO_3 + 2\,NaCl\,[1]).$$

Hieraus folgt, daß für jedes Mol der Bikarbonate und für jedes Mol MgO 1 Mol CaO zur Ausreinigung nötig ist. Jedes Mol der permanenten Härte erfordert 1 Mol Na_2CO_3. Mit anderen Worten heißt das: für jeden Grad temporärer Härte (deutsche Grade von 10 mg CaO im Liter) werden 10 mg CaO, und außerdem für je 40 mg MgO immer je 56 mg CaO, oder für je 1 Milligramm MgO 1,4 mg CaO benötigt. An Soda sind für jeden Grad permanenter Härte $\frac{106}{56} \times 10 = 18{,}9$ mg Na_2CO_3 für 1 Liter erforderlich.

---

[1]) Pfeifer, Z. f. angew. Chemie 15, 193 [1902].

Die hieraus zur Wasserreinigung errechneten Mengen an Kalk und Soda weichen stets mehr oder weniger von den tatsächlich zu diesem Zweck erforderlichen ab. Von gewissem Einfluß auf diese Chemikalienmenge und ihre Wirkung ist der sich bei der Ausreinigung bildende Schlamm und ferner auch die bei den chemischen Umsetzungen herrschende Temperatur.

Handelt es sich darum, die zur Ausreinigung nach dem Kalk- und Sodaverfahren erforderlichen Chemikalien rasch und einfach zu bestimmen, so kann man wie folgt verfahren:

a) Bestimmung der Sodamenge. Man versetzt 500 ccm des Wassers mit 10 ccm $n/_5$ Sodalösung, dampft zur Trockne ein, löst den verbleibenden Rückstand in wenig Wasser, filtriert durch ein kleines Filter und wäscht dieses bis zum Verschwinden der alkalischen Reaktion aus. Im gesamten Filtrat bestimmt man durch Zurücktitrieren mit $n/_5$ Säure unter Benutzung von Methylorange-Indikator die verbrauchte Sodamenge. Sind a ccm Sodalösung verbraucht worden, so ist die für je 1 Liter des Wassers zur Entfernung der bleibenden Härte notwendige Soda gleich $2 \cdot a \times 0{,}0106$ g.

b) Bestimmung der Kalkmenge. Es werden 500 ccm des Wassers mit 100 ccm eines klaren Kalkwassers, dessen CaO-Gehalt vorher durch Titrieren z. B. mit $n/_5$ Salzsäure und Phenolphthalein ermittelt worden ist, versetzt. Man erwärmt etwa $1/_2$ Stunde im bedeckten Gefäß und filtriert nach dem Erkalten durch ein trockenes Faltenfilter. 500 ccm des Filtrates werden sogleich mit $n/_5$ Salzsäure titriert. Die verbrauchte Säuremenge gibt nach der Vermehrung um $1/_5$ (wegen der vorherigen Verdünnung der 500 ccm auf 600) die Menge des unverbrauchten CaO. Zieht man diese Menge von der ursprünglich in 100 ccm Kalkwasser enthaltenen Menge CaO ab, so ergibt sich die zur Ausreinigung der Erdalkalikarbonate erforderliche CaO-Menge für $1/_2$ Liter des untersuchten Wassers.

Die hieraus ermittelten Chemikalienmengen werden natürlich gleichfalls nur angenäherte Werte geben, die durch die praktischen Erfahrungen zu korrigieren sind.

Noll[1]) gibt für Nicht-Chemiker folgende Rechenbeispiele zur Berechnung der für die Enthärtung erforderlichen Zusätze an Kalk-Soda oder Kalk-Ätznatron.

Auf Grundlage der nach den oben beschriebenen Bestimmungsmethoden festgestellten Härtegrade berechnen sich die für die Ent-

---

[1]) H. Noll, Z. f. angew. Chemie **31**, 6 u. 9 [1918]. — Ergänzung und Kritik an den Nollschen Ausführungen: Noll, Z. f. angew. Chemie **31**, 67 [1918]; Rodt, Z. f. angew. Chemie **31**, 67—68 [1918].

härtung des Wassers erforderlichen Zusätze an Kalk und Soda folgendermaßen. Vorausgesetzt, ein Wasser hätte die nachstehende Zusammensetzung:

$$
\begin{array}{ll}
\text{Gesamthärte} \ldots \ldots \ldots & 12{,}0^0 \\
\text{Karbonathärte} \ldots \ldots & 6{,}0^0 \\
\text{Nichtkarbonathärte} \ldots \ldots & 6{,}0^0 \\
\text{Magnesiahärte} \ldots \ldots & 3{,}0^0
\end{array}
$$

so würden an Chemikalien erforderlich sein:

1. Für die Karbonathärte: $6 \cdot 10 = 60$ mg CaO auf 1 Liter Wasser.
2. Für die Magnesiahärte: $3 \cdot 10 = 30$ mg CaO auf 1 Liter Wasser.
3. Für die Nichtkarbonathärte: $6 \cdot 19 = 114$ mg Na_2CO_3 auf 1 Liter Wasser.

Die unter 1. eingetragenen 60 mg CaO dienen dazu, die Bikarbonate in die Monokarbonate überzuführen, wohingegen die unter 2. eingetragenen 30 mg CaO einerseits das Magnesiummonokarbonat in Magnesiumoxyhydrat, und andererseits etwa vorhandenes Magnesiumchlorid oder Magnesiumsulfat in Chlorkalzium oder Kalziumsulfat umwandeln. Infolgedessen muß für den Zusatz des Kalkes außer der Karbonathärte die ganze Magnesiahärte mit in Rechnung gezogen werden. Die Nichtkarbonathärte, die durch den Kalkzusatz nur insofern eine Umwandlung erfahren hat, als an Stelle der Nichtkarbonathärte der Magnesia, die Nichtkarbonathärte des Kalkes getreten ist, wird nun durch die unter 3. bezeichneten 114 mg Na_2CO_3 mit der sonst noch vorhandenen Nichtkarbonathärte zur Ausfällung gebracht. Der Kalkzusatz muß so hoch bemessen werden, da andernfalls beim Zusatz von Soda aus dem vorhandenen Magnesiumchlorid oder Magnesiumsulfat Magnesiumkarbonat gebildet wird, und dieses infolge seiner leichten Löslichkeit zum großen Teile im Wasser verbleiben würde.

Die errechnete Menge Soda reicht infolge Eintretens eines Gleichgewichtszustandes nicht aus, es muß deshalb, um bessere Enthärtung zu erzielen, ein Überschuß von $10—20\,^0/_0$ Soda und mehr auf 1 Liter Wasser gegeben werden. Im Beispiel wären an Stelle von 114 mg 125,4 oder 136,8 mg Soda anzuwenden.

Berechnung der Zusätze an Kalk und Natriumhydroxyd.

Die Anwendung von Kalk- und Natriumhydroxyd kommt für solche Wässer in Betracht, bei denen die Karbonathärte höher liegt, als die Nichtkarbonathärte.

An Chemikalien würden erforderlich sein:

I. Bei einem Wasser, bei dem sowohl Karbonathärte plus Magnesiahärte, als auch die Karbonathärte für sich allein höher liegen, als die Nichtkarbonathärte:

$$
\begin{aligned}
\text{Gesamthärte} & \ldots \ldots \ldots \ldots 18{,}0^0 \\
\text{Karbonathärte} & \ldots \ldots \ldots \ldots 9{,}0^0 \\
\text{Nichtkarbonathärte} & \ldots \ldots \ldots 6{,}0^0 \\
\text{Magnesiahärte} & \ldots \ldots \ldots \ldots 3{,}0^0
\end{aligned}
$$

a) An Natriumhydroxyd: Nichtkarbonathärte $\times$ 14,3; also $6 \times 14{,}3 = 85{,}8$ mg NaOH auf 1 Liter.

b) An Kalk: Karbonathärte plus Magnesiahärte, minus Nichtkarbonathärte $\times$ 10; also $(12 - 6) \times 10 = 60$ mg CaO auf 1 Liter. Bei dieser Berechnung ist kein Sodaüberschuß im Wasser vorhanden Um diesen zu erhalten, wird der Natriumhydroxydzusatz um einen Grad erhöht, so daß also diesem Wasser $7 \cdot 14{,}3 = 100{,}1$ mg NaOH zuzusetzen wären. Dementsprechend würde der Kalkzusatz um einen Härtegrad zu kürzen sein, also statt 60 mg nur 50 mg CaO betragen. Um einen Sodaüberschuß auf diese Weise zu erreichen, muß also die Karbonathärte des Wassers mindestens um einen Grad höher liegen als die Nichtkarbonathärte, da andernfalls zwecks Erhöhung des Gehaltes an Soda solche zugesetzt werden müßte.

II. Bei einem Wasser, bei dem die Karbonathärte plus Magnesiahärte höher liegen als die Nichtkarbonathärte, und die Karbonathärte der Nichtkarbonathärte gleich ist oder niedriger liegt:

$$
\begin{aligned}
\text{Gesamthärte} & \ldots \ldots \ldots \ldots 15{,}0^0 \\
\text{Karbonathärte} & \ldots \ldots \ldots \ldots 6{,}0^0 \\
\text{Nichtkarbonathärte} & \ldots \ldots \ldots 6{,}0^0 \\
\text{Magnesiahärte} & \ldots \ldots \ldots \ldots 3{,}0^0
\end{aligned}
$$

a) An Natriumhydroxyd: Nichtkarbonathärte $\times$ 14,3; also $6 \cdot 14{,}3 = 85{,}8$ mg NaOH auf 1 Liter.

b) An Kalk: Karbonathärte plus Magnesiahärte, minus Nichtkarbonathärte $\times$ 10; also $(9 - 6) \times 10 = 30$ mg CaO auf 1 Liter. Hierzu muß noch bemerkt werden, daß man bei einem Wasser von dieser Zusammensetzung beim Vorhandensein von Magnesiumkarbonat den erforderlichen Sodaüberschuß auch dadurch erreichen kann, daß man den Zusatz an Natriumhydroxyd um einen Grad erhöht, und dafür den Zusatz an Kalk um einen Grad kürzt, genau so, wie beim Beispiel I.

III. Bei einem Wasser, bei dem Karbonathärte plus Magnesia-härte der Nichtkarbonathärte gleich sind, also die Karbonathärte niedriger liegt als die Nichtkarbonathärte:

Gesamthärte 12,0⁰
Karbonathärte 3,0⁰
Nichtkarbonathärte 6,0⁰
Magnesiahärte 3,0⁰

a) An Natriumhydroxyd: Nichtkarbonathärte $\times$ 14,3; also $6 \cdot 14,3 = 85,8$ mg NaOH auf 1 Liter.

b) An Kalk: Karbonathärte plus Magnesiahärte, minus Nicht-karbonathärte $\times$ 10; also $6 - 6 = 0$. Ein Sodaüberschuß müßte dem Wasser direkt zugesetzt werden.

IV. Bei einem Wasser, bei dem Karbonathärte plus Magnesia-härte geringer sind als die Nichtkarbonathärte:.

Gesamthärte 10,0⁰
Karbonathärte 2,0⁰
Nichtkarbonathärte 6,0⁰
Magnesiahärte 2,0⁰

a) An Natriumhydroxyd: Karbonathärte plus Magnesiahärte $\times$ 14,3; also $4 \cdot 14,3 = 57,2$ mg NaOH auf 1 Liter.

b) An Kalk: Karbonathärte plus Magnesiahärte minus Nicht-karbonathärte $\times$ 10; also $4 - 6 = 0$.

c) An Soda: Nichtkarbonathärte, minus Karbonathärte plus Magnesiahärte $\times$ 19; also $2 \cdot 19 = 38$ mg Na_2CO_3 auf 1 Liter.

Bei diesen Wässern wird der Natriumhydroxydzusatz nicht aus der Nichtkarbonathärte, sondern aus der Karbonat- plus Magnesia-härte berechnet. Außer dem unter c) verzeichneten Sodazusatz würde dann noch der zwecks besserer Abscheidung der Härtebildner er-forderliche Überschuß an Soda kommen.

Die Wasserreinigung.

Diese wird vorzugsweise mit Kalk- und Soda-, oder Kalk- und Natronlaugenzusätzen bewirkt. Neben diesem verbreitetsten Ver-fahren bürgert sich das Permutitverfahren ein, das auf der An-wendung natürlicher, oder vorzugsweise künstlicher sogenannter Zeolithe (Natriumaluminium-Silikate) beruht.

Für das Kesselspeisewasser ist von großer Bedeutung, daß nicht nur die Härtebildner im Reiniger — nicht erst im Dampfkessel — entfernt werden, sondern daß dem Wasser möglichst auch ein etwaiger Gehalt an Kohlensäure und Sauerstoff entzogen wird, welch letztere Bestandteile die Hauptursache der gefürchteten Korrosionen sind. Am einfachsten werden diese Stoffe durch Vorwärmung des Wassers entfernt. Im vorgewärmten Wasser vollzieht sich auch die Enthärtung weit rascher als im kalten Wasser.

Rohstoffe zur Wasserreinigung.

Zur Reinigung des Wassers von Härtebestandteilen kommen, wie aus dem Vorstehenden hervorgeht, Ätzkalk, Soda und Ätznatron in Betracht. Der Wirkungswert der angelieferten Chemikalien muß demnach bestimmt werden.

1. Gebrannter Kalk. Ätzkalk wird fast ausschließlich auf seinen Gehalt an wirksamen Kalziumoxyd, allenfalls noch auf Magnesiumgehalt untersucht. Nichtdurchgebrannte Teile, sowie sandige Beimengungen sind für seine technische Verwendung wertlos. Soll der Kalk[1]) für Hadernkochung Verwendung finden, so darf er nicht mehr als $2\,^0/_0$ Magnesiumoxyd und $2^0/_0$ Kieselsäure, Eisen, Aluminium oder andere unlösliche Stoffe enthalten. Der Kohlendioxydgehalt darf $2\,^0/_0$ nicht übersteigen. Der Minimalgehalt an Kalziumoxyd soll $95\,^0/_0$ betragen. Vorbedingung für die Analyse ist ein möglichst gut gezogenes Durchschnittsmuster. Die Probeentnahme kann in ganz ähnlicher Weise, wie es bei der Kohle beschrieben wird, geschehen.

100 g eines solchen Durschnittsmusters werden in einer Porzellanschale sorgfältig gelöscht, indem man zweckmäßig heißes, destilliertes Wasser auf die groben Ätzkalkstücke aufspritzt, bis diese zu zerfallen beginnen. Nachträglich ist noch soviel Wasser hinzuzusetzen, daß ein teigiger Brei entsteht. Für die Feinheit und Gleichmäßigkeit des zu untersuchenden Breies oder der daraus zu bereitenden Kalkmilch ist es von Vorteil, die angeteigte Masse einige Stunden, womöglich über Nacht, stehen zu lassen. Der aus 100 g entstandene Brei wird in einen Halbliterkolben gebracht und mit destilliertem Wasser bis zur Marke aufgefüllt. Nach tüchtigem Umschütteln werden 100 ccm herauspipettiert, in einen weiteren Halbliterkolben übertragen, in diesem wieder zur Marke aufgefüllt und von dem nochmals gut gemischten Inhalt 25 ccm, die 1 g Ätzkalk entsprechen, zur Untersuchung gezogen. Der trüben Kalkmilch werden einige Tropfen Phenolphthaleinlösung zugefügt, dann wird mit normaler Salzsäure titriert, bis die Rosafarbe verschwunden ist. Der Farbenumschlag tritt ein, wenn aller freier Kalk neutralisiert, aber kohlensaurer Kalk noch nicht angegriffen ist. Erforderlich ist lang-

---

[1]) **Paper 25**, 16, Nr. 25 [1920].

sames gutes Umrühren oder Schütteln. Das Verschwinden der rosa Farbe zeigt an, daß eine kleine Menge von Kohlendioxyd durch die Normalsalzsäure aus dem kohlensauren Salz entwickelt worden ist und das Phenolphthalein entfärbt hat. In diesem Augenblick ist sämtlicher freier Kalk (CaO) abgesättigt. Jeder Kubikzentimeter der Normalsäure entspricht 0,02804 g Kalziumoxyd.

Für den Fall, daß im gebrannten Kalk größere Mengen nicht durchgebranntes Gestein, also noch Karbonat enthalten sind, sei zu seiner Bestimmung folgende Methode gegeben:

Man bestimmt durch Auflösen einer Probe in einer gemessenen Menge Normal-Salzsäure und Zurücktitrieren mit Normalalkali unter Benutzung von Methylorange den Gehalt von Kalziumoxyd und Kalziumkarbonat zusammen. In einer zweiten Probe ermittelt man nach der oben beschriebenen Vorschrift das Kalziumoxyd. Die Differenz der nach beiden Bestimmungen erhaltenen Werte er· gibt die Menge des nicht durchgebrannten Kalkes, ausgedrückt als Kalziumoxyd.

Die Titration des Kalkes kann auch mit Normal-Oxalsäure in Gegenwart von Phenolphthalein vorgenommen werden, welche nur auf das vorhandene Kalziumoxyd, nicht aber auf das Kalziumkarbonat einwirkt. Hat man eine Titration mit Oxalsäure bis zur völligen Entfärbung durchgeführt und mittels einer anderen, wie im vorstehenden Absatz beschrieben, die Summe von Karbonat und Ätzkalk ermittelt, so gibt die Differenz zwischen beiden Bestimmungen die Menge des vorhandenen Kalziumkarbonates an.

Der Ätzkalk enthält außer kohlensaurem Kalk als Verunreinigungen Sand und kieselsäurehaltige Materie. Um diese Verunreinigungen zu bestimmen, werden 10 g ausgewogen und mit einer hinreichenden Menge Säure in einer Porzellanschale digeriert, der Inhalt der Porzellanschale bis zur Trockenheit auf dem Wasserbade verdampft, nochmals mit starker Salzsäure angefeuchtet und wiederum abgeraucht und eingedunstet, um alle Kieselsäure unlöslich zu machen. Hierauf wird mit heißem Wasser auf ein Filter gespült, das Filter verascht und die Asche gewogen.

Gute Ätzkalksorten haben 80—95, ja bis 98 $^0/_0$ CaO, der Kalziumkarbonatgehalt bewegt sich etwa zwischen 4 und 17 $^0/_0$.

Den Gehalt der für technische Zwecke hergestellten Kalkmilch kann man auch durch Aräometer kontrollieren. Die Genauigkeit der Aräometerbestimmung hängt natürlich vorzugsweise von der Einhaltung der normalen Temperatur von 15° ab. Von Zeit zu Zeit muß durch Titration die Richtigkeit der Aräometerbestimmung geprüft werden.

Nach Lenart[1]) läßt sich weder Spindelung noch Titration genügend genau ausführen. Die Spindelablesung ist bei der Kalkmilch abhängig von der Weite und Höhe des Zylinders, von der Form der Spindel, von der Art der Herstellung der Kalkmilch und von der Ablesung (ob in Ruhe oder Bewegung). Die Titration ergibt gleichfalls voneinander abweichende Zahlen. Für das spezifische Gewicht und bei 20^0 hat Lenart eine Tabelle gegeben, die im Anhang dieses Buches abgedruckt ist. Die spezifischen Gewichte werden erheblich durch die Temperatur beeinflußt. Bei 30^0 sind die spezifischen Gewichte um rund 0,002 und bei 40^0 um rund 0,005 geringer als bei 20^0. Lenart empfiehlt für die Ermittlung des spezifischen Gewichtes ein rohes Pyknometer zu benutzen (Glas oder Metallzylinder von 500—1000 ccm Inhalt) und auf Grund der angegebenen Tabelle die zugehörige Konzentration abzulesen.

Kalkwasser enthält im Liter etwa 1 g CaO; die Löslichkeit nimmt mit der Temperatur noch erheblich ab.

Nach Schwalbe und Grimm[2]) zeigt der Gehalt des Kalkwassers an, ob der betreffende Ätzkalk ausgiebig ist oder nicht. Nur ein guter Ätzkalk gibt den theoretischen Höchstwert von 1,23 gr CaO im Liter. Zur Weiterbestimmung einer Kalkmilch sollte man daher eine Probe mit Wasser·stark verdünnen, tüchtig durchschütteln und nach dem Absitzen in klarem Wasser den Ätzkalk bestimmen. Erreicht dieser nicht annähernd die theoretische Zahl von 1,23 gr CaO so ist der Kalk von minderer Güte.

2. Soda. Als Handelsware wird vorzugsweise kalzinierte Soda bezogen, die je nach der Herstellung kleine Mengen von charakteristischen Verunreinigungen enthält. Bei sogenannter Leblanc-Soda ist Sulfat, Ätznatron und Schwefelnatrium die häufigste Verunreinigung; bei sogenannter Ammoniaksoda bestehen die Fremdstoffe aus Bikarbonat, Chlorid und allenfalls Ammoniak. Die Lagerung der Sodavorräte muß an einem trockenen Orte geschehen, da Soda bis zu 10 $^0/_0$ Feuchtigkeit anzieht. Die Probenahme muß aus sehr verschiedenen Teilen der Packung, Fässer oder Säcke, geschehen. Am besten bedient man sich eines Probestechers, um eine gute Durchschnittsprobe zu ziehen. Vor der titrimetrischen Bestimmung ist es erforderlich, eine Wasserbestimmung durchzuführen, indem man

---

[1]) Georg Lenart, Wie bestimmt man am zweckmäßigsten den Ätzkalkgehalt der Kalkmilch? Ztschr. Ver. Dtsch. Zuckerind. 1919, 1—15. Januar; Chem. Ztrbl. II, 560—561 [1919]; Chem. Ztrbl. IV, 1099 [1919].

[2]) Vgl. H. Grimm, Über die Einwirkung von Alkalien und alkalischen Erden auf Spinnfaser-Zellstoffe (Hadernkochung). „Zellstoff und Papier" 1, 7—10, 33—56, Nr. 1 und 2 [1921].

die Proben ausglüht. Das Glühen muß, um Kohlensäureverluste zu vermeiden, bei Temperaturen unter 300^0 geschehen; am sichersten wendet man einen im Sandbad stehenden Platintiegel an.

Die Titration wird nach einer Vereinbarung der deutschen Sodafabrikanten wie folgt ausgeführt: 2,6502 g des geglühten und wieder erkalteten Materials werden aufgelöst und ohne Filtration mit Normalsalzsäure titriert; jedes Kubikzentimeter Normalsalzsäure zeigt $2^0/_0$ Soda an. Als Indikator dient Methylorange, etwa 2 Tropfen einer Lösung von 1 Teil Methylorange in 1000 Teilen Wasser.

Das Ergebnis der Titration zeigt in Deutschland die Prozente Soda, die sogenannte „Grädigkeit" an, in England gibt man die Grade nutzbaren Natrons (available soda) an, worunter alles verstanden wird, was auf die Normalsäure wirkt, also Hydrat, Karbonat. Silikat, Aluminat. Chemisch reine Soda zeigt 58,53 Grad an. In Prozenten ausgedrückt hat Leblanc-Soda durchschnittlich 75—98 $^0/_0$, Solvay-Soda 96—98 $^0/_0$ Na_2CO_3. In Frankreich und Belgien gibt man die Grade nach Descroizilles an. Die französischen Grade bedeuten diejenige Menge von Schwefelsäure, die von 100 Teilen der betreffenden Soda neutralisiert wird. Als Meßflüssigkeit stellt man sich eine Schwefelsäurelösung her, die genau 100 g Schwefelsäure im Liter enthält.

Von einer, auf ihren chemischen Wirkungsgrad untersuchten Soda kann man Vorratslösungen fertigen, die fortlaufend lediglich nur durch spezifische Gewichtsbestimmung, von Zeit zu Zeit aber durch chemische Analyse nachgeprüft werden müssen.

Tabellen über die spezifische Gewichtsbestimmung von Sodalösungen befinden sich in den Chemiker- und Papierindustrie-Kalendern.

3. Kaustische Soda oder Ätznatron. Die kaustische Soda wird in Trommeln oder als Lauge angeliefert. Bei Probeentnahme aus den Trommeln muß man Stücke aus sehr verschiedenen Teilen des Ätznatronblockes zur Untersuchung bringen. Das in die Trommeln im geschmolzenen Zustande eingegossene Ätznatron erstarrt naturgemäß in den äußeren Schichten rascher als in der Mitte. In den länger flüssigen Anteilen sammeln sich die Verunreinigungen an.

Die Probeentnahme muß mit genügender Geschwindigkeit geschehen, da Wasser- und Kohlensäureanziehung sehr rasch erfolgt, so daß sie selbst in wohlverschlossener Flasche noch bemerkbar wird. Bei der Durchschnittsprobe muß man Stücke verwerfen, die eine blinde Kruste aufweisen, bzw. die Kruste durch Abkratzen entfernen.

50 g der Ätznatronprobe werden in einem Liter aufgelöst und 50 ccm der Lösung — 2,5 g der Substanz — mit Normalsäure und

Methylorange bestimmt. Das Ergebnis wird wie bei Soda berechnet, so daß, in deutschen Graden ausgedrückt, reines Ätznatron 128^0 zeigen könnte.

Zur Bestimmung des eigentlichen Ätznatrongehaltes wird zunächst mit Phenolphthalein titriert, bis die rote Farbe eben verschwunden ist, was eintritt, wenn die vorhandene Soda in Natriumbikarbonat umgesetzt ist. Hierauf wird Methylorange zugesetzt und weiter titriert bis zum Auftreten der Rotfärbung. Sind zur ersten Titration n ccm, zur zweiten m ccm verbraucht, so entsprechen 2 m dem vorhandenen Natriumkarbonat, n—m dem vorhandenen Natriumhydroxyd.

Die Bestimmung des im Ätznatron enthaltenen Wassers erfolgt in einem Erlenmeyer-Kolben von etwa $^1/_4$ Liter Inhalt, dessen Boden gerade von der Probe bedeckt wird. Auf diesen Kolben wird nach Füllung mit dem Ätznatron ein Trichterchen aufgesetzt und in einem Sandbade 3—4 Stunden auf 150^0 erhitzt. Durch das Aufsetzen des Trichters wird Kohlensäureabsorption verhindert. Den Kolben läßt man an freier Luft erkalten und wägt dann zurück.

Die Titration der fertig gelieferten Natronlauge wird sinngemäß in ähnlicher Weise vollzogen. Die für den technischen Gebrauch hergestellten Lösungen können natürlich durch bloße Aräometerbestimmung unter Einhaltung der üblichen Vorsichtsmaßregeln (insbesondere geeigneter Temperatur) kontrolliert werden.

Die Prüfung des gereinigten Kesselspeisewassers.

Aus der Bedeutung der Wasserreinigung für die Wirtschaftlichkeit der Dampfkesselanlage und des störungsfreien Arbeitens der gesamten übrigen Fabrikanlage ergibt sich die Notwendigkeit ihrer Kontrolle. Die Unvollständigkeit der sich bei der Reinigung abspielenden Reaktionen, die Schwankungen der· sie beeinflussenden Temperatur, ferner der leicht mögliche Fall der Überlastung bei angestrengtem Betrieb der Reinigungsapparatur machen eine ständige, fortlaufende Überwachung des Gesamtverlaufes erforderlich.

Diese Kontrolle der Wirksamkeit der Anlage findet in einfacher Weise durch Ermittlung der Härte des gereinigten Wassers statt. Dort, wo eine Enteisenungsanlage vorhanden ist, muß auch deren richtiges Arbeiten zeitweilig durch Eisenbestimmungen kontrolliert werden.

Von den bereits erwähnten Härtebestimmungen dürften für diesen Zweck besonders die Clarksche und die von Blacher gegebene geeignet sein. Die Einfachheit und die leichte Ausführbarkeit der ersteren machen sie vornehmlich für eine dauernde Prüfung des enthärteten Wassers durch nicht wissenschaftlich Gebildete geeignet. Hinsichtlich ihrer Ausführung und jener der anderen wird auf das bereits oben Gesagte verwiesen.

Von den im gereinigten Wasser enthaltenen Bestandteilen beansprucht bei mit Kalk und Soda ausgereinigten Wässern der Sodagehalt eine gewisse Beachtung. Es ist darauf aufmerksam gemacht worden[1]), daß ein scheinbarer an sich bedeutungsloser Gehalt an diesem Salz oft in Wirklichkeit durch noch vorhandenes gefährliches Magnesiumkarbonat vorgetäuscht wird, ein Umstand, welcher sonach ein ganz falsches Bild von der Wirksamkeit der Anlage geben kann. Zur Prüfung, durch welchen der beiden in Betracht kommenden Stoffe — Soda oder Magnesiumkarbonat — die alkalische Reaktion des gereinigten Wassers verursacht wird, ist folgende Probe vorgeschlagen worden:

100 ccm des gereinigten Wassers werden auf dem Wasserbade zur Trockne eingedampft. Der Rückstand wird mit 5 ccm $50^0/_0$igem Alkohol ausgelaugt, und einige Tropfen des Auszuges werden auf Curcuma-Papier gebracht. Entsteht hierbei auf dem Papier ein brauner Fleck, so wird die Alkalinität des Wassers durch Soda bewirkt sein. Bleibt das Papier jedoch unverändert, so ist auf Vorhandensein von Magnesiumkarbonat zu schließen, das in dem verdünnten Alkohol unlöslich ist und daher nicht färbend wirken kann.

Nach Schmidt[2]) zerfällt die Prüfung eines enthärteten Wassers, besonders nach dem Kalksodaverfahren in zwei Teile: 1. die Prüfung auf Alkalität und 2. die Prüfung auf Härte. Die Feststellung der Alkalität geschieht mit dem Indikator Phenolphthalein. Diese Prüfung zerfällt gleichfalls in zwei Teile, nämlich: 1. die Ermittlung der Gesamtalkalität, bei der ein Überschuß an Ätzkalk und Ätznatron vollständig, der Überschuß an Soda nur etwa zur Hälfte angezeigt wird. Zur Bestimmung dieser „Gesamtalkalität" soll bei Anwendung einer Probe von 100 ccm des enthärteten Wassers ein Verbrauch von 1—2 ccm $^n/_{10}$ Salzsäure erforderlich sein. 2. Die Ermittlung der von Ätzalkalien herrührenden Alkalität. Zu diesem Zweck wird einer neuen Probe von 100 ccm Speisewasser Baryumchlorid zugesetzt, mit welchem die Soda Baryumkarbonat bildet, das sich ausscheidet. Zur Beseitigung der verbleibenden Ätzalkalität soll ein Säureverbrauch von 0,5—1 ccm $^n/_{10}$ Säure notwendig sein. Der Unterschied des Säureverbrauches bei den Prüfungen nach Nr. 1 und 2 gibt

---

[1]) Chem. Zentralbl. 1905. II. 931. J. Brand u. J. Jais, Z. f. ges. Brauwesen [2] **28**, 569—571 [1905].

[2]) Karl Schmidt. Reinigung und Untersuchung des Kesselspeisewassers. Wasser und Abwasser **14**, 2, 62 [1919].

somit einen Maßstab für den von Soda herrührenden Teil der Alkalität. Dieser Unterschied soll ebenfalls 0,5—1 ccm betragen. Wird Soda in einem größeren Überschuß angewandt, so entstehen hierdurch, abgesehen von der Erhöhung der Reinigungskosten, keine nachteiligen Folgen für den Betrieb der Anlage, sofern die Ausrüstungsteile des Kessels aus geeignetem Baustoff — kein Zink — hergestellt sind, und das Kesselwasser nicht schon einen übermäßig hohen Gehalt an löslichen Salzen aufweist, so daß ein Überschäumen und Mitreißen von Wasser in die Dampfleitung zu befürchten ist. Ein Überschuß von Ätzkalk ist dagegen wegen Schlamm- und Kesselsteinbildung möglichst zu vermeiden. Ein Schäumen oder Spucken tritt im allgemeinen erst dann ein, wenn der Gehalt an gelösten Alkalien im Wasser 2,5—3,5 g im L. beträgt. Soda und Ätzalkalien verhindern im Wasser das Anrosten der Kesselwandungen. Der zur Schutzwirkung erforderliche Mindestzusatz an Soda oder an Ätzalkalien wird auch als „Schwellenwert der Alkalität" bezeichnet, und entspricht nach Schmidt einem mittleren Gehalt von 0,5 g Ätznatron, (NaOH) sowie von 1,85 g Soda (Na_2CO_3) im Liter Wasser. Weitere Beobachtungen dieses Autors zeigten, daß hinreichende Alkalität des Speisewassers selbst bei Anwesenheit erheblicher Mengen von Chloriden Metallanfressungen verhindern kann.

Ölgehalt von Kondenswasser.

Soll Kondenswasser im Kesselhausbetrieb Verwendung finden, so muß es möglichst ölfrei sein. Zur Prüfung des Ölgehaltes kann man nach Zschimmer-Goldberg[1]) wie folgt verfahren:

Enthält das Kondensat mehr als 1 mg Öl im Liter, so kann man eine Probe von etwa 1 Liter direkt in der Abfüllflasche mit Äther ausschütteln. Gewöhnlich genügt ein zweimaliges, bei ölreicheren Kondensaten ein dreimaliges Ausschütteln. Der Äther wird in üblicher Weise abgeschieden, mit frisch geglühtem Natriumsulfat entwässert, verdunstet und der Rückstand gewogen.

Handelt es sich um Ölmengen von 1 mg und darunter, so empfiehlt sich der Zusatz von 0,3 g Aluminiumsulfat für je 1 Liter Flüssigkeit. Hierauf wird mit einer zur völligen Umsetzung des Aluminiumsulfats nicht ganz hinreichenden Menge Sodalösung gefällt. Nach erfolgter Klärung wird der größte Teil des Wassers abgehebert, der Rest in einen Scheidetrichter übergeführt, der Niederschlag mit verdünnter Schwefelsäure gelöst und nunmehr mit Äther wie oben ausgeschüttelt.

---

[1]) A. Goldberg, Chemiker-Ztg. **41**, 543—544 [1917].

Weitere beachtenswerte Literatur:

A. Krieger, Seifenlösungen für Härtebestimmungen. Chem. Ztg. **45**, 172—73, 559—60 [1921] Nr. 21, 69.

Vorschlag, die Clarksche Seifenlösung in zehnfacher Konzentration anzuwenden, gegebenenfalls Verwendung einer Bürette, die eine Einteilung nach Härtegraden trägt.

R. Willstätter, Bestimmung kleiner Eisenmengen als Rhodanid. Berichte **53**, 1152 [1920] Nr. 7.

Abänderung der Rhodanmethode, durch welche größere Genauigkeit der Methode erreicht werden kann.

L. W. Winkler, Über die Bestimmung der Kieselsäure in natürlichen Wässern. Z. f. angew. Chemie 27, 511 [1914]. Zentralbl. 2, 951 [1914].

Beschreibung einer kolorimetrischen Methode, die auf der Gelbfärbung des Wassers durch Zusatz von Ammonmolybdat und nachherigem Ansäuern mit Salzsäure beruht.

Die Untersuchung der Kohle.

A. Probenahme.

Vorbedingung zur Erzielung richtiger Werte bei der Untersuchung von Brennstoffen ist eine sachgemäße Probenahme.

Folgende Vorschrift wird zur Probenahme empfohlen[1]): Von jeder auf den Lagerplatz gebrachten Ladung (Karre, Korb u. dgl) wird eine Schaufel, beim Abladen eines Wagens jede zwanzigste oder dreißigste Schaufel in Körbe oder mit Deckel versehene Kästen geworfen. Diese Rohprobe (etwa 250 kg) wird auf einer glatten Unterlage zu Walnußgröße zerkleinert, gründlich durchgemischt und zu einer quadratischen, etwa 10 cm hohen Schicht ausgebreitet. Durch die Diagonalen teilt man das Quadrat in vier Teile, entfernt zwei einander gegenüberliegende Dreiecke und mischt das Verbleibende nach weiterer Zerkleinerung nochmals. Hierauf teilt man wieder wie vorher und fährt mit derselben Arbeitsweise fort, bis je nach Größe der Lieferung eine Probemenge von 1—10 kg verbleibt, die in luftdicht verschlossenen Gefäßen (Blechbüchsen) dem Laboratorium zur Untersuchung übergeben wird.

Von einem bereits abgeladenen Kohlenhaufen muß man an verschiedenen Stellen, auch innen und unten, Proben entnehmen und diese in der gleichen Weise auf eine geringere Menge bringen. Es ist hier, wie oben, stets darauf zu achten, daß in den zuerst genommenen Proben das Verhältnis von Stücken zu Grus dem der ganzen Lieferung möglichst entspricht. Die dem Laboratorium übergebenen Proben werden sogleich nach Ankunft gewogen und in flacher Schicht

---

[1]) Nach den „Normen für Leistungsversuche an Dampfkesseln und Dampfmaschinen".

auf einer Blech- oder Glasunterlage ausgebreitet. Die allmählich statthabende Gewichtsabnahme bis zur Gewichtskonstanz gibt den Wasserverlust bis zur Lufttrockenheit an: Gruben- oder grobe Feuchtigkeit.

Die lufttrockene Kohle wird im Porzellanmörser oder in einer Kugelmühle weiter auf Grießgröße zerkleinert und die Menge des Pulvers nach oben angegebenem Verfahren auf etwa 100 g reduziert, die nach weitgehendster Pulverisierung in einer Stöpselflasche aufbewahrt werden. Vor jeder der folgenden Untersuchungen ist diese Probe gut durchzumischen.

B. Chemische Untersuchung.

1. **Feuchtigkeitsbestimmung.** Man trocknet eine Probe von etwa 10 g in einem Wägeglas zwei Stunden lang bei 105^0. Die in Prozenten ausgedrückte Gewichtsabnahme ist das **hygroskopische Wasser** oder der **Feuchtigkeitsgehalt**.

Bei Kohlen, die bei der Temperatur von 105^0 Zersetzung durch den Sauerstoff der Luft erleiden — vornehmlich Braunkohlen — muß das Trocknen im Kohlensäurestrom geschehen.

Da getrocknete Kohle sehr hygroskopisch ist, muß stets im verschlossenen Wägeglas gewogen werden. Selbst gut eingeschliffene Wägegläser verlieren bei monatelanger Benutzung durch Gestaltsveränderung den luftdichten Schluß, müssen also häufig erneuert werden.

Hygroskopische und grobe Feuchtigkeit sind von Wichtigkeit für die Beurteilung des Heizwertes einer Kohle, da zur Verdampfung des in der Kohle enthaltenen Wassers Wärme verbraucht wird.

Der Wassergehalt der Kohlen nimmt mit ihrem geologischen Alter ab: gasreiche (junge) Kohlen enthalten bis $7^0/_0$ hygroskopisches Wasser, Anthrazit- (gasarme) Kohlen dagegen höchstens $2^0/_0$.

Die berechtigten Einwendungen, welche gegen diese Art der Bestimmung der Feuchtigkeit geltend gemacht worden sind — Wasser kann auch durch Zersetzung der Kohle bei der Trockentemperatur entstehen —, haben schon vor einiger Zeit dahin geführt, an die Stelle der Bestimmung des Wassers durch eine Trockenbestimmung eine direkte Methode der Wasserbestimmung in der Kohle zu setzen. Besonders Schläpfer hat sich in neuester Zeit mit dieser Frage beschäftigt[1]), und in Anlehnung an früher ausgearbeitete Wasserbestimmungsmethoden für Getreidekörner, Zellstoff u. a. m. eine Methode angegeben, welche auf einer Destillation des Brennmaterials

---

[1]) Z. f. angew. Chemie **27**, 52 [1914].

mit Xylol in einer indifferenten Atmosphäre beruht. Das Xylol reißt hierbei aus dem Brennstoff alles Wasser aus dem Destillationskolben mit in eine vorgelegte Meßröhre hinüber. Näheres über diese Art der Bestimmung des Wassergehaltes findet man im Abschnitt „Faserrohstoffe".

2. Aschenbestimmung. Man verbrennt 2—3 g Kohle in einem flachen Schälchen über einem Bunsenbrenner oder besser in einem Muffel- oder elektrischen Ofen. Ein ganz allmähliches Anwärmen ist erforderlich, um ein Zusammenbacken besonders bei Steinkohlen zu vermeiden. Die Temperatur darf eine gewisse Grenze, die bei Rotglut liegt, nicht überschreiten, da sonst die Verflüchtigung von mineralischen Bestandteilen stattfinden kann. Es ist zweckmäßig, den Tiegel in dem runden Ausschnitt einer schrägliegenden Asbestplatte über der Flamme zu erhitzen, um auf diese Weise den Eintritt von frischer Luft zum Tiegelinhalt zu erleichtern; auch ist ein öfteres Umrühren der Probe mit einem Platindraht anzuraten. Die Veraschung ist gewöhnlich in 2—3 Stunden beendet. Die erhaltene Asche muß frei von schwarzen unverbrannten Kohleteilchen sein.

Bei Braunkohle ist die Bestimmung leicht, schwieriger bei Koks, bei dem eine höhere Temperatur und längeres Erhitzen nötig ist.

Die Hauptbestandteile des mineralischen Rückstandes der Kohle — der Aschengehalt sollte $10\,^0/_0$ nicht überschreiten — sind Eisen-, Aluminium- und Kalziumoxyd und Kieselsäure. Die Menge der Asche, sowie ihre Zusammensetzung sind beim Dampfkesselbetrieb von Bedeutung für die Zeit, in welcher der Rost verschlackt wird (Rostbetriebsdauer). Starkes Schlacken tritt besonders dann ein, wenn die Menge der Kieselsäure annähernd gleich der Menge Eisenoxyd oder Kalk ist, da es in diesem Falle beim Verfeuern der Kohle häufig zur Bildung von leicht schmelzenden Silikaten kommt.

3. Schwefelbestimmung. Am gebräuchlichsten ist die Methode von Eschka. Man vermengt etwa 1 g Kohle mit der anderthalbfachen Menge eines innigen Gemisches von zwei Teilen gebrannter reiner Magnesia und einem Teil wasserfreier reiner Soda in einem geräumigen Tiegel, der entweder aus Platin, oder aus Porzellan besteht. Den unbedeckten Tiegel setzt man in eine durchlochte Asbestplatte und erwärmt mit einem Brenner die untere Hälfte zum Glühen. Nach beendigter Überführung des Schwefels in Sulfate, die durch öfteres Umrühren der Masse (mit dem Platindraht) unterstützt wird und spätestens nach 2 Stunden beendet ist, wird der erkaltete Tiegelinhalt in einem Becherglas mit heißem Wasser übergossen. Man setzt alsdann Bromwasser bis zur bleibenden Gelbfärbung zu und kocht zur vollständigen Lösung auf. Man dekantiert

durch ein Filter, wäscht mit heißem Wasser aus, säuert das Filtrat mit Salzsäure an und kocht bis zum Verschwinden des Bromgeruches. In der klaren Lösung fällt man in der Siedehitze mit Baryumchlorid die Schwefelsäure als Sulfat. Der Niederschlag wird in bekannter Weise aufgearbeitet.

1 Teil $BaSO_4$ entspricht 0,1374 g S (log = 0,13792—1). Wenn Magnesia oder Soda nicht schwefelsäurefrei sind, so muß der Schwefelsäuregehalt der Mischung bestimmt und in Betracht gezogen werden·

Die Soda ist vor der Schmelzoperation gut zu entwässern, da sonst leicht Klumpenbildung eintritt[1]).

Ein anderes Verfahren zur Schwefelbestimmung in Kohle hat Brunck[2]) angegeben (modifiziert von Holliger[3])). Auf das Verfahren, bei welchem als Aufschließmischung ein Gemenge von (selbstbereitetem) Kobaltoxyd und entwässerter Soda zur Anwendung gelangt, kann hier nur verwiesen werden.

Ein einfaches Verfahren, das kein Kobaltoxyd benutzt, empfiehlt Krieger[4]). Dazu wird die Substanz in ein Verbrennungsschiffchen eingewogen und auf dessen ganze Länge gleichmäßig verteilt. Je nach dem Schwefelgehalt, der in den meisten Fällen ungefähr bekannt ist, wird 0,5 bis 1 g Substanz angewandt. Die Verbrennung erfolgt in schwer schmelzbarem Verbrennungsrohr im Sauerstoffstrom unter Einwirkung von Kieselsteinen als Katalysatoren. Diese werden statt der sonst wohl verwandten Platinabfälle in einer 10 cm langen Schicht in das Verbrennungsrohr eingefüllt; vor der Substanz befindet sich eine ebenso lange Kupferspirale. Der Zweck dieser Einrichtung ist folgender: Die Substanz soll bei möglichst geringer Erhitzung verbrannt werden; ohne Erhitzung nach dem Beginn der Verbrennung zu arbeiten, wie Holliger angegeben hat, dürfte bei Koks nicht zulässig sein, da hierbei die Verbrennung aufhört. Der Sauerstoff wird durch die schwach rotglühende Kupferspirale erhitzt; auf diese Weise wird die Verbrennungstemperatur nicht zu hoch gehalten. Die Verbrennungsgase durchstreichen mit geringer Geschwindigkeit die ebenfalls rotglühende Schicht der Kieselsteine. Sollte die Verbrennung beim Entgasen der Substanz nicht vollständig gewesen sein, so findet hier eine nachträgliche Verbrennung statt, da die Steine katalytisch wirken, und höher als die Entzündungstemperatur der Verbrennungsgase erhitzt sind.

---

[1]) Nach Krieger, Chem.-Ztg. **39**, 23 [1915], liefert die Methode von Eschka zu hohe Werte; 0,25% sind in Abzug zu bringen.
[2]) Z. f. angew. Chemie **18**, 1560 [1905].
[3]) Z. f. angew. Chemie **22**, 436 [1909].
[4]) Krieger, Chem.-Ztg. **39**, 23 [1915].

Um diese vollständige Verbrennung zu ermöglichen, ist es notwendig, daß der Sauerstoff in Überschuß vorhanden ist. Es ist dies leicht festzustellen, wenn hinter die, an das Verbrennungsrohr angeschlossenen Absorptionsgefäße, noch eine Flasche mit Natronlauge angeschlossen ist. Die Zuführung von Sauerstoff und die Erhitzung des Verbrennungsschiffchens muß so geregelt sein, daß überschüssiger Sauerstoff diese Flasche durchstreicht. Dies gelingt bei etwas Übung leicht. Das Ende der Verbrennungsröhre, welche einseitig zu etwa 4 mm ausgezogen ist, da die Gesamtbeschickung von einer Seite erfolgen kann, muß natürlich derart heiß gehalten werden, daß eine Kondensation an dieser Stelle nicht erfolgt. Die gebildete Schwefelsäure wird in einer Vorlage, die mit titrierter Sodalösung $n/_5$ beschickt ist, aufgefangen und der Schwefelgehalt auf die einfachste Weise durch Titrieren bestimmt. Kontrolluntersuchungen nach der Eschka-Methode, unter Beachtung aller Fehlerquellen — es mußte $0{,}25\,^0/_0$ Schwefel in Abzug gebracht werden —, und die gravimetrische Bestimmung des Schwefels in der Absorptionsflüssigkeit ergaben immer übereinstimmende Werte, die höchstens um $0{,}02\,^0/_0$ schwankten. Die Sodalösung wird mit Salzsäure zurücktitriert, so daß es stets möglich ist, den Schwefel auch noch durch Fällung zu bestimmen. Den vielen Vorteilen dieser Methode steht der eine Nachteil gegenüber: ein Teil des Schwefels kann in der Asche zurückgehalten werden, er kann bei normalen Kohlen, die auch immer die gleichzusammengesetzte Asche haben, nur an Kalk und Magnesia gebunden sein, da die Tonsubstanz der Asche durch Schwefel und dessen Oxydationsprodukte nicht angegriffen wird. Nach umfangreichen Untersuchungen enthält die Asche der westfälischen Kohle etwa $2{,}5\,^0/_0$ Kalk und $1\,^0/_0$ Magnesia. Es ist selbstverständlich, daß durch diesen hohen Gehalt — auf Kohle berechnet etwa $0{,}20\,^0/_0$ Kalk — ein Zurückhalten der Schwefelsäure schon möglich ist, da bekanntlich wohl Magnesiumsulfat, aber nicht Kalziumsulfat durch organische Substanzen zu Oxyd reduziert wird. Trotzdem ist in der Asche nur wenig Schwefel gefunden worden, bei der hauptsächlich untersuchten Kohle schwankt er zwischen 0,03 und $0{,}05\,^0/_0$, ein Wert, der allerdings nicht vernachlässigt werden darf. Da er jedoch immer gleich bleibt, ist eine Bestimmung nicht bei jeder Untersuchung notwendig.

An Stelle des Kieselsteinkontaktes ist ein Platinstern, wie ihn Dennstedt verwendet, sehr zu empfehlen[1]).

Der Schwefel kommt in der Kohle vorzugsweise als Schwefel-

---

[1]) Siehe auch Appitzsch, Z. f. angew. Chemie 26, 503—504 [1913]. Vergleiche auch die Apparatur von Zulkowsky, in diesem Buche im Abschnitte: Schwefelkies.

kies (Eisensulfid) vor; außerdem als Kalziumsulfat (Gips) und an organische Stoffe gebunden. Für den Dampfkesselbetrieb ist zu beachten, daß bei der Verbrennung schwefelhaltiger Kohle Schwefeldioxyd entsteht, das die Kesselwandungen und die anderen Eisenteile der Feuerungsanlage angreift.

Der Schwefelgehalt deutscher Steinkohlen beträgt etwa 1 bis $1,5^0/_0$; Braunkohlen enthalten etwa $2^0/_0$.

4. Koksbestimmung, d. i. Bestimmung der nicht vergasbaren Bestandteile. Man erhitzt 1 g des lufttrockenen Kohlenpulvers in einem mit einem Deckel verschlossenen Platintiegel, der in einem Platindreieck ruht, über einem gewöhnlichen Bunsenbrenner, bis keine brennbaren Gase mehr zwischen Tiegelrand und Deckel entweichen. Der ganze Versuch dauert nur wenige Minuten; es ist bei seiner Ausführung auf folgendes zu achten: die Höhe der Bunsenbrennerflamme soll mindestens 18 cm betragen, und sie soll in einem zugfreien Raum brennen; die Entfernung des Tiegelbodens von der Brennermündung soll (höchstens) 3 cm sein. Der Tiegel wird samt Deckel vor und nach dem Versuch gewogen. Die Koksausbeute wird, um vergleichbare Zahlen zu erhalten, auf aschefreie Kohle berechnet. Es ist bei dem Versuch zulässig, wenn auch weniger gut, sich statt des Platintiegels und Drahtdreiecks eines dünnwandigen Nickeltiegels und Nickeldreiecks zu bedienen.

Sowohl die Menge, als auch die Beschaffenheit des bei der Koksprobe verbleibenden Rückstandes gibt Anhaltspunkte für die Eigenschaften und Verwendbarkeit der betreffenden Kohle. Anthrazitkohlen geben selten weniger als $90^0/_0$ Koksausbeute, gasreiche Kohlen oft nur $50^0/_0$. Der Koksrückstand kann entweder ein fester, zusammengeschmolzener glänzender Kuchen oder ein nicht geschmolzenes Kokspulver sein. Kohlen, die das erstere bei der Probe ergeben, sind vorzugsweise für die Herstellung von gutem Koks geeignet (Back- oder Fettkohlen), während jene, die ein Kohlenpulver hinterlassen (Mager- oder Sandkohlen), für Hausbrand und Schachtofenfeuerung am Platze sind. Zwischen beiden stehen die Sinterkohlen mit $75—90^0/_0$ Koksausbeute. Sie sind für Dampfkesselfeuerung am besten geeignet.

Außer der hier gegebenen Koksbestimmung nach Muck ist vielfach die amerikanische Probe von Constam[1]) in Gebrauch. Sie unterscheidet sich von jener nur dadurch, daß die Flammenhöhe des zum Versuch benutzten Bunsenbrenners 20 cm betragen soll und der Boden des Tiegels sich 6—8 cm über der Brennermündung be-

---

[1]) Z. f. angew. Chemie **17**, 737 [1904].

findet. Die Verkokungszeit wird mit 7 Minuten angegeben. Die Oberfläche des Deckels soll blank werden, die Unterseite sich aber mit einem Kohlenbeschlag überziehen.

5. Heizwertbestimmung. Es ist möglich, aus den bei der Elementaranalyse einer Kohle erhaltenen Werten für den Kohlenstoff-, Wasserstoff- und Sauerstoffgehalt und unter Berücksichtigung der hygroskopischen Feuchtigkeit mittels der sog. „Verbandsformel" (Dulong) einen Wert für die Heizkraft des Brennmaterials zu berechnen. Diese Berechnungsweise hat an und für sich keine wissenschaftliche Berechtigung, da in der Kohle die Elemente keineswegs frei vorhanden sind, vielmehr miteinander komplizierte, nicht näher bekannte Verbindungen von unbekannten Verbrennungswerten bilden. Die Übereinstimmung der nach der Verbandsformel errechneten Heizwerte mit den kalorimetrisch ermittelten ist im allgemeinen genügend. Je jünger der Brennstoff, desto größer werden die Abweichungen (Holz, Torf, Braunkohle).

Vollkommen zuverlässige Angaben können nur durch die kalorimetrische Messung der Verbrennungswärme erzielt werden. Diese Bestimmung wird im Prinzip folgendermaßen ausgeführt: 1 g des Brennmaterials wird in einer stählernen mit Platin oder Emaille ausgefütterten Bombe, nachdem Sauerstoff bis zum Druck von 25 Atmosphären eingepreßt ist, durch einen elektrischen Funken zur plötzlichen Verbrennung gebracht. Die hierbei entstehende Wärme wird aus der Temperatursteigerung des die Bombe umgebenden Wassermantels bestimmt. So einfach dieses Prinzip der Methode auch ist, so verlangt sie viel Übung, wenn sie einwandfrei durchgeführt werden soll. Abgesehen hiervon ist die Apparatur ziemlich kostspielig[1]), alles Gründe, welche eine derartige im Fabriklaboratorium von Zellstoff- und Papierfabriken doch nur gelegentlich auszuführende Bestimmung für diese wenig geeignet machen. Die Ermittlung des Heizwertes wird daher zweckmäßig einem der anerkannten Handelslaboratorien, die sich dauernd mit solchen Untersuchungen beschäftigen, überlassen oder den Laboratorien der Dampfkesselrevisionsvereine übertragen.

Ausführliches über die kalorimetrische Heizwertbestimmung findet man z. B. in Lunge-Berl[2]), „Chemisch-technische Untersuchungsmethoden".

---

[1]) Neuerdings kommen Bomben aus Speziallegierungen (Krupp) in den Handel, welche einer Auskleidung nicht bedürfen und daher weit billiger sind. (Firma Fr. Hugershoff, Leipzig.)

[2]) Lunge-Berl, Chem.-techn. Untersuchungsmethoden: S. 428—443, 7. Aufl. [1921].

Kontrolle der Feuerung.

Allgemeines. Zur vollständigen Verbrennung des Feuerungsmaterials ist eine gewisse Menge Sauerstoff (Luft) und eine gewisse Temperatur erforderlich.

Die hierzu von 1 kg Brennmaterial theoretisch benötigten Luftmengen sind für:

$$\text{trockenes Holz:} \quad L = 6{,}07 \text{ kg}$$
$$\text{mittlere Steinkohle:} \quad L = 10{,}8 \text{ kg.}$$

Tatsächlich ist zur vollkommenen Verbrennung ein gewisser Luftüberschuß nötig. Die wirklich erforderliche Luftmenge L_1 ist je nach dem Brennmaterial das 1,5- bis 2,0fache von L (was einen Wärmeverlust von $8\,^0/_0$ bedeutet). Eine Feuerung wird um so günstiger arbeiten, je geringer dieser Luftüberschuß bei vollständiger Verbrennung ist. Da den Verbrennungsgasen stets eine bestimmte Wärme belassen werden muß, um in den Zügen und dem Schornstein eine gewisse Geschwindigkeit der Gasströme zu erzielen, so bringt jeder unnötige Überschuß an Luft natürlich einen Wärmeverlust mit sich. Dieser Verlust kann bei starkem Zug sehr beträchtlich sein.

Ungünstig beeinflußt wird der Wirkungsgrad der Feuerung weiterhin durch unnötig hohe Temperatur der abziehenden Rauchgase, die eine Folge der zu raschen Vorbeiführung der Heizgase an der Heizfläche des Kessels ist. Die Rentabilität einer Fabrik hängt in hohem Grade von dem Verbrauch der Dampfkesselanlage an Kohlen oder sonstigem Brennmaterial ab. Es ist selbst einem sehr geschickten Heizer nicht immer möglich, aus dem Stand des Feuers den Verlauf des Heizvorganges mit vollkommener Sicherheit zu beurteilen. Demnach ist eine ständige Kontrolle der Feuerung von Wichtigkeit. Sie macht bis zu einem gewissen Grade unabhängig von der Geschicklichkeit des Heizers, und läßt gleichzeitig den Grad der Ausnutzung des Brennmaterials erkennen.

Für die Beurteilung der Verbrennung selbst ist die Analyse der Rauchgase maßgebend, zur Bestimmung von Wärmeverlusten in den Abgasen ist außerdem die Messung ihrer Temperatur erforderlich; auch ist es zweckmäßig, die Stärke des Zuges zu kontrollieren.

Analyse der Rauchgase. Um eine Feuerung mit bestimmtem Brennstoff auf den höchsten Kohlensäuregehalt einzustellen, geht man so zu Wege, daß man in kurzen Abständen während einer Beschickungsperiode Rauchgasanalysen ausführt und den Höchstgehalt an CO_2 ermittelt, bei dem noch keine merkliche Bildung von ·CO auftritt. Diesem gefundenen Werte bleibt man dann an Hand von täglich auszuführenden Analysen oder mit Hilfe eines automatischen Prüfers möglichst nahe.

Der maximale theoretische Kohlensäuregehalt ist je nach der Zusammensetzung des Brennstoffes verschieden, da auch der vorhandene Wasserstoff Sauerstoff verbraucht und dadurch auf die Zusammensetzung der Rauchgase einwirkt.

Die Entnahme von Rauchgasproben geschieht zweckmäßig möglichst nahe der Feuerung, da beim Strömen der Heizgase durch die Feuerzüge sich diesen Flammgasen die durch die Poren des Mauerwerks diffundierende Luft beimengt und ihre Zusammensetzung verändert. Andererseits soll die Probenahme erst dort geschehen, wo man sicher sein kann, daß eine gründliche Durchmischung der Gase bereits erfolgt ist. Das Kesselmauerwerk besitzt an geeigneten Stellen meistens Öffnungen, welche vermittels eingelegter eiserner Rohre solche Probenahmen auszuführen gestatten. Diese findet zweckmäßig unter Benutzung eines Aspirators statt, der durch Ablauf des in ihm enthaltenen Wassers oder Paraffinöles sich selbsttätig in 3, 6, 12 oder 24 Stunden mit angesaugtem Rauchgas füllt, welches dann in bestimmten Zwischenräumen untersucht wird[1].

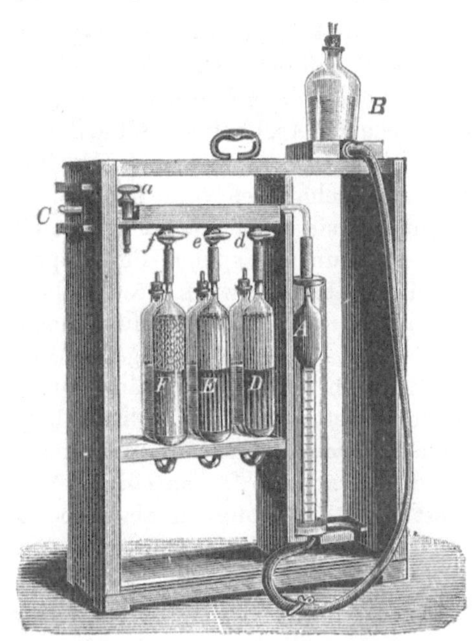

Abb. 3. Orsatapparat.

Die Analyse der Rauchgase erstreckt sich meist auf die Bestimmung von Kohlensäure, Sauerstoff, Kohlenoxyd und Stickstoff (dieser wird aus der Differenz ermittelt). Als zweckmäßiger Ap-

---

[1] Empfohlen wird zur Auffangung der Rauchgase eine Saugglocke von 30—40 Liter Inhalt, deren Sauggeschwindigkeit durch ein Uhrwerk reguliert wird. An die Glocke wird der Orsat-Apparat angeschlossen. Papierfabrikant **14**, 122 [1916].

parat zur Bestimmung dieser Bestandteile gilt der von Orsat angegebene[1]).

Der Apparat (Abb. 3) besteht aus der 100 ccm fassenden Gasbürette A mit Niveauflasche B, welche einerseits durch die Hähne d, e, f mit den Absorptionsgefäßen D, E, F, andererseits durch Hahn a mit der äußeren Luft oder dem Gasbehälter (Aspirator) in Verbindung gesetzt werden kann. Die Orsatröhre D enthält Kalilauge, E alkalische Pyrogallollösung und F ammoniakalische Kupferchlorürlösung. (Über die Bereitung der Lösungen siehe unten.)

Handhabung. Die Gasbürette A wird durch Heben der Niveauflasche B mit Wasser gefüllt. Erreicht das Wasser die oberhalb der Ausbauchung angebrachte Marke, so wird der auf dem Schlauch befindliche Quetschhahn geschlossen. Durch die Öffnung C wird nach erfolgtem Öffnen von a durch Senken der Flasche B und Lüften des Quetschhahnes vom Behälter Gas angesaugt. Diese erste Probe dient, da sie noch mit in den Zuleitungen befindlicher Luft gemengt ist, nur zum Ausspülen des Apparates. Nach dem Umstellen des Dreiweghahnes a wird dieses Gasgemenge durch Heben von B ausgetrieben und die Ausspülung noch zweimal in der gleichen Weise wiederholt. Hierauf erfolgt die Füllung mit dem zur Untersuchung bestimmten Gas, bis gerade zur oberen Marke. Einen etwa im Innern befindlichen Überdruck beseitigt man durch rasches Öffnen von a. Das Gas wird nun durch Öffnen von d und Heben von B in die Orsatröhre D gepreßt. Nach dem Zurücksaugen in die Bürette liest man das Volumen ab, wobei man beachten muß, daß bei der Ablesung die Flasche B so zu halten ist, daß das Wasser in ihr und in A gleich hoch steht. Das verschwundene Volumen stellt den Prozentsatz der Rauchgase an Kohlensäure dar.

Es erfolgt dann in derselben Weise die Überführung des Gases in die Pyrogallollösung und die Bestimmung des Volumenverlustes infolge der Absorption des Sauerstoffes, worauf schließlich durch Absorption in der letzten Flasche durch die ammoniakalische Kupferchlorürlösung Kohlenoxyd absorbiert, und so der Gehalt der Rauchgase an diesem Gase ermittelt wird. Das nachher noch verbleibende Volumen stellt der Hauptsache nach den Prozentgehalt an Stickstoff dar.

In den Rauchgasen gut arbeitender Feuerungen sollen $12-14\,^0/_0$ CO_2 und höchstens $8-6\,^0/_0$ O enthalten sein. Es hat meist keinen

---

[1]) Es werden neuerdings modern ausgeführte Orsatapparate hergestellt, welche durch geeignete Absorptionsgefäße rasches Arbeiten gestatten, andererseits auch leichteres Einfüllen der Lösungen und bequeme Reinigung ermöglichen. Z. B. der Apparat von Lomschakow.

Vorteil, den CO_2-Gehalt noch höher hinauftreiben zu wollen. Man wird häufig, ja fast immer beobachten, daß dann bereits CO in meßbarer Menge vorhanden ist. Die Übertreibung schadet also, und zwar ganz erheblich, denn jedes Prozent C, das nur zu CO verbrennt, bedeutet einen Wärmeverlust von 588 WE. $1\,^0/_0$ CO in den Gasen kann bei Kohlen bereits etwa $10\,^0/_0$ Verlust vom Brennstoffheizwert bedeuten. Man wird daher, um solche Verluste zu vermeiden, lieber den Luftüberschuß so wählen, daß etwas geringerer CO_2-Gehalt vorhanden, damit aber auch die Sicherheit gegeben ist, Verluste durch CO-Bildung zu vermeiden.

Bereitung der Absorptionsflüssigkeiten. Das Gefäß D wird mit 110 ccm Kalilauge vom spezifischen Gewicht 1,25 ($27\,^0/_0$ ig, im Liter 34 g, 1 Teil Ätzkali, 3 Teile Wasser) gefüllt. Diese Lösung reicht sehr lange aus. Zur Füllung von E mischt man ein Volumen einer $22\,^0/_0$ igen Pyrogallollösung mit dem 5—6fachen Volumen sehr konzentrierter Kalilauge (3 Teile Ätzkali auf 2 Teile Wasser) und gibt wieder etwa 110 ccm dieser Mischung in die Flasche. Statt dieser Lösung kann E auch mit dünnen Phosphorstängelchen gefüllt werden, die sich unter Wasser befinden und die durch Umhüllen der Flasche mit schwarzem Papier vor Lichteinwirkung geschützt werden. Neuerdings ist auch Natriumhydrosulfit in alkalischer Lösung zu demselben Zweck empfohlen worden[1]). Die Absorption des Sauerstoffs erfolgt bei beiden Agenzien schnell nur oberhalb Temperaturen von 18^0. Man läßt daher den Apparat vor Ausführung der Analyse längere Zeit in der Nähe des warmen Kesselmauerwerks stehen.

Zur Absorption von Kohlenoxyd dient eine Kupferchlorürlösung, die folgendermaßen hergestellt wird. Man gibt zu einer Auflösung von 250 g Salmiak in 750 ccm Wasser 250 g Kupferchlorür und schüttelt kräftig durch. Vor dem Einfüllen in das Absorptionsgefäß mischt man 3 Volumen dieser Lösung mit 1 Volumen konzentrierten Ammoniaks ($25\,^0/_0$). Die Absorption geht langsam vor sich, so daß man das Gas darin zweckmäßig etwas länger, als in den übrigen Absorptionsgefäßen beläßt. Die Flüssigkeit ist öfters zu erneuern, da sie sonst an kohlenoxydarme Gase CO abgibt. Das Reagens vermag auch Sauerstoff zu absorbieren, weshalb es erst nach dessen Entfernung zur Anwendung gelangen darf.

Für die fortlaufende Kontrolle der Feuerung hat sich die alleinige Bestimmung vom CO_2-Gehalt in den Rauchgasen eingebürgert. Es ist eine ganze Reihe von Apparaten bekannt geworden,

---

[1]) Wochenbl. f. Papierfabrikation **43**, 4239 [1912]. 50 Teile Natriumhydrosulfit (käuflich) in 250 ccm Wasser mit 40 ccm Natronlauge von 5 Vol. in 7 Vol. Wasser (wohl 5 Gewichtsteile in 7 Gewichtsteilen Wasser).

die fortlaufend die Rauchgase auf dieses Gas hin automatisch analysieren. Entweder beruhen diese Apparate auf der Absorption des CO_2 durch Kalilauge und Messung des Volumenverlustes [z. B. Ados (Eckardt), Ökonograph (Pinsch), Autolysator (Strache), Pyrograph (Weber)] oder auf der Bestimmung des spezifischen Gewichtes, welches mit dem Kohlensäuregehalt wächst (z. B. Luxsche Gaswage, Gasanalysator Kroll-Schultze, Telekometer, Ökonometer Arndt)[1]. Die Aktie-Bolag Mono in Stockholm baut Apparate, die außer CO_2 auch vorhandenes CO bestimmen.

Statt der CO_2-Bestimmung kann auch die Bestimmung des O-Gehaltes für die tägliche Feuerungskontrolle angewendet werden. Sie empfiehlt sich dort, wo kein Kontrollapparat zur Verfügung steht, da sie zu ihrer Ausführung nur eine einfache Gasbürette nach Hempel oder Bunte benötigt.

Temperatur- und Zugmessung. Für die Berechnung des Wärmeverlustes durch die Rauchgase ist es nötig, die Temperatur der Gase im Fuchs zu messen. Die Messung geschieht mittels eines in den Rauchkanal reichenden Thermometers, dessen Skala außerhalb des in dem Mauerwerk steckenden Teiles angebracht ist, und dort abgelesen werden kann. Theoretisch wird die maximale Zugleistung bereits bei der Temperatur $273 + 2\,t$ erzielt ($t =$ Temperatur der Außenluft), in der Praxis findet man jedoch häufig ungünstigere Verhältnisse.

Die Messung des Zuges geschieht zweckmäßig mit Verbundzugmessern (G. A. Schulze)[2]. Sie dienen der Messung des Unterdruckes im Fuchs und des Zuggefälles zwischen Feuerraum und Fuchs.

Berechnung der Luftmenge und des Schornsteinverlustes. Nach der von Bunte angegebenen Formel findet man die bei der Feuerung angewandte Luftmenge als $V = \dfrac{18{,}9}{k}$, worin k der CO_2-Gehalt der Verbrennungsgase ist. Den prozentischen Luftüberschuß findet man nach Wa. Ostwald[3], wenn die Gasanalyse außer a Raumteile Kohlensäure, c Raumteile Sauerstoff und b Raumteile Kohlenoxyd in den Verbrennungsgasen ergeben hat, zu

$$\text{Lü }^0/_0 = 100 \cdot \frac{c - \dfrac{b}{2}}{a + b}.$$

[1] Hierzu O. Winkelmann, Z. f. angew. Chemie **27**, 212 [1914].
[2] Hierzu Papierfabrikant **12**, 333 [1914].
[3] Wa. Ostwald, Stahl und Eisen **40**, 546.

Die Bestimmung des Wärmeverlustes durch die abziehenden Rauchgase gibt ein gutes Bild sowohl über die Arbeitsweise der Feuerung als auch über die tägliche Arbeit des Heizers. Sie kann vor allem, wenn die zu ihrer Berechnung notwendigen Größen — CO_2-Gehalt der Rauchgase und Temperatur t' — im Fuchs dauernd registriert werden, die Grundlage für die Bestimmung der Heizerprämien bilden.

Der Schornsteinverlust berechnet sich nach der Siegertschen Formel zu

$$Q = 0{,}66 \cdot \frac{t' - t}{k}$$

(bezügl. der Größen t', t und k siehe oben). Q stellt den Verlust an Wärme in Prozenten der gesamten Verbrennungswärme dar.

Auswertung der Rauchgasanalysen.

Es ist keineswegs empfehlenswert, jeden Tag nach der ausgeführten Rauchgasanalyse Berechnungen über die Rentabilität der Feuerung anstellen zu wollen. Einmal benötigt das immerhin einen ziemlichen Zeitbedarf, andererseits würde man meistens zu stark schwankenden Werten kommen, da sich Zufälligkeiten (z. B. vorübergehendes Abstellen des gesamten oder teilweisen Betriebes und ähnliches mehr) in solchem Falle sehr bemerkbar machen.

Daher ist es zweckmäßig, nach dem Ausfall der täglichen Rauchgasanalyse, lediglich die notwendigen Anordnungen für den Heizer zu geben. Selbstverständlich ist hierbei auch die Temperatur der abziehenden Gase im Auge zu behalten, um den geeignetsten Zug für den betreffenden Brennstoff zu haben. Ist einmal, wie bereits oben dargetan, die Feuerung eingestellt, so wird es meistens ein leichtes sein, solche Anordnungen für den Heizer zu geben.

Alle 8 oder 14 Tage kann man aus den Zahlen der Analyse und aus den am Fuchs beobachteten Temperaturen die Hauptverluste im Kesselhause, nämlich die durch unverbrannte bezw. nicht vollverbrannte Rauchgase, und die durch die in den abziehenden Gasen noch enthaltene Wärme bedingten Verluste ermitteln. Auch der in unverbrannten Teilen der Asche steckende Verlust kann unter Umständen ermittelt werden.

Zur Berechnung dieser Zahlen können entweder die bereits oben gegebenen Gleichungen dienen, oder aber es können jene angewendet werden, die im nächsten Abschnitt aufgeführt sind. Da es sich ja meist um zu gewinnende Vergleichswerte handelt, so können die dort gegebenen Gleichungen durch Vernachlässigung der nicht bestimmten Größen vereinfacht werden.

Ermittlung der Wärmebilanz einer Kesselhausanlage.

Eine genaue Bestimmung der Wärmebilanz einer Kesselanlage erheischt schon größere Vorbereitungen und kann nur periodisch vorgenommen werden[1]).

Es seien für die Werte einer vollständigen Rauchgasanalyse die folgenden Bezeichnungen gewählt.

Gehalt an Kohlensäure . . . . k Vol. $^0/_0$
     „   „   Kohlenoxyd . . . . d   „
     „   „   Methan . . . . m   „
     „   „   schweren Kohlenwasserstoffen p   „
     „   „   Sauerstoff . . . . o   „
    C ist der Kohlenstoffgehalt des Brennstoffes.

Es ist, wenn ferner bedeutet

C_k den in der Kohlensäure (k) enthaltenen Kohlenstoff, C_d jenen im Kohlenoxyd (d) usw. bei unvollständiger Verbrennung, aber sonst keinen Verlusten:

$$\frac{C}{100} = C_k + C_d + C_m + C_p \,.$$

Bei festen Brennstoffen ist jedoch stets mit einem Verlust an Kohlenstoff in der Asche zu rechnen. Es sei dieser C_R, ferner sei der ebenfalls stets vorhandene Verlust an Kohlenstoff im Rauchgas gleich r. Einschließlich der Fehlerquellen F wird dann obige Gleichung zu

$$\frac{C}{100} = C_k + C_d + C_m + C_p + C_R + r + F.$$

Von diesen Werten sind C_k, C_d, C_m und C_p mittels einer vollständigen Gasanalyse bestimmbar. Diese setzt einen erweiterten Orsatapparat (Orsat-Lunge), der mit Einrichtungen zur Verbrennung von Wasserstoff, Methan und den schweren Kohlenwasserstoffen ausgerüstet ist, voraus. Bezüglich der Durchführung der Analyse sei auf Lunge-Berl Chem. techn. Untersuchungsmethoden I, S. 281 ff. verwiesen.

Von den übrigen drei Unbekannten pflegt man meist nur den leicht ermittelbaren Verlust C_R (durch Analyse der Asche) zu berücksichtigen. Die zur Erlangung einwandfreier Zahlen jedoch unbedingt notwendige Bestimmung von r geschieht durch Absaugen eines größeren Volumens Rauchgas durch mit Glaswolle beschickte Absorptionsgefäße. Hierbei ist die gleiche Stromgeschwindigkeit wie

---

[1]) Nach den ausführlichen Abhandlungen hierüber in de Grahl s. Literaturverzeichnis.

im Hauptteil der Rauchgase herrschend einzuhalten. Die aufgefangene Rußmenge wird gewogen und analysiert. Aus der abgesaugten Gasmenge und diesen Zahlen kann dann der Wert r' errechnet werden, d. i. die Menge Kohlenstoff in Kilogramm ausgedrückt, die in 1 cbm Rauchgas enthalten ist. r, der auf 1 kg Brennstoff bezogene Verlust an Kohlenstoff, ergibt sich zu $R_v \cdot r'$, wenn R_v (siehe unten) die Menge Rauchgas ist, die 1 kg Brennstoff erzeugt.

Bei Vernachlässigung von F wird

$$R_v = \frac{0{,}01\,C - C_R - r}{\dfrac{0{,}5363\,(k + d + m + 2\,p)}{100}}.$$

Bezieht man die Rußmenge auf 1 cbm Gas, so ist:

$$R_v = \frac{0{,}01\,C - C_R}{\dfrac{0{,}5363\,(k + d + m + 2\,p)}{100}} + r.$$

Der Kaminverlust in WE ist dann

$$Q_1 = R_v \cdot c_{pm}\,(t' - t)$$

c_{pm} die mittlere spez. Wärme der Rauchgase ist, zu setzen:

$$c_{pm} = 0{,}318 + 0{,}000046\,(t' - t).$$

Der Verlust durch unverbrannte Gase ist

$$Q_2 = \frac{R_v}{100}\,(3053\,d + 8575\,m + 14270\,p + 2580\,h).$$

Ist der kalorimetrische Heizwert W_m des Aschenrückstandes ermittelt, so ist der in Wärmeeinheiten berechnete, auf den Heizwert W des Brennstoffes bezogene Verlust in Prozenten:

$$Q_3 = \frac{m \cdot W_m}{A \cdot W} \cdot 100,$$

wo m die Gesamtmenge Asche $+$ Schlacke ist, die bei Verbrennung der Brennstoffmenge A entsteht.

Der Verlust an Wärme im Ruß ist:

$$Q_v = \frac{W_r \cdot m_r \cdot R_v}{R_{vr} \cdot W \cdot 1000} \cdot 100\,{}^0\!/_0,$$

hierin bedeutet

R_{vr} das auf Normaldruck und Normaltemperatur bezogene Volumen des zum Auffangen des Rußes abgesaugten Rauchgases.

m_r die in R_{vr} gefundene Rußmenge in g und W_r den Heizwert dieser Rußmenge. Hat die Elementaranalyse von m_r einen Kohlenstoffgehalt von k_r $^0/_0$ ergeben, einen Gehalt an Verbrennbarem von b_r und einen Heizwert von w_r WE, so ist:

$$W_r = \frac{k_r}{b_r} \cdot w_r.$$

Damit sind alle Verluste mit Ausnahme jener bekannt, welche durch die Wärme im abziehenden Wasserdampf und durch die Wärmeabgabe des Kessels bedingt sind. Jene ist zu errechnen aus dem Wassergehalt des Brennstoffes, aus der Verbrennung des Wasserstoffes zu Wasser und der relativen Feuchtigkeit der Verbrennungsluft (Hygrometer). Der letztgenannte Verlust (Strahlungsverlust) ist bestimmbar aus:

$$W = FK \triangle.$$

Hierin ist $\triangle$ die Temperaturdifferenz zwischen der Kesselmauerfläche und der Raumluft. (Beide sind an möglichst vielen Stellen zu bestimmen, durch Ermittlung der Mitteltemperatur einzelner Flächen bzw. Räume). F ist das Gesamtausmaß der Einmauerungsaußenfläche; die Wärmeübergangszahl K ist je nach der Dicke und Art der Einmauerung verschieden. Sie ist aus den Wärmeleitkoeffizienten ihrer Bestandteile und ihrer Dicke bestimmbar.

Die nutzbargemachte Wärme wird durch Messung der Menge und der Temperatur des von der verfeuerten Brennstoffmenge erzeugten Dampfes ermittelt.

Je nach der gewünschten Genauigkeit kann die Ermittlung der Wärmebilanz natürlich mehr oder weniger vereinfacht werden. Das hier wiedergegebene Versuchsschema ergibt, wenn zweckentsprechend durchgeführt, gute Resultate. Wie bereits bemerkt, findet man etwaige notwendige weiteren Angaben in de Grahls ausgezeichnetem Werke.

Weitere beachtenswerte Literatur:

De Grahl, Wirtschaftl. Verwertung der Brennstoffe. II. Auflage (München und Berlin) [1921].

A. Stadeler, Über die Probenahme von Erzen und Kohlen. Stahl u. Eisen **38**, 25—31 [1918]. Chem. Zentralbl. **1**, 864 [1918].

W. Graulich, Wärmeausnutzung und Wirtschaftlichkeit in Dampfkraftanlagen. Chem. Ztg. **45**, 1233 [1921].

Richard Vernon Wheeler, Die Oxydation und Entzündung der Kohle. Vgl. Trans. Proc. Inst. Mining and Metallurgy 54, 197; Chem. Ztrlbl. 2 [1919] 863—864, Nr. 23/24; Journ. Chem. Soc. London 113, 945—955, Dezember 12. Oktober [1918].

Zur Bestimmung der relativen Entzündungstemperatur wird durch Kohlenpulver ein Luftstrom gesaugt und gleichzeitig das senkrecht stehende Rohr, in welchem sich die Kohle befindet, von außen mittels eines Sandbades langsam erwärmt. Anfangs steigen die durch zwei eingesenkte Thermometer gemessenen Temperaturen des Sandbades und der Kohle gleich schnell, und zwar ist die erstere höher als die letztere, bis die Temperatur der Kohle ziemlich plötzlich sehr schnell ansteigt, so daß sich die aufgenommenen Temperaturkurven schneiden. Der Schnittpunkt kann als gut definierte Entzündungstemperatur angenommen werden, da bei ihm schnelle Selbsterhitzung beginnt. Zahlreiche Untersuchungen ergeben, daß diese relative Entzündungstemperatur um so niedriger ist, je höher der O-Gehalt der Kohle ist.

A. E. Findley, Notwendige Vorsichtsmaßregeln beim Zerkleinern von Koksproben für die Analyse. Jonrn. Soc. Chem. Ind. **38**, T. 93—94, 15/4; Chem. Ztrlbl. IV, 1077 [1919] Nr. 25.

Die Koksprobe muß vor der unmittelbaren Berührung mit dem Zerkleinerungsgerät bei dem groben Zerkleinern geschützt werden, was durch Einschlagen in ein leinenes Tuch geschehen kann. Bei weiterem Zerkleinern des groben Pulvers in einem Mörser kommt eine Zunahme der Aschemengen durch Hinzutreten von Teilchen der Zerkleinerungsgeräte nicht mehr in Frage.

L. Schaper, Zur Prüfung der Selbstentzündlichkeit. (Chem. Ztg. **43**, 401—403 [1919] Nr. 80.

Zur Prüfung der Selbstentzündbarkeit von Kohle wird der Dennstedt-Bünz-Selbstentzündungsofen und die Arbeitsweise mit diesem Apparat beschrieben. Zweckmäßig ist auch eine Bestimmung der Feuchtigkeitsaufnahme der im Wasserstoffstrome zuvor getrockneten Kohle, endlich eine Bestimmung der Bröckligkeit in einem ebenfalls beschriebenen Apparate.

A. Zschimmer. Zur Aufbereitung und Elementaranalyse von Kohlen. Journ. Gasbel. [1919] **62**, 54—56; Chem. Ztg. 44, 134 (1920) Nr. 61.

Die Wassergehaltsbestimmung muß vor und nach dem Sieben durchgeführt werden. Zur Ausführung der Elementaranalyse wird der Verbrennungsautomat von Deiglmayr empfohlen.

Knublauch, Über eine Fehlerquelle bei der Elementaranalyse von Kohlen, die eine größere Menge kohlensaurer Erden enthalten. Journ. Gasbeleuchtung **61**, [1918], 183—186; Chem. Ztg. **43**, 266 [1919] Nr. 131.

Der Kohlensäuregehalt der Aschenbestandteile der Kohle muß besonders bestimmt werden.

Analyse von Kohle und Bestimmung ihres Heizwertes. Revue de chimie ind. 27, 268—269, Dezember [1918]; Chem. Ztrlbl. 2, 792 [1919] Nr. 21/22.

Nach Aufführung der Methoden zur Bestimmung von Asche, flüchtiger Substanz und Feuchtigkeit wird zur Berechnung des Heizwertes die empirische Formel von Goutal: $D = (8,150\,C) + (A.\,M)$ empfohlen, wobei D der Heizwert, C der fixe Kohlenstoff, M die flüchtige Substanz ist und A ein Koeffizient, der mit den für die flüchtige Substanz gefundenen Werten wechselt. Daneben kommt die Formel von Gaulin: $D = 100 - (W. + \text{Asche}) - 80 - C(H_2/O)$ in Betracht, bei der C ein mit dem Gehalt an Wasser wechselnder Koeffizient ist.

Bestimmung des Heizwertes der Braunkohle. Papier-Ztg. **45**, 2330—2331 [1920] Nr. 66.

Besprechung von Formeln zur Bestimmung des Heizwertes. Durch geeignete Schaubilder kann man bei Kenntnis des Wasser- und Aschengehaltes den Kohlenheizwert bestimmter Erzeugungsgebiete ablesen. Die Formeln geben auch für Steinkohle genügend genaue Werte.

Über Formeln zur Berechnung des Heizwertes vgl. folgende Literaturstellen: R. Banco, Bestimmung des Heizwertes. Feuerungstechnik 8, 168, 15. 7; Chem. Ztrlbl. IV, 422 [1920] Nr. 13; Heizwertbestimmung von Steinkohle, Braunkohle und Torf. Papier-Ztg. **45**, 3554 [1920] Nr. 96.

Otto H. Binder, Studien über die Berechnung des Heizwertes aus der Konstitution der Verbindung. Chem. Ztg. 45, 141 [1921] Nr. 18.

Die wichtigsten Maßnahmen für die Feuerungskontrolle von Dampfkesselanlagen. Papierfabrikant **18**, 35—39 [1920] Nr. 3.

Rud. Grimm, Staubmessungen in Rauchgasen Zement 8, 359—361, 7/8. 371—374, 14/8.; Chem. Ztrlbl. 4, 987 [1919] Nr. 24.

Aufhängen von Blechtäfelchen, die auf einer kreisförmigen Fläche von 35 qcm mit Öl bestrichen sind. Bestimmung durch Wägung. Methode jedoch nur für Vergleichszwecke brauchbar.

Wa. Ostwald, Rauchgaskontrolle bei gemischter Feuerung. (Stahl u. Eisen 40, 546—47, 22/4.; Chem. Ztrlbl. 4, 237 [1920] Nr. 7.

Wa. Ostwald, Rechentafeln zur Rauchgas- und Auspuffanalyse. Feuerungstechnik 7, 53—57, 1/1. Großbothen; Chem. Ztrlbl. 2, 524—525 [1919] Nr. 15/16.

F.Tschaplowitz, Rauchanalyse und Wasserbestimmung. Gesundheitsingenieur 42, 131—132, 22/3. Leipzig, Hyg. Inst. d. Univ.; Chem. Ztrlbl. 4, 2 [1919] Nr. 1.

Für Bestimmung des Wassergehaltes in den Rauchgasen wird Bestimmung der Luftfeuchtigkeit mit dem Aßmannschen Aspirationspsychrometer empfohlen, zur Ermittlung des Feuchtigkeitsgehaltes der Verbrennungsluft.

Olof Rodhe, Der Monoapparat und seine Anwendung in verschiedenen Industrien. Svensk Kem Tidskr. 31, 5—16, 16. Januar [1919], 24. August [1918]; C. [1919] 2, 640, Nr. 19/20.

Apparate zur automatischen Gasanalyse von Verbrennungs- und Röstgasen.

Richard C. Tolmann, L. H. Reyerson, A. P. Brooks und H. D. Smyth, Ein elektrischer Apparat zur Rauchanalyse. Journ. Americ. Chem. Soc. 41, 587—589, April 17/1; Chem. Ztrlbl. 4, 954 [1919] Nr. 23.

J. B. C. Kershaw, Brennstoffersparnis im Kesselhaus. Chem. Metallurg. Engeneering 20, 291—295, 15/3.; Chem. Ztrlbl. 4, 208 [1919] Nr. 7.

Empfehlung automatisch arbeitender Apparate zur Feststellung des Kohlensäuregehaltes in Abgasen und Kontrolle dieser Apparate.

Otto Braun, Die Apparate zur selbsttätigen Vornahme und Aufzeichnung von Rauchgasanalysen. (Journ. f. Gasbeleuchtung 63, 310—15, 15/6.; 325 bis 330, 22/5.; 344—350, 29/5.; 388—93, 12/6.; Chem. Ztrlbl. 4, 234 [1920] Nr. 6.

Untersuchung der Mineral-Schmieröle.

Allgemeines. Die heutzutage weitaus am meisten verwendeten Schmieröle sind mineralischer Herkunft. Die Mineralöle haben, dank ihrer Unveränderlichkeit und ihres billigeren Preises, die frühere Schmierung mit fetten Ölen nahezu vollkommen verdrängt. Reine Mineralöle bleiben bis auf ihre Farbe an der Luft unverändert, sie trocknen weder ein, noch spalten sie Säuren ab ·oder bilden gar harte Krusten. Bezüglich ihrer Schmierwirkung kommen die besseren Sorten den Fettölen mindestens gleich. Infolge der hervorragenden Stellung, welche diese Öle unter den Schmiermitteln einnehmen, soll an dieser Stelle von ihrer Prüfung allein die Rede sein.

Die Prüfung eines Öles hat vornehmlich auf jene Eigenschaften und Kennziffern zu geschehen, die beim Kauf für die Beurteilung der Güte an erster Stelle stehen. Es sind dies neben dem spezifischen Gewicht und dem äußeren Aussehen vor allem die Zähflüssigkeit und der Flammpunkt. Außerdem ist stets auf etwa vorhandene freie Säure zu prüfen.

Erst an zweiter Stelle kann sich je nach den obwaltenden Umständen eine weitergehende qualitative Untersuchung des Schmiermittels auch auf das Vorkommen der weiter unten angeführten Verunreinigungen und Beimengungen erstrecken. Von solchen Zusätzen sind wiederum fette Öle und Harzöle von erheblich größerer Bedeutung als die übrigen noch zu erwähnenden.

Hinsichtlich der quantitativen Bestimmung solcher Beimengungen muß auf Sonderwerke[1]) für Schmiermitteluntersuchung verwiesen werden.

Bestimmung des spezifischen Gewichtes. Die Bestimmung des spezifischen Gewichtes dient bei Mineralölen nur zum Vergleich von Ölen gleicher Herkunft und zur Klassifizierung. Diese Größe wird mit hinreichender Genauigkeit mittels der Aräometer bestimmt. Die häufigsten Zahlenwerte von Handelsölen zeigt nachfolgende Zusammenstellung.

	Spez. Gewicht	Flamm- punkt	Flüssigkeitsgrad bei		
			20°	50°	100°
Sehr leichtes Öl (Spindelöl)	0,902	173°	11,8	1,8	—
Leichte Maschinenöle	0,905	170°	12,9	—	—
	0,909	190°	25,0	6,0	—
Mittelschweres Maschinenöl	0,915	198°	16,0	4,3	—
Schwere Maschinenöle	0,920	193°	26,8	—	—
	0,923	211°	40,3	9	—
	0,920	322°	—	48	6,25
Zylinderöle	0,924	329°	—	—	6,76
	0,918	319°	—	—	6,22

---

[1]) Vgl. z. B. H o l d e, Untersuchung der Mineralöle und Fette. Julius Springer, Berlin. 5. Aufl. [1918].

4*

Bestimmung der Zähflüssigkeit (Viskosität). Die Zähflüssigkeit eines Öles wird gemessen durch Bestimmung der Zeit, die ein gewisses Volumen Öl benötigt, um aus einer feinen Öffnung auszufließen. Diese Zeit vergleicht man mit der Zeitspanne, deren das gleiche Volumen Wasser zum Ausfließen bedarf.

Bedeutung der Zähflüssigkeit für Beurteilung der Güte der Öle. Beim Vergleich von Ölen gleicher Reinigung (Farbe) läßt sich aus ihrer Zähflüssigkeit auf ihre Schlüpfrigkeit schließen, d. h. einem zäher flüssigen Mineralöl wird zugleich auch eine größere Schlüpfrigkeit eigen sein, als einem dünneren von annähernd gleicher Farbe. Für die Beurteilung eines Öles ist nun seine Schlüpfrigkeit mit von ausschlaggebender Bedeutung: je schlüpfriger es ist, um so wirtschaftlich vorteilhafter stellt sich innerhalb gewisser Grenzen sein Gebrauch.

Die Zähflüssigkeit (Viskosität) bestimmt man jetzt allgemein mittels des Englerschen Apparates. Abb. 4 stellt diesen Apparat[1]) dar, der nach festgesetzten Maßen gebaut wird. Er sei hier nur kurz beschrieben. Das innere mit einem Deckel verschließbare Gefäß dient zur Aufnahme des zu prüfenden Öles. Es besitzt an der Innenwandung Marken, welche die Höhe angeben, bis zu der in ihm das zum Versuch vorgeschriebene Volumen von 240 ccm Flüssigkeit reicht, und welche gleichzeitig zur Beurteilung der genauen horizontalen Aufstellung des Apparates dienen. Nach unten läuft das oben zylindrisch geformte Gefäß konisch zu einem Abflußröhrchen zu, das mittels eines durch den Deckel reichenden Stöpsels verschlossen werden kann. Dieses innere Gefäß ist von einem Heizbad umgeben, das mit Wasser oder Öl gefüllt wird. Durch einen verschiebbar angebrachten Kranzbrenner läßt sich dieses Bad und damit das Öl im inneren Behälter schnell auf jede erforderliche Temperatur bringen. Diese wird an den, in der Abbildung sichtbaren Thermometern abgelesen. Die ausfließende

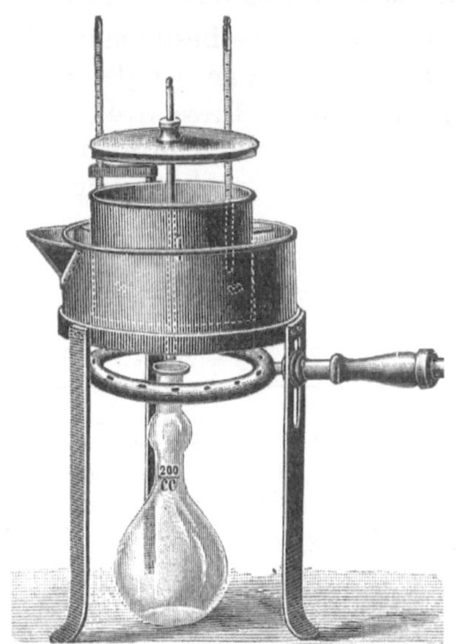

Abb. 4.   Viskosimeter.

---

[1]) Holde hat auf Grund längerer eigener Erfahrung ein leichter zu handhabendes Viskosimeter konstruiert. Siehe das oben erwähnte Werk von Holde.

Flüssigkeit, Wasser oder Öl, wird in einem Meßkolben aufgefangen, der bei 200 und 240 ccm Marken trägt.

Zur Ausführung der Bestimmung ist zunächst die Eichung des Apparates mit Wasser erforderlich. Er wird nach seiner Reinigung mit Alkohol und Äther mit Wasser von etwa 20^0 unter Anwendung eines Meßkolbens genau bis zu den Marken im inneren Gefäß gefüllt. Man bringt seine Temperatur mittels des Heizbades genau auf 20^0 und benetzt durch mehrmaliges Lüften des Stöpsels das Ausflußrohr des Gefäßes. Ist nach dem Untersetzen des ausgetropften Meßkolbens der Apparat zur Messung vollkommen vorbereitet, so zieht man den Stöpsel und beobachtet mittels einer Sekundenuhr die Zeit in Sekunden, die erforderlich ist, damit der Meßkolben sich bis zur Marke 200 ccm anfüllt. Den Versuch wiederholt man mehrfach derart, daß man schließlich eine Anzahl nicht mehr als eine halbe Sekunde voneinander abweichender Werte erhält. Den Mittelwert aus ihnen setzt man gleich 1. Bei richtig gebauten Engler-Apparaten liegt er zwischen 50—52 Sekunden. Der erhaltene Wert muß von Zeit zu Zeit nachgeprüft werden.

Prüfung der Öle. Nach dem Reinigen und Austrocknen wird der Apparat in der gleichen Weise, wie oben beschrieben, mit Öl gefüllt, und für den Versuch auf die gewünschte Temperatur gebracht. (Bei Anwendung höherer Temperaturen erwärmt man das zu prüfende Öl schon außerhalb des Bades nahe auf diese und gibt es erst dann in das gleichfalls vorgewärmte Bad.) Darauf wird genau wie oben die Auslaufszeit bestimmt. Das Verhältnis der Auslaufszeit der Öle zu der (gleich 1 gesetzten) des Wassers wird als Ergebnis der Prüfung angegeben. Man bezeichnet diesen Wert mit Englergrad (E).

Über die Temperatur, bei welcher verschiedene Öle zu prüfen sind. Es ist üblich — besonders in Gutachten — Mineralöle außer bei 50^0 auch bei 20^0 auf ihre Zähflüssigkeit zu prüfen, indem man betont, daß erfahrungsgemäß die Unterschiede in dieser Größe bei niedriger Temperatur, d. h. 20^0, deutlicher erkennbar sind. Da aber für die Praxis die Temperatur von 20^0 von keiner großen Bedeutung ist, vielmehr ein Wert für die Zähflüssigkeit gerade bei der Lagertemperatur gewünscht wird, und diese Temperatur gewöhnlich zwischen 40—70^0 liegt, so scheint es angebracht, für die Praxis nur die Temperatur von 50^0 für gewöhnliche Maschinenöle zugrunde zu legen. Die Zähflüssigkeit bei dieser Temperatur wird auch im allgemeinen in den Angeboten der Händler angegeben. Von den Zylinder- und Heißdampfölen gilt ähnliches über eine Prüfung bei höherer Temperatur. 100^0 darf hier als die niedrigste brauchbare Versuchstemperatur gelten, und obgleich bei diesen Ölen die Vis-

kosität bei dieser Temperatur von den Händlern gewöhnlich angegeben wird, scheint es doch zweckmäßiger, die Versuchstemperatur
auf etwa 180°, oder noch höher festzusetzen.

Allgemein muß gesagt werden, daß die Zähflüssigkeit möglichst
bei der Temperatur bestimmt wird, der die Öle bei ihrer Verwendung
ausgesetzt sind.

Prüfung der Viskosität kleiner Ölproben.

Man kommt im Betriebslaboratorium häufig in die Lage, die
Viskosisät kleiner Musterproben von Öl zu untersuchen. Dies pflegt
man, da das Viskosimeter für diese Zwecke nicht anwendbar ist,
durch Auslaufenlassen des Öles
aus kleinen Pipetten zu bestimmen. Weit geeigneter für vorliegenden Zweck ist der neben-
stehend abgedruckte einfache
Apparat von Mallison[1]). Er
liefert da, wo eine große Genauigkeit nicht erforderlich ist,
gut vergleichbare Werte.

Der Apparat gestattet, die
Geschwindigkeit zu beobachten,
mit der die zu prüfenden Öle in
nahezu wagerecht liegenden Glas-

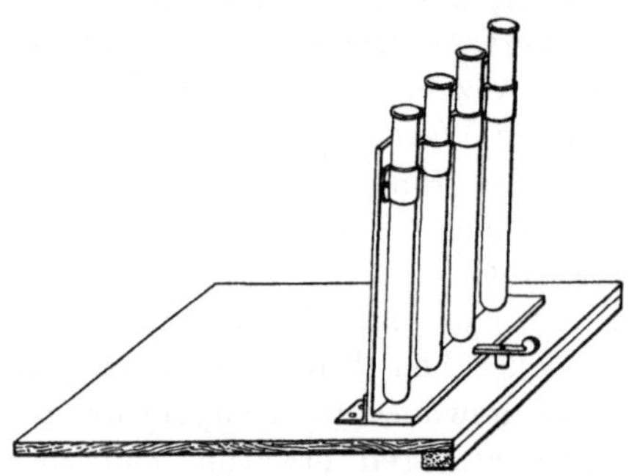

Abb. 5.   Viskositätsprüfer für kleine
Proben nach Mallison.

röhren dahinfließen. An einem etwas schräg gestellten Grundbrett ist
mit zwei Scharnieren ein zweites Brett befestigt, welches 3—4 Blechzwingen zur Aufnahme von Glasröhren (Reagenzröhren) trägt. Mittels
einer Klammer läßt sich das bewegliche Brett in senkrechter
Stellung feststellen, nach Lösung der Klammer kann man es
samt den daran befestigten Gläsern zur nahezu wagerechten Lage
umkippen. Will man die Viskosität eines Öles, z. B. eines Kauf-
musters bestimmen, so füllt man das Öl in eine der Reagenzröhren ein und zwar bis zu einer in etwa $2^1/_2$ cm Höhe einge-
ritzten Marke. In die anderen Röhren füllt man in gleicher Weise
Öle ein, deren Viskosität man kennt. Um etwa vorhandene Kristalle
zu lösen, und die vergleichenden Öle auf die gleiche Versuchstemperatur zu bringen, stellt man dann die mit Öl beschickten Röhren in ein
Glas mit warmem Wasser. Nach einiger Zeit werden die Röhren
herausgenommen und in den Blechzwingen befestigt. Nach Lösen

[1]) Mallison, Chem. Ztg. **45**, 135 [1921]. Der Apparat wird von der
Firma Vereinigte Fabriken für Laboratoriumsbedarf, Berlin N 39,
Scharnhorststr. 22, in den Handel gebracht.

der Klammer wird das die Röhren tragende Brett umgekippt, bis es auf dem schwach schräggestellten Grundbrett aufliegt. Man beobachtet die Geschwindigkeit, mit der die Öle in den Röhren vorwärtsfließen und gewinnt dabei durch den Vergleich des zu prüfenden Öles mit den Ölen bekannter Viskosität ein Maß für seine Viskosität. Beispielsweise war für drei Teerfettöle verschiedener Viskosität die in der gleichen Zeit durchflossene Weglänge die folgende:

Viskosität bei 50^0: 2,0, 2,4, $3,1^0$ E. Weglänge: 14, 12, 8 cm.

Der Apparat gestattet also schnelle Beobachtung geringer Viskositätsunterschiede. Die Öle müssen kristallfrei sein und auf ihrer Oberfläche auch keine Kristallhaut zeigen. Es empfiehlt sich auch, die Glaswandungen mit dem betreffenden Öl zu benetzen, damit das Fließen des Öles nicht durch Staub, Fett usw. beeinträchtigt wird.

Bestimmung des Flammpunktes. Bei allen zur Schmierung unter Dampf gehender Maschinenteile verwendeten Ölen ist die Verdampfbarkeit dieser zu berücksichtigen. Da die Verdampfbarkeit selbst umständlich zu bestimmen ist, hat man als Vergleichsmaßstab für diese Größe den einfacher zu ermittelnden Flammpunkt festgelegt. Der Flammpunkt eines Öles ist diejenige Temperatur, bei welcher seine leichter flüchtigen Bestandteile verdampfen und brennbare Gase entwickeln. Es soll diese Temperatur wesentlich höher, als die der zu schmierenden Zylinder oder Schieberkästen sein. Es ist handelsüblich geworden, nicht nur Zylinderöle, sondern überhaupt alle mineralischen Maschinenöle hinsichtlich ihrer Qualität nach der Höhe des Flammpunktes zu beurteilen. Bei Maschinenlager- und Transmissionsölen soll der Flammpunkt mindestens 160^0, bei Zylinderölen wenigstens 200^0 erreichen.

Zu seiner Bestimmung genügt für die Praxis folgende Versuchsvorschrift. Man füllt in einen Tiegel von ungefähr 40 ccm Inhalt und 4 cm oberem Durchmesser das zu prüfende Öl bis etwa 1 cm vom oberen Rande. In das Öl senkt man dann ein Thermometer derart ein, daß sein unteres Ende 1 cm vom Tiegelboden entfernt ist. Auf einem Sandbad erwärmt man darauf den Tiegel samt Öl zunächst auf 120^0. Von da ab steigert man die Temperatur nur langsam und gleichmäßig, so daß ihre Zunahme in der Minute 5^0 keinesfalls überschreitet. Von je 5 zu 5^0 Temperatursteigerung führt man eine kleine Lötrohrflamme in gleicher Höhe mit dem Tiegelrand über die Oberfläche des Öles. Diese Flamme soll sich jedesmal mindestens 4 Sekunden lang über dem Öl befinden. Sobald die erste schwache Explosion der über dem Öl befindlichen Dämpfe erfolgt, ist der Flammpunkt erreicht. Beim Versuch ist darauf zu achten, daß jegliche Luftströmung durch Aufstellung von Pappschirmen vermieden wird.

Genauere Ergebnisse erhält man mit den Apparaten nach Abel oder Pensky-Martens[1]). Vor der Flammpunktbestimmung muß man das Öl durch Chlorkalzium von einem etwaigen Wassergehalt (siehe unten) befreien.

Von Wert ist bei der Untersuchung von Ölen, die in der Winterkälte Verwendung finden sollen, auch eine Bestimmung des Kälte- oder Stockpunktes. Das zu untersuchende Öl wird sehr langsam auf die in Frage kommende Temperatur herabgekühlt und das Erstarren des Öles beobachtet.

Säuregehalt und freies Alkali. Mineralöle sollen möglichst frei von Säuren sein. Der Säuregehalt der Öle kann durch die Anwesenheit sowohl organischer, als anorganischer Säuren veranlaßt sein. Die Gegenwart der ersteren ist kaum von irgendwelcher Bedeutung; jeder Gehalt an Mineralsäure — vornehmlich kommt hier von der Raffination herrührende Schwefelsäure in Betracht — ist für die Dauer von ungünstigem Einfluß auf die Beschaffenheit der Gleitflächen der mit derartigen Ölen zu schmierenden Lager und Wellen. Um das Vorhandensein solcher Säuren nachzuweisen, kann man einer Ölprobe in einem kleinen Glasgefäß etwas Kupferoxydul zusetzen. Nach ca. 20—30 Minuten nimmt säurehaltiges Öl eine lichtgrüne bis blaugrüne Farbe an, während säurefreies Öl unverändert bleibt. An Stelle des Kupferoxyduls kann auch die bekannte Kupferasche aus den Kupferschmieden verwendet werden.

Zylinderöle, insbesondere solche für die Schmierung von Gasmotorenzylindern, kann man zweckmäßig in der Weise auf etwaigen Säuregehalt prüfen, daß man einige Tropfen des zu untersuchenden Öles auf ein blank geriebenes Messing- oder Kupferblech bringt. Tritt nach Verlauf von 5—6 Tagen eine hellgrüne Färbung des Öles ein, oder bildet sich ein hellgrüner Niederschlag, so enthält das Öl Säuren, die Zylinder und Kolben sehr schnell angreifen würden. Gutes Öl behält dagegen seine Farbe.

Zum Nachweis der Säuren kann man auch eine Ölprobe — etwa 100 ccm — mit der gleichen Menge destillierten Wassers ausschütteln, den wässerigen Auszug abfiltrieren und ihn durch Zugabe einiger Tropfen Methylorangelösung auf seine Reaktion prüfen. Ist Säure vorhanden, so bestimmt man ihre Menge durch Titration mit $n/_{10}$ Alkali. Es ist üblich, den Säuregehalt von Ölen in Milligramm SO_3 anzu-

---

[1]) Man vergleiche: Lunge-Berl, Chemisch-technische Untersuchungsmethoden. Julius Springer, Berlin. 5. Aufl. III. 31, 111; 109. Insbesondere Holde, Untersuchung der Mineralöle und Fette. Julius Springer, Berlin. 5. Aufl. [1918].

geben, d. h. man gibt an, wieviel Milligramm SO_3 erforderlich sind, um die zur Neutralisation von 100 g Öl benötigte Alkalimenge abzubinden.

Freies Alkali, das gleichfalls von der Raffination herrühren kann, wird in entsprechender Weise nachgewiesen und der Menge nach bestimmt. Es kommt — ebenso wie freie Schwefelsäure — verhältnismäßig sehr selten in Ölen vor (siehe auch Asche).

Die Schmieröle des Handels weisen im allgemeinen nur Spuren von Säuren, und zwar von organischen auf. Es sind in dunklen Ölen gewöhnlich nicht mehr als $0,3\,^0/_0$, in hellen selten mehr als $0,02\,^0/_0$ freie Säure zu ermitteln.

Nachweis von Wasser. Die Gegenwart von Wasser ist besonders für solche Öle unerwünscht, die für Dochtschmierung Verwendung finden, da Wasser die Saugfähigkeit der Dochte vermindert. Enthalten Öle Wasser, so gibt sich das, wenigstens bei hellen Ölen, schon dadurch zu erkennen, daß beim Durchschütteln einer Probe eine Trübung auftritt. Erwärmt man diese Probe längere Zeit auf dem Wasserbad, so verschwindet die Trübung, um beim Erkalten nicht mehr wiederzukehren (Unterschied von festen, sich nur in der Wärme im Öl lösenden Paraffinteilchen). Öl für Dochtschmierung soll keinesfalls mehr als $0,5\,^0/_0$ Wasser enthalten. Quantitativ wird das Wasser durch Destillation einer Ölprobe mit Toluol oder Xylol destilliert. (Siehe Wasserbestimmung in pflanzlichen Rohstoffen.)

Gehalt an Asche. Man ermittelt den Aschengehalt von Ölen durch vorsichtiges Eindampfen von etwa 25 g Öl in einer Porzellan- oder Platinschale, worauf man den Rückstand verascht, zur Wägung bringt und ihn auf seine Zusammensetzung prüft. Hierbei hat man vornehmlich auf Alkali (Rückstände von Raffinerien) zu achten.

Falls ein Öl in Benzin vollkommen löslich ist, und seine wässerige, oder schwach salzsaure Ausschüttelung beim Eindampfen keinen Rückstand hinterläßt, ist eine Prüfung auf Aschengehalt unnötig.

Der Aschengehalt von Maschinenölen soll $0,01\,^0/_0$, der von Zylinderölen $0,1\,^0/_0$ nicht übersteigen. Alkali darf nur in Spuren vorhanden sein.

Nachweis von Harzölen. Mineralöle enthalten manchmal als Verfälschung einen Zusatz von Harzölen. Eine derartige Beimengung ist insofern schädlich, als solche Schmieröle leicht trocknen und geringe Schlüpfrigkeit bewirken, oft sogar durch Bildung harter Krusten die Lagerreibung erhöhen, und das Reinigen der Lager und der Wellen erschweren.

Der Nachweis von Harzölen läßt sich durch die Cholesterinprobe von Liebermann erbringen. Zu ihrer Ausführung löst man

in einem Reagenzglas eine kleine Probe des Öles in Essigsäureanhydrid und überschichtet die Lösung mit einigen Tropfen konzentrierter Schwefelsäure. Falls Harzöle zugegen sind, gibt sich das
durch eine rosa- bis rotgefärbte, auf der Oberfläche schwimmende
Schicht zu erkennen.

Nachweis von fetten Ölen. Fette Öle sind infolge ihrer Ver-
änderlichkeit (Ranzigwerden) in den meisten Fällen ungeeignete Zusätze für mineralische Schmieröle, besonders dann, wenn es sich um
Öle handelt, die bei höherer Temperatur verwendet werden sollen.
Qualitativ läßt sich die Anwesenheit von fetten Ölen dadurch nachweisen, daß bei der Einwirkung von Natriumhydroxyd bei höherer
Temperatur auf diese Öle Seifenbildung eintritt. Zu diesem Nachweis
erhitzt man eine Probe des Öles mit einem Stückchen Natriumhydroxyd etwa eine Viertelstunde lang im Ölbad bei ungefähr 250^0.
Man läßt dann langsam abkühlen und achtet auf etwa sich bilden-
den Seifenschaum, und auf eine eintretende Gelatinierung an der
Oberfläche der Flüssigkeit.

Je nachdem es sich bei der Untersuchung um helle, dunkle
oder Zylinderöle handelt, ist die Probe mehr oder weniger scharf.
Bei hellen Ölen verursacht bereits $1/_2$ v. H. Beimengung an fettem
Öl das Auftreten eines blasigen Schaumes; in dunklen Ölen müssen
mindestens 2 v. H. und in Zylinderölen mindestens 1 v. H. fettes
Öl sein, um diese Erscheinung hervorzurufen.

Nachweis von Steinkohlenteerölen. Mineralischen Maschinen-
ölen sind bisweilen hochsiedende Steinkohlenteeröle beigemengt. In-
folge ihrer geringen Viskosität bilden diese einen nur minderwertigen
Zusatz. Valenta[1]) hat eine einfach auszuführende Reaktion ange-
geben, um ihre Anwesenheit in Schmierölen nachzuweisen. Dieser
Nachweis beruht auf der Löslichkeit von Steinkohlenteerölen in
Dimethylsulfat. Man führt ihn in der Weise aus, daß man eine
Probe des Öles in einem graduierten Meßzylinder mit dem doppelten
Volumen Dimethylsulfat 1 Minute lang schüttelt, worauf man die
Flüssigkeit sich in zwei Schichten trennen läßt und die Volumen-
differenz abliest. Da Dimethylsulfat außerordentlich ätzend und
giftig ist, empfiehlt sich große Vorsicht.

Nachweis von Asphalt. Da die Öle als natürliche Bestandteile
Asphalt gelöst enthalten, so ist auf dieses nur dann zu prüfen, wenn
es sich um die Feststellung dunkler, im Öl suspendierter Stoffe
handelt. Man filtriert zum Zweck des Asphaltnachweises diese
Stoffe ab. Stellen sie Asphalt dar, so ist das meistens an ihrem
Aussehen schon äußerlich erkennbar. Ihre Löslichkeit in Benzol und

---

[1]) Valenta, Chem. Ztg. **30**, 266 [1906].

ihre Unschmelzbarkeit bei Wasserbadtemperatur kennzeichnen diese Schwebestoffe weiter als Asphalt.

Nachweis von Seife. Seifen werden Schmierölen in geringer Menge zwecks Verdickung und zur Erzielung einer größeren Emulgierfähigkeit beigemengt. Auf ihr Vorhandensein ist zu schließen, wenn beim Schütteln einer Ölprobe mit Wasser eine weiße schleimige Trübung auftritt, welche Phenolphthalein schwach rötet.

Nachweis von Zeresin. Dampfzylinderölen wird manchmal zwecks Erzielung einer salbenartigen Beschaffenheit eine geringe Menge Zeresin zugesetzt. Der Nachweis einer derartigen Beimengung läßt sich wie folgt erbringen. Man löst eine geringe Menge Öl in 4 Teilen Äther und fügt darauf etwa 3 Teile Alkohol hinzu. Tritt die Abscheidung eines weißen Niederschlages auf, so filtriert man ihn ab, wäscht ihn mit Alkohol aus und bestimmt seinen Schmelzpunkt. Liegt dieser zwischen 65—70^0, so ist die Anwesenheit von Zeresin erwiesen.

Untersuchung aus dem Betrieb wiedergewonnener Öle. In größeren Betrieben ist es üblich, besonders die besseren Maschinenöle nach erfolgter Benutzung durch bestimmte Vorrichtungen zu reinigen und ein zweites Mal zu verwenden. Solche wiedergewonnenen Öle sind zur Kontrolle des Reinigungsapparates, und zur Ermittlung ihrer Schmierwirkung von Zeit zu Zeit zu prüfen. Diese Prüfung erfolgt nach denselben Gesichtspunkten, wie jene der frischen Öle. Es ist zu beachten, daß etwa in größerer Menge vorhandenes Wasser vorher durch Entwässerung mit Chlorkalzium und dann erfolgendes Abfiltrieren entfernt wird. Auch mechanische Verunreinigungen müssen bei Anwesenheit in größerer Menge vor den Versuchen durch Filtrieren entfernt werden.

Von der Reinheit kann man sich dadurch überzeugen, daß man etwas Öl auf ein Stück weißes Papier streicht; gegen das Licht gehalten muß der durchscheinende Fleck klar uud gleichmäßig sein, andernfalls sind mechanische Verunreinigungen im Öl enthalten, die seine Schmierwirkung beeinträchtigen würden.

Bei Ölen, die von Heißmaschinen stammen, ist eine Untersuchung des wiedergewonnenen Öles immer zu empfehlen. Durch die Hitze in den Zylindern wird häufig eine Zersetzung von neutralen Fettstoffen unter Bildung freier Säuren verursacht. Auch werden meistens teerige Stoffe im Öl angereichert. Diese Veränderungen sind bei Wiederverwendung der Öle im Auge zu behalten.

Untersuchung von konsistenten Schmierfetten. Die Untersuchung dieser Fette bewegt sich in ähnlichen Linien wie die der Öle. Die Fette sollen keine festen Teilchen enthalten, was bereits durch Verreiben einer Probe zwischen den Fingern erkennbar wird.

Beschwerungsmittel, sowie Farbzusätze und Graphit können durch Auflösen einer Probe in Benzinalkohol nachgewiesen werden. Der verbleibende Rückstand kann gegebenenfalls quantitativ bestimmt werden.

Der Wassergehalt soll gleichfalls minimal sein. Er wird quantitativ, wie bei den Ölen, durch Destillation einer Probe mit Toluol oder einem anderen mit Wasser nicht mischbaren, hochsiedenden Kohlenwasserstoff bestimmt.

Die konsistenten Fette enthalten von ihrer Darstellung her meist wenig freien Kalk, der jedoch als normaler Bestandteil angesehen werden muß.

Statt der Viskosität wird bei Fetten die Konsistenz bestimmt. Auch jene Temperatur, bei welcher das Fett anfängt flüssig zu werden, der Tropfpunkt, wird bisweilen festgestellt. Hinsichtlich der Ausführung der Bestimmung dieser Konstanten muß hier jedoch auf das schon erwähnte Werk von Holde verwiesen werden.

Putzwolleuntersuchung.

Der Verbrauch von Putzwolle in einer Fabrik ist derart erheblich, daß es sich verlohnt, das verhältnismäßig kostspielige Material einer fortlaufenden Kontrolle zu unterwerfen.

Bei der Untersuchung ist zunächst die Art und Gleichmäßigkeit des Materials und seine Farbe festzustellen; insbesondere muß geprüft werden, ob die Fäden fest oder lose gedreht sind, und ob sie aus langen oder kurzen Fäden besteht. Im letzteren Falle können beim Maschinenbetrieb leicht Verstopfungen von Schmierlöchern entstehen. Festgestellt muß auch der Gehalt an Feuchtigkeit werden, und bei der schon einmal gebrauchten, und daraufhin wieder gereinigten Ware der Öl- und Fettgehalt. Von Interesse ist schließlich auch der Gehalt an Staub, Sand und anderen Fremdstoffen, endlich von besonderem Wert die Untersuchung auf Saugfähigkeit.

Die weiße Putzwolle ist im allgemeinen die qualitativ bessere und teurere. Als Rohmaterial kommt Baumwolle, weniger oft Leinen, in Betracht. Hanf und Jute sind nicht besonders geeignet, sie besitzen zwar eine erhebliche Saugfähigkeit, sind aber im allgemeinen zu kurzfaserig. Putzwolle soll aus möglichst gleichartigem Material bestehen, daher sollten Baumwollfäden nicht mit Jute u. dgl. vermischt werden. Ob es sich um neue oder bereits gebrauchte Putzwolle handelt, erkennt man an der verwaschenen Farbe, und dem meist fettigen Griff des gebrauchten Materials. Nach Schwarz[1]) ist diese Probe wertlos, da die Putzwolle unter Umständen angefärbt wird.

---

[1]) Richard Schwarz, Wien: In Kritik dieses Buches 1. Aufl. in der Österr. Chem. Ztg.

Zur Bestimmung der Feuchtigkeit wird eine gute Durchschnittsprobe aus verschiedenen Stellen des Probeballens im Gesamtgewicht von etwa 3 kg entnommen. Eine kleine Menge von 200 g wird auf einer Wage mit einer Genauigkeit von etwa 0,1 g abgewogen und in einem Trockenschrank bei 105^0 bis zur Gewichtskonstanz getrocknet. Die Wägungen müssen sehr schnell durchgeführt werden, da die Putzwolle hygroskopisch ist. Für genauere Bestimmungen ist es zweckmäßig, die Wägungen in einem dichtschließenden Blechgefäß durchzuführen. Das völlig trockene Material läßt man 24 Stunden nach der Wägung an der Luft liegen und ermittelt durch abermalige Wägung den Gehalt an Wasser im luftfeuchten Zustande, die normale Feuchtigkeit.

Der normale Feuchtigkeitsgehalt beträgt bei Putzwolle aus Baumwollfäden $7-8\,^0/_0$, aus Leinenfäden $5-6\,^0/_0$, aus Hanffäden $10-11\,^0/_0$, aus Jutefäden $12-13\,^0/_0$, im Mittel kann man mit einem Feuchtigkeitsgehalt von etwa $7-9\,^0/_0$ rechnen.

Zur Bestimmung des Öl- und Fettgehaltes wird eine Menge von 200 g in einer Flasche mit dichtschließendem Stopfen mit einer Fett auflösenden Flüssigkeit wie Benzin, Benzol oder Tetrachlorkohlenstoff übergossen. Tetrachlorkohlenstoff ist am zweckmäßigsten, weil er weder brennbar ist, noch explosive Gase entwickelt. Nach 10 bis 12 stündigem Stehen der Putzwolle mit dem Tetrachlorkohlenstoff wird sie aus der Flüssigkeit herausgenommen, die eingesaugte Menge gut herausgewrungen, und die gesamte Flüssigkeitsmenge, oder ein aliquoter Teil derselben destilliert. Aus dem Rückstandsgewicht wird die Fettmenge berechnet.

Zur Bestimmung des Gehaltes an Staub, Sand und anderen Fremdkörpern werden 200 g über einen Bogen weißen Papiers zerpflückt, Sand und feste Fremdkörper fallen sofort heraus; der feinere Staub wird durch vorsichtiges Abklopfen gewonnen. Aus dem Unterschied der Gewichte vor und nach der Reinigung ergibt sich der Gehalt an Staub.

Zur Bestimmung der Saugfähigkeit wird der Klemmsche Apparat zur Prüfung von Löschpapier benutzt. Im Prinzip besteht er in einem Gestell mit einem verschiebbaren Querarm, an welchem die einzelnen für die Untersuchung bestimmten Putzwollfäden aufgehängt werden. Die Fäden müssen zur vergleichsweisen Feststellung der Saugfähigkeit gleiche Längen besitzen. Durch eingehängte Bleikügelchen mit Haken werden sie festgehalten. Sie tauchen in eine flache Ölschale, die mit den im Betrieb verwendeten Ölsorten gefüllt wird, so daß die Putzwollfäden etwa 1 mm tief hineinhängen. Bei dem Versuch wird die Saughöhe innerhalb eines bestimmten Zeitraumes, z. B. von 15 Minuten, bestimmt.

Bei sehr ungleichmäßigem Putzwollematerial ist der Apparat nicht anwendbar; in solchen Fällen ist es zweckmäßig, einen von Schreiber[1]) konstruierten Apparat zu benutzen. Die mit Öl getränkte Putzwolle wird in einer bestimmten Zeiteinheit einem bestimmten Druck ausgesetzt und die hierbei von der Putzwolle zurückgehaltene Ölmenge bestimmt.

Untersuchungen von Transformatorenölen.

Transformatorenöl muß frei von Säuren und Wasser sein, um gut zu isolieren, und um ohne Einwirkung auf die Kupferausrüstung der Transformatoren zu sein. Sehr wichtig ist ferner, daß diese Öle bei der dauernden Erwärmung im Transformator nicht teilweise verdampfen, sowie verharzen und Niederschläge absetzen, da durch Abscheidungen auf den Spulen die Ableitung von Wärme verhindert und das Arbeiten des Transformators beeinträchtigt wird.

Die Ermittlung von Wasser-, Säure- bzw. Alkaligehalt geschieht wie bereits bei den Schmierölen erwähnt. Ebenso werden, wie dort beschrieben, die übrigen Konstanten bestimmt.

Nach den von der Vereinigung der Elektrizitätswerke ausgegebenen Vorschriften sollen das spez. Gewicht bei 15^0 0,85—0,92, die Viskosität bei 20^0 nicht über 8 Englergrade sein; der Flammpunkt soll nicht unter 160^0, der Gefrierpunkt nicht über -20^0 liegen. Der Verdampfungsverlust bei 5 stündigem Erhitzen darf $0,4\,^0/_0$ nicht überschreiten. Das Öl muß unbedingt frei von Alkali, Säure und Wasser sein; suspendierte Teile dürfen nicht vorhanden sein. Ferner soll auch nach einer 70 stündigen Erwärmung auf 120^0 unter Durchleitung von reinem Sauerstoff (Verharzungsprobe) das Öl noch vollständig klar und in Benzin vom spez. Gewicht 0,700 klar löslich sein, und die Teerzahl soll $0,1\,^0/_0$ nicht übersteigen.

Die Verharzungsprobe und die anschließende Bestimmung der Verteerungszahl werden, wie folgt beschrieben, durchgeführt.

150 g Öl werden in einem 400 ccm fassenden Erlenmeyerkolben 70 Stunden lang ununterbrochen erwärmt, während gleichzeitig ein Sauerstoffstrom von 2 Blasen in der Sekunde durchgeleitet wird. Anschließend hieran werden 50 g Öl dem Kolben entnommen, in einem mit Kühler versehenen Glasgefäß 20 Minuten lang auf siedendem Wasserbad mit einer Lösung erwärmt, die aus 1000 Gew.-Teilen Alkohol und Wasser und 75 Gew.-Teilen Ätznatron besteht. Nach Aufsetzen eines Kühlers wird das warme Gemisch 5 Minuten lang kräftig geschüttelt. Darauf wird in einen Scheidetrichter überführt

---

[1]) Vgl. Papierfabrikant **13**, 473 [1915].

und soviel als möglich von der alkalischen Lösung, die die harzigen und teerigen Bestandteile enthält, abgelassen. 40 ccm dieser Lösung werden mit Salzsäure angesäuert, worauf die Teerstoffe mit 50 ccm Benzol aus dieser sauren Lösung (2 mal ausschütteln) aufgenommen werden. Nach dem Waschen der Benzollösung wird sie abgedampft, der Rückstand 5 Minuten bei 100° getrocknet, gewogen und auf 100 g Öl umgerechnet.

Weitere beachtenswerte Literatur.

Fritz Frank, Technisches und Wirtschaftliches vom Schmiermittelgebiet. Ztschr. f. angew. Chem. **32**, 377—379 [1919] Nr. 100.

Schmierfette und hochviskose Öle können sich unter Umständen als Kraftverzehrer erweisen, so daß dünnere Öle geeigneter sind. — Empfohlen wird im Betriebe Temperaturmessung der Lager bei Anwendung verschiedener Öle zur Ermittlung des bestgeeigneten Öles. Beschrieben wird ein Versuchsstand der Firma: Mineralölwerke Rhenania in Düsseldorf. Für die Untersuchung der Öle kommt die Messung der Oberflächenspannung in Betracht, ferner das Düffingsche Viskosimeter.

P. Nicolardot und Georg Baume, Beitrag zur Kenntnis der Viskosität der Schmieröle. Chimie et Industrie 1, 265, 71, 1/8 [1918]; Chem. Ztrlbl. **4,** 302 [1919] Nr. 8.

Nachprüfung der gebräuchlichen Verfahren. Empfehlung der Methode von Baume und Masson, bei welcher die Zeit gemessen wird, die zum kapillaren Aufstieg des Öles erforderlich ist.

Winslow H. Herschel, Der Widerstand eines Öles gegen Emulsionierung. Journ. Franklin Inst. 183, 231—33, Februar 1917. Chem. Ztrbl. 2, 610—11 [1920] Nr. 16.

Richard Wegner v. Dallwitz und Georg Duffing, Verfahren zur Bestimmung der Zähigkeit von Schmierölen und anderen Flüssigkeiten. D.R.P. 318398, Kl. 42e vom 14. 11. 1918. Chem. Ztrbl. 2, 625 [1920] Nr. 17.

Messung der Schleuderhöhe oder -weite eines aus enger Öffnung tretenden Ölstrahles.

Henry M. Wells und James E. Southcombe, Die Theorie und Praxis des Schmierens. Journ. Soc. Chem. Ind. **39**, T. 51—58, 15/3.; Chem. Ztrbl. 4, 200 [1920] Nr. 4.

Durch Zusatz von Fettsäuren oder einer anderen Säure zum Mineralöl wird die Schmierfähigkeit erhöht.

Verein deutscher Eisenhüttenleute, Gemeinschaftsstelle Schmiermittel. Verlag Stahleisen m. b. H. Düsseldorf 1921. „Richtlinien für den Einkauf und die Prüfung von Schmiermitteln."

II. Die Untersuchung der Rohmaterialien: Holz, Stroh usw.

Allgemeines.

Der Untersuchung der Faserstoffe[1]) (Holz, Stroh, Jute, Schilf) wird im allgemeinen in Halbstoffwerken fälschlicherweise nur eine geringe Bedeutung beigemessen. Es sollte eigentlich selbstverständlich sein, daß man bei der Einführung neuer Rohmaterialien für die Fasererzeugung sich über deren Zusammensetzung, besonders über ihren Gehalt an verwertbarer Zellulose, im klaren ist. Aber auch schon bei der Einführung neuer Sorten der bisher verwandten Rohmaterialien sollte deren Untersuchung besondere Aufmerksamkeit gewidmet werden. Weiterhin scheint es kaum zweckmäßig, Änderungen im Aufschlußverfahren oder überhaupt neue Verfahren einführen zu wollen, ohne von der Zusammensetzung des verwandten Faserstoffes Kenntnis zu haben. Schließlich sei noch erwähnt, daß auch bei der Erzeugung von Halbstoffen für bestimmte Sonderzwecke, die Eignung der zu ihrer Darstellung dienenden Rohstoffe durch eine Untersuchung dieser hierfür erbracht werden sollte. Man kann ohne Übertreibung behaupten, daß durch eine sachgemäße Prüfung der Rohstoffe viel an Geld, nutzlosen Versuchen und Arbeit gespart werden kann.

Es muß nun allerdings gesagt werden, daß ein einheitliches Untersuchungsschema zur Prüfung von Faserrohstoffen auf ihre Verwendbarkeit und Brauchbarkeit für die Zwecke der Halbstofferzeugung noch nicht vorhanden ist, und weiterhin, daß noch mancher Zweifel über die Brauchbarkeit der hierbei zu verwendenden Methoden besteht. Da ferner für die Beurteilung eines Rohstoffes in den einzelnen Fabriken verschiedene Faktoren maßgebend sein können, sollen im folgenden nur solche Untersuchungen angeführt werden, welche im allgemeinen bei jedem Rohstoff anwendbar und von gewisser Bedeutung sind.

---

[1]) C. G. Schwalbe, Die chem. Untersuchung pflanzlicher Rohstoffe und der daraus abgeschiedenen Zellstoffe. Verlag der Papier-Ztg., C. Hofmann, Berlin SW 11: In dieser Sammlung finden sich kritische Referate von Becker, Bronnert, Ehrlich, Hägglund, Heuser, Hottenroth, Neuberg, Opfermann, Schuch, Schwalbe.

Da es üblich ist, die erhaltenen Ergebnisse der Faseruntersuchung auf völlig trockene, gegebenenfalls auch aschefreie Substanz umzurechnen, um vergleichbare Werte zu erhalten, und da ferner fast jede Untersuchung nur mit lufttrockenem Analysenmaterial ausgeführt wird, so sind die Bestimmungen der Feuchtigkeit und des Aschengehaltes vor jeder anderen Prüfung auszuführen. Eine nähere Untersuchung der Asche ist im allgemeinen nur beim Stroh und verwandten aschereichen Rohstoffen notwendig, da in diesem Falle der Kieselsäuregehalt von Wichtigkeit für das Aufschlußverfahren ist. Bei Hölzern ist weit wichtiger, als bei anderen Rohstoffen, die Ermittlung ihres Gehaltes an Harz und Fetten, da die hierdurch gewonnenen Zahlen von ausschlaggebender Bedeutung für die Wahl des sauren oder alkalischen Aufschlußverfahrens sein können. Die wichtigste Untersuchung von Rohstoffen, besonders neuer, ist stets die Ermittlung ihres Gehaltes an verwertbarer Zellulose. Die hierbei erhaltenen Zahlen liegen zwar gewöhnlich höher, als die praktisch erhaltenen Kocherausbeuten, jedoch entscheiden sie von vornherein über die Verwertbarkeit eines Rohstoffes zur Halbstofferzeugung.

Vorbereitung der Rohfaserstoffe zur Analyse und die Zerkleinerung.

Da beim Eintrocknen von Pflanzenstoffen Veränderungen der Saftbestandsteile, insbesondere aber von Harz und Fett vorkommen, welch letztere zum Teil in organischen Lösungsmitteln unlöslich werden, muß das Alter der Proben bei genauen Analysen berücksichtigt werden.

Beim Eintrocknen der Pflanzengewebe scheint bei den Fasern außerdem eine Art Verhornung einzutreten, wodurch sie widerstandsfähiger gegen das Eindringen von Reagentien werden. Man wird also auch aus diesem Grunde bei genauesten Analysen angeben müssen, wie alt die zur Analyse verwendeten Proben sind, bzw. bei welcher Temperatur sie getrocknet wurden, da eine Temperaturerhöhung eine Beschleunigung der „Verhornung" hervorruft.

Die Teilchengröße muß sich nach dem Zweck der Untersuchung richten; für Bestimmungen von Wasser, Asche, Terpentinöl usw. kann man beispielsweise bei Holz nach Wislicenus[1]) mit einer ziemlich groben Zerkleinerung, auf etwa Haselnußgröße auskommen. Für die Zellulosebestimmung ist aber eine sehr viel weiter gehende Zerkleinerung, möglichst bis zur Zelle herab erforderlich. Das Ziel der Zerkleinerung ist Zerteilung der Faserbündel ohne Bildung von Staub.

---

[1]) Wislicenus, Zellstoffchemische Abhandlungen, Berlin, Carl Hofmann [1920] Heft 4, S. 78.

Dieser wird bei der Analyse zu stark angegriffen, während grobe Faserbündel nur in den äußeren Schichten z. B. von Chlor aufgeschlossen werden. Demnach ist das Absieben feinster Staubteilchen eine, wenn auch häufig unvermeidliche Fehlerquelle, da Entmischung eintreten kann und das gröbere abgesiebte Material eine Durchschnittsprobe nicht mehr darstellt. Während der Zerkleinerung ist ein Absieben zu empfehlen, weil dann die Zerkleinerung rascher und mit geringerer Staubbildung zu Ende geführt werden kann. Ein Wiederbeimischen des abgesiebten Staubes ist im Interesse der Verarbeitung von Durchschnittsproben wünschenswert, aber in Einzelfällen (z. B. bei der Zellulosebestimmung nach Cross und Bevan) zu verwerfen. Als Zerkleinerungswerkzeug kommt für lose Fasern, wie Baumwolle, Flachs und dgl. die Schere in erster Linie in Frage; für Gräser, wie Stroh, ein Häckselmesser oder eine Häckselschneidemaschine. Eine Quetschung der grobgeschnittenen Materialien ist zur Zertrümmerung von Knoten und zwecks leichteren Eindringens der Chemikalienlösungen empfehlenswert.

Für Hölzer kommen Beil und Säge, Raspel[1]) und Feile in Betracht. Empfohlen wird auch das Hobeln feiner 0,5 mm langer, $^1/_{10}$ mm dicker Hobelspäne, ferner eine Zerteilung durch Quetschen und Hämmern, möglichst bis zur Freilegung der Zelle getrieben, endlich Bohren mit dem Zentrumsbohrer, der keine Staubbildung verursacht.

Soll der Staub abgesiebt werden, so ist eine Vereinbarung der Maschenweite des Siebes erforderlich. Sind viele gleichartige Analysen auszuführen, so empfiehlt sich der maschinell angetriebene Laboratoriumplansichter der Gebrüder Seeck in Dresden, dessen Siebsätze in genau vorgeschriebener Maschenweite in der Malzanalyse benutzt werden. Bei der Zerkleinerung von Holz wird man berücksichtigen müssen, ob Kern- oder Splintholz vorliegt. Durch Ausschnitt von Sektoren ist die Entnahme einer gleichmäßigen Durchschnittsprobe möglich.

Bestimmung des spezifischen Gewichtes.

Nach Richter läßt sich aus dem spezifischen Gewicht bei Hölzern auf die Ausbeute an Zellstoff schließen.

---

[1]) Bei der Zerkleinerung, etwa durch Mahlen in einer Exzelsiormühle, kann eine Änderung des Feuchtigkeitsgehaltes auftreten. Man vergl. Neubauer, Die Änderung des Feuchtigkeitsgehaltes der Futtermittel beim Mahlen, eine Fehlerquelle bei der Analyse. (Landw. Versuchsstat. **94**, S. 1—8; Chem. Ztg. **44**, 17 [1920] Nr. 8.)

Richter[1]) hat an amerikanischen Holzarten — (Balsam und Spruce) — eine größere Zahl von Bestimmungen des spez. Gewichtes vorgenommen durch Messung von würfelförmigen Stücken, bzw. im Pyknometer. Die gefundenen Zahlen sind in einer Tabelle zusammengestellt, in deren Besprechung gezeigt wird, daß aus dem spez. Gewicht die Brauchbarkeit des Holzes für die Zellstoffabrikation beurteilt werden kann. Das spezifisch dichtere Holz ist das günstigere, bei einem spez. Gewicht von 0,373 bei Balsam und 0,456 bei Spruce verhält sich das Gewicht einer Kocherfüllung wie $82\,^0/_0$ zu $100\,^0/_0$. Bei Spruce wird also die Zellstoffausbeute eine größere sein.

Bei den spezifischen Gewichten von Zellstoffen, die im Pyknometer bestimmt werden, sind die beobachteten Schwankungen auf die Menge der vorhandenen Aschenbestandteile zurückzuführen.

Schmeil[2]) hat bei seinen Untersuchungen über Bambus dessen spez. Gew. so bestimmt, daß er das Material fein raspelte und im Pyknometer auswog. Auf diese Weise konnte er in einfacher Weise alle Schwierigkeiten vermeiden, die durch die mit Luft gefüllten Poren größerer Stücke bewirkt werden.

Bestimmung des Wassergehaltes.

Die Ermittlung des Feuchtigkeitsgehaltes von Faserrohstoffen, so einfach sie erscheint, ist vielfach der Gegenstand von Eröterungen gewesen. Besonders ist über die hierbei anzuwendende Temperatur viel gestritten worden. Niedere Temperaturen sollen die Feuchtigkeit nicht ganz beseitigen, bei hohen soll die Faser chemische Veränderungen erleiden. In letzter Zeit ist es allgemein üblich geworden, die Feuchtigkeitsbestimmung durch Trocknen einer Probe bei $105\,^0$ im Luft- oder Toluoltrockenschrank vorzunehmen. Man trocknet so lange, bis eine Abnahme des Gewichtes nicht mehr festzustellen ist. Gewöhnlich sind beim Holz hierzu 4 bis 5 Stunden erforderlich. Um der Möglichkeit vorzubeugen, für die weitere Untersuchung durch Trocknung chemisch verändertes Analysenmaterial zu verwenden, nimmt man, wie bereits erwähnt, zur Trockenbestimmung stets eine Sonderprobe und verwendet zur weiteren Untersuchung lufttrockenes Material.

---

[1]) Erich Richter, Wochenbl. für Papierfabrikation **46**, 1529 [1913]. Schwalbe und Johnsen, Papierfabrikant **11**, 1095 [1913]. — Über die Methodik vergleiche man insbesondere Rudeloff, Mitteilungen des Materialprüfungsamtes **1912**, 371.

[2]) W. Schmeil, Bambus als Papierrohstoff, Dissertation, Dresden 1920. Papier und Zellstoff **6**, 156 [1921].

Eine gewisse Beschleunigung der Trockenbestimmung kann man durch Anwendung der Luftleere erreichen. Nach Gaefke[1]) hat sich folgende Apparaturanordnung als zweckmäßig erwiesen:

Die Wägegläser tragen oben einen Schliff, der Deckel verjüngt sich zu einem Rohr, das einen Glashahn besitzt. Die Gläser werden auf einem Wasserbade erhitzt und gleichzeitig evakuiert. Mit einer Gaedekapselpumpe erreicht man in 2 Stunden Gewichtskonstanz. Vom Einfüllen bis zur letzten Wägung des Materials kommt dieses nicht mit der Luft in Berührung; eine Wiederaufnahme von Wasser ist also ausgeschlossen. Zersetzung der Zellulose kommt auch nicht in Frage, da die Temperatur im Gläschen während des Erhitzens 90° nicht übersteigt. Aufbewahren der Probe in einem mit Phosphorpentoxyd beschickten Exsikkator.

Für genaue Versuche über Ausbeute bei den Kochungen kann es zuweilen nötig werden, den Wassergehalt des zur Kochung verwendeten Rohmaterials, beispielsweise Holz, festzustellen. Es wird dies zweckmäßig bei den fertig sortierten Hackspänen geschehen. Man wird sich bemühen müssen, eine gute Durchschnittsprobe des gehackten Holzes zu erlangen. Es scheint darum zweckmäßig, das Holz in kleinen Mengen von einem Transportband abzunehmen und diese kleinen Mengen, etwa eine Handvoll, zu einer größeren 1—2 Kilo-Probe zu vereinigen. Die Wasserbestimmung in diesen Hackspänen kann in Trockenschränken, die auf irgendeine Weise auf die jetzt übliche Temperatur von 95—105° geheizt werden, geschehen. Doch ist darauf zu achten, daß, wenn man die sogenannte absolute Feuchtigkeit, also den Gesamtwassergehalt bestimmen will, das Abkühlen der im Trockenschrank erhitzt gewesenen Probe in einem geschlossenen Gefäß geschehen sollte. Ein einfacher Versuch belehrt darüber, daß das heiße Holz, auf eine Wagschale gebracht, beim Abkühlen außerordentlich rasch sein Gewicht durch Anziehen von Wasser verändert, so daß genauere Bestimmungen nur möglich sind, wenn man die Abkühlung im geschlossenen Gefäß vornimmt. Als solche Gefäße können gutschließende Blechbüchsen oder große weithalsige Glasflaschen mit eingeriebenem Glasstopfen angewendet werden. Damit nicht durch die Erwärmung der Glasflasche beim Einsetzen des kalten Glasstopfens Undichtigkeiten entstehen, ist es zweckmäßig, die Glasflasche auch in dem Trockenschrank anzuwärmen und dann heiß die Späne einzufüllen. Für die Trocknung wird je nach den Ventilationsverhältnissen des Trockenschrankes ein verschiedener Zeitraum, durchschnittlich, wie bereits erwähnt, ein solcher von 4—5 Stunden erforderlich sein. Bei den meisten oder wenigstens

---

[1]) Gaefke, Dissertation, Dresden 1919.

sehr vielen Trockenschränken ist auf genügende Ventilation in der Bauart nicht hinreichend Rücksicht genommen, so daß es vorkommen kann, daß die Wände des Trockenschrankes an kälteren Stellen von dem ausgetriebenen Wasser beschlagen.

Die Bestimmung des Wassers in diesen Hackspänen hat zur Berechnung der Kocherausbeute nur dann Zweck, wenn sie wirklich genau ausgeführt wird. Denn da die Probe nur klein ist, wird mit einem gewaltigen Faktor multipliziert, und die Fehler, die bei der Wasserbestimmung gemacht werden, multiplizieren sich sehr erheblich. Bei harzreichem Holz muß man gewärtigen, daß durch die Trocknung bei 100^0 nicht nur Wasser, sondern auch etwas Terpentinöl, ja auch Harzöl, durch Erhitzung des im Holz vorhandenen Harzes bei längerer Trockendauer mit fortgehen und nun, da das Wasser durch Differenzwägung bestimmt wird, als Wasser in Anrechnung gebracht werden.

Um diese Fehler vollständig auszuschalten, kann man die Methode der Wasserbestimmung mit Hilfe von Petroleum oder Toluol anwenden. Diese beruht im Prinzip darauf, daß man die wasserhaltige Substanz, Getreide, Kohle, Papier usw. mit Petroleum oder irgendeinem über 100^0 siedenden Kohlenwasserstoff bis zur Destillationstemperatur des betreffenden Kohlenwasserstoffs oder Kohlenwasserstoffgemisches erhitzt. Der destillierende Kohlenwasserstoff reißt das vorhandene Wasser mit über. Fängt man das Destillat in einer Meßröhre auf, so kann man direkt, da sich Wasser und Kohlenwasserstoff sehr rasch wieder trennen, die Menge Wasser in Kubikzentimeter ablesen. Die Methode hat auch noch den Vorteil, daß sie außerordentlich rasch durchgeführt werden kann. Die Destillation wird kaum mehr als $^1/_2$ bis $^3/_4$ Stunde erfordern, und die Ablesung kann sogleich oder $^1/_4$ Stunde nachher mit genügender Genauigkeit erfolgen.

Für die Destillation sind sowohl Glas- wie Metallgefäße empfohlen worden. Letztere sind wegen der geringeren Feuersgefahr entschieden vorzuziehen. Zerspringt nämlich ein Glasgefäß, in dem Petroleum oder Toluol destilliert wird, so entsteht ein Brand, der eine höchst unangenehme Verrußung des Arbeitsraumes zur Folge hat. Bei der Verwendung eines Metallgefäßes ist ein solches Springen nicht möglich. Auch ist die schnelle Erwärmung des Gefäßes weniger gefährlich als das rasche Anheizen eines Glaskolbens. Ein zur Durchführung der Wasserbestimmung geeigneter Apparat ist von Schwalbe beschrieben worden[1]). Der damals und auch heute noch empfohlene Apparat besteht aus einem Kupfergefäß von etwa 20 cm

---

[1]) Schwalbe, Papierfabrikant **6**, 551—553 [1908].

Höhe und 15 cm größtem Durchmesser. Das Gefäß aus gehämmertem Kupfer, innen verzinnt, ist kesselartig oben zu einer etwa 10 cm weiten Öffnung zusammengezogen. Durch eine Verschraubung mit Bleidichtung ist eine Art Retortenhelm aufgedichtet, der ein längeres, innen ebenfalls verzinntes Kupferrohr trägt, welches im oberen Teil schräg abwärts, im unteren Teil senkrecht nach unten gebogen ist. (Abb. 6.)

Man bringt durch die weite Öffnung das zu untersuchende Holz hinein, verschließt am besten im Schraubstock die Dichtung des Retortenhalses und erhitzt das Gefäß, welches etwa zur Hälfte mit Holz und Petroleum gefüllt und in eine Klammer eingespannt ist, mit einem großen Brenner (Teclu) oder dergleichen, bis zum Sieden des Petroleums. Die Dämpfe fließen durch den Helm und das anschließende Rohr und kühlen sich an der Luft genügend weit ab, um aus dem unteren Ende des Rohrs nicht mehr als Dampf, sondern als Flüssigkeit auszutreten. Diese Mündung des Rohrs ist nun in den Hals eines Meßgefäßes eingesetzt, welches im oberen Teil birnenförmig erweitert, im unteren Teil sich als enge Meßröhre darstellt. Das ganze Gefäß wird in einen geräumigen Zylinder mit Wasser eingesenkt, der die Kondensation aller etwa noch nicht

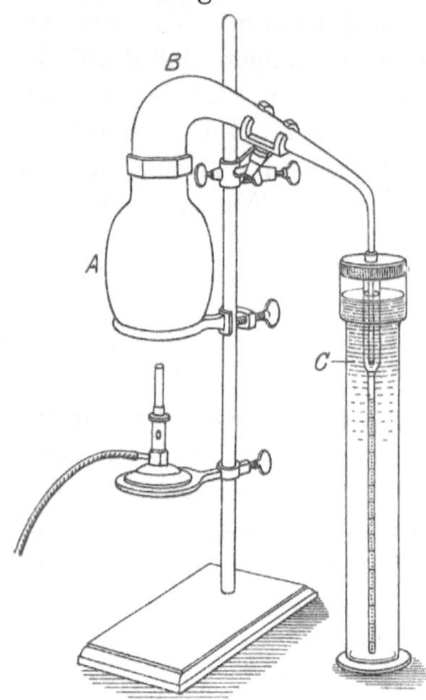

Abb. 6. Schwalbes Wasserbestimmungsapparat.

abgekühlten Petroleumdämpfe hervorruft. Zwischen das kühle Gefäß und die Retorte stellt man zweckmäßig einen Asbestschirm auf, damit nicht die Dämpfe, die etwa aus dem Gefäß entweichen, sich an der Flamme unter der eigentlichen Retorte entzünden können[1]).

Das Meßrohr hat zweckmäßig etwa folgende Dimensionen: Länge der eigentlichen Meßröhre 40 cm, Weite dieses Teiles 0,5 cm, lichte Weite des oberen Teiles 6 cm, Höhe des erweiterten Teiles 15 bis

---

[1]) Ein etwaiger Brand darf selbstverständlich nicht mit Wasser, sondern muß durch Aufwerfen von Sand, den man sich zweckmäßig für alle Fälle bereitgestellt hat, gelöscht werden.

20 cm[1]). Sollte das Destillat sich nur schwer in 2 Schichten, nämlich in eine untere Wasser- und in eine obere Petroleumschicht
trennen, so kann man diese Trennung beschleunigen durch Einhängen
des Gefäßes in lauwarmes Wasser. Es genügt aber in den meisten
Fällen, wenn man auf die Trübung des Petroleums[2]) durch Wasser
keinerlei Rücksicht nimmt, da erfahrungsgemäß der entstehende
Fehler nur $1/_{10}$ ccm ausmacht, und bei einer Holzmenge von 200 bis
500 Gramm nicht mehr in Betracht kommt. Wichtig für glatte
Durchführung der Bestimmung ist es, daß die Meßröhre stets sauber
erhalten wird, was am besten dadurch geschieht, daß man sie nach
dem Gebrauch mit einer Mischung von Bichromatlösung und Schwefelsäure, darauf mit fließendem Wasser, also dem Wasser der Wasserleitung spült und nun an einem warmen Ort mit der Mündung
nach unten trocknen läßt. Das Gefäß muß in seinem Innern stets
völlig fettfrei gehalten werden. Sind auch nur Spuren von Fett
vorhanden, so setzen sich Tropfen von Wasser an der Wandung des
Gefäßes an und sind nur schwer zum Abfließen nach unten zu bringen.
Man kann dieses Abfließen zuweilen dadurch hervorrufen, daß man
mit einem vorher ausgeglühten und wieder erkalteten Draht die
Glaswand an der Stelle reibt, an der die Tropfen sich angesetzt haben,
wodurch sie zum Abfließen gebracht werden können.

Nach Wislicenus kann man die Feuersgefahr durch Zerspringen
der Glasgefäße herabmindern dadurch, daß man in einem so tiefen
Sandbade den Destillationskolben erhitzt, daß im Falle des Zer-
brechens der Kohlenwasserstoff völlig vom Sand im Sandbade aufgenommen wird. Nach Wislicenus ist bei der Glasapparatur die
Vorschaltung eines Kühlers anzuraten. Die Fettfreiheit des Meßgefäßes kann außer durch Reinigung mit Bichromat und Schwefelsäure
auch durch Ausdämpfen erreicht werden. Das trotzdem häufig vor-
kommende unvollständige Absetzen der Wassertropfen kann durch
Schleudern des Meßrohres vervollständigt werden, für das Wislicenus
eine einfache Handschleuder empfiehlt. Sie besteht, wie aus der Abb. 7
ersichtlich, aus einem Korkstopfen (k) mit durchgezogenem starken
Handfaden, einem kleinen, locker über den Hals schiebbaren eisernen
Ring (r) und einem Holzgriff (g) in der geeignetsten Länge von
50—60 cm.

Als Meßgerät empfiehlt Wislicenus die aus den Abbildungen ersichtlichen Formen. Die Form II ist für den gewöhnlichen Gebrauch

---

[1]) Die Apparate können von der Firma Erhardt & Metzger, Nachfolger,
in Darmstadt bezogen werden.

[2]) Die Löslichkeit von Wasser in Petroleum beträgt nur 0,005 %.
Groschuff, Z. f. Elektrochemie 17, 348—354 [1911]; Chemisches Zentralblatt
1911, I, 1741.

bei 100 g Einwage oder einem mittleren Wassergehalt von $10-20^0/_0$ zur Bestimmung von Annäherungswerten mit größtem Fehler von $\pm\,0,25^0/_0$ anzuwenden. Das Meßrohr II faßt 12 ccm bei 0,7 cm lichter Weite. Das Meßrohr I von 0,5 cm lichter Weite ist für genauere Bestimmungen, kleinere Einwage oder niedrigere Wassergehalte empfehlenswert. Die Meßrohre sind 33—35 cm lang. Die Birne soll etwa 200 ccm fassen. Das Meßrohr II ist in $^1/_{20}$ ccm geteilt, so daß man einige Hundertstel ccm noch gut schätzen kann. Die Zeitdauer einer solchen Bestimmung ist $^3/_4$—1 Stunde. Bei einer Einwage von 50 g braucht man etwa 400—500 g Xylol oder Reinpetroleum vom Siedepunkt 150^0 bis maximal 200^0. Die Ablesefehler betragen für jedes 0,5 mm Meßrohr, bei 50 g Einwage und haselnußgroßen Stückchen von $10-50^0/_0$ Wassergehalt mit 400 g Xylol bis zur Klärung im Kühlrohr destilliert, $\pm\,0,01$ ccm, also $\pm\,0,02^0/_0$. Für mehr als $10^0/_0$ Wassergehalt braucht man mehrere Meßrohre der Form I, bis $50^0/_0$ im ganzen 5 Meßrohre I oder 3 Meßrohre II. Für $50^0/_0$ Wassergehalt würde der Ablesefehler erst $0,1^0/_0$ werden.

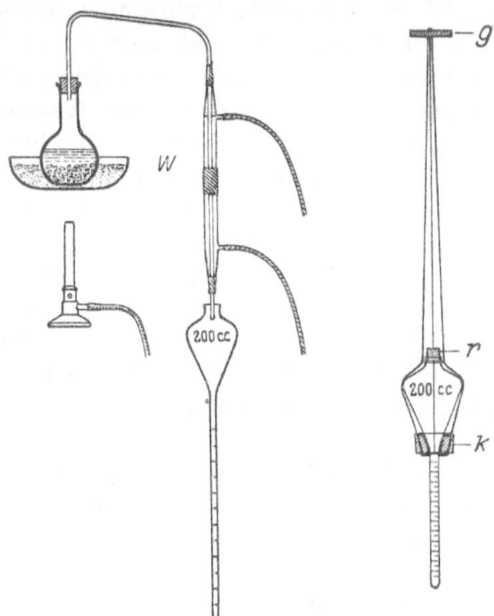

Abb. 7. Wasserbestimmungsapparat nach Wislicenus.

Das endgültige Ablesen kann erst nach dem Absitzenlassen der Trübung geschehen. Die Klärung verläuft nicht gleichmäßig und nicht der Zeitdauer einfach proportional. Während 5—6 Stunden nimmt die Wassermenge im Meßrohr noch deutlich zu. Für genaue Bestimmung sollte man daher die Flüssigkeit sich über Nacht völlig klären lassen.

Hat man sehr gleichmäßiges Rohmaterial zur Verfügung, so genügen auch kleinere Mengen als die oben angegebenen zur Wasserbestimmung. Dann ist es zweckmäßig, zur Wasserbestimmung den von Besson[1]) beschriebenen Destillationsapparat aus Glas anzuwenden.

---

[1]) Besson, Chem.-Ztg. **41**, 346 [1917].

Auf einen Kolben ist, wie die Abb. 8 zeigt, ein Destillationsrohr aufgesetzt, das mit der oben stark erweiterten Meßröhre derart verschmolzen ist, daß die von einem eingehängten Metallkühler abtropfende Flüssigkeit direkt in das Meßrohr gelangt. Der Kolben wird mit Toluol, Petroleum oder Xylol und der Substanz beschickt. Es wird so lange destilliert, bis der vom Kolben abtropfende Kohlenwasserstoff völlig klar ist. Die erforderliche Dichtung des unteren Korkstopfens — der obere ist durch den eingehängten Kühler ersetzt — erreicht man leicht durch eine Umhüllung mit einem Stanniolblatt. Natürlich muß in diese Hülle eine Öffnung für den Durchgang der Destillationsröhre mit einem Korkbohrer eingestanzt werden.

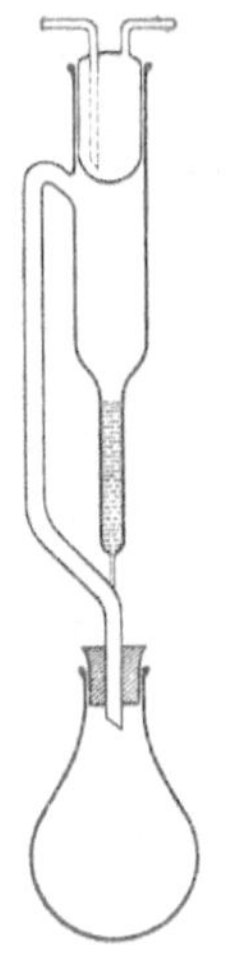

Die Bestimmung des Aschengehaltes.

Die Bestimmung des Aschengehaltes kann mit jener Probe vorgenommen werden, welche zur Ermittlung der Feuchtigkeit gedient hat. Die Veraschung geschieht durch anfänglich vorsichtiges Verglimmen bei möglichst niedriger Temperatur und nachheriges stärkeres Glühen der im Platintiegel abgewogenen Probe. Zu hohe Temperaturen sind zu vermeiden, um das Verflüchtigen von Mineralbestandteilen und das Sintern der Asche zu verhüten, denn die Asche schließt besonders in gesintertem Zustande häufig noch Kohleteilchen ein. Diese hartnäckig zurückbleibenden Reste von Kohle kann man durch Zugabe geringer Mengen von Ammonnitrat, besser noch durch Befeuchten mit einer $3\,^0/_0$igen chlor- und schwefelsäurefreien Wasserstoffsuperoxydlösung, Trocknen der befeuchteten Masse auf dem Wasserbade, und erneutes Glühen zur Verbrennung bringen.

Will man in der Asche etwa Chlor und Schwefel bestimmen, so müssen unter Umständen größere Mengen von Substanz, etwa 10 g, in einer geräumigen Platinschale zur Veraschung gebracht werden. Vor der Veraschung wird jedoch die Masse mit 50 ccm einer chlor- und schwefelsäurefreien $5\,^0/_0$igen Sodalösung unter Zugabe von etwas reiner $5{-}10\,^0/_0$iger Ätznatronlösung angerührt und auf dem Wasserbade unter öfterem Umrühren zur Trockne eingedampft. Die trockne Masse wird unter allmählicher Steigerung der Temperatur verkohlt, die Kohle mit einem Pistill trocken zerrieben und möglichst weitgehend verbrannt. Die entstandene Asche nebst den verbliebenen Kohlenresten werden vorsichtig mit $3\,^0/_0$iger chlor- und schwefelsäurefreier Wasserstoffsuperoxydlösung gut befeuchtet, der Schaleninhalt auf dem Wasserbade zum Trocknen gebracht,

Abb. 8.

Bessons Wasserbestimmungsapparat.

im Luftbade scharf getrocknet und wie oben geglüht, mit dem Pistill zerrieben und nochmals geglüht. Alsdann wird die verbliebene Asche mit heißem Wasser auf dem Wasserbade unter gutem Durchrühren ausgelaugt, und die Lösung von dem zurückbleibenden Unlöslichen durch ein dickes oder doppeltes Filter in ein geräumiges Becherglas abfiltriert. Sind auf dem Filter noch wesentliche Mengen von Kohle zurückgeblieben, so bringt man dasselbe mit Inhalt in die Platinschale zurück, verascht völlig, laugt nochmals aus und filtriert die Lösung zu der oben erhaltenen.

Bestimmung des Chlors. Das blanke Filtrat wird nach dem Erkalten vorsichtig mit Salpetersäure angesäuert und mit Silbernitrat in geringem Überschuß versetzt. Das gebildete Chlorsilber wird durch Umrühren zum Zusammenballen gebracht und das ganze zu schwachem Sieden erhitzt. Nach eintägigem Stehen wird das abgesetzte Chlorsilber in einen Gooch-Tiegel abfiltriert, mit heißem Wasser und zuletzt mit etwas Alkohol ausgewaschen, getrocknet und gewogen.

Bestimmung des Schwefels. In dem erhaltenen Filtrat wird das überschüssige Silbernitrat durch Salzsäure ausgefällt, das gebildete Chlorsilber abfiltriert und die starke Salzsäurelösung in der Porzellanschale zur Trockne eingedampft, um die Kieselsäure abzuscheiden. Der Rückstand wird im Luftbade scharf getrocknet, mit Salzsäure und heißem Wasser aufgenommen und nach dem Abfiltrieren des Ungelösten im Filtrat, die Schwefelsäure mit Chlorbaryum gefällt, der Niederschlag nach 12 stündigem Stehen abfiltriert, und als Baryumsulfat getrocknet und gewogen.

Der Schwefel kann auch direkt im Rohmaterial ohne vorherige Veraschung nach Krieger[1]) durch Verbrennen mit Salpetersäure bestimmt werden. Die Verbrennung mit Salpetersäure ist eine vollständige, und es gelingt leicht, eine blanke Lösung zu erhalten, welche auch bei Wasserzusatz nichts ausscheidet. Die Arbeitsweise ist folgende: Die getrocknete Substanz im Gewicht von etwa 4 g wird in einem Kjeldahlkolben von ungefähr 400 ccm mit 20 ccm Salpetersäure vom spez. Gewicht 1,48 übergossen und der Inhalt gut gemischt. Es wird alsdann mit kleiner Flamme erhitzt, bis alle Substanz verschwunden ist. Die Salpetersäure wird durch stärkeres Erhitzen zum Teil abgekocht und mit 200 ccm heißem Wasser verdünnt, filtriert und heiß mit Baryumchlorid versetzt. Durch Versuche wurde festgestellt, daß Kieselsäure — auch bei Halmfrüchten — dabei nicht in Lösung geht und daher ein Eindampfen nicht notwendig ist.

---

[1]) Krieger, Chem.-Ztg. 39, 23 [1915].

Bestimmung des Kieselsäuregehaltes. Zur Bestimmung der Kieselsäure wird die Asche mehrfach mit reiner Salzsäure in einer Porzellanschale zur Trockne eingedampft, schließlich auf einem Filter gesammelt, das Filter im Platintiegel verascht und gewogen.

Zur Kontrolle wird der Inhalt des Platintiegels mit Flußsäure unter Zugabe von einigen Tropfen konzentrierter Schwefelsäure unter einem Abzug verdampft. Damit die Flußsäuredämpfe im Arbeitsraum nicht belästigen, stellt man den Platintiegel unter einen Tonrohrkrümmer, der an den Abzugsschacht angebaut ist. Auf diese Weise wird die Ätzung der im Abzug vorhandenen Glasscheiben durch Flußsäure vollständig vermieden.

Bestimmung des Harz- und Fett- bzw. Wachsgehaltes.

Die Bestimmung des Harz- und Fettgehaltes von Faserstoffen geschieht durch Ausziehen derselben mit organischen Lösungsmitteln, Eindampfen der erhaltenen Lösung, Trocknen und Wägen des Rückstandes. Als Lösungsmittel werden meist Äther und Alkohol verwendet. Sehr geeignet ist ein Gemisch von gleichen Teilen Alkohol und Benzol, das eine vorzügliche Lösungskraft aufweist. Die Werte sind teilweise höher als diejenigen, die man für Äther- mit nachfolgender Alkoholextraktion erhält. Es existieren aber auch Fälle, wo die für Alkohol-Benzolextraktion gewonnenen Werte etwas niedriger sind als die damit verglichenen Werte, die man durch getrennte Äther-Alkoholextraktion erhält! Bezüglich der Angaben von Harz-Fettgehalten ist es deshalb angezeigt, das oder die verwendeten Extraktionsmittel anzugeben. Zur Lösung von Harzen und Wachsen sind aber eigentlich Chloroform und Benzol besser geeignet. Die Bestimmung kann man mit eigens für diese Zwecke gebauten Soxhlet-Apparaten vornehmen.

Abb. 9.
Bessons
Harz-
bestimmungs-
apparat.

Da die handelsgängigen Ausführungen jedoch nur wenig Analysenmaterial fassen, oft auch schlecht arbeiten und zerbrechlich sind, ist es in vielen Fällen vorzuziehen, das Versuchsmaterial in einem gewöhnlichen Kolben mit aufgesetztem Rückflußkühler auszukochen. Man verwendet Mengen von 50—100 g des lufttrockenen Fasermaterials und läßt die Lösungsflüssigkeit etwa 5—6 Stunden bei ihrer Siedetemperatur lösend einwirken. Beim Soxhletapparat gestaltet sich die dann erfolgende Aufarbeitung einfach: man spült den Materialbehälter einmal mit dem Lösungsmittel nach und destilliert (unter Benutzung eines Sicherheitswasserbades) die Flüssigkeit nahezu vollkommen ab. Die erhaltene konzentrierte Harz- und Fettlösung spült man in ein gewogenes Schälchen, besser in ein sehr weithalsiges Stehkölbchen, vertreibt den Rest des Lösungsmittels durch Erwärmen 'im Wasserbad und trocknet bei mäßiger Temperatur, um das Verflüchtigen von extrahierten Stoffen zu vermeiden. Durch Verwendung nicht zu großer, noch auf der analytischen Wage auswägbarer Kolben am Soxhletapparat kann man die Überführung der Harzlösung in das tarierte Schälchen vermeiden, indem man das Eindampfen bis zur Trockne in dem Kolben selbst vornimmt, trocknet, und den Rückstand zur Wägung bringt. Beim Auskochen am Rückflußkühler filtriert man nach Beendigung der Extraktion die Flüssigkeit 'vom Faserstoff ab, spült nochmals mit warmer Lösungsflüssigkeit nach, filtriert wieder ab, und verfährt darauf mit der erhaltenen Harz- und Fettlösung in der gleichen Weise wie oben. Sehr geeignet für die Harz-Fettbestimmung hat sich die von Besson[1]) angegebene Vorrichtung erwiesen, die man auf dem Wasserbade, besser auf der elektrischen Heizplatte erhitzen kann. Wie aus der Abbildung ersichtlich ist, ruht zwecks Vermeidung von Korkverbindungen die Extraktionshülse im weithalsigen Extraktionskolben selbst auf Glasvorsprüngen. Der obere Teil des Kolbens wird von einem kleinen Nickelkühler ziemlich dicht anschließend ausgefüllt. An diesem Kühler mit halbrundem Boden und einem Abtropfvorsprung kondensiert sich das Lösungsmittel, tropft in die Hülse und durch diese in den Kolben. Nach beendeter Extraktion wird der Kühler und die Hülse entfernt, ein gutschließender Kork mit gebogenem Ableitungsrohr aufgesetzt und an einen Kühler angeschlossen und das Lösungsmittel durch Erhitzen im Wasserbad abdestilliert. Der Rückstand wird in üblicher Weise getrocknet und der Kolben direkt auf die analytische Wage gebracht. Jedes Umfüllen ist also vermieden.

Wendet man ein Wasserbad zur Erwärmung an, so kondensiert auf dem Kühler Wasser und gelangt unter Umständen in den Kolben. Zur Vermeidung dieses Übelstandes[2]) umkleidet man den oberen Teil des Kolbens mit einem Filtrierpapierring, über den der vorspringende Rand des Kühlers herübergreift.

---

[1]) Besson, Chem.-Ztg **30**, 860 [1915]. Einen im Prinzip ähnlichen Apparat hat Graefe (Braunkohle **1907**, 223) beschrieben. In einem Erlenmeyer-Kolben hängt an dem mit Stanniol gedichteten Korkstopfen eine Extraktionshülse aus Filtrierpapier Der Stopfen trägt einen Rückflußkühler, aus dem das Lösungsmittel in die Hülse tropft. Die Extraktionszeit ist nur ein Viertel der bei Soxhletapparaten erforderlichen Zeitspanne.

[2]) Schwalbe und Schulz, Chemiker-Zeitung **42**, 194 [1918]. Dortselbst ist eine Ausführungsform des Apparates, geeignet zur Extraktion größerer Materialmengen, beschrieben.

Der Nachteil des Bessonschen Extraktionsapparates ist das sehr leichte Umfallen des hohen weithalsigen Extraktionskolbens, wodurch Beschädigungen sehr leicht vorkommen, ferner die häufig beobachtete mangelhafte Dichtung der die Extraktionshülse tragenden Glasspitzen, die manchmal nicht genügend dicht verschmolzen sind, so daß Lösungsmittel verloren gehen. Endlich muß aus dem Weithalskolben in gesonderter Destillationsapparatur abdestilliert werden.

Einfacher und billiger ist ein von Wislicenus empfohlener Apparat, in dem man mit dem Lösungsmittel auskochen kann, was eine wesentliche Beschleunigung der Extraktion bedeutet. Abb. 10.

Von der Vollendung der Extraktion überzeugt man sich durch nochmalige, etwa 1 Stunde dauernde Extraktion des Extraktionsgutes in der Hülse. Hinterläßt das Lösungsmittel keinen wägbaren Rückstand, so ist das Extraktionsgut erschöpft. Nach Wislicenus[1]) stellt man sich den Apparat selbst aus einem weithalsigen Rundkolben und einem Kugelkühler zusammen.

Dabei kann die Glasschliffverbindung auch für genaue Bestimmungen durch den mit Stanniol überzogenen Kork umgangen werden, wenn es nicht auf die allergrößte Genauigkeit ankommt. Das Wesentliche aber ist die verschiebbare Aufhängevorrichtung für die Extraktionshülse. Durch das Kühlrohr des Kugelkühlers wird ein Aluminiumdraht geschoben, an welchem die Hülse selbst, oder ein Drahtgestellchen oder ein Säckchen (oder schließlich eine aus Filtrierpapier gefaltete Hülle) wieder durch ein Drahtgehänge aufgehängt wird. Durch die Extraktionshülse (mit verstärktem Rand) wird der letztere kleine Draht hindurchgestochen und oben zu einer Öse mit herabhängenden Abtropfenden

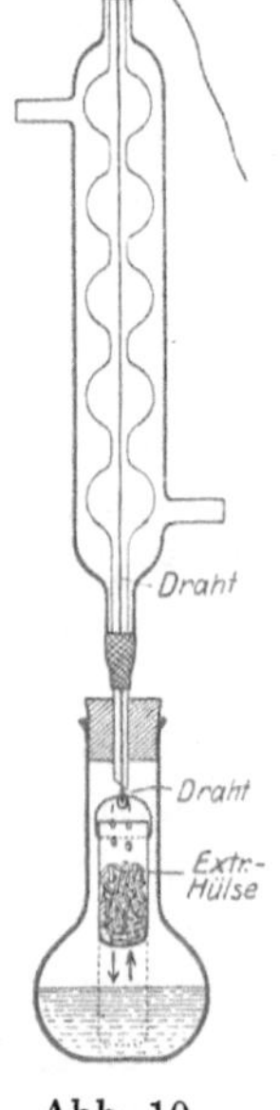

Abb. 10.
Wislicenus
Extraktions-
apparat.

zusammengedreht und am langen Hängedraht so befestigt, daß beim Herunterlassen in die Flüssigkeit die Hülse sich nicht aushaken kann. Ist der Kolbenhals etwas knapp, so muß der Hülsenrand durch Umfassung mit Draht rund gehalten werden.

Der Hauptvorteil dieses einfachsten Extrahiergerätes liegt außer der in jetziger Zeit wohl sehr erwünschten Vermeidung von Anschaffungskosten für kostspielige Spezialapparate vor allem darin, daß man die Substanz zunächst im Groben durch Eintauchen erst rasch auskochen, dann die letzten Spuren sehr leicht durch Herauf-

---

[1]) H. Wislicenus: Eine einfache und wirksame analytische Extraktionsvorrichtung. Zellstoffchemische Abhandlungen 1, 71—72 [1920] H. III.

ziehen der Extraktionshülse in den Dampfraum (Kolbenhals) vollkommen ausziehen kann. Durch diese Kombination: Auskochen
der eingetauchten Substanz in der Hülse, dann den Rest mit kon-
densiertem, durch die Dämpfe gewärmtem Extraktionsmittel ausziehen, wird auch an Zeit soviel als nur möglich gespart. (Die
Extraktionshülse darf nicht ganz vollgefüllt und nur teilweise eingetaucht werden, damit beim ersten Auskochen kein Material heraus-
gespült wird.)

Über die Extraktion von Holz sei folgendes erwähnt[1]). Alkohol vermag aus Holz nahezu die Gesamtmenge der extrahierbaren
Stoffe auszuziehen. Äther jedoch zieht nur einen Teil dieser Bestandteile aus. Dieser Auszug ist an Bedeutung wichtiger als der
Alkoholauszug. Seine Menge und seine äußeren Eigenschaften
(Klebrigkeit oder Brüchigkeit) lassen nämlich ziemlich sichere Schlüsse
auf die bei der Verwendung des Holzes zur Erzeugung von Sulfitzellstoffen etwa zu erwartenden „Harzschwierigkeiten" ziehen. Es
hat sich daher als zweckmäßig erwiesen, das Holz nacheinander erst
mit Äther und dann mit Alkohol auszuziehen.

Soll die Harzbestimmung richtige Ergebnisse zeitigen, so darf
das Untersuchungsmaterial nicht zu alt sein. Bei Hackspänen z. B.
wird ein erheblicher Teil des Harzes nach 14 tägiger Lagerung unlöslich in Äther. Schädlich ist auch ein heißes Trocknen vor der
Extraktion, weil es ebenfalls Unlöslichwerden von Harz hervorrufen
kann. Das Material wird am besten vor der Harzbestimmung bei
etwa 30^0 auf einen Wassergehalt von etwa $5\,^0/_0$ herunter getrocknet,
wozu je nach der Anfangsfeuchtigkeit 5—10 Stunden erforderlich sind.

Bei einigen Rohmaterialien, z. B. bei Kiefer, nicht bei Fichte,
insbesondere aber bei Stroh, werden wesentlich höhere Werte für
Harz bzw. Wachs erhalten, wenn das Material vorher einer Behandlung mit Salzsäure in der Wärme unterworfen worden ist. Bei Stroh
steigen die Wachswerte von 1,5 bis auf $3\,^0/_0$, je nach dem Grade
des Aufschlusses[2]).

Das aus Holz extrahierte Harz ist ein Gemisch von Harz und
Fett.[3]) Will man den Fettgehalt bestimmen, so empfiehlt sich die

---

[1]) Schwalbe, Zeitschrift für Forst- und Jagdwesen **47**, 92—103 [1915]
ferner Rudolf Sieber, Das Harz der Nadelhölzer. Dissertation Berlin 1914,
Sonderdruck in „Schriften des Vereins d. Zellstoff-Chemiker", Band 9,
Berlin 1914.

[2]) Schwalbe und Schulz, Über die Aufschließung von pflanzlichen
Rohstoffen vermittels Salzsäure, als Manuskript gedruckt, Eberswalde 1917,
S. 25, ferner DRP. 309555, Kl. 23a vom 3. Aug. 1917.

[3]) Schwalbe und Schulz, Zeitschr. f. angew. Chem. **31**, 125 [1918],
Chemiker-Ztg. **42**, 229 [1918]. R. Sieber, Das Harz der Nadelhölzer [1914].

Untersuchungsmethode von Wolff und Scholze[1]): eine vereinfachte Ausführungsform des Twitchell-Verfahrens. Bei diesem werden die Fettsäuren mit Alkohol und Schwefelsäure verestert, die Harzsäuren bleiben unverändert.

Maßanalytische Methode: „2—5 g des Harzfettsäuregemisches werden, je nach der abgewogenen Menge, in 10—20 ccm absolutem Methylalkohol gelöst, mit 5—10 ccm einer Lösung von 1 Teil Schwefelsäure in 4 Teilen Methylalkohol versetzt (diesbezügliche Versuche ergaben, daß es nicht unbedingt nötig ist, wie der eine von uns früher vorgeschlagen hatte, Alkohol und Schwefelsäure frisch zu mischen; vielmehr erhält man die gleichen Resultate, wenn man eine längere Zeit stehende Lösung benutzt) und 2 Minuten am Rückflußkühler gekocht. Die Reaktionsflüssigkeit wird mit der 5- bis 10fachen Menge 7—10$^0/_0$iger Kochsalzlösung versetzt, und Fettsäureester nebst Harzsäuren mit Äther oder einem Gemisch von Äther mit etwas Petroläther extrahiert. Die wässerige Lösung wird abgelassen und noch ein- bis zweimal mit Äther ausgeschüttelt. Die ätherischen Lösungen werden vereinigt, zweimal (und zwar, wenn das Waschwasser noch nicht neutral ist, bis zur Neutralität) mit verdünnter Kochsalzlösung gewaschen und nach Versetzen mit Alkohol mit $^n/_2$-alkoholischer Kalilauge titriert. Unter Annahme einer mittleren Säurezahl von 160 für die Harzsäure, und einer Korrektur für unveresterte Fettsäure gleich 1,5 der ursprünglich vorhandenen, ergibt sich als Harzsäuregehalt in Prozent, wenn m die Menge des abgewogenen Fettsäureharzgemisches und a die zum Neutralisieren verbrauchte Anzahl Kubikzentimeter der Kalilauge ist: $\dfrac{a \cdot 17{,}76}{m} - 1{,}5$.

Die Menge des Kolophoniums wird hieraus annähernd durch Multiplikation mit 1,07 berechnet. Statt des Methylalkohols ist ohne großen Schaden auch Äthylalkohol zu benutzen“.

Gewichtsanalytische Methode: „2—5 g des Fettsäuregemisches werden zunächst wie nach der ersten Methode behandelt. (Hierbei ist es gleich, ob man Äthyl- oder Methylalkohol verwendet.) Nach dem Neutralisieren werden noch 1—2 ccm alkoholische Lauge zugesetzt und die ätherische Lösung mit Wasser mehrmals nachgewaschen. Waschwasser und Seifenlösung werden auf ein kleines Volumen eingeengt, in einen Scheidetrichter übergeführt, angesäuert und nach Zufügen der etwa gleichen Menge konzentrierter Kochsalzlösung 2—3 mal ausgezogen. Die ätherische Lösung wird mit

---

[1]) Wolff und Scholze, Chem.-Ztg. **38**, 382 [1914]. Diese Bestimmungsmethode setzt normales Verhalten der Fettsäure, insbesondere der durch Luftoxydation veränderten Fette und Harzsäuregemische voraus; über die Fettsäuren der Nadelhölzer ist aber Näheres noch nicht bekannt.

etwas geschmolzenem Natriumsulfat getrocknet, und der Äther in einem Kölbchen verdampft. Der Abdampfrückstand wird nach dem Erkalten in 10 ccm absolutem Äthylalkohol gelöst, und 5 ccm einer Mischung von 1 Teil Schwefelsäure mit 4 Volumteilen Alkohol werden zugefügt. Das Gemisch läßt man $1\,^1/_2$—2 Stunden bei Zimmertemperatur stehen. Die Reaktionsmischung wird nun mit der 7- bis 10fachen Menge $10\,^0/_0$iger Kochsalzlösung versetzt, 2—3 mal ausgeäthert, und die vereinigten Ätherauszüge nach Neutralisation mit alkoholischer Kalilauge mehrfach mit Wasser unter Zusatz einiger Tropfen Kalilauge gewaschen. Den vereinigten alkoholisch-wässerigen Extrakten wird nach Verjagen des Alkohols, Ansäuern und Kochsalzzusatz durch mehrfaches Ausäthern die Harzsäure entzogen. Die vereinigten Ätherauszüge werden nach zweimaligem Waschen mit verdünnter Kochsalzlösung und Trocknen mit geschmolzenem Natriumsulfat verdampft. Die in Prozente umgerechnete Menge der so isolierten Harzsäuren kann durch Multiplikation mit dem Faktor 1,07 auf den annähernden Kolophoniumgehalt umgerechnet werden. (Da der Verlust an Harzsäuren etwa $2\,^0/_0$ der vorhandenen Menge beträgt, könnte man $2\,^0/_0$ der gefundenen Harzsäure diesem zurechnen. Da aber die verschiedenen Fehlerquellen doch größer sind als dieses Manko, so halten wir das nur bei großen Harzgehalten, etwa über $30\,^0/_0$ für erforderlich oder zweckmäßig.)"

Nach Fahrion[1]) liefern bei den voraussichtlich oxydierten Fettsäuren die vorstehenden Bestimmungsmethoden sicherlich nicht genaue Werte.

Furfurol-(Pentosan-)Bestimmung[2].)

Für viele pflanzliche Rohstoffe sehr charakteristisch ist deren Gehalt an sogenannten Pentosanen. Diese können durch Abspaltung von Furfurol mit 12—$13\,^0/_0$iger Salzsäure bestimmt werden. Reich an Pentosan sind beispielsweise Flachs und Hanffasern sowie Laubhölzer; arm an Pentosan die Nadelhölzer, vor allem die Baumwolle. Für das von Tollens und seinen Schülern ausgearbeitete Verfahren zur Bestimmung von Pentosan ist nachstehende Ausführungsform empfehlenswert. Da es sich, was Tollens selbst mehrfach betont hat, um eine konventionelle Bestimmung handelt, müssen zur Erzielung vergleichbarer Werte alle Einzelheiten der Apparatur und Arbeitsweise peinlich genau eingehalten werden. Beherzigenswert in dieser Richtung sind die Ausführungen von Koydl[3]).

---

[1]) Private Mitteilung an Schwalbe.

[2]) Hierzu Böddener und Tollens, Journal f. Landwirtschaft **58**, 232 [1910].

[3]) Koydl, Österreichisch-ungar. Zeitschr. f. Zuckerindustrie **43**, 208—231 [1914].

Die von Tollens und Böddener vorgeschlagene Abänderung der Methode, statt kalter, heiße Fällung des Phloroglucins, läßt sich auch nicht gut innerhalb einer 8stündigen Arbeitszeit durchführen; auch wird sie bei Gegenwart von Methylpentosan unzuverlässig. Deshalb sollte man die Destillation am Nachmittag eines Arbeitstages durchführen, über Nacht die Fällung mit Phloroglucin stehen lassen, und die Analyse andern Tages beenden.' Das von Tollens empfohlene Metallbad zur gleichmäßigen Erhitzung des Destillationskolbens ist recht kostspielig. Man erhält recht gute Werte mit Ölbädern[1]), wenn sie beim Dickwerden rechtzeitig erneuert werden. Angenehmer ist noch die Verwendung von Heiztrichtern, den sogenannten Baboblechen, bei denen die Flammgase den Kolben umspülen, also eine Luftbadheizung angewendet wird. Am bequemsten sind natürlich elektrische Heizplatten mit Einstellung einer bestimmten Temperatur (250°), da so Schwankungen in der Destillation durch Schwankungen des Gasdruckes ausgeschlossen werden. Zweckmäßig ist die Erhitzung mehrerer Proben gleichzeitig, da so die Gleichmäßigkeit des Destillationsvorganges bei den Kontrollbestimmungen leichter zu erreichen ist. Am besten 4 Proben im selben Bad bezw. auf derselben Platte[2]).

Rund- oder Stehkolben von 500 ccm Inhalt kommen nur in Frage, wenn Ölbäder oder Luftbäder Verwendung finden. Für die Heizplatten ist die Erlenmeyerform (500 ccm Inhalt) mit möglichst ebenem Boden empfehlenswerter. Es ist darauf zu achten, daß tatsächlich der Boden ganz eben ist; bei welligem Boden ist die Wärmeübertragung weit schlechter. Die Erlenmeyer haben bei einem Inhalt von 500 ccm einen größten Durchmesser von 9,5 cm, eine Höhe von 17,5 cm. Der Destillationsaufsatz besteht aus einem zweifach durchbohrten Gummistopfen mit Tropftrichter von zylinderischer Form, der Meßstriche zum Abmessen der während der Destillation zugegebenen Salzsäure trägt. Die Höhe des Aufsatzes vom Kolbenhals bis zur Krümmung des abwärtsführenden Destillationsrohres beträgt 4,5 cm. Das Destillationsrohr hat 6 mm lichte Weite, die Kühlrohrlänge beträgt 19,5 cm, die Kühlerlänge von der Krümmung des Rohres bis zum Abtropfende 41 cm. Das Destillat wird in einem Meßzylinder aufgefangen. Das Abschließen des Destil-

---

[1]) Lenze, Pleus, Müller, Ref. Cellulosechemie [1921] S. 24. Lenze, Pleus, Müller haben an Stelle der Ölbäder Chlorkalzium empfohlen. Nach eigenen Erfahrungen sind die Chlorkalziumbäder stets unsauber durch Überklettern und Überschäumen der Badflüssigkeit; jedenfalls sind sie aber den Ölbädern vorzuziehen, bei welchen durch gelegentlich kaum vermeidbares Ausspritzen von Wassertropfen lästiges Überschäumen des heißen Öles befürchtet werden muß.

[2]) Empfehlenswert ist Einbetten der Kolben in Sand.

lates von der Luft ist neuestens befürwortet, aber noch nicht allgemein eingeführt worden[1]).

Die Ausführung der Bestimmung gestaltet sich wie folgt: In einem Kolben von ca. 3—400 ccm Inhalt werden ca. 2 g genau abgewogenes Rohmaterial, wie Holz u. dgl., mit 100 ccm Salzsäure vom spezifischen Gewicht 1,06 im Ölbad auf 160° erhitzt. Das durch Wasserkühlung erhaltene Destillat wird in einem als Vorlage dienenden Meßzylinder gesammelt und für jede überdestillierten 30 ccm werden vermittels eines durch den Stopfen des Kolbens führenden Tropftrichters 30 ccm frische Salzsäure nachgefüllt. Dies wird so lange fortgesetzt, bis 360 ccm abdestilliert sind bzw. nur so lange, bis ein Tropfen des Destillates mit Anilinacetatpapier eine Rotfärbung nicht mehr ergibt. Das Anilinacetatpapier erhält man durch Tränken von Filtrierpapierstreifen mit einer Lösung aus 2 ccm Anilin (rein oder frisch destilliert) in 20 ccm 10%iger Essigsäure. Zu dem Destillat wird Phloroglucinlösung (10 g Phloroglucin in 1 l Salzsäure vom spezifischen Gewicht 1,06) zugegeben. Nicht nur die doppelte Menge des voraussichtlich erforderlichen Phloroglucins, sondern darüber hinaus noch 0,15 g desselben ist anzuwenden. Dann wird mit Salzsäure vom spezifischen Gewicht 1,06 auf 400 ccm aufgefüllt und die Mischung auf 80—85° erwärmt. Nach frühestens $1\frac{1}{2}$—2 Stunden wird der Niederschlag in einem bei 95 bis 98° getrockneten und gewogenen Goochtiegel mit Asbesteinlage gesammelt, mit ca. 50 ccm Wasser ausgewaschen unter Beobachtung der Vorsichtsmaßregel, daß der Niederschlag erst zum Schluß trocken gesaugt werden darf. Der Goochtiegel (im Wägeglas) wird bei 95—98° getrocknet und gewogen, und das Furfurol nach der Formel[2]) berechnet:

$$\text{Furfurol} = (\text{Phloroglucid} + 0{,}001)\,0{,}571\,.$$

Bei der Bestimmung der Pentosane mittels Furfurol muß berücksichtigt werden, daß auch Saccharose, Maltose, Glucose und Stärke bei der Einwirkung von Salzsäure der vorgeschriebenen Konzentration Destillate liefern, aus denen man Phloroglucide[3]) abscheiden kann.

Schnellmethode zur Bestimmung von Furfurol. Annähernde Abschätzung der erhaltenen Furfurolmenge ist möglich durch folgende kolorimetrische Probe: 50 ccm der auf Furfurol zu

---

[1]) Schmeil, Zellstoff und Papier 7, 196 [1921]. — Gaefke, Diss., Dresden [1919].

[2]) Vergleiche auch die Tabelle zur Berechnung im Anhang: Sondertafel 5.

[3]) Testoni, Staz. sperm. agrar. ital. 50, 97—108 [1917]. Chem. Zentralbl. Bd. 2, 865 [1918].

untersuchenden Lösung werden in einem Weithalskölbchen von 100 ccm Inhalt mit 50 ccm heißem Wasser übergossen und auf der elektrischen Heizplatte zum deutlich wallenden Sieden erhitzt, nachdem man die Öffnung des Kölbchens mit einem Stück Filtrierpapier, das am Rande umgebörtelt wird, überspannt hat. Auf diese Filtrierpapierfläche bringt man vier Tropfen einer Lösung von 2 ccm frisch destilliertem Anilin in 20 ccm einer $10^0/_0$igen Essigsäure. Damit nicht durch die strahlende Hitze der elektrischen Heizplatte eine vorzeitige Trocknung der befeuchteten Filtrierpapierfläche erfolgt, versieht man das Kölbchen mit einem ringförmig ausgeschnittenen Brettstückchen zur Abhaltung der Hitze. Die Tropfen des Anilinreagenses werden in der Mitte der Papierfläche aufgebracht, damit gleichmäßige Verteilung nach den Seiten gewährleistet ist. Neben das Kölbchen mit der auf Furfurol zu untersuchenden Flüssigkeit stellt man ein zweites, welches 2 ccm einer Furfurollösung von bekanntem Gehalt und ebenfalls 50 ccm heißes Wasser enthält. Man löst zur Herstellung der Furfurollösung 1 g Furfurol in 1 Liter ausgekochten Wasser. Man überspannt auch dieses Kölbchen mit einem Stück Filtrierpapier, bringt ebenfalls das Anilinreagens auf und beginnt das Erhitzen bei beiden Kölbchen gleichzeitig.

Durch die aufsteigenden Furfuroldämpfe wird das Anilinreagens in der Filtrierpapierfläche rot gefärbt. Aus der Intensität der Rotfärbung kann man bei einiger Übung Rückschlüsse auf die Furfurolmenge ziehen. Durch Abänderung des Zusatzes der Furfurolflüssigkeit von bekanntem Gehalt gelingt die Schätzung der unbekannten Furfurolmenge.

Bestimmung von Methylfurfurol.

Der wie vorstehend beschrieben gewonnene Niederschlag enthält sowohl Furfurol- wie Methylfurfurol-Phloroglucid. Um Methylfurfurol gesondert bestimmen zu können, was unter Umständen zur Charakterisierung von pflanzlichen Rohstoffen Interesse haben könnte, zieht man nach dem Verfahren von Tollens den Niederschlag mit Alkohol aus, was wohl zweckmäßig in dem oben bei der Harzextraktion beschriebenen Besson- oder Wislicenus-Apparat geschieht, in den man den Goochtiegel hineinsetzen bzw. aufhängen kann. Man extrahiert so lange, bis der aus dem Goochtiegel abtropfende Alkohol farblos ist. Der Tiegel wird hierauf 2 Stunden lang getrocknet und wieder gewogen. Das nunmehrige Gewicht vom ursprünglichen Gewicht abgezogen, gibt das Gewicht des Methyl-Phloroglucids und damit dasjenige von Methylfurfurol und Methylpentosan[1]).

---

[1]) Die Bestimmung ist wenig zuverlässig. Man vergleiche hierzu: Schorger, Journ. Ind. Eng. Chem. 9, 556—566 [1917].

Die Bestimmung der Methylpentosane kann fehlerhaft werden dadurch, daß die Hexosen, die Stärke und auch Zellulose bei Behandlung mit verdünnten Mineralsäuren Oxymethylfurfurol liefern, das ein in Alkohol lösliches Phloroglucid[1]) bildet.

Die so erhaltenen Werte zeigen daher außerordentlich starke Schwankungen[2]), so daß sie als ganz unzuverlässig gelten müssen. Es gibt sonach gegenwärtig keine brauchbare Methode für die Bestimmung von Methylpentosan. Nach den Untersuchungsergebnissen, die Schmeil[3]) mit Bambus erhielt, kommt Gewichtszunahme häufig vor, und eine Übereinstimmung zwischen den Werten der Gewichtsdifferenz und den Werten für das Gewicht des abgedunsteten Alkoholextraktes ist nicht vorhanden. Es erscheint deshalb vorerst geboten, auf eine Methylpentosanbestimmung zu verzichten. Man kann sich vielleicht nach dem Vorschlag von Fromhals durch die Bestimmung des Furfurols mit Barbitursäure helfen, da durch Barbitursäure Methylfurfurol nicht gefällt wird.

Da die Umrechnung des Furfurols auf Pentosan etwas unsicher ist, sollte man neben dem Pentosanwert auch stets den Furfurolwert angeben, also gewissermaßen nach dem Vorschlag von Jäger und Unger die „Furfurolzahl" mitteilen.

Bestimmung von Mannan und Galactan nach Schorger[4]).

Nach Schorger ist ein Gehalt an diesen Stoffen charakteristisch für die Nadelhölzer, so daß es unter Umständen von Interesse ist, auch diese Hexosane zu bestimmen. Die Schorgersche Methode wird nach Dore[5]) zweckmäßig wie folgt durchgeführt:

a) Bestimmung des Mannans. 10 g Holz werden $3^1/_2$ Stunden lang mit 150 ccm Salzsäure vom spezifischen Gewicht 1,025 in einem Erlenmeyer unter Rückfluß hydrolysiert. Nach dieser Zeit wird abfiltriert, der Holzrückstand in einen Kochbecher überführt,

---

[1]) Testoni, Staz. sperm. agrar. ital. **50**, 97—108 [1917]. Chem. Zentralbl. **2**, 865 [1918].

Nach Testoni soll man mit einem Gemisch von Eisessig und Salzsäure die Pentosane in Pentosen überführen können. Bei Zusatz von Phloroglucin entsteht eine rote Färbung, die sich gut zur kolorimetrischen Bestimmung eignet.

[2]) Berichte **36**, 1222 [1903].

[3]) Schmeil, Papier und Zellstoff **7**, 196 [1921].

[4]) Schorger, Journ. Ind. Engineering Chem. **9**, 748 [1917].

[5]) Dore, Gesamtanalyse der Nadelhölzer. Journ. Ind. Engineering Chem. **12**, 476—479 [1920], Nr. 5; Papierfabrikant **18**, Cellulosechemie **1**, 62—65 [1920].

einige Minuten lang mit 100 ccm Wasser warm digeriert. Durch ein Filter wird die Flüssigkeit abgegossen, der Holzrückstand in den Kochbecher zurückgespült, erneut mit 100 ccm Wasser erwärmt und dieses Extrahieren so lange wiederholt, bis etwa 500 ccm Filtrat angesammelt sind. Dieses Filtrat wird mit Natronlauge neutralisiert, dann wieder mit einer Spur Essigsäure sauer gemacht und bis auf ein Volumen von 150 ccm auf dem Wasserbade eingedampft. Die Flüssigkeit wird nun in einen mit eingeschliffenem Glasstopfen versehenen Erlenmeyer gebracht. Hierauf wird ein Gemisch von 10 ccm Phenylhydrazin und 20 ccm Wasser zugefügt und mit Eisessig angesäuert. Das Mannosehydrazon scheidet sich sofort aus. Man läßt mehrere Stunden unter häufigem Umschütteln stehen und filtriert dann durch einen Goochtiegel, der mit einer Filterscheibe von mercerisiertem Baumwollgewebe versehen ist. Das Mannosehydrazon wird mehrfach mit kaltem Wasser, dann mit Azeton gewaschen, hierauf bei 100 g getrocknet und gewogen. Durch Multiplikation der gefundenen Gewichtsmenge mit dem Faktor 0,6 wird die Mannosemenge berechnet.

b) **Bestimmung des Galactans.** 5 g des Untersuchungsmaterials werden in ein Becherglas gebracht, mit 60 ccm Salpetersäure vom spezifischen Gewicht 1,15 übergossen. Das Becherglas wird nun im Wasserbade so lange erhitzt, bis die Flüssigkeit auf etwa 20 ccm eingedampft ist, wobei eine Höchsttemperatur von 87^0 nicht überschritten werden darf. Der Becherglasinhalt wird hierauf bis auf 75 ccm mit heißem Wasser verdünnt, dann filtriert und der Rückstand auf dem Filter ausgewaschen, bis das Filtrat farblos abläuft. Das Gesamtvolumen beträgt dann gewöhnlich 200 ccm. Diese Flüssigkeitsmenge wird im Wasserbade auf 10 ccm eingedampft bei einer Höchsttemperatur von 87^0. Man läßt nun mehrere Tage stehen, damit die so gebildete Schleimsäure sich ausscheiden kann. Zunächst scheiden sich große Kristalle von Oxalsäure aus, dann folgt die Abscheidung der Schleimsäure. Zur weiteren Erleichterung der Kristallisation wird der Kristallbrei nunmehr heftig umgerührt. Man läßt noch 24 Stunden lang stehen und verdünnt den Kristallbrei mit 20 ccm kaltem Wasser. Die großen Kristalle lösen sich hierbei wieder, die Schleimsäure nicht. Nach abermals 24 Stunden wird die Schleimsäure durch einen mit Asbest beschickten Goochtiegel abfiltriert, mit 50 ccm Wasser, 60 ccm Alkohol, endlich einige Male mit Äther gewaschen. Hierauf wird 3 Stunden lang bei 100^0 getrocknet, dann gewogen. Aus der Gewichtsmenge wird das Galactan durch Multiplikation mit dem Faktor 1,2 berechnet.

Bestimmung von Pektin durch Methylalkoholabspaltung.

Nach Untersuchungen, die von Fellenberg[1] bzw. Ehrlich durchgeführt haben, spaltet das im Pflanzenreich weit verbreitete Pektin mit verdünnter Natronlauge Methylalkohol ab, der durch kolorimetrische Bestimmung des bei der Oxydation entstehenden Formaldehyds gemessen werden kann.

Vor der Bestimmung müssen etwa vorhandene ätherische Öle entfernt werden, was am einfachsten durch Extraktion mit organischen Lösungsmitteln geschieht. Man wird die Extraktion zweckmäßig nach der oben für Harz, Fett, Wachs usw. gegebenen Vorschrift durchführen, kann sich jedoch mit kurzer Extraktionsdauer von etwa 1 Stunde begnügen, da der Extraktionsrückstand nach von Fellenberg zweckmäßig noch mit Wasserdampf destilliert wird, um eine Quellung des Materials hervorzurufen. Bei dieser Wasserdampfdestillation gehen etwa noch vorhandene ätherische Öle mit fort. Man bringt dann das Untersuchungsmaterial im Gewicht von 1—2 g in einen 400 ccm-Kolben, fügt 40 ccm Wasser hinzu, und destilliert unter Verwendung eines senkrechten Kühlers 20 ccm davon ab. Der Rückstand wird noch heiß (bei ca. 80—90°) mit 5 ccm $10^0/_0$iger Natronlauge (10 g NaOH + 90 ccm Wasser) versetzt, der Pfropfen mit dem Verbindungsrohr sogleich wieder aufgesetzt, und der Kolben nach gründlichem Umschwenken 5 Minuten stehen gelassen. Nun werden 2,5 ccm verdünnte Schwefelsäure (1 Volumen konzentrierte Säure + 1 Volumen Wasser) hinzugefügt und 16,2 ccm abdestilliert, wobei man als Vorlage ein gewogenes Reagenzglas benützt, welches bei 6, 10 und 16,2 ccm Marken trägt. Das Destillat wird in einen neuen Kolben gebracht, mit 5 Tropfen Natronlauge[2] und 5 Tropfen $10^0/_0$iger Silbernitratlösung[3] versetzt und wieder destilliert, bis 10 ccm übergegangen sind. Durch eine letzte Destillation gewinnt man ein Destillat von 6 ccm. Man stellt sein Gewicht auf 2 Dezimalen genau fest und führt die Methylalkoholreaktion damit aus.

Dazu sind folgende Lösungen notwendig:

1. Alkohol-Schwefelsäure, hergestellt durch Lösungen von 20 ccm reinem, absolutem Alkohol oder 21 ccm 95 $^0/_0$-igem Alkohol in Wasser, Zusetzen von 40 ccm konzentrierter Schwefelsäure und Verdünnen mit Wasser auf 200 ccm.

---

[1] Th. von Fellenberg, Mitteilungen für Lebensmitteluntersuchung und Hygiene aus d. Lab. d. Schweiz. Gesundheitsamtes 7, 59 [1916].

[2] Zur Zurückhaltung flüchtiger Säuren.

[3] Silberoxyd soll etwa vorhandene Aldehyde und Terpene oxydieren.

2. Kaliumpermanganatlösung, 5 g $KMnO_4$ in 100 ccm.

3. Oxalsäurelösung, 8 g in 100 ccm.

4. Konzentrierte Schwefelsäure.

5. Fuchsinschweflige Säure, bereitet durch Lösen von 5 g Fuchsin, 12 g Natriumsulfit und 100 ccm n-Schwefelsäure zum Liter[1]).

6. Methylalkohollösung von 1 g in 100 ccm, erhalten durch Lösen von 12,67 ccm ($= 10$ g) Methylalkohol „Kahlbaum" zum Liter und eine ebensolche Lösung von 0,1 g in 100 ccm, erhalten durch Verdünnen der eben genannten Lösung auf das Zehnfache[2]).

Von dem methylalkoholhaltigen Destillat werden 3 ccm in einem 40—50 ccm fassenden weiten Reagenzglase mit 1 ccm Alkohol-Schwefelsäure und mit 1 ccm Permanganatlösung versetzt, einmal umgeschüttelt und genau 2 Minuten sich selbst überlassen. In gleicher Weise behandelt man drei Typen, von denen der erste 0,5 ccm $1^0/_0$ige Methylalkohollösung ($= 5$ mg) und 2,5 ccm Wasser, der zweite 1 ccm $0,1^0/_0$ige Lösung ($= 1$ mg) und 2 ccm Wasser, der dritte 0,3 ccm $0,1^0/_0$ige Lösung ($= 0,3$ mg) und 2,7 ccm Wasser enthält. Nach 2 Minuten setzt man überall 1 ccm Oxalsäurelösung zu und neigt die Reagenzgläser in der Weise, daß die Flüssigkeit alle etwa an der Wandung hängenden Tropfen Permanganat mit sich nimmt. Einige Sekunden nach dem Oxalsäurezusatz hat die Lösung Madeira-farbe angenommen. Man setzt nun 1 ccm konzentrierte Schwefel-säure zu (am besten aus einer Pipette mit recht enger Mündung, um das Aufsteigen von Luftblasen zu verhindern) und gleich darauf 5 ccm fuchsinschweflige Säure und mischt gehörig um, indem man wieder die Wandungen des Gefäßes mit der Flüssigkeit abspült. Man läßt nun eine Stunde stehen und vergleicht die zu prüfende Lösung vorerst mit bloßem Auge mit den Typen. Die genaue kolo-rimetrische Vergleichung geschieht mit dem Typ, welcher der Lösung in der Farbstärke am nächsten steht. Ist es der Typ von 5 mg, so

---

[1]) Diese Lösung muß sorgfältig vom Licht abgeschlossen, am besten in einer von schwarzem Papier umgebenen Stöpselflasche, aufbewahrt werden. So hält sie sich sehr lange Zeit. Nach $6^1/_2$ Monaten wurde beispielsweise eine um nur $12^0/_0$ schwächere Färbung erhalten wie mit einer frisch bereiteten Lösung. Am Licht aufbewahrt ändert hingegen die Lösung ihre Wirksamkeit verhältnis-mäßig schnell.

Am besten löst man das Fuchsin in etwa 600 ccm Wasser in der Hitze, kühlt ab, ohne sich darum zu kümmern, daß die Lösung dabei trüb wird, fügt nun erst die Lösung des Sulfits und die Schwefelsäure hinzu und füllt zum Liter auf. Nach einigen Stunden ist die nunmehr bräunlich-gelbe Lösung gebrauchsfertig.

[2]) Die Methylalkohollösungen sind sehr haltbar. Nach $6^1/_2$ Monate langem Aufbewahren in einer Stöpselflasche am Tageslicht erhielt man mit der verdünnteren Lösung noch genau dieselbe Intensität, wie mit einer frisch bereiteten.

verdünnt man mit 100 ccm Wasser, ist es einer der beiden anderen, so verdünnt man mit 25 ccm Wasser und vergleicht die Intensitäten im Kolorimeter.

Wenn der Gehalt bedeutend höher ist als derjenige des Typs, so empfiehlt es sich, die kolorimetrische Prüfung zu wiederholen unter Verwendung der auf die Typstärke berechneten Menge des Destillates, wobei man mit Wasser auf 3 ccm ergänzt.

Aus der gefundenen Farbstärke ergibt sich nach den Tabellen im Anhang der Gehalt an Methylalkohol in der verwendeten Flüssigkeitsmenge.

Berechnung: Der Prozentgehalt des Untersuchungsmaterials (bei von Fellenberg: Gewürz, nicht Holz) an Methylalkohol ist

$$M = \frac{g \cdot D}{10 \cdot d \cdot G}, \text{ wobei}$$

$G =$ verwendete Menge Substanz in g,
$D =$ Gewicht des Destillates in g,
$d =$ zur Reaktion verwendete Menge Destillat in ccm,
$g =$ gefundener Methylalkohol in mg.

Der Pektingehalt ist dann $P = 10 \cdot M$.

Beispiel: Verwendete Menge Gewürz $= 2$ g (G),
Gewicht des Destillates $= 6{,}49$ g (D),
davon zur Reaktion verwendet $= 3$ ccm (d),
Methylalkohol darin $= 1{,}20$ mg (g)

$$X = \frac{1{,}20 \cdot 6{,}49}{10 \cdot 3 \cdot 2} = 0{,}130$$

Der Methylalkoholgehalt beträgt $0{,}130\,\%$, somit der Pektingehalt $1{,}30\,\%$.

Bestimmung des Zellulosegehaltes.

Zur Bestimmung des Gehaltes an Zellulose in Rohstoffen ist eine große Anzahl der verschiedenartigsten Methoden vorgeschlagen worden. Eine kritische Prüfung dieser Methoden durch Renker[1]) hat gezeigt, daß von allen jene von Cross und Bevan die zuverlässigsten Werte ergibt. Diese Methode beruht im wesentlichen darauf, daß der Nichtzellulosebestandteil der Rohstoffe (Holz und Stroh) durch die Einwirkung von feuchtem Chlorgas in ein Derivat verwandelt wird, welches sowohl durch gewisse organische Lösungsmittel, als auch durch Alkalien und neutrale Sulfitlösungen entfernt werden kann. Bei der Behandlung der Lignozellulose und dem nach-

---

1) Renker, Bestimmungsmethoden der Zellulose. Berlin, Gebr. Borntraeger 1910.

herigen Lösen des Lignins mit einem dieser Lösungsmittel bleibt im allgemeinen die Zellulose unverändert zurück, ist allerdings stets noch pentosanhaltig[1]).

Die praktische Ausführung einer Zellulosebestimmung nach diesem Verfahren in Anlehnung an die von Cross und Bevan gegebene Vorschrift ist jedoch nicht leicht und erfordert einen ziemlichen Zeitaufwand; auch ist der Genauigkeitsgrad verhältnismäßig gering. Zur Behebung dieser Mängel haben Sieber und Walter[2]) eine Reihe von Versuchen ausgeführt, welche zu einer wesentlich verbesserten Ausführungsform des ursprünglichen Verfahrens geführt haben. Die von Sieber und Walter gegebene Ausführungsform, die zwar nur mit Holz ausgearbeitet ist, voraussichtlich aber auch ohne große Abänderungen auf die Bestimmung von Zellulose in Stroh übertragbar erscheint, wird im folgenden wiedergegeben.

Das zu untersuchende Fasermaterial verbleibt vom Anfang bis zum Ende der Analyse in ein und demselben Gefäß, nämlich in einem Gooch-Tiegel. Dieser Tiegel wird zür Bestimmung folgendermaßen hergerichtet. Eine Siebplatte wird zwischen zwei Streifen gebleichten Calicots (Kattun, Baumwollgewebe) gelegt und diese durch einige Stiche mit einem Baumwollzwirn um den Umfang der Siebplatte herum zusammengenäht. Das Überstehende des Kalikos wird dicht am Plättchenrande abgeschnitten, worauf das Filter (Abb. 11), um es von Schmutz zu befreien, mit kochendem Alkohol und Wasser gewaschen wird. Es kommt dann in den Gooch-Tiegel und wird mit diesem getrocknet. Um bei einem nicht gut passenden Filterplättchen ein Verschieben und Kippen· zu vermeiden, kann dasselbe am Boden des Tiegels mit einem dünnen Platindraht oder mit Zwirn befestigt werden, wie es Abb. 12 veranschaulicht.

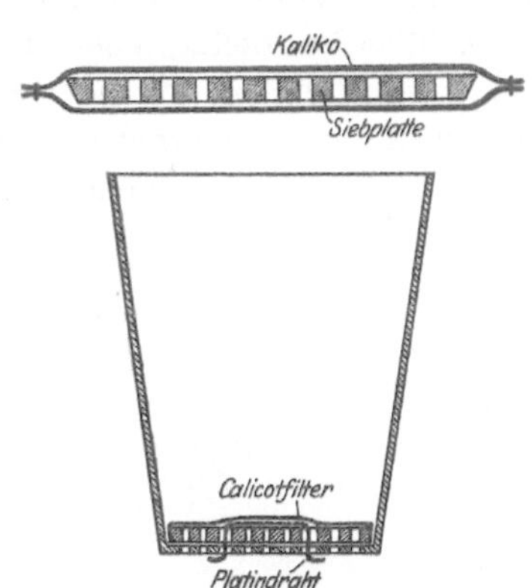

Abb. 11 u. 12. Filtervorrichtung nach Sieber-Walter.

Bestimmung der Zellulose nach Cross und Bevan: Das zu untersuchende Holz wird mit einer Raspel zerkleinert und durch ein 75er Sieb gebeutelt, um die zu großen Teilchen zu trennen. Das durchgegangene Holzmehl wird, um es von den allerfeinsten

---

[1]) Vergleiche den Abschnitt: Untersuchung der Zellstoffe u. S. 96.
[2]) Sieber und Walter, Bestimmungsmethode von Zellulose im Holz nach dem Verfahren von Cross u. Bevan. Papier-Fabrikant **11**, 1179 [1913].

Teilchen zu sondern, auf ein 110er Sieb gegeben und der verbleibende Rest in einem Stöpselglase zur Analyse verwahrt. Von diesem Pulver wird eine Probe zur Trockenbestimmung bei 105° verwandt, während zur Analyse in den wie oben beschrieben ausgerüsteten und gewogenen Gooch-Tiegel 0,8 bis 1 g des feinen, gut gemischten Pulvers gegeben werden. Die Differenz des leeren und gefüllten Gooch-Tiegels gibt die Menge der angewandten Substanz. Der Tiegel kommt dann zwecks Entharzung des Analysenmaterials in einen auf dem Wasserbade oder auf der elektrischen Heizplatte befindlichen Becher mit Alkohol, und zwar trifft man die Anordnung derart, daß der Tiegel vermittels eines geeignet gebogenen Drahtdreieckes, welches man über die Öffnung des Becherglases legt, frei in dem Gefäß zu hängen kommt. Sehr rasch kann man arbeiten, wenn man mit kochendem Alkohol auf der Saugflasche wäscht, was aber eine Alkoholverschwendung bedeutet. Nach etwa einer halben Stunde ist man auch bei der ersten Arbeitsweise am Ziel. Der Inhalt des Tiegels wird nochmals mit heißem Alkohol und schließlich mit heißem Wasser nachgewaschen, und der Tiegel selbst hierauf mit einem Gummipfropfen verschlossen, durch welchen eine rechtwinklig gebogene Glasröhre führt. Das äußere Ende dieser Röhre verbindet man mit einem Chlorkalziumrohr und saugt nun durch den auf der Waschflasche befindlichen Tiegel einen langsamen Luftstrom. Wenn man mit heißem Wasser gewaschen hat, ist schon nach wenigen Minuten der Wassergehalt des Holzmehles soweit herabgegangen, als es für die nun folgende Chlorierung geeignet ist. (Es ist nicht zweckmäßig, ganz feuchtes Holz zur Chlorierung zu verwenden, da dieses sehr leicht zusammenbackt.)

Nachdem sich der Tiegel samt Inhalt auf Zimmertemperatur abgekühlt hat, verbindet man nach Entfernung des Chlorkalziumröhrchens das freie Ende des gebogenen Glasrohres mit einem Chlorentwicklungsapparat und saugt während einer Dauer von 20 Minuten durch den Tiegel einen langsamen, gewaschenen Chlorstrom. Bei dieser Anordnung der Apparatur (Abb. 13) erreicht man eine sehr innige Berührung der reagierenden Stoffe, während man selbst vom Chlor nicht belästigt wird.

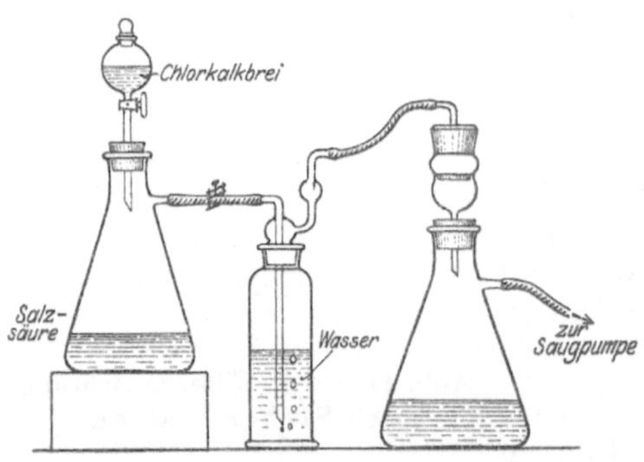

Abb. 13. Chlorierungsapparat nach Sieber-Walter.

Nach beendeter Chlorierung übergießt man die chlorierte Faser mit Wasser, das durch einige Tropfen schwefliger Säure angesäuert worden ist. Zur Herauslösung des Ligninchlorids kann man in der gleichen Weise wie bei der Entharzung verfahren. Man hängt den Tiegel in einen mit $3\,^0/_0$ iger neutraler Natriumsulfitlösung gefüllten Becher, erhitzt hierin eine Stunde auf dem Wasserbade, saugt auf der Saugflasche ab und wäscht schließlich mit Wasser aus. Bequemer und rascher kommt man auch hier zum Ziel durch Auswaschen auf der Saugflasche. Man übergießt den Tiegelinhalt mit heißer Natriumsulfitlösung, läßt unter vorsichtigem Umrühren die Lösung einige Minuten im Tiegel stehen, worauf man absaugt und von neuem so verfährt, bis die ablaufende Flüssigkeit farblos ist. Ist das Holzmehl durch Waschen mit heißem Wasser vom Natriumsulfit befreit, so bringt man durch Durchsaugen von Luft den Tiegelinhalt wieder auf die geeignete Feuchtigkeit. In der gleichen Weise wird nun ein zweites, drittes und viertes Mal chloriert — über die Zeiten der Chlorierwirkung vergleiche man weiter unten — und aufgearbeitet. An die letzte Chlorierung schließt sich eine Bleiche der erhaltenen Zellulose mit $0,1\,^0/_0$ iger Permanganatlösung, der eine Behandlung mit verdünnter schwefliger Säurelösung und schließlich ein Waschen mit Wasser folgt. Nach mehrstündigem Trocknen wird die im Tiegel befindliche Zellulose zur Wägung gebracht. Diese Bleiche erscheint nicht unbedingt erforderlich. Für die quantitative Bestimmung von Zellulose ist es gleichgültig, ob die Präparate schneeweiß, gelblich oder grau aussehen. Ein Fehler in der Gewichtsbestimmung kann durch die geringe, etwa in der Zellulose verbleibende Farbstoffmenge nicht entstehen. Dagegen erscheint es sehr wohl möglich, daß durch die Oxydation mit Kaliumpermanganat oder Wasserstoffsuperoxyd wieder eine Gewichtsvermehrung zustande kommen könnte.

Was die Dauer der Chloreinwirkung anbetrifft, so haben sich folgende Zeitmaße als hinreichend erwiesen. Erste Chlorierungszeit 20 Minuten, die zweite und dritte je 15 Minuten und die vierte, nämlich die letzte, 10 Minuten.

Die aus dem Fasermaterial freigelegte Zellulose ist vollkommen frei von Lignin und nur wenig angegriffen. Für die Ausführung der Bestimmung sind ohne Trockenzeit etwa 5 Stunden erforderlich.

Erzielung gleichmäßiger Werte bereitet bei dieser Methode ziemlich große Schwierigkeiten, da kleine Abänderungen der Arbeitsweise große Wirkung ausüben können. Von besonderer Bedeutung scheint zu sein die Art und die Zeitdauer der Feuchtung. Es ist üblich, das mit Alkohol-Benzol-Gemisch oder mit Äther und Alkohol von Harz, Fett und Wachs befreite Material nachträglich mit heißem Wasser zu waschen, um die letzten Spuren der organischen Lösungsmittel zu entfernen, worauf an dem mit heißem Wasser behandelt gewesenen und wieder erkalteten Material die Chlorbehandlung vorgenommen wird. Es ist nun durchaus nicht gleichgültig, wieviel Wasser bei dem Material verbleibt, es ist ferner nicht gleichgültig, wie lange und bei welcher Temperatur dieses Wasser auf das Untersuchungsmaterial einwirkt. Das Wasser bewirkt eine Quellung, die nach einer gewissen Zeit ihr Höchstmaß erreicht und dann wieder zurück zu gehen scheint. Es ist also nicht gleichgültig, ob man die Chlorierung unmittelbar nach der Auswaschung mit heißem Wasser und Wiedererkalten vornimmt, oder ob man mehrere Stunden oder gar über Nacht die feuchte Probe stehen läßt. Allem Anschein nach ist es vorteilhaft, das Material einige Zeit im feuchten Zustande liegen zu lassen und damit das Eindringen von Chlor zu erleichtern.

Ebenfalls von Bedeutung für den Erfolg der Bestimmung ist die Geschwindigkeit des Chlorstromes, von dem nur 1—2 Blasen in der Sekunde durch die vor das Chlorierungsgefäß geschaltete Waschflasche hindurchgehen soll. Die Entwicklung des Chlors kann man auch sehr bequem durch Eintropfen von konz. Salzsäure auf Kaliumpermanganat in ein kleines Rundkölbchen mit Tropftrichter bewerkstelligen. Natürlich ist auch jede andere Art der Chlorentwicklung — etwa Chlorkalkbrei und Salzsäure — anwendbar. Läßt die Chlorentwicklung nach, so kann man sie durch vorsichtiges Erwärmen des Kölbchens wieder in Gang bringen. Das in den Tiegel eintretende Chlorgas soll sich in diesem ausbreiten und den Faserkuchen gleichmäßig durchdringen. Man darf daher nur ganz schwach absaugen, damit nicht das Chlorgas an einzelnen Stellen, nämlich denjenigen, welche den Löchern der Siebplatte gegenüberliegen, rasch durchgesaugt wird, während große Teile des Faserkuchens nur wenig Chlor erhalten. Man wird also gut tun, auch vor die Saugpumpe noch eine Waschflasche zu schalten, um die Geschwindigkeit des abgesaugten Gasstromes kontrollieren zu können.

Das Ende der Reaktion kann man nach Cross und Bevan an dem Farbloswerden der Natriumsulfitlösung bzw. des Faserkuchens erkennen. Verschwindet die Orangefarbe, so ist im allgemeinen das Lignin entfernt. Man verwendet zur Kontrolle auch wohl die Reaktion mit Phloroglucinsalzsäure. Durch ein Betupfen mit diesem Reagens tritt die bekannte Purpurrotfärbung auf, wenn noch Lignin vorhanden ist. Man muß freilich berücksichtigen, daß diese Probe nicht völlig zuverlässig ist und z. B. bei halbgebleichter Jute völlig versagt. Man muß ferner bedenken, daß die Wirksamkeit des Reagenses stark abhängig ist von der Menge der Salzsäure und von dem Alter der etwa verwendeten alkoholischen Phloroglucinlösung, denn aus diesen beiden Komponenten setzt man die Testlösung zusammen.

Eine bessere Wirkung des Chlors kann erzielt werden, wenn man unter Kühlung chloriert, was jedoch die Apparatur kompliziert, weil man nämlich den Gooch-Tiegel in ein Kühlgefäß bringen muß. Voraussichtlich würde sich auch die beschriebene Apparatur verhältnismäßig leicht mit Kühlung ausstatten lassen, wenn man nämlich ein glockenförmiges, am Boden gelochtes Gefäß auf die Saugflasche aufsetzt und den Stopfen, in dem der Gooch-Tiegel befestigt ist, durch die Öffnung der Glocke hindurchführt. Man kann dann den Raum zwischen Glockenrand und Goochtiegel mit Eis füllen. Immerhin wird man versuchen, ohne Eis durchzukommen, da dieses nicht überall zu beschaffen ist. Ohne Eiskühlung fallen freilich nach Mahood[1]) die Werte für Zellulose bei Befolgung der Methode von Sieber und Walter etwas zu niedrig aus.

Von Einfluß auf das Ergebnis ist endlich die Teilchengröße, worüber Mahood eingehende Versuche angestellt hat und worauf oben bei der Beschreibung des Verfahrens schon aufmerksam gemacht worden ist.

Über die Vorzüge des Ersatzes von Natriumsulfit durch Natronlauge bestehen gegenwärtig noch starke Meinungsverschiedenheiten zwischen den Forschern. Es ist kaum anzunehmen, daß man, wie Rassow[2]) es möchte, ganz allgemein die Behandlung mit Natronlauge als Universalmethode benutzt. Es kommt sehr auf die Zusammensetzung des Rohmaterials an, ob diese Behandlungsweise sich als zweckmäßig oder als zu stark angreifend erweist. Rassow hat diese Natronbehandlung auf Holz übertragen.

Nach Dore[3]) bewirkt die vorhergehende Hydrolyse mit Alkali eine Verminderung der Ausbeute an α-Zellulose sowie an Gesamtzellulose; sie ist deshalb zu verwerfen. Das Verhältnis der Zellulose zur Gesamtzellulose ist praktisch das gleiche, ob mit vorhergehender Hydrolyse oder ohne diese gearbeitet wird. Es geht daraus hervor, daß auch die widerstandsfähigste Zellulose während der Hydrolyse ebenso stark angegriffen wird, wie die weniger widerstandsfähigen

---

[1]) S. A. Mahood, Einige Beobachtungen über die Bestimmung von Zellulose in Holz. Journ. Ind. and Engin. Chem. **12**, 873—75, 12/4. [1920]. Papier fabrikant-Zellulosechemie **18**, 94 [1920].

[2]) B. Rassow u. A. Zschenderlein, Ztschr. f. angewandte Chemie **34**, 204—206 [1921], Nr. 41.

[3]) W. H. Dore, Die Bestimmung der Zellulose in Hölzern. Journ. Ind. Engin. Chem. **12**, 264—69 [1920] Nr. 3 v. März; „Paper" **26**, 10—15 [1920] v 10. März, Nr. 1. Chem. Zentralbl. IV, 57 [1920].

Zellulosetypen. Während der Chlorierung werden die Hemizellulosen hydrolysiert und lösen sich in den Waschwassern auf. Eine Vorbehandlung zum Zwecke der Entfernung von Hemizellulosen ist also überflüssig. Eine beträchtliche Menge der Furfurol gebenden Substanz (wahrscheinlich Oxyzellulose) verbleibt im Rückstande und wird von den hydrolytisch wirkenden Behandlungen nicht beeinflußt. Der Rest der Furfurol gebenden Substanz (wahrscheinlich Xylan) wird leicht hydrolysiert und während der ·Chlorierung aufgelöst.

Heuser und Haug haben statt der Erwärmung mit Natriumsulfit nach jeder Chlorierung eine solche mit Natronlauge besonders für Stroh empfohlen, weil sie mit Natriumsulfit glatte Herauslösung des Lignins nicht erreichen konnten.

Für Stroh geben Heuser und Haug[1]) folgende in Einzelheiten etwas abweichende Chlorierungsvorschrift:

„Man bringt etwa 2 g lufttrockenes, von Knoten befreites, in Stückchen von 2—3 mm geschnittenes Stroh in einen geräumigen, 75—100 ccm fassenden, mit einem Papierleinenfilterchen belegten Gooch-Tiegel und setzt diesen in das Chlorierungsgefäß. Dieses besteht aus einer Waschflasche aus Glas mit besonders weitem Hals und eingeschliffenem Stopfen mit Zu- und Ableitungsrohr, von denen das erste als Kugelrohr ausgebildet ist[2]).

Man leitet nun zunächst 10 Minuten lang einen kräftigen Dampfstrom durch das im Goochtiegel befindliche Stroh, um es für den Angriff des Chlors geeigneter zu machen. Darauf wäscht man das gedämpfte Stroh zuerst mit heißem, dann mit kaltem Wasser aus, um die während der Dämpfung gebildeten organischen Säuren, sowie das hierbei entstandene Furfurol[3]) zu entfernen, und setzt es nun zunächst während einer halben Stunde einem mäßigen Chlorgasstrom aus. Das Stroh nimmt hierbei eine orangerote Färbung an. (Diese Ligninreaktion tritt bei Holzzellstoffen als Gelbfärbung auf.) Man saugt darauf das überschüssige Chlor ab, nimmt den Goochtiegel heraus und wäscht die Fasermasse mit lauwarmem Wasser solange aus, bis das Waschwasser keine Chlorreaktion mehr zeigt.

---

[1]) Emil Heuser und Alfons Haug, Über die Natur der Zellulose aus Getreidestroh. (Zeitschr. f. angew. Chemie **31**, 99—100, 103—104 [1918]). „Über die Natur der Zellulose aus Getreidestroh mit besonderer Berücksichtigung der Furoide." Dissertation von Dr. A. Haug, Darmstadt 1916; ferner Schriften des „Vereins für Zellstoff- und Papier-Chemiker" Bd. 11; Berlin, Verlag der Papier-Zeitung.

[2]) Das Chlorierungsgefäß ist durch die Firma Ehrhardt & Metzger, Darmstadt, zu beziehen.

[3]) Vgl. E. Heuser, Über die Bildung von Furfurol beim Dämpfen von Holz. Zeitschr. f. angew. Chemie **27**, I, 654—655 [1914].

Hierbei wird auch die bei der Reaktion entstandene Salzsäure entfernt. Nun folgt das Auswaschen der Reaktionsprodukte mittels $1^0/_0$iger Natronlauge. Man stellt zu diesem Zweck den Tiegel in ein Becherglas, übergießt ihn hierin mit etwa 100 ccm $1^0/_0$iger Natronlauge und läßt das Becherglas auf dem Wasserbade zehn Minuten lang stehen; hierbei soll die Temperatur der Lauge nicht über 70^0 steigen.

Man kann auch in der Weise verfahren, daß man den Inhalt des Tiegels in eine Porzellanschale bringt und das Auswaschen hierin besorgt, während man die Fasermasse mit einem Glasstabe zerteilt. Diese Abänderung bewirkt wohl ein besseres Auswaschen, erhöht aber die Umständlichkeit und bringt auch Gefahr für das quantitative Ausleeren und Wiedereinbringen der Fasermasse mit sich.

Der Auszug färbt sich rotbraun. Man saugt nun die Flüssigkeit aus der Fasermasse im Goochtiegel ab und wäscht mit heißem Wasser aus, um möglichst alle Natronlauge zu entfernen. Darauf setzt man die Fasermasse einer zweiten halbstündigen Chlorierung im Chlorierungsgefäß aus und verfährt wie oben. Hat man die Chlorierung und das Auswaschen viermal wiederholt, also im ganzen das Stroh einer zweistündigen Chlorierung unterworfen, so erhält man ein ligninfreies Zellulosepräparat. Um es auch rein weiß zu gewinnen, bleicht man es mit $0,1^0/_0$iger Permanganatlösung, entfernt den abgeschiedenen Braunstein mit verdünnter schwefliger Säure, wäscht diese mit heißem Wasser wieder aus und trocknet das gebleichte Zellulosepräparat bei $100—105^0$ bis zur Gewichtskonstanz."

Zur Bestimmung der Zellulose im Holz hält Klason[1]) die Aufschließung mit Natriumbisulfitlösung bestimmter Konzentration für die beste Methode.

Klason will das in feine Stäbchen gespaltene Holz in zugeschmolzenen Glasröhren mit einer Natriumbisulfitlösung bestimmter Konzentration dreimal erhitzen, wozu insgesamt 6—8 Tage erforderlich sind. Nach jedesmaligem Erhitzen wird die Flüssigkeit entfernt, die Holzmasse mit Wasser ausgewaschen, das Rohr erneut mit Natriumbisulfitlösung beschickt und nach dem Zuschmelzen wiederum erhitzt.

Die vorstehend skizzierte Methode ist durch die lange Zeitdauer für die Praxis wohl zu umständlich. Sie ist auch unbequem, durch das erforderliche Zuschmelzen von Glasröhren. Man könnte diese

---

[1]) Klason, Zellulosegehalt des Fichtenholzes. Zellstoffchem. Abhandlungen **1**, 105—114 [1921] Nr. 5; Papierfabrikant **19**, Beilage Zellulosechemie **2**, 40 [1921] Nr. 3.

vielleicht durch kleine Druckfläschchen mit guter Gummidichtung ersetzen. Es ist auch ein wesentliches Abkürzen des Verfahrens möglich.

Die nach dieser Methode abgeschiedene Zellulose ist übrigens auch nicht pentosanfrei. Klason selbst gibt $3\,^0/_0$ Pentosan für eine aus 100 jährigem Fichtenholz isolierte Zellulose an.

Wie oben erwähnt, ist die nach dem Verfahren von Cross und Bevan erhaltene Zellulose stets pentosanhaltig. Will man einen Einblick in die Zusammensetzung eines pflanzlichen Rohfaserstoffes gewinnen, so ist es unbedingt erforderlich, eine Pentosanbestimmung in der nach Cross und Bevan gewonnenen Zellulose vorzunehmen, worauf ja oben schon hingewiesen worden ist. Johnsen und Hovey[1]) haben sich bemüht, die Entfernung der Pentosane vor der Chlorierung durch eine Behandlung mit Glyzerin-Essigsäure zu erreichen. Nach ihren Ana'ysenergebnissen wird in der Tat durch eine solche Behandlung eine erhebliche Menge von Pentosan herausgelöst. Die Autoren verfahren wie folgt: Geraspeltes durch ein 80—100 Maschensieb getriebenes Material, wird $^1/_2$ Std. mit heißem Alkohol ausgezogen auf dem Wasserbad und mit Alkohol nachgewaschen. Hierauf wird es mit einer Mischung von Eisessig und Glyzerin (60 g Eisessig, 92 g Glyzerin) 4 Std. im Ölbad auf $135\,^0$ C am Rückfluß erhitzt. Nach dem Auswaschen mit heißem Wasser wird das Material der üblichen Chlorierung nach Sieber und Walter unterworfen. Nach Mahood[2]) sind die Werte von Johnsen und Hovey jedoch unsicher, weil sowohl die Hemizellulose wie die Furfurol bildenden Bestandteile angegriffen werden.

Zellulosebestimmung nach König: Eine petosanfreie Zellulose erhält man nach dem Verfahren von König, bei welchem das Rohmaterial mit Glyzerin-Schwefelsäure, am besten unter Druck, aufgeschlossen wird. Durch diesen scharfen Aufschluß wird aber auch die Zellulose stark angegriffen, völlig kurzfaserig und teilweise in Hydrozellulose verwandelt, wie die mikroskopischen Bilder, insbesondere nach einem kurzen Verreiben im Mörser, deutlich zeigen. Es besteht die Gefahr, daß, wie bei jeder Hydrozellulosebildung, ein gewisser Anteil in Zucker verwandelt, also löslich gemacht wird, so daß Verluste an Zellulose und damit zu niedrige Werte erhalten werden.

Die besonders bei Untersuchung von Futterstoffen angewendete Methode wird wie folgt beschrieben:

---

[1]) Johnsen and Hovey, Pulp and Paper Mag. Can. XVI [1918] 85.

[2]) S. A. Mahood, Einige Beobachtungen über die Bestimmungen von Zellulose in Holz. Journ. Ind. and Engin. 12, 873—75, Sept. [1920]; Papierfabrikant 18, Beilage Zellulosechemie 94 [1920].

a) **Bestimmung einer möglichst pentosanfreien Rohfaser nach J. König[1]).** 3 g lufttrockene bzw. $5-14\,^0/_0$ Wasser enthaltende Substanz werden in einem Kolben oder in einer Porzellanschale mit 200 ccm Glyzerin von 1,23 spezifischem Gewicht, welches $2\,^0/_0$ konzentrierte Schwefelsäure enthält, versetzt, durch häufiges Schütteln bzw. Rühren mit einem Glasstabe gut verteilt und entweder am Rückflußkühler bei $133-135^0$ eine Stunde gekocht, oder in einem Autoklaven bei 137^0 (= 3 Atmosphären) eine Stunde lang gedämpft. Darauf läßt man erkalten, verdünnt den Inhalt des Kolbens oder der Schale auf ungefähr $400-500$ ccm, kocht nochmals auf und filtriert heiß durch einen Goochtiegel. Den Rückstand wäscht man mit ungefähr 400 ccm siedendem Wasser, darauf mit erwärmtem verdünnten Alkohol und Äther aus und wägt nach dem Trocknen bis zur Gewichtskonstanz. Nach Abzug des nach dem Veraschen erhaltenen Rückstandes erhält man als Differenz der beiden letzteren Wägungen die Menge der aschefreien Rohfaser.

b) **Bestimmung der Zellulose, des Lignins und des Kutins in den Rohfasern nach J. König[1]).** Man stellt zunächst wie oben geschildert die Rohfaser nach dem von J. König angegebenen Verfahren dar. Der Rohfaserrückstand in dem Goochschen Tiegel oder auf der Porzellanplatte wird nicht getrocknet, sondern nach dem Absaugen des zuletzt zum Auswaschen verwendeten Äthers und Verdunstenlassen desselben an der Luft nebst dem Asbestfilter verlustlos in ein etwa 800 ccm fassendes Becherglas gebracht und unter Bedecken mit einem Uhrglase oder einer Glasplatte mit 100 oder 150 ccm chemisch reinem, 3 gewichtsprozentigem Wasserstoffsuperoxyd sowie 10 ccm $24\,^0/_0$igem Ammoniak versetzt und einige Zeit (etwa 12 Stunden) stehen gelassen. Dann werden 10 ccm 30 gewichtsprozentiges, chemisch reines Wasserstoffsuperoxyd zugesetzt und dieser Zusatz, wenn die Sauerstoffentwicklung aufgehört hat, noch $2-6$ mal, d. h. so oft wiederholt, bis die Masse (Rohfaser) völlig weiß geworden ist. Beim dritten und fünften Zusatz von konzentriertem Wasserstoffsuperoxyd fügt man auch noch je 5 ccm (oder 10 ccm) des $24\,^0/_0$igen Ammoniaks hinzu. Um die Arbeit zu vereinfachen, kann man Wasserstoffsuperoxyd und Ammoniak in graduierten Zylindern mit eingeschliffenen Glasstöpseln vorrätig halten und aus diesen die jedesmal erforderlichen Mengen der Flüssigkeiten zusetzen, denn ein genaues Abmessen der Flüssigkeiten bei dem jedesmaligen Zusatze ist nicht notwendig. Wenn die Substanz völlig weiß geworden ist, erwärmt man etwa $1-2$ Stunden auf dem Wasser-

---

[1]) J. König, Untersuchung landwirtschaftlich und gewerblich wichtiger Stoffe. 4. Aufl. [1911]. S. 292 ff.

Schwalbe-Sieber, Betriebskontrolle. 2. Aufl. 7

bade und kann dann, wenn das Wasserstoffsuperoxyd rein war, d. h. mit Ammoniak keinerlei Niederschlag oder Trübung gab, sofort und glatt durch ein zweites Asbestfilter filtrieren.

Der abfiltrierte und ausgewaschene Rückstand wird samt Asbestfilter 2 Stunden mit 75 ccm Kupferoxydammoniak[1]) unter öfterem Umrühren, zuletzt kurze Zeit bei ganz geringer Wärme auf dem Wasserbade behandelt und die Flüssigkeit durch einen Goochschen Tiegel mit schwacher Asbestlage filtriert. Wenn von der ersten Rohfaserfiltration ziemlich viel Asbest in der Flüssigkeit vorhanden ist, kann man auch ohne eine zweite Asbestlage ein genügend dichtes Filter dadurch erhalten, daß man die Flüssigkeit umrührt und das erste Filtrat so oft zurückgibt, bis es völlig klar geworden ist. Die letzten Reste der ammoniakalischen Lösung werden unter Zufügung von etwas frischem Kupferoxydammoniak behufs Auswaschens abgesaugt, das Filtrat beiseite gestellt, der Rückstand im Tiegel dagegen unter Anwendung einer neuen Saugflasche genügend mit Wasser nachgewaschen, darauf bei 105—110° getrocknet, gewogen, geglüht und wieder gewogen. Der Glühverlust ergibt die Menge des nicht oxydierbaren, im Kupferoxydammoniak unlöslichen Teiles der Rohfaser, das Kutin.

Das Filtrat von diesem Rückstande, d. h. die Lösung der Zellulose in Kupferoxydammoniak, wird mit 300 ccm 80%igem Alkohol versetzt und damit stark verrührt; hierdurch scheidet sich die gelöste Zellulose in großen Flocken quantitativ wieder aus. Sie wird im Porzellan-Goochtiegel gesammelt, zuerst mit warmer verdünnter Schwefelsäure, dann genügend mit warmem Wasser, zuletzt mit Alkohol und Äther ausgewaschen, bei 107—110° getrocknet, gewogen und verascht. Der Gewichtsunterschied zwischen dem Gewicht des Tiegelinhalts vor und nach dem Glühen ergibt die Reinzellulose.

Der Unterschied von Gesamtrohfaser (Zellulose + Kutin) ergibt die Menge des oxydierbaren Anteiles der Rohfaser, das sog. Lignin.

Zur Vervollständigung der allgemein üblichen Methoden sei hier auch eine Vorschrift für die Rohfaserbestimmung nach Weender[2]) mitgeteilt:

c) **Rohfaserbestimmung nach Henneberg und Stohmann (Weender-Verfahren).** 3 g der lufttrockenen, fein gepulverten Substanz werden mit 200 ccm einer 1,25%igen Schwefelsäure (von

---

[1]) Vorschrift für Herstellung der Kupferoxydammoniaklösung im Abschnitt: Untersuchung der Zellstoffe.

[2]) Vorschrift nach J. König, Untersuchung landwirtschaftl. u. gewerblich wichtiger Stoffe. 4. Aufl. S. 296 wiedergegeben.

einem Gemisch von 50 g konzentrierter Schwefelsäure [H_2SO_4] — nicht Anhydrid [SO_3] — mit Wasser bis zu 1 Liter verdünnt, nimmt man 50 ccm, dazu 150 ccm Wasser) $^1/_2$ Stunde gekocht, dann läßt man absitzen, dekantiert und kocht den Rückstand in derselben Weise zweimal mit demselben Volumen Wasser auf.

Die abgehobenen Flüssigkeiten läßt man in Zylindern absitzen und gibt die niedergeschlagenen Teilchen nach dem Abhebern der Flüssigkeit in das Gefäß mit der zu untersuchenden Substanz zurück. Darauf kocht man den Rückstand $^1/_2$ Stunde mit 200 ccm einer 1,25 $^0/_0$igen Kalilauge (von einer Lösung von 50 g Kalihydrat [KOH — nicht K_2O] in Wasser bis zu 1 Liter verdünnt, nimmt man 50 ccm, dazu 150 ccm Wasser), filtriert durch ein gewogenes Filter und kocht den Rückstand noch zweimal mit demselben Volumen Wasser $^1/_2$ Stunde, bringt alles auf ein getrocknetes, gewogenes Filter, wäscht mit heißem und kaltem Wasser, zuletzt mit Alkohol und Äther aus, trocknet, wägt und verascht. Filterinhalt minus Asche ergibt die Menge Rohfaser (auch wohl Holzfaser genannt).

Bestimmung von Lignin.

Zur Erkennung der Verholzung sind Färbemethoden, und zwar insbesondere die Rotfärbung mit Phloroglucin-Salzsäure und die Gelbfärbung mit Anilinsulfat im Gebrauch. Mit ersterem Reagens erhält man bei Anwesenheit verholzter Fasern eine mehr oder weniger tiefe Rotfärbung, mit letzterem eine hellere oder sattere Gelbfärbung.

Zur Herstellung der Phloroglucin-Salzsäurelösung wird 1 g Phloroglucin in 50 ccm Alkohol gelöst und unmittelbar vor dem Gebrauch ein Anteil des Reagenses mit dem halben Volumen konzentrierter Salzsäure vermischt. Wendet man schwächere Salzsäure an, so wird das Eintreten der Rotfärbung unter Umständen stark verzögert. Es ist unzweckmäßig, das Reagens mit Salzsäure versetzt aufzubewahren, da es sich allmählich, insbesondere bei Lichteinwirkung, zersetzt, während die alkohoholische Phloroglucinlösung eine ziemliche, immerhin aber auch noch begrenzte Haltbarkeit besitzt.

Zur Herstellung des Anilinsulfat-Reagenses werden nach Herzberg[1]) 5 g schwefelsaures Anilin in 50 ccm destilliertem Wasser gelöst und 1 Tropfen Schwefelsäure beigefügt. Die farblose Flüssigkeit ist nicht lichtbeständig.

Nach Jentsch[2]) erhält man mit einer wässerigen Lösung von Phenylhydrazinchlorhydrat eine tief orangegelbe Färbung, die beim

[1]) Herzberg, Papierprüfung, 4. Aufl. S. 133, Berlin [1915].
[2]) Jentsch, Wochenbl. f. Papierfabr. **49**, 60 [1918].

Trocknen unter der Wirkung des Luftsauerstoffes in ein charakteristisch leuchtendes Hellgrün übergeht. Durch Erhitzen kann der Eintritt der Reaktion wesentlich beschleunigt werden. Die Aufbewahrung des Reagenses muß, da es lichtempfindlich ist, in dunkler Flasche geschehen. Über die zweckmäßigste Konzentration hat Jentsch keine Angabe gemacht.

Die angegebenen Farbreaktionen versagen zuweilen bei pflanzlichen Rohstoffen, häufiger noch bei gewissen Halbzellstoffen, z. B. bei angebleichter Jute. In solchen Fällen ist die Mäulesche Reaktion[1] empfehlenswert. Man behandelt die zu untersuchende Faser mit etwas $^n/_{10}$ Permanganatlösung, wäscht nach 5—10 Minuten mit Wasser aus, löst den entstandenen Braunstein mit Salzsäure oder schwefliger Säure weg, wäscht abermals und legt dann in konzentrierte Ammoniakflüssigkeit ein. Bei Gegenwart von Lignin tritt Rotfärbung auf[2].

Zur quantitativen Bestimmung von Lignin gibt es sowohl direkte als indirekte Methoden. Bei den direkten Methoden ist man bemüht, den Zellulosen- und Hemizelluloseninhalt der Rohfaserstoffe in Lösung zu bringen, um das Lignin als unlöslichen Rückstand zu erhalten. Bei den indirekten Methoden versucht man, charakteristische Bestandteile des Lignins bzw. charakteristische Reaktionen dieses noch unbekannten Stoffes oder Stoffgemenges zur quantitativen Bestimmung oder zur Gewinnung von Vergleichswerten auszumerzen.

a) Direkte Methoden der Ligninbestimmung. 1. Methoden von J. König und Mitarbeitern: Aufschließung mit 72 $^0/_0$ iger Schwefelsäure.

Zur Bestimmung des Lignins hat König[3] nach dem Vorgang von Ost und Wilkening[4] 72 $^0/_0$ ige Schwefelsäure angewendet, welche die Zellulose löst und das Lignin in braunen Flocken unaufgelöst zurückläßt. Allerdings ist nicht anzunehmen, daß bei der Behandlung mit so starker Schwefelsäure das Lignin völlig unverändert bleibt, es wird sicherlich Azetylreste verlieren.

---

[1] Mäule, Fünfstücks-Beiträge zur wissenschaftlichen Botanik **4**, 166 [1900]. Vergleiche Graefe, Monatshefte **25**, 1025 [1904]. — Über Versagen auch der Mäule-Reaktion bei Hanf und Flachs berichtet Haller, Färber-Ztg. 1919. S. 31.

[2] Nach Schorger, Journ. of Industrial and Engineering Chemistry **9**, 501—516 [1917]; Chem. Zentralbl [1918], I, 844, tritt bei Harthölzern eine tiefrote Färbung, bei Nadelhölzern nur eine dunkelbraune Färbung auf, die bei allmählicher Entfernung des Lignins in ein nicht charakteristisches Braungrau übergeht.

[3] König und Becker, Dissertation von E. Becker-Münster 1918; auch König und Rump, Zeitschr. f. Untersuchung d. Nahrungsmittel **28**, 184 [1914].

[4] Ost und Wilkening, Chem. Ztg. **34**, 461 [1910].

Die Bestimmung wird folgendermaßen durchgeführt: Das zu untersuchende pflanzliche Rohfasermaterial wird mit Alkohol oder mit einem Alkohol-Benzolgemisch im Soxhletapparat oder am Rückflußkühler mehrere Stunden extrahiert, um Harze und Fette bzw. Wachs zu entfernen. Nach beendeter Extraktion wird mit Alkohol, dann mit heißem Wasser nachgewaschen, das Material getrocknet, in ein starkwandiges Gefäß überführt und bei einer Einwage von 1—2 g mit etwa 50 ccm 72 $^0/_0$iger Schwefelsäure übergossen. Durch Verrühren mit einem Glasstabe sucht man möglichst gleichmäßige Benetzung der Faserteilchen mit der Schwefelsäure zu erreichen. Das Gemisch bleibt 48 Stunden stehen, worauf man stark mit Wasser (etwa $^1/_2$ Liter) verdünnt und dann bis zum Sieden erhitzt. Das Aufheizen hat den Zweck, schleimige Zellulosedextrine, die bei der Filtration sehr störend wirken, zu zerstören. Nach dem Aufkochen läßt man erkalten und absitzen, dekantiert möglichst von dem Niederschlage durch einen mit Asbestpolster beschickten Goochtiegel und wäscht mit kochendem Wasser den Niederschlag völlig aus, bringt ihn jedoch erst gegen Ende des Auswaschens in den Tiegel, um die schwierige Filtration nicht unnötig zu verlängern. Ist der Niederschlag in den Goochtiegel überführt und völlig ausgewaschen bis zur Schwefelsäurefreiheit des Filtrats, wird bei 105^0 getrocknet, gewogen hierauf geglüht, dann das Lignin verascht und wieder gewogen. Der Unterschied bei den Wägungen gibt die Menge des vorhanden gewesenen aschefreien Lignins an.

Die Vollendung dieses Aufschlusses mit 72 $^0/_0$iger Schwefelsäure kann man durch Untersuchung unter dem Mikroskop erkennen. Eine kleine Fasermenge mit Chlorzinkjodlösung oder Jod-Schwefelsäure behandelt, darf keine Blaufärbung der Faser mehr erkennen lassen. Das letzte Filtrat beim Auswaschen im Goochtiegel darf mit Fehlinglösung keine Reduktion hervorrufen. Diese würde auf die nicht vollständig gelungene Entfernung von Zellulosedextrinen oder zuckerartigen Stoffen deuten.

2. **Bestimmung des Lignins mittels der Salzsäuremethode.** König und Rump[1]) haben durch Erhitzen der fein gemahlenen Substanz mit 1 $^0/_0$iger Salzsäure unter einem Druck von 6 Atmosphären Lösung des Zelluloseanteils erzielt. Nach König und Becker[2]) hat sich bei vergleichender Prüfung der vorgenannten

---

[1]) König und Rump, Zeitschr. f. d. Untersuch. d. Nahrungs- u. Genußmittel **28**, 177 [1914].

[2]) König und Becker, Die Bestandteile des Holzes und ihre wirtschaftliche Verwertung. Heft 26 der Veröffentlichungen der Landwirtschaftskammer für die Provinz Westfalen. Münster i. W. 1918, Seite 6. Ernst Becker, Dissertation Münster [1918].

Methoden ergeben, daß es besser ist, Holz mit gasförmiger Salzsäure in Anlehnung an eine Versuchsanordnung von Krull[1]) zu .behandeln.

Die Arbeitsweise von Wohl-Krull deckt sich im Prinzip mit der Versuchsanordnung, die Willstätter und Zechmeister[2]) bei ihren Versuchen zur Hydrolyse der Zellulose im Holz angewendet haben. Hochkonzentrierte Salzsäure vom spez. Gewicht 1,21, etwa 40—42⁰/₀ig, löst, wie die eben genannten Autoren gefunden haben, die Zellulose der verholzten Pflanzenfaser auf, während das Lignin ungelöst zurückbleibt. Krull erzeugt die überkonzentrierte Salzsäure während der Aufschließung. Er verfährt wie folgt:

1 g nur mit Alkohol-Benzol ausgezogene Substanz (Holzmehl) wird mit 6 ccm Wasser in ein weites dickwandiges Reagenzglas gebracht und in die Masse unter Eiskühlung so lange Chlorwasserstoff eingeleitet, bis sie sich nicht mehr verändert und dünnflüssig wird. Bei Laubholzmehl färbt sich dann die Masse schwarzbraun, bei Tannen- und Kiefernholzmehl smaragdgrün. Zur Förderung der Hydrolyse läßt man 24 Stunden stehen, wodurch auch die Nadelholzmehle tief braun werden. Nachdem eine mikroskopische Untersuchung Zellulose nicht mehr erkennen läßt, wird mit Wasser verdünnt, das ·Lignin im Goochtiegel abfiltriert und mit heißem Wasser nachgewaschen und durch Glühverlust bestimmt.

Auch bei dieser Methode ist es notwendig, auf Vollendung der Hydrolyse der Zellulose zu prüfen. Bei erneuter Behandlung des Lignins mit hochkonzentrierter Salzsäure darf reduzierende Substanz nicht mehr in Lösung gehen, besonders darf unter dem Mikroskop eine Probe die bekannte Blaufärbung mit den üblichen Zellulose-Reagentien, Jod-Schwefelsäure, Chlorzink-Jod nicht mehr hervorrufen.

Sieber[3]) hat die vorstehend beschriebenen König-Beckerschen und Willstätter-Krullschen Methoden auf Zellstoff angewendet. Die von ihm gemachten Verbesserungsvorschläge sollen jedoch, da sie bisher nur an Zellstoffen erprobt wurden, im Kapitel: „Untersuchung der Zellstoffe" aufgeführt werden.

b) Indirekte Methoden der Ligninbestimmung. Bei den indirekten Methoden zur Ligninbestimmung werden Spaltstücke des Lignins quantitativ bestimmt. Ein Rückschluß auf die Menge des Lignins ist, da dessen Molekulargröße nicht bekannt, unstatthaft. Bei Ver-

---

[1]) H. Krull, Versuche über Verzuckerung der Zellulose. Dissertation Danzig [1916].

[2]) Willstätter und Zechmeister, Berichte der deutschen chem. Ges. **46**, 4201 [1913].

[3]) Rudolf Sieber, Über die Bestimmung des Verholzungsgrades (Lignin) Zellstoff und Papier **1** [1921] Nr. 8.

gleichsanalysen geben aber die Zahlen für die Spaltstücke wertvolle Anhaltspunkte über die mutmaßliche Menge des Ligninanteils der verholzten Faser.

1. Bestimmung der Methylzahl.

Nach Benedikt und Bamberger[1]) wird durch Erhitzung der rohen Pflanzenstoffe mit Jodwasserstoff aus den in der Substanz vorhandenen Oxymethylgruppen das Methyl herausgelöst, als Jodmethyl flüchtig gemacht, an Silber gebunden und gewogen. Allerdings muß berücksichtigt werden, daß Methyl auch in der Form von Methylpentosan, ferner in der Form von Methylalkohol, an Pektin gebunden, vorhanden sein kann. Das Methyl im Methylpentosan ist aber andersartig an Kohlenstoff, nicht wie im Oxymethyl an Sauerstoff gebunden und wird durch Jodwasserstoff nicht abgespalten. Für den im Pektin enthaltenen Methylalkohol (siehe oben) sind aber Abzüge zu machen, da auch er als Jodmethyl verflüchtigt wird.

Als Apparatur sehr empfehlenswert ist die von Stritar[2]) angegebene Form.

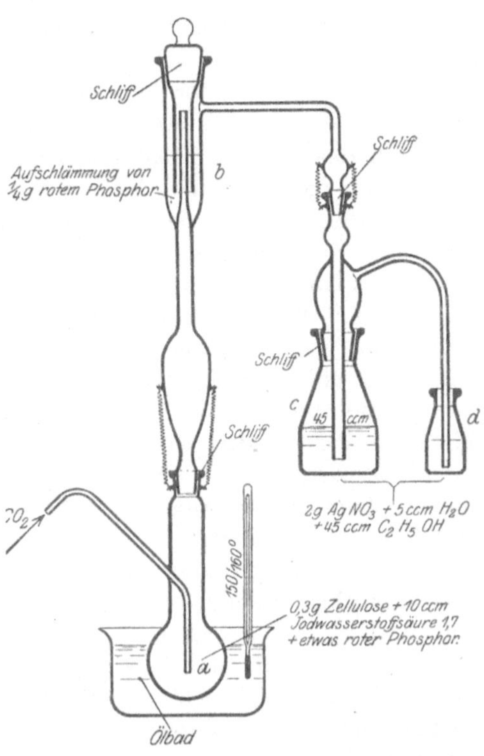

Abb. 14. Methylbestimmung nach Stritar.

(Abb. 14.) Durch Anwendung von Glasschliffen ist jede Fehlerquelle durch Korkverbindung vermieden. Der Apparat besteht aus einem Zersetzungsgefäß, einem Kühlrohr[3]), das durch einen Wassermantel

---

[1]) Benedikt und Bamberger, Monatshefte 15, 509 [1894].

[2]) Stritar, Zeitschrift für analytische Chemie 42, 579 [1903]; ferner Hans Meyer, Analyse und Konstitutionsermittlung organischer Verbindungen. 3. Aufl. Berlin 1916 bei Springer. S. 739 ff.

[3]) In der Abbildung ist der Apparat ohne Wassermantel gezeichnet, der aber doch sehr zweckmäßig ist. Ein sehr brauchbares Modell der Firma Paul Haak, Wien IX/3, Garelligasse 4, mit Wassermantel wurde von der Firma Dr. Heinrich Göckel, Berlin NW. 6, Luisenstr. 21 bezogen.

auf 50—70⁰ gehalten werden kann, einem vorgeschalteten Gefäß für eine Aufschlemmung von rotem Phosphor und aus einem Kölbchen, das mit alkoholischer Silberlösung beschickt ist.

Es ist von höchster Wichtigkeit, eine Durchschnittsprobe des zu untersuchenden Materials mit großer Sorgfalt zu entnehmen, da nur kleine Mengen (je nach dem Methylgehalt 0,1—0,3 g) auf einmal im Apparat verarbeitet werden können. Nachdem das Zersetzungskölbchen mit der lufttrockenen, genau abgewogenen Materialprobe beschickt ist, werden 10 ccm Jodwasserstoffsäure vom spez. Gew. 1,7 und etwas roter Phosphor hinzugefügt. Das Kölbchen wird hierauf an den mit Wasser von 50—70⁰ betriebenen Kühler angeschlossen und durch das seitliche Rohr des Kölbchens ein langsamer Kohlendioxyd-Strom geleitet. Das Kölbchen wird nunmehr in einem Ölbad auf 150—160⁰ erhitzt, die abdestillierenden Jodmethyldämpfe gehen durch das vorgelegte, mit etwa $^1/_4$ g in Wasser aufgeschlemmtem, rotem Phosphor beschickte Gefäß und gelangen von dort in das Kölbchen für alkoholische Silbernitratlösung. In diesem befinden sich 25 ccm einer 4⁰/₀igen alkoholischen Silbernitratlösung. Zur Herstellung dieser löst man 2 g Silbernitrat in 5 g Wasser und verdünnt mit 45 ccm absolutem Alkohol. Nachdem einige Zeit erwärmt wurde, trübt sich die in der Vorlage befindliche Silbernitratlösung, wird aber rasch wieder klar. Ein grauer Niederschlag setzt sich ab, ein Zeichen, daß die Reaktion beendet ist. Ist hiermit der Endpunkt festgestellt, so wird das in die Vorlage mündende Glasrohr gelöst und die am unteren Ende anhängende kleine Menge Niederschlag in das Kölbchen gespült, und hierauf wird der gesamte Niederschlag in ein Becherglas übertragen, auf 500 ccm mit Wasser aufgefüllt und nach dem Ansäuern mit Salpetersäure bis zur Hälfte eingedampft, wobei sich der Niederschlag ganz klar absetzt. Man sammelt ihn in einem mit Asbest beschickten Goochtiegel, wäscht mit Wasser, dann mit Alkohol aus und trocknet bei 120⁰.

Bezüglich der Berechnung vergleiche Kapitel „Untersuchung der Zellstoffe", Methylzahl.

<h3 style="text-align:center">2. Ligninbestimmung nach von Fellenberg[1]).</h3>

Es ist oben beschrieben worden, wie der Pektingehalt pflanzlicher Rohstoffe durch Bestimmung des Methylalkohols ermittelt werden kann. Die Summe des Methylgehaltes des Pektins und des Lignins kann bestimmt werden, wenn man den pflanzlichen Rohstoff

---

[1]) Th. von Fellenberg, Mitteilungen a. d. Gebiet d. Lebensmitteluntersuchung und Hygiene 8, 28 [1917], Bern.

mit 72 $^0/_0$iger Schwefelsäure zersetzt, wobei auch der Methylgehalt des Lignins als Methylalkohol abgespalten wird.

Zur Gesamtmethylalkoholbestimmung werden je nach dem zu erwartenden Methoxylgehalt 0,2—0,5 g fein gemahlene Substanz verwendet. Harz und fettreiche Stoffe werden auf einem Faltenfilter 4 mal mit starkem Alkohol und 2 mal mit Äther ausgezogen und im Trockenschrank getrocknet. Das extrahierte Material wird in einem 3—400 ccm fassenden Kolben mit 15 ccm 72 $^0/_0$iger Schwefelsäure übergossen, der Kolben mit einem senkrechten Kühler verbunden, dessen Mündung in ein als Vorlage dienendes, gewogenes, graduiertes Reagenzglas taucht und der Zwischenraum zwischen Mündungsrohr und Reagenzglas mit nicht entfetteter Watte verstopft, um Verluste durch Verdunstung zu vermeiden. Kühler und Reagenzglas werden mit Wasser befeuchtet; letzteres trägt Marken bei 6, 10, 16,2 und 25 ccm. Man erhitzt nun den Kolben und hält die Flüssigkeit 10 Minuten lang in ganz schwachem Sieden; dabei sollen nicht mehr als 1—2 ccm überdestillieren. Von Zeit zu Zeit schwenkt man den Kolben etwas um, damit durch das meist eintretende Schäumen am Rand heraufgestiegene Teilchen wieder heruntergeschwemmt werden. Zum Schluß läßt man abkühlen, gibt in einem Guß 25 ccm Wasser hinzu, setzt den Pfropfen mit dem Verbindungsrohr sogleich wieder auf und destilliert 25 ccm ab. Das Destillat wird in einen frischen Kolben gebracht, mit ca. 1 ccm Wasser nachgespült, mit Natronlauge (1:2) unter Zusatz eines Stückleins Lackmuspapier alkalisch gemacht und wieder durch den inzwischen ausgespülten Kühler destilliert, bis ca. 16,2 ccm übergegangen sind. Bei sehr geringen Methoxylgehalten folgen noch 1—2 Anreicherungsdestillationen, wobei man bei der ersten 10, bei der zweiten 6 ccm übergehen läßt. Das Enddestillat wird gewogen und kolorimetrisch geprüft, wie bei der Bestimmung des Pektin-Methylalkohols angegeben worden ist. Aus dem Ergebnis kann die Methylalkohol- oder die Methylzahl berechnet werden.

Durch Subtraktion des Pektin-Methylalkohols vom Gesamt-Methylalkohol erhält man den Methylalkohol des Lignins. Will man beide Bindungsarten des Methylalkohols in derselben Probe bestimmen, was bei sehr geringen Ligningehalten zu empfehlen ist, so wird der nach Bestimmung des Pektins erhaltene Destillationsrückstand abgesaugt, mit heißem Wasser, Alkohol und Äther ausgewaschen, getrocknet und der Schwefelsäuredestillation unterworfen.

Nach Sieber wird man auf die Bestimmung des aus dem Pektin stammenden Methylalkohols bei stark verholzter Faser völlig verzichten können, da der Pektingehalt derartiger Fasern außerordentlich gering ist.

3. Saure Hydrolyse nach Schorger.

Nach Schorger[1]) ergeben sich bemerkenswerte Unterschiede bei der Destillation von Harthölzern bzw. Nadelhölzern mit Schwefelsäure. Die Essigsäuremengen, die man erhält, sind bei den Harthölzern erheblich höher als bei den Nadelhölzern, so daß diese Destillation zur Unterscheidung von pflanzlichen Rohfasern mit Vorteil benutzt werden kann.

Nach Schorger verfährt man folgendermaßen:

Ungefähr 2 g Sägemehl oder dergleichen werden in einen Erlenmeyer von 250 ccm gebracht und 100 ccm 2,5$^0/_0$ige Schwefelsäure hinzugefügt. Der Erlenmeyer wird mit einem Rückflußkühler verbunden und der Inhalt des Kolbens 3 Stunden lang im schwachen Sieden erhalten, worauf man abkühlen läßt. Das Innere des Kühlers wird mit destilliertem Wasser ausgewaschen und der Inhalt der Erlenmeyer-Flasche in eine 250 ccm-Meßflasche übergeführt. Mit kohlensäurefreiem, destilliertem Wasser wird bis zur Marke aufgefüllt und die Lösung dann unter häufigem Umschütteln einige Stunden stehen gelassen und filtriert.

Ein weithalsiger Rundkolben von 750 ccm Inhalt wird mit einem Gummistopfen versehen, der einen Tropftrichter enthält, ferner ein Glasrohr, das zu einer Kapillare ausgezogen ist und am oberen Ende mit einem Stück Vakuumschlauch und einem Schraubenquetschhahn versehen ist. Die Kapillare muß bis zu dem Boden des Rundkolbens reichen. Der Gummistopfen trägt endlich noch einen Destillieraufsatz. An diesen schließt sich ein gewöhnlicher Kühler an, dem eine Vorlage von 500 ccm Fassungsraum vorgelegt wird, die man mit fließendem, kaltem Wasser kühlt und mit einem Manometer und einer Saugpumpe in Verbindung bringt. In den Rundkolben bringt man einige Stücke Bimsstein und fügt 200 ccm des Filtrats zu, das man, wie oben beschrieben, erhalten hat. (Falls es sich um Harthölzer handelt, wendet man nur 100 ccm an.) Der Rundkolben wird in einem Öl- oder Wasserbad auf 85^0 erhitzt, während der Druck im Apparat auf 40—50 mm reduziert wird. Wenn man den Inhalt des Rundkolbens bis auf 20 ccm abdestilliert hat, fügt man durch den Tropftrichter destilliertes Wasser zu, Tropfen für Tropfen mit derselben Geschwindigkeit, wie die Destillation vor sich geht. Sobald 100 ccm Waschwasser überdestilliert sind, wird mit $^n/_{100}$ Natronlauge titriert unter Verwendung von Phenolphthalein als Indikator. Wenn (a) 200 ccm oder (b) 100 ccm der Lösung zur Destillation verwendet

---

[1]) Die Chemie des Holzes. I. Teil. Methoden und Ergebnisse der Analyse einiger amerikanischer Holzarten. Journ. Ind. and Engineering Chem. 9, 556—561 [1917].

wurden, wird die Zahl der verwendeten Kubikzentimeter Natronlauge für (a) mit $^5/_4$, für (b) mit $^5/_2$ multipliziert und als Essigsäure berechnet.

Das destillierte Wasser, welches man bei der Bestimmung braucht, soll frisch ausgekocht und kohlensäurefrei sein.

Da die Möglichkeit besteht, daß bei der vorgeschlagenen Methode Schwefelsäure mit übergerissen wird, ist es zweckmäßig, nach der Arbeitsweise von Wenzel[1]) eine mit Glasperlen gefüllte Vorlage einzuschalten.

4. Bestimmung der Chlorzahl nach Waentig und Kerenyi[2]).

Wird Chlor auf verhólzte Pflanzenfasern zur Einwirkung gebracht, so wird es adsorbiert, aus der Menge des aufgenommenen Chlors kann ein Rückschluß auf den Grad der Verholzung gezogen werden. Nach Waentig und Kerenyi verfährt man folgendermaßen:

Eine geeignet große gewogene Menge[3]) des entharzten, locker geschichteten, gut durchfeuchteten, aber keine tropfbare Feuchtigkeit mehr enthaltenden Untersuchungsmaterials[4]) wird in ein mit Chlorkalzium beschicktes Chlorierungsgefäß von einer aus den beigefügten Abbildungen ersichtlichen Form gebracht[5]) und das Gefäß samt Inhalt je nach seiner Größe auf einer genauen technischen oder analytischen Wage tariert. Darauf wird durch das Gefäß in der durch die Pfeilrichtung in den Abbildungen angedeuteten Weise ein langsamer Strom von trockenem Chlorgas geschickt. Nach 2—4 Stunden, je nach der Chloraufnahmefähigkeit des Materials, wird die Chlorierung unterbrochen und nach Verschluß der Chlor- Zu- und -Austrittsstelle das Gefäß gewogen. Darauf wird nochmals $^1/_2$ Stunde Chlor eingeleitet und die Wägung in derselben Weise wiederholt. Wenn die Gewichtszunahme des Gefäßes zwischen zwei aufeinanderfolgenden Wägungen nur noch $1\,^0/_0$ oder weniger der Gesamtgewichtszunahme

---

[1]) Man vergleiche: Wenzel, Chem. Ztg. **39** [1915] Nr. 10, 11; Heuser, Chem. Ztg. **39** [1915] Nr. 10, 11; endlich W. Schmeil, „Bambus als Papierrohstoff". Diss. Dresden 1921; Zellstoff und Papier 1, 166 [1921] Heft 6.

[2]) Waentig-Gierisch, Zeitschr. f. angew. Chemie **32**, A. 173—175 [1919] Nr. 44. P. Waentig und E. Kerenyi, Zur Ligninbestimmung in verholzter Faser. Zellstoffchem. Abhandlungen 1, 65—71 [1920] Nr. III. Papierfabrikant **18**, 920 [1920] Nr. 48. W. Gierisch, App. z. Best. der Chlorzahl Textl. Forsch. **1**, 105—107 [1919] Nr. 4.

[3]) Die zweckmäßig anzuwendende Menge von Untersuchungsmaterial hat sich zu richten nach der Chloraufnahmefähigkeit und Sperrigkeit der Probe. Hölzer nehmen beispielsweise bis $50\,^0/_0$, Zellstoff nimmt nur wenige $^0/_0$ Chlor auf.

[4]) Holz verwendet man am besten in Form von etwa 0,3 mm dicken Hobelspänen, Stroh- und Pflanzenstengel, nachdem sie der Quellwirkung einer geeigneten Vorrichtung ausgesetzt waren.

[5]) Die Gefäße werden in verschiedener Größe von der Firma C. Wiegand, Dresden-N., Hauptstr. 32, angefertigt.

beträgt, wird nunmehr in der gleichen Richtung zur Entfernung des überschüssigen Chlorgases ein langsamer trockener Luftstrom 5—10 Minuten durch das Gefäß geschickt und nunmehr die endgültige Wägung vorgenommen.

Die Differenz zwischen dem ursprünglichen Gewicht des Chlorierungsgefäßes samt Inhalt und dem zuletzt festgestellten, berechnet in $^0/_0$ der angewandten harzfreien, trockenen Substanz wird als die Chlorzahl des Materials bezeichnet.

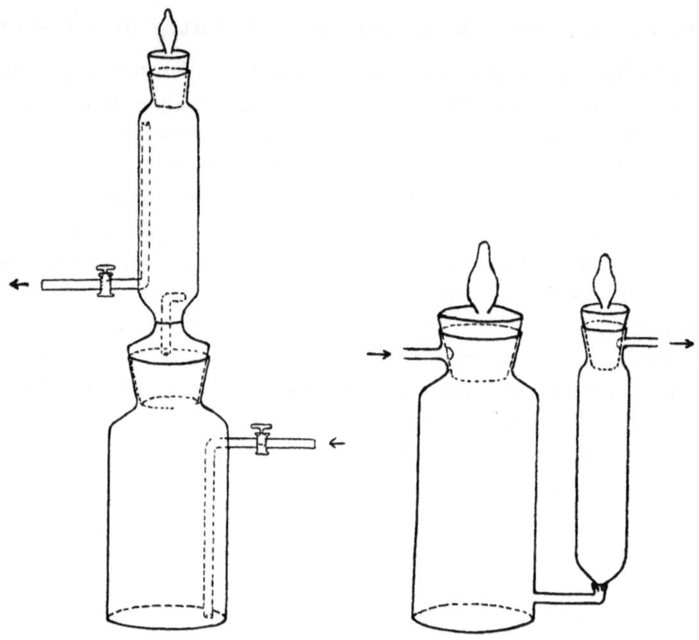

Abb. 15.   Chlorzahlbestimmung nach Waentig.

Diese Chlorzahl bildet ein Maß für die leicht chlorierbaren bezw. oxydierbaren Bestandteile der Pflanzenfaser, die man gemeinhin als „Lignin" zu bezeichnen pflegt. Bei Hölzern kann man aus der Chlorzahl den näherungsweisen Gehalt des Holzes an Lignin berechnen, indem man die Chlorzahl mit 0,71 multipliziert (d. h. durch die Chlorzahl des durch Hydrolyse isolierten Holzlignins, gleich 140, dividiert und mit 100 multipliziert)[1].

5. Ligninbestimmung nach Hempel-Seidel-Richter.

Der leitende Gedanke dieser noch wenig verwendeten Ligninbestimmungsmethode ist die Zersetzung von $13^0/_0$iger Salpetersäure

[1] Vergl. a. a. O. S. 70.

durch die „Inkrusten“ der pflanzlichen Rohstoffe, also durch das Lignin. Aus der Salpetersäure entstehen gasförmige Stickoxyde, die aufgefangen, titrimetrisch gemessen werden.

Da die Methode bisher hauptsächlich an Holzzellstoffen erprobt ist, soll sie erst im Abschnitt: „Untersuchung der Zellstoffe“ beschrieben werden. Möglicherweise eignet sie sich aber auch gut für die Ligninbestimmung in pflanzlichen Rohstoffen, insbesondere, wenn man von der recht hypothetischen Umrechnung auf Lignin absieht und lediglich eine „Stickoxydzahl“ der pflanzlichen Rohstoffe angibt. Je höher diese, um so stärker die Verholzung.

6. Bestimmung der Verholzung nach Cross, Bevan und Briggs.

Zur Bestimmung des Lignins hat man auch dessen Adsorptionsfähigkeit für Phloroglucin ausgenutzt. Nach Cross, Bevan und Briggs[1]) handelt es sich bei der Einwirkung von Phloroglucin in Gegenwart von Salzsäure auf die Ligninzellulose um zwei verschiedene Reaktionen: 1. um die Bildung eines rot gefärbten Körpers; die Grenze dieser Reaktion wird bereits bei einer weniger als $1\,^0/_0$ der Lignozellulose betragenden Phenolmenge erreicht; 2. um die weitere Vereinigung mit Phloroglucin, wobei sich eine Substanz bildet, die beim Waschen mit Wasser nicht zerlegt wird.

Auf Grund dieser Beobachtung ließ sich ein Titrationsverfahren ausarbeiten, bei welchem aus der Differenz von zwei genau unter denselben Bedingungen ausgeführten Phloroglucinbestimmungen die von der Lignozellulose aufgenommene Phloroglucinmenge ermittelt werden kann. Die erhaltene Zahl gibt den Gehalt an Lignozellulose des zu untersuchenden Präparates an.

Erforderliche Lösungen: 1. Eine Lösung von 2,5 g reinem Phloroglucin in 500 ccm verdünnter Salzsäure vom spezifischen Gewicht 1,06; 2. eine Lösung von 2 ccm eines $40\,^0/_0$igen Formaldehyds in 500 ccm Salzsäure vom spezifischen Gewicht 1,06.

Arbeitsweise: 2 g fein zerkleinerter Lignozellulose, deren Wassergehalt in einer besonderen Probe ermittelt war, werden genau abgewogen. Die Substanz wird dann in einen trockenen Kolben gegeben und sofort mit 40 ccm Phloroglucinlösung bedeckt. Der verkorkte Kolben wird geschüttelt und dann einige Stunden, am besten über Nacht, stehen gelassen. Am Morgen wird die Flüssigkeit durch einen sehr kleinen, im Trichterhals angebrachten Baumwollpfropfen

---

[1]) C. F. Cross und Bevan und J. F. Briggs, Über die Farbenreaktionen der Lignozellulosen. Berichte d. deutschen chem. Gesellsch. **40**, 319—326 [1917]; Lignon-Phloroglucidbildung ohne Farbenreaktion. Quantitative Bestimmung des Holzschliffs. Chem.-Ztg. **31**, 725—727 [1907].

abfiltriert und 10 ccm hiervon mit einer Pipette abgemessen und in einen Filtrierkolben gegeben.

Diese 10 ccm der Lösung werden mit 10 ccm Salzsäure vom spez. Gew. 1,06 verdünnt und ungefähr auf 70^0 erwärmt. Die Formaldehydlösung wird dann aus einer Bürette in Mengen von je 1 ccm mit einem Male zugegeben. Nach jedesmaligem Zugeben dieser Menge läßt man die Flüssigkeit 2 Minuten stehen, ehe man sie prüft, wobei die Temperatur konstant auf 70^0 gehalten wird. Der Fortgang der Reaktion wird dadurch verfolgt, daß man einen Tropfen der Flüssigkeit ohne vorherige Filtration auf ein Indikatorpapier bringt. Als letzteres wird am besten halbgeleimtes Zeitungspapier angewandt[1]). Man läßt den Tropfen 10 Sekunden lang einwirken und schleudert ihn ab. Solange noch unausgefälltes Phloroglucin vorhanden ist, wird alsdann ein roter Fleck sichtbar. Gegen das Ende der Titration wird die Flüssigkeit nur in Mengen von je 0,25 ccm hinzugegeben, indem man nach jeder Zugabe eine Pause von 2 Minuten vor der Prüfung eintreten läßt. Nahe am Endpunkt der Reaktion erscheint der rote Fleck immer langsamer auf dem Indikatorpapier und man muß schließlich die feuchte Stelle trocknen, indem man sie ungefähr eine Minute lang in einer Entfernung von 20 cm über die Flamme eines Bunsenbrenners hält, um den Fleck beobachten zu können. Die Titration ist beendet, wenn kein roter Fleck mehr hervorgerufen wird.

Nach der Titration werden 10 ccm der ursprünglichen Phloroglucinlösung in genau derselben Weise zur Kontrolle titriert, und die Menge des durch die Lignozellulose absorbierten Phloroglucins wird aus der Differenz der beiden Titrationsergebnisse berechnet. Dieser Phloroglucin-Absorptionswert wird dann in Prozenten des Trockengewichtes der Lignozellulose ausgedrückt.

Beachtenswerte Literatur.

Paul Menaul und C. T. Dowell, Modifikation der Pentosanbestimmung mittels Phenylhydrazin. Journ. Ind. Engin. Chem. **11**, 1024—25 [1919]; „Paper" **25**, Nr. 24. vom 18. Februar 1920, S. 23; Papierfabrikant **18**, Beilage Cellulosechemie **1**, 12 [1920] Nr. 18.

W. H. Dore, Die Gesamtanalyse der Nadelhölzer. Journ. Ind. Engin. Chem. **12**, 476—79 [1920] Nr. 5; Papierfabrikant **18**, Beilage Cellulosechemie **1**, 62—65 [1920] Nr. 43.

Der Verfasser empfiehlt die Bestimmung des Trockengehaltes, des Benzol- und Alkoholextraktes, der Zellulose, des Lignins, des löslichen Pentosans, des Mannans und Galactans.

---

[1]) Ein Tropfen einer Phloroglucinlösung, die 1 : 30000 verdünnt ist, ruft auf diesem Papier in einer Minute einen roten Fleck hervor.

W. H. Dore, Angenäherte Analyse von Harthölzern: Studien an Quercus agrifolia. Journ. Ind. Engin. Chem. **12**, 984—87 [1920] Nr. 10.

Bei der Analyse von Harthölzern, insbesondere von Eiche, muß vor der Zellulosebestimmung eine Extraktion mit kaltem Wasser und verdünnter ($5\,^0/_0$iger) Alkalilösung stattfinden, wenn brauchbare Zellulosezahlen erhalten werden sollen.

W. H. Dore, Die unmittelbare Holzanalyse. Journ. Ind. Engin. Chem. **11**, 556—63 [1919]; Paper **25, 28** [1920] Nr. 24; Papierfabrikant **18**, Beilage Cellulosechemie **1**, 60 [1920] Nr. 43.

An fünf kalifornischen Hölzern wird der von Dore befolgte Analysengang erläutert, durch welchen ungefähr 96—97 $^0/_0$ der Holzbestandteile nachweisbar sind. Bei Harthölzern sinken diese Werte bis auf 83—91 $^0/_0$.

M. G. Kotibhasker, Die Beurteilung von Holzstoff. C. C II, 573 [1921] Nr. 12; Papierfabrikant **19**, 490 [1921] Nr. 20.

An Stelle von Phloroglucin hat Kotibhasker p-Nitranilin empfohlen. Unter bestimmten Bedingungen wird von Holzschliff p-Nitranilin im Verhältnis 0,56—0,57 $^0/_0$ gebunden. Die Endreaktion soll bei p-Nitranilin schärfer sein, das Präparat ist weit billiger als Phloroglucin. Genauere Angaben über die Versuchsausführung fehlen.

III. Die chemische Analyse in der Natron(Sulfat-) zellstoff-Fabrikation.

A. Untersuchung der chemischen Hilfsstoffe.

Als Chemikalien kommen in Betracht: Ätznatron, Soda, Ätzkalk, Sulfat und Bisulfat.

Die Wertbestimmung der drei erstgenannten wurde bereits im Abschnitt Wasseruntersuchung beschrieben.

Ätzkalk.

Bezüglich des Kalkes sei bemerkt, daß man versucht hat, ihn auf Grund eines

Kaustifizier-Versuches zu bewerten[1]). Zur Durchführung eines solchen Versuches werden beipielsweise 5 g Soda mit 2,5 g des zu prüfenden Ätzkalkes kaustifiziert, worauf man den Schlamm sich absetzen läßt und die überstehende Flüssigkeit mit Normalsäure unter Benutzung von Methylorange und Phenolphthalein titriert. (Bezüglich der Titration und Auswertung des Ergebnisses siehe den Abschnitt Weißlauge.)

Was die eigentlichen Versuchsbedingungen anbelangt, so sind bis jetzt allgemeingültige Vorschriften noch nicht gegeben worden. Es ist daher empfehlenswert, bei diesem Versuch genau so zu verfahren, wie es in der betreffenden Fabrik im großen geschieht, da man in diesem Falle aus dem Ausfall des Versuches mit größerer Sicherheit auf das Verhalten im Betrieb schließen kann.

1 g Kalk vermag theoretisch 1,8906 g Na_2CO_3 zu kaustifizieren. Hat sich beim Versuch z. B. ergeben, daß 1 g Kalk 1,661 g Na_2CO_3 umzusetzen vermag, so beträgt die Ausnutzung:

$$\frac{1,661 \times 100}{1,8906} = 88\,^0/_0.$$

Für die Untersuchung von Sulfat bzw. Bisulfat sind folgende Methoden gebräuchlich:

---

[1]) Carl Moe in Technical Associations Papers Serie 4 Nr. 1. S. 46. [1921].

Sulfat.

Zur Bestimmung der **freien Säure** werden 20 g Sulfat in Wasser gelöst, auf 250 ccm gestellt, 50 ccm herauspipettiert, mit Methylorange versetzt und mit Normal-Natronlauge bis zur Neutralisation titriert. Ein Kubikzentimeter der Lauge entspricht $1\,^0/_0$ SO_3, wobei die gesamte Azidität, also auch die von Salzsäure, Bisulfat und sauer reagierenden Eisen- und Tonerdesalzen herrührende, auf SO_3 berechnet wird.

Die Auflösung des Sulfates ist häufig mehr oder weniger gelblich gefärbt, ein Umstand, welcher das Titrieren mit Methylorange bisweilen unmöglich macht. In solchen Fällen ist es vorteilhaft, die Azidität auf jodometrischem Wege zu ermitteln. Man versetzt hierzu die abpipettierte Probe mit 5 ccm einer Lösung von jodsaurem Kalium $(3:100)$ und 1 ccm $10\,^0/_0$iger Kaliumjodidlösung. Es tritt bei Vorhandensein von Säure Jodabscheidung ein; die in Freiheit gesetzte Jodmenge wird mittels $^n/_{10}$ Thiosulfatlösung ermittelt. Es entspricht $1\,J = 1\,\dfrac{H_2SO_4}{2}$. Da man hier mit $^1/_{10}$ Normallösungen arbeitet, muß man entsprechend geringere Mengen der Sulfatlösung zur Titration anwenden.

Zur Bestimmung des vorhandenen **Natriumchlorids** werden von der Vorratslösung nochmals 50 ccm pipettiert, die nach 1. verbrauchte Natronmenge zugesetzt, Kaliumchromatlösung zugefügt und mit $^n/_{10}$ Normal-Silberlösung titriert. Jedes Kubikzentimeter der Lösung nach Abzug von 0,2 ccm für den Indikator Kaliumchromat entspricht $0{,}1462\,^0/_0$ NaCl. Zur Bestimmung des **Natriumsulfates** wird 1 g Sulfat gelöst, der Kalk mit dem Eisen nach Zusatz von Salmiak und Ammoniak mit oxalsaurem Ammon ausgefällt, das Filtrat nach Zusatz weniger Tropfen reiner Schwefelsäure zur Trockne verdampft, hierauf unter Beigabe eines Stückchens Ammonkarbonat geglüht und gewogen. Von dem gefundenen Gewicht muß man das gefundene Natriumchlorid, umgerechnet auf Natriumsulfat, abziehen, 1 g Chlornatrium entspricht 1,2151 g Natriumsulfat.

Als Ergebnis der Analyse pflegt man den Gehalt an neutralem und saurem Sulfat anzugeben sowie die vorhandenen Oxyde (Fe) gleichfalls als Sulfate umzurechnen.

Bisulfat.

Die freie Säure wird, wie beim Sulfat angegeben, mit Normalnatronlauge titriert. Sind größere Mengen von Eisenoxyd oder Tonerde vorhanden, so wird ohne Zusatz eines Indikators soviel Normalnatronlauge zugegeben, bis die ersten Flocken eines Niederschlages erscheinen. Die weitere Untersuchung geschieht wie beim Sulfat.

B. Untersuchung der Frischlaugen und kaustifizierten Laugen.

Neben belanglosen Verunreinigungen enthalten die Frischlaugen oder „Weißlaugen" Natriumhydroxyd, Natriumsulfit, Natriumsulfid, Natriumkarbonat und Natriumsulfat sowie meist geringe Mengen Natriumsilikat. Für den selteneren Fall, daß nicht mit Sulfatwiedergewinnung gearbeitet wird, sondern mit Soda oder Ätznatron die Verluste an Natriumverbindungen ergänzt werden, kommen natürlich nur Natriumhydroxyd und Natriumkarbonat in Betracht. Die Kontrolle der Frischlaugen allein durch Bestimmung des spezifischen Gewichts mit Aräometer ist ungenügend, da nichts über das wichtige Verhältnis von Natriumhydroxyd zu Natriumsulfid oder über den Grad der Kaustifizierung ermittelt wird. Außerdem kann die noch häufig geübte Bestimmung des spezifischen Gewichts heißer Laugen mit Aräometer, die für 15^0 geeicht sind, zu großen Irrtümern Veranlassung geben.

Eine ausführliche Methode zur Ermittlung der Bestandteile der Weißlaugen haben Lunge und Lohöfer[1]) gegeben. Die Leitgedanken sind die folgenden.

In der Frischlauge kann man das Gesamtalkali, d. h. die Summe von Natriumhydroxyd, Natriumsulfid, Natriumsulfit und Natriumkarbonat durch Titration mit Normalsäure und zwei Indikatoren bestimmen. Der Indikator Phenolphthalein zeigt von den vorgenannten Stoffen an: $NaOH + \frac{1}{2} Na_2 S + \frac{1}{2} Na_2 CO_3 + Na_2 SiO_3$, der Indikator Methylorange zeigt an: $Na_2 CO_3 + NaOH + Na_2 S + Na_2 SiO_3 + \frac{1}{2} Na_2 SO_3$. Ferner ermöglichen jodometrische Bestimmungen die Ermittlung von Sulfit plus Sulfid, wie auch die alleinige von Sulfit. Endlich ist es möglich, auf gewichtsanalytischem Wege nach Eindunsten der Lauge und Abrauchen des Rückstandes mit Salzsäure in üblicher Weise die Kieselsäure zu ermitteln. Ein Berechnungsbeispiel nach Lunge wird unten im Abschnitt: „Untersuchung der Schmelzsoda" gegeben.

An Stelle dieser Art der Titration wird meist die Baryumchloridfällmethode verwendet: durch Chlorbaryum wird die Soda ausgefällt, das entstehende Schwefelbaryum spaltet sich in lösliches Sulfhydrat und Baryumhydroxyd, so daß man in der Lösung die obigen Stoffe mit Ausnahme der Soda und des löslichen Natriumsulfits, welches in unlösliches Baryumsulfit übergeht, titrieren kann. Da die Frischlaugen meist nur wenig Silikat enthalten, ist diese Methode anwendbar. Zuvor wird man natürlich mit Normalsäure und Methylorange das Gesamtalkali bestimmt haben. Notwendig ist in diesem Falle weiter die Bestimmung der Natriumsulfidmengen.

---

[1]) Lunge und Lohöfer, Zeitschr. f angew. Chem. **14**, 1125. [1901], auch Chem. techn. Unters. Meth. **1**, 942 ff. Aufl. 7 [1921].

Durch Jodtitration wird gleichzeitig Natriumsulfit mitbestimmt; durch dessen Sonderbestimmung nach Ausfällung des Schwefelnatriums kann der wahre Wert für Natriumsulfid ermittelt werden. Wie die Rechnung durchzuführen ist, erhellt aus dem folgenden.

Nilsen[1]) hat für Laugen in Holzzellstoffabriken vorgeschlagen, zur Umgehung dieser Titration die Soda, wie oben beschrieben, mit Chlorbaryum zu fällen und das Filtrat mit Hilfe der zwei Indikatoren Phenolphthalein und Methylorange auf seinen Gehalt an Natriumsulfid zu prüfen. Der Indikator Phenolphthalein gibt hier die Summe von $NaOH + \frac{1}{2} Na_2S$ an. Der Indikator Methylorange die Summe von $NaOH + Na_2S$. Wird erstere Summe gleich e, die letztere gleich b gesetzt, so ist $b - e = \frac{1}{2} Na_2S$, und das Na_2S in Gramm im Liter ausgedrückt ist gleich $(b - e) 2 \cdot 2 \cdot 3{,}9$.

Den gleichen Gedanken wie Nilsen verfolgt Bergman. Wird der Kieselsäuregehalt und der Sulfitgehalt vernachlässigt, was bei der Kochung von Holz bis zu einem gewissen Grade möglich ist, so wird die Bestimmung der Weißlauge mit nur einer Maßflüssigkeit unter Anwendung zweier Indikatoren möglich.

Für die sich abspielenden titrimetrischen Vorgänge hat Bergman[2]) folgenden Gedankengang und nachstehende Formelzusammenstellung gegeben.

Zieht man in Betracht, daß der Silikatgehalt bei Herstellung von Zellstoff aus Holz verhältnismäßig unbedeutend und der Sulfitgehalt ebenfalls nicht sehr bedeutend ist, kann man, um eine einfache annähernde Bestimmung der wichtigsten Bestandteile der Lauge zu ermöglichen, annehmen, daß man bei Verwendung von Methylorange als Indikator in der Hauptsache titriert:

$$\text{I. } Na_2CO_3 + NaOH + Na_2S,$$

sowie mit Phenolphthalein als Indikator

$$\text{II. } \tfrac{1}{2} Na_2CO_3 + NaOH + \tfrac{1}{2} Na_2S.$$

Die zur Berechnung der drei Unbekannten Na_2CO_3, $NaOH$, Na_2S nötige dritte Gleichung kann man auf zweierlei Weise erhalten. Man kann Na_2S jodometrisch bestimmen, dabei bewußt übersehen, daß die Gegenwart von Sulfit einen zu hohen Wert für diese Menge bedingt. Man erhält dann die dritte Gleichung mit dem Wert für das Sulfid:

$$\text{III. } Na_2S.$$

Die Aufgabe läßt sich indes einfacher lösen, unter Anwendung von nur einer Titrierflüssigkeit, nämlich Säure. Zu diesem Zweck

---

[1]) Nilsen, Papierfabrikant **11**, 1441 [1913].

[2]) S. K. Bergman, Schnellmethoden bei der Betriebskontrolle von Laugen für Sulfatstoffherstellung. Zellstoff u. Papier **1**, 95—99 [1921] Nr. 4.

bedient man sich des bekannten Verfahrens, kaustische Alkalien in Gegenwart von Karbonat mittels Titration mit Säure nach Zusatz eines Überschusses von Baryumchloridlösung zu bestimmen; hierdurch bestimmt man mit Phenolphthalein als Indikator;

$$\text{IV. } NaOH + {}^1/_2 \, Na_2S.$$

Je nachdem, wie man drei der obigen vier Bestimmungsarten kombiniert, erhält man etwas verschiedene Verfahren zur Bestimmung und Berechnung von Karbonat, Hydroxyd und Sulfid. Bezeichnet man die bei den Titrationen verbrauchte Anzahl Kubikzentimeter Normallösung auf eine gewisse Menge Lauge, z. B. so:

10 ccm Lauge bei der Titration mit Säure, Methylorange $= a$ ccm $n/_1$
10 ccm Lauge bei der Titration mit Säure, Penolphthalein $= b$ ccm $n/_1$
10 ccm Lauge bei der Titration mit Säure, Baryum-
          chlorid und Phenolphthalein $= c$ ccm $n/_1$
10 ccm Lauge bei der Titration mit Säure und Jod $\quad = d$ ccm $n/_1$,

so erhält man folgende Ausdrücke und aus ihnen berechnete Werte für Na_2CO_3, $NaOH$ und Na_2S in 10 ccm Lauge, ausgedrückt in a, b, c und d:

Nur alkalimetrische Titrationen

$$\text{I. } Na_2CO_3 + NaOH + Na_2S \qquad = a.$$
$$\text{II. } {}^1/_2 \, Na_2CO_3 + NaOH + {}^1/_2 \, Na_2S = b.$$
$$\text{IV. } NaOH + {}^1/_2 \, Na_2S \qquad\qquad = c.$$

$$Na_2CO_3 = 2\,(b - c) \qquad\qquad \text{ccm } n/_1.$$
$$NaOH \;\; = 2\,b - a \qquad\qquad\quad \text{,, \quad ,,}$$
$$Na_2S \;\; = 2\,(a + c - 2b \quad \text{,, \quad ,,}$$

Alkalimetrische und jodometrische Titration
A.

$$\text{I. } \quad Na_2CO_3 + NaOH + Na_2S \quad\;\; = a \;\; \text{ccm } n/_1.$$
$$\text{II. } {}^1/_2 \, Na_2CO_3 + NaOH + {}^1/_2 \, Na_2S = b \quad \text{,, \quad ,,}$$
$$\text{III. } Na_2S \qquad\qquad\qquad\qquad = d \quad \text{,, \quad ,,}$$

$$Na_2CO_3 = 2\,(a - b) - d \quad \text{,, \quad ,,}$$
$$NaOH \;\; = 2\,b - a \qquad\quad\;\; \text{,, \quad ,,}$$
$$Na_2S \;\; = \qquad d \qquad\qquad \text{,, \quad ,,}$$

B.

$$\text{I. } Na_2CO_3 + NaOH + Na_2S = a \;\; \text{ccm } n/_1.$$
$$\text{III. } Na_2S \qquad\qquad\qquad\; = d \quad \text{,, \quad ,,}$$
$$\text{IV. } NaOH + {}^1/_2 \, Na_2S \qquad\; = c \quad \text{,, \quad ,,}$$

$$Na_2CO_3 = a - c - {}^1/_2 \, d \;\; \text{ccm } n/_1.$$
$$NaOH \;\; = c - {}^1/_2 \, d \qquad\quad \text{,, \quad ,,}$$
$$Na_2S \;\; = d \qquad\qquad\quad\;\; \text{,, \quad ,,}$$

Von diesen drei Vorschlägen ist der nur alkalimetrische ohne Zweifel der einfachste, da nur eine einzige Titrierflüssigkeit und zwei Indikatoren nötig sind, bei Fabrikskontrolle ein unbestreitbarer Vorteil. Lunge und Lohöfer verwerfen allerdings die Anwendung der Baryumchloridmethode in Gegenwart von Silikat, da sie nachweisen, daß nur ein Teil des Silikats, $50-60\,^0/_0$, aus der Lösung gefällt wird.

Nach Bergman bleibt der Gehalt an Silikat und Sulfit während des Betriebes konstant, die Analysenergebnisse werden sonach in vollständig befriedigender Weise die wechselnden Mengen der Hauptbestandteile Hydroxyd, Sulfid und Karbonat darstellen. Auf rein mathematischem Wege kann man leicht veranschaulichen, wo die Fehler sich ausgleichen und wo sie sich häufen. So z. B. stellt man fest, daß man bei Anwendung der alkalimetrisch-jodometrischen Methode A bei der Berechnung des Karbonats nach der Formel $Na_2CO_3 = 2\,(a-b)-d$ stets einen völlig exakten Wert für diese Menge erhält, was darauf beruht, daß bei der Berechnung der Einfluß der Silikat- und Sulfitmengen, wenn sie auch noch so groß sind, vollständig eliminiert wird; aber andererseits ist leicht nachzuweisen, daß die Werte für das Karbonat bei Anwendung der allein alkalimetrischen Methode $Na_2CO_3 = 2\,(b-c)$ in den meisten Fällen zu hoch ausfallen, da der Silikatfehler in dieser Menge erscheint. In letzterem Falle spielen jedoch auch zwei chemische Faktoren eine Rolle, nämlich die bekannte Tatsache, daß bei Titration von Karbonaten mit Phenolphthalein als Indikator der Umschlag selten genau auf dem Punkte eintritt, wo die Hälfte des Karbonats neutralisiert ist, und die berührte Ungenauigkeit bei der Baryumchloridmethode.

Daß der Sulfidgehalt bei jodometrischer Titration, die Bestimmung von d, immer um so viel zu hoch ausfällt, wie der Sulfitgehalt der Lauge bedingt, liegt in der Natur der Sache. Mit hin und wieder ausgeführten Kontrollbestimmungen von Silikat und Sulfit kann man ja leicht überwachen, ob die Fehler angemessene Grenzen überschreiten, und wenn dies der Fall wäre, kann man durch Einführung geeigneter Korrektionen die Werte korrigieren.

Bergman schließt an vorstehende Ausführungen noch einige Mitteilungen über die in den Fabriken gebräuchliche Darstellung des Titrationsergebnisses, welche hier wiedergegeben werden sollen, an.

Bei den meisten Fabriken, vielleicht bei allen, operiert man mit einer Bestimmung der Kaustizität, d. h. man gibt ein gewisses Zahlenverhältnis an als Maß dafür, in wie hohem Grade die Sodalauge kaustifiziert ist, und zwar so, daß man die Lauge sowohl mit

Phenolphthalein wie mit Methylorange als Indikator titriert und das Verhältnis zwischen den verbrauchten Mengen Normalsäure, in Prozenten ausgedrückt, berechnet; mit andern Worten, man berechnet nach den oben angewendeten Bezeichnungen den Zahlenwert $\frac{100\,b}{a}$; je größer diese Zahl ist, um so höher ist die Kaustizität.

Diese Berechnung bedeutet keinerlei Bestimmung des Äquivalenzverhältnisses zwischen kaustischen Alkalien und der Gesamtalkalinität, sondern ist ein Wert ohne exakte Bedeutung. Dagegen kann man durch Vergleichen der Werte zwischen der Phenolphthaleintitration bei der Schmelzeauflösung und bei der Weißlauge die Zunahme der Kaustizität bei unveränderter Gesamtalkalinität bestimmen, jedoch nicht ihren absoluten Wert.

Eine Lösung allein von reinem Natriumkarbonat hat nach der Berechnung $\frac{100\,b}{a}$ eine theoretische Kaustizität von $50^0/_0$. Es kann also hiernach keine Lauge mit geringerer Kaustizität als $50^0/_0$ geben, obwohl solche Lauge in Wirklichkeit gar nicht kaustifiziert ist. Beim reinen Natronverfahren ist daher diese Methode zur Berechnung der Kaustizität von fast keiner Bedeutung; der Ausdruck $\frac{100\,(2\,b - a)}{a}$ gibt den richtigen Wert. Beim Sulfatverfahren stellt sich die Sache etwas anders. Hier kommt das Sulfid hinzu, das zu den wirksamen Alkalien gerechnet wird, aber gegen die genannten Indikatoren auf ähnliche Weise wie das Natriumkarbonat reagiert. In dem Falle, wo die in der Lauge befindliche Sulfidmenge mit der in derselben vorhandenen Sodamenge äquivalent ist, gibt $\frac{100\,b}{a}$ den richtigen Wert an. Ist die Sodamenge in dieser Beziehung höher als die Sulfidmenge, erhält man als Resultat der Titrationen einen zu hohen Wert der Kaustizität; ist sie niedriger, einen zu niedrigen Wert. Es beruht somit auf den obwaltenden Umständen, ob diese Methode richtige oder unrichtige Werte gibt. Beabsichtigt man, stets richtige Werte der Kaustizität zu erhalten, und definiert man sie als das Verhältnis zwischen wirksamen Alkalien und Gesamtalkali, wobei die Menge der ersteren in Prozenten der Gesamtmenge ausgedrückt ist, so muß man sie daher auf Grund einer Analyse, die den Gehalt an Hydroxyd, Sulfid und Gesamtalkalinität beachtet, berechnen.

Die einzelnen Titrationen, welche die Bestimmung der verschiedenen Bestandteile der Lauge zum Ziel haben, sind im folgenden beschrieben.

Bestimmung der Alkalinität (Gesamtalkali). Die Bestimmung des Gesamtalkalis kann wie folgt ausgeführt werden: 5 ccm der Lösung werden mit Normal-Salzsäure und Phenolphthalein auf farblos und weiterhin mit Methylorange auf rosa titriert. Die Titration muß in der Kälte geschehen. Auch muß fortwährend gut, aber nicht zu stark umgerührt oder geschüttelt werden. Nach dem Umschlag des Phenolphthaleins nimmt bei weiterem Säurezusatz die Lösung eine stärkere Gelbfärbung unter gleichzeitiger milchiger Schwefelausscheidung an, was den Umschlag der Methylorangefärbung nicht beeinträchtigt. Statt 5 ccm kann man, um einen besseren Durchschnitt zu erhalten, 100 ccm Originallauge verwenden, diese mit luftfreiem Wasser auf 1000 ccm verdünnen, absitzen lassen und dann 50 ccm = 5 ccm Originallauge wie beschrieben titrieren.

Die erwähnte Chlorbaryumfällmethode wird folgendermaßen durchgeführt:

Bestimmung der „wirksamen" Alkalien. Man verdünnt 10 ccm der Lauge auf 100 ccm, möglichst mit ausgekochtem Wasser, gibt hiervon 50 ccm in einen Titrierbecher und fügt einen Überschuß von Baryumchlorid hinzu (meist werden 30 ccm einer $10\,^0/_0$igen Lösung ausreichend sein). Die Reaktionsflüssigkeit kann dann unmittelbar d. h. ohne Filtration mit Normalsäure titriert werden, wenn man die Säure nur langsam zufließen läßt und ständig umschwenkt. Je nach der Wahl des Indikators (siehe oben bei Beschreibung der Methode von Nilsen) erhält man hier entweder den Wert für $NaOH + Na_2S$ oder $NaOH + {}^1/_2 Na_2S$.

Bestimmung von Sulfid und Sulfit. 10 ccm Frischlauge werden mit luftfreiem Wasser auf etwa 200 ccm verdünnt, hierauf wird mit Essigsäure angesäuert und mit $^n/_{10}$ Jodlösung und Stärke auf blau titriert. Die Menge des vorhandenen Sulfids allein wird nach der Bestimmung des Sulfits durch Abziehen des für dieses ermittelten Betrages gefunden.

Bestimmung von Sulfit (falls für genaue Untersuchungen notwendig). 50 ccm Lauge werden mit einer alkalischen Zinklösung versetzt, diese wird hergestellt durch Versetzen einer Lösung von Zinkacetat mit soviel Natronlauge, daß der anfangs entstehende Niederschlag sich wieder auflöst. Nach Ausfällung des Schwefelzinks wird auf 250 ccm gestellt und durch ein trockenes Filter filtriert. Je 50 ccm des Filtrates werden darauf mit Essigsäure angesäuert und mit $^n/_{10}$ Jodlösung und Stärke auf blau titriert. Die Jodmenge entspricht dem vorhandenen Natriumsulfit.

Bezüglich etwa notwendig werdender Bestimmung von Kieselsäure und anderem sei auf den folgenden Abschnitt: „Schwarzlauge" hingewiesen.

Der Vollständigkeit halber seien hier noch die Vorschriften mitgeteilt, die Otto Kress[1]) als Vorsitzender der Sulfatzellstoffkommission der amerikanischen „Technical Association of the Pulp and Paper Industry" zur Untersuchung der „Weißlauge" oder Frischlauge veröffentlicht hat:

a) Bestimmung des Gesamtalkalis als Na_2O ausgedrückt.

2 ccm der Lösung werden mit halbnormaler Säure unter Verwendung von Methylorange als Indikator titriert. Die verbrauchte Anzahl von Kubikzentimeter Säure entspricht den in der Lösung enthaltenen Mengen von Natriumkarbonat, Natriumhydroxyd, Schwefelnatrium und der Hälfte des Natriumsulfits.

b) Bestimmung des Alkalis (Natriumhydroxyd und Schwefelnatrium).

2 ccm der Lösung werden in einem 100 ccm-Meßkolben mit 20 ccm einer $10^0/_0$igen Lösung von Baryumchlorid versetzt und mit kochendem, destilliertem Wasser bis zur Marke aufgefüllt. Man schüttelt einige Minuten lang und läßt dann absitzen. 50 ccm der klaren Flüssigkeit werden nach dem Abkühlen entnommen und mit halbnormaler Säure unter Verwendung von Methylorange als Indikator titriert. Die verbrauchte Zahl von Kubikzentimeter zeigt diejenige Menge Säure an, welche notwendig ist, um Ätznatron und Schwefelnatrium in der Probe zu neutralisieren. Die Differenz zwischen dieser Titration und der oben erwähnten des Gesamtalkalis gibt die Zahl von Kubikzentimeter Säure an, welche notwendig ist, um Natriumkarbonat und die Hälfte des Natriumsulfits zu neutralisieren, da Baryumsulfit praktisch unlöslich in Wasser ist.

c) Bestimmung von Schwefelnatrium, Natriumthiosulfat und Natriumsulfit.

Von der Frischlauge wird soviel zu überschüssiger Jodlösung gefügt, daß etwa noch $^1/_2$ ccm Lauge zur Jodabsättigung erforderlich bleibt. 2 ccm der Lösung werden dann zu der so ermittelten Jodmenge, die in 200 ccm destilliertem, sauerstoffreiem Wasser, das mit überschüssiger Essigsäure angesäuert wurde, enthalten ist, hinzugefügt. Unter Verwendung von Stärke als Indikator wird die Titration vollendet. 1 ccm $^n/_{10}$ Jodlösung entspricht 0,003908 g Schwefelnatrium (Na_2S) und 0,003105 g Na_2O.

d) Bestimmung von Natriumthiosulfat und Natriumsulfit.

5 ccm Frischlauge werden in einem 250 ccm-Meßkolben mit überschüssiger alkalischer Zinkchloridlösung versetzt, bis zur Marke auf-

---

[1]) Otto Kress, „Chemische Kontrolle des Kraft-Prozesses", Zeitschrift „Paper" S. 30, 23. 2 [1916].

gefüllt und einige Minuten lang geschüttelt. Nach dem Absitzen werden 50 ccm der klaren Lösung entnommen und mit normaler Schwefelsäure unter Verwendung von Methylorange als Indikator neutralisiert. Die anwesenden Sulfite werden so in saure Sulfite übergeführt. Bei deren Titration mit Jodlösung wird Bisulfat und Jodwasserstoff gebildet, so daß ein Molekül des sauren Sulfits bei der Titration mit Jodlösung eine Säuremenge frei macht, die 3 Molekülen von Natriumhydroxyd entspricht. Die neutralisierte Lösung wird darauf mit $n/_{10}$ Jodlösung unter Verwendung von Stärke als Indikator titriert; sie wird dann mit 1 Tropfen Natriumthiosulfatlösung entfärbt und bis zur Neutralisationsgrenze mit $n/_{10}$ Natronlauge titriert. Die Zahl von Kubikzentimeter, multipliziert mit 0,0042, gibt den Betrag von Natriumsulfit in der Frischlauge an, und diese Zahl, dividiert durch 0,0063, gibt den Jodwert des Natriumsulfits. Zieht man diesen von dem bei der Jodtitration früher erhaltenen Wert ab, so erhält man das Jodäquivalent für das anwesende Natriumthiosulfat.

Berechnung der Ergebnisse. c—d gibt die Anzahl von Kubikzentimeter Jod, die für Natriumsulfid erforderlich sind. a—b gibt die Anzahl von Kubikzentimeter Säure an, die für Natriumkarbonat und die Hälfte des Natriumsulfits gebraucht werden. 1 ccm $n/_{10}$ Schwefelsäure entspricht 0,0265 g Natriumkarbonat oder 0,0155 g Na_2O.

Das Titrationsergebnis von b), ausgedrückt als Na_2O, vermindert um die vorhandene Natriumsulfidmenge, ausgedrückt als Na_2O, gibt das Na_2O, das als Natriumhydroxyd vorhanden ist. 1 ccm $n/_{10}$ Jodlösung ist $= 0,0158$ g Natriumthiosulfat.

C. Kontrolle der Kochung und Untersuchung der Schwarz- oder Braunlauge.

Bei der Kontrolle der Kochung durch Bestimmung der Alkaliabnahme vermittels Titration ist zu beachten, daß bei direkter oder teilweise direkter Erhitzung mit Dampf die Lauge durch Kondenswasser fortgesetzt Verdünnung erfährt. Aber noch eine weitere Fehlerquelle kommt in Betracht. Das Holz bzw. der bloßgelegte Zellstoff wird in den späteren Kochstadien Natriumhydroxyd adsorbieren, so daß also eine Abnahme des Ätznatrons in der Kochflüssigkeit nicht notwendigerweise Natriumhydroxyd-Verbrauch bedeutet[1]. In den letzten Stadien der Kochung tritt jedoch eine Verdünnung nicht mehr ein, man kann dann das Fortschreiten der Kochung

---

[1] Beadle und Stevens, Journ. Soc. Chem. Ind. **32**, 175 [1913].

mit Titrationen verfolgen. Die Kocherlauge enthält viel dunkelgefärbte organische Substanz, wodurch allerdings die Titration mit Zuhilfenahme von Indikatoren außerordentlich erschwert wird. Bestimmt werden daher meist nur die wirksamen Alkalien nach der Chlorbaryummethode, bei welcher eine Aufhellung der Flüssigkeit erreichbar ist. Lunge und Lohöffer[1]) haben darauf aufmerksam gemacht, daß diese Methode in Gegenwart von Silikat zu völlig falschen Zahlen führen kann; in Strohzellstoff-Fabriken, die erhebliche Mengen Silikat aus dem Stroh herauslösen, wird die Methode also versagen.

Bestimmung der wirksamen Alkalien. Auch bei der Chlorbaryummethode ist die Dunkelfärbung der Lösung noch sehr lästig. Nach Sutermeister[2]) erhält man bei nachfolgender Arbeitsweise die besten Ergebnisse.

25 ccm der Schwarzlauge werden mit 300 ccm Wasser verdünnt, 10 ccm einer konzentrierten Chlorbaryumlösung, die 400 g im Liter enthält, werden hinzugefügt, um die Karbonate und die organischen Säuren, soweit sie unlösliche Baryumsalze geben, auszufällen. Die über dem Niederschlag stehende Flüssigkeit wird mit Normalsäure titriert. Den Endpunkt kann man am besten erkennen, wenn man einen Tropfen der Lösung von einem Glasstab in eine Phenolphthaleinwasserlösung fallen läßt, die den Boden eines Kochbechers eben bedeckt. Wenn der Tropfen nicht mehr eine rote Farbe in seiner unmittelbaren Umgebung in der Indikatorlösung hervorruft, wird der Endpunkt als erreicht angenommen. Die Methode ist nur annähernd richtig, doch kann man eine Genauigkeit bis zu $5\,^0/_0$ erhalten. Schwierig ist erstens die Unterscheidung der roten Farbe des Indikators gegenüber der braunen Farbe des Tropfens, zweitens die langsame Entwicklung der roten Farbe um den Tropfen. Bedenklicher noch ist, daß der Endpunkt mit den Arbeitsbedingungen, nämlich mit der Verdünnung wechselt.

Sutermeister hat neuerdings dieses Titrationsverfahren wie folgt beschrieben: Die wie vorstehend geschildert vom Chlorbaryumniederschlag durch Absitzen befreite Lösung wird mit Normalsäure unter Verwendung von verdünnter Phenolphthaleinlösung als Indikator titriert, jedoch der Indikator auf einer Tüpfelplatte zur Anwendung gebracht.

Man muß die Säure ganz langsam hinzufügen; als Endpunkt der Reaktion bewertet man denjenigen Augenblick, in dem nach

---

[1]) Lunge und Lohöffer, Zeitschr. f. angew. Chem. **14**, 1125 [1901].

[2]) Edwin Sutermeister und Harold R. Rafsky, Die Natronbestimmung in der Schwarzlauge. „Paper" S. 23, 28. 8. [1912]. Vgl. auch Sutermeister: Chemistry of Pulp and Papermaking. New-York 1920.

2 Minuten langem Stehen auf der Tüpfelplatte eine rosa Färbung nicht mehr bemerkbar ist. Der Endpunkt der Reaktion ist infolge der Gegenwart von organischen Farbstoffen und des durch Baryumchlorid gefällten Schlammes nicht sehr scharf. Aber bei einiger Übung bekommt man doch ziemlich leicht übereinstimmende Zahlen. Ein schärferer Endpunkt wird erreicht, wenn man die Flüssigkeit filtriert oder den Schlamm absitzen läßt und die klare Flüssigkeit zur Titration verwendet.

Diese Maßnahme bedingt jedoch einen nicht unerheblichen Fehler, da Alkali vom Schlamm festgehalten wird; die oben angegebene Methode ist daher vorzuziehen, da sie genauere Werte gibt.

Von dem gleichen Autor wird noch empfohlen, durch einen Überschuß von Phenolphthalein befriedigendere Endpunkte zu erreichen. Ein paar Tropfen des Indikators werden hinzugegeben und bis zum Verschwinden des Rot titriert, hierauf wird ein großer Überschuß des Indikators hinzugefügt und wiederum bis zum Verschwinden der roten Farbe titriert; dies wird so lange wiederholt, bis bei Zugabe von weiteren Indikatormengen rote Farbe nicht mehr auftritt.

Bestimmung von Schwefelnatrium. Zur Bestimmung des Schwefelnatriums in der Schwarzlauge empfiehlt Kress[1]) folgende von Mc. Naughton nachgeprüfte Methode:

Gebraucht wird eine Zinklösung, von der 1 ccm 0,01 g Schwefelnatrium entspricht. Zur Herstellung werden 16,746 g reinstes gepulvertes Zink in einem kleinen Überschuß von Salpetersäure gelöst und soviel Ammoniak hinzugefügt, bis der sich bildende Niederschlag wieder vollständig aufgelöst ist. Die Lösung wird dann auf 2000 ccm verdünnt. Es muß genügend Ammoniak vorhanden sein, damit das Zink, wenn auf dieses Volumen verdünnt wird, nicht ausfällt. Als Indikator dient eine ammoniakalische Nickelammonsulfatlösung.

Die Bestimmung wird von Mc. Naughton folgendermaßen ausgeführt: 50 ccm Schwarzlauge werden auf 1 Liter verdünnt und 20 ccm dieser Lösung, die nunmehr 1 ccm der ursprünglichen Schwarzlauge entsprechen, mit destilliertem Wasser auf 100 ccm verdünnt. Die Zinkmeßflüssigkeit wird aus einer Bürette hinzugegeben. Als Endpunkt der Reaktion wird angesehen, wenn bei Berührung einer kleinen Menge der Lösung auf einer Porzellanplatte mit etwa 3 Tropfen ammoniakalischer Nickelsulfatlösung, ein schwarzer Niederschlag von Schwefelnickel sich bildet.

---

[1]) Kress, a. a. O.

Zur Bestimmung des Schwefelnatriums in der Lauge wird von Ralf und Oliver[1]) vorgeschlagen, mit ammoniakalischer Silbernitratlösung zu fällen. Das Silbersulfid fällt unlöslich aus, alle übrigen Silbersalze sind in Gegenwart von Ammoniak löslich. Die Vorschrift zur Ausführung ist folgende: Die zu prüfende Lösung wird filtriert, Ammoniak hinzugefügt und aufgekocht und aus einer Bürette langsam eine titrierte Lösung von ammonikalischem Silbernitrat hinzugetropft. Letztere wird durch Auflösung von 27,69 g metallischem Silber in reiner Salpetersäure und Hinzufügen von 250 ccm Ammoniakwasser und Auffüllen auf 1 Liter gewonnen. Von dieser Lösung entspricht 1 ccm 0,01 g Schwefelnatrium.

Bei dem Zusatz der Silberlösung fällt ein schwarzer Niederschlag von Schwefelsilber aus. Wenn fast der gesamte Schwefel gefällt ist, filtriert man die Flüssigkeit und fügt zum Filtrat nochmals etwas Silberlösung, bis nach wiederholter Filtration ein Tropfen der Flüssigkeit nur noch leichte Trübung bewirkt. Die Zahl von Kubikzentimetern ammoniakalischer Silbernitratlösung, multipliziert mit 0,01 gibt die Zahl der Gramme von Schwefelnatrium in dem bekannten Volumen der Flüssigkeit.

Bestimmung des Silikats. 20 ccm der Lösung werden mit Salzsäure zur Trockne eingedampft, und nach mehrfachem Abrauchen mit Salzsäure wird die Kieselsäure in üblicher Weise gewichtsanalytisch bestimmt. 1 Gewichtsteil $SiO_2 = 2{,}033$ Gewichtsteile Na_2SiO_3. Die Salzsäure wird am besten tunlichst im Kohlensäurestrom, mindestens jedoch bei möglichster Abhaltung der Luft, zugesetzt, damit man im Filtrat der Kieselsäurefällung das Natriumsulfat genau bestimmen kann und Oxydationen von Schwefelwasserstoff und Schwefeldioxyd vermieden werden.

Bestimmung von Sulfat. In dem Salzsäurefiltrat der Kieselsäurefällung wird mit Chlorbaryum in üblicher Weise die Schwefelsäure bestimmt.

Gesamtgehalt an Natriumsalzen. Der Gesamtgehalt der Schwarzlauge an Natriumverbindungen wird durch Abrauchen mit Salz- oder Schwefelsäure und Veraschen bestimmt, wobei man entweder ein Gemenge von Chlornatrium und Natriumsulfat oder Natriumsulfat allein erhält. Im ersteren Falle kann man durch Titration mit Silberlösung die Chlormenge, durch Fällung mit Chlorbaryum die Schwefelsäure bestimmen. Die Umrechnung der Säuren auf Na_2O gibt den Gesamtgehalt an Natriumverbindungen. Man bekommt gleichzeitig noch einen Wert für das vorhandene Natriumsulfat. Raucht man mit Schwefelsäure ab, so muß man natürlich auf diese

---

[1]) **Paper** im Juliheft 1914 (22. Juli).

Bestimmung verzichten und sie in einer Sonderprobe vornehmen. Die erste Probe beschreibt Moe[1]) wie folgt:

„5—10 ccm der Ablauge werden in eine kleine Porzellanschale gebracht. Zweckmäßig mißt man die Ablauge nicht dem Volumen nach, sondern wägt sie in einem Wägeglas ab und berechnet das Volumen aus dem Gewicht und dem spezifischen Gewicht, da dies wesentlich genauere Resultate gibt, als wenn man aus einer Pipette oder Bürette mißt. Zur Flüssigkeit fügt man dann Salzsäure im Überschuß, dampft zur Trockne ein und verbrennt bei dunkler Rotglut. Durch dieses Verfahren werden alle Natronverbindungen, außer dem Sulfat, in Chlornatrium übergeführt. Die Salze werden dann aus dem Rückstand ausgelaugt, die Lösung filtriert, bis zu einem passenden Volumen eingedampft und mit einer halbnormalen Silberlösung titriert unter Verwendung von Kaliumchromat als Indikator. Es ist wichtig, daß jedes Teilchen von Natriumchlorid aus dem kolloiden Rückstand herausgelaugt wird. 1 ccm $^{n}/_{10}$ $AgNO_3$ entspricht 0,00310 g Na_2O.

In einer zweiten Probe der Flüssigkeit wird dann das Sulfat entweder gravimetrisch oder volumetrisch mit Chlorbaryum bestimmt. Man benutzt in diesem Falle zweckmäßig eine größere Menge der Flüssigkeit, da der Gehalt an Sulfat verhältnismäßig klein ist. Aus den Werten der beiden Bestimmungen kann man dann die Gesamtmenge an Natriumverbindungen in der Flüssigkeit berechnen."

Die zweite Methode wird nach Heuser[2]) folgendermaßen ausgeführt: „5 ccm Braunlauge wird mit Wasser und verdünnter Schwefelsäure versetzt und so lange gekocht, bis kein Schwefelwasserstoff mehr entweicht. Beim Kochen ballt sich die organische Substanz zusammen und kann von der Flüssigkeit durch Filtrieren getrennt werden. Das Filtrat dampft man nun auf dem Wasserbade ein und raucht die überschüssige Schwefelsäure auf dem allmählich angeheizten Sandbade ab. Da mit konzentrierter Schwefelsäure nicht alle organische Substanz ausgefällt wird, so färbt sich der Rückstand auf dem Sandbade mit zunehmender Konzentration dunkelbraun und schließlich schwarz. Man unterbricht nun hier zweckmäßig das Abrauchen und gießt die konzentrierte Lösung noch heiß vorsichtig in Wasser, wobei die Kohle sich in amorpher Form abscheidet und leicht durch Filtrieren von der Flüssigkeit getrennt werden kann. Das Filtrat dampft man nun nochmals ein und raucht die überschüssige Schwefelsäure vollständig ab. Den Rückstand glüht man mit etwas Ammonkarbonat, was nun leicht vor

---

[1]) Carl Moe, „Paper" **14**, 156; 25. 2. [1914].
[2]) Emil Heuser, Papier-Ztg. **36**, 2158 [1911].

sich geht, bis die Asche weiß ist. Nach dem Erkalten löst man sie in Wasser unter Zusatz von Salzsäure, erhitzt zum Kochen und fällt mit kochender Baryumchloridlösung die Schwefelsäure als $BaSO_4$."

Handelt es sich — was in Deutschland und Skandinavien allerdings kaum vorkommen dürfte — um Schwarzlaugen, die kein Schwefelnatrium enthalten, so kann durch Veraschung und direkte Titration der Asche die Gesamtmenge der Natriumverbindungen bestimmt werden.

50 ccm Schwarzlauge werden in einer Platinschale zur Trockne verdampft, der Rückstand wird über einem Bunsenbrenner verascht, die gelösten Salze werden mit heißem, destilliertem Wasser ausgelaugt, und die gesamte erhaltene Lösung wird mit normaler Schwefelsäure unter Verwendung von Methylorange als Indikator titriert. Die Anzahl von Kubikzentimeter Säure, die erforderlich ist zur Erreichung des Farbenumschlages, multipliziert mit 0,62, gibt in Grammen den Gesamt-Na_2O-Gehalt in einem Liter Schwarzlauge an.

Ganz analog gestaltet sich eine Untersuchung der Schwarzasche oder Schmelzsoda, wenn solche schwefelnatriumfrei ist.

Gewöhnlich wird nur das vorhandene lösliche Alkali bestimmt. Die Schwarzasche oder Sodaschmelze laugt man mit heißem Wasser aus und titriert wie üblich mit Methylorange als Indikator.

Bei den Schwarzaschenrückständen ist die Menge der vorhandenen Kohle gewöhnlich so groß, daß man zweckmäßigerweise vor dem Auslaugen den größten Teil der Kohle in einer Platinschale abbrennt.

Bestimmung der organischen Stoffe in der Kocherlauge[1]). Um das Fortschreiten der Kochung, die Abnahme der Alkalinität zahlenmäßig festzulegen, übersättigt Christiansen[2]) mit Säure und tritriert mit Barytlösung zurück:

„10 ccm der verdünnten Lauge entsprechend 1 ccm der Ablauge werden mit 20 ccm $^n/_{10}$ Säure angesäuert und rasch bis zum Sieden erhitzt. Die in der Lauge vorhandenen organischen Verbindungen werden gefällt und ballen sich so zusammen, daß die Lösung nur schwach gelb gefärbt ist. Die Lösung wird dann mit titrierter, unter Benzin aufbewahrter Barytlösung zurücktitriert — der Unterschied zwischen Kubikzentimetern angewandter Säure und Kubikzentimetern Barytlösung gibt den Verbrauch an $^n/_{10}$ Säure an."

Zur Erkennung des Fortschreitens der Kochung hat Christiansen eine Methode angegeben, die auf der Ausfällung der jeweils gelösten

---

[1]) Chr. Christiansen, Über Natronzellstoff. Berlin 1913.
[2]) Chr. Christiansen, a. a. O. S. 82.

Ligninstoffe beruht, je mehr in Lösung gegangen ist, um so mehr äßt sich auch ausfällen:

Eine Anzahl Reagenzgläser von gleichem Durchmesser, etwa 2,5 cm werden mit Strichen für 10, 15 und 30 ccm versehen. Mit einer Pipette werden 10 ccm Ablaugé in je ein Glas gebracht, dazu kommen 5 ccm $50^0/_0$ige Schwefelsäure zum Fällen der organischen Stoffe. Durch die Reaktionswärme wird die Fällung soweit erhitzt, daß sie sich zusammenballt. Dann wird das Glas vorsichtig mit Wasser bis zur gleichen Höhe (30 ccm) gefüllt. Nach einiger Übung lassen sich die Höhen der gefällten Mengen leicht vergleichen, auch läßt sich leicht finden, wann Zunahme der Fällung nicht mehr stattfindet. Setzt man nach dem Fällen statt Wasser etwas Äther hinzu und schüttelt alles gut durch, so wird das Harz vom Äther aufgenommen und seine Menge läßt sich nach der Farbe der ätherischen Lösungen schätzen.

D. Untersuchung der Sulfatschmelze (Schmelzsoda).

Für die Schmelzsoda bzw. Sulfatschmelze hat Kirchner[1]) eine Anweisung zur Untersuchung gegeben, die auch in Fabriken benutzt worden ist. Nach Lunge und Lohöffer[2]) handelt es sich bei Kirchner um Wiedergabe einer von Lunge und Lohöffer[3]) vorgeschlagenen Methode. Die (Leblanc-) Rohsoda ist aber in ihrer Zusammensetzung derart verschieden von der Schmelzsoda, daß eine solche Übertragung ganz unzulässig ist. Die Rohsoda enthält nämlich nur unbedeutende Mengen von Schwefelnatrium, die Schmelzsoda hat einen sehr erheblichen Gehalt an Natriumsulfid. Stammt die Schmelzsoda aus Strohzellstoff-Fabriken, so ist ein bedeutender Gehalt an Natriumsilikat vorhanden, der beispielsweise die Chlorbaryumfällmethode unbrauchbar macht, so daß die Originalmethode von Lunge hier angewendet werden muß.

Nach Sigurd Köhler[4]) ist die Kirchnersche Methode unter bestimmten Vorsichtsmaßregeln anwendbar. Wenn man nämlich halbnormale Titerflüssigkeit und Methylorange als Indikator anwendet, sowie in nicht zu verdünnten Lösungen (ca. 0,6 n) arbeitet, ist die

---

[1]) Ernst Kirchner, Das Papier, 3. Teil Halbzellstofflehre. B. und C. Zellstoff S. 102.

[2]) Lunge, Taschenbuch für die Sodaindustrie; ferner Chem.-techn. Untersuchungsmethoden 7. Aufl. 940 ff [1921]; 5. Aufl. 452 ff. [1904]: hierselbst ein Rechenbeispiel, das in Aufl. 7 fehlt.

[3]) Lunge und Lohöffer, Z. f. angew. Chem. **14**, 1125 [1901].

[4]) „Teknisk Tidskrift" (Stockholm) 208—10 [1920], Heft 11. Über die Fällung der Kieselsäure mit Baryumchlorid.

Umsetzung zwischen Baryumchlorid und Natriumsilikat praktisch genommen quantitativ. Die Methode der Chlorbaryumfällung ist daher auch für kieselsäurehaltige Lösungen verwendbar, wie **Köhler** an Hand von größerem Versuchsmaterial (an Weißlaugen) nachgewiesen hat.

Die Schmelzsoda ist an der Luft sehr veränderlich; sie zieht die Feuchtigkeit und Kohlendioxyd an und oxydiert sich sehr rasch. Die Probenahme und das Zerkleinern müssen also mit tunlichster Beschleunigung vorgenommen werden, und die Aufbewahrung der Proben muß in luftdicht schließenden Gefäßen geschehen.

Nach **Lunge** werden zur Untersuchung 50 g eines gepulverten Durchschnittsmusters der Schmelze durch längeres Schütteln mit etwa 500 ccm kohlensäure- und luftfreiem Wasser von etwa 45^0 in einem 1-Litermeßkolben gelöst und dann bis zur Marke aufgefüllt.

Die Untersuchung der Schmelze geschieht im übrigen nach Methoden, wie sie oben bei Abschnitt Weißlauge beschrieben sind. Zur Bestimmung der Alkalinität werden vorteilhaft 20 ccm $= 1$ g Substanz verwendet, ebensoviel für die Bestimmung von Sulfid und Sulfit. Für diejenige des Sulfits allein wendet man 100 ccm Lösung an, für die Bestimmung des Silikats ist die Anwendung von 20 ccm vorteilhaft. Nachstehend sind die Bestimmung und Berechnung der Bestandteile der Schmelzsoda in einem Beispiel nach **Lunge** gegeben. Es sei jedoch bemerkt, daß das hier gegebene Beispiel eine vollkommene Analyse der Schmelze darstellt. In vielen Fällen wird man auf eine solche, ziemlichen Zeitaufwand benötigende Analyse verzichten und sich mit der Bestimmung von $NaOH$, Na_2CO_3 und Na_2S begnügen, dabei dem Gedankengang von **Bergman** (siehe oben) folgend. Dadurch vereinfacht sich die Analyse erheblich und kann häufiger ausgeführt werden. Von Zeit zu Zeit wird man zweckmäßig jedoch eine Gesamtanalyse der Schmelze ausführen.

Nach **Lunge** wird die Berechnung der Bestandteile der Schmelzsoda bei der Ausführung durch Umrechnung in die Gewichtsteile der einzelnen Komponenten sehr umständlich und zeitraubend. Viel einfacher ist es, Äquivalente der Normallösungen direkt miteinander in Beziehung zu bringen. Am besten wird dies durch die folgende, ausgeführte Analyse und deren Berechnung erkenntlich.

1. Unlösliches:

    a) 10,0039 g Schmelze gaben 1,0836 g Rückstand
    b) 10,0000 g   „   „   1,0805 g   „

    Gewicht des Rückstandes nach dem Glühen:

    a) 1,0000 g, folglich 0,0836 g Kohle,
    b) 0,9904 g,   „   0,0901 g   „

2. Alkalität in Kubikzentimeter $^1/_5$ N.-HCl

    mit Phenolphthalein 49,39; 49,33; im Mittel 49,36 ccm

    „   Methylorange   76,74; 76,74;   „   „   76,74 „

3. $Na_2S + Na_2SO_3$.

    40,23 ccm $^1/_{10}$ N.-J. $\Big\}$ im Mittel 40,25 ccm $^1/_{10}$ N.-J.
    40,27   „ $^1/_{10}$ N.-J.

4. Na_2SO_3.

    0,40   ccm $^1/_{10}$ N.-J. $\Big\}$ im Mittel 0,40 ccm $^1/_{10}$ N.-J.
    0,40   „ $^1/_{10}$ N.-J.

5. Na_2SiO_3.

    0,0699 g SiO_2 $\Big\}$ im Mittel 0,0700 g SiO_2.
    0,0701 g SiO_2

6. Na_2SO_4.

    0,0536 g $BaSO_4$ $\Big\}$ im Mittel 0,0535 g $BaSO_4$.
    0,0534 g $BaSO_4$

Berechnung:

1 ccm $^1/_5$ N.-HCl entspricht   0,0106 g Na_2CO_3 und 0,0080 g NaOH.

1   „ $^1/_{10}$ N.-J.   „   0,0039 g Na_2S und 0,0063 g Na_2SO_3.

1 g SiO_2 „   2,028 g Na_2SiO_3.

1 g Na_2SiO_3 „   81,63 ccm $^1/_5$ N.-HCl.

1 g $BaSO_4$ „   0,6089 g Na_2SO_4.

Durch $^1/_5$ N.-HCl und Methylorange $= 76,74$ ccm wurden angezeigt:

$$Na_2CO_3 + NaOH + Na_2SiO_3 + Na_2S + {}^1/_2 Na_2SO_3.$$

Durch $^1/_5$ N.-HCl und Phenolphthalein $= 49,36$ ccm:

$$NaOH + Na_2SiO_3 + {}^1/_2 Na_2S + {}^1/_2 Na_2CO_3.$$

$$[76,74 - 0,10 \ (\text{für } {}^1/_2 Na_2SO_3)] - 49,36 = 27,28 \text{ ccm } {}^1/_5 \text{ N.-HCl.}$$

$$2 \times 27,28 = 54,56 \text{ ccm } {}^1/_5 \text{ N.-HCl} = Na_2S + Na_2CO_3.$$

$$40,25 \text{ ccm } {}^1/_{10} \text{ N.-J.} = Na_2S + Na_2SO_3.$$

$$40,25 - 0,40 = 39,85 \text{ ccm } {}^1/_{10} \text{ N.-J.} = Na_2S.$$

$$0,40 \text{ ccm } {}^1/_{10} \text{ N.-J.} = Na_2SO_3.$$

$$54,56 - \frac{39,85}{2} = 34,64 \text{ ccm } {}^1/_5 \text{ N.-HCl} = Na_2CO_3.$$

$$49,36 - 27,28 = 22,08 \text{ ccm } {}^1/_5 \text{ N.-HCl} = NaOH + Na_2SiO_3.$$

In 1 g Schmelzsoda sind demnach:

Na_2CO_3 = $34{,}64 \cdot 0{,}0106$ = 0,3672 g

Na_2SiO_3 = $0{,}0700 \cdot 2{,}028$ = 0,1420 g

      $(= 11{,}59$ ccm $^1/_5$ N.-HCl =

NaOH $= (22{,}08 - 11{,}59) \cdot 0{,}008$ = 0,0839 g

Na_2S = $39{,}85 \cdot 0{,}0039$ = 0,1554 g

Na_2SO_3 = $0{,}40 \cdot 0{,}0063$ = 0,0025 g

Na_2SO_4 = $0{,}0535 \cdot 0{,}6089$ = 0,0326 g

Unlösliches   =   Rückstand: = 0,1081 g

      (davon Kohle = 0,0086 g).

E. Untersuchung der Nebenerzeugnisse der Natron(Sulfat-)zellstoff-Fabrikation.

Untersuchung des Kalkschlammes[1]) von der Kaustifizierung.
Bei der Kaustifizierung der in Wasser gelösten Schmelzsoda werden
große Mengen Kalkschlamm erhalten, der vor dem Ablassen auf Gesamtnatron und Ätzkalkgehalt geprüft werden muß.

Man nimmt mit einer Pipette, deren Gefäß sofort in die Aus-
laufspitze übergeht, eine Probe des mit einem bekannten Volumen
Wasser zu dünnem Brei angerührten Schlammes, spritzt den außen
anhängenden Schlamm ab, entleert die Pipette in ein Becherglas,
spült mit Wasser nach, setzt einen Überschuß von Chlorbaryumlösung und einen Tropfen Phenolphthaleinlösung zu und titriert nun
mit $^n/_5$ Salzsäure, bis die Rötung eben verschwunden ist. Jedes
Kubikzentimeter der Säure entspricht 0,005613 g CaO. In dem erhaltenen Werte ist das vorhandene Ätznatron mit einbegriffen; es
muß also eine Korrektur angebracht werden.

Zur Bestimmung des Gesamtnatrons dampft man zur Zersetzung
der unlöslichen Natronverbindungen mit Zusatz von kohlensaurem
Ammon zur Trockne ein, wiederholt dies noch einmal, digeriert mit
heißem Wasser, filtriert, wäscht und bestimmt den alkalimetrischen
Titer des Filtrats. Da das Natron ursprünglich teils als Natriumhydroxyd, teils als Natriumkarbonat vorhanden gewesen sein kann,
berechnet man es am besten als Na_2O, von dem 0,03105 g 1 ccm
Normalsäure entspricht. Nach Lunge ist erfahrungsgemäß vom
Gesamtnatron meist die Hälfte Ätznatron, so daß man unter Beachtung dieses Umstandes den tatsächlich vorhandenen Ätzkalk berechnen kann.

Den Gesamtkalk ermittelt man durch Titrieren mit Säure und
Methylorange und zieht hiervon den eben bestimmten Ätzkalk ab.

---

[1]) G. Lunge, Chemisch-technische Untersuchungsmethoden. 1. Bd. 7. Aufl.
Berlin [1921], S. 941.

Nach Christiansen[1]) genügt für den Betrieb folgende einfache Methode:

„25 ccm des Schlammes werden auf 1000 ccm verdünnt, 100 ccm hiervon mit $n/_1$ Salzsäure und Methylorange heiß auf Rotfärbung titriert. Es gibt die verbrauchte Menge $n/_1$ Säure die Gesamtmenge an Kalk und Alkali an.

Die hierzu verwendete Probe wird mit oxalsaurem Ammoniak versetzt und der kochend heißen Lösung tropfenweise Ammoniak zugefügt, bis Fällung eingetreten ist. Nach einigen Stunden filtriert man den Niederschlag ab und wäscht ihn gut mit heißem, mit einigen Tropfen Essigsäure versetztem Wasser aus. Den vollkommen von Ammonoxalat befreiten Rückstand löst man in heißer, verdünnter Schwefelsäure und titriert mit $n/_{10}$ Kaliumpermanganatlösung. Die verbrauchte Anzahl Kubikzentimeter $n/_{10}$ Permanganat gibt die Menge Kalk des Schlammes an. Der Unterschied der beiden Bestimmungen gibt, mit 40 multipliziert, die im Schlamm enthaltene Menge Alkali in Kilogramm NaOH auf einen Kubikmeter Schlamm mit einer für die Technik genügenden Genauigkeit an."

Das Auswaschen des Schlammes muß im Betrieb bis zu fünf Malen geschehen, selbst dann enthält der Schlamm noch Alkali; nach Angabe von Christiansen in 1 cbm beispielsweise[2]) 9,6 kg Natriumhydroxyd und 1,6 kg Natriumsulfat, die endgültig verloren sind.

Flüssiges Harz und Fett („Tallöl"). Aus den Schwarzlaugen scheiden sich beim Stehen als Kruste· obenauf schwimmend, teilweise auch am Boden und den Wänden dickflüssige, halbfeste braunschwarze, bisweilen stellenweise weiße Harzmassen aus, das in Schweden sogenannte „Tallöl" oder flüssiges Harz, ein Gemisch von Harz- und Fettsäuren, an Natron gebunden, also eine Harzseife.

Will man seinen Gehalt an Harz bestimmen, so wird man zweckmäßig nach dem Lösen der Probe von 10—20 g in warmem Wasser durch Zusatz von Säure die Harz- und Fettsäuren in Freiheit setzen und sie mit einem organischen Lösungsmittel aus der trüben Milch ausschütteln. Der nach dem Verdampfen des Lösungsmittels bleibende Rückstand — im Fall eines mit Wasser teilweise mischbaren Lösungsmittels, wie Äther, muß die Lösung erst mit frischgeglühtem Natriumsulfat getrocknet werden — wird entweder direkt gewogen, oder in ihm nach der oben Seite 79 gegebenen Vorschrift der Fettsäuregehalt bestimmt.

----

[1]) Christian Christiansen, Über Natronzellstoff, seine Herstellung und chemischen Eigenschaften, Berlin 1913, S. 44.

[2]) Christiansen, a. a. O. S. 39.

Terpentin. Das in der Hochdruckperiode abgeblasene und kondensierte Terpentin muß durch fraktionierte Destillation oder durch Behandlung mit Säure oder anderen Chemikalien, endlich auch unter allerdings großen Verlusten durch Belichtung von den übelriechenden Schwefelverbindungen befreit werden.

Die Wertbestimmung des gereinigten Öles geschieht durch fraktionierte Destillation, für die Klinga[1]) die Destillation von 100 g Öl aus einem 200 ccm fassenden Ladenburgkolben unter Aufzeichnung der Menge des Destillats bei Beobachtung einer gleichmäßigen Destillationsgeschwindigkeit (3—4 ccm in der Minute) bei verschiedenen Temperaturen (158, 160, 165, 170, 175, 180, 185 und 200°) empfiehlt. Nach den erhaltenen Zahlen wird die Qualität des Öls beurteilt, wie Verf. an Hand von Tabellen erklärt. Außer der Destillation wird der Verlust festgestellt, der durch die Behandlung mit Natronlauge oder Schwefelsäure eintritt. Die Feststellung der Dichte mit Hilfe eines Aräometers, ebenso die Beobachtung der Farbe und des Geruchs hat für den erfahrenen Käufer erheblichen Wert.

Untersuchung der Abgase der Natronzellstoff-Fakrikation.

In den Abgasen ist neben Schwefelwasserstoff auch Merkaptan enthalten. Nach Klason[2]) kann man die Merkaptane neben Schwefelwasserstoff nachweisen und quantitativ bestimmen, wenn man sie auf Quecksilbercyanid wirken läßt. Es bildet sich dabei schwarzes Schwefelquecksilber und weißes Quecksilbermerkaptid nebst Cyanwasserstoff gemäß der Reaktionsgleichung:

$$\mathrm{Hg\,(CN)_2 + 2\,HSCH_3 = Hg\,(SCH)_3)_2 + 2\,HCN}$$
$$\mathrm{Hg(CN)_2 + H_2S = HgS + 2\,HCN}$$

Da die genannten Quecksilberverbindungen völlig unlöslich und unveränderlich sind, können sie ihrer Menge nach durch Wägen bestimmt werden. Wird dann der trockene Niederschlag mit reiner Salzsäure gekocht, so wird das Merkaptid nach der Formel zerlegt:

$$\mathrm{Hg\,(SCH_3)_2 + HCl = Hg}\,{{\mathrm{SCH_3}}\atop{\mathrm{Cl}}} + \mathrm{H\,SCH_3}$$

d. h. die Hälfte des Merkaptans wird in Freiheit gesetzt. Dieses wird in

---

[1]) J. Klinga, Analysenmethoden für rohe Terpentin- und Teeröle. (Bihang. till Jern-Kontorets Annaler **18**, 27 [1917]. D. Parfümerie-Ztg. 3, 107—109 [1917]. (Ztschr. f. angew. Chemie **30**, 313 [1917].

[2]) Klason, Hauptversammlungsbericht des Vereins der Zellstoff- und Papier-Chemiker 1908, 33.

[3]) Klason und Carlson, Berichte der deutschen chem. Gesellschaft **39**, 738 [1906].

Alkohol absorbiert und dann mit Jod titriert[1]), eine Reaktion, die nach folgender Formel verläuft:

$$2\,CH_3SH + 2\,J = CH_3S\,SCH_3 + 2\,HJ.$$

Quecksilbersulfid wird auch von kochender Salzsäure nicht angegriffen.

Zum Nachweis und annähernd quantitativer Bestimmung von Merkaptan[4]) in den Abgasen der Natronzellstoff-Fabriken hat Klason Papierstreifen, die mit Bleiacetat getränkt sind, in Vorschlag gebracht. Das Blei-Merkaptid ist schön gelb in der Farbe, während Bleisulfid schwarz ist. Wenn man also Papierstreifen in den Rauchkanal einbringt, so werden sie allmählich eine braune Farbe annehmen. Das Vorhandensein von Merkaptan ist auch am Geruch zu erkennen, da Bleimerkaptid nicht geruchfrei ist. Hat man Papierstreifen im Vorrat, deren Farbe so abgestuft ist, daß sie der Farbe des Reagenzpapiers bei dem verschiedenen Gehalt der Gase an den genannten Schwefelverbindungen entspricht, so kann man an der Farbe eines Probestreifens, der in die Abgasleitung eingebracht ist, im Vergleich mit dem erwähnten gefärbten Papierstreifen beurteilen, ob und wieviel etwa der gefürchteten Verbindungen entstanden sind.

Weitere beachtenswerte Literatur.

H. Swann, Die Bestimmung von Schwefelnatrium in Schwefelfarbstoff-Bädern. (J. Soc. Dyers and Colourists, **33**, 146—148 [1917]). (J. Soc. Chem. Ind. **36**, 708 [1917]).

Die Schwefelnatriumlösung wird mit Chlorammoniumlösung destilliert, die 5% Ammoniak im Überschuß enthält. Das Ammoniumsulfid wird in einem Überschuß von Normaljodlösung, die mit Essigsäure angesäuert ist, aufgefangen. Der Überschuß an Jod wird mit Thiosulfat oder mit arseniger Säurelösung bestimmt.

A. Wöber, Titrimetrische Bestimmung von Sulfhydrad neben Sulfid, Thiosulfat und Sulfit. Chem. Ztg. **44**, 601—603 [1920] Nr. 98; Chem. Ztrbl. [1920] Nr. 16.

A. Wöber, Titrimetrische Bestimmung von Polysulfidschwefel. Ztschr. f. angew. Chem. **34**, 73 [1921] Nr. 17.

Durch Zusatz von Wasserstoffsuperoxyd bei Gegenwart von Natronlauge wird Oxydation des Polysulfidschwefels zu Sulfatschwefel erreicht. Die verbrauchte Ätznatronmenge wird titrimetrisch gemessen.

Jenö Tausz, Neue Methoden zur Bestimmung des Terpentinöls und ihre Anwendung zur Erkennung seiner Verfälschung. Chem. Ztg. [1918] S. 349; Kunstst. 9, 7—8 [1919] Nr. 1. Kritische Prüfung des Methodenschatzes.

---

[1]) Klason, Hauptversammlungsbericht 1908 des Vereins der Zellstoff- und Papier-Chemiker, S. 37.

IV. Die chemische Analyse in der Sulfitzellstoff-Fabrikation.

A. Untersuchung der chemischen Hilfsstoffe.

Als Rohmaterialien zur Herstellung der Kochflüssigkeit kommen in Betracht: Kalkstein, Schwefel, Schwefelkies und Gasreinigungsmasse, allenfalls auch Kalkmilch, deren Untersuchung aber schon oben beschrieben ist.

Kalkstein für Sulfitlaugen-Türme.

Bei der Auswahl solchen Kalksteines muß in erster Linie jener berücksichtigt werden, der sich mit mäßigen Kosten beschaffen läßt und daneben die nötige Reinheit besitzt. In dieser Hinsicht wird ein Produkt verlangt, das möglichst frei von fremden Stoffen ist und der Hauptsache nach aus Kalziumkarbonat mit geringen Beimengungen von Magnesiumkarbonat besteht. Vielfach wird jedoch auch Dolomit verwandt, der größere Mengen von Magnesiumkarbonat enthält.

Zur Herstellung der Kochlauge soll nach Remmler[1]) ausgeprägt kristallinischer Kalkstein besser geeignet sein, als mehr amorpher Kalkstein. Je besser kristallinisch und je höher das spezifische Gewicht, um so größer die Ergiebigkeit an Bisulfit.

Ein erheblicherer Gehalt an Magnesium kann die Kochung beeinflussen, da Magnesiumsulfit verhältnismäßig wasserlöslich ist im Gegensatz zum Kalziumsulfit. Durch eine Magnesiumbestimmung wird man sich über die annähernde Höhe des Gehaltes vergewissern müssen.

Unter Berücksichtigung dieses erstreckt sich die Prüfung des Kalksteines auf die Ermittlung seines Kalk- bzw. Magnesiagehaltes, ferner auf die Bestimmung fremder Beimengungen, als welche sandige Stoffe, ferner Eisen und seltener organische Substanzen in Betracht kommen.

Bestimmung des Kalkgehaltes. Man löst zu dieser Bestimmung 1 g einer guten Durchschnittsprobe in 25 ccm Normal-

---

[1]) Remmler, Herstellung der Sulfitlauge. Schriften des Vereins der Zellstoff- und Papier-Chemiker. **8**, 42. Berlin 1914.

salzsäure. Dieses Auflösen nimmt man, um hierbei jedes Herausspritzen von Flüssigkeit zu vermeiden, in einem Erlenmeyerschen
Kolben mit aufgesetztem Trichter vor. In der erhaltenen Flüssigkeit
titriert man die überschüssige Säure mit Normalalkalilösung zurück.
Aus der Zahl der verbrauchten Kubikzentimeter Säure berechnet
sich durch Multiplikation mit 2,8045 der Prozentgehalt an Kalziumoxyd (CaO); durch Multiplikation mit 5,0045 erhält man den Gehalt
an Kalziumkarbonat. Bei dieser Berechnung wird jedoch etwa vorhandenes Magnesiumoxyd bzw. -karbonat mit als entsprechendes
Kalziumsalz berechnet. Bei größeren Mengen an Magnesiumkarbonat
ist daher dieses nach der folgenden Bestimmung zu ermitteln und
nach Umrechnung auf die Kalziumverbindung von den oben erhaltenen Werten in Abzug zu bringen.

Bestimmung der Magnesia. Man löst wie oben etwa 2 g
einer genau abgewogenen Kalksteinprobe in Salzsäure und fällt den
Kalk durch Neutralisieren mit Ammoniak und nachherigen Zusatz
von oxalsaurem Ammon in der Siedehitze.

Den Niederschlag filtriert man ab, wäscht gut aus, erhitzt das
Filtrat samt den Waschwässern zum Sieden und fügt langsam siedend
heißes Natriumphosphat hinzu, bis kein Niederschlag mehr entsteht. Man
läßt erkalten, setzt ungefähr $^1/_3$ des Volumens an Ammoniak zu und
filtriert nach längerem Stehen, etwa 2—3 Stunden (bei wenig Magnesia
nach 12 Stunden), ab. Den Niederschlag wäscht man mit $2^1/_2 \ ^0/_0$igem
Ammoniak aus, trocknet ihn und löst ihn dann möglichst vollständig
vom Filter, das man schließlich in der Platinspirale verascht. Diese
Asche glüht man samt dem Niederschlag erst schwach, schließlich
stärker. Jeder Teil der dann als Pyrophosphat vorhandenen Asche
entspricht 0,3623 Teilen Magnesiumoxyd (MgO).

Bestimmung der unlöslichen Rückstände und organischen Stoffe. Etwa 1 g Kalkstein wird mit Salzsäure behandelt;
der verbleibende Rückstand wird ausgewaschen, getrocknet und geglüht. Werden größere Mengen organischer Substanzen vermutet,
so trocknet man das Filter bei 100^0, wiegt es dann in einem verschlossenen Wägegläschen und verascht es erst dann in einem Tiegel.
Die Differenz ergibt die Menge der organischen Substanzen.

Bestimmung des Eisens. Man löst 2 g Kalkstein in etwas
eisenfreier Salzsäure auf, reduziert durch Zusatz von wenig reinem
(eisenfreiem) Zink in der Wärme das Eisen zur Ferroverbindung,
gießt vom Zink vorsichtig ab, wäscht es mehrmals aus, setzt zur
Lösung und den Waschwässern 50 ccm Schwefelsäure ($1:10$) und
etwas eisenfreie Mangansulfatlösung und titriert nun in der Wärme
mit $^n/_{10}$ Permanganatlösung bis zur schwachen Rosafärbung. Jedes
Kubikzentimeter dieser Lösung entspricht 0,005746 g Eisen.

Schwefel.

Der für die Herstellung von Sulfitlauge verwendete Schwefel ist ziemlich ausschließlich sizilianischer oder nordamerikanischer Herkunft. Er wird nach verschiedenen Sorten gehandelt, die sich voneinander durch ihr Aussehen und den Aschengehalt unterscheiden. Die Hauptmenge des handelsgängigen Schwefels ist sogenannte zweite und dritte Sorte. Während die zweite Sorte noch einen ziemlichen Glanz und eine schöne gelbe Farbe aufweist, besitzt die dritte nur einen matten Glanz und eine mehr weißgelbe Farbe. Der Aschengehalt der besseren Sorte beträgt selten mehr als 0,5 $^0/_0$, gewöhnlich nur 0,2, jener der geringeren bewegt sich zwischen ungefähr 0,6—1,5 $^0/_0$, um nur in den seltensten Fällen 2 $^0/_0$ zu überschreiten.

Die Untersuchung des Schwefels hat sich daher vornehmlich auf die Prüfung des Aschengehaltes zu erstrecken. In besonderen Fällen ist auf Feuchtigkeit und das Vorhandensein von Selen zu prüfen. Eine Prüfung auf bituminöse Substanzen erübrigt sich, da die zur Erzeugung der Sulfitlauge verwendeten Sorten sizilianischen Schwefels nur sehr geringe Mengen, und der amerikanische Schwefel (Louisiana) mit gewöhnlich 99,6 $^0/_0$ Gehalt, selten Spuren solcher Stoffe enthalten.

Bestimmung des Aschengehaltes. Zur Bestimmung des Aschengehaltes werden von einer guten Durchschnittsprobe in einem austarierten Platin- oder Porzellantiegel 10—15 g genau abgewogen, dann verbrannt und verascht, worauf der Rückstand wiederum zur Wägung gebracht wird.

Bestimmung der Feuchtigkeit. Eine Bestimmung der Feuchtigkeit ist nur dann erforderlich, wenn der Verdacht vorliegt, daß der Schwefel durch absichtliches Befeuchten beschwert wurde, oder dann, wenn der Schwefel durch zufällige Einwirkung von Regen genäßt wurde. Die Bestimmung wird wie folgt ausgeführt. Es wird möglichst rasch — um Wasserverdunstung zu vermeiden — eine gute Durchschnittsprobe von etwa 100 g, aus gröberen Stücken bestehend, genommen. Nach dem Abwiegen wird die Probe auf dem Wasserbade oder im Trockenschrank bei ungefähr 70° eine halbe bis eine Stunde lang getrocknet und alsdann aus dem Gewichtsverlust der Prozentgehalt an Wasser berechnet.

Prüfung auf Selen. Der Einfluß, den schon Spuren von seleniger Säure auf den Verlauf und Ausfall von Sulfitkochungen haben[1]), macht es notwendig, den Schwefel auf die Anwesenheit dieses Stoffes zu prüfen. Zu diesem Zweck verpufft man eine Probe

---

[1]) Klason, Hauptversammlungsbericht des Vereins der Zellstoff- und Papier-Chemiker 1909, 61; 1911, 81.

des Schwefels mit Salpeter, löst die Schmelze in Salzsäure und setzt zur Lösung schweflige Säure, etwa vorhandenes Selen wird als rotes Pulver gefällt.

Reed[1]) hat folgende Probe vorgeschlagen: 0,5 g des Schwefels werden mit 5 ccm einer 5 $^0/_0$igen Zyankaliumlösung gekocht, worauf abfiltriert und das Filtrat mit Salzsäure angesäuert wird; nach einstündigem Stehen soll keine rote Färbung von Selen entstehen. Zuweilen färbt sich die Flüssigkeit durch entstehende Persulfozyansäure gelblich, eine Erscheinung, welche jedoch ohne Bedeutung ist. Auch ist darauf zu achten, ob die Rotfärbung nicht etwa durch vorhandenes Eisen bewirkt wird, welches mit dem beim Versuch entstehenden Rhodankalium reagiert. Eine für quantitative Bestimmung des Selens geeignete Methode von Klason und Mellquist ist im folgenden Abschnitt: „Schwefelkies" beschrieben.

Schwefelkies.

Für die Untersuchung des Schwefelkieses ist die Entnahme eines guten Durchschnittsmusters als auch dessen gute Vorbereitung zur Analyse von der größten Wichtigkeit. Die Probeentnahme geschieht nach den Regeln, welche für den gleichen Zweck bei der Untersuchung der Kohlen bereits oben gegeben sind (S. 33). Es ist im allgemeinen üblich, daß bei größeren Lieferungen dem Laboratorium bereits Durchschnittsmuster zugehen, welche in Gegenwart von unparteiischen Sachverständigen gezogen und in Gefäße gefüllt werden, worauf diesen ein Siegel aufgedrückt wird Die Vorbereitung zur Analyse geschieht durch Pulverisieren eines Teiles der Durchschnittsprobe im Stahl- oder Achatmörser, und zwar wird dieses Zerkleinern so lange fortgesetzt, bis sich die gesamte Probe, ohne Rückstand zu hinterlassen, durch feinste Müllergaze geben läßt.

Sämtliche Untersuchungen werden mit lufttrockenem Kies ausgeführt und auf absolut trockenen berechnet. Zu diesem Zweck ist eine Wasserbestimmung der Ware erforderlich.

Wasserbestimmung. Eine nicht zerkleinerte Probe des gröberen Durchschnittsmusters wird in einem Wägegläschen bei 105° bis zum konstanten Gewicht getrocknet und aus der Gewichtsabnahme die Feuchtigkeit berechnet.

Die Hauptuntersuchung des Schwefelkieses ist die Ermittlung seines Gehaltes an Schwefel; weiterhin kommt für die Zwecke der Sulfitlaugenerzeugung nur noch eine Prüfung auf die Anwesenheit von Selen und gegebenenfalls die Bestimmung der Menge dieses Stoffes in Betracht.

---

[1]) Reed, Chem.-Ztg. 21, Rep. 252 [1897].

Bestimmung des Schwefels. Es ist üblich, im Schwefelkies nur jenen Schwefel zu bestimmen, der für die Erzeugung von schwefliger Säure bestenfalls verwertbar ist. Man vernachlässigt den Schwefel, der in der Gangart (Schwerspat und ähnliches) gebunden und für obigen Zweck nutzlos ist. Die Bestimmung der verwertbaren Schwefelmenge geschieht ziemlich ausschließlich auf nassem Wege durch Aufschluß mittels Königswasser, und zwar nach einer Methode, welche Lunge ausgearbeitet hat. Dieses Bestimmungsverfahren hat sich auf Grund einer verhältnismäßig schnellen Ausführungsform, die gute Ergebnisse liefert, allmählich die Bedeutung einer maßgebenden Entscheidungsmethode erworben und wird daher beim Kauf und Verkauf zur Bestimmung der Güte der Ware allgemein herangezogen. Im folgenden ist die Vorschrift für ihre Ausführung wiedergegeben[1]).

0,5 g des feinstgepulverten und gebeutelten Kieses werden mit etwa 10 ccm einer Mischung von 3 Volum Salpetersäure vom spezifischen Gewicht 1,4 und 1 Volum rauchender Salzsäure (beide Säuren sind auf völlige Abwesenheit von Schwefelsäure zu prüfen) unter zeitweiliger Erwärmung aufgeschlossen. Man nimmt diese Operation zweckmäßig in einem Erlenmeyerkolben vor, welchen man zur Verhinderung des Herausspritzens von Flüssigkeit mit einem Trichter verschließt, dessen Ablaufrohr abgesprengt worden ist. Wird bei diesem Aufschluß freier Schwefel abgeschieden, was allerdings selten vorkommt und seine Ursache oft in zu starker Erwärmung hat, so bringt man ihn durch vorsichtiges Zusetzen geringer Mengen von Kaliumchlorat in Lösung. Man verdampft die Lösung des Kieses im Wasserbad zur Trockne, vertreibt durch einen Zusatz von 5 ccm Salzsäure und nochmaliges Abdampfen zur Trockne jeden Rest von Salpetersäure, nimmt den Rückstand mit 1 ccm heißer konzentrierter Salzsäure auf, so daß nur die Gangart ungelöst bleibt, und filtriert nach weiterer Zugabe einer heißen Lösung von 1 ccm konzentrierter Salzsäure in 100 ccm Wasser durch ein kleines Filter und wäscht dieses mit heißem Wasser aus. Ist der unlösliche Rückstand erheblich, so trocknet man das Filter, glüht es und bringt die Asche zur Wägung. Außer Kieselsäure liegen in ihr die Sulfate von Barium, Blei, oft auch Kalzium vor, also Schwefelverbindungen, die keine Bedeutung für die Erzeugung von schwefliger Säure haben. Filtrat und Waschwässer werden zur Ausfällung von Eisen mit Ammoniak zunächst neutralisiert, worauf noch weitere 5 ccm Ammoniak zugesetzt werden und die Flüssigkeit während 10—15 Minuten auf etwa 65° erwärmt wird. Das ausgefällte Eisenhydroxyd wird durch Dekantieren und Abfiltrieren von der Flüssigkeit getrennt und auf

---

[1]) Lunge, Chem.-techn. Untersuchungsmethoden I. 697. 7. Aufl. [1921].

dem Filter mit heißem Wasser ausgewaschen, bis 1 ccm des abfließenden Wassers bei Zusatz von Chlorbarium auch nach einiger Zeit nicht mehr getrübt wird. Überschreitet das Filtrat samt den Waschwässern das Volum von 300 ccm, so ist es durch Abdampfen bis auf dieses zu konzentrieren. Man neutralisiert dann mit reiner Salzsäure bis zur Rötung von Methylorange, setzt einen Überschuß von 1 ccm konzentrierter Salzsäure zu, erhitzt zum Sieden und fällt nach Entfernung des Brenners durch eine gleichfalls zum Sieden erhitzte Baryumchloridlösung, welche man in einem Guß zusetzt, den Schwefel als Baryumsulfat. (Von einer 10 $^0/_0$igen $BaCl_2$-Lösung genügen für 0,5 g Pyrit 20 ccm zur Fällung.) Die Flüssigkeit läßt man $^1/_2$ Stunde stehen, dekantiert die über dem Niederschlag stehende Lösung durch ein Filter, übergießt den Niederschlag mit 100 ccm siedenden Wassers, läßt wieder absitzen und dekantiert von neuem. Man wiederholt das Übergießen mit siedendem Wasser und das nachfolgende Dekantieren 3—4mal, bis die Flüssigkeit keine saure Reaktion mehr zeigt, bringt den Niederschlag dann auf das Filter, trocknet schwach und verascht ihn darauf in einem Platintiegel. 1 Teil des Aschenrückstandes, der vollkommen weiß sein muß, entspricht 0,1374 Teilen Schwefel.

Die Zusammensetzung einiger Schwefelkiese zeigt folgende Übersicht, die größtenteils einer Sonderschrift von Remmler[1]) entnommen ist.

Zusammensetzung von Kiesen. (Nach Remmler.)

Sorte	Eisen	Schwefel	Kupfer	Zink	Arsen	Kieselsäure	Blei	Kristallform
Agordo	39,7	43,2	1,3	1,3	—	—	—	amorph.
Bossmo	—	49,2	0,5	—	—	—	—	kristall.
Campanario . . .	41,7	—	0,5	0,9	0,4	—	—	amorph.
Danesa	—	44,5	Spuren	Spuren	—	—	—	kristall.
Esperanza	42,9	48,3	„	—	—	—	—	„
Gavorano	—	48,6	—	—	—	—	—	„
Kassandra	44,5	48,6	0,08	0,20	0,25	5,45	0,31	„
Oberungarischer .	41,2	45,5	0,5	0,12	—	—	—	„
Orkla	38,5	43,5	2,0	1,55	0,05	11,0	0,33	amorph.
Perrunal	45,5	51,0	0,5	0,15	—	—	—	mikrokristall.
Pomaron	42,5	48,5	0,52	0,72	—	—	—	amorph.
Sevilla	43,1	49,0	0,60	1,81	0,5	—	2,01	„
Stordoe	45,7	40,3	—	0,1	—	8,02	—	kristall.
Tiroler	37,8	42,1	1,9	1,2	0,1	—	—	„
Ural	46,1	50,8	0,1	Spuren	—	—	—	„
Meggener	34,9	44,6	—	8,4	0,07	—	0,30	
Riotinto	43,6	49,0	3,2	0,35	0,47	1,7	0,93	

Den amorphen Kiesen sind die kristallinischen vorzuziehen.

---

[1]) Hans Remmler, Herstellung der Sulfitlauge. „Schriften des Vereins der Zellstoff- und Papier-Chemiker", 8, S. 3 u. 4.

Bestimmung des Selens in Schwefelkiesen. Schwefelkies ist fast stets etwas selenhaltig. Das Verhältnis zwischen Schwefel und Selen schwankt zwischen 1:10000 und 1:100000[1]). Größere Mengen Selen, die in die Röstgase gelangen und so mit Flugstaub (Eisenoxyd) sich in der Kochlauge vorfinden, führen Kalziumbisulfit in Gips, bzw. Schwefligsäure in Schwefelsäure über, so daß ersteres für den Kochprozeß verloren geht. Nach einiger Kochzeit sinkt bei Gegenwart von größeren Selenmengen der Schwefligsäure- und Kalk-gehalt plötzlich ab. Der Zellstoff wird dunkelfarbig, ist klebrig schwer auswaschbar und schwer bleichbar. Bei Herstellung leicht bleichbaren Zellstoffes, wobei höhere Temperatur in Anwendung kommt tritt die Schädigung am häufigsten ein.

Nachweis des Selens. Zum Nachweis kann man den Schlamm in den Gasleitungen der Zellstoffabrik bis zur neutralen Reaktion auswaschen und auf dem Wasserbade mit konzentrierter Zyankalium-lösung behandeln, bis er die rötliche Farbe verloren hat. Beim Zusatz von Salzsäure zum Filtrat wird Selen in kirschroten Flocken — natürlich unter Entwicklung großer, äußerst giftiger Blausäuregas-mengen (unter Abzug oder im Freien arbeiten!) — ausgefällt.

Bestimmung des Selens nach Meyer und Jannek[2]). Zu 1 ccm der zu untersuchenden Lösung wird 0,1 g festes Natrium-hydrosulfit zugesetzt und energisch geschüttelt, wodurch nach einigen Sekunden Orange- bis Rotfärbung auftritt. Wenn die Färbung sich nicht mehr vertieft, wird etwas Soda zugegeben. Die nunmehr ver-bleibende Farbe wird kolorimetrisch mit derjenigen verglichen, die man bei Anwendung von Selenlösung bekannten Gehaltes bekommt. Die Grenze des sicheren Nachweises liegt bei 1:120000. Engt man dünnere Lösungen vor der Prüfung ein, so kommt man auf 1:160000 als Grenze.

Bestimmung des Selens in Schwefel und Kiesen nach Klason und Mellquist[3]). Für den Fall, daß Kiese vorliegen, werden 20—30 g von dem fein geriebenen Material in konzentrierter Salzsäure vom spezifischen Gewicht 1,19 unter Zusatz von Kalium-chlorat gelöst. Einige Kiese lassen sich zwar nicht so leicht in Lösung bringen, man gewinnt aber den Vorteil, daß alles Abrauchen wegfällt, das bei Anwendung des Königswassers als Lösungsmittel notwendig ist. Nachdem der Kies sich gelöst hat und die Gangart abfiltriert worden ist, wird zu der sauren Lösung metallisches Zink in Stücken hinzugesetzt, bis alles Eisenchlorid durch entwickelten

---

[1]) J. C. Torgensen und Chr. Bay, Papierfabrikant **12**, 483 [1914].

[2]) Meyer und Jannek, Zeitschr. f. analyt. Chem. **50**, 536 [1915].

[3]) Klason und Mellquist, Hauptversammlungsbericht des Vereins der Zellstoff- und Papier-Chemiker 1911, 81—91.

Wasserstoff reduziert worden ist. Hierbei wird auch die Selensäure teilweise reduziert. Nachdem die reduzierte Lösung weiter mit Salzsäure angesäuert und gekocht worden ist, wird Selen durch Zusatz von Zinnchlorürlösung ausgefällt, worauf der Niederschlag, nachdem er sich abgesetzt hat, auf ein in einen Trichter gelegtes Asbestfilter gebracht wird. Um die Fällung von Arsenik zu befreien, wird sie in einer Zyankaliumlösung gelöst und aus dieser das Selen mit Salzsäure ausgefällt. Das so isolierte Selen wird sodann in eine gleich zu beschreibende Sublimationsröhre gebracht und zu seleniger Säure verbrannt, die mittels Wasser herausgelöst und nach der jodometrischen Methode titriert wird.

Für den Fall, daß selenhaltiger Schwefel vorliegt, bringt man in eine Verbrennungsröhre von 1 m Länge und 20 mm Durchmesser eine dichte, etwa 5 cm lange Asbestschicht durch Eingießen von in Wasser aufgeschwemmten Asbest in die Röhre, worauf nach dem Trocknen der Röhre der Asbestpfropfen ausgeglüht wird. Der zu untersuchende Schwefel wird in Porzellanschiffchen gefüllt, die 10—14 g fassen und in der Röhre unter Durchleiten eines Sauerstoffstromes verbrannt. Das Selen wird vollständig von dem Filter aufgefangen. Zur Auslösung des Selens aus der Röhre und dem Asbestpfropfen wird Zyankaliumlösung angewendet. Hierauf wird aus dieser Lösung das Selen durch starkes Ansäuern mit Salzsäure und Einleiten von schwefliger Säure behufs Reduzierung etwa gebildeter seleniger Säure ausgefällt. Da bei Gegenwart von viel Salzen das Selen sehr langsam ausfällt, muß die Lösung in der Wärme stehen und abdunsten, bis die Salze auszukristallisieren beginnen. Die schwefelhaltige Fällung wird darauf in die Sublimationsröhre gebracht.

Die Sublimationsröhre besteht aus 1 mm dickem, schwer schmelzbarem Glas, ist an einem Ende stark verjüngt und hat in ihrem weiteren Teile eine Länge von 280 mm und einen Durchmesser von 10 mm. An der Stelle der Verjüngung wird zunächst ein perforierter Platinkegel eingesetzt, hierauf ein dichtes Asbestfilter von in Wasser aufgeschwemmtem, ausgeglühtem Asbest aufgebracht. Auf diesen Asbestpfropf bringt man den selenhaltigen Schwefel. Nach dem Trocknen der Röhre wird an ihrem anderen Ende ein Pfropf von ebenfalls ausgeglühtem Asbest eingepreßt und hierauf die Röhre vorsichtig an ihrer Verjüngung mittels einer kleinen Flamme erhitzt, während durch die Röhre ein langsamer Sauerstoffstrom geleitet wird. Das Selen verbrennt zu seleniger Säure, die sich in der Röhre gleich hinter der erhitzten Stelle absetzt. Um die selenige Säure vollkommen frei von metallischem Selen zu erhalten, wird das Sublimat mittels einer Flamme nach dem zweiten Pfropfen am anderen Ende der Röhre getrieben. Ist das Selen mit Schwefel gemischt, so muß

man das Sublimat zwischen den Pfropfen mehrmals hin und her
treiben, bevor man es rein weiß erhält, weil das Selen nicht eher
oxydiert wird, bis alle schweflige Säure ausgetrieben ist. Die so erhaltene
selenige Säure wird aus der Röhre mit Wasser herausgelöst, in einer
Kolben mit eingeschliffenem Pfropf gebracht und bis auf 100 bis
300 ccm verdünnt, worauf je nach dem Volumen 2—10 Tropfen
chlorfreie Salzsäure vom spezifischen Gewicht 1,19 hinzugesetzt werden.
Nachdem der Kolben auf dem Wasserbade erwärmt und die Luft
oberhalb der Lösung durch Einleiten von Kohlensäure vertrieben
worden ist, werden 2—5 g jodatfreies Jodkalium hinzugesetzt. Der
Stopfen wird danach aufgesetzt und der Kolben umgeschüttelt, bis
das Jodkalium gelöst ist, wonach er in fließendem Wasser abgekühlt
und 1 Stunde lang im Dunkeln stehen gelassen wird. Das frei-
gemachte Jod wird mittels Thiosulfatlösung unter Anwendung von
Stärkelösung als Indikator gemessen.

Bestimmung des Selens nach Grabe und Petrén[1]). Man
löst 10 g der Probe in einer Mischung von 50 ccm Salzsäure von
1,19 und 50 ccm Salpetersäure von 1,40 spezifischem Gewicht, indem
man zuerst gelinde erwärmt und schließlich bis zum Sieden erhitzt.
Hierauf gibt man 15 g kalziniertes Natriumkarbonat hinzu, verdampft
zur Trockne und erhitzt den Rückstand einige Stunden auf etwas
über 100^0 C. Dann erhitzt man mit 50 ccm Salzsäure von 1,19 spezifischem Gewicht zum Kochen, bis die nitrosen Dämpfe verschwunden
sind und nur noch eine geringe Menge Säure vorhanden ist. Diese
Operation muß mit erneuter Säure so oft wiederholt werden, als
sich ein Chlorgeruch wahrnehmen läßt. Die Lösung wird mit 100 ccm
Wasser verdünnt und filtriert. Wenn der Rückstand oder das Filtrat
irgendwelche Anzeichen einer Rotfärbung erkennen lassen, hat sich
das Selen infolge unrichtigen Verdampfens abgeschieden und muß
wieder in Salpetersäure gelöst werden, die dann wiederum durch
Einkochen mit Salzsäure zu entfernen ist. Das Filtrat wird auf 50^0 C
erwärmt und mit einer gesättigten Lösung von Zinnchlorür in Salzsäure von 1,19 spezifischem Gewicht behandelt; 10—15 ccm genügen
in der Regel, um alles Eisen zu reduzieren. Das Selen wird zunächst in kolloidaler Form gefällt und nach zweistündigem Erhitzen
bis nahe zur Siedetemperatur als Niederschlag erhalten. Man filtriert
die noch warme Flüssigkeit durch ein kleines Asbestfilter, wäscht
den Niederschlag mit warmer, verdünnter Salzsäure (1 Teil Salzsäure
von 1,12 spezifischem Gewicht und 1 Teil Wasser) vollständig aus
und bringt ihn samt dem Asbest in das Fällungsgefäß zurück, wo

---

[1]) A. Grabe und J. Petrén, Kemi och Bergsvetenskap 1910; Journ. Soc.
chem. industry **29**, 945 [1910]. Zeitschr. f. analyt. Chem. **50**, 513—514 [1911].

er in 10 ccm konzentrierter Salzsäure und 2 Tropfen Salpetersäure
gelöst wird. Die Lösung wird erwärmt, bis der Geruch nach Chlor
verschwunden ist, dann auf 150 ccm verdünnt und mit einem abgemessenen Volumen einer $n/_{10}$ Thiosulfatlösung versetzt. Das überschüssige Thiosulfat wird mit einer Jodlösung zurücktitriert, die im
Liter 6,4 g Jod enthält. 1 ccm dieser Lösung entspricht 1 mg Selen.

Die Resultate können durch eine kolorimetrische Bestimmung
kontrolliert werden, wenn man das wie oben abgeschiedene Selen in
selenige Säure überführt und wieder mit Zinnchlorür abscheidet,
diesmal jedoch in der Kälte. Der rot gefärbte, kolloidale Selen-
niederschlag wird alsdann mit einer in gleicher Weise behandelten
Normallösung verglichen. Die Resultate beider Methoden stimmen
befriedigend überein, Tellur beeinflußt jedoch die Bestimmungen auf
kolorimetrischem Wege.

Bestimmung des austreibbaren Schwefels in Kiesen.
Die Gesamtmenge des nach der Methode von Lunge ermittelten
Schwefels ist im Betrieb gewöhnlich nicht vollkommen gewinnbar.
Es bleiben je nach der Zusammensetzung des Kieses kleinere oder
größere Mengen Schwefel in ihm zurück. Aus diesem Grunde sind
einige Bestimmungsmethoden vorgeschlagen worden, welche gestatten,
nur den tatsächlich austreibbaren Schwefel zu ermitteln. Wenn es
sich nun auch nicht eingebürgert hat, den Kies auf Grund des Ergebnisses solcher Bestimmungsmethoden zu handeln, so soll doch
eine solche Methode erwähnt werden, da man auf Grund des Ausfalles derselben ein annäherndes Bild vom Verhalten des Kieses im
Röstofen erhält.

Nach der von Zulkowsky gegebenen hier etwas abgeändert
angeführten Methode bestimmt man den nutzbaren Schwefel im Kies
wie folgt durch eine Verbrennung. Man benutzt hierzu eine Ver-

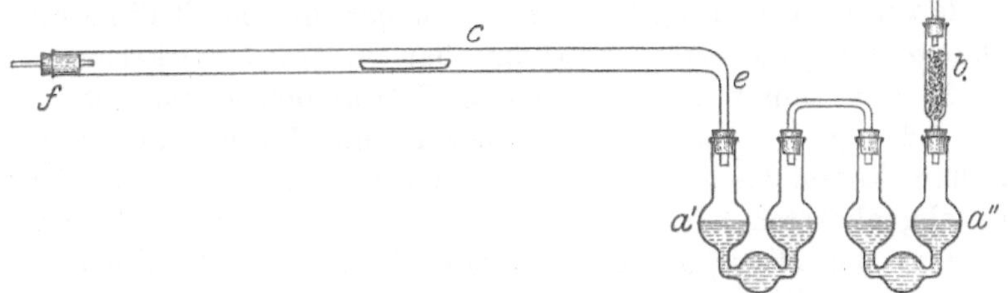

Abb. 16. Schwefelbestimmung nach Zulkowsky.

brennungsröhre nach der in der Abb. 16 wiedergegebenen Form. Das
zu einer umgebogenen Spitze ausgezogene Rohrende e verbindet man
mit zwei Kugel-U-Röhren a′ und a″, welche mit reinem, neutralem
Wasserstoffsuperoxyd gefüllt sind. Auf a″ setzt man ein Glas-

röhrchen b, das mit durch Wasserstoffsuperoxyd befeuchteter Glaswolle beschickt ist. Das andere Ende f der Verbrennungsröhre wird nach Einführung des mit einer gewogenen Menge feinstgepulvertem Kies gefüllten Schiffchens mit einem Sauerstoffgasometer verbunden. Das Schiffchen wird alsdann in der Röhre unter gleichzeitigem Einleiten von Sauerstoff allmählich bis zur Rotglut erhitzt. Die entweichenden Gase setzen sich nach der Gleichung

$$H_2O_2 + SO_2 = H_2SO_4$$

zu Schwefelsäure um. Nach etwa 1 Stunde ist die Verbrennung beendet, man nimmt die Absorptionsgefäße ab, spült ihren Inhalt in ein Becherglas, spült ferner die Glasröhre b, sowie das spitze Ende der Verbrennungsröhre durch Einsaugen von Wasser aus, vereinigt sämtliche Waschwässer mit dem Inhalt der Kugelröhrchen und titriert die freie Schwefelsäure mit Normalnatronlauge und Methylorange als Indikator. Jeder Kubikzentimeter der verbrauchten Lauge entspricht 0,016035 g Schwefel.

Untersuchung der Abbrände.

a) Schwefelgehalt.

Die Ermittelung des Schwefelgehaltes in Abbränden aus Schwefelöfen, die gelegentlich der Reinigung derselben vorgenommen wird, geschieht in einfacher Weise wie die Aschenbestimmung im Schwefel, nämlich durch Glühen einer guten kleingepulverten Durchschnittsprobe des Rückstandes. Ein mehr oder weniger erheblicher Gehalt an Schwefel ist schon äußerlich an der Farbe des Rückstandes zu erkennen.

Abbrände von Kiesen[1]) untersucht man auf ihren Schwefelgehalt nach der von Lunge und Stierlin[2]) abgeänderten Methode von Watson.

Man wiegt genau 2 g Natriumbikarbonat, dessen alkalimetrischen Wirkungswert man vorher bestimmt hat, in einem Nickeltiegel von etwa 25 ccm Inhalt ab. Zu diesem Natriumbikarbonat setzt man genau 3,207 g des feinst pulverisierten und durch Müllergaze gebeutelten Abbrandes und 2 g fein zerriebenes Kaliumchlorat. Mittels eines abgeplatteten Glasstabes mengt man alles gut durch und erhitzt nun die Masse 30 Minuten lang über einer 3—4 cm hohen Flamme, deren Spitze noch etwa 2—3 cm vom Tiegelboden entfernt bleibt. Weitere 20 Minuten erhitzt man mit größerer, gerade den Tiegelboden berührender Flamme, um endlich 10 Minuten lang mit so starker Flamme zu erhitzen, daß der Tiegelboden in schwache

---

[1]) Vgl. hierzu auch L. Sznajder, Chemiker-Ztg. **37**, 1107 [1913].
[2]) Lunge und Stierlin, Z. f. angew. Chemie **19**, 21 [1906].

Rotglut gerät. Hierbei darf jedoch der Tiegelinhalt nicht zum Schmelzen kommen, sondern nur sintern. Während des Erhitzens darf die Masse nicht umgerührt werden, der Tiegel ist vielmehr verschlossen zu halten. Nach Beendigung des Erhitzens wird der Tiegelinhalt in eine Porzellanschale gegeben und der Tiegel mit Wasser nachgewaschen. Nach Zusatz von 25 ccm konzentrierter völlig neutraler und von Chlormagnesium freier Kochsalzlösung erhitzt man den Inhalt der Porzellanschale zum Sieden, filtriert das Unlösliche durch ein Filter Schleicher und Schüll Nr. 590 und wäscht alsdann bis zum Verschwinden der alkalischen Reaktion mit neutralem kochsalzhaltigem Wasser aus. Nach dem Abkühlen titriert man die Lösung unter Zusatz von Methylorange mit Normalsalzsäure, von welcher jedes Kubikzentimeter $0,053\,g\ Na_2CO_3 = 0,016035\,g\ S$ anzeigt. Verbrauchen 2 g Bikarbonat A ccm und benötigt die Lösung zum Zurücktitrieren B ccm der Normalsäure, so berechnet sich der Prozentgehalt an Schwefel zu

$$\frac{A - B}{2}.$$

Nach dieser Methode erhält man den Gesamtschwefel im Röstrückstand, also auch jenen Schwefel, der in der Gangart gebunden ist.

Bei reinen Eisenkiesen kann man bis auf einen Gehalt von etwa 1 $^0/_0$ in den Abbränden herunterkommen. Größere Kupfermengen in den Kiesen halten Schwefel fest und erschweren dessen vollkommenes Austreiben.

Die Lunge-Stierlinsche Methode läßt sich nach Sieber[1]) in ihrer Ausführungsform vereinfachen und schneller durchführbar gestalten. Am langwierigsten ist bei ihr das Auswaschen des nach der Schmelze unlöslichen Teiles des Abbrandes. Diese Zeit läßt sich jedoch wesentlich einschränken, wenn man in der Weise vorgeht, wie es bei der Bestimmung des Kalkes in Sulfitlauge üblich ist, d. h. man filtriert unter Benutzung eines Saugtrichters. Das Filter für diesen wird genau in der gleichen Weise wie das bereits auf Seite 10 bei der Kalkbestimmung im Wasser vorgeschrieben ist, hergestellt. Um auch kolloidales Eisenhydroxyd zurückzuhalten, wird auf das Filter nun eine feine Schicht von geglühter Kieselgur gebracht. Hierzu verwendet man gut mit Wasser ausgewaschene und wieder aufgeschlemmte Gur. Man erhält, wenn das Filter richtig hergestellt wurde, fast immer farblose Filtrate. Zur Analyse verfährt man sonst genau in der gleichen Weise wie nach Lunge, nur daß man jetzt eben auf dem Saugtrichter auswäscht. Man dekantiert den Schmelzrückstand 1—2 mal, bringt ihn dann möglichst voll-

---

[1]) Zellstoff und Papier, **1** [1921] 75.

ständig auf das Filter, überdeckt noch 2—3 mal mit heißem Wasser, zwischen welchen Operationen man jedesmal trocken saugt. Bei Benutzung eines Saugtrichters von etwa 6 cm Durchmesser gelingt es, ohne Schwierigkeiten ein Filtrat von nicht mehr als 200 ccm zu erhalten, das man ohne Eindampfen unmittelbar zur Titration benutzen kann. Bisweilen ist das Filtrat durch eine Spur kolloidales Eisenhydroxyd ganz schwach rötlich gefärbt, doch hat die Erfahrung gelehrt, daß diese Tönung ohne irgend welchen Einfluß auf das Ergebnis der Titration und die Genauigkeit des Farbumschlages ist. Der Rückstand auf dem Filter zeigt manchmal nach dem fünfmaligen Dekantieren bzw. Auswaschen noch eine minimale alkalische Reaktion gegen Phenolphthalein, auch dies ist ohne Bedeutung bei der folgenden Titration mit $n/_1$ Säure. Was die Zeitdauer der Reaktion anlangt, so läßt sie sich bequem in $1^1/_4$ Stunden durchführen (ohne die Vorbereitung des Abbrandes zu rechnen). Bei einiger Übung kann man bereits in 1 Stunde glatt fertig werden.

Nach List kann man den Schwefelgehalt der Abbrände durch Aufschluß mit trockenem Natriumsuperoxyd bestimmen. Die Methode hat den Vorteil, daß der eigentliche Aufschluß sich beim Erhitzen der Mischung von Abbrand und Superoxyd innerhalb 1—2 Minuten vollzieht. Vergleichsweise von Sieber[1]) mit dieser und der vorstehenden Methode durchgeführte Versuche haben jedoch gezeigt, daß die Gesamtzeit, die zur Durchführung notwendig ist, bei der abgeänderten Methode von Lunge immer etwas geringer ist, so daß eigentlich kein Grund vorliegt, diese aufzugeben.

Was die Ergebnisse anlangt, so stimmen sie bei beiden Methoden überein.

Zur Ausführung der Bestimmung nach List empfehlen Quist und Backman[2]), die fein gepulverte Abbrandprobe mit etwa der zehnfachen Menge trockenem Natriumsuperoxyd im Eisentiegel zu mischen, dann vorsichtig zum Schmelzen zu erhitzen, einige Augenblicke zu schütteln und darauf abkühlen zu lassen. Die Schmelze wird in warmem Wasser gelöst, die Lösung auf ein bestimmtes Volumen aufgefüllt und nach dem Absetzen des Unlöslichen in einem abfiltrierten aliquoten Teil der Schwefel in bekannter Weise mit Baryumchlorid bestimmt.

Berechnung der Schwefelverluste in den Abbränden.

Im allgemeinen pflegt man sich mit der Angabe der Schwefelgehalte in Prozenten zu begnügen. Diese Zahl gibt ja tatsächlich auch ein gutes Bild über die Arbeitsweise des Kiesofens und über

---

[1]) a. a. O.
[2]) Papier-Ztg. **44**, 1871 [1919].

die Ausnützung des Kieses. Andererseits macht sie jedoch keine
Angabe darüber, wieviel Prozent vom Gesamtschwefel der im Abbrand noch vorhandene Rest darstellt. Eine solche Zahl ist für
Kalkulationsrechnungen oft sehr erwünscht. Man erhält beim Rösten
des Kieses bekanntlich immer eine geringere Abbrandmenge. Es
hängt hauptsächlich von der Zusammensetzung des Kieses ab, wieviel man erhält. Die Bestimmung dieser Menge durch einen Versuch im großen erfordert Vorbereitungen und führt ziemliche Um-
stände mit sich. Sie durch Berechnung bestimmen zu wollen, führt
nur zu ziemlich ungenauen Annäherungswerten, da man nicht genau
weiß, wie sich alle die vorhandenen Nebenbestandteile des Kieses
während des Röstprozesses verhalten. Es ist nach Sieber[1]) am
zweckmäßigsten, diese Abbrandmengen, welche bestimmten Schwefel-
restmengen entsprechen, empirisch durch Versuche im Laboratorium
zu bestimmen.

Solche Versuche lassen sich sehr einfach ausführen. Man wägt
zu diesem Zweck in einem geräumigen Glühschiffchen aus Porzellan
etwa 5 g des feinst gepulverten Kieses ab. Hierzu benutzt man
zweckmäßig einen Teil der Generalprobe des Kieses. Dieses Schiffchen bringt man dann in ein Verbrennungsrohr aus Glas oder Quarz,
das in einem seiner Form angepaßten dünnen Eisenblech ruht. Das
Eisenblech besitzt in der Mitte einen Ausschnitt, welcher der Länge
und Breite des Schiffchens entspricht. Zwischen Eisenblech und
Glasrohr befindet sich zweckmäßig eine dünne Asbestpappenschicht,
auch an der Stelle, wo sich der Ausschnitt befindet.

Das Rohr ist auf einer Seite mit einem durchbohrten Kautschuk-
pfropfen, durch welchen ein Glasrohr führt, verschlossen. Das Glasrohr steht durch einen Gummischlauch mit zwei hintereinander-
geschalteten Waschflaschen in Verbindung; die eine dieser ist mit
Kalilauge, die andere mit feinzerriebener Zellstoffwatte gefüllt, diese
letztere steht ihrerseits mit einer Wasserluftpumpe in Verbindung.
In dieser Apparatur wird nun die Kiesprobe verbrannt, hierbei ist
nach bekannten Regeln wie bei der Verbrennungsanalyse vorzugehen.
Während der Verbrennung saugt man mittels der Luftpumpe ständig
einen Luftstrom durch das Rohr, die Gase werden größtenteils in
der vorgelegten Lauge absorbiert, das etwa entstehende Sublimat
in der zweiten Waschflasche zurückgehalten und dadurch Verstopfungen der Pumpe vermieden. Bei der Verbrennung entsteht
auch etwas Schwefelsäure, es ist daher zweckmäßig, das Rohr schwach
geneigt zu lagern, und zwar gegen den Stopfen hin. Es sammelt
sich dann hier die Säure an, und das Schiffchen kann, ohne mit

---

[1]) Zellstoff und Papier **1** [1921] 75, Nr. 3.

dieser beschmutzt zu werden, nach der anderen Seite herausgezogen werden.

Man führt zunächst eine möglichst vollkommene Verbrennung durch. Hierzu sind erfahrungsgemäß etwa 60—80 Minuten starker Erhitzung bei hochwertigen Kiesen notwendig, wobei man zwecks Erzielung genügender Hitze das Rohr mit einer Asbestplatte bedeckt. Das Schiffchen muß, um richtiges Durchglühen möglich zu machen, geräumig genug sein, um die Probe in nicht zu dicker Schicht hineinzubringen.

Nach erfolgtem Glühen wird der Gewichtsverlust bestimmt und die Probe nach der oben beschriebenen Methode auf ihren Schwefelgehalt untersucht. In ganz der gleichen Weise werden noch zwei andere Versuche ausgeführt, nur mit dem Unterschied, daß man durch Veränderung der Verbrennungszeit und Temperatur versucht andere Werte für den rückständigen Schwefelgehalt zu erlangen.

Aus den erhaltenen Werten zeichnet man sich eine Kurve, welche die Werte für den Schwefelrückstand in Abhängigkeit von den Rückstandsmengen darstellt, wobei diese in Prozenten der angewandten Kiesmenge ausgedrückt werden. Mit Hilfe der Werte dieser Kurve läßt sich eine zweite Kurve aufzeichnen, welche unmittelbar den prozentualen Verlust vom Gesamtschwefel bei verschiedenem Schwefelrückstand in den Abbränden zeigt.

Da man diese Kurven bei der Verarbeitung einer Kiessorte nur einmal bestimmen muß, so ist die vorzunehmende Arbeit nicht sehr ins Gewicht fallend. Auf alle Fälle ist es besser, sie auszuführen, als — wie das vielfach Brauch ist — mit einer konstanten Abbrandmenge von $75\,^0/_0$ vom Gewicht des Kieses zu rechnen.

Es verhalten sich die einzelnen Kiese ganz verschieden, und es ist bisweilen notwendig, zur Erzielung einer sicheren Kurve eher einige Bestimmungen mehr auszuführen.

Zu bemerken wäre schließlich noch, daß bei Aufzeichnung der Kurven darauf Rücksicht genommen werden kann, daß ein geringer Prozentsatz des Schwefels überhaupt nicht austreibbar ist. Als nutzbarer Schwefel wäre in diesem Falle nicht der Gesamtschwefel, sondern nur der besonders zu bestimmende austreibbare Schwefel der Rechnung zugrunde zu legen. Die Entscheidung, welche Rechnungsart zu wählen ist, muß dem einzelnen überlassen bleiben.

b) Kupferbestimmung.

Bei kupferhaltigen Kiesen ist zwecks richtiger Bewertung der Abbrände die Ermittlung ihres Kupfergehaltes notwendig. Hierzu geht man folgendermaßen vor. 12,5 g feinst pulverisierter und getrockneter Kies werden in einem hohen Becherglas mit 10 ccm

Wasser und 1 ccm konzentrierter Schwefelsäure übergossen und darauf vorsichtig konzentrierte Salpetersäure (spez. Gew. 1,4) so lange zugefügt, bis kein Aufschäumen mehr erfolgt. Während dieser Operation hält man das Becherglas durch eine passende Porzellanschale bedeckt, um Herausspritzen zu vermeiden. Man erhitzt nun einige Minuten zum starken Sieden, entfernt dann die von den Säuredämpfen abgespülte Schale und dampft unter Umschwenken den Inhalt des Bechers bis zur Satzabscheidung ein. Durch vorher erwärmtes Wasser wird der Brei nun wieder in Lösung gebracht. In einem 250 ccm Kolben überführt, wird die Lösung zur Marke aufgefüllt und hiervon werden 200 ccm ($= 10$ g Abbrand) durch ein trockenes Filter filtriert, um Kieselsäure und Blei zurückzuhalten. Aus den 200 ccm wird in bekannter Weise das Kupfer durch längeres Einleiten von Schwefelwasserstoff gefällt. Dies Einleiten hat so lange zu geschehen, bis Zusammenballen des Niederschlages eingetreten ist. Der Niederschlag wird durch Dekantieren mit Wasser ausgewaschen, dann etwa auf das Filter gekommene Substanz zur Hauptmenge zurückgegeben und so viel starke Natriumsulfidlösung zugesetzt, daß nach einigen Minuten langem Kochen aller etwa vorhandene Schwefel gelöst ist. Man verdünnt jetzt mit heißem Wasser und läßt den Niederschlag sich absetzen. Darauf filtriert man die Arsen und Antimon enthaltende Lösung ab und wäscht das Schwefelkupfer mit heißem Wasser aus. Die quantitative Bestimmung geschieht dann in bekannter Weise durch Reduktion des Kupfersulfides zu Sulfür.

Was die Menge Ausgangssubstanz anlangt, so sind bei $3—5\,^0/_0$ Kupfer schon 6 g ausreichend, bei etwa $2\,^0/_0$ nehme man 12,5 g.

Ist man in der Lage, das Kupfer elektrolytisch bestimmen zu können, so ist es am zweckmäßigsten, nach der Methode der Duisburger Hütte zu arbeiten. Man vgl. Lunge-Berl; Chem. techn. Untersuchungs-Meth. 7. Aufl., Berlin 1921, S. 720, 753.

Gasreinigungsmasse.

Als Ausgangsmaterial für die Schwefeldioxydgewinnung ist die Gasreinigungsmasse stark in Anwendung gekommen. Der Gehalt dieses Materials an nutzbarem Schwefel ist häufig weit geringer, als in den Handelsanalysen angegeben wird, weil vom Käufer und Verkäufer verschiedene Analysenmethoden benutzt werden, über die eine Einigung noch aussteht. Aus der umfangreichen neuesten Literatur ergeben sich folgende Untersuchungsmethoden als die brauchbarsten:

Probeentnahme[1]). „Von jedem verladenen Wagen wird eine Durchschnittsprobe von etwa 10—15 kg genommen. Dieselbe wird

---

[1]) Wentzel, Über die ausgebrauchte Gasreinigungsmasse der Gasanstalten und die Untersuchung dieses Materials. Zeitschr. f. angew. Chem. **31**, 45, 78, 128 [1918].

gestampft, durchgeschaufelt, im Quadrat ausgebreitet und durch
Ziehen der Diagonalen und Entfernen je zweier gegenüberliegender
Dreiecke auf etwa 5 kg gebracht. Nun wird sie noch durch ein
Sieb von 5 qmm Maschenweite getrieben, Zurückbleibendes soweit
zerkleinert, daß es ebenfalls hindurchgeht. Aus dieser Probe werden
dann 3 Musterflaschen von etwa 250 g Inhalt, die für die eigene
Untersuchung, den Käufer und die eventuelle Schiedsanalyse bestimmt
sind, abgefüllt und versiegelt.

Was nun die Untersuchung dieser Proben selbst anlangt, so ist
es bei genügender Sorgfalt absolut überflüssig, dieselben doppelt anzusetzen. Hingegen dürfte es sich dringend empfehlen, zur Bestimmung der Feuchtigkeit eine erheblich größere Menge, 100 g, zu verwenden. Die Proben werden in der Porzellanschale im Wassertrockenschrank bei etwa 80° bis zum konstanten Gewicht getrocknet, wobei
man die Masse jedesmal nach dem Herausbringen aus dem Trockenschrank 2 Stunden im Wägezimmer offen stehen läßt, ehe man sie
zurückwägt.“

Bestimmung des Trockenverlustes[1]). In einer flachen, gla-
sierten Porzellanschale (Satte) von etwa 80 mm Durchmesser und
15 mm Höhe wägt man mindestens 25 g ab und stellt die so gefüllte Schale in einen Trockenschrank. Dieser wird mittels eines
Thermostaten auf etwa 80° erwärmt. Im allgemeinen wird die
Gewichtskonstanz mit Sicherheit nach 4 Stunden erreicht. Die Wä-
gungsdifferenzen dürfen 0,05 g nicht überschreiten. Die Schale läßt
man im Exsikkator oder an einer anderen trockenen Stelle erkalten.
Der Gewichtsverlust ergibt die ursprüngliche Feuchtigkeit.

Bestimmung des Schwefels. Die getrocknete Masse wird
fein zerkleinert und abgesiebt. Von diesem Material wägt man 10 g
ab und bringt diese durch einen glatten Trichter in einen Misch-
zylinder von 100 ccm Inhalt, der auch bei 105 ccm eine Marke hat.
Der Zylinder wird mit etwa 75 ccm reinem, frisch destilliertem
Schwefelkohlenstoff gefüllt und mit einem Glasstopfen verschlossen.
Dann werden Masse und Lösungsmittel öfters umgeschüttelt und
einige Stunden sich selbst überlassen. Nun wird mit Schwefelkohlenstoff bis zur Marke 105 ccm aufgefüllt, nochmals umgeschüttelt und
die Masse zum Absitzen gebracht. Wenn die Extraktionsflüssigkeit,
die je nach dem Gehalt und der Reinheit der Masse hellgelb bis
tief dunkelbraun gefärbt ist, völlig klar geworden ist, pipettiert man
50 ccm hiervon vorsichtig heraus. Diese 50 ccm läßt man durch ein
kleines Filter in einen gewogenen Kolben von etwa 150 ccm fließen.

---

[1]) Wirtschaftliche Vereinigung Deutscher Gaswerke usw. Z. f. angew.
Chem. **31**, 45 [1918].

Der Kolben soll zur Verhinderung von Siedeverzügen einen Siede-
stein (oder Nagel oder dergleichen) enthalten. Das Filter wird
sogleich mit Schwefelkohlenstoff ausgewaschen und der Kolben auf
einem schwach siedenden Sicherheits-Wasserbade oder vermittels
einer elektrischen Heizvorrichtung vom Lösungsmittel befreit. Die
letzten Reste Schwefelkohlenstoff werden durch Einblasen trockener
Luft oder durch Liegenlassen an der Luft entfernt. Dann wird der
Kolben bei 100° getrocknet und zur Wägung gebracht. Die Gewichtszunahme ergibt, mit 20 multipliziert, den Prozentgehalt an Roh-
schwefel. Diese wird dann durch Multiplikation mit $\dfrac{100 - {}^0/_0\ \text{Wasser}}{100}$
auf die ursprüngliche Masse umgerechnet. — Die Bestimmung wird
stets doppelt angesetzt. Unterschiede über $1\,{}^0/_0$ bedingen eine Wiederholung. Die Schwefelkohlenstoffreste werden gesammelt, durch Destillation gereinigt und wieder verwendet.“

Genauer ist die Extraktion nach der Drehschmidt-Methode[1]):
„Als Extraktionsgefäß dient ein Tiegel mit durchlöchertem Boden
ähnlich dem Goochschen, aber mit ge-
raden Wänden und umgebördeltem Rand.
Derselbe wird zunächst in einen Gummi-
ring und mit diesem in die Abb. 17
gezeichnete Saugvorrichtung eingehängt,
dann mit fein zerzupftem, in Wasser aufgeschwemmtem, reinem Asbest beschickt,
den man mehrmals mit destilliertem
Wasser an der Saugpumpe auswäscht.
Der so vorbereitete Tiegel wird getrocknet
und geglüht und nach seinem Erkalten
im Exsikkator gewogen und mit 10 g
Masse gefüllt. Tiegel und Masse werden
bei 90° im Trockenschrank getrocknet.
Der Gewichtsverlust nach dem Erkalten
im Exsikkator ergibt den Feuchtigkeitsgehalt der Masse. Nun bringt man den
Tiegel in einen mit 3 Nasen versehenen
Glasaufsatz, der oben mit einem gut

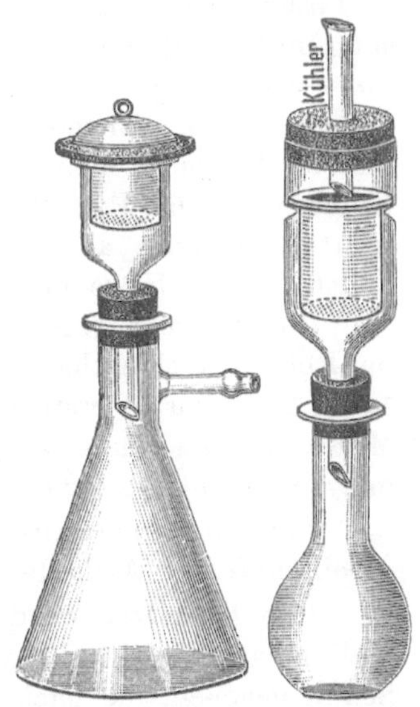

Abb. 17 und 18. Schwefelbestimmung nach Drehschmidt.

wirkenden Rückflußkühler, unten mit
dem vorher tarierten und mit reinem,
über Kalk abdestilliertem und über Quecksilber aufbewahrtem
Schwefelkohlenstoff beschickten Kolben verbunden ist (Abb. 18). Um
ein eventuelles späteres Spritzen zu vermeiden, tut man gut, auch die

---

[1]) Wentzel, Z. f. angew. Chem. **31**, 128 [1918].

Masse im Tiegel mit etwas Schwefelkohlenstoff anzufeuchten. Nun erhitzt man auf dem Wasserbade und extrahiert so lange, als das Extraktionsmittel noch gefärbt abtropft. Wenn es $^1/_2$ Stunde lang wasserklar abläuft, kann man sicher sein, daß die Extraktion beendet ist. Den Tiegel bringt man gleich in den Trockenschrank. Aus dem Kolben destilliert man den Schwefelkohlenstoff ab, verjagt die letzten Reste durch Ausblasen mittels eines Handgebläses und setzt den Kolben ebenfalls in den Trockenschrank. Nach dem Erkalten im Exsikkator wird gewogen, und man erhält sowohl durch den Verlust des Tiegels wie durch die Zunahme des Kolbens den Gehalt an Rohschwefel.

Die Extraktion dauert kaum $1^1/_2$ Stunden."

Der Rohschwefel enthält immer etwas Teer, welcher auch durch eine nachträgliche Waschung mit Äther, wie Bertelsmann vorschreibt — Leuchtgasindustrie I, S. 272 —, sich nicht entfernen läßt. Will man daher den Gehalt an Reinschwefel[1]) feststellen, so bringt man den Kolbeninhalt der Drehschmidtschen Extraktion wieder in Lösung und spült in eine Porzellanschale, aus der man das Lösungsmittel auf dem Wasserbade verdunstet. Vom Rückstand oxydiert man 0,5 g vorsichtig in einem Erlenmeyerkolben mit aufgelegtem Uhrglas mittels rauchender Salpetersäure. Sobald kein ungelöster Schwefel mehr zu sehen ist, bringt man den Inhalt des Kolbens in eine Porzellanschale und · dampft zweimal mit konzentrierter Salzsäure ab, filtriert von der Kieselsäure und fällt, wie üblich, in der Hitze mit Baryumchlorid.

Die Differenz zwischen beiden Bestimmungen zeigt die Menge der im Rohschwefel enthaltenen Verunreinigungen an, welche meistens $1,5\,^0/_0$ nicht zu übersteigen pflegen. Ausnahmsweise ist bei einer Masse, die besonders lange im Kasten gelegen hatte, aber nur dreimal gebraucht war, $2,6\,^0/_0$ Differenz gefunden worden.

Nach Opfermann-Fleischer ist im Laboratorium der Aktiengesellschaft für Aschaffenburg folgende Methode im Gebrauch:

10 g Gasmasse werden mit etwa 1 g Blutkohle und etwa 0,5 g Kaliumkarbonat gemischt und in eine Hülse von Schleicher und Schüll gegeben, die leicht mit einem Wattepfropfen verschlossen ist. Diese wird in den Extraktionsapparat[2]) gehängt, dessen Kolben mit Schwefelkohlenstoff zu $^2/_3$ der Höhe gefüllt ist.

Nun wird in üblicher Weise ausgezogen, abdestilliert und gewogen.

---

[1]) Wentzel, Z. f. angew. Chem. **31**, 78 [1918].

[2]) Man vergl. den Abschnitt „Untersuchung pflanzlicher Rohstoffe": Harz-, Fett- und Wachsbestimmung.

Auf diese Weise soll man sehr reinen Schwefel von hellgelber Farbe, frei von teerigen Bestandteilen, erhalten.

Nach Opfermann ist jedoch die Methode nur dann anwendbar, wenn die Menge der teerigen Verunreinigungen nicht sehr groß ist. Opfermann[1]) empfiehlt, in dem Schwefelextrakt eine Bestimmung des reinen Schwefels mit Salpetersäure vorzunehmen, wenn der Extrakt nicht hellgelbe Farbe zeigt, oder aber an dem erhaltenen Resultat 0,2 $^0/_0$ in Abzug zu bringen. Er empfiehlt ferner, das Gemenge von Gasmasse, Blutkohle und Pottasche in der Achatreibschale innig zu verreiben, bevor die Probe in die Hülse des Extraktionsapparates eingebracht wird.

Nach Wm. Diamond[2]) soll man die ausgebrauchte Gasreinigungmasse mit Benzol vom Teer befreien können. Sie soll mit Benzol behandelt werden, in dem die genannten Verunreinigungen leicht, Schwefel jedoch nur wenig löslich ist. 10 g der Masse werden neunmal mit je 20 ccm kaltem Benzol ausgezogen, die Hälfte davon zur Trockne eingedampft und gewogen (a); der Rückstand der anderen Hälfte wird mit Salpetersäure oxydiert, mit Wasser aufgenommen und mit Schwefelsäure gefällt (b). Ein anderer Teil der Probe wird wie bisher mit Schwefelkohlenstoff ausgezogen (c). Bei einem Versuch wurden für a) 14,18 und 13,37 $^0/_0$, für b) 9,17 und 8,22 $^0/_0$, somit für Teer und andere lösliche Stoffe (a—b) 5,01 und 5,14, im Mittel 5,07 $^0/_0$ gefunden. Für c) wurde gefunden 49,87 und 49,79, im Mittel 49,83 $^0/_0$ und somit für den tatsächlichen Schwefelgehalt der Masse 44,76 $^0/_0$.

Nach Lenander[3]) sollte man auch in folgender Weise den Schwefel in der Gasreinigungsmasse bestimmen. 0,5—1 g der feingepulverten getrockneten Masse werden in 25 ccm konzentrierter Salpetersäure unter Zusatz von ca. 1,5 g Kaliumchlorat gelöst. Die Lösung wird nach einstündigem Stehen auf dem Wasserbad zur Trockne eingedampft und der Rückstand nach zweimaligem Abrauchen mit konzentrierter Salzsäure zwecks Zerstörung der Salpetersäure mit 10 ccm konzentrierter Salzsäure und 100 ccm Wasser aufgenommen und durch ein doppeltes Filter filtriert. Das Filtrat wird auf 1000 verdünnt und 100 ccm davon werden unter schwachem Sieden ammoniakalisch gemacht. Nach dem Abfiltrieren der Fe-

---

[1]) Zellstoff und Papier **1**, 106 [1921], Nr. 4.

[2]) Bestimmung des Schwefels im erschöpften Oxyd. Journ. Soc. Chem. Ind. **37**, T. 336—37, 31. Dez. [1918], C. C. IV. 248, [1919] Nr. 8.

[3]) J. Lenander, Mitteilung betreffend die Bestimmung des Gesamtschwefelgehaltes in der Reinigungsmasse. Svensk. Kemsk. Tidskr. **32**, 184—85, November 1920, Chem. Ztrlbl. II, 237—38, [1921] Nr. 5.

Fällung wird mit Salzsäure angesäuert und die Lösung kochend mit $BaCl_2$-Lösung gefällt.   Aus der Menge des ausgefallenen $BaSO_4$ wird der S-Gehalt der Reinigungsmasse berechnet.

B. Röstgase.

Zur Kontrolle des richtigen Arbeitens der Schwefel- und Rostöfen werden die aus ihnen austretenden Gase auf ihren Gehalt an Schwefeldioxyd und Trioxyd untersucht.   Da der Gehalt der Verbrennungsgase an Trioxyd bisweilen sehr erheblich sein kann, und dieser Bestandteil für die Erzeugung von Sulfitlauge vollkommen wertlos ist, so würde man, durch eine alleinige Ermittlung des Dioxydgehaltes — wie sie häufig nur geschieht — zu irreführenden Schlüssen gelangen.

Die Untersuchung der Verbrennungsgase soll, um stets die Gewißheit des verlustlosen Arbeitens der Öfen zu haben, möglichst oft ausgeführt werden.   Aus diesem Grunde sind besonders für die Bestimmung des Trioxydes nur solche Methoden am Platze, die gestatten, rasch und ohne zeitraubende gewichtsanalytische Bestimmungen zu arbeiten.

Bestimmung des Schwefeldioxydes geschieht nach der bewährten Methode von Reich: Durch eine mit einer bestimmten Menge $n/_{10}$ Jodlösung beschickte Absorptionsflasche werden die Verbrennungsgase hindurchgesaugt und aus dem Volumen derselben, welches zur Entfärbung der Jodlösung benötigt wird, der Gehalt der Gase an Dioxyd bestimmt.   Zu dieser Bestimmung bedient man sich des in Abb. 19 wiedergegebenen Apparates[1]).

Man gibt in die ungefähr 200 ccm fassende Flasche A 50 ccm destilliertes Wasser, einige Kubikzentimeter Natriumbikarbonatlösung, etwas Stärkelösung und soviel Tropfen Jodlösung, daß der Inhalt der Flasche tiefblau gefärbt wird.   Die Flasche B, welche etwa 1 Liter faßt, füllt man vollkommen mit Wasser und verbindet den Apparat nach dem Aufsetzen der Kautschukpropfen e und f mittels des Korkes c mit der in dem Gasleitungsrohr für die Untersuchung vorgesehenen Öffnung.

Vor der Ausführung der Analyse wird der Apparat zunächst auf Dichtigkeit geprüft.   Dies geschieht durch Schließen des Quetschhahnes m und dann erfolgendes Öffnen des Quetschhahnes i.   Wenn der Apparat dicht ist, so läuft nur wenig Wasser aus dem Schlauch h aus.   Ist dies nicht der Fall, so muß für dichteren Schluß gesorgt werden.

---

[1]) Neuere Formen des Reichschen Apparates: Rabe, Z. f. angew. Chemie 27, 217 [1914].

Es ist weiterhin noch der Schlauch b und das Glasrohr a mit
dem zu untersuchenden Gas zu füllen. Man öffnet zu diesem Zweck

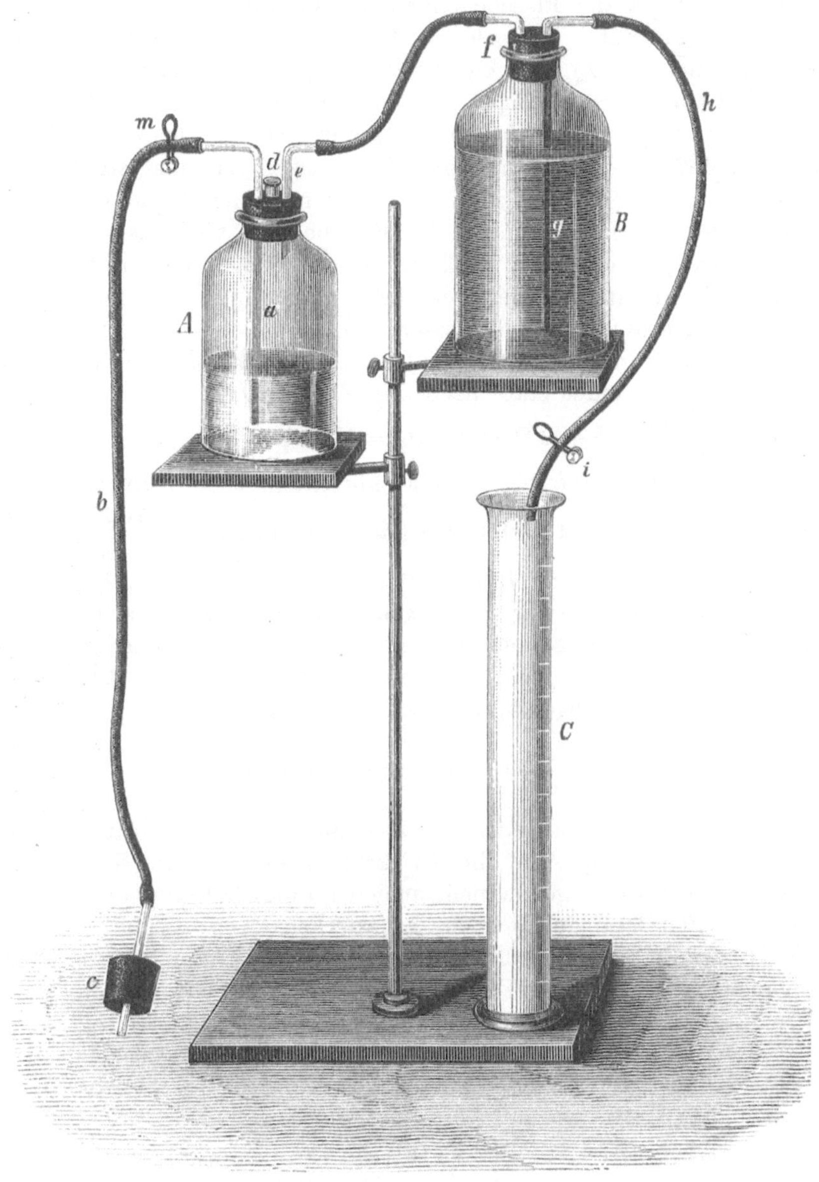

Abb. 19.   Reichscher Apparat.

Hahn m, alsdann Hahn i und läßt nun langsam Wasser aus h fließen,
bis durch das in die Flasche A eintretende Gas das Wasser entfärbt

wird. Sobald dies der Fall ist, schließt man Hahn i, zieht den kleinen Stöpsel d, läßt durch die Öffnung 10 ccm $^n/_{10}$ Jodlösung aus einer Pipette in die Flasche einlaufen, worauf man den Stöpsel d wiederum aufsetzt. Um die in A befindliche Luft auf denselben Verdünnungsgrad zu bringen, welchen sie bei der folgenden Beobachtung hat, öffnet man langsam Hahn i, bis das Gas bis zum unteren Ende von a herabgesogen ist. Alsdann schließt man i, schüttet das im Meßzylinder C angesammelte Wasser aus und stellt diesen wiederum auf seinen Platz. Nun öffnet man den Hahn i und läßt unter häufigem Umschwenken der Flasche A soviel Gas erst rasch, dann langsamer eintreten, daß der Inhalt von A vollkommen entfärbt wird. In dem Augenblick der Entfärbung schließt man Hahn i und liest das ausgelaufene Wasservolumen ab.

Die Berechnung ist folgende: Die Einwirkung von schwefliger Säure auf Jod findet statt nach der Gleichung:

$$2\,\mathrm{J} + 2\,\mathrm{H_2O} + \mathrm{SO_2} = \mathrm{H_2SO_4} + 2\,\mathrm{HJ}\,.$$

Die angewandten 10 ccm $^n/_{10}$ Jodlösung entsprechen demnach 0,032 g $\mathrm{SO_2}$ und dies sind, da 1 l schweflige Säure 2,9266 g wiegt, $\dfrac{1000 \times 0{,}032}{2{,}9266}$

= 10,95 ccm bei 0^0 und 760 mm Barometerstand. Sind z. B. 125 ccm Wasser aus B ausgelaufen, zo zeigen diese an, daß ebensoviel Kubikzentimeter Gas durchgesaugt und nicht von der Jodlösung gebunden worden sind, insgesamt wurden demnach 125 + 10,95 = 135,95 ccm Verbrennungsgase abgesaugt. Hierin sind vorhanden:

$$\frac{10{,}95 \times 100}{135{,}95} = 8{,}06^0/_0 \ \text{(Volumenanteile)} \ \mathrm{SO_2}\,.$$

Die im Anhang abgedruckte Zusammenstellung macht eine Berechnung überflüssig. In ihr ist keine Rücksicht auf Temperatur und Barometerstand genommen, auch ist die Addition der 10,95 ccm bei ihrer Benützung nicht mehr erforderlich.

Hinsichtlich der Volumprozente $\mathrm{SO_2}$ in den Gasen seien folgende Angaben gemacht: die Verbrennungsgase der Schwefelöfen sollen etwa 12—16$^0/_0$, diejenigen der Kiesöfen etwa 7—11$^0/_0$ $\mathrm{SO_2}$ enthalten.

Wird in den Röstgasen außer dem Schwefligsäuregehalt auch noch der Sauerstoffgehalt, etwa im Orsatapparat (S. 41) bestimmt, so kann der Luftüberschuß berechnet werden.

Bestimmung des Schwefeltrioxydes bzw. der Gesamtsäure ($\mathrm{SO_2} + \mathrm{SO_3}$) nach Lunge. Die Probe von Reich läßt den Trioxydgehalt der Gase unberücksichtigt. Aus dem oben erwähnten Grunde ist jedoch die Ermittlung des Trioxydgehaltes nicht zu entbehren. Diese geschieht indirekt durch eine Bestimmung der Ge-

samtsäure $(SO_2 + SO_3)$. Zu dieser Bestimmung bedient man sich
des für die Reichsche Probe abgebildeten Apparates, nur benutzt
man eine Absorptionsflasche nach Abb. 20 oder 21, deren Gaseintrittsrohr eine Anzahl feiner Öffnungen besitzt, um den Gasstrom
in der Flüssigkeit zu verteilen und eine sichere Absorption zu gewährleisten. Als Absorptionsflüssigkeit wendet man mit Phenolphthalein gefärbte $n/10$ Natronlauge an und verfährt bei der Herrichtung
des Apparates zur eigentlichen Analyse in
der gleichen Weise, wie bei der Reichschen
Probe beschrieben. Das Durchsaugen der Gase
selbst nimmt man jedoch mit mehrmaligen
Unterbrechungen vor, wobei man während
jeder Pause die Absorptionsflasche kräftig
umschwenkt. Um gegen das Ende hin die
Entfärbung der Lauge scharf erkennen zu
können, benutzt man eine weiße Unterlage.
Die Gesamtsäure wird gewöhnlich als Schwefeldioxyd berechnet, wozu
man die Zusammenstellung im
Anhang benutzt.

Es ist zweckmäßig, wenn
man für diese Untersuchungen
eine doppelte Apparatur besitzt, so daß man schnell hintereinander die Dioxyd- und
die Gesamtsäure-Bestimmung
ausführen kann. Es empfiehlt
sich ferner, diese Apparate
nicht durch den Kautschuk-
pfropfen c des Reichschen

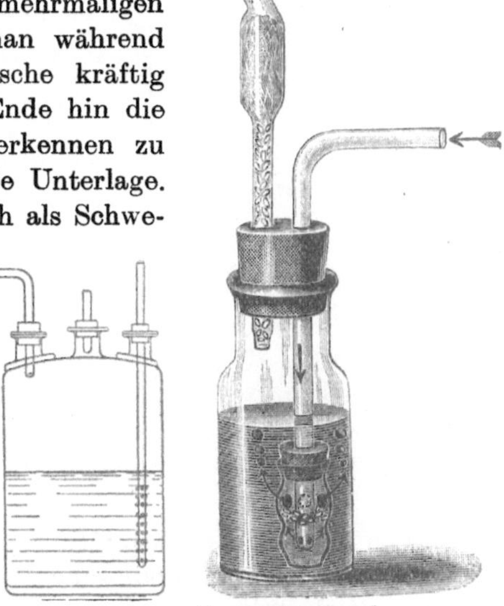

Abb. 20 u. 21. Absorptionsflaschen zum
Reichschen Apparat.

Apparates Abb. 19, sondern lediglich durch einen Schlauch mit einer
schwachen Abzweigleitung von der starken Gasleitung zu verbinden.
In diese Abzweigleitung setzt man einen Hahn, was besonders bei
mit Kompressor arbeitenden Schwefelöfen nötig ist, um den Gasstrom
etwas regeln zu können. Auch empfiehlt es sich, die Gase vor dem
Eintritt in die Absorptionsflasche durch Asbest zu filtrieren.

Krull hat statt dieser Absorptionsflaschen bzw. der Original-
form des Reichschen-Apparates die von Schilling angegebene Ausführung der Absorptionsflasche[1]) für vorliegenden Zweck empfohlen.
Die Form der Schillingschen Gaswaschflasche und ihre Anordnung

---

[1]) Die Waschflasche ist gesetzlich geschützt und wird von der Firma
Wilhelm Keiner & Co., Stützerbach in Thüringen, hergestellt.

im Zusammenhang mit dem Aspirator zeigt Abb. 22. Diese Anordnung ist unzweifelhaft einfacher als die ursprüngliche Apparatur von Reich und auch leichter zu handhaben.

Die Untersuchung wird wie folgt durchgeführt:

Zur Bestimmung von $SO_2 + SO_3$ werden 10 ccm $^n/_{10}$ Natronlauge mit einigen Tropfen Phenolphthalein als Indikator und später in eine andere Waschflasche, zur Ermittelung des SO_2-Gehaltes, $^n/_{10}$ Jodlösung, und zwar ebenfalls 10 ccm unter Zusatz von etwas Stärkelösung eingefüllt und die Waschflasche zwischen Gasentnahmerohr und Aspirator geschaltet. Bei Stellung des Hahnes auf Durchgang prüft man die Apparatur auf Dichtigkeit und saugt bei gleicher Hahnstellung und, ohne das ausfließende Wasser zu messen, so lange Gas hindurch, bis die ganze Apparatur damit gefüllt ist. Danach stellt man den Hahn um und läßt, nachdem man den Meßzylinder

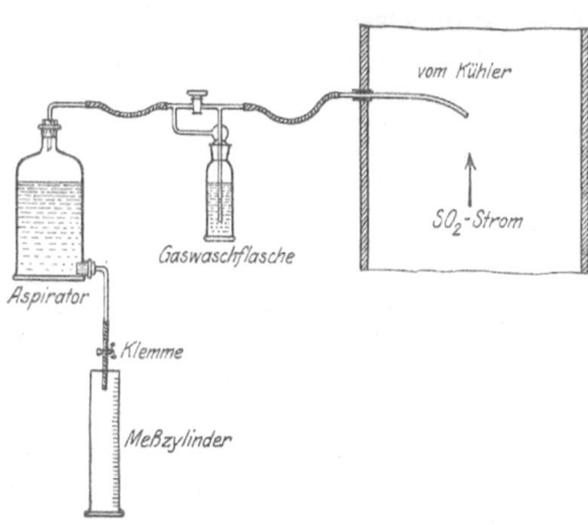

Abb. 22. Schillingsche Absorptionsflasche.

unter den Ausfluß des Aspirators gestellt hat, die Röstgase durch die Natronlauge bzw. Jodlösung hindurchstreichen, bis in beiden Fällen Entfärbung eingetreten ist. Man kann, indem man durch geeignete Stellung des Quetschhahnes gegen Ende der Reaktion nur noch Gasblasen in langsamer Folge hindurchperlen läßt, den Endpunkt wie bei der Titration aus der Bürette genau treffen.

Die Berechnung des SO_2-Gehaltes geschieht wie oben angegeben. Die Ermittlung des SO_3-Gehaltes gestaltet sich so: Die 10 ccm $^n/_{10}$ NaOH entsprechen unter normalen Druck- und Temperaturbedingungen 10,95 ccm $SO_2 + SO_3$. Sind z. B. 120 ccm Wasser ausgelaufen, so ist die Gesamtmenge an durchgesaugtem Gas $120 + 10,95$ ccm, und es ist der Gehalt an $SO_2 + SO_3$ in Volumenanteilen

$$\frac{10,95 \times 100}{130,95} = 8,37^0/_0.$$

Waren z. B. $8,06^0/_0$ SO_2 gefunden worden, so beträgt der SO_3-Gehalt $0,31^0/_0$.

Diese Apparateform gibt nach Krull sehr gute Werte.

Methode von R. Dieckmann.

Ganz kürzlich[1]) hat Dieckmann gezeigt, daß man nur mit $n/_{10}$ Natronlauge und unter Benutzung der Schillingschen Gaswaschflasche mit einem einzigen Versuch SO_2 und SO_3 im Gas bestimmen kann, wenn man gleichzeitig zwei Indikatoren zusetzt, nämlich Phenolphthalein und Methylorange. Die Ausführung der Analyse ist ganz die gleiche wie bei der Gasuntersuchung nach Reich, nur ist die Flasche mit $n/_{10}$ Alkali beschickt. Man saugt Gas durch bis zum Verschwinden der roten Phenolphthaleinfärbung, also bis zum Umschlag von Rot nach Gelb, und notiert die Zahl der ausgelaufenen ccm A. Darauf saugt man neuerdings Gas bis zum Umschlag des Methylorange von Gelb nach Rot. Die Gesamtsumme der ausgelaufenen ccm sei B.

Der erste Umschlag erfolgt, nachdem die vorhandene Natronlauge durch SO_2 und SO_3 in Neutralsalze übergeführt und bereits eine Spur überschüssiges SO_2 vorhanden ist. Der zweite Umschlag erfolgt, wenn durch weiter durchgesaugtes Gas (nur SO_2 wirkt noch auf den weiteren Umschlag) die Bisulfitstufe gerade überschritten wurde. Die erstausgelaufene ccm-Anzahl A läßt also die Summe $SO_3 + SO_2$, die Differenz B—A die SO_2 allein errechnen.

Bis jetzt ist über die Methode nur von Dieckmann selbst berichtet worden. Danach gibt sie gute Werte, Sanders Methode gibt hingegen zu kleine Werte für SO_3. (Anmerkungsweise sei bemerkt, daß in Kramfors Sulfitfabrik die Methode unter Benutzung von Methylrot als zweitem Indikator bislang brauchbare Werte gegeben hat.)

Nach Berl[2]) sind die vorstehend empfohlenen Methoden zur Röstgasbestimmung durch Absorption in Lauge nur dann zuverlässig, wenn ein Reduktionsmittel hinzugefügt wird. Als solches wird Zinnchlorür empfohlen. Die $SnCl_2$-haltige, $1/_{1000}$ Mol. $SnCl_2$ enthaltende Absorptionslauge erhält man durch Lösen von 0,23 g $SnCl_2 \cdot 2 H_2O$ in 1000 ccm der Absorptionslauge. Zur Absorption werden 10 ccm Lauge verwandt.

Nach Dieckmann[3]) werden auch ohne Zusatz von Zinnchlorür für die Technik brauchbare Werte erhalten.

---

[1]) Dieckmann, Über eine vereinfachte Methode zur Bestimmung von SO_2 und SO_3 in Röstgasen; Papierfabrikant **19**, 285—87 [1921] Nr. 13.

Dieckmann hat auch den Orsatapparat empfohlen, zieht jedoch neuestens die Schillingsche Gaswaschflasche vor. Auch Williams (Direkte Bestimmung von SO_2 in Röstgasen. Chem. Metallur. Engin **19**, 390 [1918]; Chem. Ztrlbl. II, 811—12 [1919] Nr. 23/24) empfiehlt eine modifizierte Form des Orsatapparates ür Röstgas-Analysen.

[2]) E. Berl, Chem. Ztg. **45**, 693 [1921] Nr. 87.

[3]) Dieckmann, Papierfabrikant **19**, 285—87 [1921] Nr. 13.

Ermittlung der Röstgaszusammensetzung nach Sander.

Sander[1]) hat eine neue Untersuchungsmethode der Röstgase ausgearbeitet, welche, lediglich mit alkalischer Meßflüssigkeit arbeitend, gestattet, in einer Probe SO_2 und SO_3 zu bestimmen. Die theoretischen Grundlagen der Methode sind folgende:

In Gegenwart von Methylorange als Indikator tritt bei Umsetzung von Schwefeldioxyd und Natronlauge Farbumschlag ein, wenn alles SO_2 in Bisulfit ($NaHSO_3$) übergeführt ist. Ist gleichzeitig Schwefeltrioxyd anwesend, so setzt der Farbumschlag auch dessen Neutralisation zu Na_2SO_4 voraus. Fügt man nun zu einer derartig neutralisierten Lösung Quecksilberchlorid, so erfolgt zwischen Bisulfit und diesem eine Umsetzung nach:

$$NaHSO_3 + HgCl_2 = HgCl(SO_3Na) + HCl.$$

Das vorhandene Natriumsulfat reagiert hingegen nicht. Die nach der wiedergegebenen Gleichung bei der Umsetzung freiwerdende Salzsäuremenge ist äquivalent der ursprünglich zur Überführung des Dioxydes in Bisulfid notwendigen Menge Natronhydrat. Auf Grund der zweiten Umsetzung läßt sich also die vorhandene SO_2-Menge berechnen, während die erste Neutralisation die Summe von $SO_2 + SO_3$ bestimmen läßt. Bei der Berechnung ist jedoch zu beachten, daß hier 1 ccm $^n/_{10}$ NaOH 6,4 mg SO_2 äquivalent ist, und demnach 10 ccm dieser Meßflüssigkeit 21,9 ccm SO_2 entsprechen, das ist also doppelt soviel als bei der Bestimmung mit Jod.

Zur raschen und einfachen Ausführung der Bestimmung hat Sander die Apparatur gemäß Abb. 23 zusammengestellt. Er verwendet, um ohne Zeitverlust mehrere Analysen hintereinander ausführen zu können, eine Absorptionsflasche, die am Boden trichterförmig und mit Ablaßhahn ausgeführt ist. Das Gaseintrittsrohr ist auch hier mit feinen Öffnungen versehen[2]). Die Ausführung der Gasanalyse mit diesem Apparat geschieht wie folgt:

Die Absorptionsflasche wird mit 10 ccm $^n/_{10}$ Natronlauge, etwas Methylorange und etwa 200 ccm destilliertem Wasser beschickt. Hierauf öffnet man den Quetschhahn des Aspirators, um sich zu vergewissern, daß alle Kautschukstopfen und Schlauchverbindungen dicht schließen. Ist dies der Fall, so leitet man in langsamem Strome unter öfterem Umschwenken des Absorptionsgefäßes das Röstgas durch den Apparat, bis die gelbgefärbte Lauge

---

[1]) A. Sander, Chem. Ztg. **45**, 261—263 [1921] Nr. 33; **45**, 553 [1921]. S. a. Papierfabrikant **18** [1920] 38, 823—829.

[2]) Der neue Apparat ist von der Firma Dr. Hodes & Goebel in Ilmenau zu beziehen. D.R.G.M.

sich rotbraun zu färben beginnt. Nach beendeter Neutralisation
der Natronlauge schließt man den Glashahn der Gaszuleitung sowie
den Quetschhahn am Aspirator, entfernt dann den mittleren Kautschukstopfen des Absorptionsgefäßes und läßt die Flüssigkeit durch
den unteren Hahn abfließen. Da die Gaszuleitung zu Beginn der
Analyse stets Luft enthält, verwirft man diesen ersten Versuch und
wiederholt ihn in genau der gleichen Weise, nachdem man das Absorptionsgefäß mit destilliertem Wasser gut ausgespült und mit
frischer Natronlauge beschickt hat. Ist die in dem Absorptions-

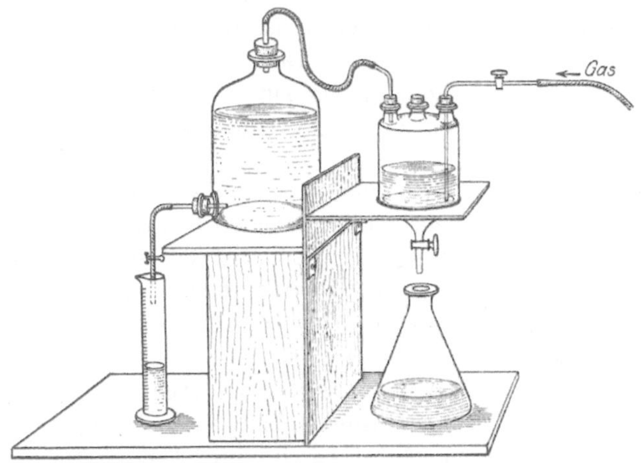

Abb. 23. Röstgas-Analysierapparat nach Sander.

gefäß enthaltene Natronlauge wiederum neutralisiert, so läßt man
die Flüssigkeit in den untergestellten Erlenmeyer-Kolben ab, spült
das Absorptionsgefäß durch die mittlere obere Öffnung mit destilliertem Wasser gut aus, das man ebenfalls in den Kolben ablaufen
läßt, und fügt nun zu der Flüssigkeit 25—30 ccm einer gesättigten
Lösung von Quecksilberchlorid hinzu. Die Flüssigkeit in dem Kolben
färbt sich hierdurch sofort intensiv rot, und man läßt nun aus der
Bürette wieder $^n/_{10}$ Natronlauge zufließen, bis die Säure gerade neutralisiert ist.

Die neue Analysenmethode ist, wie man hieraus ersieht, rasch
ausführbar. Wenn der Farbenumschlag des Methylorange auch nicht
so scharf ist wie der Übergang von blau in farblos bei der bisher
benutzten Jod-Stärkelösung, so kann man bei einiger Übung den
Augenblick, wo die Natronlauge gerade neutralisiert ist, doch recht
deutlich wahrnehmen.

Die Berechnung des Ergebnisses ist einfach. Dafür folgendes
Beispiel:

Angewandt . . . . 10 ccm $n/_{10}$ Natronlauge
Ausgelaufene Wassermenge . 330
Nach Zusatz von Quecksilberchlorid zur Neutralisation ver-
  braucht . . . . 9,1 ccm $n/_{10}$ „

$$\text{SO}_2\text{-Gehalt des Gases} \quad \ldots \quad \frac{2{,}19 \times 9{,}1 \times 100}{330 + (2{,}19 \cdot 9{,}1 + 0{,}9 \times 1{,}1)} = 5{,}8\,^0/_0$$

$$\text{SO}_3\text{-Gehalt des Gases} \quad \ldots \quad \frac{1{,}1 \times (10 - 9{,}1) \times 100}{330 + (2{,}19 \times 9{,}1 \times 1{,}1)} = 0{,}28\,^0/_0.$$

Der Verlust infolge von SO_3-Bildung ist auf den Gesamtschwefelgehalt des Röstgases bezogen gleich 4,7 Gew.-$^0/_0$. Über praktische Erfahrungen mit dieser Methode liegen zur Zeit nur von Sander selbst Mitteilungen vor. Danach soll die Methode gute Ergebnisse gezeitigt haben.

Um Rechnungen zu ersparen, hat Sander eine Tabelle ausgearbeitet. Für die zumeist vorkommenden Konzentrationen der Röstgase ermöglicht sie, auf Grund des Ausfalles der Analyse den Gehalt an Di- und Trioxyd sowie den durch letzteres verursachten Verlust unmittelbar abzulesen. Diese Zusammenstellung ist im Anhang wiedergegeben.

Waschwasser. Die mit der Temperatur von über 700^0 den Ofen verlassenden Röstgase müssen zur Vermeidung von Schwefelsäureanhydridbildung möglichst rasch unter Temperaturen von 200^0 heruntergekühlt werden, was am besten durch fein verteiltes Wasser geschieht. Das Waschwasser von 55^0 oder darüber muß in seinem Schwefligsäuregehalt, gegebenenfalls auch im Schwefelsäuregehalt, kontrolliert werden. Eine Apparatanordnung für kontinuierliche selbstätige Kontrolle hat Remmler gegeben[1]).

Turmarbeit bzw. Turmabgase. Bei der Kontrolle der Turmarbeit muß nach Remmler das Aussehen der Kalksteine berücksichtigt, und die Abgase müssen auf ihren Schwefligsäuregehalt geprüft werden. Der aus einem Turm gezogene Stein muß ausgeprägte Muschelform angenommen haben, stark zerfressen sein, beim Aufschlagen hell klingen und wie Knochen aussehen. Grau und schmierig aussehende sogenannte Gipssteine sind dagegen einer guten Laugengewinnung schädlich.

Die Gase, welche die Absorptionseinrichtungen verlassen, sind gleichfalls zeitweilig auf ihren Gehalt an schwefliger Säure zu prüfen, teils um sich des möglichst verlustlosen Arbeitens dieser Einrichtungen zu versichern, teils mit Rücksicht auf die Umgebung der

---

[1]) Remmler, a. a. O., S. 33, 46.

Fabrik. Da der Gehalt an schwefliger Säure hier nur sehr gering sein wird, benutzt man statt $n/_{10}$ besser $n/_{100}$ Jodlösung, arbeitet sonst jedoch mit dem gleichen Apparat[1]) und in derselben Weise wie bei der Untersuchung der Röstgase. Die Ermittlung des Gesamtsäuregehaltes fällt natürlich in diesem Fall fort. Die Abgase der Sulfittürme, die aus Kohlendioxyd, Stickstoff und etwas Sauerstoff bestehen, sollen im Schwefligsäuregehalt unter 0,002 Volumprozent bleiben.

C. Untersuchung der Frischlaugen.

Bei der Beurteilung der verschiedenen Bestimmungsmethoden für die genannten Stoffe ist sorgfältig zwischen den verschiedenen Laugenarten zu unterscheiden. Eine „Turmlauge" wird im allgemeinen von den durch Titration beeinflußbaren Stoffen neben schwefliger Säure und Kalk nur noch Kohlensäure enthalten. Eine zur Kochung fertige Lauge hat die „Übertreiblauge" früherer Kochungen in sich aufgenommen. Je nach der Sorgfalt, mit welcher überschäumende Kochlauge abgefangen wurde oder nicht, gehen beim „Gasen" der Turmlauge in diese organische Bestandteile — Ligninanteile des Holzes — mit über. Häufig muß auch aus überfüllten Kochern Lauge abgestoßen werden, die zusammen mit den Turmlaugen als „gelaugte Säure" Verwendung findet. — Aber auch bei sorgfältigster Ausscheidung der Lauge vor Eintritt der Kochergase in die Turmlauge in den Bottichen läßt es sich nicht vermeiden, daß flüchtige Säuren, wie Ameisensäure und Essigsäure mit dem Schwefligsäuregas übergehen. Inwieweit andere mit übergehende Stoffe, wie Furfurol, Methylalkohol usw. die Titrationsergebnisse beeinflussen, ist nicht bekannt.

Spindelung. Die Sulfitlaugen werden meistens und jedenfalls am schnellsten durch Aräometerbestimmungen kontrolliert. Ist man im Besitz von Tabellen[2]), die neben dem spezifischen Gewicht den Aräometergrad, den wahren Gehalt an schwefliger Säure und Kalk verzeichnen, so kann man bei völlig reinen Säuren den Titer ablesen. Jede Verunreinigung der Säure aber, und solche werden ja stets vorkommen, macht die Aräometerbestimmung unzuverlässig, selbst wenn, wie es durchaus nicht immer geschieht, die Ablesung des Aräometers bei der vorgeschriebenen Normaltemperatur erfolgt.

---

[1]) Apparate zur Bestimmung kleinster Schwefeldioxydmengen: v. Perger und Schulte, Papierfabrikant **13**, 504—507 [1915]. — Ferner S. Jentsch, Über die Erfahrungen bei Abgasanalysen und die Bestimmung geringer Säuremengen in den Gasen industrieller Rauchquellen. Dissertation Dresden, 1917.

[2]) Vgl. Hans Remmler, Die Herstellung der Sulfitlaugen, a. a. O.

Bestimmung von schwefliger Säure und Kalk.

Unbedingt erforderlich ist eine analytische Bestimmung der schwefligen Säure und des Kalkes, zum mindesten für die zeitweilige Kontrolle der Aräometer-Bestimmung. Gebräuchlich sind vor allem die Jodmethoden von Winkler und Höhn.

Die Bestimmung der schwefligen Säure beruht auf deren Umsetzung mit Jod, die nach folgender Gleichung verläuft:

$$SO_2 + 2\,H_2O + J_2 = H_2SO_4 + 2\,HJ.$$

Will man völlig richtige Werte erhalten, so muß man die Schwefligsäurelösung in die Jodlösung einfließen lassen. Es ist jedoch im allgemeinen üblich, umgekehrt zu verfahren und gewöhnlich eine $n/_{10}$ Jodlösung zu der Schwefligsäurelösung zu tropfen. Wählt man die Verdünnung der letzteren groß genug, so kann der Fehler vernachlässigt werden.

Bestimmung der gesamtschwefligen Säure. Die Bestimmung wird wie folgt ausgeführt: 10 ccm Frischlauge werden in einem Meßkolben von 100 ccm Inhalt mit Wasser auf 100 ccm verdünnt. Nach gutem Durchmischen werden 10 ccm der Lösung entnommen und mit etwa 50 ccm ausgekochtem[1]) Wasser in einen Erlenmeyerkolben oder Titrierbecher gebracht, einige Tropfen Stärkelösung hinzugegeben und aus der Bürette so lange Jodlösung hinzugetropft, bis bleibende Blaufärbung auftritt. Da 1 ccm einer $n/_{10}$ Jodlösung 0,0032 g schwefliger Säure entspricht, kann man durch Multiplikation der Kubikzentimeter-Zahl verbrauchter Jodlösung mit 3,2 den Prozentgehalt der Frischlauge an schwefliger Säure feststellen.

Bereitung der Stärkelösung. 500 ccm destilliertes Wasser werden in einem Becherglase von etwa 1 Liter zum kräftigen Sieden erhitzt. Hierauf läßt man allmählich eine Aufschlämmung von 2—3 g Stärke in kaltem Wasser hinzufließen. Nach beendetem Zusatz hält man noch etwa 5 Minuten im Sieden und füllt dann die noch heiße Lösung in kleine, sterilisierte Fläschchen ab. Die Stärkelösung ver-

---

[1]) Die Genauigkeit der Analyse wird erhöht, wenn man ein gut ausgekochtes destilliertes Wasser für diesen Zweck benutzt; destilliertes Wasser zieht bei längerem Stehen Luftsauerstoff an, und solcher ist auch im gewöhnlichen Leitungswasser enthalten. Bei der Probenahme der zu titrierenden Flüssigkeit muß jedes unnötige Schütteln vermieden werden; gelöste schweflige Säure entweicht sehr rasch und leicht. Bei starken Laugen darf man die Probe nicht in der Pipette aufsaugen, da sonst Schwefligsäuregas aus der Lösung ausgesaugt wird, wie man im Munde deutlich spürt. Für genannte Bestimmungen muß man die Lauge in der Pipette durch Druckluft emportreiben. — Die Normaljodlösung ist in der schwefligsäurehaltigen Luft der Kocherei leicht veränderlich, häufigere Kontrolle daher geboten. Hierzu Kertesz, Wochenblatt **48**, 17 [1917].

dirbt sehr leicht; man kann dieses Verderben beseitigen oder verzögern, wenn man die zur Aufbewahrung bestimmten kleinen Fläschchen sterilisiert durch Einströmenlassen von Dampf während $^1/_4$ Stunde
(Aufstecken des Gläschens auf eine Glasröhre, durch die Dampf zugeführt wird). Durch Verteilung des Stärkelösungsvorrats auf eine
größere Zahl von Fläschchen hat man für lange Zeit hinaus stets
zuverlässige Stärkelösung im Vorrat. Die angebrochenen Gläschen
sind nach kurzer Zeit infolge des nötigen Öffnens und Schließens
der Verderbnis ausgesetzt, so daß es sich nicht empfiehlt, einen
erheblichen Vorrat von Stärkelösung in einem größeren Gefäß aufzubewahren.

Nachweis kleinster Mengen von schwefliger Säure nach
Frank: 2 g Stärke werden mit Wasser angerieben und in 100 ccm
kochendes Wasser eingerührt und nach Aufkochen eine Lösung von 0,5 g
jodsaurem Kalium (nicht Jodkalium) in wenig Wasser hinzugefügt.
In die wieder erkaltete Flüssigkeit taucht man Filtrierpapier und
trocknet es dann; schweflige Säure ruft auf ihm blaue Färbung hervor.
Bei Prüfung von Flüssigkeiten muß man das Reagenzpapier zuvor
mit verdünnter Salzsäure befeuchten.

Bestimmung der gesamtschwefligen Säure und der
freien schwefligen Säure. (Nach Winkler-Höhn[1]).) Die freie[2])
schweflige Säure wird meist bestimmt, indem man nach beendeter
Titration mit $^n/_{10}$ Jodlösung die blaue Flüssigkeit mit einigen Tropfen
Natriumthiosulfatlösung entfärbt und darauf so lange $^n/_{10}$ Ätznatronlösung nach Beigabe einiger Tropfen Phenolphthalein hinzufügt, bis
Neutralität der Flüssigkeit erreicht wird. Die Reaktion beruht auf
der Umsetzung der durch die Anwendung von Jodlösung gebildeten
Jodwasserstoffsäure und Schwefelsäure mit Ätznatron bzw. mit Kalk.

Zieht man die zur Neutralisation der entstandenen Jodwasserstoffsäure erforderliche Menge Natronlauge ab von der verbrauchten
Gesamtmenge, so erhält man die zur Neutralisation der gebildeten
freien Schwefelsäure erforderliche Menge Natronlösung.

Werden beispielsweise bei der Titration mit Jodlösung 8 ccm
verbraucht, so sind in 1 ccm Sulfitlauge $0{,}0032 \times 8 = 0{,}0256$ oder
$2{,}56\,^0/_0$ Gesamtschwefligsäure. Wurden nun bei der nachfolgenden
Titration 14 ccm $^n/_{10}$ Natronlauge verbraucht, so sind 8 ccm für die
Neutralisierung der gebildeten Jodwasserstoffsäure, $14 - 8 = 6$ ccm

---

[1]) Nach Winkler wird in einer Sonderprobe der Frischlauge eine Bestimmung der Gesamtsäure mit Zehntelnormalnatronlauge unter Verwendung
von Phenolphthalein als Indikator vorgenommen.

[2]) Unter freier Säure versteht man in der Praxis die Summe von über
Bisulfit vorhandenem SO_2 plus der Hälfte der gebundenen, oder mit anderen
Worten, alles was über $CaSO_3$ an SO_2 anwesend ist.

für die der gebildeten Schwefelsäure erforderlich. Die Schwefelsäure entspricht der vorher vorhandenen freien schwefligen Säure, demnach sind $0{,}0032 \times 6$ oder $0{,}0192$ g schweflige Säure in 1 ccm Sulfitlauge; diese enthält demnach $1{,}92\,^0/_0$ freie schweflige Säure. War die Gesamtschwefligsäure $2{,}56\,^0/_0$, so ist $2{,}56 - 1{,}92 = 0{,}64\,^0/_0$ der Gehalt an gebundener schwefliger Säure in der Lauge.

Als Ersatz der Jodmethode ist von Streeb[1]) vorgeschlagen worden, die Sulfitlauge lediglich mit Natronlauge unter Benutzung zweier Indikatoren, Methylorange und Phenolphthalein, zu titrieren.

Mit Methylorange titriert man lediglich jenes SO_2, das über Bisulfit vorhanden ist, und zwar nur zur Hälfte.

Also z. B. 　　　　　　　　Sulfitlauge

$$Ca\begin{cases} HSO_3 \\ HSO_3 \end{cases} \qquad + \qquad SO_2$$

Bisulfit neutral　　　　　　　　geht in
gegen Methylorange　　　　$NaHSO_3$ über.

Mit Phenolphthalein wird nur die freie SO_2 bestimmt. Zieht man von diesem Wert die doppelte Zahl der ccm bei Methylorangetiter ab, so erhält man den Betrag an SO_2, der gebunden ist. Z. B. mit Methylorange 1 ccm, mit Phenolphthalein 6 ccm,

so ist　　　　　　　$1 \times 2 \times 0{,}032 = 0{,}64\,^0/_0\ SO_2$
über Bisulfit

freie Säure　　　　　$= 6 \times 0{,}032 = 1{,}92\,^0/_0\ SO_2$

$$\underline{\quad\quad -\,0{,}64\quad\quad}$$

halbgebunden = gebunden　　　$1{,}28\,^0/_0$

also Gesamt-SO_2　　　$= 2 \times 1{,}28 = 2{,}56$

$$\underline{\quad\quad +\,0{,}64\quad\quad}$$
$$3{,}20\,^0/_0.$$

Goldberg[2]) hat als besser geeignete Indikatoren die gemeinsame Verwendung von Paranitrophenol und Phenolphthalein vorgeschlagen; er hat besonders betont, daß man so die ziemlich kostspieligen Jodlösungen ersparen könne. Für die Titration der Kochlaugen während der Kochung kommen bei deren starker Färbung die eben genannten Verfahren wohl kaum in Betracht. Aber auch schon bei den „gegasten“ und „gelaugten“ Säuren können diese Verfahren nicht völlig scharfe Zahlen geben, da (vgl. S. 163) organische Säuren mittitriert werden; das Anwendungsbereich dieser Verfahren bleibt also auf Turmlaugen beschränkt.

---

[1]) Streeb, Wochenbl. f. Papierfabrik. **25**, 2197 [1894].
[2]) A. Goldberg, Z. f. angew. Chem. **30**, 249 [1917].

Dieckmann empfiehlt die von A. Sander[1]) vereinfachte Methode der Bestimmung schwefliger Säure neben Thiosulfat und Schwefelsäure. Dieckmann[2]) gibt für die Durchführung der Analyse folgende Vorschrift:

20 ccm der Sulfitsäure werden mit destilliertem Wasser auf 200 ccm verdünnt; 10 ccm = 1 ccm der Kochsäure werden nach Zusatz von etwas Stärkelösung, wie bei der jetzt üblichen Methode nach Höhn mit $n/_{10}$ Jodlösung bis zur Blaufärbung titriert. Zur blaugefärbten Reaktionsflüssigkeit werden 5 ccm einer Lösung von jodsaurem Kalium (3 : 100) in Überschuß gegeben, und das ausgeschiedene Jod wird mit $n/_{10}$ Thiosulfatlösung zurücktitriert. Der Umschlag tritt, nachdem sich wieder die schöne Blaufärbung zeigt, sehr scharf durch Farbloswerden der Flüssigkeit ein.

Nach den folgenden Reaktionsformeln:

$$3\,H_2SO_3 + 3\,J_2 + 3\,H_2O = 3\,H_2SO_4 + 6\,HJ$$
$$3\,H_2SO_4 + 6\,HJ + 2\,KJO_3 + 10\,KJ = 3\,K_2SO_4 + 6\,KJ + 6\,J_2 + 6\,H_2O$$
$$6\,J_2 + 12\,Na_2S_2O_3 = 12\,NaJ + 6\,Na_2S_4O_6$$

ist das Umsetzungsverhältnis zwischen Schwefelsäure, Jodwasserstoffsäure und Thiosulfat das gleiche wie bei der Zurücktitrierung mit $n/_{10}$ Natronlauge, und daraus ergibt sich, daß auch die Berechnung der Gesamt- und freien SO_2 dieselbe bleibt.

Da die Verwendung der $n/_{10}$ Natronlauge wegfällt, auch die Endreaktion erheblich schärfer als die Phenolphthalein-Rötung ist, empfiehlt sich die Anwendung dieser verbesserten Titrationsmethode, da sie eine erhöhte Genauigkeit bietet.

Sander[3]) hat vor kurzem noch eine zweite Titrationsmethode für Sulfitlaugen empfohlen. Hiernach titriert man 5 ccm der Lauge mit $n/_{10}$ Natronlauge unter Benutzung von Methylorange. Es tritt Farbenumschlag ein, wenn die wirklich freie SO_2, also die über Bisulfit vorhandene, neutralisiert, d. h. durch das Alkali in Bisulfit übergeführt worden ist. 1 ccm $n/_{10}$ NaOH entspricht hier 0,0064 g SO_2. Versetzt man nun die dermaßen titrierte Flüssigkeit mit überschüssigem Quecksilberchlorid (20—30 ccm einer in der Kälte gesättigten Lösung), so wird sie von neuem sauer. Die Reaktionen, die eintreten, sind die folgenden:

$$NaHSO_3 + HgCl_2 = HCl + HgCl . SO_3 . Na$$
$$Ca{<}^{HSO_3}_{HSO_3} + {}^{HgCl_2}_{HgCl_2} = 2\,HCl + (HgCl . SO_3)_2 . Ca.$$

[1]) A. Sander, Z. f. angew. Chemie **27**, 194 [1914].
[2]) R. Dieckmann, Wochenbl. f. Papierfabrikation **46**, 1764 [1915].
[3]) Sander, Wochenbl. f. Pap. **52**, 2051 [1920].

Es wird demnach für jedes vorhandene Mol SO_2 ein Mol HCl in Freiheit gesetzt. Bestimmt man deren Menge mit $^n/_{10}$ Alkali, so ist die Gesamt-SO_2 bekannt. Es entspricht also 1 ccm Meßflüssigkeit 0,0064 g SO_2. Die Differenz von Gesamt- und wirklich freier SO_2 ist die Bisulfit-SO_2. Mit Hilfe nur einer Meßflüssigkeit ist also auf diesem Wege die Ermittlung der Bestandteile einer Sulfitlauge möglich.

Um über die Brauchbarkeit der verschiedenen vorgeschlagenen Titrationsverfahren wenigstens bei den Rohlaugen ein Urteil zu erlangen, hat Sieber[1]) vergleichende Versuche ausgeführt. Hierbei ergab sich folgendes. Die Verfahren von Winkler und Höhn beruhen auf analytisch einwandfreier Grundlage. Die Ursache, warum mit ihnen oft fehlerhafte Werte erzielt werden, liegt im Kohlensäuregehalt der Laugen selbst und vor allem in dem des benutzten destillierten Wassers. Aus diesem Grunde fallen die Werte für die freie Säure fast immer zu hoch aus. Wendet man jedoch statt Phenolphthalein gegen Kohlensäure unempfindliche Indikatoren an: Methylorange oder Methylrot[2]), so erhält man auch nach diesen Methoden für die Praxis einwandfreie Werte. Die Titration ist bei Anwendung von Methylrot selbst für mit chemischen Arbeiten nicht Vertraute sicher durchzuführen, da auch hier scharfer Umschlag erfolgt. Daher kann in dieser Ausführung die Höhn-Methode für den Betrieb Anwendung finden.

Was die Methoden von Sander anlangt, so gibt die jodometrische (Jodatmethode) sehr gute Werte und eignet sich für genaue Untersuchungen infolge Schärfe der Umschläge und Unabhängigkeit von etwa vorhandener Kohlensäure. Allerdings ist diese Methode teuer in ihrer Durchführung. Die rein alkalische (Quecksilber-) Methode Sanders gibt gleichfalls gute Werte. Sie setzt jedoch infolge der schwieriger erkennbaren Umschläge beim Methylorange geübte Arbeitskräfte und selbst dann auch möglichst Tageslicht voraus. Im Laboratorium kann sie zur Anwendung kommen, weniger geeignet ist sie für den Betrieb, wenn Ungeübte damit arbeiten sollen. Auch versuchte Anwendung von p-Nitrophenol als Indikator ergibt nur wenig bessere Verhältnisse. Methylrot ist bei ihr nicht verwendbar[2]).

Die Methode von Streeb gibt weder mit Methylorange noch mit p-Nitrophenol Werte von der Genauigkeit der anderen Methoden.

Bestimmung des Kalkes in der Frischlauge. Die Bestimmung der SO_2 mit Jodlösung und Natronlauge ist genügend einwandfrei, wenn es sich um eine Frischlauge handelt, welche nur aus dem Gas der Kiesöfen oder Schwefelöfen und dem Kalkstein

---

[1]) Sieber, Zellstoffchem. Abh. I, 1 u. 4 [1920].
[2]) Siehe Rosenlund, Zellstoffchem. Abh. I, 5 [1921].

der Türme, oder der Kalkmilch der Bottiche bereitet worden ist[1]). Fast stets werden aber der Turmlauge noch Abtreibgase aus den Kochern zugeführt worden sein („gegaste Lauge"). Auch wird aus den zu vollen Kochern Lauge abgestoßen („gelaugte Säure"). Handelt es sich um Abtreibgase, die inmitten oder am Ende der Kochung entnommen sind, so enthalten diese Ameisensäure und Essigsäure, die, in der Turmlauge kondensiert, deren Gehalt an Säure erhöhen, so daß sich der Gehalt an freier, schwefliger Säure nicht mehr auf die angegebene Weise ermitteln läßt. Es ist deshalb besser, auf diese ungenaue Methode gänzlich zu verzichten und die Menge der freien, schwefligen Säure aus der Menge des vorhandenen Kalkes zu berechnen. Hat man eine Kalkbestimmung durchgeführt, so läßt sich durch Rechnung feststellen, wieviel schweflige Säure an Kalk unter Bildung von Kalziummmonosulfit gebunden sein kann. Da man nun die Gesamtschweflige-Säure kennt, ist die Differenz zwischen der Gesamtschwefligen-Säure und der für Absättigung von Kalk theoretisch erforderlichen Menge von schwefliger Säure die tatsächlich ursprünglich vorhandene freie schweflige Säure. Die Kalkbestimmung läßt sich in sehr kurzer Zeit wie folgt durchführen:

5 ccm Frischlauge werden in etwa 150 ccm Wasser in einen Erlenmeyerkolben oder sog. Philipsbecher gebracht (weithalsiger Erlenmeyerkolben). Die Flüssigkeit wird zum Sieden erhitzt, worauf man etwa 5 ccm einer gesättigten Salmiaklösung und etwa ebensoviel einer halbnormalen (nahezu gesättigten Ammoniumoxalat-Lösung) hinzugibt. Erwärmt man nach erfolgter Fällung die Flüssigkeit etwa 5—10 Minuten auf doppeltem Drahtnetz oder Asbestplatte mit kleiner Flamme, so wird der Niederschlag von Kalziumoxalat genügend grobkörnig, um sich rasch durch ein Filter abfiltrieren zu lassen. Man kann übrigens auch das Kalziumoxalat in einem kleinen Büchnertrichter mit doppeltem Filter an der Saugpumpe absaugen. Jede Filtrierschwierigkeit wird beseitigt durch Zugabe von Kieselgur vor der Filtration. Hat der Niederschlag Neigung zum Durchgehen durch das Filter, so hilft ein Zusatz von Salmiaklösung beim Auswaschen

---

[1]) Die Lauge kann allerdings außer schwefliger Säure und Kalk noch Kohlendioxyd enthalten. Nach Oeman (Chem. Ztg. Repertorium 1916, S. 23) sind in 100 ccm frischer Kochsäure 0,065 g CO_2, nach siebentägigem Stehen nur noch 0,031 g CO_2. Oeman will an Stelle einer Titration mit Natronlauge die Sulfitlaugenprobe mit Ammoniak fällen, den Niederschlag von Kalziumsulfit mit Ammoniakwasser auswaschen, ihn dann in Salzsäure lösen und die schweflige Säure mit Jod titrieren. Nach Klason (Papierfabrikant **14**, 739 [1916]; **15**, 3 [1917]) ist die Methode fehlerhaft, weil beim Auswaschen Sulfit zu Sulfat oxydiert wird. Ob tatsächlich eine solche Oxydation bei Verwendung ausgekochten Wassers stattfindet, ist durch Versuche von Klason allerdings nicht belegt.

des Filters. Das Auswaschen muß mit kochendem Wasser durchgeführt werden. Eine zwei- oder dreimalige Füllung des Filters genügt, um das Filter frei von Ammonoxalat zu bekommen. Das Filter samt Niederschlag wird nunmehr in den sauber gespülten Philipsbecher oder Erlenmeyerkolben zurückgebracht, wieder mit 150 ccm kochendem Wasser übergossen, 10 ccm einer Schwefelsäure hinzugefügt, bei der 1 Gewichtsteil Schwefelsäure auf 3 Gewichtsteile Wasser kommt, und nunmehr fast bis zum Sieden erhitzt, bis der an dem Filter haftende und die Flüssigkeit als Trübung erfüllende Niederschlag sich vollständig gelöst hat. Hierauf wird heiß mit $n/_{10}$ Kaliumpermanganatlösung bis zur Rosafärbung titriert.

Bei Filtern schlechter Sorte kann bei der Titration ein Fehler entstehen, indem Permanganat von der Filtersubstanz verbraucht wird. Will man diesen Fehler ganz ausschalten, so empfiehlt es sich, das Filter mit dem ausgewaschenen Kalziumoxalat-Niederschlag auseinander zu falten, auf eine dünne Glasplatte zu legen und mit siedendem Wasser den anhaftenden Niederschlag in einen Trichter und passendes Gefäß zu befördern, so daß also dann die Lösung mit Schwefelsäure bei Abwesenheit von Filtrierpapier durchgeführt wird.

Die Zahl der verbrauchten Kubikzentimeter Permanganat mit 0,0028, dann mit 20 multipliziert, gibt CaO in Prozenten an.

Für „gegaste Säure" empfiehlt Oeman[1]), wie Seite 169 erwähnt, die Bestimmung des Kalkes mit Ammoniak, Fällung von Kalziumsulfit, Waschen des Niederschlages, Überführen in einen Meßkolben und Lösen in Salzsäure. In einem Bruchteil der Lösung wird die schweflige Säure mit Jod bestimmt und auf Kalk umgerechnet.

Diese Methode ist unzulänglich bei der Anwendung auf sog. „gelaugte Säuren", das sind solche, die neben Gasen aus den Kochern auch flüssige Lauge aus ihnen als Zusatz erhalten haben. Hier wird etwas Kalk, aus den ligninsulfosauren Kalksalzen stammend, mitgefällt. Oeman[2]) glaubt aber, diesen Fehler durch eine Korrektur beseitigen zu können. Ist die der Turmlauge zugesetzte, aus dem Kocher stammende Lauge nach Menge und Kalkgehalt bekannt, so braucht man nur aus diesen Zahlen die zugeführte Kalkmenge zu berechnen und von dem nach der Oeman-Methode gefundenen Kalkwert abzuziehen, um verläßliche Kalkwerte zu erhalten.

Von großem Interesse ist, was Oeman behauptet und Hägglund[3]) bestätigt, daß der in der Lauge gelöste Gips durch Ammoniak bzw.

---

[1]) Erik Oeman, Die Untersuchung der Kochsäure in den Sulfitzellstoff-Fabriken. Svensk Papperstidning [1915], S. 119, 126, 134, 145. Chem.-Ztg. **40**, 23 R. [1916].

[2]) Oeman, Papierfabrikant **14**, 307—309 [1916].

[3]) Hägglund, Chem.-Ztg. **40**, 433—434 [1917].

Ammonsulfit in Kalziumsulfit übergeführt wird, also den Gehalt an Kalk in der Lauge zu hoch erscheinen läßt.

Hägglund[1]) gibt für eine hinreichend genaue und im Betrieb leicht durchführbare Kalkbestimmung folgende Vorschrift:

10 ccm klare Sulfitlauge werden in einen Meßkolben von 100 ccm, der etwa bis zur Hälfte mit Wasser und 3 ccm konzentriertem Ammoniak gefüllt ist, gebracht. Der Kolben wird bis zur Marke mit Wasser gefüllt und geschüttelt. Nach 10—15 Minuten hat sich das Kalziumsulfit abgesetzt. Von der überstehenden klaren Flüssigkeit werden 10 ccm abpipettiert und mit Jod titriert. Anbringen einer Korrektur der SO_2-Menge, die durch den gelösten Gips als $CaSO_3$ ausgefällt wird, ist erforderlich. Die Korrektur ist in allen Fällen $+ 0{,}13\,^0/_0\ SO_2$.

Bestimmung von Kalk und Magnesia bei mit Dolomit erzeugten Laugen. Man bestimmt zunächst die Summe der gemischten Sulfate. Hierzu raucht man in einem Platin- oder Quarztiegel 25 ccm der Frischlauge mit 1 ccm konz. Schwefelsäure ab; glüht dann, und bringt schließlich zur Wägung. Der Rückstand wird in etwas verdünnter Salzsäure gelöst, in einen Becher überführt, alkalisch gemacht mit Ammoniak, zum Sieden erhitzt, worauf mit Ammonoxalat das Kalzium gefällt wird. Der Niederschlag wird in der üblichen Weise aufgearbeitet, das Ergebnis auf Kalziumsulfat umgerechnet. Dieser Wert von der Summe der Sulfate abgezogen ergibt das Magnesiumsulfat, das seinerseits wieder auf Oxyd umgerechnet wird.

$$CaO \cdot 2{,}4279 = CaSO_4;\quad MgSO_4 \cdot 0{,}3349 = MgO.$$

Nach den vorstehend beschriebenen Methoden bestimmt man auch das im vorhandenen Gips gebundene Kalzium als CaO mit. Will man also nur das als Bisulfit vorhandene CaO, so ist Bestimmung der Schwefelsäure notwendig und Abzug von an diese gebundenem CaO vom oben ermittelten.

Die Bestimmung der Schwefelsäure geschieht dadurch, daß man im Kohlensäurestrom aus 50 ccm der in einem mit einem Kühler und Vorlage verbundenen Erlenmeyer-Kolben befindlichen Lauge durch Kochen mit Salzsäure die schweflige Säure austreibt. Ist dies beendigt, so filtriert man den Kolbeninhalt und bestimmt im Filtrat in bekannter Weise die Schwefelsäure. Für genauere Untersuchung ist vor dem Fällen Entfernung des die Bestimmung beeinflussenden Gipses notwendig. Dies geschieht durch Kochen mit Ammonkarbonat, wobei sämtliches SO_3 als Alkalisalz gebunden wird, das vom sich abscheidenden kohlensauren Kalk leicht durch Filtration getrennt werden kann.

---

[1]) Hägglund, Chem.-Ztg. **40**, 433 [1916].

Bestimmung der Schwefelsäure ohne Benutzung von Kohlensäure-Atmosphäre gibt zu hohe Werte. Statt dieser Arbeitsweise kann man auch so verfahren, daß man den Gesamtschwefel durch Oxydation mit Brom oder alkalischer Wasserstoffsuperoxydlösung bestimmt und hiervon den jodometrisch ermittelten SO_2-Wert abzieht. Da in Rohlaugen normalerweise fast nur SO_2 und SO_3 vorhanden ist, so stellt die Differenz die vorhandene Schwefelsäure mit großer Annäherung richtig dar.

Bestimmung des Gesamtschwefelgehaltes der Frischlauge. Nach den Untersuchungen von Bernheimer[1]) ist es bei Frischlaugen am vorteilhaftesten, mit Bromwasser zu oxydieren und dann in üblicher Weise die gefundene Schwefelsäure gewichtsanalytisch zu bestimmen.

D. Kocherkontrolle.

Die Bestimmung von schwefliger Säure und Kalk bei der eigentlichen Kochkontrolle, bei welcher es sich darum handelt, in einer fortdauernd an organischen Stoffen sich anreichernden Flüssigkeit mit möglichster Genauigkeit die allmähliche Abnahme von freier, schwefliger Säure und von an diese gebundenem Kalk zu verfolgen, verursacht erhebliche Schwierigkeiten. Die Erfahrung hat zwar gelehrt, daß die übliche Jodtitration im allgemeinen genügt, um sich Rechenschaft über die in den letzten Kochstadien so wichtige Abnahme von schwefliger Säure zu geben. Durch Verwendung von Hundertstel-Normal-Jodlösung an Stelle der üblichen Zehntel-Normal-Lösung kann man mit größeren Flüssigkeitsmengen arbeiten und so den Einfluß der Ablesefehler herabdrücken. Die organischen Stoffe wirken glücklicherweise anscheinend auf die Jodlösung langsamer ein als auf die schweflige Säure. Man muß also rasch titrieren und den ersten Farbenumschlag als maßgebend ansehen, immerhin bleibt die Gefahr von solchen Störungen bestehen.

Bestimmung der schwefligen Säure und des Kalks. Die Titration der Lauge mit Jod geschieht gewöhnlich derart, daß man aus einem besonderen Probehahn des Kochers etwas Lauge abspritzen läßt, diese in einem Reagenzglase oder Stehkölbchen auffängt und dann wie oben beschrieben zur Titration bringt. Wünscht man genaue Ergebnisse zu haben, etwa den Schwefligsäureverbrauch einer Kochung graphisch aufzutragen, so wird die Genauigkeit des entstehenden Diagramms wesentlich gewinnen, wenn man die abspritzende Lauge durch einen kleinen Kühler führt. Es genügt ein Bleirohr

---

[1]) Norbert Bernheimer, Beiträge zur Kenntnis des Zellstoff-Kocherverfahrens nach System Mitscherlich. Karlsruhe 1913, S. 31.

von etwa 50 cm Länge, welches spiralig aufgewunden in ein weites Rohr aus Eisenblech eingesetzt ist derart, daß das weite Eisenblechrohr am oberen und unteren Ende mit Blechplatten verschlossen und mit engen Zu- und Abfuhrrohren versehen ist, so daß also ein Kühlmantel für das Bleirohr entsteht. Durch eine auf das Bleirohr aufgelötete Messingverschraubung wird dichter Schluß mit dem Probierhahn erreicht. Läßt man nun die Lauge durch diesen Kühler abspritzen, so bekommt man sie bei vorsichtigem Öffnen völlig kalt in das Gefäß, während ohne diese Vorsichtsmaßregel nicht unerhebliche Mengen von schwefliger Säure in die Luft entweichen, so daß also weniger schweflige Säure bei der Titration gefunden wird, als tatsächlich vorhanden ist[1]).

Die Titration der Lauge mit Jodlösung wird um so unzuverlässiger, je näher das Ende der Kochung rückt. Durch die allmähliche Auflösung des sog. Lignins gehen Bestandteile in die Kochflüssigkeit über, welche mit der Jodlösung zu reagieren vermögen, so daß der wahre Wert der schwefligen Säure nicht mit voller Schärfe erkannt werden kann. In der Ermangelung besserer Methoden wird man immerhin bei dieser üblichen Titration der Kochlauge bleiben, jedoch sich nicht lediglich auf diese Titration allein verlassen, sondern außerdem noch die sog. Mitscherlichprobe durchführen. Für diese füllt man ein Reagenzrohr von 200 mm Länge, das eine Markierung bei $\frac{1}{8}$, $\frac{1}{16}$, $\frac{1}{24}$ und $\frac{1}{32}$ des Inhaltes trägt, mit soviel konzentriertem, wässerigem Ammoniak, daß $\frac{1}{32}$ des Raumes davon erfüllt ist. Hierauf wird das Rohr fast voll mit heißer Lauge gefüllt, eine Gummischeibe oder ein Gummistopfen zum Verschluß aufgesetzt, umgeschüttelt und einige Minuten stehen gelassen. Hat der Niederschlag sich abgesetzt, so wird die Höhe des Niederschlages nach der Markierung geschätzt. Beträgt der Niederschlag nur noch $\frac{1}{32}$ der Rohrlänge, so ist es Zeit, die Kochung abzubrechen.

Die Reaktion sollte nach älterer Annahme darauf beruhen, daß durch Zusatz von Ammoniak die freie schweflige Säure abgesättigt wird, so daß der noch vorhandene nicht organisch gebundene Kalk als Kalziumsulfit ausfällt.

Nach Oeman[2]) ist die Probe zur Bestimmung des noch vorhandenen Kalkes unbrauchbar, denn die Abnahme der Niederschlagsmenge ist abhängig von der Menge an schwefliger Säure, die sich noch in der Kochlauge vorfindet. Zur Bestimmung dieser Menge an schwefliger Säure ist aber die Mitscherlichprobe gut brauchbar.

---

[1]) Schwalbe und Bernheimer, Papier-Zeitung **37**, 1066 [1912]; ausführlich in der Dissertation von Bernheimer: Beiträge zur Kenntnis des Sulfitkochverfahrens, Berlin 1913; ferner Oeman, Papierfabrikant **14**, 570 [1916].

[2]) Oeman, Papierfabrikant **14**, 509 [1916].

Man kann entweder aus der Niederschlagshöhe auf die Restmenge an schwefliger Säure schließen, oder genauer den Niederschlag abfiltrieren, auswaschen, in Salzsäure lösen und die in Freiheit gesetzte schweflige Säure mit Jod titrieren:

50 ccm Lauge werden zu 25 ccm $10\,\%$igem Ammoniak gegeben, umgerührt und nach 30 Minuten filtriert, sowie zweimal mit $25\,\%$igem Ammoniak gewaschen. Der gewaschene Niederschlag wird in Salzsäure gelöst, mit $n/10$ Jod titriert und als CaO berechnet.

Da in der Flüssigkeit über dem Niederschlag Ammonsulfit bei Kalkmangel gelöst sein könnte, verfährt Schwalbe zur Bestimmung der schwefligen Säure wie folgt:

10 ccm Lauge werden auf 100 ccm verdünnt und 10 ccm nunmehr verdünnte Lauge mit Kalkwasser in Überschuß versetzt. Hierauf wird mit 10 ccm Ammoniak (z. B. 1 : 6) übersättigt, der Niederschlag abfiltriert, gewaschen und in verdünnter Salzsäure gelöst und dann mit Jod titriert.

Bestimmung der organisch gebundenen schwefligen Säure[1]). In einer Probe der Lauge bestimmt man die gesamtschweflige Säure auf üblichem jodometrischen Wege, entfärbt die Lösung mit einem Tropfen Thiosulfatlösung und macht dann die Flüssigkeit mit Hilfe einer $10\,\%$ igen Kalilauge stark alkalisch, um schweflige Säure aus ihren Aldehyd- oder Ätherverbindungen frei zu machen. Man läßt 20 Minuten in der Kälte stehen, macht dann sauer und titriert wiederum mit Jod. Die Differenz zwischen den erhaltenen Jodzahlen gibt die Menge schwefliger Säure an, die an organische Substanz gebunden ist.

Man hat versucht, die Kalkmenge in der Lauge durch Zugabe von Salzsäure und nachträglicher Fällung mit Ammoniumoxalat zu bestimmen. Die Fällung von Kalk durch Ammoniak bei der Mitscherlichprobe kann auf ihren wahren Kalkgehalt durch Umfällung mit Ammoniumoxalat geprüft werden. Nachdem der Niederschlag im Reagierrohr sich abgesetzt hat, wird er auf einem Saugfilter abfiltriert und, wie weiter oben beschrieben, mit Ammoniumoxalat gefällt und der Kalziumoxalat-Niederschlag mit Permanganatlösung titriert. Die hierbei erhältlichen Werte lassen jedoch eine Aufzeichnung des Kalkverbrauches gegen Schluß der Kochung nach Oeman nicht zu, weil auch Kalk aus organischer Bindung (ligninsulfosaurem Kalk) gefällt wird. Doch lassen Diagramme der Kalkzahlen eine durchaus stetige Abnahme der Werte — trotz Anreicherung der Kochlauge an ligninsulfosaurem Kalk — erkennen.

---

[1]) La papeterie **36**, 353—359, 499—509 [1914], Nr. 8 und 11. Vgl. auch: Literaturauszüge d. Vereins d. Zellstoff- und Papier-Chemiker Chem.-Teil von C. Schwalbe, Jahrgang [1914], S. 65.

Ähnliche stetige Kalkabnahmen sind bei folgender Ausführungsform der Kalkfällung beobachtet worden: 5 ccm Kocherlauge werden kalt mit 1 ccm Ammoniak (1:6) gefällt, filtriert und kalt mit Ammoniakwasser unter Zusatz von etwas Chlorammon ausgewaschen, der Niederschlag in Salzsäure gelöst, gekocht, abdekantiert, mit heißem Wasser ausgewaschen. Das Filtrat samt Waschwässern wird nach Zusatz von Ammoniak in üblicher Weise mit Ammoniumoxalat gefällt und in dem Kalkniederschlag, wie oben schon beschrieben, mit Kaliumpermanganat die Oxalsäure bestimmt, woraus der Kalk berechnet wird.

Die vorstehenden Verfahren sind aber der Nachprüfung an einem ausgedehnteren Versuchsmaterial noch sehr bedürftig.

Über die Feststellung der bei der Kochung abgestoßenen Gasund Laugenmengen bzw. ihres Schwefligsäuregehaltes vergleiche man Remmler[1]).

Bestimmung der organischen Substanz in der Kochlauge. Zur Bestimmung der in der Kochlauge sich anreichernden organischen Substanz kann man eine Oxydation mit Wasserstoffsuperoxyd[2]) vornehmen. 100 ccm Kochlauge werden mit 10 ccm konzentrierter Salzsäure versetzt und gekocht, solange die Flüssigkeit nach schwefliger Säure riecht. Nach Vergasung der schwefligen Säure werden 5 ccm $3\,^0/_0$ige Wasserstoffsuperoxydlösung zugesetzt und die Flüssigkeit wieder auf 100 ccm eingestellt. Ihre Farbe vergleicht man in einem Kolorimeter, z. B. dem von C. H. Wolff mit der Farbe der $^n/_{10}$ Jodlösung. Durch das Wasserstoffsuperoxyd nimmt je nach der Menge der organischen Substanz die Flüssigkeit eine hellere oder dunklere Farbe an.

Bestimmung der Schwefelsäure in der Lauge, des Gipsgehalts, ist versuchsweise[3]) in üblicher Weise durch Fällung mit Chlorbaryum nach Ansäuerung mit Salzsäure bestimmt worden. Zum Absitzen und. Filtrierbarmachen des Niederschlags ist längeres Erwärmen auf einer Heizplatte erforderlich. Die erhältlichen Werte legen aber die Vermutung nahe, daß Schwefelsäure aus organischer Bindung abgespalten oder ligninsulfosaurer Kalk mit niedergerissen wird.

Die Bestimmung des Aufschlußgrades des Kochgutes Bei der Beurteilung der Beendigung der Kochungen spielt neben den vorgenannten Bestimmungen der schwefligen Säure mit Jod bzw. der Mitscherlichschen Ammoniakprobe die Beurteilung des Ge-

---

[1]) Remmler, Herstellung der Sulfitlaugen, a. a. O.

[2]) Frohberg, Chem.-Ztg. **37**, 126 [1914]. Z. Kertesz, Wochenbl. f. Papierfabr. **48**, 17 [1917].

[3]) Bernheimer, Dissertation S. 7, 30.

ruches, der Farbe und der Klebrigkeit der Lauge eine ausschlaggebende Rolle. Neuerdings hat man angefangen, nachdem die Schwierigkeiten der Probeentnahme, wenn nicht beseitigt, so doch gemindert sind, durch Probenehmer Zellstoffproben aus dem unter Druck stehenden Kocher zu entnehmen. Durch die Beurteilung dieses Fasergutes ist natürlich ein weit sicherer Schluß auf die erforderliche Beendigung der Kochung möglich. Über den Aufschlußgrad solcher Fasern belehrt eine in wenigen Minuten durchführbare Färbeprobe. Werden solche Fasern in eine essigsaure Malachitgrünlösung gebracht, dann wieder ausgewaschen, so erweisen sie sich um so stärker gefärbt, je weniger gut sie aufgeschlossen sind, während bei gut aufgeschlossenem Fasermaterial nur schwächere Färbungen entstehen. Vergleicht man nun die gefärbte Probe mit naß aufbewahrten Standard (Type)-Mustern, so ist die Beurteilung des Aufschlußgrades leicht möglich. Näheres über diese Ausfärbung mit Malachitgrün im Abschnitt: „Untersuchung der Zellstoffe".

E. Untersuchung der Sulfit-Ablauge.

Bestimmung der freien schwefligen Säure. Bei Untersuchung der Ablauge handelt es sich zumeist nur um Bestimmung der in dieser verbleibenden schwefligen Säure. Ist das Ende der Kochung durch übliche Titration auf schweflige Säure mit Jod bestimmt worden, so wird dennoch die Ablauge noch weniger schweflige Säure enthalten, da durch das Abblasen des Kochers noch ein Teil der schwefligen Säure in Freiheit gesetzt wird. Wie schon erwähnt, ist die Titration der freien schwefligen Säure in ihrer Genauigkeit beeinträchtigt durch die Gegenwart der während des Kochprozesses in die Flüssigkeit übertretenden organischen Stoffe. Man hat sich bemüht, diese Bestimmung genauer zu machen, indem man durch Zugabe stärkerer Mineralsäuren die schweflige Säure in Freiheit setzte, mit Kühler abdestillierte und in einer Jodlösung von bekanntem Gehalt auffing. Durch die Wirkung des Jods oder Broms wird die schweflige Säure in Schwefelsäure übergeführt, die auf übliche Weise durch Chlorbaryumfällung bestimmt werden kann. Es hat sich jedoch gezeigt, daß sowohl bei Anwendung von Schwefelsäure als auch von Phosphorsäure nicht nur die tatsächlich vorhandene freie bzw. an Kalk gebundene schweflige Säure aus der Flüssigkeit entfernt wird, sondern noch ein Teil schwefliger Säure in Freiheit gesetzt wird, die in der Flüssigkeit au zuckerartige Stoffe gebunden war. Wird die Destillation längere Zeit fortgesetzt, so kommt man doch niemals zu einem völligen Aufhören der Schwefligsäure-Abspaltung, weil schließlich auch die an das Lignin gebundene schweflige Säure Spaltung erfährt. Um eine derart weitgehende Spaltung zu verhüten, hat Stutzer vorgeschlagen, an Stelle der Mineralsäure mit Essigsäure zu destillieren. Wenn man die Destillation stets im gleichen Apparat bei gleich starker Erwärmung als eine sog. konventionelle Methode ausübt, vermag sie leidlich übereinstimmende Werte zu geben. Stutzer[1]) gibt für die Ausführung folgende Vorschrift:

In einen Erlenmeyerkolben von 750 ccm Inhalt werden 250 ccm Wasser gebracht, die Luft aus dem Kolben durch Kohlensäure verdrängt, der Kolben erhitzt, 25 ccm Ablauge und 25 ccm einer $25^o/_o$igen Essigsäure hinzugegeben, 15 Minuten lang gekocht. Die Dämpfe werden in einem Kühler kondensiert und in vorgelegter gemessener Jodlösung aufgefangen. Durch Rücktitration des Jodüberschusses wird die durch schweflige Säure verbrauchte Jodmenge ermittelt.

Da bei der Destillation möglicherweise organische, jodverbrauchende Stoffe mit überdestillieren können, so dürfte für genauere Arbeiten es zweckmäßiger sein, das in der Vorlage zu Schwefelsäure oxydierte Schwefeldioxyd gravimetrisch zu bestimmen.

Froboese[2]) empfiehlt aus diesem Grunde eine etwas abgeänderte Methode. Als Vorlageflüssigkeit bei der sonst gleichartigen Destillation dient eine Auflösung von Natriumbikarbonat, deren Gesamtwirkungswert genau bekannt ist. Nach beendeter Destillation wird der Überschuß an Alkalisalz mit Salzsäure zurücktitriert, wobei Methylorange als Indikator dient. Es ist empfehlenswert, ein langes Kühlrohr zu verwenden, um das Übergehen flüchtiger organischer Säuren zu vermeiden. Größere Mengen dieser könnten sonst das Ergebnis beeinflussen. Gegebenenfalls kann anschließend an die titrimetrische Bestimmung die schweflige Säure gravimetrisch bestimmt werden, nachdem sie zuvor mittels Wasserstoffsuperoxyd zu Schwefelsäure oxydiert worden ist.

Bestimmung des Gesamtschwefels in der Ablauge. Für die Bestimmung des Verbrauchs an Schwefel während der Kochung ist es zweckmäßig, in der Ablauge den Gesamtschwefel zu bestimmen. Es geschieht dies nach Schwalbe und Bernheimer[3]) am besten durch Behandlung von 5 ccm der Ablauge mit rauchender Salpetersäure auf dem Wasserbade. Die Lauge kann auf diese Weise völlig zerstört und der in ihr vorhandene Schwefel in Schwefelsäure übergeführt werden. Wenn Stickoxyde sich aus der Flüssigkeit nicht

---

[1]) A. Stutzer, Chemiker-Ztg. **34**, 1167—1168 [1910].
[2]) Froboese, Arb. d. Reichsgesundh.-Amtes **52**, 657, Dez. 1920.
[3]) Bernheimer, a. a. O., S. 31.

mehr entwickeln, kann man sie in der Porzellanschale auf dem Wasserbade eindunsten, bis zum Verschwinden der Salpetersäure erhitzen, worauf mit Wasser aufgenommen wird und die entstandene Schwefelsäure wie üblich vermittels Chlorbaryumfällung bestimmt wird.

Bestimmung von Essigsäure[1]) und Ameisensäure. Nach Wenzel kann man in dünnen Lösungen die genannten Säuren durch Abdestillieren im Vakuum unter Zusatz von Phosphorsäure bestimmen.

Nach Heuser[2]) ist Vorschaltung einer Vorlage mit Glasperlen erforderlich, um das Übergehen der Phosphorsäure zu vermeiden. Die Trennung der Säuren geschieht durch Zerstörung der Ameisensäure vermittels Chromsäure, durch welch letztere Essigsäure nicht angegriffen wird.

Bestimmung des Zuckers in der Ablauge. Die reduzierenden Zuckerarten in der Sulfitablauge können in üblicher Weise[3]) durch Titration mit Fehling-Lösung bestimmt werden. Dieckmann[4]) gibt folgende, der Verarbeitung von Sulfitablauge angepaßte, Arbeitsvorschrift:

„Die eigentliche Untersuchung wird in der Weise durchgeführt, daß eine bestimmte Menge Ablauge mit Bleiessig in geringem Überschuß versetzt und der sehr starke Bleiniederschlag durch ein Faltenfilter abfiltriert wird; im Filtrat wird der Bleiessigüberschuß eben durch Soda gefällt, der Niederschlag von kohlensaurem Blei abfiltriert und das blanke Filtrat mit Fehlingscher Lösung gestellt, gekocht, das sich ausscheidende Kupferoxydul quantitativ filtriert, getrocknet, geglüht und als Kupferoxyd gewogen. Aus den gefundenen Milligramm Kupferoxyd ergeben sich dann die in der im Anhang abgedruckten Tabelle angegebenen Werte, berechnet auf Invertzucker.

Die zur Untersuchung benötigten Lösungen stellt man sich nach folgenden Vorschriften her:

Bleiessig: Man versetzt 300 g Bleizucker und 100 g Bleiglätte mit einem Liter destillierten Wassers, läßt 24 Stunden an einem recht warmen Orte unter öfterem Umschütteln stehen und filtriert.

Fehlingsche Lösung I. Man löst 34,64 g chemisch reines Kupfersulfat in 550 ccm destillierten Wassers.

Fehlingsche Lösung II. 173 g Seignettesalz (Tartarus natronatus) werden in Wasser gelöst, hierzu werden 100 ccm Natriumhydratlösung, welche durch Lösen von 516 g Natriumhydrat in 1000 ccm Wasser bereitet ist, gegeben und das ganze zu 500 ccm

---

[1]) Man vgl. hierzu auch Abschnitt „Untersuchung pflanzl. Rohstoffe": Best. des Lignins bzw. der Essigsäure nach Schorger.

[2]) Emil Heuser, Wochenbl. f. Papierfabr. **45**, 41 [1914] Nr. 37.

[3]) v. Lippmann, Chemie der Zuckerarten. III. Aufl., S. 583 ff. und 938 ff.

[4]) R. Dieckmann, Wochenbl. f. Papierfabr. **47**, 862—63.

aufgefüllt. Fehlingsche Lösung I wird mit Fehlingscher Lösung II zu gleichen Teilen bei Verwendung gemischt. Die gemischte Lösung ist nur 24 Stunden haltbar.

Sodalösung: 1 : 20.

Der Bleiessigzusatz richtet sich nach den in der Ablauge befindlichen Mengen organischer Stoffe. Bei Ablaugen von Mitscherlichkochungen wurden z. B. bei solchen von festen Zellstoffen auf 100 ccm Ablauge 30—40 ccm, bei solchen von bleichfähigen Zellstoffen 40 bis 70 ccm Bleiessig zugegeben und auf 200 ccm mit destilliertem Wasser aufgefüllt. Vom Filtrat wurden 200 ccm mit ca. 50—60 ccm destilliertem Wasser verdünnt, mit Sodalösung gerade entbleit und zu 100 ccm aufgefüllt.

50 ccm von diesem Filtrat = 5 ccm der ursprünglichen Ablauge, wurden dann in einem Erlenmeyer von 300 ccm zu einem Gemisch von 25 ccm Fehlingscher Lösung I und 25 ccm Fehlingscher Lösung II gegeben und auf einem Drahtnetz — belegt mit einer dem Boden des Erlenmeyer entsprechend durchlochten Asbestpappe — rasch mit großer Flamme erhitzt und genau vom ersten Aufstoßen der Blasen an gerechnet 2 Minuten bei kleinerer Flamme gekocht, sofort mit 100 ccm kaltem destillierten Wasser versetzt, das ausgeschiedene Kupferoxydul durch ein quantitatives Filter filtriert (Filtrat muß noch Kupfer enthalten), zuerst mit kaltem, dann mit heißem Wasser gut ausgewaschen, getrocknet und verascht.

Diese von Meißl zur Bestimmung von Invertzucker ausgearbeitete Methode gibt sehr gute Resultate, wenn man genau nach der wiedergegebenen Vorschrift arbeitet.

Für die Veraschung hat Prager die richtigsten Zahlen erhalten, wenn man den getrockneten Kupferoxydulniederschlag möglichst vollständig auf Glanzpapier bringt, das Filter für sich verascht und die Asche mit einem ausgeglühten Platindraht zu einem feinen Pulver zerdrückt. Nach dem Erkalten bringt man das auf dem Glanzpapier befindliche Kupferoxydul in den Tiegel und erhitzt bei kleiner Flamme unter stetem Rühren mit dem Platindraht. Ist das Kupferoxydul in ein feines Pulver verwandelt, erhitzt man den bedeckten Tiegel noch einige Minuten mit größerer Flamme, läßt erkalten und wägt.

Die in der angewandten Menge Ablauge befindlichen Milligramm Zucker ergeben sich aus dem nach Abzug der Filterasche verbleibenden Kupferoxyd, wie die Tabelle im Anhang zeigt, welche, für Milligramm Kupfer von Wein nach den Invertzucker-Bestimmungen Meißls ausführlich berechnet, hier aber gleich für Kupferoxyd angegeben ist.

Sind also z. B. bei Verwendung von 5 ccm Ablauge 279,7 mg Kupferoxyd gefunden worden, so würde dies 120,4 mg $\times$ 20 = 2,408 mg = 241 $^0/_0$ Zucker ergeben.

Gesamtzuckerbestimmung in der Ablauge nach der Methode
von Glaßmann[1]).

Die von Glaßmann gegebene Vorschrift zur Bestimmung von
Hexosen und Pentosen beruht auf einer in alkalischer Lösung quantitativ verlaufenden Umsetzung dieser mit Quecksilbercyanid nach
folgender Gleichung:

$$CH_2(OH)(CHOH)_4CHO + 3\,Hg(CN)_2 + 6\,KOH$$
$$= COOH(CHOH)_4 \cdot COOH + 4\,H_2O + 6\,KCN + 3\,Hg.$$

Das hierbei entstehende Quecksilber kann nach dem Auflösen
in Salpetersäure titrimetrisch mit Ammonrhodanatlösung bestimmt
werden und stellt ein Maß für den Zuckergehalt der Lösung dar.

Zur Ausführung der Bestimmung sind erforderlich:

Eine alkalische Quecksilbercyanidlösung, welche durch Auflösung
von 10 g Quecksilbercyanid und 14,5 g reinem Natriumhydrat in
einem Liter destillierten Wassers erhalten wird; eine $n/_{10}$ Rhodanammonlösung, die in bekannter Weise mittelst einer $n/_{10}$ Silberlösung
eingestellt wird (siehe Anhang, Abschnitt d), und endlich als Indikator
Eisenammonsulfatlösung (Herstellung s. Anhang).

Die zu untersuchende Sulfitablauge wird im Verhältnis 1 : 5 verdünnt. 100 ccm der alkalischen Quecksilberlösung werden in einem Erlenmeyer-Kolben zum Sieden erhitzt und in die kochende Lösung langsam 5 ccm der verdünnten Sulfitlauge gegeben, ohne daß das Sieden
aufhört. Das Kochen wird nach der Zugabe der Lösung noch
$^1/_2$ Minute aufrecht erhalten. Man läßt dann bei 60—70° den
Niederschlag sich vollständig von der Lösung trennen. Darauf filtriert
man, was durch einen mit Asbest beschickten Goochtiegel geschehen
kann. Nach gutem Auswaschen wird der auf dem Filter vorhandene
Quecksilberniederschlag durch Übergießen mit heißer 30°/₀iger Salpetersäure — hierzu reichen 30—40 ccm — gelöst, mit Wasser verdünnt, worauf die Lösung, die frei von Untersalpetersäure sein muß,
mit der Rhodanammonlösung unter Benutzung von Eisenammonsulfat
als Indikator titriert wird.

Statt durch Asbestfilter kann man nach Sieber auch mittels eines
Büchnertrichters filtrieren. Dieser wird dann in der bereits im Abschnitt Kalkbestimmung im Fabrikationswasser beschriebenen Weise
mit zwei Filtern ausgerüstet, diese mit ein wenig aufgeschwemmtem
Kieselgur gedichtet und nun filtriert. Zweckmäßig wird hier die
Reaktionsflüssigkeit nach der Umsetzung der Zucker noch etwas
mehr verdünnt. Sollte im Anfang ein wenig vom Niederschlag
durchgehen, so gießt man das Filtrat aufs Filter zurück, nachdem

---

[1]) Glaßmann, Ber. d. chem. Ges. **39**, 503 [1906].

man ihm ein wenig aufgeschwemmten Kieselgur zugefügt hat. Die beiden Filter werden nach erfolgtem Waschen in einer Porzellanschale mit der heißen Salpetersäure übergossen, mäßig erwärmt, bis sich alles gelöst hat, worauf nochmals mittels des Büchnertrichters filtriert und das Filtrat wie beschrieben titriert wird. Bei der zweiten Filtration genügt ein glattes Filter. Auf diese Weise gelingt es meistens, die zeitraubende Filtration durch Asbest bedeutend abzukürzen.

Da 1 ccm $^n/_{10}$ Rhodanammonlösung 3,0 mg Zucker entspricht, so gibt bei Anwendung von 5 ccm Sulfitablauge die Zahl der verbrauchten Kubikzentimeter Rhodanammonlösung mit 0,06 multipliziert den Prozentgehalt an Zucker in der Ablauge an.

Eine sehr rasch durchführbare Zuckerbestimmungsmethode ist die von Kuma-Gawa-Suto inder — noch etwas vereinfachten — Ausführungsform von Lenk-Brach[1]).

In einen 1 Liter fassenden Meßzylinder bringt man:

4,158 g kryst. Kupfersulfat,
20,400 g Seignettesalz,
20,400 g Ätzkali und
300 ccm Ammoniak vom spezifischen Gewicht 0,88.

Der Meßkolben wird mit destilliertem Wasser auf 1 Liter aufgefüllt.

20 ccm dieser Flüssigkeit entsprechen 0,01 g Glukose.

Zur Ausführung der Bestimmung bringt man 20 ccm der erwähnten Kupferlösung, mit 20 ccm destilliertem Wasser verdünnt, in ein weithalsiges Kölbchen, das mit einem doppelt durchbohrten Stopfen verschlossen ist. In die eine Bohrung ragt eine Bürette, in der sich die zu untersuchende Flüssigkeit befindet.

Die Kupferlösung wird einige Sekunden lang im Sieden gehalten, während allmählich, aber gleichmäßig, am Anfang schneller, zum Schlusse tropfenweise, die Zuckerlösung, deren Konzentration $1—2\,^0/_0$ nicht übersteigen darf, so lange einfließt, bis vollständige Entfärbung der dunkelblauen Lösung eingetreten ist. Der gesamte Apparat muß mit Ammoniakdämpfen gefüllt bleiben. Ein langes und heftiges Erhitzen ist möglichst zu vermeiden deshalb, weil dadurch in der Kupferlösung Mangel an Ammoniak eintritt und dann Kupferoxydul ausfällt. Bei einiger Übung kann man eine Zuckerbestimmung mit 5 Kontrollbestimmungen in $^1/_2$ Stunde ausführen, wobei für jede einzelne Bestimmung rund $1^1/_2—2$ Minuten gerechnet werden, während die übrige Zeit zur jeweiligen Vorbereitung des Versuchs beansprucht wird.

---

[1]) Zeitschr. f. Biochemie **23**, 47 [1909]; **38**, 468 [1912].

Zur Bestimmung der Zucker in der Sulfitablauge verfährt man nach König und Becker[1]) wie folgt: 50 ccm Lauge werden nach der Neutralisation mit Kreide in einer Glasschale auf dem Wasserbade eingedampft, filtriert, ausgewaschen und das Filtrat bis fast zur Trockne eingedampft. Der Sirup wird dann mit 10—20 ccm heißem Wasser gelöst und in einen 200 ccm-Kolben eingefüllt, gegebenenfalls noch etwas eingedampft und dann allmählich 95 $^0/_0$iger Alkohol in kleinen Portionen von jedesmal 25 ccm zugesetzt, wobei gut umzuschwenken ist. Zuletzt füllt man mit Alkohol bis zur Marke auf und mischt nochmals tüchtig durch. Nachdem sich der entstandene Niederschlag, der die Dextrine enthält, abgesetzt hat, filtriert man die klare alkoholische Lösung ab. Ein aliquoter Teil des Filtrats, beispielsweise 25 ccm, werden in einen Erlenmeyerkolben gebracht und aus diesem der Alkohol durch vorsichtiges Erwärmen auf dem Wasserbade abdestilliert. Der Rückstand wird in 50 ccm Wasser gelöst und in der Lösung der Zucker mit Fehlingscher Lösung bestimmt. Unter Umständen muß man diese Lösung nochmals verdünnen, um die Zuckerbestimmung mit Fehlingscher Lösung in richtiger Konzentration — 1 $^0/_0$ — durchführen zu können.

Bestimmung der gärfähigen Zucker in der Ablauge. Bei den vorstehend beschriebenen Methoden erhält man die Gesamtmenge aller reduzierenden Zucker, also die Menge der vergärbaren Hexosen und der nicht vergärbaren Pentosen. Nach Hägglunds Ermittlungen machen die Pentosen bei Nadelholzablauge etwa 30 $^0/_0$ der Gesamtzuckermenge aus.

Die gärfähigen Zucker müssen durch Gärversuche bestimmt werden, für welche Dieckmann[2]) das Gärungs-Saccharometer von Lohnstein empfiehlt.

„Zur eigentlichen Bestimmung muß die Ablauge heiß, am besten mit frisch bereitetem Ätzkalkstaub, abgestumpft werden, und es hat sich als sehr günstig gezeigt, wenn die Abstumpfung soweit geführt wird, daß 100 ccm Ablauge bei gewöhnlicher Temperatur noch 12 bis 15 ccm $^n/_{10}$ NaOH bis zur vollständigen Neutralisation (Phenolphthaleinpapier) verbrauchen; die mit Ätzkalk behandelte Ablauge wird dann vor dem Einfüllen bzw. Verdünnen beim Gebrauch des kleinen Modells des Dr. Lohnsteinschen Saccharometers filtriert. Die zur Verwendung kommende Preßhefe muß natürlich frisch sein.

---

[1]) J. König und E. Becker, Die Bestandteile des Holzes und ihre wirtschaftliche Verwertung. Heft 26 der Veröffentlichungen der Landwirtschaftskammer f. d. Provinz Westfalen. Münster i. W. 1918, S. 23.

[2]) R. Dieckmann, Wochenbl. f. Papierfabr. 47, 1772—1773 [1916].

Will man sich von der richtigen Anzeige des Saccharometers überzeugen, so kann hierzu eine $1\,^0/_0$ige Invertzuckerlösung genommen werden, welche man sich nach folgender Vorschrift herstellt:

9,5 g reiner Rohrzucker werden in 700 g heißem Wasser gelöst, mit 100 ccm $^n/_5$ Salzsäure 30 Minuten im Wasserbade auf 100^0 erhitzt, rasch auf 20^0 abgekühlt, mit genau titrierter Natronlauge neutralisiert und auf 1000 ccm aufgefüllt.

Wird diese Lösung mit dem Saccharometer geprüft, so zeigt dieser $1\,^0/_0$ vergärbaren Zucker an, gleich dem wirklichen Gehalt der Lösung.

Nach K. Rieth[1]) ist zweckmäßiger als das Saccharometer von Lohnstein dasjenige von Weidenkaff.

Bestimmung des Gerbstoffgehaltes in der Sulfitablauge. Zum qualitativen Nachweis von Sulfitablauge in Gerbextrakten dient eine von Procter und Hirst[2]) angegebene Probe: Fügt man zum Untersuchungsmaterial, nämlich zu 5 ccm einer Lösung, die in bezug auf Gerbstoffe die bei Gerbstoffuntersuchungen übliche Stärke hat, 0,5 ccm frisch destilliertes Anilin, dann 2 ccm konzentrierte Salzsäure, so bleibt die Flüssigkeit beim Vorliegen echten Gerbextraktes klar, bei Gegenwart von Sulfitablauge scheidet sich ein Niederschlag aus.

Nach Small[3]) kann man die Sulfitablauge auch mit Eisessiggelatine nachweisen. Das Reagens wird aus 40 ccm $2\,^0/_0$iger Gelatinelösung durch Zusatz von 30 ccm Eisessig bereitet. Man wendet 1 ccm Reagens und Gerbstofflösungen von normaler Konzentration (3,5—4,5 g in 1 Liter) an.

Quantitative Bestimmung des Gerbstoffgehaltes[4]). Bestimmung des Gesamtlöslichen: 50 ccm der vollständig klaren Lösung werden auf dem Wasserbade in einer genau gewogenen Schale aus Porzellan oder dgl. zur Trockne gebracht. Die Schale samt Inhalt wird 3—4 Stunden im Trockenschrank bei $98—100^0$ getrocknet und nach dem Erkalten im Exsikkator genau gewogen. Die Wägung muß schnell geschehen, damit der Schaleninhalt nicht erst Feuchtigkeit aus der Luft anziehen kann. Zur Bestimmung der Nichtgerbstoffe nach dem Filterverfahren verwendet man von Zelluloseextrakten 20 g auf 1 Liter, von der Sulfitlauge selbst nach Entkalkung und Entsäuerung die entsprechende Menge. Erforderlich ist schwach chromiertes Hautpulver, wie es die „Deutsche Versuchsanstalt für

---

[1]) K. Rieth, Wochenblatt f. Papierfabr. **47**, 1863 [1916].

[2]) Journ. Soc. Chem. Ind. **28**, 293 [1909].

[3]) Journ. Soc. Chem. Ind. **32**, 245 [1913].

[4]) Mit Genehmigung von Prof. Dr. Johannes Paeßler aus der Sonderschrift: „Die Verfahren zur Untersuchung der pflanzlichen Gerbemittel und Gerbstoffauszüge". Heft I. Freiberg. Gerlachsche Buchdruckerei [1912].

Leder-Industrie" in Freiberg i. Sa. in den Handel bringt. Dieses Hautpulver soll möglichst hell und wollig sein, den Gerbstoff schnell und vollständig aufnehmen und nur wenig lösliche Stoffe enthalten. Der Chromoxydgehalt soll etwa 0,3—0,5 $^0/_0$ betragen. Die Ausfällung des Gerbstoffes wird in dem Procterschen Glockenfilter vorgenommen, dessen Einrichtung aus der Abb. 24 ersichtlich ist.

Das Proctersche Glockenfilter besteht aus einer zylindrischen Glasglocke, deren Verjüngung einen durchbohrten Kautschukstopfen trägt, durch dessen Öffnung ein zweimal rechtwinklig gebogenes Heberhaarrohr gesteckt ist. Das Ende des kürzeren Schenkels schneidet mit dem unteren Ende des Stopfens ab. Die Größenverhältnisse sollen folgende sein: Länge 7 cm, Durchmesser des zylindrischen Teiles 3 cm und des verjüngten Teiles 1,8 cm. Soll das Glockenfilter für die Gerbstoffaufnahme vorbereitet werden, so kommt in den oberen Teil der Glocke zunächst ein kleiner Bausch von trockner, gut ausgewaschener Baumwolle, der ein Eindringen von Hautpulver in das Haarrohr verhüten soll. Man füllt nunmehr die Glocke mit 7 g lufttrockenem Hautpulver, und zwar so, daß dieses ziemlich festgestopft wird und nicht von selbst aus der Glocke fällt. Namentlich an den Rändern muß man fester stopfen, damit sich die Gerbstofflösung nicht an den Glaswandungen

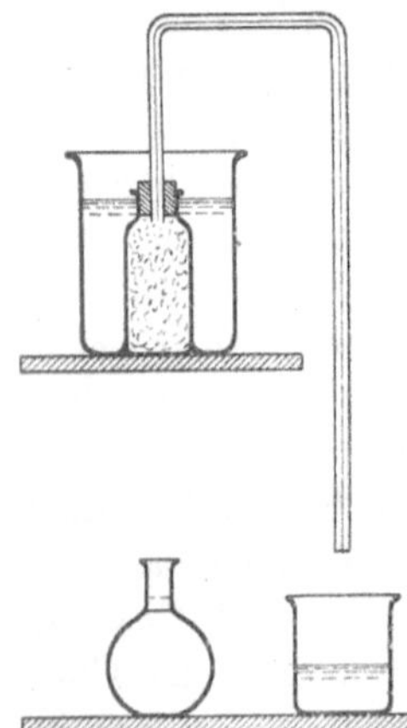

Abb. 24. Proctersches Glockenfilter.

hinaufzieht. Das Glockenfilter ist alsdann zum Gebrauch fertig. Man spannt das Heberrohr in eine Klemme ein, senkt die Glocke fast bis auf den Boden eines 150—200 ccm fassenden Becherglases und gießt in dieses ungefähr 125 ccm der gerbstoffhaltigen Lösung (man kann hierzu die nicht gefilterte Lösung oder den zuerst ablaufenden Anteil der durch die Filterkerze hindurch gegangenen Lösung verwenden, aber nur dann, wenn zum Filtern eine vollständig trockne Kerze benutzt wurde). Das Hautpulver saugt infolge der Saugkraft die Lösung langsam von selbst an, und man wartet, bis die Glocke sich vollständig vollgesaugt hat. Man saugt hierauf an dem längeren Schenkel des Heberrohres schwach an, bis die Lösung langsam abtropft. Das Abtropfen soll so erfolgen, daß auf die Minute etwa 5—8 Tropfen kommen und daß das Durchlaufen der erforderlichen Menge der Lösung im ganzen 2—3 Stunden dauert. Man erhält im Stopfen bald soviel Übung, daß dieser Forderung genügt wird. Die ersten Anteile der vom Gerbstoff befreiten Lösung lassen sich nicht zur Bestimmung der Nichtgerbstoffe verwenden, weil sie noch die

Hauptmenge der löslichen Bestandteile des Hautpulvers enthalten. Aus diesem Grunde muß man die ablaufende Lösung so lange verwerfen, als eine Probe mit einigen Tropfen einer Tanninlösung noch einen Niederschlag oder eine Trübung liefert. Bei Verwendung eines guten Hautpulvers kann man erfahrungsgemäß annehmen, daß nach Ablauf von 30 ccm die Lösung keine Trübung mit Tanninlösung gibt. Die weitere Lösung fängt man gesondert auf, am besten in einem kleinen Kölbchen, das etwa 60 ccm faßt und mit einer Marke versehen ist. Hat man 125 ccm Gerbstofflösung in das Becherglas gegossen, so genügt dies, um etwa 60 ccm der gerbstoffreien Lösung zur Bestimmung der Nichtgerbstoffe zu erhalten. Diese Lösung muß vollständig klar und wasserhell sein; einige Kubikzentimeter dürfen auf Zusatz eines Tropfens einer Lösung von $1\,^0/_0$ weißem Leim und $10\,^0/_0$ Kochsalz keine Trübung geben.

Genau 50 ccm der vom Gerbstoff befreiten Lösung werden in derselben Weise wie bei der Ermittlung des Gesamtlöslichen zur Trockne verdampft und der Rückstand, der aus den Nichtgerbstoffen besteht, wird in gleicher Weise wie dort getrocknet und gewogen. Man erhält auf diese Weise die Menge der Nichtgerbstoffe, die man vom Gesamtlöslichen abzieht. Der Unterschied zwischen beiden ist gleich der Menge der gerbenden Stoffe.

Zur Prüfung eines Hautpulvers auf seine Verwendbarkeit verfährt man genau in derselben Weise, wie bei der Ausfällung des Gerbstoffes, nur mit dem Unterschied, daß man destilliertes Wasser durch das Hautpulver filtriert (es ist der sog. „blinde Versuch"). Nach Verwerfen der ersten Anteile des durchgefilterten Wassers (etwa 30 ccm) dampft man von den weiteren 60 ccm wässeriger Flüssigkeit 50 ccm ein und trocknet den Rückstand in der beschriebenen Weise. Soll das Hautpulver verwendbar sein, so darf der Trockenrückstand 5 mg nicht übersteigen.

F. Betriebskontrolle in der Sulfitspritfabrik.

An dieser Stelle soll nur von chemischer Kontrolle die Rede sein. Bezüglich der bakteriologischen Kontrolle muß auf einschlägige ausführliche Fachliteratur verwiesen werden. (Z. B. Lindner, Mikroskopische Betriebskontrolle in den Gärungsgewerben, Berlin 1909; W. Henneberg, Gärungsbakteriologisches Praktikum. Betriebsuntersuchungen, Berlin 1909.)

1. Rohstoffe.

Von den in der Spritfabrik benutzten Rohstoffen kann bezüglich Kalkstein und Ätzkalk für die Neutralisierung der Ablaugen auf vorhergehende Kapitel verwiesen werden. (Kalk siehe bei Wasserreinigung, Kalkstein bei Herstellung der Sulfitlaugen.)

Da Kalkstein häufig als feingemahlenes Mehl bezogen wird und zwecks schneller Durchführung der Neutralisation ein gewisser Feinheitsgrad erwünscht ist, wäre möglicherweise eine Prüfung auf den geeigneten Grad der Zerkleinerung zweckmäßig. Diese könnte vielleicht in ähnlicher Weise geschehen wie bei der Bestimmung des Feinheitsgrades von Schwefel nach Chancel: Durchschütteln einer Probe mit Äther in einem Meßzylinder und Ablesen des endgültigen Volumens des sich absetzenden Kalkmehles. Wieweit diese Methode geeignet ist, muß noch durch Versuche bestimmt werden.

Über die Untersuchung der Ablauge vergleiche man das vorhergehende Kapitel.

2. Nahrungsstoffe für die Hefe.

Als solche kommen zur Zeit wohl hauptsächlich Ammonsulfat und Phosphorsäure in Frage.

Ammonsulfat.

Es kommt meist in schwach feuchtem Zustande in den Handel und weist häufig ein wenig saure Reaktion auf.

1. Die Feuchtigkeit wird durch Trocknen einer Probe von 5—10 g des Salzes möglichst bei 105° bestimmt.

2. Ammoniakgehalt. Seine Ermittlung, die wichtigste Bestimmung, geschieht in bekannter Weise durch Austreiben der Base nach Zusatz von fixem Alkali und Auffangen in Schwefelsäure. Man löst 10 g Salz, verdünnt auf 500 ccm und nimmt zur Destillation 50 ccm, entsprechend 1 g Sulfat. Man verdünnt im Destillationskolben mit etwa 150—200 ccm Wasser, fügt 5 ccm etwa $n/_2$ starke Natronlauge zu und destilliert in eine Vorlage mit 200 ccm $n/_1$ Lauge, deren Überschuß nach dem Versuch zurücktitriert wird (Indikator Methylorange). 1 ccm $n/_1$ Säure entspricht 0,01703 g NH_3. (Reines Salz enthält 25,78 $^0/_0$ NH_3).

3. Schwefelsäuregehalt. In 50 ccm obiger Lösung (1,0 g Sulfat) wird in üblicher Weise mit Baryumchlorid die Schwefelsäure gefällt und bestimmt.

Bisweilen erforderlich ist die

4. Bestimmung freier Schwefelsäure; dies geschieht durch Titrieren von 50 ccm der gleichen Lösung mit $n/_{10}$ Alkali unter Benutzung von Methylorange als Indikator.

Phosphorsäure.

Die genaue Ermittlung des Phosphorsäuregehaltes geschieht nach Beseitigung der meist zahlreich vorhandenen Verunreinigungen (Pb, Al und Fe sowie CaO) mittels Magnesiamixtur. Bezüglich der Ausführung der Analyse wird auf bekannte Werke über analytische Chemie verwiesen.

Meistens begnügt man sich mit der Feststellung des spez. Gewichtes der Ware. Handelswaren sind hauptsächlich 25%ige und 40%ige Ware, jene 27^0, diese 44^0 Bé. 43%ige und höherhältige Säure ist teigig.

3. Betriebsanalysen.

Säuregrad der Maische.

Für den günstigsten Verlauf der Gärung ist eine schwach saure Reaktion der Maische erforderlich. Die Ermittlung des Säuregrades — das Optimum ist nicht für alle Heferassen das gleiche — geschieht wie folgt: 20 ccm vom Neutralisationsturm kommende Ablauge werden mit $n/_{10}$ Alkali vollkommen neutralisiert, wobei der Endpunkt durch Tüpfeln auf Phenolphtaleinpapier festgestellt wird. Man gibt den Säuregrad unmittelbar als ccm $n/_{10}$ Natronlauge an, welche zur Neutralisation der stets gleich großen Probemenge notwendig sind.

Bestimmung der Spritausbeute.

Man destilliert aus 250 oder 500 ccm der vergorenen Ablauge nach Zusatz von Soda bis zur alkalischen Reaktion den Sprit zusammen mit einer kleineren Wassermenge ab. Hierzu benutzt man den Apparat nach Abb. 25, welcher keiner weiteren Erläuterung bedarf. Man fängt als Destillat 100 ccm in einem Meßkölbchen auf und bestimmt mittels eines Lutterprobers im Destillat den Alkoholgehalt. Meistens geben die Lutterprober den Gehalt an Volumprozent an.

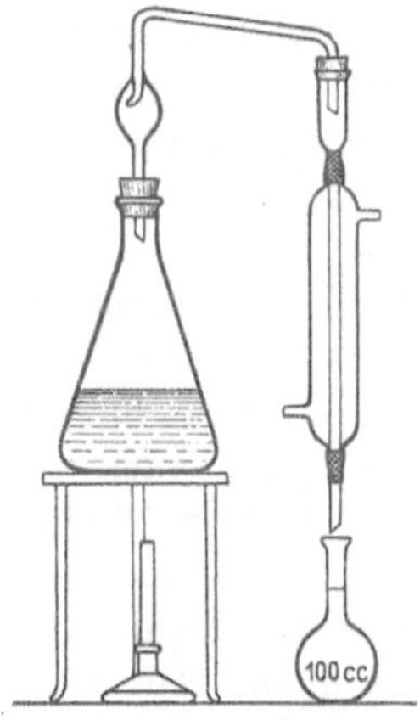

Abb. 25. Spritbestimmung in der vergorenen Sulfitlauge.

Bei der Destillation ist, um Stoßen und Überschäumen zu vermeiden, nicht mehr Soda als notwendig anzuwenden.

Die Ermittlung des Alkoholgehaltes im Destillat kann natürlich auch durch Ermittlung des spez. Gewichts mittels des Pyknometers geschehen. Die Bestimmung mittels Lutterprober genügt jedoch den Ansprüchen der Praxis im allgemeinen vollkommen. Zweckmäßig ist, vor Anwendung eines neuen Lutterprobers diesen durch pyknometrische Bestimmung zu kontrollieren. Auf genaue Einhaltung der für den Lutterprober vorgeschriebenen Normaltemperatur ist zu achten.

4. Untersuchung des Sulfitsprites.

1. Spez. Gewicht. Es wird in bekannter Weise mittels des Pyknometers oder der Westphalschen Wage ermittelt. Statt hiermit den Alkoholgehalt zu ermitteln, benutzt man die schneller zum Ziele führenden Alkoholometer: Aräometer, die unmittelbar Volum- bzw. Gewichtsprozent ablesen lassen.

Die weitere Untersuchung des Sprit erstreckt sich auf das äußere Aussehen, den Geruch, das Verhalten beim Verdünnen, auf die Ermittlung des Trocken- und Aschenrückstandes, des Schwefelgehaltes, die Bestimmung der vorhandenen Aldehyd-, Ester- und Methylalkoholmengen. Endlich kommen noch Prüfungen auf Furfurol und Fuselöl in Betracht, sowie einige Proben wie die von Vitalli und die Oxydationsprobe mit Permanganat.

2. **Die Beurteilung des äußeren Aussehens** geschieht durch Einfüllen einer größeren Menge (500—1000 ccm) Sprit in einen farblosen Glaszylinder. Man beobachtet die Färbung in der Durchsicht (häufig eine Spur gelblich), sowie, ob feine Trübungen vorhanden sind.

3. **Verhalten beim Verdünnen.** Um zu ermitteln, ob im Sprit Stoffe enthalten sind, die nur in Alkohol löslich sind, verdünnt man eine Probe von 250 ccm mit Wasser auf 1 Liter. Eine auftretende Trübung läßt genannte Stoffe erkennen.

4. **Bei der Prüfung auf Geruch** ist festzustellen, ob mehr oder weniger starker Aldehyd- und Fuselgeruch vorhanden ist. Durch Verreiben einiger Tropfen Sprit auf dem flachen Handteller läßt sich meist eine bessere Beurteilung erlangen.

5. **Trockenrückstand.** 500 ccm Sprit werden nach und nach in einem kleinen gewogenen Kolben abdestilliert und der Rückstand nach kurzem Trocknen im Trockenschrank zur Wägung gebracht. Es ist empfehlenswert, den Kolben statt mittels Korkpfropfen durch einen eingeschliffenen Pfropfen und Glasrohr mit dem Kühler zu verbinden. Aus Korkpfropfen löst der Sprit soviel Bestandteile, daß unter Umständen ganz mißweisende Ergebnisse erzielt werden.

6. **Aschenrückstand.** 500 ccm Sprit werden wie oben bis auf etwa 50 ccm abdestilliert und darauf diese in einem gewogenen Tiegel zur Trockne verdampft. Der dann geglühte Rückstand wird gewogen. Diese Bestimmung kann gegebenenfalls mit der vorstehenden vereinigt werden, indem man vor dem Glühen den Trockenrückstand im Tiegel zur Wägung bringt. Am geeignetsten sind Platintiegel.

7. **Säuren.** 50 ccm Sprit werden nach Verdünnung mit 150 ccm Wasser unter Zusatz von Methylrot oder Methylorange bis zur alkalischen Reaktion titriert. Die Berechnung erfolgt auf Essigsäure. (1 ccm $n/_{10}$ NaOH $= 0,006$ g CH_3COOH.)

8. **Ester.** 50 ccm Sprit werden nach der Neutralisation mit 25 ccm $n/_{10}$ Alkali $^1/_2$ Stunde am Rückflußkühler am Wasserbad gelinde gekocht. Nach dieser Zeit läßt man abkühlen und titriert den Alkaliüberschuß unter Benutzung von Phenolphthalein zurück. Den Estergehalt drückt man in Gramm Äthylacetat aus. Es entspricht 1 ccm $n/_{10}$ NaOH $0,0088$ g $C_2H_3OOC_2H_5$.

9. **Bestimmung von Acetaldehyd.** Als geeignet hat sich für vorliegenden Zweck[1]) die Methode von Brochet und Cambier erwiesen. Diese Methode beruht auf der Umsetzung, welche nach folgender Gleichung zwischen Aldehyd und salzsaurem Hydroxylamin statthat:

$$CH_3COH + NH_2OH \cdot HCl = HCl + H_2O + CH_3CH : NO.$$

Für jedes vorhandene Mol Aldehyd wird also 1 Mol Salzsäure in Freiheit gesetzt.

Zur Durchführung der Bestimmung läßt man zu 10 ccm in einem Becher befindlichem Sprit 100 ccm einer $0,4\,^0/_0$igen Hydroxylaminchlorhydrat-Lösung fließen. Den Becher stellt man zwecks Vervollständigung der Reaktion an einen warmen Ort ungefähr 30^0 warm und titriert nach etwa 1 Stunde nach erfolgtem Abkühlen die in Freiheit gesetzte Salzsäure.

Als Indikator muß Methylorange angewendet werden, welches neutral gegen das bei der Reaktion nicht umgesetzte Hydroxylaminsalz reagiert.

Aus obiger Gleichung geht hervor, daß 1 Mol Salzsäure 44 g Aldehyd entspricht.

10. **Bestimmung des Methylalkoholgehaltes.** Für vergleichende Untersuchungen im Betrieb hat sich als am zwckmäßigsten die Methode von Denigès erwiesen[2]). Die Methode besteht in der Überführung des Methylalkohols in Formaldehyd und dessen kolorimetrischer Bestimmung mittels fuchsinschwefliger Säure. Vorhandener Aldehyd ist ohne größeren Einfluß auf das Ergebnis.

Die Durchführung der Bestimmung ist hier ganz genau die gleiche, wie sie oben bei der Pektinbestimmung im Holz beschrieben ist. Als anzuwendende Analysenmenge hat sich 0,10 ccm des Sprites als genügend erwiesen (1 ccm des 1:10 verdünnten Sprites). Es ist unbedingt darauf zu achten, daß der Alkohol, welcher zwecks Beschleunigung der Reaktion den Vergleichslösungen von Methylalkohol zugesetzt wird, tatsächlich frei von Methylalkohol ist. Hierzu ist ein Blindversuch notwendig; die Probe soll hierbei keine violette Färbung zeigen, höchstens eine schwach rosa Tönung, die von gebildetem Acet-Aldehyd stammt.

Der Vergleich mit den Standardproben kann unter Benutzung der Tabellen von Fellenberg geschehen. Statt dessen kann die Gehaltsermittlung jedoch auch so erfolgen, daß man Vergleichsversuche mit mehreren sich wenig im Methylalkoholgehalt unterscheidenden Standardproben durchführt. Hat man z. B. hierbei gefunden,

---

[1]) Vgl. Sieber, Aldehydgehalt in Sulfitsprit. Chem. Ztg. 1921, H. 44.
[2]) Sieber, Pap.-Fabrik. **19**, H. 9, S. 89 [1921].

daß die Probe nach den Standardmustern zu urteilen zwischen 2,0 bis 2,5 $^0/_0$ Methylalkohol enthält, so führt man einen neuen Versuch aus, wobei man Standardlösungen mit 2,2 und 2,4 $^0/_0$ Methylalkohol benutzt. Auf diese Weise wird man dann vielleicht finden, daß der Gehalt bei 2,3 $^0/_0$ liegt. Dieses Verfahren ist zwar umständlicher, gibt jedoch gute Werte, da größere Farbunterschiede im Kolorimeter nicht zur Beurteilung gelangen. Wenn man nur wässerige Methylalkohollösungen benützt, so sind die Werte weniger genau[1]). Auch bei höherem Methylalkoholgehalt — über 3,5 $^0/_0$ — lassen die Werte infolge gleichzeitig gesteigerter Mengen anderer Verunreinigungen im Sprit in ihrer Genauigkeit zu wünschen. Dies gilt besonders, wenn man absolute, nicht Vergleichswerte zu erlangen beabsichtet.

Arbeitet man nach von Fellenberg, so erlangt man das Ergebnis in Gramm/Kubikzentimeter, arbeitet man nach der zuletzt erwähnten Vergleichsvorschrift[2]), so kann man unmittelbar Volumprozente erhalten, wenn die Standardproben auf Volumengehalte Methylalkohol hergestellt wurden.

11. Höhere Alkohole (Fuselöl). Für die Betriebsbestimmung wird es im allgemeinen genügen, das Fuselöl durch längeres Ausschütteln einer größeren, mit Wasser auf 1 : 5 verdünnten Spritprobe mit Chloroform in dieses überzuführen und schließlich nach Abdampfen dieses Lösungsmittels den verbleibenden Rest nach Menge und Geruch zu beurteilen (Uffelmanns Probe).

Für genauere quantitative Bestimmung käme die Methode nach Röse in Betracht. (Bestimmung der Volumzunahme von Chloroform durch Aufnahme des Fuselöles beim Schütteln einer Spritprobe mit jenem ·Lösungsmittel.) Auf diese Methode muß jedoch verwiesen werden[3]).

12. Oxydationsprobe mit Permanganat. Das Ergebnis dieser Bestimmung gibt einen ungefähren Anhaltspunkt über die Menge an vorhandenen organischen Verunreinigungen im Sprit, welcher selbst nur langsam von verdünntem Permanganat angegriffen wird. Man füllt zur Ausführung der Probe 50 ccm des Sprites in einen verschließbaren Meßzylinder von 100 ccm Inhalt. Man bringt den Inhalt genau auf eine Temperatur von 15^0 und setzt dann 1 ccm einer Kaliumpermanganatlösung zu, welche 0,1 g des Salzes in 500 ccm gelöst enthält. Alsdann schüttelt man um und beobachtet, welche Zeit vergeht, bis die anfänglich rotviolette Farbe einem lachsfleisch-

---

[1]) Mitteilung von Dr. Holmberg, Stockholm (Kontrollstyrelsen) an Dr. Sieber.

[2]) Wird von Dr. Holmberg empfohlen.

[3]) Lunge-Berl, Chem. Untersuchungs-Methoden. 6. Aufl. **4**, S. 200.

farbenen Tone Platz gemacht hat. Die Permanganatlösung soll möglichst frisch sein, ferner ist bei Vergleichsversuchen darauf zu achten, daß die Spritproben möglichst alle gleich stark sind. (95/96 Volumprozent.)

13. **Vittallische Probe.** Ganz ähnlichem Zweck wie die vorhergehende dient diese Probe. Zu ihrer Ausführung unterschichtet man im Reagenzglas eine Spritprobe mit konz. Schwefelsäure. Die mehr oder weniger dunkelrote Zone, die an der Berührungsfläche entsteht, gilt als ein Maß für die Reinheit des Sprites. Sehr reine Sprite zeigen nur ein ganz schwach getöntes Band.

14. **Furfurol.** Zum Nachweis dient essigsaures Anilin. Es erzeugt mit selbst geringen Mengen Furfurol eine orangerote Färbung. Das Reagens stellt man sich jedesmal frisch her. Man verwendet zur Bestimmung 10 ccm Sprit, 0,5 ccm Anilin und 2 ccm Eisessig. Da die Intensität der eintretenden Färbung ziemlich genau dem Furfurolgehalt proportional ist, kann man mittels Vergleichslösungen von bekanntem Furfurolgehalt ($1:1000 - 1:10\,000$) kolorimetrisch seine Höhe ermitteln.

15. **Gesamtschwefelgehalt im Sulfitsprit.** Nach Vorschrift der Ethyl A. B., Stockholm, verfährt man hierzu wie folgt. 50 ccm Sprit werden in einem Becher mit der gleichen Menge destillierten Wassers versetzt. Alsdann wird soviel Bromlösung zugefügt, daß starke Gelbfärbung eintritt. Man läßt die Probe eine Stunde stehen, wobei durch wiederholte Zugabe von Brom diese Färbung aufrecht erhalten werden muß. Der Überschuß an Brom wird dann verjagt, ebenso die größte Menge des Alkohols durch Kochen, worauf in bekannter Weise der zu Schwefelsäure oxydierte Schwefel mit Baryumchlorid gefällt wird. Man kann anstatt mit Bromlösung die Oxydation auch durch eine Mischung von Brom mit Alkali durchführen. Ob genügend alkalische Bromlösung zugesetzt wurde, erkennt man hier am Geruch. Im übrigen verfährt man sonst ganz genau wie oben.

Ist sehr wenig Schwefel vorhanden, so muß man zur Erlangung sicherer Werte mehr Sprit zum Versuch anwenden. Es ist immer zweckmäßig, nach erfolgter Fällung zur Vervollständigung der Reaktion die Reaktionsflüssigkeit über Nacht stehen zu lassen und dann erst zu filtrieren.

5. Untersuchung von Fuselölen.

Nebenerzeugnisse von Brennereibetrieben dürfen nach dem deutschen Branntweinsteuergesetz nur dann steuerfrei in den Verkehr übergehen, wenn ihr Gehalt an Ölen mindestens $75\,^0/_0$ beträgt. Da Fuselöl außer diesen der Hauptsache nach nur Wasser und

Äthylalkohol enthält, so beschränkt sich die Untersuchung des Produktes auf die Ermittlung weniger Zahlen.

1. **Bestimmung des Wassergehaltes.** Man versieht ein weites Reagensrohr mit Marken (Diamantstrich) bei 30, 32,5 und 40 ccm Inhalt, reinigt es sorgfältig mit Chromkali-Schwefelsäure und heißem Wasser und trocknet es. In dieses Glas füllt man 30 ccm Chlorkalziumlösung vom spezifischen Gewicht 1,225 und dann bis zur Marke 40 ccm das zu untersuchende Fuselöl. Nach Aufsetzen eines gut passenden Pfropfens schüttelt man etwa 1 Minute lang kräftig durch, worauf man die Flüssigkeit sich durch senkrechtes Aufstellen des Rohres in zwei Schichten trennen läßt. Nach einiger Zeit liest man die Höhe der Ölschicht ab, nicht ohne vorher durch rasches Vor- und Zurückdrehen um die senkrechte Achse des Rohres die an seinen Wänden haftenden Öltropfen nach oben getrieben zu haben. Die Ölschicht soll nach unten hin wenigstens bis zum 32,5 ccm-Strich reichen, was einem Fuselölgehalt von $75\,^0/_0$ entsprechen würde. Die benötigte Chlorkalziumlösung wird hergestellt durch Auflösen von 25 g wasserfreiem Salz in 100 ccm destilliertem Wasser und folgendes Filtrieren der Lösung.

2. **Prüfung auf Alkoholgehalt.** In einem Scheidetrichter werden 50 ccm Fuselöl nacheinander 3 mal mit 100 ccm obiger Chlorkalziumlösung gut durchgeschüttelt und die nach der Trennung ablaufenden wässerigen Salzlösungen, die den Äthylalkohol enthalten, vereinigt. Man destilliert nun 100 ccm dieser Lösung in eine Vorlage ab und bestimmt im Destillat mittels eines Lutterprobers (oder Pyknometers) den Prozentgehalt an Alkohol.

Bezüglich des Alkoholgehaltes bestehen nur Vorschriften für vom Ausland eingeführte Fuselöle. Nur solche mit weniger als 8 Gewichtsprozenten Alkohol unterliegen einem niederen Zollsatz, solche mit höherem sind wie Branntwein zu verzollen.

Weitere beachtenswerte Literatur:

H. C. Moore, Journ. of Ind. and Engin. Chem. 7, 643, 8, 1167—1170, C. [1915] II., 629 [1916]. Chem. Zentralbl. 2, 629 [1915]; 1, 865 [1918]. Resultate einer neuerlichen Kommissionsarbeit über die Bestimmung von Schwefel in Pyriten.

Die Lungesche Methode ist wenig zuverlässig, die Allen-Bishopsche Methode liefert bei der Bestimmung von Säure in Pyriten durchaus genaue Analysenwerte.

H. C. Moore, Erfolg einer weiteren gemeinschaftlichen Untersuchung über die Bestimmung von Schwefel in Pyrit. (Journ. Ind. and Engin. Chem. 11, 45—49, I/1 [1919]; Chem. Ztrlbl. 4, 132 [1919] Nr. 5.

Die Methode nach Lunge ergibt keine Übereinstimmung, dagegen ausgezeichnete Werte die Methode nach Allen und Bishop.

Ernst Mengler, Über die elektrolytische Bestimmung des Kupfers in Schwefelkiesen und Kiesabbränden. Chem. Ztg. **43**, 729 [1919] Nr. 129.

J. I. Craig, Chem. News **115**, 253—255, 265—268 [1917]; Journ. Soc. Chem. Ind. **36**, 709 [1917]; Zeitschr. f. angew. Chem. **31**, 151 [1918]. Volumetrische Bestimmung des Schwefels in Pyriten.

H. Phillips, Chem. News **115**, 312 [1917]; Zeitschr. f. angew. Chem. **31**, 151 [1918]. Volumetrische Bestimmung des Schwefels in Pyriten.

L. W. Winkler, Zeitschr. f. angew. Chemie **30**, 281—282 [1917]. Schwefelbestimmung im Pyrit.

E. Dittler, Chem. Zentralbl. **2**, 671 [1917]. Über die Adsorption von Schwefelsäure durch Eisenhydroxyd und Bildung kolloiden Schwefels aus Sulfiden.
Bei der Bestimmung des Schwefels in Pyriten können Analysendifferenzen von 0,3—4,5 % entstehen, wenn das gefällte Ferrihydroxyd nicht besonders gründlich ausgewaschen, oder besser nochmals gefällt wird.

Z Karaglanow, Zeitschr. f. analyt. Chem. **56**, 561—568 [1917]; Chem. Zentralbl. **1**, 470—471 [1918]. Die Bestimmung von Schwefel in Pyriten.
Die Bestimmung kann ohne Entfernung des Ferrisalzes erfolgen.

J. Meunier, Journ. Soc. Chem. Ind. **35**, 1132 [1916]; Compt. rend. **163**, 332 bis 334 [1916]; Zeitschr. f. angew. Chem. **30**, 234 [1917]. Chem. Zentralbl. **2**, 193 [1917].
Selenverbindungen sollen im Marshschen Apparat nachgewiesen werden. Nachweis kleiner Mengen von Selen und ihre Unterscheidung von Arsen.

L. Moser und W. Prinz, Die maßanalytische Bestimmung der selenigen Säure und der Selensäure. Zeitschr. anal. Chem. **58**, 13 [1919]; Chem.-Ztg. **43**, Beilage 133 [1919] Nr. 72.

G. Fenner, Chem.-Ztg. **47**, 793—794 [1917]; Zeitschr. f. angew. Chem. **31**, 70 [1918]. Schnellmethoden zur Arsenbestimmung mit besonderer Berücksichtigung der Destillation mit nachfolgender Titration.

Hottenroth, Zeitschr. f. angew. Chemie **31**, I. 45 [1918]; **31**, 79—80 [1918]. Zur Untersuchung ausgebrauchter Gasreinigungsmassen.
Kritik an der Analysen-Methode der „Wirtschaftlichen Vereinigung deutscher Gaswerke" Köln.
Entgegnung auf die Ausführungen Hottenroths von der „Wirtschaftlichen Vereinigung deutscher Gaswerke A.-G." und „Deutsche Gold- und Silberscheideanstalt vorm. Roeßler".

Ernst Wolff, Zeitschr. f. angew. Chemie **31**, 128 [1918]. Schwefelbestimmung in der Gasreinigungsmasse. Oxydation mit Soda-Salpeter.

W. Ebert, Der automatische Röstgas-Untersuchungsapparat. Sonderabzug aus Papierkalender 1919. Hellmuth Henklers Verlag. Beschreibung eines selbsttätigen Röstgas-Analysen-Apparates.

Ein neuer Gasbestimmungs-Apparat nach Dr. Freymuth. Chem. Stg. **43**, 674 [1919] Nr. 121.
Der Apparat soll sich zur Bestimmung schwefliger Säure eignen.

Peter Klason, Papierfabrikant **15**, 3—4 [1917]. Analysierung der Sulfitsäure.
Kritik an der Methode von Oeman. Die älteren Verfahren von Winkler und Höhn sind völlig genau, so daß eine Veranlassung zur Abänderung nicht vorliegt.

Peter Klason, Papierfabrikant **15**, 296—298 [1917]. Über Unregelmäßigkeiten im Sulfitkochprozeß und über die sogenannte Mitscherlich-Probe.
Die Abhandlung enthält ausführliche Auseinandersetzungen über die Titration der Sulfitlaugen und eine Auseinandersetzung mit Oeman.

Erik Oeman, Papierfabrikant 15, 307—309 [1917]. Die Analyse der Sulfitsäure.
Entgegnung auf die Ausführungen Klasons und Verteidigung der Analysenmethode von Oeman.

Carl C. Schwalbe, Wochenbl. f. Papierfabr. 48, 2064—2067, 2116—2118 [1917].
Die Bestimmung von schwefliger Säure und Kalk in den Kochlaugen der Sulfitzellstoff-Fabriken. Übersicht über die vorgeschlagenen Untersuchungsmethoden.

B. Ferguson, Chem. Zentralbl. 89, 237—238 [1918]; Journ. of Ind. and Engin. Chem. 6, 298; C. [1914], I. 1899. Die jodometrische Bestimmung von Schwefeldioxyd und den Sulfiten.

Schwefelsäurehaltige Gase werden in einen Überschuß von Jodlösung geleitet, der Überschuß wird mit Natriumthiosulfat und Stärke bestimmt. Die Reichsche Methode ist, ebenso wie die vorgenannte, für kleine und große Gehalte an schwefliger Säure verwendbar, aber nur bei so großen Gasmengen, daß der Fehler, den die Unsicherheit des Endpunktes bietet, vernachlässigt werden kann. Wenn Kohlensäure und schweflige Säure in derselben Probe zu bestimmen sind, kann man die Sulfitmethode mit Vorteil benutzen. Die schweflige Säure wird in Natronlauge absorbiert und das Sulfit durch Zusatz der Lösung zu einer gemessenen Menge Jodlösung, die Salzsäure enthält, bis zur Entfärbung des Stärkeindikators bestimmt. Man kann auch durch Zusatz der alkalischen Lösung zu einem Überschuß an Jodlösung und Titration des Jodüberschusses mit Natriumthiosulfat arbeiten. Bei der Sulfitmethode muß man jedoch bei Mischungen mit nicht mehr als $3—4^0/_0$ schweflige Säure einen Korrektionsfaktor in die Rechnung einführen. Bei höheren Konzentrationen an schwefliger Säure werden aber die Ergebnisse unsicher.

Die Gasproben dürfen vor Eintritt in das Absorptionsmittel mit keiner Spur Feuchtigkeit in Berührung kommen. Enthalten die Mischungen $10^0/_0$ oder mehr an schwefliger Säure, so darf der Apparat keine Gummiverbindungen enthalten. Falls sehr genaue Bestimmungen auszuführen sind, müssen solche Gummiverbindungen auch bei geringerem Gehalt vermieden werden. Bei weniger als $3^0/_0$ kann diese Fehlerquelle vernachlässigt werden. Mischungen von schwefliger Säure und Stoffen oxydieren sich im feuchten Zustande langsam; aus einem feuchten Behälter, in dem das Gasgemisch längere Zeit verweilt, läßt sich selbst mit Auspumpen der ursprüngliche Gehalt an schwefliger Säure nicht wieder gewinnen.

J. M. Kolthoff, Zur chemischen Untersuchung der Sulfitlauge. „Pharm. Weekblad" vom 21. Juni 1919; Papier-Ztg. 44, 2235 [1919] Nr. 72.

Die im Überschuß angewendete Jodlösung wird mit unterschwefligsaurem Natron zurücktitriert. Zur Erhöhung der Haltbarkeit in dieser Lösung soll man sie in gut gereinigter verschlossener Flasche in zerstreutem Licht oder im Dunkeln aufbewahren. Die Gegenwart von 200 mg Na_2CO_3 im Liter verhindert die Zersetzung fast völlig. Soll die Lösung neutral sein, so ist ein Zusatz von 10 mg Jodquecksilber empfehlenswert.

v. Possanner und Dittrich, Bestimmung von Polythionat und Thiosulfat in Sulfitlaugen, man vgl. Wochenbl. f. Papierfabr. 43, 2042 [1912]. Ferner eine Arbeit von R. Sieber, die in den ersten Heften des Jahrganges 1922 von Zellstoff u. Papier erscheinen wird.

Jocum und Neis, Bemerkungen über die Reaktion von Procter-Hirst auf Sulfitzellulose. Caoutchouc et Guttapercha 15, 9590, 15. 8. 1918. Chem. Ztrlbl. 2, 153 [1920] Nr. 4.

Die Gegenwart von natürlichen Tanninen hindert die Reaktion im allgemeinen nicht, nur bei einem Quebracho-Extrakt trat die Reaktion nicht ein,

W. Appelius und R. Schmidt, Collegium 1914, 597—599. Zentralbl. 2, 957 [1914]. Cinchonin zum Nachweis von Sulfitzellulose in Gerbstoffauszügen und Ledern.

Gerbstoffauszüge geben mit Cinchoninsulfatlösung in der Kälte Niederschläge, die sich in der Hitze wieder vollkommen lösen. Die durch Sulfitzelluloseextrakte entstehenden Niederschläge ballen sich jedoch in der Hitze zu einer unlöslichen, eigenartigen, braunschwarzen Masse zusammen.

C. M. Kernaham, Sulfitzellulose in synthetischen Gerbstoffen, Gerbstoffauszügen und in Leder. Bericht der Kommission für 1919. Journ. Americ. Leather Chem. Assoc. 14, 512—515, Sept. 1919; Chem. Ztrlbl. 2, 53 [1920] Nr. 2.

Zur Unterscheidung von Sulfitzellulose und künstlichem Gerbstoff wird unter bestimmten Bedingungen Diazolösung an Stelle von Cinchoninlösung angewendet.

Oswald, Zur Untersuchung der Gerbstoffe bzw. des Leders. Zeitschr. f. analyt. Chemie 59, 2/3. Heft, S. 97 [1920]. (Vgl. diese Zeitschr. 57, 51 [1918].)

Übersicht über die Verfahren, die zur Untersuchung von Zelluloseextrakten und zu ihrer Unterscheidung von Neradol gebräuchlich sind.

G. E. Knowles, Der Nachweis von Sulfitablauge in Gerbextrakten. The Paper Maker's Monthly Journ. 58, vom 15. 11. 1920, Nr. 11; Papierfabrikant 19, 147 [1921] Nr. 7.

Vorschrift für den bekannten Anilinnachweis der Sulfitablauge.

H. Pringsheim und E. Kuhn, Über die quantitative Bestimmung von Azeton, Methylalkohol und Furfurol nebeneinander. (Aus dem Laboratorium des Kriegsausschusses für Ersatzfutter.) Ztschr. f. angew. Chemie 32, A. 286—290 [1919] Nr. 71.

Furfurol wird mit Phenylhydrazin bestimmt, Azeton aus dem Filtrat destilliert und mit Jodlösung und Thiosulfat titriert, mit Methylalkohol, Azeton und Bichromat behandelt und der Überschuß des Bichromat mit Ferroammoniumsulfatlösung zurücktitriert.

Emil Heuser und Aschkenasi, Die Bestimmung des Methylalkohols im Sulfitsprit. Papierfabrikant 18, 611—615 [1920] Nr. 33.

Das Verfahren der Methylalkoholbestimmung nach W. König läßt sich auf Sulfitsprit anwenden unter Berücksichtigung einer empirischen Korrektur von 20 mg bei einer Einwage von 3 g Sprit. (Oxydation mit Bichromat-Schwefelsäure.)

V. Die Betriebskontrolle in der Bleicherei.

A. Die Untersuchung der Chemikalien.

Chlorkalk.

Die technische Untersuchung von Chlorkalk erstreckt sich ausschließlich auf die Ermittlung seines Gehaltes an bleichendem Chlor.

Bevor auf diese Bestimmung eingegangen wird, soll einiges über die Entnahme und die Aufbewahrung von Proben aus den Chlorkalkfässern erwähnt werden.

Probenahme. Nach Mitteilung der Chemischen Fabrik Griesheim Elektron verfährt man zur Probeentnahme zweckmäßig wie folgt. Man benutzt einen Probestecher nach Abb. 26, welcher in einfacher

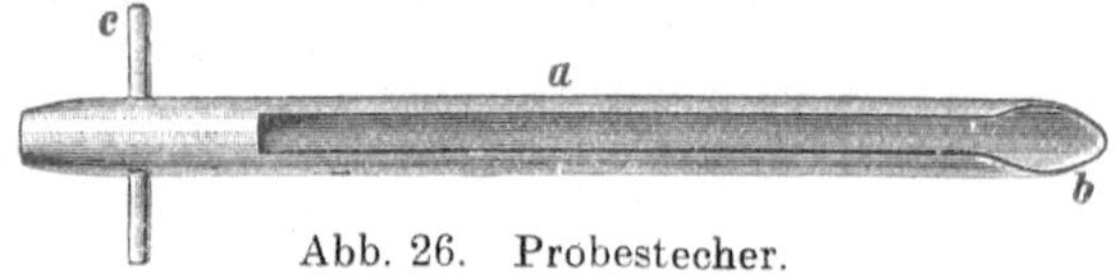

Abb. 26. Probestecher.

Weise aus einem $1^1/_2''$ Gasrohr durch Aufmeißeln in der Längsrichtung hergestellt wird, derart, daß die entstehende Längsöffnung eine Breite von 25 mm besitzt. Der untere Teil b des Stechers wird etwas zugespitzt und geschärft. Auch eine Seite der Längsöffnung a wird mit einer Schärfe versehen. Zur leichteren Handhabung bringt man am oberen Ende den Griff c an.

Zur Entnahme der Durchschnittsprobe wählt man je nach der Größe der Sendung jedes dritte, fünfte oder zehnte Faß aus, läßt es aufrecht stellen, gut durchrütteln, seinen Deckel entfernen oder diesen anbohren[2]). In den Inhalt des Fasses treibt man den Probenehmer hinein, welcher so lang sein soll, daß er ziemlich bis zur Mitte des Fasses reicht. Durch Umdrehen des Stechers um seine Achse, derart, daß die geschärfte Seite den Chlorkalk durchschneidet,

---

[1]) Man vgl. Lunge-Berl, Taschenbuch der anorganischen-chemischen Großindustrie. Berlin bei Springer. 5. Aufl. S. 293.

[2]) Die Bohröffnung wird nach erfolgter Probenahme durch Verkleben mit Papier wieder verschlossen.

füllt man ihn. Nach dem Herausziehen breitet man die Probe auf Papier aus, zerkleinert nötigenfalls größere Stückchen und gibt mittels eines Spatels von verschiedenen Stellen Pröbchen in ein braunes Pulverglas, welches die Gesamtmenge der aus den einzelnen Fässern entnommenen Proben aufzunehmen vermag. Den Inhalt dieser Flasche verringert man in der bereits an anderer Stelle wiedergegebenen Weise[1]) auf die für die eigentliche Analyse nötige Menge. Es ist wesentlich, bei der Probeziehung so rasch als möglich zu verfahren und das Chlorkalkdurchschnittsmuster sobald als angängig nach seiner Entnahme zu untersuchen.

Um Zersetzung des Chlorkalkes und damit Verluste an wirksamem Chlor zu vermeiden, muß der Chlorkalk sorgfältig vor Licht geschützt, in kühlen, trockenen Räumen aufbewahrt werden. Bei unsachgemäßer Lagerung kann sich der Chlorkalk derart erhitzen, daß schließlich eine Selbstzersetzung mit explosionsartiger Heftigkeit einsetzt[2]).

Bestimmung des bleichenden Chlors. Zur Bestimmung des Gehaltes an bleichendem Chlor im Chlorkalk ist eine große Anzahl verschiedener Methoden vorgeschlagen worden, von denen sich vornehmlich die jodometrische Methode von Bunsen und jene von Penot in der Praxis eingebürgert haben. Die erste Methode gibt nur bei sehr peinlichem Ausführen gute Resultate und gestaltet sich bei häufiger Anwendung infolge ihres ziemlich erheblichen Bedarfes an Jodkalium verhältnismäßig viel teurer als das Penotsche Bestimmungsverfahren. In der von Lunge gegebenen Form ist dieses einfach und bequem auszuführen und ergibt Werte von großer Genauigkeit. Diese Vorzüge lassen es berechtigt erscheinen, die Methode an erster Stelle hier wiederzugeben.

Als Maßflüssigkeit benützt man eine alkalische $^n/_{10}$ Arsenitlösung[3]), als Indikator zur Erkennung des Endpunktes der Titration dient Jodkaliumstärkepapier[4]). Man wägt zur Bestimmung 7,092 g des gut gemischten Durchschnittsmusters in einem verschlossenem Wägegläschen ab, gibt diese Menge in einen Porzellanmörser und rührt sie unter allmählichem Zusatz von Wasser zu einem feinen gleichmäßigen Brei an. Nach Zusatz von mehr Wasser spült man ihn in einen Literkolben, welchen man schließlich bis zur Marke auffüllt. Zur Titration entnimmt man dem unmittelbar vorher gut durchgeschüttelten Inhalte des Kolbens 50 ccm, gibt diese in einen

---

[1]) Siehe Abschnitt Kohle, S. 34.
[2]) Vgl. Richard Schwarz, Färber-Ztg. 1908, Heft 1.
[3]) Bereitung und Titerstellung siehe Anhang.
[4]) Bereitung siehe S. 204.

Titrierbecher oder eine Porzellanschale und läßt nach Zugabe von etwas destilliertem Wasser unter ständigem Umschwenken bzw. Umrühren mit einem Glasstabe hierzu die $n/10$ Arsenlösung fließen, bis nahezu der Endpunkt der Titration erreicht ist. (Da der Chlorkalk selten weniger als 30 $^0/_0$ bleichendes Chlor enthält, so kann man zunächst etwa 30 ccm der Meßflüssigkeit zulaufen lassen.) Die Titration führt man nun so zu Ende, daß man die Meßflüssigkeit in immer kleiner werdenden Mengen zugibt und zwischen den einzelnen Zugaben ein Tröpfchen des Gemisches auf Jodkaliumstärkepapier aufbringt. Je nach der Tiefe der entstehenden Färbung setzt man neuerdings mehr oder weniger arsenige Säurelösung zu, bis schließlich beim Tüpfeln kein Fleck mehr zu beobachten ist. Zur Kontrolle wiederholt man nun die Bestimmung, wobei man jedoch auf einmal soviel Arsenitlösung zusetzt, daß nur noch einige $^1/_{10}$ ccm bis zum völligen Verschwinden der Färbung dann tropfenweise zugefügt zu werden brauchen. Die Anzahl der verbrauchten Kubikzentimeter Meßflüssigkeit geben unmittelbar den Gehalt an bleichendem Chlor in Prozenten an.

In einigen Ländern, insbesondere in Frankreich, wird der Gehalt in Gay-Lussac-Graden angegeben. 100 Grade Gay-Lussac entsprechen 100 Litern Chlorgas vom Litergewicht 3,18 g. Die Anzahl von Gewichtsprozenten, dividiert durch 0,318 gibt also die Gay-Lussac-Grade an. Beispielsweise sind 22,24 $^0/_0$ Bleichchlor 70 Grad, 31,78 $^0/_0$ 100 Grade Gay-Lussac.

Eine zur Ausführung durch Arbeiter geeignete Form der Penot-Bestimmung gibt Barnes[1]) an. Als Standard-Lösung wird $n/10$ Lösung von arseniger Säure benutzt, die auf 2 Liter 1 g Jodkalium enthält, außerdem dazu die Lösung aus 1 g Stärke, die man mit 300 ccm Wasser gekocht hat und absetzen ließ. Von dieser Arsenlösung werden 25 ccm in $^1/_2$ Liter Wasser gegossen und die zu untersuchende Bleichflüssigkeit aus einem graduierten Zylinder so lange unter Umrühren hinzufließen gelassen, bis blaue Farbe auftritt.

Nach Griffin und Hedallen[2]) sind die Titrationsergebnisse nach Penot um 6 $^0/_0$ geringer, als die nach der gleich zu beschreibenden Bunsen-Methode, die vorzuziehen ist, wenn es sich um Untersuchung von sogenanntem „flüssigem Chlorkalk" handelt, der durch Einleiten von Chlorgas in überschüssige Kalkmilch gewonnen wird. Durch Einwirkung von freiem Kalziumhydroxyd auf das in

---

[1]) J. Barnes, Journal of the Society of Dyers and Colourists 29, 12 [1913].

[2]) Griffin und Hedallen, Journ. Soc. Chem. Ind. 34, 530—533 [1915]. Chem. Zentralbl. II, 436 [1915].

der Arsenitlösung enthaltene Bikarbonat entsteht Soda, deren Gegenwart zu Störungen bei der Titration Veranlassung gibt.

Will man nach der Bunsen-Methode den Gehalt an bleichendem Chlor im Chlorkalk bestimmen, so kann man wie folgt[1]) verfahren:

10 g Chlorkalk werden nach dem Anreiben mit $^1/_2$ Liter Wasser einige Minuten geschüttelt. Die Flüssigkeit ergänzt man zu einem Liter und mischt gründlich. Nach dem Absetzen bringt man 10 ccm der klaren, überstehenden Flüssigkeit in einen Kolben, in welchen man vorher erst 10 ccm einer 10 $^0/_0$igen Kaliumjodidlösung und dann 10 ccm verdünnte Essigsäure oder Salzsäure (1 : 10) hat einfließen lassen, und titriert unter Zusatz von Stärkekleister mit $^n/_{10}$ $Na_2S_2O_3$. Die verbrauchte Anzahl Kubikzentimeter $^n/_{10}$ $Na_2S_2O_3$ mit 11,2 multipliziert, ergibt den französischen chlorometrischen Grad. Ein Nachteil der Bunsen-Methode ist ihre durch Verwendung von Jodkalium bedingte Kostspieligkeit.

Wendet man zur Titration des Jodüberschusses eine Natriumthiosulfatlösung, die 70,06 g im Liter enthält[2]), so entsprechen bei Verwendung von 10 ccm Bleichlauge an der Bürette direkt die Kubikzentimeterzahlen den Grammen an aktivem Chlor. Das gleiche Verfahren empfiehlt sich für die Gehaltsbestimmung des Chlorkalkes. Werden 50 g Chlorkalk auf 500 ccm gestellt und 10 ccm zur Titration verwendet, so geben bei Anwendung der eben erwähnten Natriumthiosulfatlösung die Kubikzentimeterzahlen die Anzahl von Gewichtsprozenten aktiven Chlors im Chlorkalk.

Untersuchung der Bleichflüssigkeiten.

Chlorkalklauge. Chlorkalklösungen werden fast ausschließlich nur auf ihren Gehalt an bleichendem Chlor untersucht. Die Bestimmung der übrigen Bestandteile $CaCl_2$, $Ca(OH)_2$, $Ca(ClO_3)_2$ und $HClO$ kommt nur selten in Frage und wird im Bedarfsfalle wie unten für die Hypochloritlaugen beschrieben, durchgeführt.

Zur Überwachung des Betriebes der Chlorwasseranlage genügt es, den Gehalt an wirksamem Chlor mit Hilfe des Aräometers zu bestimmen, wobei man die folgende Zusammenstellung benutzt. Die angeführten Werte gelten jedoch nur für frisch bereitete Lösungen, welche unter Benutzung guter Ware erzeugt worden sind. Alte oder ausgebrauchte Chlorkalklösungen spindeln ebenso hoch wie frische.

---

[1]) Comte, Zeitschr. f. analyt. Chem. **57**, 199 [1918].

[2]) W. Ebert, Bestimmung des Gehaltes an aktivem Chlor. Papierfabrikant **5**, 692 [1907].

Stärke von Chlorkalklösungen. (Nach Lunge und Bachofen ergänzt.)

Grade Baumé	spez. Gewicht	g akt. Chlor pro l	Grade Baumé	spez. Gewicht	g akt. Chlor pro l
0,3	1,002	1	3,9	1,028	16
0,5	1,004	2	4,0	1,029	17
0,8	1,005	3	4,3	1,031	18
1,0	1,007	4	4,5	1,033	19
1,3	1,009	5	4,8	1,035	20
1,5	1,011	6	5,0	1,036	21
1,8	1,013	7	5,2	1,037	22
2,0	1,014	8	5,4	1,039	23
2,3	1,016	9	5,6	1,041	24
2,5	1,018	10	5,9	1,042	25
2,8	1,019	11	6,1	1,044	26
3,0	1,021	12	6,3	1,046	27
3,2	1,023	13	6,5	1,047	28
3,4	1,024	14	6,7	1,049	29
3,6	1,026	15	7,0	1,051	30

Die genaue Ermittlung des Gehaltes an wirksamem Chlor muß durch fortlaufende Titration der täglich erzeugten Chlorwassermengen geschehen. Als Bestimmungsmethode benutzt man das bereits angeführte Verfahren von Penot. Man gibt 10 ccm der Chlorkalklösung in einen 100 ccm fassenden Meßkolben, füllt mit Wasser bis zur Marke auf und entnimmt der Lösung 10 ccm, welche man mit $n/_{10}$ Arsenitlösung, wie beim Chlorkalk beschrieben, titriert. Jeder Kubikzentimeter der $n/_{10}$ Arsenitlösung entspricht 0,003564 g Chlor. Als Ergebnis gibt man den wirksamen Chlorgehalt in 1 l des Bleichwassers an.

Wenn man zu dieser Bestimmung sich einer Pipette bedient, welche 35,5 ccm faßt, die mit ihr entnommene Bleichlösung auf 500 ccm verdünnt und von der erhaltenen Flüssigkeit je 50 ccm mit $n/_{10}$ Arsenitlösung titriert, so gibt die Zahl der verbrauchten Kubikzentimeter ohne weiteres das wirksame Chlor in Gramm im Liter an.

Je nachdem man den Chlorkalk mit viel oder wenig Wasser ansetzt und verreibt, erhält man Lösungen von größerem oder geringerem Ätzkalkgehalt. Da die Alkalinität einer Chlorkalklösung von wesentlicher Bedeutung für die Geschwindigkeit der Bleichoperation ist, kann eine Bestimmung des Alkalinitätsgrades notwendig werden, dann nämlich, wenn bei Herstellung der Chlorkalklösungen mit anderen Wassermengen als üblich gearbeitet worden ist. Über die Ausführung der Bestimmungen vergleiche man den nachfolgenden Abschnitt über Hypochloritlösungen.

Hypochloritlaugen. Die Hypochloritlaugen, auf welche Art sie auch immer dargestellt sein mögen, ob durch Einleiten von Chlorgas in Kalkmilch, oder durch elektrische Zersetzung von Kochsalzlösungen oder endlich durch wechselseitige Umsetzung von Chlorkalk mit Alkalisalzlösungen, immer enthalten sie, wenn auch jeweils in verschiedenem Verhältnis freies Chlor, freie unterchlorige Säure, Salze dieser Säure, Chlorat, Chlorid der zur Anwendung gelangenden Basen und zuweilen kohlensaure und Ätzalkalien.

In allen Fällen bleibt daher die Untersuchung der Hypochloritlaugen die gleiche. Zu ermitteln ist vor allem die Gesamtmenge an bleichendem Chlor, das ist der Gehalt an freiem Chlor, unterchloriger Säure und unterchlorigsauren Salzen. Zur Kontrolle der chemischen bzw. elektrochemischen Umsetzungen bei der Erzeugung dieser Bleichflüssigkeiten und infolge der verschiedenen Bleichwirkung, die obigen Bestandteilen zukommt, ist öfters eine Einzelbestimmung dieser wirksamen Stoffe von Interesse. Da bei nicht richtiger Leitung ihrer Darstellung die Hypochloritlaugen größere Mengen für die Bleiche bedeutungslosen Chlorates enthalten können, so sind sie auch auf diesen Bestandteil zu untersuchen. Schließlich sind noch von Bedeutung die Bestimmungen von vorhandenem Chlorid und freiem Alkali.

Bestimmung des Gesamtgehaltes an wirksamem Chlor. Die Gesamtmenge an bleichendem Chlor wird in Hypochloritlaugen wie bei Chlorkalklaugen durch Titration mit $^n/_{10}$ arseniger Säure unter Benutzung von Jodkaliumstärkepapier als Indikator ermittelt.

Es mag erwähnt werden, daß bei diesen Laugen das aktive Chlor niemals durch Spindelung mittels des Aräometers bestimmt werden kann; dieser Umstand ist zurückzuführen auf den Gehalt der Laugen an einer Anzahl verschiedener Salze, die sämtlich das spezifische Gewicht der Flüssigkeit beeinflussen.

Bestimmung und Unterscheidung von unterchloriger Säure und freiem Chlor nach Lunge. Die Methode beruht darauf, daß unterchlorige Säure im Gegensatz zu freiem Chlor aus neutraler Jodkaliumlösung Ätzkali frei macht:

$$1. \quad HOCl + 2\,KJ = KCl + KOH + J_2$$
$$2. \quad Cl_2 + 2\,KJ = 2\,KCl + J_2.$$

Durch Zugabe einer bestimmten Menge überschüssiger Salzsäure läßt sich verhindern, daß das nach Gl. 1 entstehende Alkali weiter mit Jod reagiert. Wie die folgenden Gleichungen zeigen, ist es nun beim Bekanntsein der Menge der zugesetzten Säure ohne weiteres möglich, zwischen freiem Chlor und unterchloriger Säure zu unterscheiden: Bei unterchloriger Säure wird nämlich auf

$$1\,a.\quad HOCl + 2\,KJ + HCl = 2\,KCl + J_2 + H_2O$$
$$2\,a.\quad Cl_2 + 2\,KJ + HCl = 2\,KCl + J_2 + HCl$$

jedes Molekel derselben ein Molekel HCl neutralisiert; bei der ihr chlorometrisch gleichwertigen Chlormenge bleibt jedoch die zugesetzte Menge Salzsäure unverändert. Im ersten Falle reagiert die Flüssigkeit nach der Titration des freien Jods mit Thiosulfat neutral, im letzten Falle hingegen sauer. Die Ausführung der Bestimmung gestaltet sich nun folgendermaßen. Man versetzt eine Jodkaliumlösung mit einer gemessenen Menge $n/10$ Salzsäure, läßt zu dieser Lösung die abgemessene Probe der Hypochloritlauge fließen und titriert das ausgeschiedene Jod mit $n/10$ Thiosulfatlösung. Nach Zusatz von Methylorange zur farblosen Flüssigkeit titriert man den Säureüberschuß mit $n/10$ Natronlauge zurück. Das von der unterchlorigen Säure in Freiheit gesetzte Ätzkali bzw. die vorgelegte Salzsäure benötigt halb soviel $n/10$ Lauge zur Neutralisation, als $n/10$ Natriumthiosulfatlösung zur Reduktion des durch die unterchlorige Säure ausgeschiedenen Jods.

Zur Erläuterung sei hier ein Beispiel ausgeführt: Es seien angewandt worden A ccm (Chlor + unterchlorige Säure). Die Zahl der vorgelegten Kubikzentimeter Salzsäure sei B. Zur Bestimmung des Gesamtjods seien C ccm $n/10$ Thiosulfat und zur Neutralisation der überschüssigen Säure b ccm $n/10$ Natronlauge verbraucht worden. Zur Neutralisation des von der unterchlorigen Säure freigemachten Ätzkalis sind demnach erforderlich gewesen $(B - b)$ ccm $n/10$ Säure, auf welche nach Gl. 2a die doppelte Menge, also $2\,(B - b)$ ccm $n/10$ Jodlösung kommt. Die Menge HOCl in Gramm in A ccm der Bleichlauge ist sonach: $(B - b) \cdot 0{,}005247$ $(HOCl = 52{,}468)$, die Menge Chlor in Gramm ist andererseits gleich $C - 2\,(B - b) \cdot 0{,}003546$.

Bei Anwesenheit von freiem bzw. kohlensaurem Alkali ist diese Methode nicht gut anwendbar, aber in diesem Falle ist freies Chlor ohnehin nicht vorhanden.

Bestimmung von Chlorat. Von den zur Ermittlung des Chloratgehaltes in Bleichlaugen bekannten Methoden sind einige umständlich und zeitraubend (Fresenius)[1], andere nur unter gewissen Voraussetzungen anwendbar (Dietz und Knöpflmacher)[1]. Von für die Praxis hinreichender Genauigkeit ist das von Lunge gegebene Bestimmungsverfahren, das sich durch schnelle Ausführung auszeichnet. Nach diesem bestimmt man zunächst das bleichende Chlor und ermittelt dann dieses zusammen mit dem Chloratchlor

---

[1] Man vgl. Lunge, Chemisch-technische Untersuchungsmethoden. Berlin bei Springer. 6. Aufl. 1, 601.

durch Kochen mit Eisenvitriol und Zurücktitrieren mit Permanganat. Der Unterschied in den erhaltenen Werten ergibt den Gehalt an Chlorat. Die Ausführung der Methode gestaltet sich wie folgt.

10 ccm der Bleichlauge werden in einem 100 ccm fassenden Kolben mit destilliertem Wasser bis zur Marke verdünnt. Von dieser verdünnten Lauge läßt man 10 ccm zu 50 ccm Ferrosulfatlösung (100 g Ferrosulfat, 100 ccm konzentrierte Schwefelsäure mit Wasser zu 1 l verdünnt) fließen. Als Aufnahmegefäß für diese Mischung bedient man sich eines Kolbens mit Ventilstopfen nach Bunsen oder Contat-Göckel. Unter Luftabschluß läßt man den Kolbeninhalt zunächst einige Minuten ruhig stehen und erhitzt nun $^1/_4$ Stunde lang ohne aufgesetzten Ventilstopfen. Hierauf verschließt man wiederum, läßt erkalten und titriert mit $^n/_{10}$ Permanganat. Benötigen 50 ccm der ursprünglichen Eisenlösung z. B. a ccm Permanganat und sind nach dem Kochen mit der Bleichlauge noch b ccm hierzu erforderlich, so ergibt sich aus (a — b) die Menge des zum Oxydieren des Ferrosalzes verbrauchten Chlors in Form von Chlorat, Hypochlorit und freiem Chlor. Vermindert man diesen Wert um den sich bei der Titration mit Arsenitlösung ergebenden Betrag von aktivem Chlor, so erhält man die Menge Chlorat in Gramm in 1 ccm der Bleichlauge.

Auch hier ist es sehr zweckmäßig, sich zur Abmessung der Bleichlauge einer Pipette zu bedienen, welche 35,5 ccm faßt. Verdünnt man diese Menge Bleichlauge auf 500 ccm und verwendet zur Bestimmung je 50 ccm dieser Lösung, so ergeben die erhaltenen Werte ohne weiteres den Gehalt an Chloratchlor im Liter Bleichlauge an.

Die beschriebene Methode gibt bis auf 0,1 oder 0,2 $^0/_0$ richtige Ergebnisse.

Bestimmung von Chlorid. Nach Lunge wird das Chloridchlor der Bleichlaugen wie folgt ermittelt. In der mit arseniger Säure titrierten Probe der Bleichflüssigkeit stumpft man das von der Arsenlösung herrührende Alkali soweit mit Salpetersäure ab, daß die Flüssigkeit schwach alkalisch bleibt (Säureüberschuß schadet!). Alsdann titriert man mit neutraler $^n/_{10}$ Silbernitratlösung unter beständigem Umrühren, bis der entstehende Niederschlag ein wenig rötlich geworden ist. Dieses Entstehen der rötlichen Farbe wird verursacht durch bei der Titration der Probe mit Arsenitlösung sich bildendes Natriumarseniat, das selbst einen vorzüglichen Indikator für die Silbertitration darstellt. Bei dieser Bestimmung ermittelt man sowohl das Chlorid-Chlor als auch das in Chlorid durch die Arsentitration übergeführte bleichende Chlor; das ursprünglich vorhandene Chlorid-Chlor wird demnach als Differenz des nach dieser Methode erhaltenen Wertes und früher ermittelten Gehaltes an bleichendem Chlor gefunden.

Bestimmung von freiem Alkali. Zum Nachweis von freiem Alkali in Bleichflüssigkeiten kann, solange es sich um qualitative Prüfung handelt, die Vorschrift von Blattner dienen. Nach dieser bewahrt nämlich Phenolphthalein in einer Hypochloritlösung seine rote Farbe, solange noch Ätznatron vorhanden ist. Sobald dieses verschwunden ist, wird die rote Farbe durch freies Chlor sehr schnell zerstört.

Zur quantitativen Bestimmung benutzt man folgende sehr einfache Methode. 25 ccm Hypochloritlauge werden mit 2 ccm $n/10$ Natronlauge versetzt und alsdann Wasserstoffsuperoxyd zugegeben, bis ein Tropfen der Flüssigkeit auf Jodkaliumstärkepapier keinen blauen Fleck mehr verursacht. Die dann mit Phenolphthalein rot gefärbte Lösung wird mit $n/10$ Salzsäure bis zur Entfärbung titriert. Von der verbrauchten Säuremenge bringt man die zugesetzten 2 ccm Lauge in Abzug und erhält alsdann die wahre Alkalität der Bleichflüssigkeit, die man zweckmäßig als Na_2O ausdrückt.

Bleichreste. Die Anwesenheit von Bleichresten in gebleichten Zellstoffen wird an der Blaufärbung von Jodkaliumstärkepapier erkannt, das man zwischen einzelne ausgepreßte Proben des feuchten Zellstoffmaterials legt und die man auf das Reagenzpapier kräftig aufpreßt.

Herstellung von Jodkaliumstärkepapier. 1 g Stärke wird mit Wasser zur Milch verrieben und in 100 Teile siedendes Wasser eingetragen. Nach etwa 5 Minuten langer Erhitzung wird 1 g Jodkalium eingerührt. Man tränkt reines Filtrierpapier mit der Lösung und trocknet an einem staub- und säurefreien, vor Licht geschützten Ort.

Säurereste[1]). Werden Zellstoffe unter Zusatz von Säure gebleicht, so ist es, falls der gebleichte Stoff nicht ausgewaschen wird, notwendig, auf etwaigen Säuregehalt zu prüfen. Ist überschüssige Säure im Stoff, so kann die Säure beim Lagern Hydrozellulose-Bildung hervorrufen und damit den Zellstoff also weniger fest, ja brüchig und dadurch minderwertig machen. Wird freilich der Zellstoff sogleich nach der Bleiche auf geleimtes Papier verarbeitet, so scheint die Gefahr eines Mürbewerdens nicht sehr groß, denn bei der Leimung wird ein säureabstumpfendes Alkali in Form des harzsauren Natrons zugegeben. Immerhin besteht auch hier die Möglichkeit, daß die Umsetzung zwischen harzsaurem Natron und der im Innern der Faser enthaltenen Säure eine unvollständige ist. Die Hydrozellulose-Bildung geht nun, wie Girard schon 1881 nachgewiesen hat, selbst mit sehr kleinen Säuremengen (etwa $0{,}006\,^0/_0$),

---

[1]) Schwalbe, Wochenblatt f. Papierfabrikation. **42.** 2145—2146 [1911].

allerdings erst nach monatelanger Einwirkung, vor sich. Es ist also sicherlich besser, man sorgt dafür, daß überhaupt keine Säure von der Bleiche her im Zellstoff enthalten sein kann.

Es ist sonach eine Prüfung der Reaktion des fertig gebleichten Stoffes erforderlich, damit etwaige fehlerhafte, zu große Zusätze an Säure erkannt werden können. Die gebräuchlichen Reagenzpapiere sind in Gegenwart von unverbrauchtem Bleichchlor unzuverlässig, da ihre Farbstoffe auch einer Bleichung unterliegen.

Der Nachweis freier Säure muß gelingen, wenn das noch vorhandene überschüssige Bleichchlor entfernt ist. Von den für die Entfernung überschüssigen Bleichchlors üblichen Präparaten werden aber nur die anwendbar sein, die bei ihrer Zersetzung lediglich neutrale Endprodukte ergeben. Natriumthiosulfat und Natriumbisulfat lassen Mineralsäure entstehen. Wasserstoffsuperoxyd ist sehr geeignet, da bei seiner Zersetzung nur neutrale Produkte entstehen. Aber die Zersetzung geht nur in alkalischer Lösung glatt und rasch vonstatten. Man setzt zu dem zu prüfenden Stoffwasser eine gemessene Menge von $n/_{10}$ bzw. $n/_5$ Natronlauge und einen Überschuß an neutralem Wasserstoffsuperoxyd. Mit stürmischem Aufbrausen entweicht der Sauerstoff. Man titriert dann mit einer $n/_{10}$ bzw. $n/_5$ Säure zurück. Nach Abzug der für Neutralisation der gemessenen Natronlauge erforderlichen Kubikzentimeter an Säure gibt der übrigbleibende Rest ein Maß für die im Stoff vorhandene Säure. Waren z. B. 5 ccm $n/_{10}$ Natronlauge angewendet, so sollten 5 ccm $n/_{10}$ Säure zur Neutralisation erforderlich sein. Werden aber nur noch 2 ccm verbraucht, so sind 3 ccm $n/_{10}$ Natronlauge durch die im Stoff vorhandene Säure aufgezehrt worden, deren Menge ist damit also bestimmt.

Man wird meist auf diese quantitative immerhin etwas umständliche Bestimmung verzichten können, denn man will ja einen Stoff erzielen, der überhaupt keine überschüssige Säure enthält. Der also nur qualitativ erforderliche Nachweis läßt sich unter Anwendung von Natriumsulfit, Jodkaliumstärkepapier, Lackmuspapier oder Kongopapier außerordentlich einfach gestalten. Man nimmt eine beliebige Menge Stoffbrei aus dem Bleichholländer heraus, bringt ihn in eine Porzellanschale oder in einen dickwandigen, ebenfalls nicht so leicht zerbrechlichen Stutzen aus Glas und fügt nun tropfenweise Natriumsulfitlösung (etwa 5 $^0/_0$ig) so lange hinzu, bis ein in den Stoff eingetauchtes und zweckmäßig mit ihm zwischen den sauberen Fingern oder einem Porzellanspatel und der Gefäßwandung zusammengepreßtes Stück empfindliches Jodkaliumstärkepapier keine Blaufärbung mehr ergibt. Ist nunmehr also das Chlor völlig zerstört, so prüft man den Stoff mit Kongopapier oder blauem Lackmuspapier auf Säuregehalt. Das Lackmuspapier ist vorzuziehen, da es weit empfindlicher als das Kongopapier ist.

Andere Bleichmittel.

An Stelle von Chlorkalk und Natriumhypochlorit ist vielfach auch flüssiges Chlor aus Stahlflaschen oder Tankwagen im Gebrauch, sei es, daß man das wieder vergaste Chlor zur Gasbleiche in Kammern benutzt, sei es, daß man Chlorgas in Kalkmilch leitet und sogenannten „flüssigen Chlorkalk" herstellt. In Betracht kommt auch das Chlorgas, das eine Fabrik sich in eigener Bleichanlage, die etwa aus Billiter-Zellen besteht, aus Kochsalzlösung nach dem Zementdiaphragma-Verfahren darstellen kann. Bei solchem Chlor muß man mit Kohlendioxyd als Verunreinigung rechnen. Zur Untersuchung derartigen Gases kann folgende Vorschrift[1]) dienen.

Untersuchung von elektrolytischem Chlorgas. In eine trockene Bunte-Bürette, deren Gesamtinhalt (v) bekannt ist, wird das zu untersuchende Gas durch den unteren Hahn eingeleitet, wobei das schwere Cl die leichtere Luft schnell verdrängt. An die so gefüllte Bürette wird an dem unteren Hahne ein mit Quecksilber gefülltes Niveaurohr angeschlossen, so daß keine Luft in die Bürette eindringen kann. Nach Öffnen des unteren Hahnes steigt das Quecksilber in die Bürette und absorbiert das Chlor nach einigem Schütteln der Bürette vollständig. Nach 10—15 Minuten langem Stehen bringt man in den oberen Becher 1—2 ccm gesättigte Kochsalzlösung, und saugt diese durch Erzeugung von Minderdruck in die Bürette, ohne daß Luft mit eintritt. Der pulverige Körper (Hg_2Cl_2), der auf dem Quecksilber schwimmt und sonst die genaue Ablesung unmöglich macht, sinkt zu Boden. Das Gasvolumen (a) wird nun abgelesen, hierauf das Kohlendioxyd mit etwas Kalilauge (1:2), die durch den Becher in die Bürette eingelassen wird, absorbiert und nach Einstellung auf Atmosphärendruck wieder abgelesen (b). Die Formel $[(a-b)\times 100]:v$ ergibt die Prozente CO_2 im untersuchten Cl-Gase.

Neben Chlor sind als Bleichmittel für wertvollere Halbstoffe, Gewebswaren und dergleichen noch das Wasserstoffsuperoxyd, Natriumsuperoxyd und die Perborate zu nennen.

Untersuchung von Wasserstoffsuperoxyd. Wasserstoffsuperoxyd enthält kleine Mengen von Salzsäure oder Schwefelsäure (0,02 %/0 etwa), die man durch Titration mit $^n/_{10}$ Alkali bestimmen kann. Bei Gegenwart organischer Säuren wird Phenolphthalein als Indikator benutzt, sonst ist Methylorange vorzuziehen.

---

[1]) Peter Philosophoff, Methode von Ferchland. Elektrochem. Zeitschrift **13**, 114; Chem. Zentralblatt [1906], II. 1157; Chem. Ztg. **31**, 950—960 [1907]. Chem. Zentralbl. [1907], II. 1549—1550.

Die Titration des Wasserstoffsuperoxydes auf Säuregehalt wird wie folgt durchgeführt: Die Lösung wird auf etwa $1\,\%$ Gehalt verdünnt und mit Methylorange als Indikator — etwa $0{,}04\,\%$ige Lösung als Zusatz titriert[1]).

Zur Gehaltsbestimmung der Wasserstoffsuperoxydlösung wird die $3\,\%$ige Handelslösung stark verdünnt, so daß etwa 2—3 g dieser Lösung in etwa 300 ccm Wasser enthalten sind. Man setzt dann etwa 30 ccm verdünnte Schwefelsäure hinzu und titriert langsam mit $n/_5$ Permanganatlösung bis zur dauernden Rotfärbung.

1 ccm $n/_5$ Permanganatlösung ist $= 0{,}0034$ g Wasserstoffsuperoxyd, oder $0{,}0016$ g aktiver Sauerstoff.

Enthält das Wasserstoffsuperoxyd organische Säuren, so kann man anstatt der Permanganat-Titration die jodometrische Bestimmung des Wasserstoffsuperoxyd treten lassen. 1—2 g der Handelslösung werden mit 20 ccm verdünnter Schwefelsäure $(1:3)$ und überschüssigem Jodkalium versetzt. Das ausgeschiedene Jod wird nach einigem Stehen (5—10 Minuten) mit $n/_{10}$ Thiosulfatlösung unter Verwendung von Stärke als Indikator auf Entfärbung titriert.

1 ccm $n/_{10}$ Thiosulfatlösung ist $= 0{,}0017$ g Wasserstoffsuperoxyd oder $= 0{,}0008$ g Sauerstoff.

Untersuchung von Natriumsuperoxyd. Beim Natriumsuperoxyd erhält man nach Herbig[2]) durch Permanganattitration nach folgendem Verfahren befriedigende Zahlen: Man kühlt ein Gemisch von 200 ccm Wasser und 200 verdünnter Schwefelsäure $(1:5)$ durch Einwerfen von gewaschenem Kunsteis, das vorher auf etwaigen Permanganatverbrauch untersucht wurde, auf 0^0 ab, wobei die Flüssigkeitshöhe 10—12 cm betragen soll, und bringt ein Wägegläschen mit $0{,}2$—$0{,}3$ g Na_2O_2 schnell in horizontaler Lage auf den Boden des Becherglases; die im Gläschen enthaltene Luft läßt die Säure nur ganz allmählich an das Peroxyd herantreten, so daß eine ganz langsame Zersetzung erfolgt. Kommt die Säure auf einmal mit dem ganzen Pulver in Berührung, so ergeben sich stark abweichende Zahlen. — Zur jodometrischen Bestimmung nach Rupp legt man das im verschlossenen Wägegläschen befindliche Peroxyd in obiger Weise in eine $10\,\%$ige Lösung von Jodkalium und etwas Salzsäure, läßt die Flasche verschlossen $^3/_4$ Stunden stehen, verdünnt stark mit Wasser und titriert das durch das entstandene H_2O_2 ausgeschiedene Jod mit Thiosulfat. Die Resultate werden übereinstimmende, wenn

---

[1]) Wöhler und Frey, Zeitschr. f. angew. Chem. **23**, 2353 [1910].

[2]) W. Herbig, Über die Gehaltsbestimmung von Natriumsuperoxyd und die Superoxydbleiche. Färber-Ztg. **23**, 193—196 [1912]; Chem. Zentralbl. 1912, II. 636.

man die Einwirkung des Peroxyds auf die gebildete Jodwasserstoffsäure in nicht zu verdünnten Lösungen vor sich gehen läßt, vor der Titration aber stark verdünnt, ferner die Einwirkungsdauer auf $^1/_2$ bis $^3/_4$ Stunden bemißt, einen Säureüberschuß anwendet und vor allem die Thiosulfatlösung nur tropfenweise zusetzt[1]).

Die Gehaltsbestimmung an wirksamem (aktivem) Sauerstoff in gebrauchsfertigen Lösungen von Wasserstoffsuperoxyd, Natriumsuperoxyd und Natriumperborat wird nach Bochter[2]) in einfacher und schneller Weise wie folgt ausgeführt:

50 ccm der Lösung werden mit 50 ccm 10 $^0/_0$iger Schwefelsäure versetzt (die Lösung muß jetzt deutlich sauer reagieren) und mit $^n/_5$ Kaliumpermanganatlösung (6,32 g im Liter) titriert bis zur eben bleibenden Rötung. Die Anzahl der verbrauchten Kubikzentimeter der Kaliumpermanganatlösung, multipliziert mit 0,0032, ergibt den Prozentgehalt der Lösung an aktivem Sauerstoff. Zum Beispiel 50 ccm einer Lösung, welche 1 kg Natriumperborat in 100 Litern Wasser enthielt oder 0,1 kg aktiven Sauerstoff, verbrauchten 31,3 ccm $^n/_5$ Kaliumpermanganatlösung.

Berechnung: $31{,}3 \times 0{,}0032 = 0{,}10016\ ^0/_0$ aktiver Sauerstoff.

Bei bereits gebrauchten Bleichbädern, deren Sauerstoffgehalt festgestellt werden soll, um ihn zu weiterem Gebrauch der Bleichbäder auf die ursprüngliche Höhe zu bringen oder bei Gegenwart von organischen Substanzen in der Bleichlauge, wie z. B. Oxalsäure, gibt die vorstehend mitgeteilte Titration mit Kaliumpermanganat nicht einwandfreie Werte, da die Oxalsäure oder von früheren Bleichen herrührende Verunreinigungen einen Mehrverbrauch an Kaliumpermanganat bewirken, und so einen zu hohen Gehalt an aktivem Sauerstoff vortäuschen können. In diesem Falle ist die umständliche Gehaltsbestimmung mittels Kaliumjodid und Thiosulfat anzuwenden: 10 ccm der Bleichlösung werden nach starkem Ansäuern mit verdünnter Schwefelsäure mit 1 g Jodkalium versetzt und die Mischung unter zeitweiligem Umschwenken in einer verschlossenen Flasche $^1/_2$ Stunde stehen gelassen. Das durch Wasserstoffsuperoxyd aus der sauren Jodkalilösung ausgeschiedene Jod wird durch $^n/_{10}$ Thiosulfatlösung (24,8 g $Na_2S_2O_3 + 5H_2O$ im Liter) unter Zusatz von Stärkelösung als Indikator titriert bis zum Verschwinden

---

[1]) Eine der untersuchten Natriumperoxydproben enthielt in der gelblich-weißen Grundmasse grauschwarze Körner, die vermutlich aus eisensaurem Natrium bestanden. Ein derartiger Eisengehalt kann beim Bleichen sehr schädlich wirken, ebenso wie vermutlich Rost beim Bleichen mit Na_2O_2 Schäden verursacht.

[2]) Carl Bochter, Färber-Ztg. **25**, 368 [1914].

der Blaufärbung. Die Anzahl der verbrauchten Kubikzentimeter $n/_{10}$ Thiosulfatlösung, multipliziert mit 0,008, ergibt den Prozentgehalt an aktivem Sauerstoff[1]).

Antichlor.

Unter dem Namen Antichlor versteht man Substanzen, welche imstande sind, etwa bei Beendigung der Bleiche vorhandenes überschüssiges Bleichchlor zu zerstören. Notwendig ist eine Zerstörung dieses Überschusses einmal deswegen, weil Bleichchlor-Reste später zugesetzte Farbstoffe beeinflussen könnten, andererseits, weil Reste von Bleichchlor auch nicht ohne schädigende Einwirkung auf die Maschinerie, Papiermaschine und dergleichen sind. Zur Zerstörung der Bleichchlorreste dienen Natriumthiosulfat, Natriumsulfit und Natriumbisulfit; Ammoniak und Wasserstoffsuperoxyd sind für den allgemeinen Gebrauch zu teuer. Das Natriumthiosulfat ergibt bei seiner Umsetzung mit Bleichchlor eine Salzsäure- und Schwefel-Abscheidung, was unter Umständen nicht erwünscht ist. Bei der Natriumbisulfitlösung muß man mit der Bildung einer kleinen Menge Schwefelsäure rechnen, während man bei der Verwendung von Natriumsulfit keinerlei Säurebildung zu fürchten hat. Die Verwendung des einen oder des anderen Mittels muß jedoch im wesentlichen von Preisrücksichten abhängig gemacht werden. Die Salze wirken derart, daß sie Hypochlorite des Kalkes und Natriums in Chloride überführen, wobei sie selber in Salze der Schwefelsäure, bzw. in freie schweflige Säure übergehen. Die Wirksamkeit dieser Stoffe hängt ab von ihrem Gehalt an freier oder gebundener Schwefligsäure; die Wertbestimmung geschieht deshalb in der Art, daß man mit einer $n/_{10}$ Jodlösung titriert und so die Menge der schwefligen Säure bestimmt.

Man wendet beispielsweise etwa 1 g fein gepulvertes Natriumsulfit ($Na_2SO_3 + 7 H_2O$) an, übergießt es mit 20 ccm einer $n/_{10}$ Jodlösung und schüttelt so lange, bis das Kristallpulver sich vollständig aufgelöst hat. Hierauf wird $n/_{10}$ Thiosulfatlösung vorsichtig so lange zugeführt, bis die gelbe Jodfarbe zerstört ist. Den genauen Endpunkt erkennt man nach Zusatz einer kleinen Menge Stärkelösung. Da 1 ccm $n/_{10}$ Jodlösung 0,0032 g SO_2 entspricht, zieht man die Zahl der verbrauchten Kubikzentimeter $n/_{10}$ Thiosulfat von 20 ab und multipliziert mit 3,2 und erhält so den Prozentgehalt an SO_2.

Bei Natriumthiosulfat $Na_2S_2O_3 + 5 H_2O$ (fälschlich auch Hyposulfit genannt) werden 10 g in 100 ccm destilliertem Wasser

---

[1]) Bezüglich des Sauerstoffverlustes bei der Verwendung Sauerstoff abgebender Bleichmittel vgl. man auch: Ad. Grün und Jos. Junghahn, Chem.-Ztg. **42,** 473—475 [1918].

gelöst und 10 ccm der Lösung mit $^n/_{10}$ Jod titriert.· 1 ccm $^n/_{10}$ Jodlösung entspricht 0,0248 g Natriumthiosulfat.

Ammoniaklösung. Ammoniak kommt als wässerige Lösung in den Handel, welche bis zu $35\,^0/_0$ NH_3-Gas enthält (spez. Gewicht etwa 0,880 bei 15° C). Der Gehalt der Lösung wird entweder durch Spindelung oder titrimetrisch bestimmt: eine entsprechend verdünnte Probe wird mit Normalsäure unter Benutzung von Methylorange als Indikator titriert. 1 ccm Normalsäure entspricht 0,017 g NH_3.

B. Bleichbarkeitsprüfungen.

Nachstehend sind nur die Methoden für die Bleichbarkeitsbestimmung von Holzzellstoffen angegeben, die Ermittlung des Bleichgrades von Holzzellstoffen und von Baumwollgeweben — den hauptsächlich in Frage kommenden Materialien — ist im Abschnitt „Untersuchung der Zellstoffe" beschrieben.

Zur qualitativen Prüfung auf Bleichbarkeit werden die Muster durch eine Chlorkalklösung von 4—5^0 Bé. gezogen und dann gegen das Licht gehalten. Hochbleichbare Stoffe nehmen nach anfänglichem Dunkelwerden gleichmäßig hellere Färbung an. Wenig bleichbare Stoffe zeigen mehr oder weniger braune Stippen, die sich schwarz von hellen Partien abheben und ein Zeichen für die Ungleichmäßigkeit des Zellstoffes, also für ungleichmäßigen Aufschluß sind.

Empfohlen wird auch die Behandlung mit Bichromat[1]) in folgender Ausführung: Eine Lösung von Kaliumbichromat, die 0,25 g im Liter und außerdem 10 ccm Salzsäure (etwa normal) enthält, wird in Mengen von 3—5 ccm rasch nacheinander auf die zu untersuchende Probe gegossen. Ein paar Sekunden nach dem Eingießen wird eine rote Färbung auftreten, die ihre größte Farbtiefe nach ungefähr 3 Minuten zeigt. Mit Zuhilfenahme einer Farbenskala kann man leicht eine Einteilung der Zellstoffproben treffen. Je nach dem Gehalt der Lösung an Bichromat oder Salzsäure läßt sich die rote Färbung satter oder heller gestalten. Je stärker die Rotfärbung, um so weniger bleichfähig ist der Zellstoff.

Zur quantitativen Feststellung der zur Bleiche erforderlichen Menge Bleichlösung sind eine ganze Reihe von Verfahren im Gebrauch, die nachstehend beschrieben werden sollen. Den Verhältnissen der Praxis kommt, abgesehen von der Bewegung des Stoffbreies wohl das zuerst aufgeführte Verfahren von Arnot am nächsten.

---

[1]) Wochenbl. f. Papierfabr. **45**, 1858—1859 [1914]. Heinz C. Lane, „Paper". **15**, 17 (16. Sept. 1914).

Die Bestimmung der Bleichbarkeit von Holzzellstoffen.
Nach Arnot[1]) werden 20 g Zellstoff lufttrocken möglichst gut zerkleinert und im Becherglas oder in einer Porzellanschale mit 250 ccm
Betriebswasser von gleicher Wärme, wie sie das Bleichholländerwasser
hat, versetzt. Die Masse muß genau die Stoffdichte des Bleich-
holländers haben. Der Brei wird mit einem Überschuß von titrierter
Chlorkalklösung versetzt und bleibt dann unter zeitweiligem Umrühren so lange stehen, bis die Weiße eines feuchten, in einer ver-
siegelten farblosen Glasröhre aufbewahrten Standard-Musters erreicht
ist. Man entnimmt dann mit der Pipette 5 oder 10 ccm Bleichflüssigkeit und titriert, indem ein Überschuß an zehntelnormaler
arseniger Säure zugesetzt und mit zehntelnormaler Jodlösung zurückgemessen wird. Man kennt dann die Menge des für 20 g Zellstoff
verbrauchten Chlors, die man auf 100 umrechnet.

Wrede[2]) hat dieses Verfahren folgendermaßen abgeändert. Er
benutzt 25 g absolut trockenes oder 27,7 g lufttrockenes Material.
Preßt man feuchten Stoff kräftig mit der Hand aus, so entsprechen
83 g ausgepreßter Stoff 25 g absolut trockenem Stoff ziemlich genau.
(Dieses Verhältnis gilt, wie bemerkt sei, nur bei Zellstoffen.) Diese
Menge verwandelt man mit 500 ccm Fabrikationswasser in einen
Brei, fügt bei leicht bleichbaren Stoffen 225 ccm, bei schwer bleichbaren 450 ccm einer Chlorkalklösung hinzu, die einer viertelnormalen
Arsenigsäure-Lösung entspricht. Nun erhitzt man im 2-Liter-Kolben
binnen 10 Minuten auf 40⁰, welche Temperatur man am Thermometer im durchbohrten Stopfen des Gefäßes abliest. Nach weiteren
50 Minuten unterbricht man den Versuch und titriert mittels viertel-
normaler Arsenigsäure-Lösung zurück unter Verwendung von Jodkaliumstärkepapier als Indikator. Man kann gegen diese Form der
Methode einwenden, daß sie mit verhältnismäßig geringer Stoffdichte
und mit Erwärmung arbeitet. Durch Erwärmung geht aber außerdem Chloratbildung vor sich, so daß der Verbrauch höher ausfallen
muß, als er wirklich ist. Das Verfahren hat sich jedoch in der
Fabrikpraxis als brauchbar erwiesen. Für genaue Bleichbarkeits-
bestimmungen muß selbstverständlich der Wassergehalt des lufttrockenen Stoffes berücksichtigt werden.

Klemm[3]) beschickt 4 zylindrische Gefäße mit den 15, 20, 25

---

[1]) Arnot, Papier-Ztg. **34**, 1274 [1909].
[2]) Wrede, Papier-Ztg. **34**, 806 [1909].
[3]) Paul Klemm, Wochenblatt f. Papierfabrikation **40**, 3973—3976 [1909];
ferner P. Klemm, Bleichbarkeitsprüfung. Chem. Ztg. **44**, 458 [1920], Nr. 74:
Ausführliches Referat. Von den besprochenen Methoden hat sich diejenige von
Klemm mit Ansatz mehrerer Proben, unter Verwendung verschiedener Chlor-
kalkmengen als die brauchbarste erwiesen.

und 30 Teilen Chlorkalk auf 100 Teile des lufttrockenen Zellstoffs entsprechenden Mengen von klarer Chlorkalklösung und fügt die in Wasser aufgequirlten Stoffproben von je 5 g hinzu. Die Gesamtwassermenge wird auf 400 ccm bemessen. Die 4 Gefäße werden in einem großen Wasserbad auf 30—40° erwärmt und der Stoffbrei mit Glasrührern umgerührt. Versuchsdauer 5 Stunden. Probeentnahme mit Pipette, auf deren Spitze eine Hülse von Kupferdrahtnetz geschoben ist. Nach Beendigung des Versuchs Absaugen und Abpressen auf Büchner-Trichter, zweimaliges Aufschütteln und Auswaschen mit je 1 Liter Wasser. Der Stoffbrei wird dann in 500 ccm Wasser aufgequirlt und aus diesem 1 $^0/_0$igen Brei Papierblätter durch Absaugen oder Ablaufenlassen auf Trichter (besser Hahntrichter) geformt. Die Papierblätter werden abgepreßt, getrocknet und zwecks Vergleichung auf Bleichgrad nebeneinander geklebt.

Die englischen Papier-Chemiker Sindall und Bacon geben nachstehende Vorschrift zur Bleichbarkeitsprüfung[1]).

5 g Zellstoff werden in einem Mörser mit etwa 50 ccm Wasser angerieben. Von einer etwa 5 $^0/_0$ Chlorkalk enthaltenden Lösung deren Titer durch Titration mit Zehntelnormal-Arsenigsäure-Lösung bestimmt ist, wird die 20 $^0/_0$ Chlorkalk entsprechende Menge genommen, mit dem Stoff in einer Flasche vermischt und das Volumen der Flüssigkeit auf 125 ccm gebracht. Unter zeitweiligem Schütteln wird bei etwa 40° C (100° F) gebleicht, bis die Farbe das Maximum erreicht hat, dann wird abfiltriert und gründlich ausgewaschen. Im Filtrat und den Waschwässern wird die unverbrauchte Chlorkalklösung mit Arsenigsäure-Lösung gemessen. Ist dieser Überschuß groß, so wird ein zweiter Bleichversuch angesetzt, bei welchem nur wenig mehr Chlorkalklösung angewendet wird, als im ersten Versuch tatsächlich verbraucht wurde. Aus dem gebleichten Stoff werden Handmuster geformt, deren Weiße im Lovibondschen Tintometer mit dem Weiß des gefällten Gipses verglichen wird.

Nach Sutermeister[2]) verfährt man zur Bleichgradbestimmung wie folgt: 3 Muster von je 50 Gramm Faser werden hergestellt und die Feuchtigkeit bestimmt, damit man auf sogenannte lufttrockene 10 $^0/_0$ Feuchtigkeit haltende Faser umrechnen kann. Eine diese Proben wird aufgeschlagen mit 1 Liter Wasser und nach völliger Zerkleinerung zu Zellstoffbrei auf 2$^1/_2$ Liter verdünnt. Zu diesen Brei wird dann Bleichlösung zugefügt, deren Menge so berechnet ist daß die Bleichmittelmenge ausreicht zur völligen Bleiche der Faser

---

[1]) Sindall und Bacon, Worlds paper trade review **56**, 817, 977, 1129 **57**, 97 [1911].

[2]) Sutermeister, „Paper" Nr. 21 [1914].

Der Inhalt des Gefäßes wird dann in einem Wasserbade unter beständigem Umrühren bei 35—40 Grad bis zur Erschöpfung des Bleichmittels gerührt. Das Fasermaterial wird schließlich sorgfältig gewaschen und mit einem Schöpfrahmen in Bogenform gebracht. Die Bogen werden an der Luft getrocknet, in einer Kopierpresse gepreßt und in bezug auf Farbe mit den Standard-Papierbogen verglichen, welche in genau der gleichen Weise angefertigt worden sind. Zeigt der Vergleich beim ersten Versuch, daß die Bleiche ein zu hohes Weiß oder eine zu stark gelbe Färbung ergeben hat, so wird eine zweite Probe in genau der gleichen Weise unter Verwendung von größeren oder geringeren Mengen des Bleichmittels hergestellt, so lange, bis Bogen erhalten werden, die in der Farbe dem Standard entsprechen. Wenn man etwas Übung besitzt, ist es selten nötig, mehr als 2 Muster derselben Faser zu bleichen, und die endgültige Schätzung des erforderlichen Aufwandes an Bleichmitteln kann leicht innerhalb der Fehlergrenze von $^2/_{10}$ oder $^3/_{10}\ ^0/_0$ derjenigen Menge angegeben werden, die man in der fabrikatorischen Praxis tatsächlich findet.

Als Vergleichsmuster sind sehr verschiedene Stoffe empfohlen worden: fein gemahlener Gips, Kreideblöcke, matte Porzellanplatten; Papierbogen sind vorzuziehen. Nach Sutermeister sind Musterbogen aus Sulfitzellstoff 5 Monate haltbar, sofern sie in einer Schublade aus Hartholz, jedoch nicht aus Fichten- oder Kiefernholz, besser in einer Blechkapsel aufbewahrt werden. Natronzellstoffmuster müssen in kürzeren Zwischenräumen erneuert werden. Will man das Gilben an Licht und Luft studieren, so darf man nicht etwa die Gilbung vergleichen mit derjenigen Farbe, welche ein mit schwarzem photographischen Papier bedeckter Teil desselben Musters nach einer Belichtungsprobe aufweist. Man findet nämlich, daß die Farbenveränderung in dem vom schwarzen Papier bedeckten Teil ausgesprochener ist als bei demjenigen Teil, der dem Lichte ausgesetzt war. Man muß demnach mit einem Muster vergleichen, welches in einer Blechkapsel verwahrt gewesen ist.

Bei der Anfertigung der Muster ist es zweckmäßig, bei geleimten Papieren sogar notwendig, unter Spannung zu trocknen. Eine einfache, hierfür geeignete Vorrichtung haben Beadle und Stevens[1] angegeben. Der Apparat gestattet, eine ganze Anzahl kleiner Bogen gleichzeitig unter Spannung zu trocknen. Ist die Trocknung beendet, so sind sie etwa in derselben Verfassung, wie sie es bei Trocknung auf dem dampfgeheizten Trockenzylinder einer Papiermaschine sein würden. Der Apparat (siehe Abb. 27) besteht aus einem Zylinder,

---

[1] Beadle und Stevens, Journ. of the Soc. Chem. Ind. **33**, 730 [1914].

dessen Boden durch Anbringung einer starken Prellplatte zur Erhitzung mittels eines Bunsenbrenners geeignet gemacht ist. Das obere Ende des Zylinders wird, um die Hitze zusammenzuhalten, mit einer Asbesttafel bedeckt. Die zu trocknenden Papierbogen werden mit Hilfe eines Tuches auf dem Mantel des zylindrischen Gefäßes fest aufgerollt, und das letzte Ende des Tuches mit Hilfe von Bindfäden fest auf den Zylinder geschnürt. Ein Thermometer, welches in den oberen Asbestdeckel des Apparates gesteckt wird und

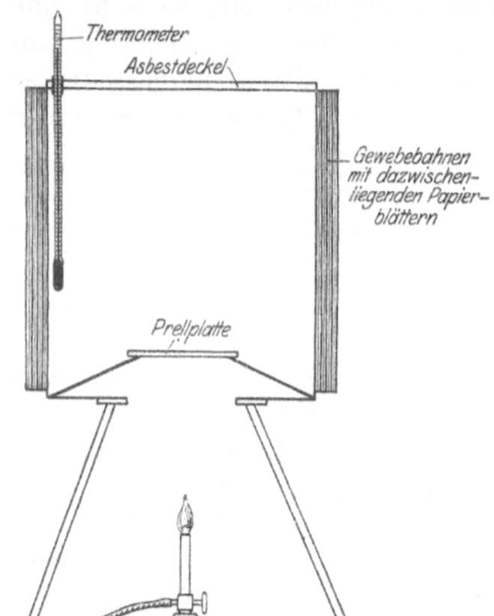

Abb. 27. Trockenapparat für Papierbogen nach B e a d l e und S t e v e n s.

dessen Kugel sich an der einen Seite des Zylinders befindet, gestattet, die Temperatur der Trocknung zu kontrollieren.

An Stelle des gezeichneten Apparates wurde mit gutem Erfolg eine noch einfachere Vorrichtung benutzt. Ein Zylinder aus grobem Drahtnetz wird mit einem zweiten aus feinmaschigem Messingdrahtgewebe überspannt und die aneinanderstoßenden Kanten verlötet. Auf dieses Sieb wird mit einem Streifen Baumwollgewebe (oder einem glatten Handtuch) das zu trocknende Blatt scharf aufgerollt, das Gewebe mit Bindfäden am oberen und unteren Ende des Zylinders festgehalten. Für jedes zu trocknende Blatt nimmt man einen Zylinder. Diese werden in einen auf 105—110_0 geheizten Trockenschrank gestellt, worin die Papierbogen sehr gleichmäßig und rasch unter Spannung austrocknen. Wasserdampf kann sowohl nach außen wie nach innen ausströmen, während beim Apparat von B e a d l e und S t e v e n s Dampf nur nach außen entweicht.

Will man recht gerade und ebene Papiermusterbogen erhalten, so ist es weit angenehmer, wenn man einen größeren, mit Dampf geheizten Kupferzylinder zur Verfügung hat und die zu trocknenden Papiere durch einen darübergelegten Wollfilz, der am unteren Ende durch einen dicken Eisenstab beschwert ist, fest gegen den Zylinder preßt, eine Apparatur, die der eine von uns (S c h w a l b e) zuerst in den Papierfärberei-Kursen der Technischen Hochschule zu Darmstadt in den Unterricht einführte. Diese Muster sind einseitig glatt. Will man gleichmäßige Textur auf beiden Seiten haben, empfiehlt es sich, in großen Photographierahmen zu trocknen, deren Glasplatte man durch ein Papiermaschinensieb ersetzt hat, das durch ein weiteres grobmaschiges Sieb die nötige Unterstützung nach außen erfährt, während auf der Rückseite dem Entweichen von Wasserdampf durch ein zweites grobmaschiges Sieb und reichliche Durchlochung der äußeren Rückwand des Photographierahmens Genüge getan ist. Je nach der Größe des Rahmens kann man ein oder mehrere Bogen gleichzeitig trocknen durch Einstellen der Rahmen in einen entsprechend geheizten Trockenschrank.

Derartige Bogen sind, wenn große Übung im Schöpfen besteht, soweit gleichmäßig, daß auch Zerreißproben und demnach Festigkeitsbestimmungen mit ihnen vorgenommen werden können. Jedoch gelingt es auch ohne große Übung, auf Saugtrichtern gleichmäßige Bogen zu erzielen. Hat man Saugtrichter mit Kupfer- oder Bronze-Siebbespannung zur Verfügung, so werden sie zweckmäßig in den Hals einer Woulffschen Flasche eingesetzt, während der andere Hals einen Glashahn, besser noch einen Dreiwegehahn trägt. Sind die Siebe gleichmäßig scharf gespannt und ohne jede Welligkeit, so fallen die Bogen tadellos aus.

Man kann sich jedoch sehr gut mit Porzellan-Saugtrichtern behelfen, denen man an Stelle eines Siebes ein Stück Kaliko-Filtertuch auflegt. Werden diese Saugtrichter in üblicher Weise in einer Saugflasche befestigt, die einen Glashahn trägt, so kann man, wenn die Flasche bis unter den gelochten Siebboden mit Wasser gefüllt ist und man den zum Papier zu formenden Papierbrei gut aufgewirbelt auf das Sieb gießt, langsam abfließen läßt und schließlich saugt, außerordentlich gleichmäßige Bogen erhalten.

Nach Blachfelder[1]) ist der Einfluß der Faserbeschaffenheit von Musterbogen bei der Wertbestimmung von Zellstoffen sehr groß. Die Lage der Fasern ist von ausschlaggebender Bedeutung für die Festigkeitsprüfung. In einem als gleichmäßig zu bezeichnenden Papierblatt müssen die Fasern auch gleichmäßig verteilt sein. Derartige Gleichmäßigkeit kann mit dem Schöpfrahmen nicht erzielt werden. Die zur Prüfung bestimmten Papierbogen müssen deshalb mit dem Saugtrichter hergestellt werden.

Weitere beachtenswerte Literatur:

J. M. Kolthoff, Die Bestimmung von Hypochlorit und Chlorat nebeneinander. Pharm. Weekblad **55**, S. 1289; Wasser u. Abwasser **14**, 170 [1919], Nr. 5.

F. Dienert und F. Wandenbulcke, Einwirkung von Natriumthiosulfat auf Hypochlorite. C. r. de l'Acad. des sciences 169, 20—30. 7/7.; Chem. Zentralbl. **3**, 972—973 [1919], Nr. 25. Erörterungen des Reaktionsverlaufes.

---

[1]) C. L. Blachfelder, Die Wertbestimmung von Zellstoff. Paper **25**, 14—19, [1920], Nr. 11.

Ed. Justin Müller, Über die Zusammensetzung der Hypochlorite und eine gasvolumetrische, rasch ausführbare, technische Methode zu ihrer Bestimmung. Ind. chimique 6, 238—39, Aug. [1919]. Chem. Zentralbl. 2, 50—60 [1920], Nr. 3.

Empfohlen wird die gasvolumetrische Bestimmung mit Wasserstoffsuperoxyd.

Jaroslav Milbauer, Über die Bestimmung des aktiven Sauerstoffs im Natriumperoxyd. Journ. f. Prakt. Ch. 2 98, 1—8, 20/9. (31. 5.) [1918]; Chem. Zentralbl. 2, 318 [1919], Nr. 11/12.

Th. E. Blasweiler, Das Schöpfen von Handmustern im Laboratorium. Pap. Fabr. 19, 344 [1921].

VI. Die Untersuchung der Zellstoffe.

A. Allgemeine Methoden.

1. Herstellung reiner Baumwollzellulose als Vergleichsmuster.
Da fast alle wissenschaftlichen Untersuchungen an Baumwollzellulose durchgeführt sind und diese in jeder Beziehung am eingehendsten erforscht ist, muß die Baumwollzellulose als das bestgeeignete Vergleichsmuster bei wissenschaftlich-technischen Untersuchungen gelten. Baumwollzellulose kann verhältnismäßig leicht
in sehr reinem Zustande erhalten werden; sie eignet sich daher als
Typ, Standard- oder Vergleichsmuster. Die reinste Form der Baumwollzellulose ist jedoch nicht, wie irrtümlich vielfach angenommen
wird, die Verbandwatte; diese ist häufig mit Säurespuren (Schwefelsäure, Stearinsäure) zur Erzielung des krachenden Griffs beschwert
und kann bei der Reinigung (Bleiche) gelitten haben und erhebliche
Mengen von Oxy- und Hydrozellulosen enthalten. Will man einwandfreie, reinste Baumwollzellulose zu Vergleichszwecken darstellen,
so ist es zweckmäßig, die Baumwolle in der Form von ungebleichtem
Kardenband anzuwenden. Die Reinigung solcher Baumwolle geschieht unter Verwendung einer Vorschrift von Tamin (Tomann)
nach Schwalbe[1]) und Robinoff folgendermaßen:

Man kocht schalenfreie rohe Baumwolle etwa in Form von
Kardenband 4 Stunden mit 10 g Ätznatron und 5 g Harz im Liter,
spült mehrfach mit einer kochendheißen Lösung von 1 g Ätznatron
in 1 Liter, chlort in einer Natriumhypochloritlösung von $0.2\,^0/_0$ Chlor
$1\,^1/_2$ Stunden lang, spült, säuert, spült, behandelt mit Bisulfit und
spült wieder. Zweckmäßiger ist es, das Säuern zu unterlassen, die
Baumwolle behält zwar einen gelben Stich, die Kupferzahl nimmt
aber nicht zu, wie es beim Säuern geschieht. Zieht man vor oder
nach der Kochung mit einem Fettlösungsmittel aus, so erhält man
eine Baumwollzellulose, die nur noch etwa $0.08\,^0/_0$ Stickstoff, $0.04\,^0/_0$
Asche und kein Fett mehr enthält. Ohne Fettextraktion werden
nur etwa $75\,^0/_0$ des vorhandenen Fettes entfernt.

---

[1]) Schwalbe, Die Chemie der Zellulose. Berlin 1912. S. 602. Robinoff,
Dissertation Darmstadt [1912], 20.

Derart gereinigte·Baumwolle (ägyptische Mako) hatte folgende sogenannte „Konstanten"[1]):

Asche 0,09
Stickstoff 0
Gummizahl 0
Schwefelnatriumzahl . 98,94
Zellulosezahl 0,32
korrigierte Kupferzahl 0,04.

Nach Freiberger ist beim Abkochen in offener Schale eine gewisse Oxydation unvermeidbar. Es ist notwendig, in einem völlig entlüfteten Kessel zu kochen. Freiberger gibt eine Vorschrift für eine durch kalte Extraktion mit . 5 $^0/_0$ iger Natronlauge vorgereinigte Baumwolle, eine Vorschrift, die zugleich eine solche für Holzgummi-Bestimmung in Geweben ist und daher im Abschnitt „Sonder-methoden" wiedergegeben wurde.

Bedenklich ist bei dieser Vorschrift die Vorreinigung mit 5 $^0/_0$ iger Natronlauge. Wie Schwalbe und Robinoff nachgewiesen haben, wirkt eine derartig konzentrierte Natronlauge schon merklich auf den Quellgrad der Baumwollzellulose ein.

2. Herstellung von Kupferoxydammoniaklösung. Bei Zellstoff-untersuchungen, insbesondere unter dem Mikroskop wird viel mit einer Kupferoxydammoniaklösung gearbeitet, weil diese reine Zellu-lose glatt löst, während inkrustierte Zellulose nur teilweise, stark verholzte kaum gelöst wird.

Zur Herstellung einer lösekräftigen Kupferoxydammoniak-Flüssig-keit empfiehlt Ost nachstehende Vorschrift:

Darstellung einer Kupferoxydammoniaklösung von konstanter Zusammensetzung: „Normalkupferoxydammoniaklösung"[2]). Eine „Nor-malkupferoxydammoniaklösung" erhält man durch Auflösen des basi-schen Kupfersulfates, welches aus Kupfervitriollösung mit Ammoniak gefällt wird, in Ammoniak von 0,900 spezifischem Gewicht bis zur Sättigung.

59 g Kupfersulfat, entsprechend 15 g Kupfer, werden in etwa 3 l heißem Wasser gelöst und mit Ammoniak gefällt, so daß kein Kupfer in Lösung bleibt; ein etwaiger kleiner Überschuß von Am-moniak wird mit Schwefelsäure neutralisiert. Der hellgrüne koch-beständige Niederschlag wird dekantiert und auf einem Faltenfilter

---

[1]) Vgl. Schwalbe und Robinoff, in Robinoff, Dissertation Darm-stadt [1912], 21. Ferner Schwalbe und Bay, in Bay, Dissertation Gießen [1913], 21.

[2]) H. Ost, Die Viskosität der Zelluloselösungen. Zeitschr. f. angew. Chem. **24,** 1893 [1911].

mit heißem Wasser ausgewaschen, bis das Filtrat schwefelsäurefrei ist, was rasch vonstatten geht, dann mit dem Filter auf Papier etwas abgetrocknet, als dicke Paste in eine Literflasche gebracht und mit eisgekühltem Ammoniakwasser von 0,900 spezifischem Gewicht unter öfterem Durchschütteln zum Liter gelöst. Ein wenig Kupfersalz bleibt ungelöst, auch scheiden sich nach einiger Zeit tiefblaue Nädelchen von Kupferoxydammoniak aus. Die nach 24 Stunden bei Zimmertemperatur durch Asbest filtrierte Lösung enthält 13—14 g Kupfer und rund 200 g Ammoniak im Liter. Zwei Lösungen verschiedener Herstellungen enthielten a) 13,1 g Kupfer und 203 g Ammoniak, b) 14,1 g Kupfer und 202 g Ammoniak. Man bestimmt das Ammoniak und Kupferoxyd zusammen durch Titrieren mit $n/_1$ Schwefelsäure und Methylorange und das Kupfer allein elektrolytisch. Diese normale Kupferoxydammoniaklösung löst auch von schwerlöslicher Zellulose bis 2 g in 100 ccm auf.

3. Bestimmung des Wassergehaltes, der Asche, von Harz, Fett und Wachs in Zellstoffen. Zur Bestimmung des Wassergehaltes können die gleichen Methoden, wie für Pflanzenrohstoffe oben beschrieben wurde, angewendet werden. Bezüglich der Probenahme bei Zellstoffen in der Handelsform (Pappe) vergleiche man den Abschnitt: „Sondermethoden".

Auch die Aschenbestimmung und diejenige von Harz, Fett und Wachs kann nach den schon gegebenen Vorschriften vollzogen werden. Berücksichtigt muß jedoch werden, daß ein Ausziehen mit Äther[1]), nachfolgend mit Alkohol andere Werte ergeben kann als Alkoholextraktion, die von einem Auszug mit Äther gefolgt ist. Auch Mischungen von Alkohol und Äther oder Alkohol und Benzol finden Verwendung. Die Werte sind mit denjenigen der gebräuchlichen Extraktion — mit Äther, nachfolgend mit Alkohol — keinesfalls vergleichbar, und man muß also angeben, womit und wie man extrahiert hat.

Werden Zellstoffe mit Alkohol gewaschen, dann getrocknet, so können Alkoholmengen hartnäckig festgehalten werden und dem Trocknen widerstehen, eine Tatsache, die allerdings noch nicht allgemein anerkannt ist und von manchen Forschern[2]) bestritten wird. Nach Richter ist es deshalb zweckmäßig, erst mit Äther, dann mit Alkohol, schließlich mit Wasser auszuziehen[3]).

---

[1]) Nach Richter, Wochenbl. f. Papierfabr. **49**, 1633 [1918] vermindert sich der Ätherextrakt und vermehrt sich der Alkoholextrakt beim Liegen des Untersuchungsmaterials. Vgl. auch Schwalbe und Schulz, Zeitschr. f. angew. Chem. **31**, 125 [1918].

[2]) Vgl. Renker und König a. a. O.

[3]) Richter, a. a. O., S. 1632.

4. Bestimmung von Furfurol, Methylfurfurol, Methylalkohol (Pektin). Zur Charakterisierung von Zellstoffen ist eine Pentosanbestimmung sehr empfehlenswert. Außer der in einem früheren Abschnitt empfohlenen Tollenschen Methode kann zur annähernden Bestimmung nach Schwalbe und Johnsen eine Schnellmethode treten, die jedoch nur an Holzzellstoffen erprobt ist und deshalb im Abschnitt: „Holzzellstoffe" nachgesehen werden muß.

5. Die Bestimmung des Holzgummis. Unter Holzgummigehalt der Zellstoffe versteht man die Substanzen, die sich mit Natronlauge aus den Zellstoffen ausziehen und durch Neutralisieren mit Salzsäure bzw. durch Ansäuern mit Salzsäure ausfällen lassen. Die gefällte Substanz wird getrocknet, gewogen und auf 100 g angewandten Zellstoff umgerechnet; man erhält so die Gummizahl. Das Fällprodukt ist keine einheitliche Substanz, sondern wohl ein Gemenge aus zerstörter Hydro- und Oxyzellulose, Verunreinigungen, wie Pektinstoffen und alkalilöslicher Zellulose. Der Niederschlag ist außerdem stark verunreinigt mit Kochsalz. Man sollte daher zum mindesten auch immer den Gewichtsverlust des Zellstoffes und den Aschengehalt des Holzgummi bestimmen. In der folgenden Vorschrift ist Trocknung bei 90° vorgeschrieben. Da Veränderungen beim Trocknen der Zellstoffe möglich sind, ist es besser, von der lufttrockenen Substanz auszugehen.

a) Neutrale Gummizahl[1]). 15 g getrocknete Baumwolle oder Zellstoff (bei 90° im Wassertrockenschrank) werden mit 300 ccm einer genau 5%igen Natronlauge übergossen und unter öfterem Umschütteln 24 Stunden stehen gelassen. Hierauf saugt man von den Fasern ab und mischt 100 ccm des klaren Filtrates mit 200 ccm Alkohol von 95 Gewichtsprozent Gehalt. Zu dieser Mischung läßt man nach Zusatz eines Tropfens Phenolphthalein 9,5 ccm konzentrierte Salzsäure (spezifisches Gewicht 1,19) und soviel Normalsalzsäure fließen, bis die Rotfärbung eben verschwunden ist. Die Flüssigkeit bleibt nun 24 Stunden in geschlossenem Gefäß (bei Zimmertemperatur ca. 20°) stehen. Dann wird der Niederschlag auf einem mit Asbest beschickten Goochtiegel gesammelt, der zuvor in einem gut schließenden Wägeglase nach dem Trocknen bei 105° gewogen worden ist. Zuerst wird mit Alkohol von 95,5 Gewichtsprozenten, dann mit Äther ausgewaschen, bei 105° C bis zur Gewichtskonstanz — ca. zwei Stunden — wieder im Wägeglas getrocknet und gewogen. Durch eine Veraschung bei mäßigen Temperaturen — zur Vermeidung der Verflüchtigung von Chlornatrium bei höheren Temperaturen — sollte man sich über den Kochsalzgehalt des Fällproduktes vergewissern.

---

[1]) Kast, Untersuchung der Spreng- und Zündstoffe, 919 [1909]; ferner Piest, Die Zellulose [1910], 122.

b) **Saure Gummizahl**[1]). Ihre Bestimmung geschieht genau wie die der neutralen Gummizahl, nur werden nach der Neutralisation mit Normalsalzsäure noch 5 ccm Säure als Überschuß hinzugegeben. Die Werte für die sauren Gummizahlen fallen in allen untersuchten Fällen stets niedriger als die entsprechenden bei den neutralen Bestimmungen aus[2]).

6. Bestimmung von α-, β- und γ-Zellulose. Die mitgeteilten Ausführungsformen der Holzgummibestimmung werden auch bei der Untersuchung von Holzzellstoffen angewendet. Es ist aber auch insbesondere in den Viskosekunstseidefabriken eine andere Analysenmethode im Gebrauch, bei welcher wesentlich stärkere Natronlauge, nämlich 17—18$^0/_0$ige, angewendet wird, eine Laugenstärke, die bei Baumwollzellulose kräftige Merzerisation hervorrufen würde. Durch die starke Lauge werden gewisse Anteile des Untersuchungsmaterials gelöst. Die der Natronlauge widerstehende Hauptmenge der Zellulose wird als resistente oder „α-Zellulose" bezeichnet; je höher der Gehalt, um so wertvoller der Zellstoff. Aus der Lösung kann man durch Säuren nur einen Teil, nicht alles niederschlagen, diese als Hemizellulose angesprochenen Zellulosen werden als „β-Zellulose" bezeichnet. Der bei der Fällung in Lösung verbleibende Anteil der durch Natronlauge gelösten Zellulose wird „γ-Zellulose" genannt.

Dieses Analysenverfahren kann wohl auch auf andere Zellstoffarten als Holzzellstoffe Anwendung finden. Natürlich kann man auch, wie aus vorstehend beschriebenen Holzgummi-Bestimmungsmethoden hervorgeht, bei Verwendung von 5$^0/_0$iger Natronlauge α-, β- und γ-Zellulose unterscheiden.

a) **Bestimmung der α-Zellulose.** Etwa[3]) 10 g zerzupfter, luftgetrockneter Zellstoff werden mit 50 ccm einer 17,5 gewichtsprozentigen Natronlauge in einem Mörser zu einer gleichförmigen Masse zerrieben. Man läßt das Gemisch $^1/_2$ Stunde lang stehen, fügt darauf 50 ccm destilliertes Wasser hinzu und saugt das Ganze auf einem Baumwoll- oder Leinenfilter auf der Nutsche ab. Der Rückstand wird mit destilliertem Wasser gut ausgewaschen, bis keine Spur von Natron mehr am Stoff hängt; es sind 10—12 Wäschen mit je 50 ccm Wasser erforderlich. Schließlich wird die auf dem Filter

---

[1]) **Piest**, Zeitschr. f. angew. Chem. **22**, 1215 [1909].

[2]) Holzgummibestimmung in Baumwollgeweben siehe unten im Abschnitt: „Sondermethoden".

[3]) Wohl zuerst in skandinavischen Fabriken im Gebrauch gewesen; vgl. hierzu beispielsweise **Jentgen**, Kunststoffe **1**, 165 [1911]. **Christian Christiansen**, Über Natronzellstoff, seine Herstellung und chemische Eigenschaften. Berlin [1913], 129.

verbleibende α-Zellulose mit heißer, verdünnter Essigsäure durchtränkt, nochmals mit heißem Wasser 6—8 mal gewaschen, getrocknet und gewogen. Durch Glühen und abermalige Wägung des Aschenrückstandes ermittelt man den Wert für asche- und wasserfreie α-Zelloluse.

Diese Bestimmung bereitet insofern Schwierigkeiten, als bei der Verdünnung der starken Natronlauge und bei dem nachfolgenden Auswaschen wechselnde Mengen von Zellulose gelöst werden können. Auch ist es möglich, daß durch die Verdünnung mit Wasser die in der starken Natronlauge gelösten Abbauprodukte der Zellulose beziehungsweise Fremdstoffe wieder ausfallen und von der Faser absorbiert werden. Nach Jentgens neuesten Angaben ist es deshalb zweckmäßiger, von vornherein stärker zu verdünnen, als oben angegeben, nämlich auf 500 ccm. Nach der Prüfung der Methode durch Waentig muß auf folgende Punkte bei der Durchführung besonders geachtet werden.

Waentig[1]) schlägt vor, 3 g Zellstoff mit 30 g Lauge, also der zehnfachen Menge zu versetzen, ferner die Einwirkungsdauer von $^1/_2$ Stunde zu verlängern, bei einer Temperatur von $18^{\,0}$ C zu arbeiten und einen übereinstimmenden Zerkleinerungsgrad des Zellstoffes zur Anwendung zu bringen. Nach Beendigung der Mercerisation ist der Zellstoffbrei direckt mit der mindestens fünffachen Menge Wasser zu verdünnen und dann nach der Jentgenschen Vorschrift auszuwaschen.

Für die Filtration verwendet man entweder Asbestpolster oder Filterscheiben aus Baumwollgewebe. Asbest ist nicht immer natronlauge- oder glühbeständig. Auch Filterscheiben aus Baumwollgewebe können nicht als völlig einwandfrei gelten. Man kann auf solche Filterscheiben jedoch vollständig verzichten, wenn man in den Goochtiegel eine Filterscheibe ohne Asbestpolster einlegt, hierauf den Zellulosenbrei bringt und mit einer zweiten Filterscheibe zudeckt, an der man zur bequemen Handhabung eine Platinöse angebracht hat. Beim Auswaschen verhindert diese zweite Siebplatte unnötiges Aufwühlen des Niederschlages. Die Filtrate fallen vollkommen blank aus[2]).

b) Bestimmung der Summe von β- und γ-Zellulose durch Oxydation. Zur Bestimmung der β- und γ-Zellulose wird das Filtrat von der α-Zellulose mit einem Oxydationsmittel behandelt und der Verbrauch an Oxydationsmittel gemessen. Diese Bestim-

---

[1]) Waentig, Zellstoff u. Papier 2, 16 [1922], Nr. 1.
[2]) Vgl. hierzu auch die Erörterungen auf der Hauptversammlung des Vereins der Zellstoff- und Papier-Chemiker und -Ingenieure 1921; Bericht in Zellstoff und Papier 2, 17 ff. [1922] Nr. 1.

mung der β- und γ-Zellulose durch Oxydation ist in den Kunstseide-Fabriken gebräuchlich.

Die nachstehend beschriebene Ausführungsform gilt als Normalmethode bei der Untersuchung der Holzzellstoffe[1]), wird aber wohl für alle Zellstoffe als typisch gelten können. Von dem wie oben bei der Bestimmung der α-Zellulose sich ergebenden Filtrat wird ein aliquoter Teil in überschüssige mit Schwefelsäure angesäuerte Bichromatlösung eingegossen, aufgekocht, heiß noch einige Zeit digeriert. Nach dem Erkalten wird der Überschuß an Bichromat mittels Feroammonsulfat zurückgemessen.

Ferroammonsulfat wird im abgewogenen Überschuß zugesetzt und das unverändert gebliebene Salz, das natürlich ferrisalzfrei sein muß, mit Permanganat zurücktitriert. Fällt man aus einem anderen Teil des Filtrats die β-Zellulose, wie oben beschrieben, durch Essigsäure aus, so kann man im Filtrat dieser Fällung auch die γ-Zellulose direkt durch Oxydation bestimmen.

Bei der Oxydation zerfällt die Zellulose wie folgt:

$$C_6H_{10}O_5 + 6\,O_2 = 6\,CO_2 + 5\,H_2O\,.$$

1 Mol. Bichromat (K_2O, Cr_2O_3, $3\,O$) gibt 3 Sauerstoff ab. Also zur Oxydation von 1 Mol. Zellulose gehören 4 Mol. Bichromat oder in Formeln ausgedrückt:

$$C_6H_{10}O_5 : 4 \times K_2Cr_2O_7\,.$$
$$162{,}1 \qquad\qquad 294{,}5$$

Folglich entspricht $1\,g\,K_2Cr_2O_7 : 9{,}1375\,g$ Zellulose. Um nun die Stärke einer Bichromatlösung, deren Zusammensetzung nicht konstant bleibt, jedesmal ermitteln zu können, stellt man sie gegen eine Ferroammonsulfatlösung ein, deren Konzentration genau bekannt ist. Als Indikator benutzt man Ferricyankaliumlösung, die genau nach Vorschrift hergestellt und aufbewahrt sein muß.

<table>
<tr><td>Ferroammonsulfat:</td><td>Kaliumbichromat:</td></tr>
<tr><td>$FeSO_4(NH_4)_2SO_4 + 6$ aq</td><td>$K_2Cr_2O_7$</td></tr>
<tr><td>392,4</td><td>294,5</td></tr>
<tr><td>$2\,FeO + O = Fe_2O_3$</td><td>$3\,O$, also</td></tr>
</table>

entsprechen 6 Ferroammonsulfat: 1 Kaliumbichromat bei der Oxydation.

Soll nun eine $10\,^0/_0$ige Bichromatlösung hergestellt werden, so müßten $\dfrac{6 \times 392{,}4 \times 100\;g}{294{,}5}$ Ferroammonsulfat auf 1 Liter gelöst

---

[1]) Vgl. z. B. Bronnert: α-, β-, γ-Zellulose in „Die chemische Untersuchung pflanzlicher Rohstoffe und daraus abgeschiedenen Zellstoffe von C. G. Schwalbe, Verlag der Papier-Ztg. Carl Hofmann, Berlin SW 11, 1920.

werden (799,5 g). Die Löslichkeit des Ferroammonsulfates ist aber nur 170 g im Liter, folglich muß eine schwächere Lösung hergestellt werden.

1. Herstellung der Kaliumbichromatlösung. 90 g $K_2Cr_2O_7$ chem.-analytisch rein werden abgewogen und zu einem Liter gelöst.

2. Herstellung der Ferroammonsulfatlösung. $\dfrac{799,5}{5} = 159,9\,g$

Mohrsches Salz, analysenrein, werden zu einem Liter gelöst unter Zusatz von 5 ccm $10\,^0/_0$iger Schwefelsäure, um Ausscheidung von basischem Salz zu verhindern. 50 ccm dieser Lösung entsprechen dann 1 g Kaliumbichromat oder 0,1375 g Zellulose.

Das Mohrsche Salz muß natürlich frei von Ferriverbindungen sein.

3. Herstellung des Indikators: Kaliumferricyanid. 1 g gelöst in ca. 500 ccm destilliertem Wasser.

Das Kaliumferricyanid muß vollkommen frei von Ferrocyankalium sein. Man prüft dies, indem man zu der Ferricyankaliumlösung eine Eisenoxydlösung setzt, die zuverlässig kein Oxydul enthält. Diese letztere Bedingung läßt sich leicht erfüllen bei Anwendung von reinem Eisenoxyd-Ammonalaun oder Eisenchlorid, dessen verdünnte Lösung von einem Tropfen Permanganatlösung schon deutlich gefärbt wird oder ein Eisenchlorid, welches durch Oxydation mit Salpetersäure kein Oxydul enthalten kann. Wird das Kaliumferricyanid von dem reinen Eisenoxydsalz bräunlich gefärbt, ohne Spur einer Beimischung von Blau oder Grün, so ist es frei von gelbem Blutlaugensalz $K_4Fe(CN_6)$ und brauchbar.

4. Einstellung der Kaliumbichromatlösung auf Ferroammonsulfatlösung. 25 ccm Ferroammonsulfatlösung werden in einem ca. 100 ccm fassenden Hartglasbecher unter Zusatz von 5 ccm Sckwefelsäure (1:10) mit Kaliumbichromatlösung titriert. Als Indikator dient Kaliumferricyanid. Dieses soll sich stets in einer Flasche befinden, die in einer schwarzen Schutzhülle aus Pappe besteht und einen ebensolchen Deckel als Lichtabschluß besitzt. Man bringt von dieser gelben Indikatorlösung eine Reihe Tropfen auf eine weiße Porzellanplatte, die speziell für Tüpfelanalysen kreisrunde Vertiefungen hat. Nach jeweiligem Zusatz der Bichromatlösung rührt man mit einem Glasstab gut um und nimmt einen Tropfen heraus, den man zu einem Tropfen Kaliumferricyanid auf der Porzellanplatte fallen läßt. Anfangs bleibt die nun entstehende Mischfarbe tiefblau und geht allmählich durch dunkelgrün, grün, hellgrün in hellbraun bis gelbbraun über. Der Punkt, wo ein Tropfen der zu

titrierenden Ferroammonsulfatlösung mit einem Tropfen Kaliumferricyanid eine braune Färbung, ohne Beimischung von grün, ergibt, gilt als Endpunkt der Titration. Man liest hierauf die verbrauchten Kubikzentimeter Kaliumbichromatlösung ab und prüft,
ob ein Überschuß von Kaliumbichromat (es genügen zwei Tropfen)
die Färbung noch wesentlich verändert.

Von dem wie oben bei der α-Zellulosebestimmung gewonnenen
Filtrat werden 100 bzw. 200 ccm mit 15 ccm Bichromatlösung
und 10 ccm konzentrierter Schwefelsäure zum Sieden erhitzt, etwa
4 Minuten lang gekocht, erkalten gelassen, hierauf mit Ferroammonsulfat zurücktitriert.

Beispiel: 25 ccm Ferroammonsulfatlösung verbrauchten 5,6 ccm
Kaliumbichromat. 50 ccm Ferroammonsulfatlösung entsprechen 1 g
Kaliumbichromat resp. 0,1375 g Zellulose. Demnach 25 ccm Ferroammonsulfatlösung $= 5{,}6$ ccm Kaliumbichromatlösung $= 0{,}5$ g Kaliumbichromat $= 0{,}06875$ g Zellulose.

c) Bestimmung der β-Zellulose durch Wägung. Das bei
der Bestimmung der α-Zellulose gewonnene Filtrat und die Waschwässer werden vereinigt und auf 1000 bzw. 2000 ccm gestellt. 100
bzw. 200 ccm dieses Filtrats werden mit $^n/_1$ Salzsäure oder besser
Essigsäure bis zur deutlich sauren Reaktion zersetzt. Das zunächst
braun gefärbte Filtrat hellt sich beim Zusatz der Säuren auf, und
β-Zellulose scheidet sich in fein verteiltem Zustande ab. Zur besseren Koagulation der Niederschlagsteilchen wird auf dem Wasserbade so lange erhitzt, bis sich der Niederschlag klar abgesetzt hat,
worauf man durch ein kleines Baumwollfilter oder einen Goochtiegel
abfiltriert, 6—8 mal mit heißem Wasser auswäscht, trocknet und
wägt. Eine Veraschung ist erforderlich mit Rücksicht auf die Fest-
haltung von Salzen infolge der kolloiden Beschaffenheit des Niederschlages Außer der wie vorstehend beschriebenen Bestimmung der
β-Zellulose durch Fällung kann diese auch durch Oxydation der
alkalischen Lösung ermittelt werden, wenn nachträglich noch eine
Bestimmung der γ-Zellulose im Filtrat des β-Zelluloseniederschlages
vorgenommen wird.

d) Bestimmung der γ-Zellulose durch Oxydation. Wünscht
man die γ-Zellulose zu bestimmen, so muß man das Filtrat verwenden, welches bei der Bestimmung der β-Zellulose durch Wägung
(vgl. unter c) gewonnen wird. Dieses Filtrat wird in genau der
gleichen Weise wie vorstehend beschrieben, mit angesäuerter Bichromatlösung oxydiert und der Überschuß an Bichromat mit Ferroammonsulfat zurückgemessen. Zieht man den Wert für γ-Zellulose
von dem nach b) durch Titration gefundenen Wert für β- und γ-
Zellulose ab, so erhält man einen Wert für β-Zellulose.

7. Bestimmung der „Barytresistenz". In der Erwägung, daß sich bei der Einwirkung von konzentrierter Natronlauge von $17,50\,^0/_0$ NaOH-Gehalt gewisse Anteile der Zellulose lösen werden, haben Schwalbe und Becker[1]) an Stelle der Natronlauge Barytwasser bei Siedetemperatur zur Bestimmung der chemisch widerstandsfähigen (resistenten) Zellulose angewendet. Dies geschah, nachdem festgestellt war[2]), daß alkalische Erden nur die Abbauprodukte der Zellulose (Zellulosedextrine, Hemizellulose) lösen, während die reine Zellulose durch Behandeln mit einer kochenden Lösung alkalischer Erden nicht gelöst wird. Die bisher durchgeführten vergleichenden Untersuchungen lassen erkennen, daß man ähnliche Zahlen wie bei der Zellulosebestimmung erhält.

Der Angriff der Barytlösung ist etwas stärker, wenn es sich um Zellulosen handelt, die keinerlei nachträgliche Reinigung mit alkalischen Stoffen erfahren haben.

Bei Natronzellstoffen sind die Werte für Barytresistenz weit höher als für α-Zellulose, wahrscheinlich deshalb, weil die starke Natronlauge mehr Zellulose löst als Barytwasser.

Es scheint demnach, als ob die leicht und einfach auszuführende Bestimmung die mit mancherlei Fehlern behaftete α-Zellulosebestimmung ersetzen oder ergänzen könnte.

Die Methode wird wie folgt durchgeführt:

3 g Substanz werden in einem 250 ccm Erlenmeyer, der mit Steigrohr versehen ist, mit 100 ccm gesättigtem Barytwasser übergossen und 4 Stunden im gelinden Sieden erhalten. Dann wird über Asbest abgesaugt, mit heißem Wasser gründlich gewaschen, sodann nach Durchschütten von kaltem Wasser etwas $1\,^0/_0$ige Salzsäure aufgegossen und 5 Minuten stehen gelassen. Dann wird mit kaltem Wasser gewaschen, getrocknet, gewogen und verascht. Die Gewichtsdifferenz stellt aschefreie „barytresistente Zellulose" dar. Natürlich kann das Material auch auf einem Filter abfiltriert und gewogen werden, wenn man die ebenso wie bei der α-Zellulose nur geringe Aschenmenge vernachlässigen will.

Nachstehend seien einige typische Zahlen für α-Zellulose und Barytresistenz wiedergegeben:

---

[1]) Carl G. Schwalbe und Ernst Becker. Untersuchungen über Furfurolabspaltung, Alkalilöslichkeit und Reduktionsvermögen von Oxyzellulosen. Mitt. aus d. Versuchsstation für Holz- und Zellstoffchemie; Zellstoff und Papier 1, 100—102 [1921] Nr. IV. Barytresistente Zellulose, nebst Literaturstelle. Ferner Carl G. Schwalbe, Zellstoffchem. Abhandlungen 1, 115 [1921] Heft V.

[2]) Schwalbe und Becker, Journ f. prakt. Chemie 100, 19 [1920].

	α-Zellulose	Barytresistenz
Natronzellstoff	88,6 %	96 %
Mitscherlichzellstoff (bleichfähig)	90,5 „	84,4 „
Ritter-Kellner (bleichfähig) . .	86,9 „	82,2 „
Ritter-Kellner (bleichfähig) . .	80,7 „	77,8 „
Edelzellstoff	90,6 „	87,7 „
Nord. Edelzellstoff	89,2 „	89,9 „
Baumwolle	98,85 „	97,8 „

8. Bestimmung der Zellulose. Zur Ermittelung des Zellulosegehaltes von Zellstoffen können die im Abschnitt: „Untersuchung der pflanzlichen Rohstoffe" beschriebenen Methoden dienen.

Die Chlormethode von Cross und Bevan befriedigt bei Zellstoffen nicht, weil der Angriff des Reagenzes sehr kräftig ist und bei Wiederholung der Chlorierungsoperation nicht zum Stillstand kommt. Außerdem kann man, wie schon erwähnt wurde, durch Chlorierung die Pentosane nicht entfernen.

Die Königsche Methode weist bei der Anwendung auf Zellstoffe die ebenfalls teilweise schon gekennzeichneten Nachteile auf: niedere Zellulosewerte infolge der Hydrolyse von Zellstoff zu Zucker, Verwandlung der Zellulose in Hydrozellulose, Bildung von Oxyzellulose bei der Entfernung des Lignins vermittels Wasserstoffsuperoxyd. Als Vorteil der Methode muß die Beseitigung des Pentosans hervorgehoben werden.

Die sehr niederen Zellulosewerte nach der Königschen Methode könnten bei Analyse technischer Zellstoffe, insbesondere bei Holzzellstoffen zu falschen Vorstellungen über die Höhe des technisch wichtigen Zellulosegehaltes führen. Der „wahre" Zellulosegehalt ist eine Zahl, die für die Textil- (Spinnfaser-) und Papierindustrie noch wenig Bedeutung hat. Um Werte zu erhalten, die sich dem vorhandenen Zahlenmaterial anschließen, empfiehlt es sich, eine Methode zu wählen, die möglichst die aufgezählten Fehler der beschriebenen Methoden vermeidet. Durch eine sanfte Behandlung der Zellstoffe, durch eine Kochung mit Glyzerin-Essigsäure ohne Druck und nachfolgende Behandlung mit salpetriger Säure haben Schwalbe und Johnsen[1]) eine teilweise Beseitigung der Pentosane und völlige Entfernung der Ligninreste erreicht.

Bei nochmaliger Anwendung auf das gleiche Untersuchungsmaterial ergeben sich nur wenig abweichende Werte, ein Anzeichen dafür, daß bei dieser Methode die Zellstoffsubstanz kaum angegriffen wird. Die Methode ist bisher nur an Holzzellstoffen erprobt, kann

---

[1]) In der Zeitschriftenliteratur noch nicht veröffentlicht; auch die Dissertation von Johnsen, Berlin, Technische Hochschule 1914, noch nicht gedruckt

aber wohl auch auf andere Zellstoffarten angewendet werden. Die Beschreibung ist unten im Sonderabschnitt „Holzzellstoffe" gegeben.

9. **Bestimmung des Lignins.** Die sehr wichtige Bestimmung des Lignins kann nach den im Abschnitt: „Untersuchung der pflanzlichen Rohfaserstoffe" beschriebenen Methoden durchgeführt werden. Es wird von dem Charakter der Zellstoffe abhängen, welche dieser Methoden anwendbar sind. Eine allgemeine Methode für die Bestimmung der Ligninreste kann gegenwärtig noch nicht angegeben werden, da für die Mehrzahl der schon beschriebenen Analysenverfahren und der in den folgenden Sonderabschnitten (Baumwollzellulose, Hadern, Holzzellstoffe) wiedergegebenen Ligninbestimmungsmethoden nur Sondererfahrungen bei einzelnen Zellstoffklassen vorliegen.

10. **Bestimmung des Stickstoffgehaltes.** Durch die Aufschließoperationen werden die mehr oder weniger großen Eiweißmengen der Rohfasern ganz oder teilweise zerstört, so daß man aus der Höhe des in den Fasern verbliebenen Stickstoffgehaltes die Reinheit der Faser und die Güte der Aufschließung beurteilen kann.

Zur Bestimmung des Stickstoffes bedient man sich der bekannten Kjeldahl-Methode in etwa folgender Ausführungsform: 5—6 g Zellulose werden in einem Kjeldahlkolben mit 30 ccm rauchender und 20 ccm 95—96$^0/_0$iger Schwefelsäure übergossen, 0,25 g Quecksilber und 2—3 g Kaliumsulfat zugegeben, erst über kleiner und dann über starker Flamme so lange erhitzt, bis die Flüssigkeit hell wird, wozu etwa 5—6 Stunden erforderlich sind. Zum Abmessen des Quecksilbers wird eine Glasröhre U-förmig gebogen, der eine Schenkel in eine Kapillare ausgezogen und nach unten gebogen. 10 Tropfen Quecksilber aus solch feiner Kapillare wiegen ungefähr 0,25 g.

Nach dem Erkalten wird der Inhalt des Kjeldahlkolbens in einen Rundkolben von einem Liter Inhalt gespült und mit stickstofffreier Natronlauge (330 g im Liter) neutralisiert. Nach Zusatz von 0,3 g Na_2S und 30 ccm Natronlauge im Überschuß werden Zinkspäne hinzugegeben und 45 Minuten lang in vorgelegte $^n/_5$ Schwefelsäure destilliert. Die überschüssige Schwefelsäure wird, wie üblich, mit $^n/_5$ Natronlauge zurücktitriert (Indikator Methylorange).

Neuestens hat Kleemann[1]) eine Abänderung der Kjeldahlmethode beschrieben, bei welcher man durch Verwendung von Wasserstoffsuperoxyd eine wesentliche Abkürzung der Stickstoffbestimmung erreichen kann. Der Autor beschreibt das Verfahren wie folgt:

5 g Substanz und 1 Tropfen Quecksilber werden in einem 500 ccm fassenden, mit Marke versehenen Rundkolben aus Jenenser Glas

---

[1]) Kleemann, Ztschr. f. angew. Chemie **34**, 627 [1921], Nr. 100.

mit 25 ccm 30%igem Wasserstoffsuperoxyd übergossen, gut durchgeschüttelt und dann 40 ccm konzentrierte Schwefelsäure (1,84) in dünnem Strahle — mit kurzer zeitweiser Unterbrechung, je nach der Heftigkeit des Oxydationsprozesses — zugesetzt.

Nachdem die mitunter oft stürmisch verlaufende Oxydation unter Bildung namentlich reichlicher Mengen an Kohlendioxyd und anderen gasförmigen Oxydationsprodukten zu Ende ist, erhitzt man die erhaltene dunkelbraune Flüssigkeit zunächst 15 Minuten bei voller Flammenhöhe, gibt 15—20 g Kaliumsulfat zu und kocht so lange, bis die Flüssigkeit völlig klar geworden ist. In der Regel ist dies nach 25—30 Minuten langer Gesamtkochdauer erreicht, um aber ganz sicher zu sein, daß man die Maximalstickstoffausbeute erhält, dehnt man die Gesamtkochdauer auf etwa 45 Minuten aus. Nach hinreichender Abkühlung verdünnt man die aufgeschlossene Flüssigkeit mit Wasser, füllt bis zur Marke auf und nimmt 100 oder 200 ccm entsprechend 1 oder 2 g der Substanz zur Ammoniakdestillation.

11. Erkennen und Bestimmung eines Gehaltes an Hydro- und Oxyzellulosen. Zellstoffe enthalten häufig von Natur, oder erst durch die Aufschließvorgänge entstanden, Hydro- und Oxyzellulosen. Der Nachweis dieser vermittels Ausfärbung ist unzuverlässig. Zwar färbt sich Oxyzellulose fast durchweg mit basischen Farbstoffen, insbesondere Methylenblau, tiefer an als Zellulose, aber satte Farbtöne können auch durch Inkrustengehalt hervorgerufen werden. Vor allem ist durch Ausfärbung Oxyzellulose von Hydrozellulose nicht zu unterscheiden, denn auch Hydrozellulosen können lebhafte Färbungen annehmen, wenn nämlich außer ihnen im Untersuchungsmaterial auch noch sogenannte Hydratzellulosen (gequollene Zellulosen) enthalten sind. Will man sich bei vergleichenden Untersuchungen der an sich einfachen Färbeprobe dennoch bedienen, so kann man zweckmäßig eine 0,05 bis $0,1\%$ige Lösung von Methylenblau in destilliertem Wasser anwenden. Ist das Methylenblau reinste Handelsware, so kann der Verbrauch von Methylenblau auch durch eine Titration der Farbstoffmengen in der Lösung bzw. in den Waschwässern mit Hilfe von Titanchlorid bewirkt werden[1]). Man färbt etwa 1 Stunde lang durch Einlegen in die Farbstofflösung aus und wäscht hernach so lange, bis das Wasser nahezu ungefärbt abläuft.

Für die Bestimmung des Gehaltes an Hydro- und Oxyzellulosen, seien sie von Natur in den Zellstoffen enthalten oder erst während

---

[1]) Nach **Nishida**. Kunststoffe **4**, 266—268 [1914] entspricht 1 g der mit Hypochlorit hergestellten Oxyzellulose 0,063 g Methylenblau. Nach **Pita**, Journ. Soc. Chem. Ind. **36**, 868 [1917] ist die Methode ungenau. Vgl. hierzu **Thies**, Färber-Ztg. **24**, 525 [1914].

der Aufschließung durch Wirkung der Säuren und Oxydationsmittel gebildet, kann die Ermittlung der sogenannten Kupferzahl dienen. Hydro- und Oxyzellulosen werden nämlich von kochender Fehlinglösung reduziert. Die von 100 g aus überschüssiger Fehlinglösung abgeschiedene Kupfermenge hat Schwalbe Kupferzahl genannt. Die Kupferzahlbestimmung wird wie folgt ausgeführt:

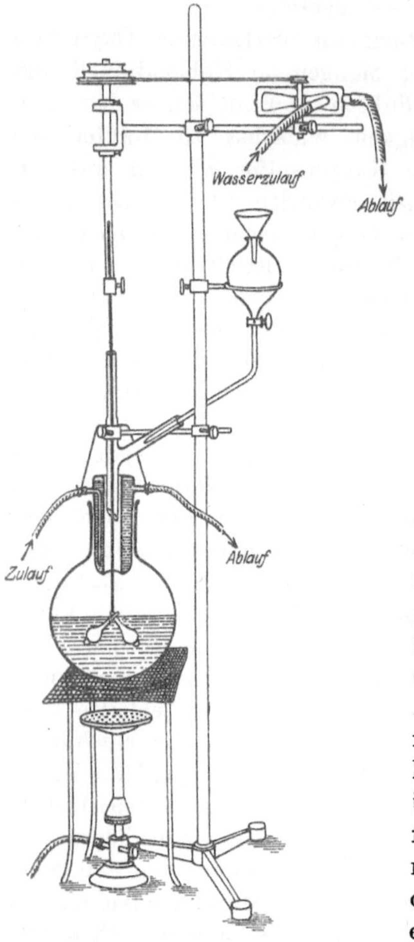

Kupferzahlbestimmung[1]). 2—3 g lufttrockene Substanz werden in einen Rundkolben[2]) von 1,5 Liter Inhalt (Abb. 28) gebracht und mit 250 ccm destilliertem Wasser übergossen. Der Kolben wird von unten her über einen Glaskühler geschoben, so daß der letztere in den Kolbenhals hineinhängt und nur äußerst wenig Spielraum zwischen Kolbenhals und Kühlerwand bleibt. Der Kühler ist an einem Nickeldraht aufgehängt. Er besitzt ein zentrales Rohr, in welches ein mit seitlichem Ansatz versehenes Glasrohr bis etwa zur Mitte hineinragt. Durch das innere Rohr hindurch führt der Glasrührer, je nach dem anzuwendenden Material, entweder ein Zentrifugalkugelrührer oder aus einem Glasstab so gebogen, daß das Glasstabende dem Stab

Abb. 29. Rührform für den Kupferzahl-Apparat.

Abb. 28. Apparat zur Kupferzahlbestimmung nach Schwalbe.

des Rührers anliegt und aus der Flüssigkeit hervorragt. Letztere Form (Abb. 29) ist für lose Baumwolle besonders empfehlenswert. Das seitliche Ansatzrohr gestattet das Eingießen von Flüssigkeiten

---

[1]) C. G. Schwalbe, Die Chemie der Zellulose. Berlin 1911. Seite 625—629. Ztschr. f. angew. Chemie 23, 924 [1910].

[2]) Der vollständige Apparat wird von der Firma Erhardt & Metzger Nachf., Darmstadt, geliefert.

durch den Tropftrichter. Der Kolben selbst ruht auf einem darunter-
gestellten Dreifuß mit Drahtnetz und wird durch einen Teklubrenner
mit Pilzaufsatz erwärmt. Die Kühlung der aufsteigenden heißen
Dämpfe ist so vorzüglich, daß selbst bei einer Flüssigkeitsmenge von
einem Liter beim Sieden keine Verdampfverluste eintreten. Der
Rührer wird durch eine mit Wasserkraft angetriebene Turbine in
Umdrehung versetzt. Der Vorteil dieser Apparatanordnung besteht
darin, daß die zu reduzierende Flüssigkeit nur mit Glas, nicht
aber mit Stoffen in Berührung kommt, die wie Kautschuk und
Kork an Wasser bei längerem Kochen reduzierende Substanzen
abzugeben vermögen.

Während nun die Flüssigkeit unter Rühren zum Sieden erhitzt
wird, werden 50 ccm Kupfersulfatlösung und 50 ccm alkalische
Seignettesalzlösung mit Pipetten abgemessen und jede für sich in
einen ca. 200 ccm fassenden Erlenmeyerkolben einlaufen gelassen.
In diesen werden die Lösungen zum Sieden erhitzt, und sobald die
Flüssigkeit mit der Zellulose siedet, gießt man die heiße Kupfersulfatlösung zur heißen alkalischen Seignettesalzlösung und gibt das
Gemisch — die Fehlingsche Lösung — auf einmal in den Tropftrichter, dessen Hahn ganz geöffnet ist. Hierauf spült man die
Kolben und den Tropftrichter mit 50 ccm heißem, destilliertem
Wasser nach. Von dem Augenblick an, in welchem die Flüssigkeit
im Rundkolben zu sieden beginnt, läßt man unter Rühren genau
eine Viertelstunde lang sieden. Alsdann nimmt man den Brenner
weg, unterbricht das Rühren, entfernt den Dreifuß und schiebt den
heißen Rundkolben, der sich übrigens am Hals bequem mit der
Hand anfassen läßt, wieder vom Kühler herunter. Den Kühler wie
auch den Rührer spült man mit der Spritzflasche von anhängender
Lösung in den Kolben ab.

Nun setzt man ca. 1 g in ungefähr 50 ccm destilliertem Wasser
suspendierte Kieselgur (Bereitung siehe unten) zu, falls Durchgehen
des Kupferoxyduls durch das Filter zu befürchten ist (in den meisten
Fällen kann man übrigens von der Verwendung der Kieselgur ab-
sehen, da sich das Cu_2O gewöhnlich gut filtrieren läßt), schüttelt
den Kolben durch und saugt auf einem doppelten Filter, im Büchnertrichter liegend, schnell ab, wobei das Kupferoxydul nicht trocken
gesaugt werden darf. Man wäscht hierauf so lange mit heißem,
destilliertem Wasser nach, bis alle Fehlingsche Lösung verdrängt
ist, d. h. bis die ablaufende Flüssigkeit kein Kupfer mehr enthält
(Ferrocyankaliumprobe S. 233). Der Rückstand auf dem Filter ist
auch nach dem Auswaschen mehr oder weniger blau durch zurückgehaltene, unauswaschbare Kupfersalze, was eine noch zu erörternde
Korrektur (siehe Zellulosezahl) bedingt. Der gesamte Trichterinhalt

wird in eine Porzellanschale gebracht und der Trichter quantitativ mit 6,5 $^0/_0$iger Salpetersäure in diese ausgespült. Sobald sich nach kurzem Stehen der Schale auf einem siedenden Wasserbade alles Kupferoxydul gelöst hat, wird wieder durch den Büchnertrichter mit einem Filter vom Ungelösten abgesaugt. Falls der Faserbrei ein Ausgießen aus der Porzellanschale ohne Flüssigkeitsverluste unmöglich macht, wird mit einem Porzellanlöffel erst die Hauptmenge des Breies quantitativ auf den Trichter geschöpft.

Der ungelöste Rückstand, bestehend aus Kieselgur, Filtrierpapier und den Zellulosefasern, hält nun zumeist aber noch Kupfersalzlösung zurück, die durch Heißauswaschen nicht entfernt werden kann. Man muß deshalb den Rückstand mit konzentriertem Ammoniak im Trichter übergießen, worauf sich der Kupfergehalt der Fasermasse durch Blaufärbung zu erkennen gibt. Besser noch digeriert man nach dem Abgießen der salpetersauren Lösung, falls dies möglich ist, die restierenden Fasern mit ziemlich konzentrierter warmer Ammoniaklösung. Nachdem man alles Ungelöste auf den Trichter bzw. in der Schale wiederum mit 6,5 $^0/_0$iger Salpetersäure und schließlich mit heißem, destilliertem Wasser nachgespült hat, darf sich bei einer Prüfung mit Ferrocyankalium Kupfer nicht mehr nachweisen lassen[1]).

Das grüne bis gelbgrüne Filtrat wird nun in einer Porzellanschale auf dem Wasserbade zur Trockne verdampft, mit einem genau an die Schale anschließenden Glastrichter bedeckt und auf dem Sandbade abgeraucht[2]). Hierdurch werden die etwa noch vorhandenen organischen Stoffe derart verändert, daß sie sich bei der später folgenden Elektrolyse nicht mehr in und unter dem Kupferniederschlage absetzen und so das Gewicht des abgeschiedenen Kupfers vermehren können. Das beim Abrauchen in der Schale gebildete Kupferoxyd löst sich leicht in warmer 6,5 $^0/_0$iger Salpetersäure; mit solcher spült man auch den Glastrichter sorgfältig nach. Die saure Lösung wird in eine Platinschale gebracht, die Porzellanschale mit ganz wenig Ammoniak digeriert, mit 6,5 $^0/_0$iger Salpetersäure und schließlich mit destilliertem Wasser nachgespült und noch 1 ccm Schwefelsäure $(1:10)$ in die Platinschale zugegeben.

Alsdann wird die Lösung mit Hilfe einer schnell rotierenden Rühranode elektrolysiert. Letztere besteht am besten aus einem, an einen dicken Platindraht angeschweißten Platinblech. Die Stromstärke soll durchschnittlich 2—3 Ampère betragen. Das an der

---

[1]) Gegebenenfalls ist sonst die Digestion mit Ammoniak zu wiederholen.

[2]) Bei Baumwolle unnötig, nur bei Zellstoffen erforderlich. Bei Baumwolle wird nur soweit eingedampft, daß man die Flüssigkeitsmenge in der Platinschale unterbringen kann.

Kathode abgeschiedene Kupfer ist schön blank, während oft braun-
rot gefärbte, jedoch eisenfreie Zellulosepartikel in der entkupferten
Lösung schwimmen, sich aber nicht mit dem Kupfer niederschlagen,
so daß ein Filtrieren vor der Elektrolyse nach dem Abrauchen unnötig wird. Gegen Ende der Elektrolyse[1]), die je nach der abzu-
scheidenden Kupfermenge eine Viertel- bis eine ganze Stunde dauern
kann, prüft man, ob alles Kupfer niedergeschlagen ist. Während
der Rotation des Rührers hebert man 1—2 ccm aus der Platinschale
ab, versetzt die Probe in einem Reagierzylinder mit ein paar Tropfen
einer Lösung von essigsaurem Natrium zwecks Abstumpfung der
Säure, bringt von dieser Lösung einige Tropfen auf ein Stück Filtrierpapier und läßt auf den Auslaufrand einen Tropfen Ferrocyankalium-
lösung fallen. Sind noch Spuren Kupfer in der Lösung vorhanden,
so entsteht an der Berührungsstelle beider Tropfenränder eine
kupferrote Linie von Ferrocyankupfer.

Über die besten Bedingungen zur Ausführung dieser Kupferprobe
machen die Autoren Pritz, Guillaudeu und Withrow[2]) folgende
Angaben:

Sie bringen 1 ccm Badflüssigkeit in ein Vergleichsglas (ein
dünnwandiges Reagensglas von 3—5 mm inneren Durchmesser und
15 cm Länge, das etwa 3 ccm faßt), machen mit Ammoniak alkalisch, säuern mit Eisessig an und geben 2 Tropfen einer $2\,^0/_0$igen
Kaliumferrozyanidlösung zu; eine ausgesprochene rote Färbung zeigt
an, daß mehr als 1 mg Cu zugegen ist. Als Gegenprobe behandelt
man 1 ccm destilliertes Wasser in derselben Weise. Läßt sich ein
Farbenunterschied nicht feststellen, so ist sicher nicht mehr als
0,1 mg Cu in dem ganzen Elektrolyten vorhanden. Ammoniumnitrat verstärkt die Reaktion, Ammoniumazetat und Eisessig beeinflussen sie nicht, dagegen wirkt Salpetersäure störend. Bei Gegenwart von Zink ist die Prüfung mit Ammoniak vorzunehmen.

Erweist sich bei dieser Prüfung die Lösung als kupferfrei, so
stellt man die Turbine ab, gießt gleich destilliertes Wasser bis zum
Rand der Platinschale nach und hebert bei andauerndem Nachfüllen
mit destilliertem Wasser so lange ab, bis kein Strom mehr durch die
Flüssigkeit geht, was an dem Erlöschen der als sehr bequemer elektrischer Widerstand benutzten Glühbirnen leicht zu erkennen ist.
Ist der Niederschlag beim Auswaschen an den Rändern oder ganz

---

[1]) In Ermangelung einer Platinschale kann man natürlich Kupfer auch
mit Schwefelwasserstoff usw. bestimmen. Siehe unten.

[2]) W. B. Pritz, A. Guillaudeu und J. R. Withrow, Zeitschr. f. analyt.
Chem. **58**, 4. Heft, S. 163; Chem. Ztg. **42**, 205 [1918]; Journ. Americ. Chem. Soc.
35, 168 [1913].

und gar dunkelbraun geworden, so hat dies erfahrungsgemäß weiter keine Bedeutung.

Die Platinschale wird zwecks schnelleren Trocknens mit reinem Alkohol ausgespült und im Wassertrockenschranke getrocknet. Ebenso wird auch mit der leeren Platinschale vor der Wägung verfahren. Ergeben z. B. 1,7832 g Sulfitzellulose (getrocknet 105°) 0,0427 g Kupfer, so würden 100 g Sulfitzellstoff 2,39 g Kupfer abscheiden, eine Zahl, die Schwalbe als Kupferzahl bezeichnet hat.

Reinigung der Kieselgur. Zur Reinigung der Kieselgur wird wie folgt verfahren: Die käufliche Terra silicea, geglüht (Merck) wird mit Fehlingscher Lösung eine Stunde ausgekocht, auf großen Leinenfiltern abgesaugt und eine Probe auf ihr Reduktionsvermögen geprüft. Ein solches darf nicht mehr vorhanden sein. Dann wird mit heißem, destilliertem Wasser digeriert und unter Zugabe von konzentrierter Salpetersäurelösung längere Zeit gekocht. Nach dem Absaugen und Auswaschen soll alles Kupfer herausgelöst sein (Ferrozyankaliumprobe). Hiernach wird mit konzentrierter Salzsäurelösung kurz aufgekocht, abgesaugt, ausgewaschen und die so bebereitete Kieselgur in destilliertem Wasser, ca. 20 g im Liter, in Flaschen aufbewahrt. Vor dem Gebrauch schüttelt man die Flasche um und fügt der betreffenden Lösung 50 ccm (ca. 1 g) in Wasser fein suspendierter Kieselgur zu.

Herstellung der Fehlingschen Lösung. Lösung I: 692 g Seignettesalz, pro anal., und 200 g Natriumhydroxyd, Alcohol. depur. (Mercks purum) werden zu zwei Liter gelöst und die Lösung durch einen Glastrichter mit Filtrierplättchen und Asbestbelag abgesaugt. Berührung mit Gummi, Kork und ähnlichem organischen Material ist unbedingt zu vermeiden.

Lösung II: 138,6 g Kupfersulfat, pro anal., werden zu zwei Liter gelöst und durch Leinenfilter gesaugt. — Die Lösungen werden getrennt aufbewahrt.

Verunreinigungen, besonders die gewisser Sorten Filtrierpapier[1]), Gummi, Kork usw. können eine Zersetzung der Fehlingschen Lösung beim Kochen veranlassen — Abscheidung eines schwarzen flockigen Niederschlages —, wie dies wiederholt beobachtet worden ist.

Ferner ist durch eingehende Versuche festgestellt worden, daß Schwankungen in dem Flüssigkeitsvolumen bei der Zugabe der Fehlingschen Lösung, statt wie üblich 250 ccm bis zu 500 ccm, ohne irgendwelchen Einfluß auf das Resultat sind. Das gleiche gilt auch für die Menge des angewandten Ausgangsmaterials, so daß demnach in

---

[1]) Robinoff hat dies bei patentiertem Filtrierpapier, sog. „Laurentfiltern", festgestellt.

diesen Beziehungen weiter Spielraum gelassen ist. Mit Rücksicht auf den hohen Faktor, mit dem man bei der Umrechnung auf 100 multipliziert, sind zu kleine Substanzmengen nicht ratsam.

Überhitzung des oberen Kolbenteiles durch heiße Flammgase muß vermieden werden. Durch teilweise Zersetzung der vom Rührer emporgeschleuderten Seignettesalzteilchen können reduzierende Stoffe erzeugt werden, so daß Überhitzung zu hohe Kupferzahlenwerte veranlaßt. Zum Schutz gegen Überhitzung sollte man daher einen Pilzbrenner verwenden und eine bestimmte Flammengröße sowie eine stets gleichbleibende Entfernung zwischen Flamme und Kolbenboden einhalten. Zur größeren Sicherheit kann man noch über den Kolben einen Asbestring stülpen, der die aufsteigenden Flammengase vom Oberteil des Kolbens fernhält.

Beim Abfiltrieren der Fasern nach beendetem Sieden soll man nach Freiberger[1]) die Flüssigkeit sofort in ein Becherglas ausgießen, die Fasern im Rundkolben aber mehrmals mit destilliertem Wasser von 80° abspülen und dann lauwarmes Wasser auf die Faserreste aufgießen; Kochtemperatur ruft in sehr verdünnten Fehlingschen Lösungen Trübungen hervor.

Mit einem gebogenen Glasstabe werden nach beendeter Filtration der Lösung und der Waschwässer durch ein glattes Filter (Nr. 595 Schleicher und Schüll) in einen Büchnertrichter, schließlich die Fasern auf das Filter gebracht. Filter sind dem ebenfalls empfohlenen Goochtiegel mit Asbest vorzuziehen. Auswaschen und Filtrieren läßt sich in 15—20 Minuten erledigen.

Neigen die Niederschläge zum Durchgehen durch das Filter, was bei Baumwollen fast nie, wohl aber häufig bei Holzzellstoffen der Fall ist, so setzt man, wie oben erwähnt, gereinigte Kieselgur zu, mit deren Hilfe man völlig klare Filtrate erzielt.

Zur Erzielung scharfer Werte ist gute Beschaffenheit des Seignettesalzes erforderlich. Es kommen Präparate im Handel vor, die auch ohne Fasern beim blinden Versuch bei Gegenwart von Kupfersulfat Kupfer abscheiden. Vermutlich ist ein stark schwankender Gehalt an oxalsaurem Salz die Ursache der unliebsamen Erscheinung. Auch auf Reinheit des destillierten Wassers ist zu achten. Ölspuren im Wasser, wenn solches etwa aus elektrischen Zentralen, aus Kondensationen von Kraftanlagen stammt, können ebenfalls zu Reduktionserscheinungen Anlaß geben. Man schützt sich gegen derartige Fehlerquellen durch Anstellung blinder Versuche[2]). 400 ccm heißes destilliertes Wasser werden mit 50 ccm Ätznatron-Seignettesalzlösung und

---

[1]) Freiberger, Zeitschr. f. angew. Chem. **30**, 121 [1917].
[2]) Schwalbe, Zeitschr. f. angew. Chem. **27**, 567—568 [1914].

50 ccm Kupfersulfatlösung versetzt und eine Viertelstunde lang im Sieden erhalten. Die Lösung darf weder grüne Farbtöne annehmen, noch gar einen Niederschlag abscheiden. In Ermanglung völlig reiner Seignettesalzpräparate kann man gänzlich zuverlässig arbeiten, wenn man die abgeschiedene Menge Kupfer ermittelt und als Korrektionsfaktor benutzt. Hat man eine reine Typbaumwolle zur Verfügung, so kann man an deren Aussehen nach viertelstündiger Kochung mit Fehlinglösung die Güte dieser Lösung feststellen. Die Baumwolle darf weder braun noch schwarz werden, sondern muß vielmehr weiß bleiben, oder sich nur schwach rötlich-gelb färben.

Nach Freiberger[1]) muß man bei der Kupferzahl ferner noch folgende mögliche Fehlerquellen berücksichtigen: Das Alkali greift die verschiedenen Glassorten ungleich stark an. Das in der Seignettesalzlösung enthaltene Wasserglas erhöht die Kupferzahl stark. Alt gewordene Kupfersulfatlösungen geben ebenfalls Anlaß zu hohen Kupferzahlen. Auch destilliertes Wasser löst bei längerem Stehen aus Glasgefäßen Silikate auf, die, wie oben das Wasserglas, wirken. Der Verfasser empfiehlt, um derartige Fehler möglichst auszuschalten, stets einen blinden Versuch auszuführen, was auch schon Schwalbe empfohlen hat. Bei der Bereitung der Ätznatronlösung ist es nach Freiberger[2]) zweckmäßig, sie aus Natriummetall in eisernen fettfreien Gefäßen herzustellen, weil bei Anfertigung in Glasgefäßen Natronsilikat entsteht, das zu starken Erhöhungen der Kupferzahl Anlaß geben kann. Nach dem Abkühlen gibt man die Natronlauge zu der ebenfalls gekühlten, wässerigen, frisch bereiteten Seignettesalzlösung. Auch das destillierte Wasser kann bei langem Stehen in Glasgefäßen Kieselsäure lösen.

Die Kupfersulfatlösung sollte man nach Freiberger nicht zu alt werden lassen, da zu hohe Kupferzahlen bei Verwendung sehr alter Lösungen beobachtet wurden. Schwalbe hat Abscheidung hellgrüner basischer Kupfersalze beim Lösen mancher Kupfervitriolsorten in siedendem Wasser beobachtet.

Nach Hägglund[3]) kommt man schneller bei der Bestimmung der Kupferzahl zum Ziel, wenn man das durch siedende Fehlinglösung gebildete Kupferoxydul nach einer Methode von Bertrand[4]) in Ferrisulfat-Schwefelsäure löst und das gebildete Ferrosulfat mit Kaliumpermanganat titriert. Das, wie oben beschrieben, ausgewaschene Kupferoxydul bzw. das kupferoxydulhaltige Faser- oder Zellstoffmaterial wird dann mit 100 ccm kalter Ferrisulfat-Schwefelsäure

[1]) Freiberger, Zeitschr. f. angew. Chem. 30, 121—122 [1917].
[2]) Freiberger, a. a. O.
[3]) Hägglund, Papierfabrikant 17, 301—305 [1919].
[4]) Bertrand, Bull. Soc. Chim. 35, 1285 [1906].

behandelt. Diese Lösung wird aus 50 g Ferrisulfat und 200 g Schwefelsäure im Liter hergestellt, die Eisenlösung darf jedoch Permanganat nicht reduzieren, wovon man sich durch Zusatz einiger Tropfen $n/_{10}$ Kaliumpermanganatlösung überzeugt. Ein sofortiger Farbenumschlag zu Rosa soll dabei hervorgerufen werden. Ist dies nicht der Fall, so wird Kaliumpermanganatlösung hinzugefügt, bis der Farbenumschlag eintritt, erst dann ist die Eisenlösung zum Gebrauch fertig. Das Kupferoxydul geht bei dem Zusatz der Eisenlösung unmittelbar von Rot in Schwarzblau über und liefert dann eine hellgrüne Lösung. Nachdem alles Kupferoxydul gelöst ist, was man daran bemerkt, daß alle schwarzblauen Flecken verschwunden sind, wird die Lösung filtriert, wobei auch die im Tiegel oder im Trichter vorhandenen kleinen Mengen Kupferoxydul gelöst werden. Die Auflösung geht nach folgender Gleichung vonstatten:

$$Cu_2O + Fe_2(SO_4)_3 + H_2SO_4 = 2\,CuSO_4 + 2\,FeSO_4 + H_2O.$$

Nunmehr wird der Faserbrei mit kaltem, destilliertem Wasser mehrmals abgesaugt und gewaschen. Die Lösung wird im Filtrierkolben mit $n/_{10}$ Kaliumpermanganatlösung direkt titriert. Der Farbenumschlag von Grün in Rosa ist scharf. Da man in diesem Falle nur das Kupferoxydul umsetzt und das im übrigen von der Faser festgehaltene „Hydratkupfer" (siehe unten: Bestimmung der Hydratkupferzahl) nicht mitbestimmt, so erübrigt sich die Bestimmung einer Hydratkupferzahl; man erhält direkt die wahre oder die korrigierte Kupferzahl.

In gleicher Weise kann auch zur Abänderung der unten beschriebenen Methode die Bestimmung der Hydrolysierzahl ausgeführt werden.

Abgeänderte Kupferzahlbestimmung nach Falke. (Nach Dr. Falke von den deutschen Zelluloidwerken in Eilenburg). Nach Falke[1]) kann die Kupferzahlbestimmung zweckmäßig wie folgt ausgeführt werden:

Nachdem man in üblicher Weise durch Kochen mit Fehlinglösung Kupferoxydul mit dem Fasermaterial niedergeschlagen hat, wird das Faserkupfer nach völligem Auswaschen in einen 500 ccm Jenakolben mit langem Hals übertragen und hierauf mit Königswasser versetzt, dann über freier Flamme ohne Drahtnetz eingedampft. Da der Kolben dadurch angespannt wird und langhalsig ist, geht durch Verspritzung nichts verloren; man kann in einer halben Stunde die gesamte Flüssigkeitsmenge soweit eindunsten, daß etwas zugesetzte Schwefelsäure zu rauchen beginnt. Ist dieser Punkt erreicht, so ver-

---

[1]) Privatmitteilung des Autors.

dünnt man etwas mit Wasser und fügt Natriumthiosulfat hinzu. Hierauf wird kurze Zeit gekocht, worauf ein Niederschlag von Kupfersulfür ausfällt, der beim Abfiltrieren sich als genügend luftbeständig erweist. Durch Veraschung im Porzellantiegel wird das Kupfer schließlich als Kupferoxyd bestimmt.

Eine quantitative Bestimmung der Oxyzellulosen haben Schwalbe und Becker durch eine einfach durchzuführende Titration mit $n/_{100}$ Natronlauge erreicht. Die Oxyzellulosen haben Säurecharakter, die Hydrozellulosen nicht; demnach verzehren die ersteren Alkali unter bestimmten Versuchsbedingungen, während die letzteren unter gleichen Bedingungen Base nicht verbrauchen (siehe unten).

Nach Lenze, Pleus, Müller[1]) kann man Oxyzellulosen durch Digestion der Zellstoffe mit Alkalilauge und Hydrolyse der Filtrate mit verdünnter Salpetersäure quantitativ abscheiden. Die Autoren geben folgende Vorschrift:

10 g lufttrockener Zellstoff werden mit 100 ccm $17^0/_0$ iger Natronlauge übergossen und unter öfterem Durchkneten eine halbe Stunde stehen gelassen. Hierzu werden 100 ccm Wasser gegeben, worauf das Ganze gut durchgemischt und auf einem Porzellantrichter mit Siebboden abgesaugt wird. Die durch die Nutsche gegangenen Fasern werden durch Zurückgießen der Flüssigkeit aus dieser entfernt. Von dem klaren Filtrat werden 100 ccm in einen geräumigen Erlenmeyerkolben gebracht. Der Rückstand wird mit kaltem Wasser gewaschen und mit $5^0/_0$ iger Essigsäure digeriert, zum Schluß mit heißem Wasser neutral gewaschen, mit der Hand gut ausgedrückt und zerzupft. Der Zellstoff wird dann noch einer zweiten und dritten Behandlung mit Natronlauge, wie vorher angegeben, unterworfen. Von den hierbei erhaltenen zwei Filtraten werden je 100 ccm mit 100 ccm des ersten Filtrats vereinigt. Diese 5 g Zellstoff entsprechende Flüssigkeitsmenge wird mit konzentrierter Salpetersäure neutralisiert, mit 125 ccm $20^0/_0$ iger Salpetersäure versetzt, mit Wasser auf etwa 500 ccm verdünnt und drei Stunden im siedenden Wasserbade erhitzt. Der Rückstand wird auf einem gewogenen Filter gesammelt, mit lauwarmem Wasser neutral gewaschen, bei 100^0 im Warmwassertrockenschrank getrocknet, dreimal in Abständen von zwei Stunden gewogen und sein niedrigstes Gewicht zur Berechnung der Analyse benutzt.

Unterscheidung von Hydro- und Oxyzellulosen. Auch mittels der eben beschriebenen Kupferzahlmethode ist eine Unterscheidung von Hydrozellulosen und Oxyzellulosen ohne weiteres nicht

---

[1]) F. Lenze, B. Pleus und J. Müller, Über Untersuchungen von Holzzellstoff. Journ. f. prakt. Chemie. 101, 259/60 [1920]. Verlag von Joh. Ambr. Barth.

möglich. Eine solche gelingt bei der Baumwollzellulose, vermutlich aber auch bei anderen Zellulosen durch alkalische Kochung. Werden, wie Schwalbe und Bay festgestellt haben, Hydrozellulosen mit Alkali gekocht, so nimmt das Reduktionsvermögen der Lösung zu, bei Kochung der Oxyzellulosen mit Alkali aber erfährt das Reduktionsvermögen der Lösung eine deutliche Abnahme. Die Probe wird folgendermaßen ausgeführt:

Von der zu untersuchenden Substanz[1]) werden 1—2 g abgewogen und mit 25 ccm einer $10^0/_0$igen Natronlauge 10 Minuten lang im Wasserbade unter zeitweiligem Umschütteln digeriert, abfiltriert und heiß etwas ausgewaschen. Das Filtrat wird mit einer gemessenen Menge Fehlinglösung gekocht; gleichzeitig wird eine frische Menge der zu untersuchenden Substanz analog im Wasserbade behandelt. Reduziert nun das Ausgangsmaterial mehr, d. h. verschwindet das Blau der Kupferlösung beim Ausgangsmaterial rascher als beim Filtrat, so ist Oxyzellulose vorhanden. Reduziert das Filtrat aber mehr als das Ausgangsmaterial, so ist die Gegenwart von Hydrozellulose anzunehmen.

Beispielsweise wurden bei Anwendung von 1 g Substanz folgende Werte gefunden:

		Substanz	Filtrat
Oxyzellulose .	1	42	24
„	2	13	10
Hydrozellulosse	1	8	14
„	2	10	26

Die Zahlen bedeuten die Anzahl von Kubikzentimeter Fehlinglösung, die durch Substanz bzw. durch das Filtrat reduziert worden sind. Man kann in der angegebenen Weise Hydro- und Oxyzellulose einigermaßen unterscheiden. Scharf ist die Methode nicht und verlangt Übung, da die blaue Farbe der Fehlinglösung in eine Grünfärbung übergeht, die es sehr schwer macht, kleinere Unterschiede zu erkennen.

Eine qualitative Unterscheidung der Hydro- und Oxyzellulosen gelingt nach Schwalbe und Becker[2]) auf folgende Weise:

„Die Präparate wurden mit destilliertem Wasser aufgeschlämmt und mit einem Tropfen Methylorange versetzt. Dieser färbte die Flüssigkeit in fast allen Fällen gelb, nur bei den stark sauren Oxyzellulosen war sie rötlich-orange. Nun wurden einige Kubikzentimeter konzentrierte Kochsalzlösung zugesetzt, und während bei

---

[1]) Schwalbe und Bay in Bay, Dissertation Gießen 1913. Seite 69/70.
[2]) Carl G. Schwalbe und Ernst Becker, Unterscheidung von Hydro und Oxyzellulosen durch Titration. Ber. 54, Heft 3, 545 ff. [1921].

Hydrozellulose und gewöhnlichen Zellulosen die Farbe der Lösung sich gar nicht oder kaum wahrnehmbar änderte, wurde sie bei den Oxyzellulosen stark weinrot. Sie sah aus wie beträchtlich übertitrierte Methylorangelösung. Rein vorliegende Oxyzellulose läßt sich auf diese Weise qualitativ sofort erkennen."

Nach Angabe der Farbenfabriken vorm. Friedrich Bayer, Leverkusen, versagt diese Probe bei gewissen Oxyzellulosen. Wie Schwalbe nachgewiesen hat, sind es Oxyzellulosen bzw. Hydrozellulosen, welche noch Säurereste, Chlor- oder Schwefelsäurereste enthalten, die solche Abweichungen geben. Eine Erklärung dieser merkwürdigen Tatsache wurde vor der Hand noch nicht gefunden.

Will man Vergleichszahlen für den Gehalt der Zellstoffe an Oxyzellulosen gewinnen, so kann man folgendermaßen verfahren:

Es wird jedesmal genau 1 g des lufttrockenen Materials mit etwa 50 ccm destillierten Wassers aufgeschlämmt und mit $n/_{100}$ NaOH titriert. Als Indikator diente zuerst Lackmus, später auch versuchsweise Phenolphthalein, das wegen der Schwierigkeit, bei der langsamen Titration kohlensäurefrei zu arbeiten, bei etwa 80^0 angewendet wird. Die Ergebnisse sind etwa dieselben, nur ist bei Phenolphthalein der Farbenumschlag schärfer.

Die Reaktion verläuft nicht gerade glatt, da die Säuregruppen in der Oxyzellulose wohl infolge ihrer Unlöslichkeit schwer reagieren. Nach einigen Stunden tritt wieder Farbenumschlag ein. Da Gefahr besteht, daß die Zellulose selbst bzw. deren beigemengte hydrolytische Abbauprodukte allmählich Alkali verzehren, wurde der erste bleibende Umschlag als maßgebend angenommen. Ergebnisse solcher Versuche sind, auf 1 g wasser- und aschefreie Substanz berechnet, in der folgenden Tafel eingetragen. Die teilweise etwas höheren Werte bei Phenolphthalein erklären sich wohl daraus, daß in der Wärme die Zellulose selbst schneller von Alkali angegriffen wird.

Bei manchen Oxyzellulosen sind die Karboxylgruppen schon durch Basen, z. B. Kalk, abgesättigt, können also durch Titration nicht mehr bestimmt werden. Verascht man jedoch derartige Präparate und titriert die alkalisch reagierende Asche mit $n/_{100}$ Salzsäure, so zeigt sich, daß derartige Präparate weit mehr Säure verbrauchen als solche, die oxyzellulosefrei sind oder nur Hydrozellulosen enthalten. Die nachstehend mitgeteilte Tabelle läßt dies erkennen. Aus ihr kann auch abgeleitet werden, daß man bei überbleichten Zellstoffen durch Titration der Asche diese Überbleiche titrimetrisch festlegen kann. Zusammen mit der Bestimmung des Reduktionsvermögens gibt also eine einfache Titration Vergleichswerte für den größeren oder geringeren Gehalt eines Zellstoffmaterials an Oxyzellulose.

Tabelle
(Mittel aus 2 Bestimmungen.)

	korr. Kupfer-zahl	Azidität ccm $n/100$ NaOH für 1 g		Akalität der Asche von 1 g ccm $n/100$ HCl	Gesamt-azidität von 1 g ccm $n/100$ Lösung	Farbe mit Methyl-orange und NaCl
		a) Lack-mus	b) Phenol-phthalein			
1. Chlorkalk-Oxyzellulose	10,99	39,4	40,7	2,0	41,4	} sehr stark rosa
2. Baumwolle (für Nitrier-zwecke)	0,28	1,5	—	0,3	1,8	gelb
3. Chlorkalk-Oxyzellulose aus Zellstoff	33,22	12,7	13,8	20,7	33,4	rosa
4. Zellstoff (für Nitrier-zwecke	1,00	1,2	—	2,9	4,1	gelb
5. Permanganat-Oxyzellu-lose	8,03	27,3	27,0	0,4	27,7	} sehr stark rosa
6. Wasserstoffsuperoxyd-Oxyzellulose	5,80	10,1	11,6	0,3	10,4	stark rosa
7. Hydrozellulose nach Girard	3,64	3,7	4,0	0,9	4,6	gelbbraun
8. Ungebleichter Ritter-Kellner-Zellstoff . . .	1,14	1,2	—	5,8	7,0	gelb
9. Normal gebleichter Zell-stoff	2,14	1,0	—	6,1	7,1	gelb
10. Überbleichter Zellstoff	3,85	3,1	3,7	11,8	14,9	gelb

Nach Becker[1]) kann das Baryumsalz der Oxyzellulose zur Be-stimmung dieser herangezogen werden. Es wird diejenige Menge Baryum bestimmt, welche aus kalter Lösung von den zu unter-suchenden Zellulosen festgehalten werden kann. Bei dieser Methode wird vorausgesetzt, daß Baryum nur von den Karboxylgruppen, nicht aber durch Adsorption festgehalten wird. Immerhin zeugen die von Becker mitgeteilten Werte davon, daß tatsächlich die Oxyzellulosen weit mehr Baryum festhalten als Zellulosen oder Hydrozellulosen. Becker gibt folgende Vorschrift:

2 g der lufttrockenen Substanz werden mit etwa 50—60 ccm Barytwasser übergossen und im verschlossenen Kölbchen 4 Stunden stehen gelassen, wobei einigemale umgeschüttelt wird. Dann wird abgesaugt und mit destilliertem Wasser gründlich ausgewaschen (bei jedem neuen Übergießen mit Wasser wird die Pumpe abgedreht und das Wasser einige Zeit stehen gelassen), bis das Waschwasser mit Schwefelsäure keine Baryumsulfattrübung mehr zeigt. Sodann wird der Rückstand verascht, nach dem Erkalten in ein Becherglas ge-spült und mit heißer Salzsäure gelöst. Durch die Veraschung ist

---

[1]) Ernst Becker, Erkennung von Oxyzellulosen durch ihre Baryum-verbindung. Zellstoff und Papier 1, 5 [1921], Heft I.

das organische Baryumsalz in $BaCO_3$ bzw. BaO übergegangen, das sich in der Salzsäure löst. Die nun vorliegende Baryumchloridlösung wird filtriert und das Baryum durch einfaches Ausfällen mit Schwefelsäure in der Siedehitze gefällt. (Ein etwaiger Fehler durch Mitausfallen geringer Mengen $CaSO_4$ wird als für diesen Zweck unwesentlich vernachlässigt.)

Das $BaSO_4$ wird auf Ba umgerechnet und dieses in Prozent der wasser- und aschefreien Substanz ausgedrückt.

12. Erkennung und Bestimmung des Quellgrades (Hydratzustandes). Von besonderer Bedeutung für die Charakterisierung von Zellstoffen ist die Erkennung bzw. zahlenmäßige Bestimmung des sog. Quellgrades oder Hydratisierungsgrades, oder des Hydratzustandes. Die letztgenannten beiden Namen sind nur insofern berechtigt, als Zellstoffe sehr verschiedene Mengen von Wasser hygroskopisch festzuhalten vermögen. Die Menge des hygroskopisch gebundenen Wassers ist von der Luftfeuchtigkeit abhängig. Es ist deshalb eine Bestimmung nicht eindeutig für den Quellgrad von Zellstoffen. Andere Methoden, unabhängig vom Luftfeuchtigkeitsgehalt, sind deshalb noch erforderlich, um den Quellgrad bestimmen zu können. In vielen Fällen ist die Chlorzinkjodprobe anwendbar und besonders für Baumwollzellulosen empfohlen worden. Näheres in dem folgenden Abschnitt: Sondermethoden bei Baumwolle.

Genauer als die Chlorzinkjodprobe ist die Bestimmung der sog. Zellulosezahl. Legt man die zu untersuchende Zellstoffprobe in eine kalte Fehlinglösung ein, so wird nach Schwalbe eine für jeden Quellgrad charakteristische Menge von Kupferlösung adsorbiert. Je größer diese Menge, um so höher der Quellgrad der Zellstoffe. Eine gewisse Aufnahmefähigkeit für alkalische Kupferlösung besitzen allerdings alle Zellstoffe, auch die normalen, sozusagen gar nicht gequollenen Zellstoffe.

Bestimmt man die Menge des adsorbierten Kupfers und rechnet die Kupfermenge aus, die von 100 g völlig trockenen Zellstoffes festgehalten würde, so ergibt sich die Zellulosezahl des betreffenden Zellstoffes.

Die Zellulose- oder Hydratkupferzahl wird nach Schwalbe wie folgt bestimmt:

Hydratkupfer- oder Zellulosezahl[1]). Etwa 2—3 g lufttrockene Substanz werden in 250 ccm kaltes destilliertes Wasser gebracht, 100 ccm kalte Fehlinglösung zugegeben und mit 50 ccm kaltem, destilliertem Wasser nachgespült. Unter öfterem Umschütteln bleibt

---

[1]) Schwalbe, Die Chemie der Zellulose. Berlin [1911], 634.

die Flüssigkeit drei Viertelstunden bei Zimmertemperatur stehen, dann werden 50 ccm suspendierte Kieselgur (ca. 1 g) zugefügt, durch Doppelfilter abgesaugt und mit ungefähr einem Liter kaltem, dann mit heißem destilliertem Wasser ausgewaschen. Heißes Wasser darf jedoch erst verwendet werden, wenn die Hauptmenge der Fehlingschen Lösung weggewaschen ist, weil sonst leicht Reduktion der heißen Fehlinglösung in Berührung mit den Zellulosefasern eintreten könnte. Die weitere Behandlung des auf dem Büchnertrichter Zurückgebliebenen geschieht gemäß der oben für die Kupferzahl angegebenen Vorschrift.

Der bei Wägung des elektrolytisch abgeschiedenen Kupfers erhaltene Wert wird wieder auf 100 Zellulose umgerechnet. Man erhält so die Hydratkupfer- oder Zellulosezahl (abgekürzt C. Z.)[1]). Zieht man die Zellulosezahl von der Kupferzahl ab, so erhält man die „korrigierte Kupferzahl".

Hydrolysierzahl. Der Quellgrad. kann auch durch Bestimmung der sog. Hydrolysierzahl angegeben werden; je höher nämlich der Quellgrad ist, um so leichter und rascher werden bei der sauren Hydrolyse zuckerartige, Fehlinglösung reduzierende Stoffe gebildet. Durch Bestimmung der Zuckermengen kann man auch den Quellgrad ermitteln. Die Ausführung geschieht nach Schwalbe wie folgt:

2—3 g lufttrockene Substanz werden in dem Rundkolben mit 250 ccm $5\,^0/_0$iger Schwefelsäure übergossen, an das Rückflußrührwerk gesetzt und vom Beginn des lebhaften Siedens genau $^1/_4$ Stunde lang unter anhaltendem Rühren im Sieden erhalten, also hydrolysiert. Hierauf wird mit der entsprechenden Menge Natronlauge, 10 g in 25 ccm gelöst, neutralisiert, 100 ccm heiße Fehlinglösung, wie bei der Kupferzahl beschrieben, zugefügt und, vom Beginn des Siedens an gerechnet, wieder genau $^1/_4$ Stunde gekocht. Die weitere Aufarbeitung gestaltet sich analog den bei der Kupferzahl gegebenen Vorschriften. Der ermittelte Kupferwert wird als Hydrolysierzahl bezeichnet (abgekürzt H. Z.)[2]).

Da in heißer Fehlinglösung, wie oben bei der Kupferzahl beschrieben, jede Zellulose Kupferreduktion hervorruft, muß man die Kupferzahl von der Hydrolysierzahl abziehen, wenn man die durch Hydrolyse gebildete Zuckermenge zahlenmäßig als Kupfer zum Ausdruck bringen will. Man erhält so die Hydrolysierdifferenz. Für sehr genaue Bestimmungen muß man natürlich die korrigierte Kupferzahl zum Abzug bringen.

---

[1]) Schwalbe, a. a. O.
[2]) Schwalbe, Die Chemie der Zellulose. [1911], 635.

Neben der Kupferzahlmethode wird auch nach Vieweg[1]) zur Bestimmung der sog. „Säurezahl“ der Zellstoff mit einer gemessenen Alkalimenge gekocht, und nach dem Rücktitrieren aus dem Alkaliverbrauch auf den Gehalt an Hydro- und Oxyzellulose geschlossen. Die Bestimmung wird folgendermaßen ausgeführt:

Säurezahl nach Vieweg. Man kocht 2,3 g lufttrockene Baumwolle (oder 3,3 g Kunstseide) $^1/_4$ Stunde lang mit 50 ccm Wasser und 50 ccm halbnormaler NaOH, titriert unter der Verwendung von Phenolphthalein als Indikator mit halbnormaler H_2SO_4 zurück, rechnet den Ätznatronverbrauch auf 100 Teile Baumwolle um und erhält so die „Säurezahl“. Alkali zersetzt beim Kochen Oxy- und Hydrozellulose, der Verbrauch an Alkali soll daher das Maß für den Gehalt an Oxy- und Hydrozellulosen sein. Ist sehr viel Oxy- und Hydrozellulose zugegen, oder werden diese für sich allein mit Alkali gekocht, so sind eine Reihe von Kochungen erforderlich, um die Reaktion zu Ende zu führen. Aus der Summe der bei diesen Kochungen gefundenen Säurezahlen ergibt sich dann der wahre Wert für Hydro- und Oxyzellulose.

Da Zellulose auch ohne Gehalt an Oxy- und Hydrozellulose Alkali bindet, so wird ein Verbrauch an Alkali nicht unter allen Umständen von Hydro- oder Oxyzellulosen herrühren. Die Methode ist nach Jentgen[2]) nicht so empfindlich wie die Kupferzahlmethode.

B. Sondermethoden.

1. Untersuchung von Baumwolle und Baumwollwaren. Für die Unterscheidung der Baumwollsorten sind chemische Methoden noch nicht bekannt geworden. Allerdings soll nach Haller[3]) amerikanische und indische Baumwolle sich im Adsorptionsvermögen für gewisse Beizen, wie Aluminiumsulfat, Aluminiumazetat und Bleiazetat unterscheiden. Zu einer Untersuchungsmethode sind aber diese Angaben noch nicht ausgebildet worden.

Für die Bestimmung der Oxyzellulosen und Hydrozellulosen in Baumwollen können die oben erwähnten qualitativen und quantitativen Methoden angewendet werden.

Bei Baumwollgeweben kann man einen Gehalt an Oxyzellulose in manchen Fällen durch Ausfärbung in Methylenblau erkennen. Je dunkler die Färbung ausfällt, um so größer der Gehalt an Oxyzellulose.

---

[1]) Vieweg, Papier-Ztg. **34**, 1352 [1909].
[2]) Jentgen, Kunststoffe **1**, 161 [1911].
[3]) Haller, Chem.-Ztg. **42**, 597—599 [1918].

Bestimmung der Oxyzellulosen in Geweben. Ermen[1]) empfiehlt unter Benutzung einer Beobachtung von Scholl folgendes Ausfärbeverfahren: Eine Aufschlämmung von Indanthrengelb wird hergestellt, indem man von der getrockneten Paste eine kleine Menge in starker Schwefelsäure löst und durch Eingießen in kaltes Wasser und Neutralisation der Flüssigkeit ausfällt. Ein paar Tropfen dieser Aufschlämmung werden zu einer $10^0/_0$igen Ätznatronlösung gefügt und das zu prüfende Gewebe in die Mischung eingelegt. Ein wenig Indanthrengelb bleibt an dem Gewebe haften. Das Gewebe wird leicht ausgequetscht und dann über ein Gefäß gehalten, in dem sich lebhaft siedendes Wasser befindet. Innerhalb einer Minute erscheint ein tiefblauer Fleck, wenn Oxy- oder Hydrozellulose gegenwärtig ist, während der Rest des Gewebes, sofern es sorgfältig gebleicht war, keine Spur von blau während der Dauer von mehreren Minuten zeigt. Wird nunmehr das Gewebe gewaschen, gesäuert und dann mit Seife behandelt, so wird der nicht veränderte Farbstoff leicht entfärbt. Dort aber, wo eine Reduktion stattgefunden hat, erweist sich das Gewebe als haltbar gefärbt. Die Reduktion kann so oft als wünschenswert durch bloßes Anfeuchten des Gewebes mit Ätznatronlösung und durch darauffolgendes Dämpfen wiederholt werden.

Zur Bestimmung des relativen Gehaltes der gebleichten Baumwollgewebe an Oxyzellulose empfiehlt Freiberger[2]) Präparation mit Natriumrizinoleat und nachfolgendes Dämpfen. Aus dem Grade der auftretenden Gilbung kann auf den Oxyzellulosegehalt geschlossen werden.

Die Bestimmung von Holzgummi. Diese Bestimmung in unvollständig gereinigter Baumwolle ist von Freiberger eingehend durchgearbeitet worden. Er macht folgende Angaben über den Gang einer quantitativen Analyse für das Holzgummi:

15 g bei 90^0 getrocknete Baumwolle[3]) werden mit 300 ccm einer genau $5^0/_0$igen reinen kieselsäurefreien Natronlauge übergossen und unter öfterem Umschütteln 24 Stunden stehen gelassen. Zu 100 ccm der von den Fasern abgesaugten Lösung kommen 100 ccm Alkohol von 92,5 Gewichtsprozenten, worauf das Ganze in verschlossener Flasche während 48 Stunden stehen bleibt. Der sich bildende Niederschlag wird auf einem Filter gesammelt. Das Filter wird vorher einigemale mit kalter $5^0/_0$iger Natronlauge, hierauf mit destilliertem

<hr>

[1]) F. A. Ermen, Journ. Soc. of Dyers & Colourists 28, 132—134 [1912]. Thies, Färber-Ztg. 24, 525 [1914].

[2]) Freiberger, Färber-Ztg. 28, 1, 221, 235, 249 [1917].

[3]) M. Freiberger, Die Bestimmung des Holzgummis in unvollständig gereinigter Baumwolle. Zeitschr. f. analyt. Chem. 56, 299—308 [1917]; Färber-Ztg. 28, 81—87 [1917]; Zeitschr. f. angew. Chem. 30, 263 [1917].

kaltem und heißem Wasser gewaschen, bis das Waschwasser keine alkalische Reaktion mehr anzeigt, dann mit Alkohol gewaschen, bei 105^0 getrocknet und gewogen. Der auf dem Filter gesammelte Niederschlag wird mittels Alkohols von 92,5 Gewichtsprozent mehrmals gewaschen und hierauf mit dem Filter bei 105^0 bis zur Gewichtskonstanz getrocknet und gewogen. Alsdann wird darin die Asche bestimmt, indem man Filter und Niederschlag vorsichtig trennt, beide nacheinander bei dunkler Rotglut und zuletzt unter Zusatz von etwas salpetersaurem Ammon verbrennt. Das Gewicht des Niederschlages, abzüglich desjenigen der Asche, wird als „alkalisches Holzgummi ohne anorganische Substanz" berechnet. Der Alkohol ist zum Verdrängen der alkalischen Lösung notwendig, er löst allerdings die vorhandenen Spuren von Fett zum Teil auf.

In der vom alkalischen Holzgummi abfiltrierten Lösung wird das freie Alkali mit Zuhilfenahme von Phenolphthalein sehr genau neutralisiert. Hierfür wird erst konzentrierte und, wenn der Neutralisationspunkt nahe ist, Normalsalzsäure und zuletzt $n/_{10}$ HCl verwendet. Die neutrale Lösung bleibt mindestens 48 Stunden, womöglich 96 Stunden, stehen. Der Niederschlag wird abfiltriert, hierauf das Filter mit etwa 5 ccm Alkohol gewaschen, der Niederschlag mit dem Filter getrocknet, gewogen und die Asche bestimmt. Auf diese Weise wird das „neutrale Holzgummi ohne anorganische Substanz" ermittelt.

Die Summe der gefundenen alkalischen und neutralen Holzgummizahlen ohne anorganische Substanz gibt das „gesamte kalt extrahierte fällbare Holzgummi ohne anorganische Substanz".

Zur völligen Auslösung des Holzgummis aus Baumwollzellulosen ist nach Freiberger[1]) eine weitere Behandlung mit siedender Ätznatronlauge erforderlich.

„Der nach der Extraktion in kalter $5^0/_0$iger Natronlauge übrig gebliebene Rest des trockenen Gewebes wird zunächst von den anhängenden Fäden befreit, und hierauf mit einem Teil das Gewicht der Trockensubstanz bestimmt. Der übrig bleibende Rest wird zum Kochen mit Lauge verwendet und der hierbei entstehende Gewichtsverlust in Prozenten der ursprünglichen, zur Extraktion mit kalter $5^0/_0$iger Natronlauge verwendeten Trockensubstanz berechnet. Der gewogene Stoff wird in einen kleinen, luftdicht verschließbaren Apparat gegeben, der damit und mit der Kochlauge dicht angefüllt und zweimal entlüftet wird. Die Kochlauge hat folgende Zusammensetzung: 0,5 g Harz werden in 100 ccm Ätznatronlauge von $1^0/_0$ Gehalt an chemisch reinem Natriumhydroxyd (NaOH) gelöst und kurz vor dem Aufgießen 0,0825 g Traubenzucker $= {}^1/_{10}$ Äquivalent vom Ätznatron

---

[1]) Freiberger, a. a. O. 306.

hinzugefügt. Das Verhältnis zwischen Baumwollgewicht und festem Natriumhydroxyd ist 100:6. Die Kochlauge wird vor dem Aufgießen auf die Substanz auf 70° erwärmt. Man erhitzt im Luftbade 5 Stunden auf 100°. Nach dem Kochen wird der Stoff fünfmal, und zwar jedesmal mit der 40fachen Menge an destilliertem Wasser, ausgekocht, hierauf mit sehr verdünnter Salmiaksalzlösung in heißem, destilliertem Wasser, dann mit reinem destilliertem Wasser nachgekocht, gespült, an der Luft getrocknet und gewogen. Von der fertig extrahierten lufttrockenen Baumwolle wird hierauf mit einem Teile eine Trockenbestimmung ausgeführt.

Der ermittelte Gewichtsverlust des Materials besteht aus den Gewichten des abgelösten Holzgummis, des Fetts und der Zellulose. An Fett bleiben im Durchschnitt 0,15 Gewichtsprozent übrig. Von der Zellulose werden $0{,}9{-}1\,^0/_0$ gelöst.

Der Weg der ganzen Untersuchung ist kurz zusammengefaßt der folgende: Zunächst werden der Wasser- und Fettgehalt mit separaten Teilen des Materials bestimmt. Die Baumwolle wird mit kalter, $5\,^0/_0$iger Natronlauge extrahiert. In der abfiltrierten Lösung wird das alkalische, neutrale und gegebenenfalls das saure Holzgummi bestimmt und nach dem Abzug des Gehaltes an Asche die „Holzgummizahlen ohne anorganische Substanz". Die Summe der Prozentgehalte an alkalischem und neutralem Holzgummi ohne anorganische Substanz, bezogen auf das Gewicht der lufttrockenen Baumwolle gibt die „Holzgummizahl für das kalt extrahierte Holzgummi ohne anorganische Substanz". Der zurückbleibende Stoff wird in einen luftdicht verschlossenen Apparat zugleich mit reduzierender Harzseifenlauge eingefüllt und nach vorangegangener vollständiger Entlüftung mit etwa $6\,^0/_0$ von seinem Gewicht an Ätznatron gekocht, hierauf gewaschen, getrocknet und gewogen. Der abgekochte Stoff wird schließlich auf seinen Fettgehalt untersucht.

Die Berechnung geschieht folgendermaßen: Aus dem Gewichtsverlust nach der kalten Extraktion und dem Gewichte der zur heißen Extraktion verwendeten Substanz läßt sich der Prozentgewichtsverlust nach der heißen Extraktion auf die Menge der ursprünglichen Substanz umrechnen. Daraus folgt der Gewichtsverlust der ursprünglichen Substanz nach beiden Extraktionen, der ungefähr demjenigen entspricht, welchen die Baumwolle nach einer Vollbleiche in der Technik verliert. Von dem Gewichtsverlust nach dem Kochen werden in Abzug gebracht 1. der zu ermittelnde Löseverlust der Zellulose, der hauptsächlich infolge ungleich guter Entlüftung zwischen $0{,}9{-}1\,^0/_0$ schwankt, und 2. der Unterschied zwischen dem Fettgehalt der Rohware und demjenigen der kalt und kochend extrahierten. Die erhaltene Zahl wird als das „heiß abgelöste Holzgummi" bezeichnet.

Die Summe der Gewichte des kalt extrahierten Holzgummis ohne anorganische Substanz und des heiß abgelösten Holzgummis geben das „gesamte Holzgummi ohne anorganische Substanz und ohne Fett". Dessen Menge sollte noch um das Gewicht des nicht fällbaren Holzgummis erhöht werden, welches nach dem Filtrieren des neutralen Holzgummis verloren geht.

Bemerkt sei, daß das kalt extrahierte neutrale Holzgummi Fett enthält, dessen Gewicht die neutrale Holzgummizahl erhöht, dagegen diejenige des heiß abgelösten Holzgummis um ebensoviel vermindert. Diese beiden kleinen Fehler werden bei der Addition für die „gesamte Holzgummizahl ohne anorganische Substanz und ohne Fett" ausgeglichen.

Vorstehendes Verfahren ist nach Freiberger auch zur Herstellung reinster Baumwollzellulose empfehlenswert (vgl. S. 217).

Aufschlußgrad von Baumwolle. In den Aufschließoperationen werden stickstoffhaltige Eiweißbestandteile, Fette und Wachse, pektinartige Stoffe u. a. m. entfernt. Die Güte der Aufschließarbeit kann also durch Bestimmung von Stickstoff[1]) nach Kjeldahl (vgl. oben S. 228) und von Fett und Wachs[2]) kontrolliert werden. Da fettartige Bestandteile, an Kalk gebunden, in der Faser verbleiben könnten, empfiehlt sich die Fettbestimmung mittels organischer Lösungsmittel auch am vorher gesäuerten Material. Bei guter Bleiche darf der Ätherauszug nicht mehr als $0.025\,^0/_0$ ergeben, die mit $5\,^0/_0$iger Salzsäure behandelte Faser darf nicht mehr als $0.03\text{---}0.04\,^0/_0$ durch Äther extrahierbare Fettsäuren ergeben. Die ausgezogenen Fettsäuren werden nach der Wägung in heißem Alkohol gelöst und zur Kontrolle unter Zusatz von Phenolphthalein mit $^n/_{20}$ Natronlauge titriert.

Der Aschengehalt ist auch für gute Reinigung charakteristisch; er soll nicht mehr als $0.03\text{---}0.05\,^0/_0$ betragen.

Einfacher noch als die Bestimmung des Stickstoffes ist die Sichtbarmachung von Resten verholzten Pflanzenmaterials in der gereinigten Baumwolle. Es kann dies durch Ausfärben mit Farbstoffen und nachheriger Zerstörung der Farbstoffe durch Oxydationsmittel geschehen. Die gefärbten holzigen Verunreinigungen widerstehen der Wirkung des Oxydationsmittels weit länger als die gefärbten Baumwollfasern selbst.

Barrett[3]) beschreibt folgendermaßen dieses Färbeverfahren:

---

[1]) Trotman und Pentecost, Journ. Soc. Chem. Ind. **29**, 4 [1910].
[2]) Ambühl, Chem.-Ztg. **27**, 792 [1903].
[3]) Frank Leslie Barrett, Nachweis von ligninartigen Verunreinigungen in Baumwolle und Baumwollabfällen. Paper **26**, Nr. 9 vom 5. Mai 1920; Papierfabrikant **18**, 575—76, [1920], Nr. 13; Journ. Soc. Chem. Ind. **39**, 81—82, [1920], Chem. Zentralbl. **4**, 150, [1920].

Eine Malachitgrünlösung, die 0,1 g in 100 ccm-Lösung enthält, wird auf 500 ccm verdünnt, 50 ccm $40\,^0/_0$ ige Formaldehydlösung und 1 g Natriumbisulfat zugefügt, das Ganze auf 1 Liter gestellt. Mit dieser Lösung wird das zu untersuchende Fasermaterial, etwa 2 g, ausgefärbt. Das Färben wird in 500 ccm haltenden Porzellanbechern vorgenommen, die in Wasserbädern sitzen. Es werden etwa 3 g Faser auf 300 ccm Farbstofflösung verwendet und 10 Minuten lang bei Kochtemperatur unter zeitweiligem Umrühren belassen. Hierauf werden 125 ccm einer Chlorkalklösung, die 20 g Chlorkalk auf 1 Liter Wasser enthält, hinzugefügt und tüchtig umgerührt. Die Farbe verschwindet sofort, nach einigen Minuten wird die heiße Flüssigkeit abgegossen, die Baumwolle mit Leitungswasser, dann mit destilliertem Wasser gewaschen und hierauf naß auf grüne Flecken geprüft. Die verholzten Teilchen bleiben grün, während die Baumwolle selbst entfärbt wird.

Schwefelbestimmung in Baumwolle. Bei den Reinigungsoperationen der Baumwolle wird Schwefelsäure verwendet, die bei schlechtem Spülen in der Faser zurückbleibt und schwere Schädigungen durch Zermürbung — Hydrozellulosebildung — hervorrufen kann. Zur Bestimmung kleinster Schwefelmengen in Baumwolle empfehlen Zänker und Weyrich[1]) folgendes Verfahren:

In einem geräumigen Porzellantiegel werden etwa 2,5 g der zu untersuchenden Baumwolle mit 10 ccm konzentrierter Salpetersäure und 2 g Kaliumnitrat auf dem Wasserbade fast zur Trockne verdampft. Hierzu setzt man 5 g reines sulfatfreies Ammoniumnitrat und verdampft vollständig zur Trockne. Dann wird auf der Asbestplatte vorsichtig weiter erhitzt. Nach kurzer Zeit verbrennt der gesamte Tiegelinhalt ruhig und ohne Verpuffung. Ist die Reaktion beendet, so wird der Tiegel auf freier Flamme erhitzt, bis der gesamte Inhalt weiß erscheint. Die Schmelze ist in Wasser leicht löslich; in der Lösung wird in üblicher Weise durch Fällen mit Chlorbaryum die Schwefelsäure bestimmt.

Erkennung von merzerisierter Baumwolle. Die Erkennung merzerisierter Faser geschieht am besten durch Betrachtung des mikroskopischen Bildes, gegebenenfalls unter Anfärbung mit Chlorzinkjod und nachfolgender Wässerung. Von makroskopischen Proben sind etwa die folgenden brauchbar:

Charakteristisch ist die satte Blaufärbung mit Chlorzinkjodlösung, einer Färbung, die beim Auswaschen sehr langsam verschwindet, während gewöhnliche Baumwolle eine etwaige Dunkelfärbung sehr rasch wieder verliert.

---

[1]) W. Zänker und Paul Weyrich, Färber-Ztg. **26**, 338 [1911].

Nach Hübner[1]) verwendet man zur bloßen Erkennung der Merzerisation eine Lösung von 20 g Jod in 100 ccm einer gesättigten Jodkaliumlösung. Die zu untersuchenden Proben werden für einige Minuten in diese Lösung getaucht, dann gewässert. Die nicht merzerisierte Baumwolle wird beim Wässern weiß, die merzerisierte Baumwolle bleibt blauschwarz.

Will man den Grad der Merzerisation und damit den Stärkegrad der zur Merzerisation verwendeten Natronlauge festlegen, so fügt man kurz vor dem Versuch zu einer Chlorzinklösung, die in 100 ccm Wasser 93,3 g Chlorzink enthält, 10—15 Tropfen einer Jodkaliumlösung, die 1 g Jod und 2 g Jodkalium in 100 ccm enthält. Die befeuchteten Proben werden eingelegt: die nicht merzerisierten bleiben farblos, die merzerisierten färben sich mehr oder weniger blau. Ein Waschen ist nicht nötig.

Bei gefärbten Proben zieht man vor dem Versuch die Farbe mit Permanganat und Oxalsäure oder Bisulfit ab.

Merzerisationsgrad. Zur Bestimmung des Merzerisationsgrades nach Vieweg[2]) werden 3,200 g lufttrockene Baumwolle oder 3,300 g strukturlose Zellulose (Viskose- oder Kupferseide) auf der Handwage abgewogen und in eine 500 ccm fassende Pulverflasche mit eingeschliffenem Stopfen gebracht, die 150 ccm $n/_2$ Natronlauge enthält. Die Flasche wird $1/_2$ Stunde lang geschüttelt; dann nimmt man mit einer trockenen Pipette genau 50 ccm heraus, die man in einen Glaskolben einlaufen läßt. Darin werden sie mit $n/_2$ Säure unter Benutzung von Phenolphthalein titriert. Brauchten vor dem Einbringen von Zellulose 50 ccm der Lauge 50 ccm $n/_2$ Säure, nach dem Einbringen der Baumwolle aber 49,4 ccm, so werden von 100 g trockener Zellulose der Rest von 0,6 ccm $n/_2$ Säure, das ist $0,6 \times 2 = 1,2$ g NaOH aufgenommen. Der Merzerisationsgrad beträgt also 1,2. Die Titrationen müssen mit äußerster Genauigkeit ausgeführt werden, da die Unterschiede nur einige Zehntel Kubikzentimeter betragen. Diese Unterschiede treten nur auf, wenn Natronlaugen unter $15\,^0/_0$ zur Merzerisation gebraucht wurden. Eigentliche merzerisierte Baumwollen, bei denen man 17—18- und mehrprozentige Natronlaugen verwendet, können überhaupt nicht nach dem Verfahren untersucht werden.

Man wird in diesen Fällen mit der Bestimmung der „Zellulosezahl" weiter kommen.

2. Untersuchung roher und gekochter Hadern. Eine chemische Untersuchung dieser Papiermacher-Rohstoffe findet zwar noch nicht statt, würde aber doch wohl zweckmäßig sein. Schon die Bestim-

---

[1]) Hübner, Journ. Soc. Chem. Ind. **27**, 106 [1908].
[2]) Vieweg, Papier-Ztg. **34**, 1352 [1909].

mung des Aschengehaltes vor und nach der Aufschließung würde
beurteilen lassen, ob es durch die Kochung gelungen ist, den anhaftenden und anklebenden Schmutz zu entfernen. In gleicher Hinsicht würde eine Bestimmung des Fettgehaltes — zweckmäßig mit
einem Gemisch von gleichen Volumteilen Alkohol und Benzol — vor
und nach der Kochung darüber belehren, ob die Verseifung der
fettigen Schmutzbestandteile eine genügende gewesen ist. — Von
Interesse würde unter Umständen auch die Ermittlung gewisser
Aschenbestandteile sein. Bei Verarbeitung bedruckter Hadern (Kattun)
verbleiben im gekochten Material die Metalle der Farbstoffbeizen,
z. B. Chrom, die bei der Bleiche schädlich wirken können.

Nach Richard Schwarz werden derartige Bestimmungsmethoden
an der Ungleichheit des Materials scheitern. Dies wird bei Rohmaterialien bis zu gewissem Grade zutreffen, obwohl durch eine
sorgfältige Probenahme auch hier in vielen Fällen die Bestimmung
der chemischen Eigenschaften, soweit sie von Interesse ist, möglich
sein wird. Bei den gekochten Hadern, die den Waschholländer
passiert haben, ist die Gleichmäßigkeit groß genug, um durch Fett-
und Wachsbestimmungen usw. Vergleichszahlen für den Erfolg der
Kochungen gewinnen zu können.

Wahrscheinlich würde auch eine Stickstoffbestimmung, für die
oben eine in etwa 1 Stunde durchführbare Ausführungsform mitgeteilt wurde, gute Anhaltspunkte zur Beurteilung des Reinheitsgrades der Fasern geben.

Außer den angedeuteten Bestimmungsmethoden kann man sich
bei der Beurteilung neuer Kochverfahren wohl gelegentlich der von
Schwalbe und Grimm[1]) versuchsweise angewendeten Azetylierprobe
bedienen. Die Erkennung der nicht aufgeschlossenen verholzten
Fasern in dem gekochten oder gebleichten Hadernmaterial kann
durch Azetylierung ermöglicht werden. Nur Zellulose selbst ist in
den üblichen Azetylierungsgemischen klar löslich. Die verholzten
Fasern bleiben ungelöst und werden als braune oder schwarze Splitter
sichtbar. Grimm gibt folgende Vorschrift:

1 g lufttrockenes Material wird in einem weiten festen Rohre
mit einer Mischung von 5 g Essigsäureanhydrid, 5 g Eisessig und
0,15 g Schwefelsäure, 1,84 spez. Gewicht übergossen (die Schwefelsäure wird in den Eisessig eingeträufelt und darauf das Anhydrid
zugegeben) und unter zeitweiligem Durchkneten, besonders häufig
in den ersten 6 Stunden, mit einem dicken Glasstabe 24 Stunden
lang azetyliert. Darauf wird mit 15 ccm des Azetylierungsgemisches

---

[1]) Hermann Grimm, Über die Einwirkung von Alkalien und alkalischen
Erden auf Spinnfaser-Zellstoffe (Hadernkochung). Zellstoff und Papier 1, 33
bis 56 [1921], Nr. 2.

verdünnt und die gesamte Flüssigkeit nach gutem Durchrühren in ein graduiertes Glasrohr umgefüllt und in einer Zentrifuge 25 Minuten lang ausgeschleudert. Die nicht gelösten Bestandteile setzen sich zu Boden, die Höhe des Absatzes wird an der Skala abgelesen und der Wert in Prozenten wasser- und aschefreier Faser angegeben. Das Material muß vollkommen lufttrocken und sehr fein zerfasert sein, was z. B. bei getrockneten Halbstoffen etwas schwierig ist. Am besten ist es, den Halbstoff durch Schöpfen in Papierform zu bringen, zu trocknen, darauf zu raspeln und durch Absieben des Raspelstaubes und der Knötchen das geeignete Material zu gewinnen. Da das Umfüllen nach der Verdünnung besonders bei sehr unreinen Stoffen unmöglich genau gemacht werden kann, ist es zweckmäßig die Azetylierung hier gleich in den graduierten Rohren vorzunehmen, die mit einem Korkstopfen verschlossen sind, durch den der Glasstab hindurchführt, und diese dann in die Glasrohre der Zentrifuge mit Watte einzusetzen. Der Durchmesser der graduierten Rohre betrug bei Grimms Versuchen 15 mm, die Höhe 165 mm, die Einteilung ging bis 30 ccm, gefüllt wurde nur bis 25 ccm, der äußere Schleuderdurchmesser betrug 550 mm, die Umdrehungszahl in der Minute 1060. Die Ablesung erfolgt am besten so, daß man nach Beendigung des Schleuderns die Rohre umdreht und die überstehende mehr oder minder zähflüssige Flüssigkeit ablaufen läßt, während der meist dunkler gefärbte Absatz als fester Pfropfen darin bleibt.

3. **Untersuchung von Flachs (Leinen) und Jute.** Zur Unterscheidung dieser Faserarten wird man in Zweifelsfällen in erster Linie das Mikroskop benutzen, gegebenenfalls unter gleichzeitiger Verwendung der üblichen Färbemethoden.

Der Vollständigkeit halber seien aber auch noch folgende makroskopische Proben aufgeführt.

Unterscheidung von Baumwolle und Leinen. Taucht man Halbleinen 1—2 Minuten lang in konzentrierte Schwefelsäure, so lösen sich zuerst die Baumwollfasern, die Leinenfasern widerstehen länger. Durch Spülen mit Wasser, schwaches Reiben mit den Fingern, Einlegen in Ammoniak und Trocknen kann nach Kind die Probe weiter verschärft werden.

Nach Ausfärbungen von Halbleinen in alkoholischer Zyaninlösung entfärben sich beim Einlegen in verdünnte Schwefelsäure nur die Baumwollfasern; die Flachsfasern bleiben blau, eine Färbung, die durch Einlegen in verdünntes Ammoniakwasser verstärkt wird.

Nach Herzog[1]) speichert Flachs viel mehr Kupfersulfat auf als Baumwolle. Legt man daher Halbleinen für etwa 10 Minuten in

---

[1]) Herzog, Zeitschr. f. Farben- u. Textilindustrie **4**, 12 [1905]; **7**, 83 [1908].

ungefähr $10\,^0/_0$ige Kupfersulfatlösung ein, spült das Gewebe dann mit Wasser aus und legt in $10\,^0/_0$ige Ferrozyankaliumlösung ein, so wird die Leinenfaser durch Ferrozyankupfer rot gefärbt, die Baumwollfaser bleibt weiß.

Zur Bestimmung des Aufschlußgrades beim Flachs kann die Ermittlung des Fett- und Wachsgehaltes, ferner die Furfurolbestimmung dienen. Letztere insofern, als Pektin bei der Hydrolyse Furfurol abspaltet. Da der reine Flachs von Pektin nur noch wenig oder gar nichts enthalten soll, ist also eine kleine Furfurolzahl ein Anzeichen für gute Bleiche der Flachsfaser.

Bei der Bleiche der Flachsfaser ist Rücksicht zu nehmen auf einen möglichen Gehalt an Chloramin, das bei der Einwirkung von Chlor bzw. chlorhaltigen Bleichmitteln auf reine Faser entsteht. Die gebleichte reine Faser kann trotz sorgfältigsten Auswaschens und Absäuerns noch die Chlorreaktion geben, die jedoch nicht durch Chlor selbst, sondern durch die Verbindung von Chlor mit den Stickstoffbestandteilen des Eiweißes hervorgerufen wird. Diese Chloramine sind leicht zu beseitigen durch kochendes Wasser, einfacher durch die sog. Antichlorpräparate, wie z. B. Natriumsulfit. Die Gegenwart der Chloramine kann erhebliche Festigkeitsverminderung der Fasern, insbesondere beim Erhitzen und bei der Einwirkung von Alkalien hervorrufen. Man wird also gebleichte reine Faser mit Jodkaliumstärkepapier zu prüfen haben, um beim Ausbleiben der Reaktion sicher zu sein, daß weder Chlorreste von der Bleiche, noch Chloramine vorhanden sind[1]).

Als Anzeichen für Pektingehalt der reinen Faser gilt das Verhalten gegen verdünntes Ammoniak[2]). Nur ein völlig von Pektinstoffen befreites Garn oder Gewebe bleibt farblos, andernfalls tritt eine Gelbfärbung auf. Pektinhaltige reine Faser läßt allmähliches Gelbwerden voraussehen. Besser noch soll die Anwendung von siedendem Ammoniak[3]) bei der Reaktion sein.

Erkennung von Jutefasern. Man prüft am besten mit der Chlor-Natriumsulfit-Reaktion. Die Faser wird in Wasser abgekocht, etwas ausgepreßt und dann in eine Chlorgasatmosphäre oder eine stark angesäuerte Chlorkalklösung gebracht. Ist nach 5—10 Minuten die Faser weiß geworden, so wird möglichst in fließendem Wasser gründlich bis zum Verschwinden des Chlors gespült, dann in eine Auflösung von neutralem Natriumsulfit getaucht. Eine purpurrote Färbung zeigt das Vorhandensein von Jute an[4]).

---

[1]) Heincke, Chem.-Ztg. **31**, 974 [1907].
[2]) J. Kolb, Bull. Mulhouse **38**, 924 [1868].
[3]) Tassel, Rev. mat. **4**, 127 [1900].
[4]) Croß, Bevan und Smith, Berichte d. deutschen chem. Gesellsch. **27**, 1001 [1914].

4. Strohzellstoffe. Die qualitative Erkennung der Strohzellstoffasern geschieht zweckmäßig vermittels des Mikroskopes. Zur annähernden quantitativen Bestimmung kann man den hohen Pentosangehalt der Strohzellstoffe heranziehen. Gebleichter und ungebleichter Strohzellstoff spalten bei der Destillation mit $13\,^0/_0$iger Salzsäure beispielsweise 15,5, ja bis zu $18,6\,^0/_0$ Furfurol ab, das nach Heuser und Haug[1]) auf Xylan umgerechnet werden kann. Nadelholzzellstoffe sind wesentlich ärmer an Pentosan, Sulfitzellstoffe spalten nur $2\text{—}3\,^0/_0$, Natronzellstoffe etwa $5\text{—}8\,^0/_0$ Furfurol ab[2]).

5. Untersuchung der Holzzellstoffe.

1. Qualitative Prüfungen.

Unterscheidung von Sulfit- und Sulfat- (Natron-) Zellstoff. Mikroskopische Prüfung. Nach Klemm[3]) geschieht diese durch eine gesättigte, mit $2\,^0/_0$ Alkohol versetzte Lösung von Rosanilinsulfat in Wasser, die mit Schwefelsäure versetzt ist, bis sie einen violetten Schimmer angenommen hat.

Von den Zellstoffen färbt sich:

1. Ungebleichter Sulfitzellstoff tief violettrot.

2. Gebleichter Sulfitzellstoff nimmt dagegen eine weniger ins Violett spielende rote Farbe an.

3. Ungebleichter Natronzellstoff färbt sich durchschnittlich noch etwas weniger intensiv wie gebleichter Sulfitzellstoff.

4. Gebleichter Natronzellstoff erhält nur einen schwach rötlichen Schimmer oder färbt sich überhaupt nicht.

Die bei alleiniger Anwendung der Rosanilinlösung nicht mögliche Unterscheidung von gebleichtem Sulfit- und ungebleichtem Natronzellstoff läßt sich aber dennoch treffen, wenn außerdem noch eine Prüfung mit Malachitgrün in essigsaurer Lösung (in Wasser; mit $2\,^0/_0$iger Essigsäure wird von dem Farbstoff bis zur Sättigung gelöst) ausgeführt wird. Färbt sich der Zellstoff mit Rosanilinsulfat rot, mit Malachitgrün deutlich grün, so hat man es mit ungebleichtem Natronzellstoff zu tun, färbt er sich mit Rosanilinsulfat wohl auch rot, mit Malachitgrün dagegen schwach blau oder gar nicht, so ist auf gebleichten Sulfitzellstoff zu schließen.

Klemm[4]) empfiehlt neuerdings zur mikroskopischen Untersuchung von Zellstoffgemischen in Papieren vorheriges Ausfärben mit Sudanlösung. Die in Natron- und Sulfatzellstoffen enthaltenen Markstrahl-

[1]) Heuser und Haug, Zeitschr. f. angew. Chem. **31**, 72 [1918].
[2]) Schwalbe, Zeitschr. f. angew. Chem. **31**, 52 [1918].
[3]) Klemm, Papierindustriekalender.
[4]) Klemm, Wochenbl. f. Papierfabr. **48**, 2159—2161 [1917].

zellen sind frei von Inhaltsstoffen, die sich mit Sudan rot färben, während sie sich bei Sulfitzellstoffen — selbst gebleichten — stets durch Sudan rot anfärben.

Die Farblösung ist ein Gemisch von Alkohol und Wasser, Glyzerin und Sudan III. Es wird in drei Teilen Alkohol 1 Teil Wasser und Sudan III bis zur Sättigung aufgelöst. Von dieser Lösung A werden 2 Teile mit 1 Teil Glyzerin zur gebrauchsfertigen Lösung B vermischt.

Nach Lofton und Merritt[1]) färbt man zweckmäßig mit einem Malachit-Fuchsin-Gemisch nach folgender Vorschrift vor der mikroskopischen Betrachtung aus.

Die beste Unterscheidung der zwei Stoffe läßt sich mit einer Mischung aus einem Teil einer $2\,^0/_0$igen wässerigen Malachitgrünlösung und zwei Teilen einer $1\,^0/_0$igen wässerigen Lösung von basischem Fuchsin oder Magenta erzielen. Diese Mischung färbt Sulfatfasern blau oder blaugrün und Sulfitfaser purpurn oder scharlach. Zeigen sich aber in Sulfatstoff, dessen Herkunft einwandfrei feststeht, bei einer Vorprobe purpurne Fasern, so enthält die Mischung zuviel Fuchsin und es muß etwas mehr Malachitgrün zugesetzt werden. Sind andererseits im Sulfitstoff grüne oder blaue Fasern vorhanden, so ist zuviel Malachitgrün vorhanden und es muß Fuchsin zugesetzt werden. Zur Ausführung der Färbung verfährt man in folgender Weise: Die zu untersuchende Probe wird in Wasser oder $1\,^0/_0$iger Natronlauge einige Minuten gekocht und die Fasern durch Schütteln in einem Probierrohr mit Wasser und Glaskugeln zerkleinert. Man entnimmt dann einige Fasern mit einer Nadel oder einem fein ausgezogenen Glasrohr, bringt sie auf den Objektträger und trocknet mittels Filtrier- oder Löschpapier. Man bringt dann zwei oder drei Tropfen der gemischten Farbstofflösung auf, läßt sie zwei Minuten einwirken und zieht währenddessen die Fasern mit der Nadel in der Farblösung herum. Dann entfernt man die überschüssige Farblösung mit Filtrierpapier und behandelt mit 3—4 Tropfen verdünnter Salzsäure (1 ccm konz. Salzsäure von $37\,^0/_0$ auf 1 l destilliertes Wasser). Man läßt die verdünnte Säure 10—30 Sekunden auf dem Objektträger und bewegt und zerfasert die Fasern während dieser Zeit soweit wie möglich. Dann entfernt man die Säure mit Filtrierpapier, gibt 3—4 Tropfen destilliertes Wasser zu, bewegt wieder gründlich und entfernt das Wasser mittels Filtrierpapier. Ist so alle Farbe beseitigt, so gibt man einen oder zwei Tropfen Wasser zu und bringt das Deckglas auf. Ist noch zuviel Farbe vor-

---

[1]) R. E. Lofton und M. F. Merritt: Unterscheidung von ungebleichten Sulfit- und Sulfatzellstoffasern. „Paper Maker's Monthly Journ." **59**, 55, [1921], Nr. 2; Papierfabrikant **19**, 664—66, [1921], Nr. 26.

handen, so muß nochmals mit destilliertem Wasser gespült werden. Dann folgt die Prüfung unter dem Mikroskop. Die abweichende Färbung läßt nicht nur die eine oder andere Faser erkennen, sondern gestattet auch, bei einiger Übung ihre Mengen zu schätzen.

Methode von Schwalbe. Nach Schwalbe[1]) lassen sich die sog. Cholesterinreaktionen des Harzes zur Erkennung von Natron- bzw. Sulfitzellstoff heranziehen. Wird nämlich Harz mit Essigsäureanhydrid und konzentrierter Schwefelsäure versetzt, so tritt zunächst Rosafärbung, dann Blau- bzw. Grünfärbung ein. Es wird also der Sulfitzellstoff zufolge seines verhältnismäßig hohen Harzgehaltes diese Reaktion deutlicher zeigen müssen als Natronzellstoff mit dem außerordentlich niederen Harzgehalt. Der Versuch lehrt, daß man beim Sulfitzellstoff deutliche Grünfärbung, beim Natronzellstoff höchstens ein schmutziges Gelb erhält. Zur Ausführung der Reaktion verfährt man wie folgt: Man übergießt zwei zweckmäßig zerzupfte Probestückchen von Natron- und Sulfitzellstoff, gebleicht oder ungebleicht, im Gewicht von ca. 0,5 g mit ca. je 1—2 ccm Tetrachlorkohlenstoff[2]) (CCl_4) und erwärmt bis zum Sieden, gießt die Flüssigkeit in Reagenzgläser ab, fügt etwa $^1/_2$ ccm Essigsäureanhydrid $(CH_3CO)_2O$ [nicht Eisessig] zu jeder der Proben und tropft konzentrierte reine Schwefelsäure hinzu, und sieht dann beim Sulfitzellstoff zunächst eine zarte rosarote Färbung (auf weißem Grunde sehr deutlich). Diese verschwindet aber rasch und macht bei weiterer Zugabe von konzentrierter Schwefelsäure einer grünen Färbung Platz. Der Zusatz von Schwefelsäure ist so zu bemessen, daß Trennung in zwei Schichten erfolgt, deren obere deutlich grün ist, während die untere farblos bleibt. Es sind im ganzen ca. 6—10 Tropfen Schwefelsäure erforderlich. Beim Natronzellstoff treten die Farbreaktionen nicht auf, höchstens macht sich, wie schon erwähnt, ein schmutziges Gelb bemerkbar.

Bei sehr stark gepreßten Zellstoffpappen muß man die Einwirkung des Tetrachlorkohlenstoffs längere Zeit ($^1/_4$ bis $^1/_2$ Stunde), womöglich unter gelegentlichem Erwärmen, andauern lassen, um das Harz zu extrahieren. Läßt man die Proben und Lösungsmittel bedeckt über Nacht stehen, so ist Erwärmung nicht nötig.

Die Reaktion tritt sowohl bei gebleichten wie ungebleichten Stoffen auf. Man kann übrigens schon beim Aufgießen der Tetrachlorkohlenstofflösung auf Uhrgläser und Verdunstenlassen den Sulfitzellstoffextrakt erkennen: infolge des höheren Harzgehaltes trübt sich dieser sehr rasch, und die milchige Flüssigkeit hinterläßt Harzspuren,

---

[1]) Schwalbe, Wochenbl. f. Papierfabr. **36**, 2640 [1906].
[2]) Auch Chloroform kann verwendet werden.

während beim Natronzellstoff die Trübung erst spät oder gar nicht auftritt.

Eine weitere Unterscheidung von Sulfit- und Natronzellstoffen ergibt sich nach Finckelstein und Schwarz durch Kochen von Zellstoff mit Kalkwasser; nur Sulfitzellstoffe werden erheblich angegriffen:

Bestimmung von Sulfitzellstoff in Zellstoffen und Papier[1]. Ein gutes Durchschnittsmuster des Papieres wird, mit heißem Wasser ausgezogen, getrocknet, 10 g in einen Kolben gebracht, mit 190 ccm Wasser übergossen, 1 g Ätzkalk hinzugefügt, 24 Stunden auf elektrischer Wärmeplatte im Sieden gehalten; ein einfaches Glasrohr dient als Rückflußkühler. Nach dem Erkalten wird der Kolbeninhalt auf 200 ccm gebracht und durch ein trockenes Filter gegossen. 100 ccm werden mit $n/_5$ Oxalsäure unter Verwendung von Phenolphthalein titriert. Nach dem Absetzen des Niederschlages wird die klare Lösung wiederum durch ein Filter gegossen, eine gemessene Menge eingedampft, der Rückstand bei 110^0 getrocknet; er enthält etwa $20^0/_0$ Kalk. Die Menge des Rückstandes, ausgedrückt in Prozenten des angewandten Papiergewichtes heißt Kalkzahl. Von Sulfitzellstoffen werden $13{-}14^0/_0$, von Natronzellstoffen nur $1^0/_0$ herausgelöst.

2. Quantitative Bestimmungen.

Allgemeines.

Zur quantitativen Bestimmung der Verunreinigungen von Holzzellstoffen sind viele der im vorstehenden Abschnitt: „Allgemeine Untersuchungsmethoden für Zellstoffe" beschriebenen Methoden brauchbar. Insbesondere kommen in Betracht, wenn es sich um Beurteilung von Zellstoffen auf Brauchbarkeit für chemische Verarbeitung handelt, die Bestimmung der α-, β-, γ-Zellulose, diejenige des Holzgummis, die der Kupferzahl bzw. der Oxyzellulose und die des Quellgrades. Nachstehend sind noch eine Anzahl von Sondermethoden beschrieben, die bei Holzzellstoffen Anwendung finden. Wahrscheinlich können sie bei der Untersuchung anderer Zellstoffarten, wie schon oben erwähnt, ebenfalls Verwendung finden. Da sie aber nur an Holzzellstoffen erprobt wurden, erschien es vorsichtiger, solche Methoden an dieser Stelle zum Abdruck zu bringen.

a) **Trockengehaltsbestimmung.** Eine vollständige Einigung über die beste Art der Probeentnahme ist noch nicht erzielt. Man entnimmt aus den Ballen entweder Streifen oder Keile oder stanzt Löcher aus. Gegen letztere Methode wird geltend gemacht, daß

---

[1] Papierfabrikant **16**, 291—292 [1918]; Papier-Ztg. **43**, 1086 [1918].

Wasser herausgequetscht werden könnte, ein Übelstand, der sich jedoch vermeiden lassen soll, wenn das Stanzloch durch den ganzen Wickel getrieben wird[1]). Die Proben müssen natürlich sofort zur Wägung kommen.

Von deutscher Seite liegen allgemein angenommene Methoden anscheinend nicht vor. Die in England und anderwärts gebräuchlichen Methoden haben Sindall und Bacon[2]) eingehend in einem Sonderwerkchen geschildert. In den Vereinigten Staaten von Amerika[3]) hat man nachstehend beschriebenes Verfahren zur Ermittlung des Trockengehaltes angenommen:

Von nicht weniger als $5\,^0/_0$ und nicht mehr als $10\,^0/_0$ der ganzen Schiffsladung, aber von nicht weniger als 10 Ballen sind Proben zu entnehmen. Mit einem besonderen Bohreisen wird im Ballen bis zu einer Tiefe von 4 Zoll (7,62 cm) eingebohrt, so daß Scheiben von ungefähr 4 Zoll (10,16 cm) Durchmesser entstehen. 10 dieser Scheiben werden wie folgt ausgewählt:

1 Scheibe vom 2. Blatt nach der Umhüllung,
2 Scheiben 1 Zoll (2,5 cm) tief,
3 Scheiben 2 Zoll (5,05 cm) tief,
4 Scheiben 3 Zoll (7,62 cm) tief.

Die zu bohrenden Löcher müssen in fünf aufeinanderfolgenden Ballen einen Strich darstellen, der sich diagonal über die Ballen erstreckt; jeder Ballen wird jedoch nur einmal gebohrt. Alle Proben werden unmittelbar nach der Entnahme gewogen oder in luftdichten Gefäßen aufbewahrt. Für die Untersuchung wird die Gewichtsmenge der den Ballen entnommenen Proben getrocknet bei einer 100^0 C nicht überschreitenden Temperatur.

b) **Harz und Fett.** Bei der üblichen Bestimmung von Harz und Fett werden diese Bestandteile gemengt erhalten und gewogen. Man findet für Natronzellstoffe, da im Kochprozeß mit alkalischen Laugen gearbeitet wird, sehr kleine Werte, durchschnittlich nur $0,05\,^0/_0$; erheblich größere — durchschnittlich $1\,^0/_0$ und darüber — bei den Sulfitzellstoffen, die mit Hilfe saurer Kochflüssigkeit dargestellt werden.

Für die Verarbeitung schädlich ist besonders das ätherlösliche Harz-Fett-Gemisch, wie Sieber gezeigt hat. Die Klebrigkeit der Harze und damit ihre Neigung zur Bildung von Harzklümpchen,

---

[1]) Pappen- und Holzstoff-Ztg. 22, 327, 336 [1915].
[2]) Sindall und Bacon, The Testing of Woodpulp. London, Marchant, Singer & Co. [1912].
[3]) Amerikanische Papier- und Papierstoff-Vereinigung. Papierfabrikant 15, 246 [1917].

den späteren Harzflecken im Papier, scheint mit der Menge des vorhandenen Fettes zu wachsen. Für die getrennte Bestimmung von Harz und Fett ist eine noch wenig erprobte Methode im Abschnitt: „Untersuchung pflanzlicher Rohstoffe" bereits gegeben; eine Schnellmethode zur annähernden Schätzung des Fettgehaltes hat Schwalbe wie folgt beschrieben: 25 g Zellstoff werden fein zerzupft, nicht geschnitten, in etwa 1 qcm große Stückchen, wobei man möglichst die dicken Zellstoffpappen zu spalten sucht. Der zerzupfte Zellstoff wird in ein Pulverglas von 500 ccm Inhalt, das sich mit Glasstopfen oder gutem Korkstopfen einigermaßen dicht verschließen läßt, gebracht und mit 300 ccm Äther übergossen. Vom Äther bedeckt bleibt die Probe 12 Stunden, am einfachsten über Nacht, stehen. Dann wird der Äther abgegossen, jedoch der Zellstoff nicht etwa ausgepreßt, sondern nur abtropfen gelassen. Man wird dann zwischen 220 und 230 ccm Äther wieder erhalten, der Rest bleibt im Zellstoff aufgesaugt. In einer Kochflasche destilliert man nun den Äther aus 200 ccm Filtrat ab — Verdunsten ist wegen des relativ großen Ätherverlustes und der Feuersgefahr nicht angebracht — bis nur noch etwa 5 ccm Flüssigkeit vorhanden sind. Diese werden auf ein großes Uhrglas von ca. 15 cm Durchmesser ausgegossen, die Kochflasche mit ca. 2 ccm Äther nachgespült und nun das Uhrglas an einem erschütterungsfreien, staubfreien Ort zur Verdunstung des Ätherextraktes hingestellt. Gleichzeitig stellt man den Ätherextrakt des Kontrollmusters zur Verdunstung hin. Das Harz scheidet sich in der Mitte des Uhrglases als klarer, durchsichtiger Überzug ab. Das Fett umgibt als weißer, milchiger, trüber Rand den Harzüberzug. Aus der Breite des Fettringes kann man unter Berücksichtigung des Vergleichsmusters Schlüsse auf die vorhandene schädliche Fettmenge ziehen. Nach einigen Stunden kann man auch durch Betasten des klaren Fettringes feststellen, ob dieser klebrig-harzig oder ölig ist. Um zu verhüten, daß zufällig bei der verhältnismäßig geringen Zellstoffmenge ein Stück Zellstoffpappe untersucht wird, das gerade sehr arm an Ätherextrakt ist, wird man das Versuchsmaterial von verschiedenen Stellen ein und desselben Bogens, womöglich aus verschiedenen Bogen, entnehmen und zweckmäßig gleich eine Kontrollprobe ansetzen. Abgesehen vom Zupfen des Zellstoffes ist die erforderliche Arbeitsleistung nicht groß.

c) **Bestimmung der wasserlöslichen Bestandteile.** Holzzellstoffe enthalten zuweilen gewisse Mengen von wasserlöslichen Bestandteilen, deren Menge man bisher jedoch noch wenig zur Charakterisierung der Holzzellstoffarten herangezogen hat. Renker erhielt z. B. 1,3 %. Opfermann fand ganz ähnliche Werte, 1,54 % und 1,55 %. Bei der etwaigen Bestimmung solcher wasserlöslichen Stoffe sollte man nach Opfermann[1]) wie folgt verfahren:

„In einem für die Kupferzahl bestimmten Kolben mit Glasrührer wurden 20 g lufttrockener Stoff $1\,^1/_2$ St. unter Rühren mit destilliertem Wasser ausgekocht, abgenutscht, vom Filter getrennt und dieselbe Manipulation nochmals vorgenommen. Das klare Filtrat trübte sich allmählich nach dem Erkalten und schied eine weiße gallertartige Verbindung aus. Die Flüssigkeit wurde samt der Ausscheidung, die sich teils zu Boden gesetzt hatte, teils an der Wandung des Becherglases hing, in einer Platinschale eingedampft. Der erhaltene getrocknete Rückstand wurde gewogen, verascht und wieder gewogen. Es ergab sich, daß die $1,3\,^0/_0$ gesamtlöslichen Bestandteile sich aus $0,57\,^0/_0$ anorganischen und $0,74\,^0/_0$ organischen Stoffen zusammensetzten.

Die Färbung des Trockenrückstandes war braungelb, der Geruch beim Veraschen des Rückstandes erinnerte merkwürdigerweise an den, der auch beim Veraschen von Sulfitablauge auftritt".

d) Pentosanbestimmung. Die Bestimmung des Pentosans in Holzzellstoffen geschieht in üblicher Weise nach der Tollensschen Methode. Da diese sehr zeitraubend ist, kann man sich unter Umständen mit einer Schnellmethode behelfen, die von Schwalbe und Johnsen[2]) angegeben ist.

Bei der üblichen Tollensschen Furfuroldestillation wird, wie sich durch getrenntes Auffangen und Untersuchen der einzelnen 30 ccm-Destillate feststellen läßt, die Hauptmenge des Furfurols in den ersten 2 oder 3 Destillationen erhalten. Demnach sind die ersten 60 oder 90 ccm Destillat für jeden Stoff typisch; weitere Destillate ändern bei ihrem geringfügigen Furfurolgehalt das Endergebnis nur unwesentlich. Schon beim Zusammenmischen der ersten 60 ccm Destillat jedes Stoffes und Fällen dieses Gemisches mit Phloroglucin-Salzsäure kann man direkt aus den Niederschlagshöhen den Unterschied der Stoffe erkennen. Deutlicher aber kann man den Unterschied sehen, wenn man aus den Destillatgemischen eine bestimmte kleine Menge fällt, den Niederschlag in Amylalkohol löst und mit Amylalkohol so lange verdünnt, bis die Lösung durchscheinend ist und dann die Höhe der Alkoholschicht abliest. Es wird hierbei die Voraussetzung gemacht, daß die benutzten Reagenzgläser oder Meßröhren denselben Durchmesser haben. Da es nicht

---

[1]) Opfermann, Wasserlöslichkeit in: „Die chemische Untersuchung der pflanzlichen Rohstoffe und der daraus abgeschiedenen Zellstoffe" von C. G. Schwalbe, Verlag d. Papier-Ztg. Carl Hofmann, Berlin SW 11, 1920.

[2]) Vgl. Schwalbe, Zur Kenntnis der Holzzellstoffe. Ztschr. f. angew. Chemie **31**, 51 [1918].

leicht ist, immer Meßröhren von genau demselben, oder von einem vorgeschriebenen Durchmesser zu bekommen, soll in folgendem angegeben werden, wie die Reaktion im Reagenzglase ausgeführt werden kann.

2 g lufttrockener, auf einer Handwage abgewogener Zellstoff werden in einem Rundkolben mit 100 ccm Salzsäure vom spezifischen Gewicht 1,06 zusammengebracht und in ein auf 150^0 erhitztes Ölbad in Verbindung mit einem Kühler eingehängt. Die Destillation wird in derselben Weise ausgeführt, wie bei der quantitativen Bestimmung, indem jede 30 ccm Destillat durch 30 ccm Salzsäure $(13^0/_0 \text{ig})$ ersetzt werden. Nachdem 60 ccm überdestilliert sind, wird das Destillat gut durchgeschüttelt, 1 ccm abgemessen und mit 1 ccm Phloroglucinlösung (5 g in 1 Liter HCl vom spezifischen Gewicht 1,06) in ein Reagenzglas vom Durchmesser ca. 8 mm gebracht. Das Reagenzglas wird in ein mit 80^0 warmem Wasser gefülltes Becherglas gestellt, bis der Niederschlag sich abgesetzt hat (5—10 Minuten). Nach Abkühlung unter der Wasserleitung wird vorsichtig Amylalkohol hinzugefügt, bis sich der Niederschlag gelöst hat und die Lösung eben durchscheinend ist. Dann wird die Höhe der Amylalkohollösung durch Anlegen eines Meßstabes abgelesen und mit derjenigen verglichen, die ein sehr reiner Natronzellstoff, oder ein unreiner Mitscherlichstoff bei der gleichen Behandlung liefert.

Zur Ausführung einer quantitativen Bestimmung sind bei der üblichen Tollensbestimmung mindestens 10 Stunden erforderlich, während man bei dieser Schnellbestimmung das Ergebnis innerhalb $1^1/_2$ Stunden erhält.

e) **Bestimmung des Mannans nach Lenze, Pleus, Müller.** Holzzellstoffe enthalten unter den Hemizellulosen auch die Mannose in Form von Mannan. Nach Lenze, Pleus, Müller[1]) können die Mannangehalte zur Charakterisierung der Zellstoffe dienen. Es sei daher nachstehend die von den genannten Autoren befolgte Arbeitsvorschrift wiedergegeben:

15 g Zellstoff werden mit 150 ccm $17^0/_0$iger Natronlauge unter öfterem Durchkneten $^1/_2$ Stunde lang stehen gelassen, mit 150 ccm Wasser versetzt, gut durchgemischt und sogleich abgesaugt. Der Rückstand wird mit kaltem Wasser neutral gewaschen, mit $5^0/_0$iger Essigsäure digeriert, wiederum mit kaltem und zuletzt mit heißem Wasser bis zur Neutralität gewaschen und in derselben Weise einer zweiten Behandlung unterworfen. Je 200 ccm des ersten und zweiten Filtrats (= 10 g Zellstoff) werden vereinigt und mit 600 ccm $95^0/_0$igem

---

1) F. Lenze, B. Pleus u. J. Müller. Über Untersuchungen von Holzzellstoff. Journ. f. prakt. Chemie Band 101, Verlag v. Joh. Ambr. Barth [1920], S. 236—37.

Alkohol versetzt. Die Flüssigkeit wird mit konzentrierter Salzsäure vorsichtig neutralisiert und danach schwach angesäuert. Der Niederschlag wird abfiltriert, mit $80\,^0/_0$ igem Alkohol gewaschen und quantitativ in einen 300 ccm-Erlenmeyerkolben gebracht. Nach Hinzufügen von 40 ccm Salzsäure von $10\,^0/_0$ und 60 ccm Wasser wird 5 Stunden am Rückflußkühler im kochenden Wasserbade erhitzt. Von der ungelöst bleibenden Oxyzellulose wird abfiltriert, danach wird mit Wasser nachgewaschen, das Filtrat mit Natronlauge neutralisiert, mit einer Spur Salzsäure angesäuert und die Zuckerlösung auf dem Wasserbade bis auf 75—100 ccm eingedampft.

Zu dem Konzentrat wird etwas Natriumacetat gegeben, worauf eine mit $90\,^0/_0$ iger Essigsäure angesäuerte Lösung von 2 g Bromphenylhydrazin in 20 ccm heißem Wasser zugefügt wird. Das gebildete p-Bromphenylhydrazon der Mannose wird nach 24 Stunden auf einem gewogenen Goochtiegel abgesaugt, gut mit Wasser gewaschen und das begleitende Xylosazon und andere Verunreinigungen mit absolutem Alkohol herausgewaschen, der Rückstand wird im Dampftrockenschrank getrocknet und dann nach dem Erkalten gewogen.

Beträgt das Trockengewicht des angewandten Zellstoffes z g und werden h g Bromphenylhydrazon gefunden, so enthält der Zellstoff:

$$\frac{h \cdot 180 \cdot 100}{349 \cdot z}\,^0/_0 \text{ Mannose}$$

$$\frac{h \cdot 162 \cdot 100}{349 \cdot z}\,^0/_0 \text{ Mannan.}$$

f) **Bleichgrads- bzw. Aufschlußgrads-Prüfung.** Bei Holzzellstoffen kann man den Bleichgrad, denjenigen Grad, bis zu welchem die Holzzellen in reine Zellstoffasern übergeführt sind, nach dem Farbenton und der Tiefe der Färbung mit Malachitgrün in essigsaurer Lösung erkennen. Nach Klemm wird in Wasser mit $2\,^0/_0$ Essigsäure der Farbstoff bis zur Sättigung gelöst und mit der Lösung der zu untersuchende Zellstoff angefärbt, dann erschöpfend ausgewaschen und hierauf sowohl makroskopisch wie mikroskopisch beurteilt. Je reiner ein Zellstoff von verholzten Anteilen ist, um so weniger färbt er sich, demnach färben sich die besten gebleichten Stoffe fast gar nicht, halbgebleichte himmelblau, ungebleichte intensiv grün.

Eine Überbleiche der Zellstoffe ermittelt man am sichersten durch die Kupferzahlbestimmung. Bei vollgebleichten Holzzellstoffen sind Werte über 3 bei Sulfitzellstoffen, über 4 bei Natronzellstoffen für die Kupferzahl verdächtig.

Bestimmung des Aufschlußgrades nach Erich Richter[1]).
5 g lufttrockener Zellstoff werden in kleine Stücke zerrissen, in ein
weithalsiges Gefäß gebracht und mit 100 ccm einer etwa $13\,^0/_0$igen
Salpetersäure übergossen, gut durchgeschüttelt und 1 Stunde lang
an einem dunklen Ort aufbewahrt. Hierauf wird nochmals gut
durchgeschüttelt, dann der Zellstoff mit Hilfe eines kleinen Stückchens reiner Baumwollwatte, das in einen trockenen Trichter eingesetzt ist, abfiltriert. Von dem Filtrat werden 25 ccm in ein kleines
Gefäß abgegossen. Mit einem Vergleichsmuster, dessen Bleicheigen-
schaften bekannt sind, wird die gleiche Operation zu gleicher Zeit
durchgeführt, beide Flüssigkeiten werden dann hinsichtlich ihrer Farbe
verglichen. Aus einer Bürette läßt man Wasser zu der dunkler gefärbten Flüssigkeit so lange hinzufließen, bis der Farbton beider
Flüssigkeiten der gleiche ist. Passende Mengen beider saurer Flüssigkeiten werden dann in Kolorimeterröhren gebracht und miteinander
verglichen. Dies geschieht am besten, indem man vom oberen Ende
in die Röhren hineinsieht, ein weißes Papier darunter hält und verschiedene Mengen von Flüssigkeiten, einmal 5 ccm, ein anderes Mal
10 ccm benutzt. Sollten die Färbungen nicht gleich sein, so wird
von der helleren Flüssigkeit soviel in das Kolorimeterrohr eingefüllt,
daß die Farbtöne gleich werden. Ist beispielsweise das Vergleichsmuster mit $8,5\,^0/_0$ Chlorkalk gebleicht worden und will man erfahren,
wie groß die Chlorkalkmenge x für den zu untersuchenden Zellstoff
ist, so ergibt sich bei einem Gesamtverbrauch an Säure und Wasser
von 25 ccm und $25 + 12 = 37$ ccm die Gleichung: $x = 8,5 \times 37 : 25$
$= 12,6$. Mißlingt der erste Versuch, so können weitere 25 ccm
angewendet werden. Die Zerkleinerung des Zellstoffes kostet nicht
viel Zeit, da er nicht so fein aufgeschlagen zu werden braucht, wie
dies für eine gewöhnliche Bleichprüfung erforderlich ist. Man sollte
jedoch eine Feuchtigkeitsbestimmung im Zellstoff ansetzen, obwohl
eine große Genauigkeit nicht erforderlich ist, da diese Unterschiede
im Feuchtigkeitsgehalt das Ergebnis nicht merkbar beeinflussen in
Rücksicht auf den großen Überschuß der Säure. Soll nasser Zellstoff geprüft werden, so muß er vorher etwas getrocknet werden,
zweckmäßig wird er zunächst zerkleinert. Zellstoffe, die sehr scharf
gekocht sind, erteilen der Säure nach 1 Stunde noch keine Färbung.
Ist es erforderlich, jede Verzögerung bei der Arbeit zu vermeiden,
so kann man bei solchen Zellstoffen die Gefäße auf ein Wasserbad
von ungefähr 40^0 unter häufigem Umschütteln erhitzen, doch sollte
die Temperatur nicht über 45^0 hinausgehen. Nach 15 Minuten er-

---

[1]) E. Richter, Wochenbl. f. Papierfabr. **43**, 1631, 3485 [1912] und Original communications of the eighth international congress of applied chemistry.
Volume XIII. pag. 233.

scheint die Farbe dann fast augenblicklich und nach einigem Abkühlen kann man die Farbprüfung vornehmen. Hat man sehr voneinander abweichende Zellstoffarten zu prüfen, so ist es zweckmäßig,
als Vergleichsmuster Zellstoffe (Standard) anzuwenden, von denen
der eine mit 8, der andere mit 12 und der dritte mit $16\,{}^0/_0$ Chlorkalk gebleicht werden kann. Unbedingt erforderlich ist dies jedoch
nicht, da man auch mit einem Zellstoff, der mit nur $6\,{}^0/_0$ Chlorkalk
bleichbar ist, den Vergleich eines anderen durchführen kann, der
$14\,{}^0/_0$ Chlorkalk erfordert.

Bestimmung des Aufschlußgrades nach Johnsen[1]. Nach
Bjarne Johnsen kann man den Aufschluß bzw. Bleichgrad von Zellstoffen durch Behandlung mit salpetriger Säure und nachfolgend mit
Alkali feststellen. Werden die fein geraspelten Zellstoffe einige Zeit
mit $1\,{}^0/_0$iger salpetriger Säure geschüttelt, dann ausgewaschen und mit
verdünnter Natronlauge zusammengebracht, so zeigen Natronkraft-
zellstoffe tief dunkle Braunfärbung, ungebleichte Natronzellstoffe
hellere Braunfärbung, ungebleichte Sulfitzellstoffe nehmen eine lebhaft rotbraune Farbe an.

Zur Kontrolle des Bleichvorganges setzt man Probebleichen in
$5\,{}^0/_0$iger Stoffdichte an, nimmt nach jeder Bleichstunde etwa 0,2 g
Zellstoff heraus, saugt ab, zerstört das Chlor mit Natriumbisulfit
und wäscht gut aus. Die ausgewaschenen Fasern werden mit 5 ccm
Natriumnitritlösung (29,4 g $NaNO_2$ im Liter) und 5 ccm verdünnter
Schwefelsäure (20,8 g im Liter) 2 Minuten lang in einem Reagenzglase gut durchgeschüttelt, im Goochtiegel abgesaugt (nicht ausgewaschen) und schließlich in einem Reagenzglas mit 10 ccm $2\,{}^0/_0$iger
Natronlauge zusammengebracht, durchgeschüttelt und 5 Minuten
stehen gelassen. Die entstehende anfangs rotbraune Färbung geht
bald in eine Gelbfärbung bzw. Braunfärbung über, die im Verlauf
der Bleiche allmählich schwächer wird, bis die Farbe eines frisch
bereiteten Vergleichsmusters von gebleichtem Zellstoff erreicht ist.
Erwärmt man die mit Natronlauge versetzten Fasern im Wasserbade auf 90^0, so werden zwar die Färbungen anfangs noch kräftiger,
aber es tritt auch bei völlig gebleichten Stoffen eine Gelbfärbung auf,
die auf Reaktion der bei Überbleiche entstehenden Oxyzellulose
zurückzuführen ist.

Arbeitet man in der Kälte, so vermag man den gewünschten
Bleichgrad zu erkennen; bei der Arbeit in der Wärme kann eine
etwaige Überbleiche erkannt werden. Man bleicht daher so lange,
bis eine Verminderung der Gelbfärbung bei der „kalten" Probe nicht
mehr zu erkennen ist, und die „heiße Probe" eben eine Zunahme
der Gelbfärbung zeigt.

---

[1] Bjarne Johnsen, Papierfabrikant **11**, 977—979 [1913].

Bestimmung des Aufschlußgrades nach Klason.

Je nach dem Grade des Aufschlusses enthalten die Holzzellstoffe noch kleinere oder größere Mengen von Inkrusten, Ligninresten und Pentosanen.

Zur Bestimmung des Aufschlußgrades ist von Klason[1]) Lösen einer Zellstoffprobe in konzentrierter Schwefelsäure empfohlen worden. Je besser aufgeschlossen Zellstoff ist, um so heller bleibt die Farbe der Schwefelsäure. Aus dem mehr oder weniger braunen Farbenton der Lösung, den man kolorimetrisch durch Vergleich mit „Standard"-Proben ermittelt, kann man den Aufschlußgrad beurteilen. Das Verfahren ist sehr gut geeignet, um bei Herstellung bestimmter Zellstoffsorten im laufenden Betrieb die bei der Kochung vorgekommenen Unregelmäßigkeiten aufzudecken, dagegen versagt es häufig[2]), wenn man Handelszellstoffe sehr verschiedener Herkunft und Herstellungsart im Aufschlußgrad miteinander vergleichen will. Klason hat die Methode wie folgt beschrieben:

„Die Bestimmung gründet sich darauf, daß man eine bestimmte Menge Zellstoff in einer abgemessenen Menge konzentrierter Schwefelsäure löst. Die Färbung, welche dabei erzielt wird, vergleicht man mit derjenigen, welche von einer gleich großen Menge Zellstoff mit bekanntem Ligningehalt, die in einer gleichen Menge Säure gelöst worden ist, hervorgerufen wird. Die Erfahrung hat dabei gelehrt, daß man zweckmäßig so verfährt, daß 22 mg lufttrockener Zellstoff, die etwa 20 mg absolut trockenem Stoff entsprechen, in einer zylinderförmigen Flasche von 50 ccm Rauminhalt, welche mit gewöhnlicher Kubikzentimeter-Graduierung und genau schließendem, eingeschliffenem Pfropfen versehen ist, in 20 ccm konzentrierter Schwefelsäure[3]) gelöst werden. Gleichzeitig macht man eine Gegenprobe mit Zellstoff von bekanntem Ligningehalt oder mit dem Zellstoff, mit dem man die Probe vergleichen will.

Nachdem beide Proben aufgelöst sind, was durch kräftiges Schütteln erleichtert wird, vergleicht man die Farbe der beiden Lösungen auf die Weise, daß die Flaschen zwischen Auge und Tageslicht gehalten werden, wobei zu beachten ist, daß die beiden Lösungen bei der Prüfung gleich lange gestanden haben sollen. Der erste Eindruck, den das Auge bei diesem Vergleich bekommt, ist in der Regel der richtigste. Das Auge nimmt so den geringsten

---

[1]) Klason, Papier-Ztg. **35**, 3781 [1910].

[2]) Vgl. beispielsweise E. Richter, Wochenbl. f. Papierfabr. **43**, 1633 [1912].

[3]) In Deutschland wird vielfach ein Gemisch aus 1 Gewichtsteil Wasser und 4 Gewichtsteilen konzentrierter Schwefelsäure verwendet. Bei Anwendung von konzentrierter 96%iger Säure tritt bei reinem Zellstoff die Gelbfärbung ziemlich rasch ein.

Unterschied im Ligningehalt gleich wahr. Dadurch, daß man die dunklere Farbe mit Schwefelsäure verdünnt, bis die Lösungen gleich gefärbt erscheinen, erhält man einen Maßstab für den Ligningehalt. Die Bestimmung wird um so schärfer, je näher die Ligningehalte in den beiden Proben einander liegen. Es ist deshalb zweckmäßig, getrennte Gegenproben für scharf gekochte und getrennte für leicht gekochte Stoffe anzuwenden. Bequemer wäre es allerdings, als Gegenproben besonders hergestellte Farbenskalen anzuwenden. Es ist indes noch nicht gelungen, solche von richtiger Nüance, die zugleich völlig haltbar sind, herzustellen.

Dem Fabrikanten gibt dieses Verfahren eine Handhabe, um Stoff von beständigem Ligningehalt zu bekommen, und es leistet besonders gute Dienste, wenn verschiedene Sorten von Holz gekocht werden sollen, oder Änderungen in der Kochdauer, Kochtemperatur oder Konzentration der Kochlauge stattfinden."

Die zu untersuchenden Proben müssen recht fein und gleichmäßig zerkleinert sein. Man zerreibt sie auf einem Reibeisen — etwa wie für die Kupferzahlbestimmung und wendet das feinste abgesiebte Material zur Schwefelsäureprobe an.

Nach von Zweigbergk[1]) soll man von starkfaserigem Stoff 25 mg lufttrockenes Material nehmen, bei gut gekochtem, bleichbarem Stoff 50 mg, bei Zwischensorten zwischen 25 und 50 mg. Die vollkommene Lösung in 20—25 ccm Schwefelsäure wird durch kräftiges Schütteln beschleunigt. Den auftretenden Farbton vergleicht man mit dem der Vergleichsprobe und führt Farbengleichheit durch Verdünnen mit Schwefelsäure herbei. Durch Ablesen der Kubikzentimeterzahlen kann man das Ligninverhältnis aus dem Verhältnis dieser Zahlen berechnen.

Als beste Schwefelsäurekonzentration wird ein Gemisch von 4 Teilen konzentrierter Schwefelsäure und 1 Teil Wasser angegeben, da konzentrierte Schwefelsäure allein zu rasch löst und auch bei reinen Vergleichsproben deutlich gelbe Farbtöne hervorrufen kann. Nicht nur Schwefelsäure, auch Salpetersäure und salpetrige Säure rufen Färbungen hervor, die zur Ermittlung des Aufschlußgrades dienen können.

Weitere Anhaltspunkte für den Aufschlußgrad von Holzzellstoffen liefert das Verhalten gegenüber 5 %iger Natronlauge. Wird die Probe beim Erhitzen braun, so ist bei dunklen Farbtönen auf Inkrustenreichtum zu schließen. Ist der Zellstoff durch Überkochung geschädigt, so merkt man dies häufig bei der Kauprobe. Zerreiblicher Zellstoff verkaut sich rasch — infolge der reichlichen Bildung

---

[1]) G. v. Zweigbergk, Papier-Ztg. **37**, 2506 [1912].

brüchiger Hydrozellulose —. Beim Ausziehen mit Natronlauge verliert solcher Zellstoff erheblich — 25—35 $^0/_0$ — an Gewicht. Die quantitative Ermittlung der Inkrustenreste soll nach der schon erwähnten Methode von Hempel-Seidel, die Richter ausgearbeitet hat, sich durchführen lassen. Nachstehend ist die Methode ausführlich beschrieben.

Bestimmung des Aufschlußgrades nach Hempel-Seidel-Richter. Richter[1]) hat diese von Hempel-Seidel[2]) angegebene Methode zur Bestimmung des Lignins weiter ausgearbeitet und mit ihr im Fabrikbetriebe einer Sulfitzellstoffabrik befriedigende Ergebnisse erzielt. Die Methode beruht auf der Tatsache, daß verholzte Pflanzenstoffe beim Erwärmen mit verdünnter Salpetersäure aus dieser Stickoxyde abspalten, die, in Absorptionsgefäßen aufgefangen, titrimetrisch bestimmt werden können. Je mehr Stickoxyde entweichen, um so stärker der Verholzungsgrad, um so größer also die Ligninmenge. Obwohl über die Methode anderweitige Erfahrungen noch nicht vorliegen, sei sie an der Hand der Dissertation von Seidel und einer Mitteilung von Richter beschrieben[3]):

In einen langhalsigen Destillierkolben B mit hoch angesetztem Ableitungsrohr wird ein passender Kühler mittels Schliff eingedichtet. Der Kühler soll möglichst viel Raum im Kolbenhals einnehmen. Mitten durch ihn hindurch geht ein Glasrohr in den Kolben, durch welches Luft in den Kolben eingesaugt wird, deren Menge man in einer vorgelegten Waschflasche A beobachten kann. Aus dem Entwicklungsgefäß gelangen die Gase in einen mit Glasperlen gefüllten röhrenförmigen Absorptionsapparat C; von oben tropft dauernd während des Versuches Wasser aus einem Tropftrichter auf die Glasperlen, das Wasser fließt am unteren Ende in ein Becherglas ab. Anschließend an das Absorptionsrohr, durch Schliff verbunden, sind noch 2 Péligotrohre D und D_1 mit Wasser beschickt und ebenfalls mit eingeschliffenem Stopfen aneinander gefügt vorgeschaltet. Auf das zweite Péligotrohr ist ein mit Glasperlen gefülltes Rohr aufgesetzt, angeschlossen sind endlich noch 2 Kugelrohrwäscher E und E_1, die mit Schwefelsäure gefüllt sind und eine gewöhnliche Waschflasche A_1 zur Beobachtung des Gasstromes, der durch eine Wasserluftpumpe durch die ganze Apparatur geleitet wird.

---

[1]) Richter, Wochenbl. f. Papierfabr. **43**, 1631—1634 [1912].

[2]) Friedrich Seidel, Studien über den Zellulosedarstellungsprozeß und eine Methode für Bestimmung des Reinheitsgrades von Zellulosen. Dissert. Dresden [1907], 65 ff.

[3]) Die beigegebene Zeichnung gibt eine von Schwalbe und Schulz angegebene Apparatform wieder, bei welcher fast alle Kautschukstopfen durch Anwendung von Schliffen vermieden sind. Der Apparat wurde von der Glasbläserei J. C. Greiner-Stettin hergestellt.

Zwischen Entwicklungskolben und Absorptionsapparat, ebenso zwischen diesem und dem ersten Péligotrohr sind T-Stücke eingeschaltet, deren einer Schenkel zur Zuführung von Luft aus den

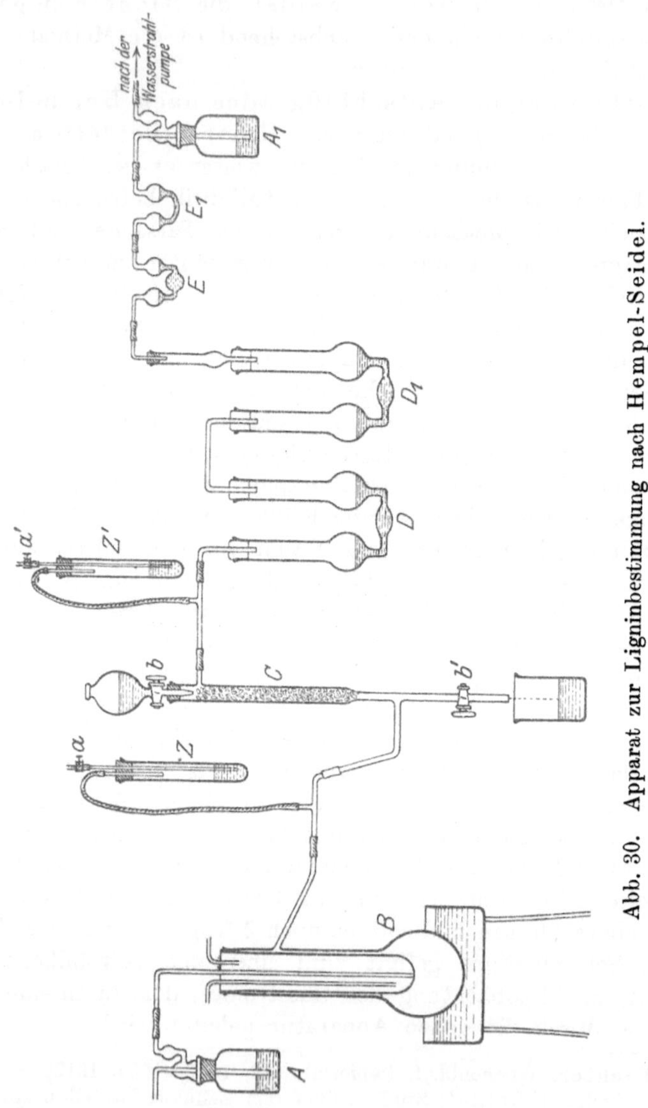

Abb. 30. Apparat zur Ligninbestimmung nach Hempel-Seidel.

Apparaten Z und Z_1 dient. Die Luftzuführungsapparate bestehen aus Probierröhren, in welche ein langes und ein kurzes Glasrohr eingesetzt ist. Das lange Glasrohr taucht in Wasser und trägt einen Schraubenquetschhahn. Das kurze Glasrohr ist mittels eines Kautschukschlauches mit dem T-Stück verbunden. Vermittels des Schraubenquetschhahnes kann die Menge der angesaugten Luft reguliert werden. Diese doppelte Luftzuführung hat sich zur Oxydation des entstehenden Stickoxydgases zu Stickstoffdioxyd als notwendig erwiesen; die durch b und b_1 eingesaugte Luftmenge reicht nicht aus. Im Wasser des Absorptionsapparates wird Stickstoffdioxyd gelöst und in Salpetersäure und salpetrige Säure übergeführt. Das entstehende Stickstoffsesquioxyd N_2O_3 wird teilweise in salpetrige Säure übergeführt, der Rest in den Schwefelsäurevorlagen absorbiert. Ist das Untersuchungsmaterial sehr ligninreich, so färbt sich die konzentrierte Schwefelsäure im ersten Kugelapparat durch Bildung von Nitrosulfonsäure blau.

Zur Ausführung einer Bestimmung wird zunächst am Absorptionsapparat C die Tropfvorrichtung in Gang gesetzt und durch geeignete Stellung der Hähne b und b_1 völlig gleichmäßiges Zu- und Abtropfen des Wassers erstrebt. Hierauf wird die Wasserluftpumpe in Tätigkeit gesetzt; dann wird der Entwicklungskolben zweckmäßig mit 10 g Substanz und 100 ccm reiner Salpetersäure, $13\,^0/_0$ig, beschickt. Der Kolben wird im vorgewärmten Wasserbade binnen 15 Minuten auf $100\,^0$ erwärmt, und das Wasserbad 1 Stunde auf Kochtemperatur erhalten. Bei $70\,^0$ setzt die Reaktion bei stark ligninhaltigen Stoffen ein unter Bildung eines feinen Nebels von Salpetersäure, der aber durch die Kühlvorrichtung im Entwicklungskolben zurückgehalten wird. Während des ganzen Versuches werden die Gase in einem möglichst gleichmäßigen und nicht zu raschen Strom durchgesaugt, um Verluste an absorbierenden Gasen zu vermeiden. Bei Eintritt der Hauptreaktion bei $70\,^0$ wird durch Lüften der Schraubenklemmen A und A_1 an den Luftzuführungsstellen reichliche Luftsauerstoffzufuhr hergestellt.

Nach Beendigung des Versuches wird die Erhitzung unterbrochen und zur Entfernung der Gasreste noch einige Zeit Luft hindurchgesaugt. Hierauf wird die Verbindung zwischen Kugelrohr E_1 und Waschflasche A_1 gelöst und die Wasserluftpumpe abgestellt. Der Inhalt des Becherglases unter dem Absorptionsrohr C sowie derjenige der Péligotrohre D und D_1 wird in einen Meßkolben quantitativ entleert und dieser zum Liter aufgefüllt. Zur Bestimmung der gebildeten Salpetersäure wird mit einer $^n/_{100}$ Kalilauge der Gesamtsäuregehalt festgestellt, hierauf mit $^n/_{100}$ Kaliumpermanganatlösung der Gehalt an N_2O_3 ermittelt. Nach Bestimmung dieser Daten wird der Inhalt der 2 Kugelrohre E und E_1 ebenfalls quantitativ in einen Litermeßkolben übertragen und auf N_2O_3 titriert; zur Ausführung der Bestimmung sind 2—3 Stunden Zeit erforderlich. Nachstehend 3 Beispiele zur Berechnung der abgespaltenen Säuremengen.

I. Holzschliff.

Gesamtsäuregehalt:

$$\text{Titer der } {}^n/_{100} \text{ KOH} - 1009,8$$
$$50 \text{ ccm Lösung} \quad - \quad 67,5 \text{ ccm KOH}$$
$$- \quad 68,16 \text{ ccm } {}^n/_{100} \text{ KOH.}$$

Für die zu untersuchenden 1000 ccm Lösung war demnach der Verbrauch: 1363,2 ccm ${}^n/_{100}$ KOH.

Gehalt an N_2O_3:

1 ccm der ca. ${}^n/_{100}$ $KMnO_4$-Lösung entsprach 0,9892 ccm einer ${}^n/_{100}$ $KMnO_4$-Lösung.

Nun verbrauchten:

$$50 \text{ ccm Lösung} - 47,1 \text{ ccm Chamäleonlösung.}$$
$$46,6 \text{ ccm } {}^n/_{100} \text{ Chamäleonlösung.}$$

Demnach war für 1000 ccm Lösung ein Verbrauch von:

$$932 \text{ ccm } {}^n/_{100} \text{ } KMnO_4\text{-Lösung.}$$

Nun ist: 1 ccm ${}^n/_{100}$ $KMnO_4$-Lösung — 0,00019 g N_2O_3. Folglich entsprechen 46,6 ccm Chamäleonlösung 0,00885 g N_2O_3.

Die gesamte Lösung enthält:

$$0,00885 \times 20 = 0,177 \text{ g } N_2O_3.$$

Da nun:

$$2\,KOH + N_2O_3 = 2\,KNO_2 + H_2O$$

ist, so entsprechen:

$$0,177 \text{ g } N_2O_3 - 0,2615 \text{ g KOH.}$$
$$0,2615 \text{ g KOH} - 465,7 \text{ ccm } {}^n/_{100} \text{ KOH-Lösung.}$$

Daraus folgt, daß 465,7 ccm ${}^n/_{100}$ KOH-Lösung zur Neutrasition von 0,177 g N_2O_3 verbraucht wurden. Der Rest 1363,2 ccm — 465,7 ccm = 897,5 ccm ${}^n/_{100}$ KOH würde zur Neutralisation von N_2O_5 gebraucht worden sein. Es berechnet sich der Gehalt an diesem nach der Gleichung:

$$2\,KOH + N_2O_5 = 2\,KNO_3 + H_2O$$
$$897,5 \text{ ccm } {}^n/_{100} \text{ KOH} = 0,4846 \text{ g } N_2O_5.$$

Da es natürlich übersichtlicher ist, die Stickstoff-Sauerstoffverbindungen in einer Form anzugeben, so soll der Gehalt an N_2O_5 ebenfalls auf N_2O_3 berechnet werden. 0,4846 g N_2O_5 entsprechen 0,341 g N_2O_3. Demnach ist vom Wasser absorbiert worden:

$$0,177 \text{ g } N_2O_3 \text{ in Form von } N_2O_3,$$
$$\underline{+\,0,341 \text{ g } N_2O_3 \text{ in Form von } N_2O_5.}$$
$$0,518 \text{ g } N_2O_3.$$

Bestimmung der N_2O_3, welche in konz. H_2SO_4 absorbiert wurde.

50 ccm Lösung — 38,62 ccm Chamäleonlösung.

— 38,2 ccm $n/_{100}$ Chamäleonlösung.

— 0,007258 g N_2O_3,

folglich in 1000 ccm — 0,1452 g N_2O_3.

Der Gesamtwert an gebildetem N_2O_3: 0,6632 g N_2O_3.

II. Kienholz.

Gesamtsäure:

50 ccm Lösung — 70 ccm KOH.

— 70,7 ccm $n/_{100}$ KOH.

1000 ccm Lösung — 1414 ccm $n/_{100}$ KOH.

N_2O_3:

50 ccm Lösung — 57,85 ccm $KMnO_4$-Lösung.

— 57,2 ccm $n/_{100}$ $KMnO_4$-Lösung.

— 0,0109 g N_2O_3.

1000 ccm Lösung — 0,2174 g N_2O_3.

841,9 ccm $n/_{100}$ KOH — 0,4546 g N_2O_5.

— 0,3199 g N_2O_3.

0,5373 g N_2O_3 in Wasser absorbiert.

N_2O_3:

50 ccm Lösung — 32,8 ccm $n/_{100}$ $KMnO_4$.

— 0,00623 g N_2O_3.

1000 ccm Lösung — 0,1246 g N_2O_3.

Der Gesamtwert an gebildetem N_2O_3: 0,6619 g N_2O_3.

III. Ungebleichte Sulfitzellulose.

Gesamtsäure:

100 ccm Lösung — 45,4 ccm $n/_{100}$ KOH.

1000 ccm Lösung — 454 ccm $n/_{100}$ KOH.

N_2O_3:

100 ccm Lösung — 35 ccm $n/_{100}$ $KMnO_4$-Lösung.

— 0,00665 g N_2O_3.

1000 ccm Lösung — 0,0665 g N_2O_3.

280 ccm $n/_{100}$ KOH — 0,1512 g N_2O_5.

— 1064 g N_2O_3.

0,1729 g N_2O_3 in Wasser absorbiert.

N_2O_3:

$$50 \text{ ccm Lösung} - 13{,}05 \text{ ccm } {}^n/_{100} \text{ KMnO}_4\text{-Lösung.}$$
$$- 0{,}00248 \text{ g } N_2O_3.$$
$$1000 \text{ ccm Lösung} - 0{,}0496 \text{ g } N_2O_3.$$

Der Gesamtwert an gebildetem N_2O_3: 0,2225 g N_2O_3.

Zur zahlenmäßigen Festlegung des Ligningehaltes setzt Richter 1,08 g N_2O_3, aus 10 g völlig trockenem, aschefrei gerechnetem Holz entwickelt $= 28\,{}^0/_0$ Lignin und berechnet mit diesem Grundwert die Ligningehalte von Sulfitzellstoffen, die er als zwischen 2 und 3,5 ${}^0/_0$ liegend gefunden hat.

Vor der Prüfung auf Lignin muß mit Äther-Alkohol und Wasser extrahiert werden, da auch Ätherharz beispielsweise Stickstoffoxyde abspaltet.

Aufschlußgradsprüfung nach Wäntig-Gierisch (Wäntig-Kerenyi). Im Abschnitt: „Untersuchung pflanzlicher Rohstoffe" ist bereits die Bestimmung des Verholzungsgrades von Wäntig-Gierisch erwähnt worden. Nach den Angaben der Autoren und weiterhin von Wäntig und Kerenyi ist das Verfahren wohl geeignet zur Wertbestimmung von Zellstoffen. Je nach der Menge der noch vorhandenen verholzten Fasern wird mehr oder weniger Chlor absorbiert. Die Ausführungsvorschrift ist in dem eben erwähnten Abschnitt auf S. 107 gegeben.

g) Bestimmung der Chlorverbrauchszahl nach Sieber. Zur raschen Bestimmung des Aufschlußgrades eines Zellstoffes (Sulfit) hat Sieber die folgende Methode ausgearbeitet.

Die Methode beruht darauf, daß beim Einbringen gleicher Mengen von verschiedenen Zellstoffen in Chlorkalklösungen von bestimmtem Titer aus diesen innerhalb einer gewissen Zeit um so mehr aktives Chlor verschwindet, je größer der Gehalt an Inkrusten in der Probe ist. Die Methode ist für die Zwecke der Praxis ausreichend. Bei ihrer Ausführung ist auf stets gleiche Gesamtalkalinität der Reaktionsflüssigkeit, sowie auf gleiche Versuchstemperatur zu achten. Als geeignete Versuchstemperatur hat sich die von 20^0 erwiesen, als brauchbare Gesamtalkalinität eine solche, wie sie 10 ccm ${}^n/_{10}$ Alkali entspricht. Als Versuchsprobe werden 5 g Zellstoff benutzt, an Chlor 0,3 g, d. i. $6\,{}^0/_0$ auf den Zellstoff berechnet angewandt.

Die Mitbestimmung der Alkalinität der Chlorkalklösung — Oxydation mit Wasserstoffsuperoxyd und darauf folgende Titration mit ${}^n/_{10}$ Säure — würde, wenn sie bei jedem Versuch ausgeführt werden müßte, zweifellos eine Komplikation der Methode bei Anwendung im Betrieb bedeuten. Diese kann jedoch sehr leicht auf ein Minimum gebracht werden. Wenn man mit zwei Chlorkalklösungen arbeitet, von denen die eine stark, die andere schwach ist, so wird sich fast immer eine Mischlösung herstellen lassen, die in der zum Versuch notwendigen Anzahl Kubikzentimeter genau die gewünschte Alkalinität von 10 ccm $n/_{10}$ NaOH besitzt.

Für Titration des Chlorgehaltes werden 5 ccm der Lösungen, für die Bestimmung der Alkalinität 25 ccm angewandt. Setzt man nun für die stärkere Lösung:

die Anzahl Kubikzentimeter $n/_{10}$ As$_2$O$_3$ für 5 ccm der Lösung gleich p,

„   „   „ $n/_{10}$ Säure „ 25 ccm „   „   „ v

sowie die entsprechenden Werte bei der schwächeren Lösung gleich q und w, so sind zur Herstellung einer Mischlösung mit der gewünschten Eigenschaft erforderlich von der starken Lösung

$$x = \frac{422\,w - 250\,q}{w\,p - v\,q}\ \text{ccm}$$

und von der zweiten Lösung

$$y = \frac{250\,p - 422\,v}{w\,p - v\,q}\ \text{ccm}.$$

$x + y$ ccm der Mischlösung enthalten dann 0,3 g Chlor und die 10 ccm $n/_{10}$ NaOH entsprechende Alkalimenge.

Nach dem Vorstehenden ist die geeignetste Arbeitsweise die folgende:

Man stellt sich zwei Chlorkalklösungen her, von denen die eine mit etwa 30 g, die zweite mit 80—90 g gutem Chlorkalk im Liter bereitet wird. Beide Lösungen werden filtriert (Saugflasche) und in braunen Flaschen mit wenig Paraffinöl überdeckt aufbewahrt. Aus beiden Lösungen wird, wie vorstehend beschrieben, die Mischlösung hergestellt, welche gleichfalls in einer braunen Flasche unter Paraffinöl aufbewahrt wird. Zweckmäßig steht diese Flasche unmittelbar in Verbindung mit einer Bürette, aus welcher die jeweils notwendige Menge der Lösung entnommen werden kann. Man mischt soviel Lösung, als man in einer Betriebswoche benötigt. Von den einzelnen Lösungen stelle man nur soviel dar, als in zwei Wochen benötigt wird. Kontrolle des Titers der Mischlösung wird außer am Anfang kaum weiter erforderlich sein. Die beiden Chlorkalklösungen, die anfangs dargestellt wurden, titriere man vor jeder Mischung von neuem.

Wie geringfügig die Änderungen einer der Mischlösungen waren, zeigen folgende Zahlen:

Es waren zum Versuch notwendig am Tage der Herstellung 32,1 ccm, einer Lösung deren Alkalinität 10,05 ccm $n/_{10}$ NaOH war. Nach 6 Tagen wurden benötigt 32,3 ccm mit 9,98 ccm $n/_{10}$ NaOH-Alkalinität. Also praktisch genommen das gleiche. Bei genaueren

Untersuchungen kann öftere Kontrolle erforderlich sein. Meist sinkt der Chlortiter ein wenig, ebenso die Alkalinität; durch den dadurch bedingten Mehrverbrauch kommt man jedoch wieder auf Normalalkalinität, ohne die Lösung ändern zu müssen.

Die Zellstoffprobe wird, falls sie in trockener Form vorliegt, fein geraspelt. Hierzu kann man sich einer sogenannten rotierenden Raspel bedienen, d. i. eine mit großer Umdrehungszahl rotierende Welle, welche am Umfang eine Anzahl kleiner Zähne trägt, und gegen welche die Zellstoffprobe gedrückt wird. Liegt der Zellstoff in Form von Brei vor, so befreit man ihn durch festes Ausdrücken mit der Hand so weit als möglich vom Wasser und wägt vom erhaltenen Stoff 21 g ab, welche Menge erfahrungsgemäß etwa 5 g absolut trockenem Stoff entspricht. Der Kontrolle halber bestimmt man aber in einer kleineren Nebenprobe den genauen Feuchtigkeitsgehalt der ausgepreßten Probe.

Zum Versuche benutzt man 5 g trockenen Zellstoff bzw., wie eben erläutert, 21 g festausgepreßten feuchten Stoff. Bei dem trocken vorliegenden Stoff wird im allgemeinen eine Trockenbestimmung sich erübrigen lassen, da die von der Maschine genommenen Proben ja in ihrem Trockengehalt an und für sich ziemlich gleich sind oder wenigstens es sein sollen. Bei größeren Unterschieden muß auch hier eine gesonderte Feuchtigkeitsprobe vorgenommen werden.

Die Probe gibt man in eine Pulverflasche mit eingeschliffenem Pfropfen von etwa 750 ccm Inhalt, worauf man sie zunächst mit 150 ccm destilliertem Wasser übergießt und nach gutem Vermischen etwa $^1/_2$ Stunde in einem Bad stehen läßt, dessen Temperatur 20⁰ beträgt. Dies hat den Zweck, die Zellulose gut durchzuquellen, ungleichartig zerkleinerte Proben möglichst gleichförmig zu machen und dadurch später eine möglichst gleichmäßige Chloreinwirkung bei allen Proben zu erreichen. Dieses Aufweichen der Proben ist natürlich bei feuchten Proben nicht erforderlich. Nach der angegebenen Zeit fügt man zur Probe weitere 100 ccm destilliertes Wasser, welche auf den Zellstoff berechnet genau 6⁰/₀ wirksames Chlor — entnommen der obigen Mischlösung — enthalten. Die Flasche mit der Stoffprobe bleibt während des Versuches dauernd im Bad von 20⁰.

Genau eine Stunde nach dem Zusetzen der Lösung trennt man nach nochmaligem Durchmischen durch Abgießen durch ein kleines Bronzesieb die Stoffprobe von der Flüssigkeit, die man in einem andern Becher auffängt. Aus diesem entnimmt man mittels einer Pipette 50 ccm und bestimmt deren Chlorgehalt in üblicher Weise.

Es läßt sich aus dem Ergebnis dieser Titration leicht berechnen, wieviel Gramm Cl unter den genannten Verhältnissen von 100 g Zellstoff verbraucht werden. Es ist jedoch zweckmäßiger, die als

Chlorverbrauchszahl bezeichnete Ziffer zu berechnen, da man dann zu besser zu vergleichenden Zahlen kommt. Die Berechnungsgrundlage ist folgende. Der Zellstoff, welcher genau die Menge von $6\,^0/_0$ Chlor verbraucht, bei dem also zum Zurücktitrieren am Ende des Versuches 0 ccm $^n/_{10}$ As_2O_3 erforderlich sind, hat die Chlorverbrauchszahl 100 erhalten. Entsprechend wird jenem, bei welchem der Chlorverbrauch 0 war, bei welchem also 50 ccm der Reaktionsflüssigkeit am Ende des Versuches 16,9 ccm $^n/_{10}$ As_2O_3 erforderten, die Zahl 0 zugeteilt. Das Intervall zwischen 0—16,9 ccm ist in 100 Teile geteilt worden, und es bewegen sich alle möglichen Chlorverbrauchszahlen zwischen 0—100. Um die Rechnung zu vermeiden, ist im Anhang eine Tafel wiedergegeben, welche aus dem Verbrauch an Meßflüssigkeit sofort die genannte Zahl entnehmen läßt. Die Tafel bezieht sich auf absolut trockene Zellstoffe. Gleichzeitig enthält diese Tafel die den Chlorverbrauchszahlen entsprechenden Werte für Lignin (n. Willstätter) sowie sonstige Eigenschaften der Zellstoffe[1]).

Die Menge von $6\,^0/_0$ Cl bei der Prüfung hat sich als ausreichend selbst bei sehr harten Mitscherlichstoffen erwiesen.

h) **Ligninbestimmung in Holzzellstoffen.** Außer den vorhergehend besprochenen Methoden zur Bestimmung des Aufschlußgrades von Holzzellstoffen kommen zu deren Charakterisierung auch direkte Ligninbestimmungen in Betracht. Diese können nach den in dem Abschnitte: „Untersuchung pflanzlicher Rohstoffe" wiedergegebenen Methoden erfolgen. Über deren Brauchbarkeit für die Holzzellstoffanalyse hat Sieber[2]) eingehende Studien angestellt, deren wichtigste Einzelheiten und Ergebnisse nachstehend wiedergegeben sind.

1. **Ligninbestimmung nach König-Becker oder Willstätter-Krull.** Für die Ligninbestimmung in Holzzellstoffen hat Becker[3]) nachstehende Vorschrift gegeben, die der Kritik Siebers zugrunde gelegt ist:

1 g des möglichst fein geraspelten Zellstoffes wurde mit 10—20 ccm $72\,^0/_0$ iger Schwefelsäure im Hartglasbecher mit einem Glasstabe durchgeknetet und, sobald die ganze Masse gallertartig geworden war, mit $72\,^0/_0$ iger Schwefelsäure bis auf 80—100 ccm aufgefüllt und bis 24 Stunden stehen gelassen. Dann wurde mit $1—1^1/_2$ Teilen Wasser verdünnt und nach dem Absitzen durch einen Goochtiegel

---

[1]) Näheres s. in Zellstoff und Papier **1**, 1921, Heft 6 u. folgende Aufsätze von Sieber über die Chlorverbrauchszahlen.

[2]) Sieber, Über die Bestimmung des Verholzungsgrades (Lignin) in Zellstoffen und Holz. Zellstoff und Papier **1**, 223—226 [1921] Heft 8.

[3]) Ernst Becker, Direkte Ligninbestimmung in Zellstoffen durch Hydrolyse mit Säuren. Papierfabrikant **17**, 1325—27 [1919].

über Asbest filtriert, mit heißem Wasser gewaschen und bis zur Gewichtskonstanz getrocknet. Darauf wurde der Tiegel geglüht und wieder gewogen. Die Gewichtsdifferenz ist das aschefreie Lignin.

Die Ligninbestimmungen von Becker und Willstätter geben größere Unterschiede im Gehalt der Zellstoffe an Lignin deutlich an. Bei im Ligningehalt ähnlichen Stoffen sind die Werte besonders bei der Bestimmung nach Becker etwas unsicher. Diese Methode zeigt auch in den Parallelbestimmungen größere Abweichungen. Gemeinsam scheint beiden Methoden zu sein, daß sie bei harten Zellstoffen etwas zu hohe Werte geben. Die Werte nach Becker liegen im Durchschnitt meist höher als die nach Willstätter.

Es ist besonders bei der erstgenannten Methode versucht worden, zu niedrigeren Werten zu kommen durch Abänderung der ursprünglichen Analysenvorschrift, ohne daß es sich als in dieser Hinsicht viel günstiger erwiesen, die Verzuckerung durch eine Erhitzung der verdünnten (1:10) Reaktionslösung auf Siedetemperatur abzuschließen. Es lassen sich nach Becker nur selten kleinere Werte als nach Willstätter erreichen. Heuser hält es nach Versuchen von G. Wenzel zur Erzielung von richtigen Werten bei der Bestimmung nach Willstätter für notwendig, auch hier eine Erwärmung der verdünnten Reaktionslösung an die eigentliche Verzuckerung anzuschließen. Hierdurch soll nicht nur eine Zusammenballung der in der Lösung vorhandenen feinen kolloiden Trübung vermieden, sondern gleichzeitig ein leichteres Filtrieren ermöglicht werden. Demgegenüber bemerkt Sieber, daß bei einer größeren Anzahl Zellstoffe beobachtet wurde, daß bereits beim Auflösen des Zellstoffes und beim Einleiten von Chlorwasserstoff ziemlich rasch ein vollständiges Zusammenballen des Lignins eintritt. Dies ist besonders bei harten Stoffen sehr in die Augen fallend. Es ist infolge dieser Erscheinungen sogar möglich, das Filtrieren erheblich zeitiger zu beginnen als bei der König-Beckerschen Methode. Bei weichen Stoffen tritt das Zusammenballen erst nach längerem Einleiten von Chlorwasserstoff ein. Es entzieht sich zurzeit der Beurteilung, um was für Stoffe es sich handelt, welche die Mehrausbeute an Lignin bedingen. Es ist wohl kaum anzunehmen, daß es sich hier um nicht vollständig abgebaute Zellulose handelt. Dagegen spricht schon die Tatsache, daß die Mehrausbeute an Lignin mit wachsender Härte ziemlich proportional dieser zunimmt.

Solange dieser Punkt nicht geklärt ist, wird man die nach diesen beiden Methoden gewonnenen Ligninwerte nur als relative ansehen dürfen.

Bezüglich der Ausführung der Bestimmungen ist noch das Folgende zu sagen.

Um bei der Beckerschen Methode auch bei harten Zellstoffen rasch eine vollkommene Lösung der Zellstoffe zu erzielen, hat es sich als sehr zweckmäßig erwiesen, folgendermaßen zu verfahren: Die zerkleinerte Zellstoffprobe wird zunäcvt mit wenig konzentrierter Salzsäure gerade angefeuchtet, gut durchgeknetet und alsdann an einen mäßig warmen Ort oder in ein Becherglas mit warmem Wasser gestellt (nicht über 40⁰). Hierdurch wird innerhalb kurzer Zeit der Zellstoff vollkommen zermürbt, besonders schnell, wenn man mit einem Glasstab die Masse öfters durchknetet. Wird die schließlich erhaltene krümlige Masse dann mit der Schwefelsäure übergossen, so erfolgt außerordentlich rasch Auflösung selbst bei den härtesten Stoffen. Gerade diese setzen der notwendigen Zerkleinerung oft größeren Widerstand entgegen. Dadurch kommen bisweilen größere Teilchen mit in die zu untersuchende Probe und überziehen sich dann in der Schwefelsäure mit einer pergamentartigen Schicht, welche die Auflösung sehr erschwert.

Die Filtration des Lignins wird, wenn die auf 1 : 10 verdünnte Reaktionslösung bis zum Sieden erhitzt wird, meist, wenn auch nicht immer, erleichtert. Auch bei der Willstätter-Methode ist es sehr zweckmäßig, der eigentlichen Verzuckerung eine Überführung der Zellulose in Hydrolylzellulose vorausgehen zu lassen. Die Auflösung der Zellulose läßt sich so ausführen, daß diese in konzentrierte Salzsäure 1,18 eingetragen wird, worauf in die Säure noch getrocknetes Salzsäuregas eingeleitet wird. Innerhalb 1 Stunde löst sich bei langsamem Einleiten des Gases die Zellulose vollkommen auf, während das Lignin sich in leicht filtrierbarer Form zusammenballt und abscheidet. Ein Verdünnen, sowie eine Erwärmung der Reaktionslösung erübrigt sich hier meistens. Will man mehrere Proben untersuchen, so kann man die Anordnung so treffen, daß das Salzsäuregas hintereinander durch mehrere Reaktionsgefäße streicht. Das letzte Gefäß setzt man zweckmäßig mit einer schwach saugenden Wasserluftpumpe in Verbindung. Man wird auf diese Weise vom Salzsäuregas nur wenig belästigt. Das Filtrieren des bei dieser Methode abgeschiedenen Lignins geht fast immer bei weitem leichter und schneller als bei der Methode nach König-Becker, deren Ausführung jedoch an und für sich etwas einfacher ist.

2. Ligninbestimmung nach von Fellenberg. Die auf S. 104 beschriebene Ligninbestimmungsmethode nach von Fellenberg durch Aufspaltung mit starker Schwefelsäure hat Sieber ebenfalls auf Holzzellstoffe angewendet und einer kritischen Prüfung unterzogen.

Nach Sieber[1]) erscheint von Fellenbergs Ligninbestimmung auf den ersten Blick ziemlich kompliziert. Hat man jedoch einmal die notwendige Apparatur zusammengebaut, so ist die weiterhin aufzuwendende Arbeit verhältnismäßig gering. Man bedarf zur Ausführung der Bestimmung eines Kolorimeters, dies kann man sich jedoch zur Not aus im Handel erhältlichen Teilen selbst zusammenbauen. Es ist vorzuziehen, wenn auch meist nur bei sehr harz- und fetthaltigem Material notwendig, die zu analysierende Probe mit Äther und Alkohol zu extrahieren. Das so vorbereitete Material kommt alsdann in einen 3—400 ccm fassenden Kolben, der mittels eines eingeschliffenen Pfropfens mit einem senkrecht stehenden Kühler in Verbindung gesetzt werden kann. Sehr empfehlenswert ist es, diesen Kühler sich selbst herzustellen, und zwar aus einem schwachen Glasrohr als Destillationsrohr und einem weiteren als Kühlmantel. Nimmt man nämlich gewöhnliche Kühler, so ist infolge des ziemlich großen Durchmessers des inneren Rohres Ausspülen des Kühlers nach erfolgter Destillation nicht zu umgehen, um Verluste zu vermeiden; das kann man im anderen Falle sparen. Auch läßt sich bei einem selbstangefertigtem Kühler die richtige Länge leicht wählen und die Verbindung von Destillationskolben und Kühler mittels eines Gummischlauches, also unter Ausschluß von Korkstopfen sehr einfach ausführen. — Das in den Kolben eingebrachte Material wird mit 15 ccm 72 $^0/_0$iger Schwefelsäure übergossen und der Kolben dann mit dem Kühler in Verbindung gebracht. Als Vorlage stellt man unter das Kühlerrohr einen kleineren Kolben, der etwa 70—100 ccm faßt. Der Kolben wird, um Verluste zu vermeiden, vorerst mit Wasser ausgespült und so dicht unter das Rohr des Kühlers gestellt, daß aus ihm austretende Dämpfe durch das wenige am Boden des Kolbens zurückgebliebene Wasser kondensiert werden. Zweckmäßig wird zur Vermeidung von Verlusten der Kolbenhals mit nicht entfetteter Watte abgedichtet. Der Kolben zur Aufnahme des Destillates trägt bei 25 ccm Inhalt eine Marke. Die Zersetzung der Substanz wird nun genau nach der Originalvorschrift durchgeführt. Das in dem kleineren Kolben aufgefangene Destillat wird in einem ganz gleich gebauten etwas kleineren Destillationsapparat einer Anreicherungsdestillation unterworfen, wobei als Auffanggefäß ein gewogenes Reagenzglas dient. Abdestilliert werden diesmal 16 ccm, von welchen 3—5 ccm laut Originalvorschrift zur Ausführung der Methylalkoholreaktion zur Verwendung gelangen.

Es ist vorteilhaft, den Vergleich immer mit dem Standard 5 mg durchzuführen, man erhält hierbei die besten Werte, und sekundäre

---

[1]) Rudolf Sieber, Über die Bestimmung des Verholzungsgrades (Lignin) in Zellstoffen und Holz. „Zellstoff und Papier" 1, [1921] Nr. 8.

Farbenerscheinungen machen sich hier am wenigsten bemerkbar. Um diesen Standard immer anwenden zu können, ist gegebenenfalls die Einwage von Analysensubstanz entsprechend zu erhöhen bzw. zu verringern. In diesem Zusammenhange sei bemerkt, daß sich etwa die folgenden Mengen an Analysensubstanz als zweckmäßig erwiesen haben. Harte Zellstoffe 0,6—1,7 g, mittlere etwa 1 g, gebleichte 1,3—1,7 g. Es sei erwähnt, daß zur Abwägung dieser Mengen bei dem geringen Ligningehalt eine gute Hornschalenwage genügt, und ist die hierbei erreichte Genauigkeit voll ausreichend. Auch die das Destillat enthaltenden Reagenzgläser können so abgewogen werden.

Hat man sich für von Fellenbergs Methode zwei Destillationsapparate zusammengestellt, so kann man in 5 Stunden gut 6 Bestimmungen ausführen. Man sammelt in Fällen, wo man eine Anzahl Zellstoffe untersuchen will, die Destillate und führt die Methylreaktion auf einmal aus.

3. Ligninbestimmung durch Ermittlung der Methylzahl. Will man diese schon oben beschriebene, aber recht kostspielige Methode auf Holzzellstoffe anwenden, so sind nach Sieber folgende Einzelheiten beachtenswert:

Zellstoff wird zweckmäßig mittelst einer kleinen Raspelmaschine zerkleinert oder auf einer Handreibe abgerieben. Liegt er in Pappenform vor, so rollt man die Pappen zu einem festen Block zusammen und reibt dessen Stirnflächen auf der Maschine bzw. auf der Reibe ab. Das aus feinem flaumigen Mehl und groben Stückchen bestehende Material wird durch ein Sieb geschlagen und so von den groben Teilchen befreit, dann ist es zur Analyse fertig.

Man beobachtet bei reinen Zellstoffen bisweilen überhaupt keine Trübung, in solchen Fällen destilliert man genau eine Stunde vom Beginn des Siedens ab gerechnet.

Da Zellstoff keineswegs ein vollkommen gleichartiges Produkt darstellt, so ist hier besonders dem Entnehmen der Durchschnittsprobe große Aufmerksamkeit zu schenken. Ganz zuverlässige Ergebnisse können nur dann erlangt werden, wenn mehrere Versuche ausgeführt werden, wobei jedesmal von anderen Stellen des Bogens eine Probe zur Analyse kommen muß.

Da 1 g Jodsilber 0,06383 g CH_3 entspricht, ergibt sich die auf 1000 g Zellstoff umgerechnete Methylzahl aus der Formel:

$$\text{Methylzahl} = \frac{0,06383 \times N \times 1000}{A}$$

In dieser Formel bedeutet N die Menge des Niederschlags in Gramm, A die angewandte Menge Substanz völlig trocken berechnet[1]).

---

[1]) Siehe auch A. Chambovet. Paper **25**, 29 [1920] Nr. 8.

6. Bestimmung der Zellulose.

Zur Ermittlung des Zellulosegehaltes von Zellstoffen können die im Abschnitt: „Untersuchung der pflanzlichen Rohstoffe" beschriebenen Methoden dienen.

Die Chlormethode von Cross und Bevan befriedigt bei Zellstoffen nicht, weil der Angriff des Reagenzes sehr kräftig ist und bei Wiederholung der Chlorierungsoperation nicht zum Stillstand kommt. Außerdem kann man, wie schon erwähnt wurde, durch Chlorierung die Pentosane nicht entfernen.

Die Königsche Methode weist bei der Anwendung auf Zellstoffe die ebenfalls teilweise schon gekennzeichneten Nachteile auf: niedere Zellulosewerte infolge der Hydrolyse von Zellstoff zu Zucker, Verwandlung der Zellulose in Hydrozellulose, Bildung von Oxyzellulose bei der Entfernung des Lignins vermittels Wasserstoffsuperoxyd. Als Vorteil der Methode muß die Beseitigung des Pentosans hervorgehoben werden.

Die sehr niederen Zellulosewerte nach der Königschen Methode könnten bei Analyse technischer Zellstoffe, insbesondere bei Holzzellstoffen zu falschen Vorstellungen über die Höhe des technisch wichtigen Zellulosegehaltes führen. Der „wahre" Zellulosegehalt ist eine Zahl, die für die Textil- (Spinnfaser-) und Papierindustrie noch wenig Bedeutung hat. Um Werte zu erhalten, die sich dem vorhandenen Zahlenmaterial anschließen, empfiehlt es sich, eine Methode zu wählen, die möglichst die aufgezählten Fehler der beschriebenen Methoden vermeidet. Durch eine sanfte Behandlung der Zellstoffe, durch eine Kochung mit Glyzerin-Essigsäure ohne Druck und nachfolgende Behandlung mit salpetriger Säure, haben Schwalbe und Johnsen[1]) eine teilweise Beseitigung der Pentosane und völlige Entfernung der Ligninreste erreicht.

Bei nochmaliger Anwendung auf das gleiche Untersuchungsmaterial ergeben sich nur wenig abweichende Werte, ein Beweis dafür, daß bei dieser Methode die Zellstoffsubstanz kaum angegriffen wird. Die Methode ist bisher nur an Holzzellstoffen erprobt, kann aber wohl auch auf andere Zellstoffarten angewendet werden.

Zellulosebestimmung nach Schwalbe und Johnsen. In einem weithalsigen Rundkolben von ca. 200 ccm Inhalt, der mit Stopfen und Steigrohr versehen ist, werden ca. 1,5 g des fein zerriebenen, lufttrockenen Zellstoffes mit ca. 80—100 ccm Glyzerin-Essigsäure übergossen und in einem Ölbad auf 135 ° während

---

[1]) In der Zeitschriftenliteratur noch nicht veröffentlicht; auch die Dissertation von Johnsen, Berlin, Technische Hochschule 1914, noch nicht gedruckt.

2 Stunden erwärmt. Die Glyzerin-Essigsäurelösung wird hergestellt durch Mischen von Eisessig mit reinem Glyzerin, doppelt destilliert vom spez. Gewicht 1,26 im Gewichtsverhältnis von 60:93,5. Nach dem Erhitzen wird der Inhalt auf einer kleinen Nutsche (7 cm) mit gehärtetem Filter abgesaugt und mit heißem Wasser ausgewaschen. Die Fasern werden dann in eine 200 ccm große Pulverflasche mit eingeschliffenem Stöpfen gebracht, wobei die letzten Fasern mit 50 ccm Wasser vom Filter abgespült werden. Sodann werden 25 ccm Natriumnitrit (29,3 g $NaNO_2$ im Liter) und 25 ccm Schwefelsäure (20,8 g H_2SO_4 im Liter) zugegeben, die Flasche verschlossen und unter häufigem Umschütteln, am besten auf einer Schüttelmaschine, $^1/_2$ Stunde sich selbst überlassen. Die salpetrige Säure wird abgesaugt, die Substanz in eine Porzellanschale mit ca. 250 ccm Wasser gebracht und mit sehr verdünnter Natronlauge bis zur Neutralisation versetzt. Nach einstündigem Erwärmen auf einem kochendem Wasserbade werden die Fasern auf der Nutsche wieder abgesaugt und mit heißem Wasser gut ausgewaschen. Die Behandlung mit salpetriger Säure und das Neutralisieren auf dem Wasserbade wird noch einmal wiederholt, und nach dem Auswaschen eine $^1/_4$ stündliche Bleiche mit einer $0,1\,^0/_0$ igen Kaliumpermanganatlösung vorgenommen. Die Fasern werden mit $3\,^0/_0$ iger Natriumsulfitlösung entfärbt, mit kaltem und heißem Wasser ausgewaschen und in einem Goochtiegel bei 105^0 getrocknet und nach dem Erkalten gewogen.

Auch diese Methode liefert nicht völlig pentosanfreie Zellulose. Für genaue Bestimmungen empfiehlt es sich, durch eine Furfurolbestimmung den Pentosangehalt zu ermitteln, da der Pentosangehalt der Holzzellstoffe beispielsweise sehr charakteristische Unterschiede bei Laub- und Nadelholzzellstoffen zeigt. Erstere haben höhere Pentosangehalte als letztere, entsprechend dem hohen Pentosangehalt der das Ausgangsmaterial bildenden Hölzer.

Weitere beachtenswerte Literatur.

F. B. Seibert und J. E. Minor, Die Unterscheidung von Sulfitzellstoffen. Paper [1920] S. 17—20, Nr. 21; Papierfabrikant, Abt. Zellulosechemie 18, 40 [1920] Nr. 29.

Ausfärbung mit Malachitgrün und Kongorot. Behandlung unter dem Mikroskop, Auszählung, Längenmessung und Photographieren.

G. H. Gmell, Die Untersuchung von Holzzellstoff. Paper 25, 24—27 [1920] Nr. 9.

Auswahl der Ballen, Einzelprüfung an den Ballen, Gleichmäßigkeit des Feuchtigkeitsinhaltes, Methode der Probenahme, englische Kontraktfestsetzungen (Formulare). Wegen der Einzelheiten muß auf das Original verwiesen werden.

Lenze, Pleus, Müller, Apparatur für Furfurolbestimmung. Journ. f. prakt. Chemie [2] **101** [1920].

E. Asker, Über die Klassifizierung der Bleichbarkeit der Sulfitzellulose. Papierfabrikant **17**, 951—953 [1919] Nr. 36.

Die Malachitgrünlösung wird in bestimmter Schichtdicke auf einem weißen Hintergrund betrachtet. Man stellt sie so ein, daß sie eine bestimmte Nuance der Farbenskala ergibt, die ,man zur Feststellung des Farbengrades der verschiedenen Zellstoffsorten außer dem Mikroskop gebraucht.

H. Krull, Wertstufenbestimmungen von Zellstoffen auf Grund des Ligningehaltes. Papierfabrikant **19**, Festheft 65 [1921] Nr. 22a.

Kritische Betrachtung der zur Wertbestimmung vorgeschlagenen Methoden.

E. Heuser, Vergleichende Ligninbestimmungen im Zellstoff. Papierfabrikant **19**, 1177ff. [1921] Heft 42.

VII. Die chemische Analyse in der Papierfabrikation.

A. Die Untersuchung der chemischen Hilfsstoffe.

Leimstoffe.

Harz.

Allgemeines. Das zum Leimen des Papiers zur Verwendung kommende Harz stellt den Rückstand der Destillation des Harzflusses der Kiefer dar. In seltenen Fällen nur gelangt zum genannten Zweck Fichtenharz in den Handel; allerdings häufiger während des Weltkrieges[1]).

Das Harz stammt in überwiegendem Maße aus dem südlichen Teil der Vereinigten Staaten, aus Florida und Georgia. Ein kleinerer Teil ist europäischen Ursprungs und wird von Südfrankreich (Landes), von Griechenland, von einigen Ländern der ehemals österreichisch-ungarischen Krone, von Rußland und auch von Spanien geliefert. Auch Kleinasien ist ein, allerdings nur in bescheidenem Maße, harzerzeugendes Land.

Durch den Weltkrieg gezwungen, ist Deutschland ebenfalls zur Harzung seiner Nadelholzwaldungen geschritten, wie auch die ehemaligen Länder Österreich-Ungarns ihre bislang bescheidene Erzeugung erhöht haben. In den besetzt gewesenen Gebieten sind ebenfalls größere Mengen Harz gewonnen worden.

Die größte Reinheit der verschiedenen Sorten besitzt die französische Ware, sie ist von schöner heller Farbe und nur schwach terpentinhaltig. Die amerikanischen Harze sind im allgemeinen dunkler und enthalten bisweilen größere Mengen Terpentin. Die Qualität der übrigen Sorten steht den genannten sowohl hinsichtlich

---

[1]) Schwedisches weiches Baumharz enthält 40—50 $^0/_0$ zur Leimherstellung verwendbares Harz. Der Terpentin- und Wassergehalt beträgt 4—5 $^0/_0$. Die Menge des verseifbaren Harzes 60—65 $^0/_0$ des Alkoholauszuges. Harz aus Kiefernbaumstümpfen enthält 60 $^0/_0$ Harzsäuren, 31 $^0/_0$ Wasser und 9 $^0/_0$ Terpentin. — Flüssiges Harz, das Nebenerzeugnis der Sulfatzellstoff-Fabrikation, hat 94 $^0/_0$ Harz und Fettsäuren, 45 $^0/_0$ Feuchtigkeit, 0,8 $^0/_0$ Seife und 0,9 $^0/_0$ Asche. Etwas mehr als die Hälfte der Säuren besteht aus Fettsäuren. Grewin, Papierfabrikant **15**, 471, 485 [1917]

Farbe als leimender Wirkung beträchtlich nach. Es gilt dies besonders von den griechischen Harzen.

Die einzelnen Sorten werden im Handel nach ihrer Farbe mittels der Buchstaben des Alphabetes unterschieden. Mit „A" wird die dunkelste Marke bezeichnet, die hellsten sind „W" oder „WG" (Wasserglas) oder „WW" (Wasserweiß). Für Leimungszwecke gelangen zumeist die Sorten „F" bis „J" zur Verwendung. Harz soll einen muschelförmigen Bruch mit spiegelnder Oberfläche haben und klar und durchsichtig sein. Eine undurchsichtige Beschaffenheit sowie eine rauhe, porige Bruchfläche weisen von vornherein auf die Gegenwart gummiartiger und auch unverseifbarer Stoffe, die sich wohl in Ätzalkali oder Soda lösen, aber beim Verdünnen der Seife mit Wasser wieder ausfallen.

Harz wird gewöhnlich untersucht auf seinen Gehalt an Verunreinigungen und unverseifbaren Stoffen und auf seine Verseifungszahl.

Zu diesen Untersuchungen muß aus den verschiedenen Fässern eine gute und größere Durchschnittsprobe entnommen werden, die entsprechend auf eine kleinere Menge verringert wird.

Bestimmung der groben Verunreinigungen und des mineralischen Rückstandes. Man löst etwa 20 g der Durchschnittsprobe nach sehr guter Zerkleinerung in Alkohol auf und filtriert die erhaltene Lösung durch ein getrocknetes und gewogenes Filter. Das Filter wird nochmals mit heißem Alkohol gut ausgewaschen, alsdann in einem gewogenen Wägegläschen getrocknet und schließlich nach dem Abkühlen zur Wägung gebracht. Das gefundene Ergebnis stellt den Gesamtrückstand dar. Dieser wird dann zur Ermittlung der mineralischen Verunreinigungen samt dem Filter in einem gewogenen Tiegel verascht. Direkte Aschenbestimmung im Harz durch Verbrennen und Glühen ist nicht ratsam, da durch heftiges Spritzen leicht Anteile verloren gehen. Handelt es sich nur um die Bestimmung des Gesamtrückstandes, so ist Anwendung eines Goochtiegels, mit Asbest beschickt, zweckmäßig.

Der Gehalt an beiden Arten der Verunreinigungen ist je nach Herkunft und der Sorgfalt, die im Laufe der Fabrikation aufgewendet wurden, sehr verschieden. Der Gesamtgehalt soll 4—$6\,^0/_0$ nicht übersteigen, der Aschengehalt nicht mehr als 1—$1^1/_2\,^0/_0$ betragen. Als seltenere Fälschung kommen Gehalte von über $10\,^0/_0$ meist mineralischer Beschwerungsmittel vor.

Bestimmung der unverseifbaren Bestandteile. Handelsharz enthält, wie bereits erwähnt, Stoffe, welche nicht wie Kolophonium selbst als Säure in der Lage sind, Salze oder Seifen mit Alkali zu bilden. Deren Gehalt kann bis zu $15\,^0/_0$ betragen, übersteigt gewöhnlich aber nicht $6-8\,^0/_0$. Nachstehend sind einige an amerikanischen Harzen beobachtete Werte wiedergegeben:

Amerikanisches Harz F $\quad$ $7,9\,^0/_0$

M $\quad$ $7,6\,^0/_0$

W $\quad$ $5,9\,^0/_0$

WW $\quad$ $6,9\,^0/_0$

WG $\quad$ $5,0\,^0/_0$.

Der unverseifbare Rückstand ist bisweilen der Anlaß zu unangenehmen Erscheinungen bei der Leim- und Papierbereitung. Beim Abkühlen der fertigen Harzmilch scheiden sich diese Stoffe in Krusten in den Behältern und Rohrleitungen ab, und wenn Teilchen dieser Krusten ihren Weg in den Papierstoff finden, so geben sie Anlaß zur Bildung der unliebsamen Harz-„Strippen".

Die Bestimmung des Unverseifbaren im Harz beruht darauf, daß es zum Unterschied von Harzseife in Äther löslich ist. Die Bestimmung wird wie folgt ausgeführt. Man löst 10 g Harz in einem Glaskolben, der eine alkoholische Natronlauge enthält, auf. (5 g NaOH werden in wenig Wasser gelöst und 50 ccm Alkohol zugefügt.) Nach Aufsetzen eines Rückflußkühlers hält man den Inhalt des Kolbens durch Erwärmen im Wasserbad gerade im Sieden. Man destilliert dann den Alkohol ab und fügt zur verbleibenden Harzseife 50 ccm heißes Wasser, wodurch diese in Lösung gebracht wird. Den Inhalt des Kolbens spült man dann quantitativ in einen Scheidetrichter, fügt nach dem Abkühlen etwa 50 ccm Äther hinzu und schüttelt kräftig, möglichst unter kreisender Bewegung des Scheidetrichters zur Verhütung des Entstehens schwer trennbarer Emulsionen durch. Zur vollständigen Scheidung von Äther und Wasser läßt man den Trichter längere Zeit, zweckmäßig über Nacht, stehen und zieht dann die wässerige Lösung quantitativ ab. Der verbleibende Äther wird einige Male mit Wasser ausgewaschen, dann quantitativ in ein gewogenes Kölbchen überführt und auf dem Sicherheitswasserbade abdestilliert. Der erhaltene Rückstand, das Unverseifbare, wird im Kölbchen bei $100-110^0$ bis zur annähernden Gewichtskonstanz getrocknet.

Bestimmung der Säure- und Verseifungszahl (Soda-Zahl). Zur Einhaltung der stets gleichen Zusammensetzung der Harzmilch ist die Bestimmung der Verseifungszahl des Harzes notwendig, eine Zahl, welche aussagt, wieviel Gramm Ätznatron nötig sind, um 100 g Harz zu verseifen[1]). Da die Verseifung in der

---

[1]) Diese Zahl wäre in Übereinstimmung mit der unten gegebenen Ausführungsform und der in der Harz- und Fettchemie üblichen Bezeichnung richtiger als „Säurezahl" zu bezeichnen.

Praxis in den meisten Fällen mit Soda durchgeführt wird, hat Schwalbe statt jener die „Sodazahl" zur Anwendung empfohlen, welche angibt, wieviel Teile Soda zu vorliegendem Zweck notwendig sind.

Zur Bestimmung dieser Kennziffern wägt man 1—2 g des fein gepulverten Harzes aus der Durchschnittsprobe genau ab und löst es völlig in neutralem (Prüfung!) Alkohol auf.[x) Die erhaltene Lösung titriert man dann mit $n/_{10}$ Alkalilauge unter Benutzung von Phenolphthalein als Indikator bis auf eine schwache Rotfärbung. Bei dunklen Harzen ist es unter Umständen zweckmäßiger, Alkaliblau 4 B in $1\,^0/_0$iger alkoholischer Lösung als Indikator anzuwenden. Da 1 ccm der $n/_{10}$ Lauge 0,0004 g NaOH enthält, so erhält man die gesuchte Verseifungs-(Säure-)Zahl S.Z. aus der verbrauchten Anzahl der Kubikzentimeter und dem Gewicht der angewandten Harzmenge in Gramm = p aus der Gleichung:

$$\text{S.Z.} = 0{,}004 \times 100 \times \frac{p}{n}.$$

Die Sodazahl So.Z. ergibt sich dann zu

$$\text{So.Z.} = 0{,}0053 \times 100 \times \frac{p}{n}.$$

Bei Verwendung dieser Zahlen in der Praxis ist nicht zu übersehen, daß besonders das technische Ätznatron, das zur Verseifung angewandt wird, selbst kein chemisch reiner Stoff ist. Infolgedessen muß auch dessen Zusammensetzung genau ermittelt werden.

Bei Soda fällt im allgemeinen eine notwendige Korrektur für die praktische Auswertung fort, da dieses Salz in Form von Ammoniaksoda, also sehr rein in den Handel gelangt.

Bei Anwendung größerer Harzmengen (10 g) kann die Bestimmung mit gewöhnlicher wässeriger n-Natronlauge durchgeführt werden.

Anstatt die Bestimmung wie hier beschrieben auszuführen, kann man auch so verfahren, daß man eine Harzprobe mit überschüssigem $n/_{10}$ Alkali auf dem Wasserbade eine Stunde lang erhitzt (verseift) und alsdann bis zur Neutralisation mit $n/_{10}$ Säure zurücktitriert. Da in diesem Falle das Alkali auch mit den schwerer neutralisierbaren Estern der Harzsäuren reagiert, so erhält man einen größeren Verbrauch an Alkali. Rechnet man diesen auf 100 g um, so erhält man die eigentliche Verseifungszahl des Harzes. Es ist zweckmäßig, auch diese Bestimmung durchzuführen, um ein genaues Bild von dem Verhalten des Harzes beim Verseifen im großen zu erhalten.

Die Bestimmung der Verseifungszahl ist gleichzeitig eine Prüfung auf die Reinheit des Harzes. Je größer diese ist, desto mehr nähert sich jene Zahl der Säurezahl der reinen Sylvinsäure, welche 13,2 beträgt.

Verhältnis zwischen Kristallsoda, kalzinierter Soda und Ätznatron. Bezogen auf den Gehalt an Na_2O ist:

1 kg Kristallsoda = 0,37 kg kalzinierte Soda = 0,27 kg Ätznatron
1 kg kalzinierte Soda = 2,7 kg Kristallsoda = 0,75 kg Ätznatron
1 kg Ätznatron = 1,33 kg kalzinierte Soda = 3,75 kg Kristallsoda

Verseifungszahlen nach Schwalbe und Küderling[1]):

französisches Harz: 11,17 bis 12,13,
amerikanisches Harz: 11,11 bis 12,22.

Nach Salvaterra[2]) kann man in dunkel gefärbten Harzen die Verseifungszahl wie folgt bestimmen:

2—4 g Harz werden mit 50 ccm $n/_2$ Schwefelsäure (1 ccm = 0,02782 g KOH) versetzt, mit 96%igem Alkohol auf 200 ccm aufgefüllt, abfiltriert und 100 ccm des Filtrats mit $n/_2$ alkoholischem Kali austitriert. Eine zweite Probe wird als Blindprobe angesetzt, um den Wirkungswert der halbnormalen Schwefelsäure gegenüber der halbnormalen Kalilauge festzustellen. In einer weiteren Parallelprobe ermittelt man die Menge halbnormaler Schwefelsäure, welche zur Neutralisation der alkoholischen Seifelösung erforderlich ist, unter Verwendung von 2 ccm einer 2%igen alkoholischen Alkaliblaulösung als Indikator. Die zweite und dritte der Parallelproben werden dann nach dem Abkühlen mit einer gemessenen, zur Neutralisation nicht hinreichenden Menge $n/_2$ Schwefelsäure versetzt (etwa 0,3 bis 0,5 ccm weniger als erforderlich) und mit etwa 86—95%igem Alkohol auf 200 ccm aufgefüllt. Von der Mischung filtriert man etwas mehr als die Hälfte rasch durch ein trockenes Faltenfilter und titriert 100 ccm des Filtrats mit Alkaliblau zu Ende; bei genügend hellen Lösungen kann man auch Phenolphthalein nehmen. Der Umschlag ist in der klaren Lösung sehr gut zu sehen und tritt scharf ein. Sind die Harzsäuren ganz in kaltem Alkohol löslich, so ist es vorteilhafter, erst mit halbnormaler Schwefelsäure im Überschuß zu versetzen, dann aufzufüllen und vom Filtrat einen aliquoten Teil mit halbnormaler alkoholischer Kalilauge zurück zu titrieren. (Alkaliblau oder Phenolphthalein als Indikator). Die Erkennung des Endpunktes der Titration ist sehr leicht, und die Bestimmung erfordert kaum ein Drittel der Zeit, die nach der bisher geübten Methode nötig war.

---

[1]) Schwalbe und Küderling, Wochenbl. f. Papierfabrikation **42**, 4197. [1911].

[2]) Heinrich Salvaterra. Bestimmung der Verseifungszahl in dunkel gefärbten Harzen. Chem. Ztg. **43**, 765—766 [1919] Nr. 134.

Bei sehr dunkel gefärbten Harzen ist folgende modifizierte Spiepelsche Methode brauchbar: Man verseift 1—4 g Harz mit 50 ccm annähernd $n/_2$ alkoholischer Kalilauge durch halbstündiges Kochen mit aufgesetztem Luftkühlrohr, wie sonst üblich. Dann fügt man 32 ccm von Baryumchloridlösung, die man in einem Meßzylinder abmißt, und 300 ccm ausgekochtes destilliertes neutrales Wasser hinzu, indem man beide Flüssigkeiten in der angegebenen Reihenfolge am besten durch das Rückflußrohr (das oben trichterartig erweitert sein kann) einfließen läßt, schüttelt gut durch und erwärmt noch $^3/_4$—1 Stunde am Wasserbad unter Belassung des Luftkühlrohres am Kolben. Dann kühlt man auf Zimmertemperatur ab und füllt mit ausgekochtem, neutralem destillierten Wasser bis zur Marke bei 500 (bzw. 550 oder 600) ccm auf, filtriert beiläufig ein Viertel durch ein trockenes Faltenfilter und titriert 100 ccm des Filtrats mit halbnormaler Salzsäure und Phenolphthalein als Indikator. Die auf den Zusatz von Baryumchlorid ausfallenden Barytharzseifen ballen sich bei dem Erwärmen der mit Wasser verdünnten Lösung und kleben am Kolbenboden, so daß die überstehende Lösung oft klar ist, und man vielfach, ohne zu filtrieren, daher auch ohne aufzufüllen, mit $n/_2$ Salzsäure titrieren kann. Aber auch, wenn sich die Filtration nötig erweist, geht diese stets rasch vor sich. Das überschüssige Baryumchlorid setzt sich mit dem freien Kaliumhydroxyd zu Baryumhydroxyd und Chlorkalium um. Die Berechnung erfolgt wie sonst üblich. Die Blindprobe muß genau so behandelt werden, d. h. man versetzt auch mit Baryumchlorid und Wasser, füllt nach dem Erwärmen und Abkühlen ebenfalls auf, filtriert und titriert 100 ccm des Filtrats. Unterläßt man dies, so erhält man unrichtige Resultate infolge der ungleichen Einwirkungsmöglichkeit der Luftkohlensäure auf den gebildeten Ätzbaryt. Die Fehler, die sich aus der Titration eines aliquoten Teiles statt der ganzen Lösung ergeben könnten, werden durch die größere Einwage und die Schärfe des Umschlages unschädlich gemacht. Eine Titration mit $n/_{10}$·Säure ergab keine anderen Resultate.

Bestimmung des in Petroläther unlöslichen Teiles eines Harzes. Untersuchungen von Schwalbe und Küderling[1]) haben gezeigt, daß die bekannte Erscheinung der Oxydation von Harzen an ihrer Oberfläche sich durch Bestimmung des in Petroläther unlöslichen Rückstandes eines Harzes verfolgen läßt. Da bei dieser Oxydation des Harzes Stoffe gebildet werden, welche für Leimungszwecke nicht mehr verwertbar sind und deren Entstehen sonach eine Entwertung des Harzes darstellt, so dürfte die Be-

---

[1]) Schwalbe und Küderling, Wochenbl. f. Papierfabrikation 42, 4197. [1911].

stimmung des petrolätherunlöslichen Rückstandes eines Harzes doch gelegentlich sich als notwendig erweisen. Dies um so mehr, als äußerlich den oxydierten Harzen die Entwertung nicht anzumerken ist und sie bisweilen beträchtliche Mengen solcher Stoffe enthalten, welche sie, trotz ihrer sonstigen scheinbaren guten Eigenschaften, zur Leimung eigentlich nur wenig brauchbar machen.

Es haben die genannten Verfasser, in sogenannten „Sonnenharzen", bis zu 88 $^0/_0$ solcher petrolätherunlöslicher Bestandteile gefunden. Die Menge an diesen sollte aber so klein als möglich sein; normalerweise schwankt sie zwischen 2,0—7,0 $^0/_0$. Zu ihrer Bestimmung verfährt man folgendermaßen:

Man wägt in einem etwa 250 ccm fassenden Bechergläschen 10 g Harz genau ab und übergießt diese Menge mit 200 ccm Petroläther von etwa 70° Siedepunkt. Mittels eines Glasstabes verrührt man das Harz gut und läßt während einer Dauer von 2 Stunden den Petroläther seine lösende Wirkung ausüben. Nach dieser Zeit trennt man die Flüssigkeit vom Rückstand, und zwar in einfacher Weise durch vorsichtiges Abgießen oder noch besser durch Abhebern des Lösungsmittels mittels eines kleinen Hebers. Den Rückstand übergießt man von neuem mit 100 ccm Petroläther, läßt $^1/_4$ Stunde nach dem Umrühren gut absitzen uud trennt wiederum die Flüssigkeit vom Rückstand. Schließlich trocknet man diesen bei 98—100° im Wassertrockenschrank bis zum annähernd konstant bleibenden Gewicht.

Harzleim.

Allgemeines. Bei der Untersuchung von Harzleimen ist von vornherein zu unterscheiden, ob es sich um solche handelt, welche als leimende Stoffe lediglich Harz und Harzverbindungen enthalten, oder ob Leime vorliegen, zu welchen außer jenen noch Kolloide: Tierleim, Stärke, Kasein, Wasserglas und ähnliches zugesetzt worden sind. Im allgemeinen ist der Gesamtharzgehalt einer der maßgebendsten Punkte für die Beurteilung eines Leimes. Bei Vorhandensein solcher leimend wirkender Kolloidzusätze ist jedoch auch die Bestimmung ihrer Menge und ihrer Art zur Erlangung eines einwandfreien Urteiles notwendig, und zwar um so mehr, als heutzutage ein großer Teil aller Handelsharzleime solcher zusammengesetzter Beschaffenheit ist. Sowohl für die leimende Wirkung als für die praktische Verwendung in der Fabrik ist von Bedeutung der Freiharzgehalt, denn sehr freiharzreiche Leime können nur bei Vorhandensein eines Zerstäubungsapparates glatt gelöst werden. Wichtig ist auch die Bestimmung des Trockengehaltes. Einerseits hat sich hier das Bestreben geltend gemacht zur Vermeidung hoher Transportkosten, Leime mit hohem Trockengehalt in den Handel zu bringen, andererseits wiederum werden Leime erzeugt, welche bis 60 $^0/_0$ Wasser enthalten, die aber ohne vorherige Auflösung unmittelbar dem Stoffbrei im Holländer zugeteilt werden können und durch diese Arbeitsweise die Fabrikation einfacher gestalten.

Probenahme. Äußerliche Prüfung. Zur Erlangung einer guten Durchschnittsprobe muß je nach Größe der Sendung aus einer mehr oder weniger großen Anzahl Fässer nach Anbohren dieser etwas Leim, zweckmäßig mit einem Probestecher mit verschließbarer Klappe, herausgenommen werden. Es ist zweckmäßig, die zur Probenahme bestimmten Fässer für einige Zeit in einem warmen Raum liegen zu lassen und währenddessen sie gelegentlich hin und herzukollern. Die Probe soll möglichst nicht zu nahe dem Äußeren des Fasses entnommen werden. Zwecks guter Vermengung erwärmt man die in einem Gefäß gesammelten Einzelproben auf etwa 50—60^0 und mischt gut durch.

Bei dieser Probenahme läßt sich bereits manches Wichtige für die Beurteilung des Leimes erkennen. Guter Leim soll sich in möglichst lange goldglänzende Fäden ausziehen lassen und nicht kurz abreißen. Je besser das verwandte Harz ist, um so heller ist bei gleichem Freiharzgehalt die Farbe des Harzleimes.

Untersuchung einfacher Harzleime. Bestimmung des Wassergehaltes. Die Bestimmung kann auf verschiedene Weise vorgenommen werden.

Die einfachste Art ist die, daß man etwa 2 g der Durchschnittsprobe auf ein gewogenes Uhrglas möglichst in dünner Schicht aufstreicht und diese Probe dann bei 105^0 im Trockenschrank bis zur Gewichtskonstanz trocknet. Diese Art der Trocknung erfordert jedoch einen ziemlich langen Zeitaufwand.

Rascher zum Ziel kommt man nach der von Dreher angegebenen Methode. Man gibt in eine kleine trockene Porzellanschale etwa 10 g gereinigten, getrockneten Seesand, sowie ein kleines, für späteres Umrühren bestimmtes Glasstäbchen und trocknet alles nochmals etwa 1 Stunde, worauf man die Schale samt Inhalt genau auswägt. Alsdann fügt man etwa 1 g des zu untersuchenden Harzleimes zu und wägt wieder. Die Schale erwärmt man dann auf einem Wasserbad, fügt etwa 5 ccm 96$^0/_0$igen Alhohol hinzu und verrührt. nun die Masse so lange, bis sie gleichmäßig pulverig geworden ist. Alsdann trocknet man im Trockenschrank bis zum konstanten Gewicht und errechnet aus dem Gewichtsverlust den Wassergehalt des Leimes.

Schwalbe hat für die Bestimmung des Trockengehaltes eine Methode vorgeschlagen, welche auch in anderen Zweigen der chemischen Praxis Anwendung findet. Die Methode besteht darin, daß

eine größere Probe (40—50 g) des Harzleimes mit Petroleum gemischt und hierauf durch Erhitzen abdestilliert wird, wobei das vorhandene Wasser mit dem Petroleum in ein als Vorlage dienendes
Meßgefäß hinübergerissen wird. Zur Ausführung der Bestimmung
wird der oben in Abb. 6[1]) wiedergegebene Apparat benutzt[2]). Die
Bestimmung läßt sich nach dieser Methode sehr rasch ausführen,
da man einerseits keine feinen Wägungen auszuführen hat und
andererseits das Destillieren nur etwa $^1/_4$ Stunde lang vorgenommen zu werden braucht. Die im Meßrohr abgesetzte Menge Wasser
kann man nach 1 Stunde ablesen. Das darüber stehende Petroleum
kann zu weiteren Bestimmungen verwendet werden.

Nach allen drei Methoden lassen sich gute Ergebnisse erhalten.

Bestimmung des Gesamtharzgehaltes. In einem kleinen
getrockneten Becherglas wägt man genau etwa 2 g des Harzleimes
ab und löst sie in 100 ccm warmem, destilliertem Wasser auf. Liegt
ein freiharzreicher Leim vor, der sich nicht ohne weiteres in warmem
Wasser löst, so fügt man zu diesem etwas Normalnatronlauge. Ist
der Leim vollkommen gelöst, so spült man die Lösung quantitativ
in einen nicht zu kleinen Scheidetrichter — etwa 200—300 ccm
fassend — und fällt nun das gelöste Harz durch Zusatz von verdünnter Schwefelsäure aus. Zur vollständigen Ausfällung muß schwach
saure Reaktion des Trichterinhaltes auch nach gutem Durchschütteln
noch vorhanden sein. Man gibt dann etwa 50 ccm Äther in den
Scheidetrichter und schüttelt unter kreisender Bewegung des Scheidetrichters — zur Vermeidung der Bildung schwer trennbarer Emulsionen — gut durch, wodurch sämtliches Harz vom Äther aufgenommen wird. Nach vollkommener Scheidung der beiden Flüssigkeiten
läßt man die wässerige ab, während man die ätherische in einem
kleinen gewogenen Kölbchen unter Wiedergewinnung des Äthers auf
einem Sicherheitswasserbad abdampft. Das Kölbchen samt Inhalt
wird dann im Trockenschrank bei 100—105° getrocknet und nach
dem Abkühlen im Exsikkator gewogen.

Von dieser Harzprobe bestimmt man dann zweckmäßig die Verseifungszahl nach der im Abschnitt Harz angegebenen Vorschrift.

Bestimmung des Freiharzgehaltes. Nach Dreher wägt
man hierzu in einer 100 ccm fassenden Porzellanschale mit Glasstab etwa 1 g Harzleim genau ab und löst ihn unter schwachem
Erwärmen auf dem Wasserbad in 50 ccm 96%igem Alkohol vollkommen auf. Man titriert dann die warme Lösung nach Zusatz

---

[1]) Zu beziehen von Ehrhardt & Metzger Nachf., Darmstadt.
[2]) Man vgl. Abschnitt: „Untersuchung der pflanzlichen Rohstoffe" S. 69.

von Phenolphthalein mit Normalnatronlauge bis zur Rotfärbung. Der Freiharzgehalt x berechnet sich, wenn ausgedrückt wird durch

p das Gewicht der angewandten Harzleimmenge, durch

n die Anzahl der verbrauchten Kubikzentimeter Natronlauge, durch

f die Harzmenge, welche von 1 ccm Normalnatronlauge gebunden wird und welche sich aus der Verseifungszahl[1]) S. Z. errechnet,

$$\text{zu } f = \frac{100 \cdot 0{,}04}{\text{S. Z.}} \quad \text{und} \quad x = 100 \cdot \frac{f \cdot n}{p}.$$

Bestimmung des Gesamtalkaligehalts. In einem Platin- oder Porzellantiegel wägt man 2—3 g des Harzleimes genau ab und erwärmt nun zunächst vorsichtig über einer kleinen Flamme, bis sämtliches Wasser verdampft ist. Hierauf steigert man die Flammentemperatur und glüht so lange, bis der Tiegelinhalt weiß ist. Das Gewicht der Asche stellt die vorhandene Menge Gesamtalkali in Form von Natriumkarbonat dar, aus welchem dieses auf Na_2O durch Multiplikation mit 0,68 umgerechnet werden kann. Zweckmäßig löst man die erhaltene Asche durch mehrmaliges Behandeln mit heißem Wasser und titriert die gesammelten Flüssigkeiten mit $^n/_{10}$ Säure unter Benützung von Methylorange als Indikator. Ein Kubikzentimeter der Säure entspricht 0,0053 Na_2CO_3 wasserfrei. Hieraus läßt sich wieder der Na_2O-Gehalt des Harzleimes errechnen. Gewöhnlich erhält man bei dieser titrimetrischen Kontrollbestimmung einen etwas kleineren Wert als bei der gewichtsanalytischen. Dies ist darauf zurückzuführen, daß im Harzleim oft noch geringe Mengen unlöslicher mineralischer Bestandteile enthalten sind, deren Menge sich also durch Ausführung der Kontrollanalyse ermitteln läßt. Die bislang aufgeführten Bestimmungen genügen zur vollständigen Analyse von einfachen Harzleimen. Eine hiernach ausgeführte Analyse eines solchen hat folgende Zahlen ergeben:

$$
\begin{aligned}
\text{Gesamtharz} \ . \ . \ . \ . \ &58{,}15\,^0/_0 \\
\text{Gesamtalkali } Na_2O \ . \ \ &3{,}68\,^0/_0 \\
\text{Asche (nicht Alkali)} \ \ &0{,}21\,^0/_0 \\
\underline{\text{Wassergehalt} \ . \ . \ . \ &37{,}85\,^0/_0} \\
&99{,}89\,^0/_0.
\end{aligned}
$$

Weitere Untersuchungsmethoden für Harzleim. Für die Analyse von Harzleim sind statt des vorbeschriebenen Ganges verschiedentlich andere Ausführungsarten vorgeschlagen worden. Diese

---

[1]) Bezüglich der Bezeichnung vgl. man S. 285 und 286.

sind insofern einfacher, als sie meistens mittels einer einzigen Probe Harzleim gestatten, die Gesamtanalyse durchzuführen.

Eine solche Vorschrift ist die

a) **Methode von Scheufelen und Goldberg.** 3—5 g Harzleim werden in 100 ccm warmem destilliertem Wasser gelöst, wobei unter Umständen bei freiharzreichen Leimen zum Lösungswasser eine genau abgemessene, aber möglichst kleine $n/_{10}$ Natronlauge zugesetzt werden muß. Die erhaltene Lösung spült man quantitativ in einen Scheidetrichter und fügt nun aus einer Bürette oder Pipette soviel Kubikzentimeter $n/_{10}$ Schwefelsäure zu, bis deutlich saure Reaktion auch nach dem Umschütteln noch vorhanden ist. Alsdann wird nach Zusatz von 50 ccm Äther kräftig durchgeschüttelt und nach erfolgter Scheidung die wässerige Lösung in ein Becherglas und die ätherische in ein gewogenes Glaskölbchen abgelassen. Auf einem Wasserbad dampft man aus dem Kölbchen den Äther unter Wiedergewinnung ab, trocknet bei 105^0 und wägt den Rückstand, welcher das Gesamtharz darstellt.

Diesen Rückstand benützt man auch hier zur Bestimmung der Verseifungszahl des Harzes.

Die wässerige Lösung aus dem Scheidetrichter titriert man mit $n/_{10}$ Natronlauge unter Benützung von Phenolphthalein als Indikator. Unter Berücksichtigung der anfänglich zum Lösen zugesetzten Menge Lauge wird aus der Differenz der verbrauchten Anzahl Kubikzentimeter $n/_{10}$ Säure und $n/_{10}$ Lauge die Menge Alkali als Na_2O berechnet, welche im angewandten Harzleim vorhanden war. 1 ccm $n/_{10}$ Säure entspricht 0,0031 g Na_2O. Hieraus wiederum wird mit Hilfe der bereits bestimmten Verseifungszahl des Harzes der Freiharzgehalt des Leimes ermittelt.

In der wässerigen Lösung sind gewöhnlich die mechanischen Verunreinigungen des Leimes enthalten. Man filtriert zu ihrer Bestimmung diese Lösung durch ein getrocknetes gewogenes Filter, spült auch etwa im Scheidetrichter zurückgebliebene Teile nach, trocknet das Filter im Wägegläschen und wägt.

Als Beispiel seien die Zahlen einer Harzleimanalyse wiedergegeben:

$$\begin{aligned} &\text{Angewandt} \quad . \ . \ . \ . \ . \ 2{,}1606 \text{ g Leim} \\ &\text{Wassergehalt} \ . \ . \ . \ . \ . \ 26{,}1\,^0/_0 \\ &\text{Gesamtharzbestimmung} \ . \ 1{,}4850 \text{ g.} \end{aligned}$$

Zum Lösen wurden 5 ccm $n/_{10}$ Lauge angewandt. Zur Erreichung einer sauren Reaktion im Scheidetrichter mußten 38 ccm $n/_{10}$ Säure zugefügt werden. Zum Zurücktitrieren waren schließlich erforderlich 4,2 ccm $n/_{10}$ Lauge. Demnach wurden zur Neutralisation des an

Harz gebundenen Alkalis verbraucht: $38 - (4,2 + 5) = 28,8$ ccm $^n/_{10}$ Säure. Diese entsprechen $0,0031 \times 28,8 = 0,08928$ g Na_2O. Die Verseifungszahl des Harzes war gefunden worden zu S. Z. $= 12,2$, d. h. 100 g dieses Harzes benötigten zur vollkommenen Neutralisation 12,2 g NaOH oder 9,46 g Na_2O.

Auf 1,4850 g Harz kommen im Leim 0,08928 g Na_2O oder auf 100 g Harz 6,01 g Na_2O. Es errechnet sich also der Anteil x an gebundenem Harz vom Gesamtharz aus:

$$\frac{x}{100} = \frac{6,01}{9,46} \cdot \text{zu } x = 63,53\,{}^0/_0$$

der Freiharzgehalt als zu . . . . $36,47\,{}^0/_0$.

Aus den gewonnenen Analysenzahlen ergibt sich folgende Zusammensetzung des Harzleimes:

$$
\begin{aligned}
&\text{Wassergehalt} &&. . . \; 26,10\,{}^0/_0 \\
&\text{Gesamtharz} &&. . . . \; 68,75\,{}^0/_0 \\
&\text{gebund. Alkali } Na_2O &&. \;\; 4,11\,{}^0/_0 \\
&\text{Verunreinigungen} &&. . \;\; 0,19\,{}^0/_0.
\end{aligned}
$$

b) Andere Untersuchungsmethoden. Eine andere Untersuchungsmethode für Harzleim ist die folgende, bei welcher freies und gebundenes Harz jedes für sich direkt bestimmt wird. Etwa 3 g Harzleim werden in einem kleinen Becherglas genau abgewogen und nach dem Auflösen in 50 ccm warmen Wassers in einen Scheidetrichter gespült. Man fügt dann etwa 25 ccm Äther hinzu und schüttelt gut durch, wodurch der größte Teil des freien Harzes von diesem aufgenommen wird. Nach erfolgter Trennung der beiden Flüssigkeiten wird die untere wässerige Lösung in einen zweiten Scheidetrichter abgelassen und dann die ätherische in ein gewogenes Glaskölbchen vorsichtig abgegossen. Die wässerige Harzlösung, welche bereits die Hauptmenge des in Äther unlöslichen harzsauren Natriums enthält, wird im zweiten Scheidetrichter durch nochmaliges Ausschütteln mit Äther vollkommen von noch vorhandenem Freiharz befreit. Die wässerige Lösung wird wiederum in einen Scheidetrichter abgelassen, die ätherische wird in das Kölbchen gegossen, aus welchem der Äther unter Rückgewinnung abgedampft wird. Der Rückstand, das freie Harz, wird getrocknet und gewogen. Die wässerige Lösung wird im Scheidetrichter mit verdünnter Säure bis zur sauren Reaktion versetzt, wodurch sämtliches Harz in freier Form abgeschieden wird. Dieses wird nun mittels Äther ausgeschüttelt, die wässerige Lösung abgelassen und die ätherische dann in ein gewogenes Glaskölbchen aufgefangen. Der Äther wird abgedampft, der Rückstand getrocknet und als gebundenes Harz zur Wägung

gebracht. Mittels dieser und der Harzmenge von der Freiharz-
bestimmung wird die Verseifungszahl bestimmt, wodurch genügend
Daten vorhanden sind, um die Zusammensetzung des Leimes genau
anzugeben: Gesamtharz aus der Summe von Freiharz und gebundenem Harz, Alkaligehalt aus Verseifungszahl und Freiharzanteil. Auch
hier lassen sich die Verunreinigungen in gleicher Weise wie bei
der vorigen Methode durch Filtration der wässerigen Endlösung ermitteln. Diese Methode ist für sehr freiharzreiche Leime nicht verwendbar, da durch Zusatz von Alkali beim Lösen die Methode
weiterhin zu kompliziert würde.

Maßanalytische Bestimmung des Harzgehaltes im Harz-
leim. Nach E. Heuser[1] verfährt man zur titrimetrischen Harzgehalt-
bestimmung derart, daß man eine Harzleimprobe zunächst in Wasser
auflöst, dann das Harz im Schütteltrichter mit verdünnter Schwefelsäure ausfällt und es mit Äther ausschüttelt. Die ätherische Lösung
wird abgetrennt, mit reichlich neutralem Alkohol versetzt und unter
Benutzung von Phenolphthalein mit $n/_{10}$ Alkali titriert. Wenn man
die Säurezahl des Harzes nicht kennt, so legt man als solche die
Zahl 12 zugrunde. 1 ccm $n/_{10}$ Natronlauge entspricht dann 0,0333 g
Harz. Aus dieser Zahl und der bei der Analyse verbrauchten Kubik-
zentimeteranzahl läßt sich leicht der Harzgehalt errechnen.

Zu beachten ist hierbei, daß man die ätherische Lösung bis zur
neutralen Reaktion mit destilliertem Wasser auswaschen muß.

Sind im Harzleim kolloidale Zusätze, so entfernt man diese
durch Behandeln der Leimprobe mit Alkohol. Man filtriert dann,
bringt die alkoholische Harzlösung in den Schütteltrichter, versetzt
mit Wasser und arbeitet dann nach obiger Vorschrift.

Allgemeines zu der Ausführung der Untersuchung des
Harzleimes. Beim Abwägen der Probe hat es sich als zweckmäßig
erwiesen, wie folgt zu verfahren. Man gibt in ein nicht zu großes
Becherglas etwa 5 g Harzleim und ein kleines Glasstäbchen. Nach
dem genauen Abwägen des Glases entnimmt man ihm mittels des
Glasstäbchens die zur Analyse erforderliche Harzleimmenge, welche
man unmittelbar in den Scheidetrichter eintropfen läßt. Dann wiegt
man den Becher zurück und findet so die angewandte Harzleimmenge. Auf diese Weise vermeidet man das mehrmalige Umgießen
von Harzlösungen und das Nachspülen von Gefäßen und erhält
kleine Volumina.

Beim Ausschütteln mit Äther im Scheidetrichter benutzt man
zum Verschließen dieses einen gewöhnlichen gutschließenden Kork,
da ein solcher nicht durch den Druck des Ätherdampfes herausge-

---

[1] E. Heuser, Papier-Zeitung [1916] Nr. 78.

schleudert wird und auch nicht, wie Glasstopfen es häufig tun. ätherische Harzlösung am Rande durchdringen läßt.

Das Durchschütteln mit Äther im Scheidetrichter soll vorsichtig und nicht zu heftig geschehen. Zu starkes Schütteln führt zur Bildung von Luftblasen, welche die vollkommene Scheidung von Wasser und Äther verzögern und unscharf gestalten. Beim Schütteln hält man zweckmäßig einen Finger auf den Stopfen. Während des Schüttelns dreht man mehrmals, ohne den Finger wegzunehmen, den Kork nach unten und öffnet vorsichtig den Hahn, um den Druck entweichen zu lassen. Dann setzt man den Trichter zwecks Scheidung der Flüssigkeiten in ein Stativ. Diese Scheidung kann man oft dadurch beschleunigen, daß man etwas neutrales Kochsalz in den Trichter gibt.

Statt Äther haben sich zum Ausschütteln auch Chloroform und Tetrachlorkohlenstoff als praktisch erwiesen. Da diese Flüssigkeiten schwerer als Wasser sind, so setzen sich die Harzlösungen bei ihrer Anwendung unten im Trichter ab.

Bestimmung des Harzgehaltes der fertigen Leimmilch.

Zur schnellen Kontrolle des Harzgehaltes in fertiger Leimmilch hat sich nach Sieber ein ganz ähnliches Verfahren wie das oben von Heuser bei Harzleim gegebene bewährt. Man gibt bei hoher Konzentration 50 ccm, bei geringerer 100 ccm Leimmilch in einen etwa 200 ccm fassenden Schütteltrichter, fügt einige ccm verdünnte Schwefelsäure und etwas Äther hinzu. Man schüttelt gut durch, bis alles Harz im Äther ist, wäscht diesen 2—3 mal mit Wasser, gibt etwa das gleiche Volumen Alkohol zu und läßt die gemischte Alkoholätherlösung in eine Titrierschale ab. Man titriert dann mit $^{n}/_{10}$ Alkali und Phenolphthalein. Da man die Verseifungszahl des Harzes kennt bzw. leicht bestimmen kann, ist man in der Lage, festzustellen, ob die Milch die geforderte Konzentration hat.

Ersatzleime.

Untersuchung von Harzleimen, die organische Kolloide und Wasserglas. enthalten. Für die Untersuchung von Harzleimen, welche organische Kolloide, wie Kasein, Albumin, Tierleim, Stärke, Dextrin, Pflanzenleim und Wasserglas enthalten, hat Marcusson[1] eine Prüfungsmethode ausgearbeitet. Bei dieser wird als Trennungsmittel des Harzleimes von den übrigen Stoffen Alkohol benützt, der nur den Harzleim zu lösen vermag.

---

[1] Marcusson, Die Untersuchung des Harzleimes. Wochenbl. f. Papierfabr. **45**, 1005—1007 [1914].

Die Zusatzstoffe sind nämlich in Alkohol unlöslich, lassen sich daher abtrennen und quantitativ bestimmen. In erster Linie muß man den alkoholunlöslichen Rückstand auf Aschengehalt prüfen, um etwa betrügerisch zugesetzte Beschwerungsmittel, wie Ton und Schwerspat, erkennen zu können. Fehlt der Aschengehalt, so erhitzt man eine Probe zwecks Prüfung auf Stickstoff mit Kalium oder Natrium in Glühröhrchen, bringt das Reaktionsprodukt in Wasser, filtriert von der Kohle ab, erhitzt unter Zugabe einiger Tropfen Eisenvitriol und Eisenchloridlösung einige Augenblicke zum Kochen, filtriert und fügt noch Salzsäure hinzu. Die entstehende Berliner-Blau-Reaktion ergibt den Nachweis des Stickstoffes.

Erweisen sich die alkoholunlöslichen Stoffe als stickstofffrei, so kommen als Zusätze Leim, Albumin und Kasein nicht in Frage, es können jedoch Stärke, Dextrin, Gummi arabicum, Pflanzenschleim und Viskose vorhanden sein. Als sehr häufiger Zusatz wird sich Stärke vorfinden, die mikroskopisch an ihren charakteristischen Formen, ferner am Eintreten tiefblauer Färbung beim Behandeln mit Jodlösung erkannt werden kann. Die Stärke läßt sich von Dextrin und Gummi arabicum infolge ihrer Schwerlöslichkeit in kaltem Wasser annähernd trennen. Dextrin und Gummi arabicum lassen sich durch ihr Verhalten gegen Bleiessig unterscheiden; ersteres wird durch Bleiessig nicht, Gummi arabicum hingegen als klumpiger Niederschlag gefällt. Dextrin ist zudem stark rechtsdrehend, Gummi arabicum dreht dagegen in der Regel die Ebene des polarisierten Lichtes nach links.

Falls Viskose, das Einwirkungsprodukt von Alkali und Schwefelkohlenstoff auf Zellulose, vorhanden ist, so kann man durch Behandeln mit verdünnten Mineralsäuren die Viskose zersetzen, wobei Schwefelwasserstoff, der leicht am Geruch oder durch Bleiwasser zu erkennen ist, entwickelt wird. — Sollten Pflanzenschleime dem Harzleim zugefügt sein, so scheiden sie sich aus der alkalischen Flüssigkeit als flockige, durchscheinende Massen aus. Löst man diese Massen in Wasser auf, so gibt Bleiessig eine gallertartige Fällung. Einige Pflanzenschleime, wie Leinsamenschleim, Salepschleim und Gummi Tragasol liefern mit einer $5\,^0/_0$ igen Tanninlösung unlösliche Niederschläge. Durch diese Reaktion unterscheiden sie sich vom Gummi arabicum, das durch Bleiessig, ebenso wie Pflanzenschleim, gefällt wird.

Sollten die alkoholunlöslichen Stoffe stickstoffhaltig sein, so ist in erster Linie die Gegenwart von tierischem Leim wahrscheinlich. Man prüft zunächst das Verhalten der alkoholunlöslichen Substanz gegen Wasser und Essigsäure. Tierischer Leim löst sich nämlich in Wasser völlig auf, und die Lösung wird durch Essigsäure weder in der Kälte noch durch Hitze gefällt. Genauer kann man den tierischen Leim charakterisieren durch die Stickstoffabscheidung, denn tierischer Leim enthält etwa $18\,^0/_0$ Stickstoff, andererseits aber nur wenig Schwefel, $0{,}2\!-\!0{,}25\,^0/_0$. Beim Erwärmen mit alkalischer Bleioxydlösung erhält man deshalb keine Abscheidung von Schwefelblei, wie eine solche für Pflanzenleim, Albumin und Kasein erhalten wird. Durch Tanninlösung erhält man mit tierischem Leim eine Fällung. Albumin (Eieralbumin) löst sich ebenso wie Tischlerleim in kaltem Wasser, fällt jedoch beim Erhitzen, besonders nach Zusatz von Essigsäure aus.

Pflanzenleim (Kleber) und Kasein sind nicht in Wasser löslich, lösen sich jedoch, wenn Alkali oder Ammoniak zugesetzt wird; diese Alkalilösungen werden durch Essigsäure zersetzt. Man kann Kasein am Phosphorgehalt $(0{,}8\,^0/_0)$ erkennen, durch den es sich von allen übrigen Eiweißkörpern unterscheidet. Neben den stickstoffhaltigen Bestandteilen können natürlich auch noch stickstofffreie Klebestoffe (Stärke, Dextrin und Gummi arabicum) zugegen sein. Stärke kann man durch die Jodreaktion nachweisen. Um auf Dextrin und Gummi arabicum prüfen zu können, muß man die Stickstoffverbindungen durch Tanninlösung ausfällen. Nach dem Abfiltrieren des Niederschlages wird das Filtrat zur Trockne verdampft und mit einigen Kubikzentimetern Wasser wieder aufgenommen. Dabei scheiden sich noch geringe Mengen der Tannindoppelverbindung unlöslich ab. Diese werden wiederum durch Filtration entfernt und die wässerige Lösung nunmehr mit reichlichen Mengen Alkohol versetzt. In diesem löst sich überschüssiges Tannin auf, während Dextrin und Gummi arabicum gefällt werden. Nach Lösen der Fällung in Wasser kann man die genannten Stoffe durch Bleiessig-Fällung nachweisen. Hat man nach Entfernung des Tannins bei Zusatz von Alkohol keinen Niederschlag, sondern nur eine schwache Trübung erhalten, so fehlen Dextrin und Gummi arabicum.

Gelatine und Tierleim.

Allgemeines. Da Gelatine und Tierleim lediglich verschiedene Sorten des gleichen chemischen Stoffes sind, so sind die Richtlinien für ihre Prüfung im großen und ganzen die gleichen. Maßgebend für die Untersuchung ist immer der Verwendungszweck. So ist zu unterscheiden, ob die Ware für die Oberflächenleimung allein benutzt wird oder ob sie als Zusatzmittel bei der Leimung in der Masse zur Anwendung gelangt, dann, ob sie zur Erzeugung gestrichener oder Kunstdruckpapiere verwandt wird und endlich, ob sie Klebezwecken dienen soll. Die Verwendung zur Leimung setzt voraus, daß der Leim dem Eindringen von Tinte möglichst großen Widerstand bietet, d. h. solcher Leim darf nur langsam quellen. Da die Oberflächenleimung nur bei besseren Papieren zur Anwendung gelangt, so ist für diesen Zweck die Abwesenheit dunkelfärbender gelber bis brauner Stoffe sehr erwünscht. Das gleiche gilt, wenn der Leim als Zusatzmittel zum Harz bei der Leimung in der Masse benutzt wird, da dunkle Leime eine trübe Durchsicht geben. Mit Rücksicht auf rentables Arbeiten ist hier weiterhin die Prüfung auf die Ergiebigkeit erforderlich. Die Anwendung des Leimes in der Kunstdruckpapierfabrikation und für die genannten anderen Zwecke bedingt vor allem eine hohe Bindekraft und die Abwesenheit störender Verunreinigungen (Säure und Alkali). Für alle Verwendungszwecke ist schließlich die Prüfung des Wassergehaltes und die auf Aschenbestandteile vom Standpunkt eines vorteilhaften Einkaufes notwendig.

Gelatine und Tierleim kommen gewöhnlich in Tafelform in den Handel. Im allgemeinen gilt, daß die Qualität um so besser ist, je dünner die Tafel ist. Die Dicke der Tafel ist stets in Betracht zu ziehen, wenn man sich über verschiedene Sorten schnell ein Bild machen will und sie äußerlich auf Farbe, Geruch und Geschmack prüft. Selbst bei großer Erfahrung ist eine derartige Prüfung durchaus nicht immer zuverlässig.

Bestimmung der Feuchtigkeit. 2—3 g Leim werden mit einer scharfen Raspel von verschiedenen Leimtafeln abgefeilt und rasch in ein gewogenes Wägegläschen gegeben. In diesem wird die Probe 10 Stunden lang bei $100—110^0$ getrocknet. Nach dem Abkühlen im Exsikkator wird der Gewichtsverlust ermittelt. Da ein konstantes Gewicht beim Trocknen in den wenigsten Fällen erreicht wird, ist es notwendig, alle solche Feuchtigkeitsbestimmungen stets genau in der gleichen Weise durchzuführen, um einwandfreie Vergleichswerte zu erhalten.

Leim enthält gewöhnlich $12—15\,^0/_0$ Wasser, in seltenen Fällen bis zu $18\,^0/_0$. Sehr geringe Werte deuten auf eine Übertrocknung, durch welche die leimende Wirkung herabgemindert wird.

Aschenbestimmung. Zur Aschenbestimmung benützt man zweckmäßig die zur Ermittlung des Wassergehaltes verwendete Probe. Verfügt man über einen genügend großen Platintiegel, so erhitzt man ihn nach dem Eintragen der Probe und dem Verschließen mit einem Deckel unmittelbar auf höhere Temperatur. Es gelingt hierdurch, ziemlich rasch die Veraschung durchzuführen. Allerdings werden bei der raschen Verbrennung bisweilen Spuren von Mineralbestandteilen mit fortgerissen, dies ist jedoch ohne irgendwelche praktische Bedeutung. Wenn man einen kleinen Tiegel anwendet, so muß man unbedingt zuerst langsam erhitzen, da die Masse sich stark aufbläht und möglicherweise über den Tiegelrand läuft. Erst

allmählich kann man in diesem Fall die Temperatur steigern. Die
Asche hält häufig hartnäckig Kohleteilchen zurück, welche man nur
durch wiederholtes Abkühlenlassen, Befeuchten und weiteres Glühen
verbrennen kann.

Qualitative Untersuchung der Asche. Im allgemeinen
enthält Leim etwa 1,5 $^0/_0$ Asche. Ist der Anteil der Mineralbestand-
teile ein höherer, so ist auf absichtlichen Zusatz von Beschwerungs-
mitteln zu schließen. Als solche kommen Karbonate und Sulfate
vom Blei, Zinkoxyd, Schwerspat und anderes in Betracht. Diese Zusätze lassen sich durch die üblichen Nachweise feststellen. Durch
die Untersuchung der Asche läßt sich auch die Frage beantworten,
ob Leder- (Haut-) oder Knochenleim vorliegt.

Die Asche von Lederleimen schmilzt infolge ihres hohen Gehaltes an Ätzkalk nicht in der Flamme des Bunsenbrenners. Sie
reagiert stark alkalisch und ist frei von Phosphor und Chlor. Die
Asche von Knochenleim andererseits schmilzt leicht, ihre wässerige
Lösung reagiert gewöhnlich neutral, und in ihrer salpetersauren Lösung
können Phosphor und Chlor leicht nachgewiesen werden.

Prüfung der Reaktion. Helle Leime und Gelatine enthalten
bisweilen Säurereste, besonders schweflige Säure, welche zwecks
Bleichung im Laufe der Fabrikation zugesetzt wurde. Abgesehen
hiervon reagieren Hautleime gewöhnlich alkalisch, Knochenleime
häufig sauer. Im allgemeinen schadet das Vorhandensein geringer
Säurereste (herstammend von der Entfernung der Kalksalze aus
den Knochen) für die zum Zweck der Oberflächenleimung benutzten Tierleime wenig oder gar nicht. Unangenehmer ist die alkalische
Reaktion.

Es kommen jedoch bisweilen Tierleime vor, welche über 2 $^0/_0$
Säure enthalten, ein derartiger Gehalt ist für die verschiedenartigste
Verwendung des Tierleimes (und der Gelatine) sehr nachteilig. So
sei z. B. erwähnt, daß ein solcher Säuregehalt bei der Erzeugung
von Kunstdruckpapier in der Kartonnagen- und Buntpapierfabrikation,
ferner bei Erzeugung von Heften, bei Buchbinderarbeiten und endlich beim Verpacken des fertigen Papiers durch seinen farbenver-
ändernden Einfluß unliebsame Erscheinungen zur Folge haben kann.

Auf die Reaktion prüft man in sehr einfacher Weise qualitativ
dadurch, daß man Lackmuspapier in die warme Auflösung des Leimes
taucht. Macht sich auf Grund dieses Ergebnisses eine quantitative
Prüfung notwendig, so verfährt man wie folgt.

Man läßt 10—25 g Gelatine oder Tierleim (Durchschnittsprobe)
in 70 ccm Wasser aufquellen und löst späterhin durch Erwärmen
auf einem Wasserbad den Leim vollkommen auf. Nachdem man die
Lösung nach erfolgtem Abkühlen in einen 200 ccm fassenden Meß-

kolben gespült und diesen bis zur Marke aufgefüllt hat, titriert man einen aliquoten Teil der Flüssigkeit mit $n/10$ Säure oder Lauge unter Benutzung von Phenolphthalein als Indikator.

Prüfung auf Fettkörper. Zur Prüfung auf Fettkörper, welche bei mangelhafter Fabrikation (schlechter Reinigung der Häute und Knochen) nicht selten im Leim zu finden sind, werden 10—20 g Substanz in einem Soxhlet mit Äther 6 Stunden lang extrahiert, worauf die Menge des Rückstandes nach Abdampfen des Äthers in der üblichen Weise bestimmt wird. Geringe Mengen Fett sind weniger für die Verwendung des Leimes oder der Gelatine für Leimungs- als für andere Zwecke von Belang. Größere Extraktmengen zeigen schon an und für sich eine unreine Qualität an.

Prüfung auf farbige gelbbraune Körper. In einfacher Weise geschieht diese Prüfung derart, daß man eine Durchschnittsprobe des Leimes in Wasser von gewöhnlicher Temperatur in einer Porzellanschale quellen läßt. Der Leim ist um so besser, je geringer das Wasser sich nach 12 Stunden gefärbt hat.

Gut vergleichbare Ergebnisse erhält man rasch auf folgende Weise. Man löst ein geraspeltes feines Durchschnittsmuster des Leimes in einem Becherglas zu einer $5\,^0/_0$igen Lösung, indem man es anfangs mit wenig Wasser etwa 1 Stunde quellen läßt und es späterhin mit mehr Wasser auf einem Wasserbad bei 100^0 vollkommen auflöst. In der gleichen Weise verfährt man mit der Probe eines Leimes, der erfahrungsgemäß hinsichtlich seiner Farbe in der Praxis sich als befriedigend bewährt hat. Gleiche Mengen der Leimlösung füllt man nach dem Erkalten in zwei vollkommen gleichartige Standzylinder und vergleicht nun die Farbe beider in der Durchsicht. Zur Durchführung der Prüfung ist ein Kolorimeter gut geeignet.

Quellfähigkeit. Der Gegenstand dieser Prüfung ist die Feststellung, wieviel Wasser vom Leim oder der Gelatine innerhalb 24 Stunden bei konstanter Temperatur des Wassers von 15^0 C aufgenommen wird. Man legt zu diesem Zweck eine oder mehrere Tafeln des Leimes derart in Wasser von obiger Temperatur, daß sie vollkommen bedeckt sind. Nach 24 Stunden nimmt man die Tafel aus dem Wasser, läßt die anhaftende Flüssigkeit abtropfen und wägt. Die prozentual aufgenommene Wassermenge ist ein Maßstab für die Beurteilung der Güte des Leimes. Zu beachten ist jedoch, daß die Aufnahmefähigkeit gegenüber Wasser nicht allein von der Temperatur des Wassers, sondern auch von der Dicke der Tafeln abhängt, so daß man diese bei den Versuchen auch möglichst gleichartig wählen muß. Bei Hautleimen nehmen Tafeln der üblichen Dicke in 24 Stunden etwa das Dreifache ihres Gewichtes an Wasser auf, während Knochenleime gewöhnlich kaum das Zweieinhalbfache adsorbieren. Zweckmäßig ist es, die gequollenen Tafeln dann noch weiterhin im Wasser zu belassen und zu beobachten, wann der Zerfall der Tafeln eintritt. Man erlangt hierdurch wieder ein Mittel zur Beurteilung, welcher Leim gegenüber dem Eindringen von Tinte am beständigsten ist. Es gibt Leime, welche das Fünffache ihres Gewichtes an Wasser aufzunehmen vermögen und in diesem höchstem Quellungszustande eine noch nicht zerfallende Masse bilden. Solche Leime sind für die Leimung natürlich sehr vorteilhaft.

Ergiebigkeitsprüfung (gelatinierende Kraft). Diese Prüfung ist bedeutungsvoll für die Beurteilung des Leimes hinsichtlich seiner rentabelen Verwendung zur Leimung. Die Ergiebigkeitsprüfung läßt erkennen, ob beim Abkühlen auf 15^0 C die Lösung einer bestimmten Konzentration $(5\,^0/_0)$ noch ebenso erstarrt, wie es bei erfahrungsgemäß guten Leimsorten der Fall ist. Zur Ausführung der Bestimmung verfährt man nach Brauer wie folgt. Man gibt in ein Becherglas von etwa 5 ccm Durchmesser und etwa 10 cm Höhe 10 g grobzerstoßenen Leim und so viel Wasser, daß vollkommene Quellung erfolgt. Nach etwa 15 stündigem Einweichen (über Nacht) löst man den Leim durch Erwärmen am Wasserbad bei 75^0 C unter Zusatz weiteren Wassers vollkommen auf. Nach diesem Auflösen ergänzt man auf genau 200 ccm und stellt hierauf das Glas zum Abkühlen in kaltes Wasser, bis eine Temperatur von 15^0 C erreicht ist. 10 Minuten nach Erreichung dieses Punktes soll der Leim erstarrt sein und darf bei geneigter Lage des Gefäßes nicht mehr ausfließen.

Da man bei dieser Methode nur ziemlich erhebliche Unterschiede feststellen kann, so ist es bei sehr ähnlichen Leimen gut, die erhaltene Gallerte noch dadurch zu prüfen, daß man durch Eindrücken des Fingers in ihre Oberfläche ihre Konsistenz ermittelt. Es gelingt nach einiger Erfahrung sehr gut, durch diese Prüfung selbst zwischen sonst sehr ähnlichen Leimen noch manchmal gut merkbare Unterschiede festzustellen.

Bestimmung der Viskosität. Die Bestimmung der Viskosität von Tierleimen und Gelatine bzw. die ihrer Lösungen stellt eine gut brauchbare Methode dar, um objektive Vergleichswerte für die Eignung verschiedener Sorten für Leimungszwecke zu erhalten. Zur Ausführung dieser Bestimmung benützt man $1\,^0/_0$ige Leimlösung, deren Temperatur 15^0 beträgt. Man bestimmt dann die Zeit, welche für das Auslaufen von 50 ccm Leimlösung aus einer Bürette notwendig ist. Zu diesen Vergleichsversuchen muß man selbstverständlich stets die gleiche Bürette benutzen und zur Erlangung eines guten Mittelwertes etwa 10—12 Auslaufversuche ausführen.

Je länger das Ausfließen dauert, um so größer ist die Viskosität und je besser die Qualität der Ware. Zweckmäßig vergleicht man alle Proben mit einem Leim, der sich in der Fabrikation als gut bewährt hat und dessen Viskosität gleich 1 gesetzt wird.

Kasein.

Kasein kommt als gelbliches sandartiges Pulver in den Handel. Je feiner es ist, um so leichter ist es löslich. Es ist darauf zu achten, daß Kasein vollkommen trocken einlangt und vor Feuchtigkeit geschützt gelagert wird, da schon geringe Mengen Feuchtigkeit Veranlassung zur Pilzentwicklung geben können. Kasein ist zum Unterschied von Leim in Wasser unlöslich, dagegen wird es leicht von schwachen Alkalien gelöst.

Die Untersuchung des Kaseins erstreckt sich auf die Bestimmung seiner Feuchtigkeit und Löslichkeit, auf die Ermittlung von Verunreinigungen, ferner auf die Feststellung von Säure- und Fettresten von seiner Darstellung her, auf Stärke, sowie endlich auf sein Kaolinbindungsvermögen bei Sorten, die für gestrichene Papiere verwendet werden sollen. Quantitative Bestimmung des Kaseingehaltes wird selten in Frage kommen.

Feuchtigkeitsbestimmung. 2—3 g Kasein werden in einem gewogenen Wägegläschen 6—8 Stunden bei 100—105^0 getrocknet.

Der Gewichtsverlust ergibt unmittelbar den Wassergehalt. Gutes Kasein soll nicht mehr als 12 $^0/_0$ Feuchtigkeit enthalten.

Prüfung auf anorganische Verunreinigungen. Anorganische Stoffe können durch eine Aschenbestimmung ermittelt werden. Reinstes Kasein hat nie mehr als 0,5 $^0/_0$ Asche, in technischem Kasein finden sich jedoch nicht selten bis zu 6 $^0/_0$ Asche. Ein höherer Aschengehalt kann unter allen Umständen beanstandet werden. Zu einer Aschenbestimmung verbrennt man 1—2 g Kasein in einem Platintiegel.

Aus der Höhe des Aschenrückstandes läßt sich schließen, ob es sich um Säurekaseine oder um Labkaseine handelt. Diese enthalten 5—8,5 $^0/_0$ Asche, jene beträchtlich weniger.

Löslichkeitsbestimmung[1]**:** Das Kasein wird so fein gemahlen, daß es durch ein 20iger Maschensieb hindurchgeht. 100 Teile der gut gemischten Probe werden mit 400 Teilen Wasser und 15 Teilen Borax (Handelsware) gemischt, im Dampf oder Wasserbade (nicht durch direkten Dampf) auf nicht mehr als 100^0 erwärmt und gerührt, bis Lösung erfolgt ist. Die Rührzeit darf nicht mehr als 10 Minuten betragen. Das Kasein muß dann klar gelöst sein; einer

---

[1] Internationale Galalith-Gesellschaft, Chem.-Ztg. **37**, 288 [1913].

reinen Messerklinge oder einem reinen Papierstreifen, die bis auf den Boden des Lösegefäßes eingetaucht werden, dürfen unlösliche Teilchen nicht anhaften.

Prüfung der Löslichkeit nach Höpfner und Burmeister. Außer mit Borax kann die Lösung auch mit Ammoniak erfolgen. Man wiegt in einem Becherglas 10 g Kasein ab, übergießt sie mit 50 ccm Wasser, welche 1—2 Tropfen $33^0/_0$iges Ammoniak enthalten. Nach einigen Stunden erwärmt man den Inhalt des Glases auf dem Wasserbad auf 60^0. Reines Kasein gibt hierbei eine zähe, schlüpfrige, durchsichtige Lösung, während lang gelagerte oder bei zu hoher Temperatur getrocknete Ware trüb bleibt. Mineralische Beimengungen (Sand) und andere Unreinheiten setzen sich ab, so daß durch diesen Versuch auch über die Reinheit der Ware Aufschluß gewonnen werden kann.

Prüfung auf Fettgehalt. Zu seiner Ermittlung extrahiert man 10 g Kasein in einem Soxhlet-Apparat 2 Stunden lang mit Äther und dampft die erhaltene Lösung unter Wiedergewinnung des Äthers auf einem Wasserbade in einem gewogenen Kölbchen zur Trockne ein.

In Ermangelung eines Soxhlets kann man auch derart verfahren, daß man 10 g Kasein in einer verschließbaren Flasche mit 100 ccm Äther während 2 Stunden öfters gut durchschüttelt, dann durch ein trockenes Filter rasch in ein gewogenes Kölbchen filtriert, worauf aus diesem der Äther wieder abgedampft wird. In beiden Fällen trocknet man hierauf 2 Stunden lang im Wassertrockenschrank und bringt nach dem Erkalten zur Wägung. Kasein soll nicht mehr als $0,1^0/_0$ Fett enthalten.

Prüfung auf Säure. Als solche kommt in den meisten Fällen Essigsäure in Betracht. Der Nachweis der Säure geschieht dadurch, daß man 10 g des Kaseins mit 100 ccm Wasser gut durchschüttelt und diesen Auszug nach dem Filtrieren auf seine Reaktion prüft. Es darf nur sehr schwach saure Reaktion vorhanden sein. Falls man das Filtrat nach Zusatz von Phenolphthalein tritriert, so soll bei obiger Menge nicht mehr als 1 ccm $^n/_{10}$ Lauge verbraucht werden.

Gesamtmenge der Verunreinigungen. Diese wird wie folgt bestimmt. Man befeuchtet in einem kleinen Becher 1 g Kasein mit 10 Tropfen konzentriertem Ammoniak, fügt 25 ccm Wasser hinzu und löst nach längerem Quellen in der Wärme auf. Die Unreinheiten läßt man nun einige Zeit absitzen, gießt dann ab und wäscht mehrmals mit frischem Wasser aus, wobei man jedesmal gut absitzen läßt. Der Rückstand wird in dem benützten Becher getrocknet und zur Wägung gebracht. Er kann später statt einer neuen Probe zur Aschenbestimmung verwandt werden.

Quantitative Bestimmung des Kaseins. Ist in besonderen Fällen eine solche Bestimmung notwendig, so geschieht diese durch Ermittlung des Stickstoffgehaltes zweckmäßig nach Kjeldahl. Den gefundenen Wert muß man mit 6,99 multiplizieren, und man verlangt von einem guten Kasein, daß hierbei sich annähernd die Zahl 100 ergibt. Der Wert 6,99 erklärt sich aus der Tatsache, daß reines Milcheiweiß 14,3 $^0/_0$ Stickstoff enthält.

Stärke. Man erwärmt eine Probe des Kaseins mit dest. Wasser, fügt dann zur Flüssigkeit etwas verdünnte Säure und nach dem Abkühlen einige Tropfen einer verdünnten Jodlösung. Bei Anwesenheit von Stärke im Kasein tritt die bekannte Blaufärbung ein.

Kaolin-Bindungsvermögen. Zu seiner Bestimmung gibt Griffin[1] die folgende in Amerika gebräuchliche Methode an. Es wird zunächst eine Auflösung von Kasein mit Hilfe von Borax hergestellt. (Siehe die Ausführung der Löslichkeitsbestimmung.) Die Lösung wird mit Hilfe von heißem Wasser so gestellt, daß 10 ccm gerade 1 g Kasein enthalten. Diese verdünnte Lösung muß während der Durchführung der Versuche dauernd heiß gehalten werden. Ferner sind notwendig 100 g im Trockenschrank getrocknetes Kaolin, welche Menge in einer Porzellanschale mit 65 ccm Wasser sorgfältig gemischt wird. Wenn die Mischung vollkommen ist, und keine Klumpen mehr vorhanden sind, fügt man 50 ccm der heißen Kaseinlösung, das sind also 5 $^0/_0$ Kasein, bezogen auf das absolut trockene Kaolingewicht, hinzu. Man mischt vorsichtig mit Hilfe eines $^3/_4''$-igen Malerpinsels und bringt schließlich einen Pinsel voll der Mischung auf die eine Seite eines Papierstreifens, und erzeugt durch gleichmäßige Verteilung einen glatten Aufstrich. Ein glattes, stärkeres Papier ist für die Versuche am geeignetsten.

Man fügt darauf von neuem 10 ccm Kaseinlösung zur Tonaufschlämmung und mischt die jetzt 6 $^0/_0$ Kasein enthaltende Mischung wieder gut, worauf man in gleicher Weise wie oben erfährt. In dieser Weise stellt man nacheinander auf Papierstreifen Aufstriche dar, welche bis zu 14 $^0/_0$ Kasein enthalten. Die gestrichenen Papiere läßt man über Nacht oder 3 Stunden bei 55^0 trocknen und bestimmt dann wie folgt jenen Punkt, bei welchem die angewandte Kaseinmenge nicht mehr vollständig von dem Ton zurückgehalten wird.

Man erwärmt zu diesem Zweck ein Stück Siegellack ungefähr 1 cm über einer elektrischen Heizplatte, derart, daß es gerade leicht knetbar wird.

---

[1] Griffin, Technical Methods of Analysis, New York 1921.

Nachdem man es dann wieder während genau 15 Sekunden hat abkühlen lassen, hält man es nochmals während 15 Sekunden in derselben Entfernung über die Wärmplatte und preßt es dann für einen Augenblick auf die 5 $^0/_0$ Kasein enthaltende Aufstrich-Probe. Man zieht das Siegellackstück darauf rasch ab und beobachtet, ob nur der Aufstrich oder auch einige Fasern mit folgen. Danach erwärmt man den Lack von neuem genau 15 Sekunden und prüft nun die nächste Probe genau so. Derart geht man weiter, bis jener Punkt erreicht ist, wo der Aufstrich so fest am Papier haftet, daß beim Abziehen auch einige Fasern mit losgerissen werden. Diesen kritischen Punkt bestimmt man nun nochmals, indem man mit dem Aufstrich beginnt, der den höchsten Kaseingehalt enthält.

Man drückt das Kaolin-Bindungsvermögen aus in Anzahl Teilen Kaolin, welche von einem Teil Kasein gebunden werden. Man erhält diesen Wert, wenn man 100 durch den Prozentsatz an Kasein dividiert, den der kritische Aufstrich besaß. Wurde z. B. der kritische Punkt bei einem Aufstrich mit 9 $^0/_0$ Kasein gefunden, so ist das Kaolin-Bindungsvermögen 100 : 9 = 11,1. Diese Versuche sind natürlich gleichzeitig mit einem Standard-Kasein auszuführen. Gutes Kasein weist ein Kaolin-Bindungsvermögen von ungefähr 11 auf.

Stärke.

Die Prüfung der Stärke erstreckt sich auf die Ermittlung ihres Wassergehaltes, auf die Bestimmung eines etwaigen Säuregehaltes und eines solchen von mineralischen Beimengungen. Auch auf Rohzellulose und auf ihre Klebfähigkeit wird die Stärke häufig geprüft.

Bestimmung des Wassergehaltes. Der Wassergehalt der Stärke ist ein sehr wechselnder. Handelsstärke enthält gewöhnlich nicht mehr als 20 $^0/_0$. Ein höherer Wassergehalt ist unzulässig.

Die zuverlässigste Methode der Feuchtigkeitsbestimmung ist die folgende. Man wiegt 5—10 g Stärke in einem verschließbaren Wägeglas ab und trocknet zunächst eine Stunde bei 45 ^{0}; darauf trocknet man weitere 4 Stunden bei genau 120 ^{0}, läßt im Exsikkator erkalten und bestimmt den Gewichtsverlust, der, entsprechend umgerechnet, den Wassergehalt ergibt.

Ein direktes Erhitzen auf hohe Temperatur darf nicht vorgenommen werden, da sonst Kleisterbildung eintritt.

Geringe Säuremengen (bis zu 0,1 $^0/_0$ Schwefelsäure) sind ohne praktischen Einfluß auf die Ergebnisse der Bestimmung. Es wird wohl beim Trocknen Zucker gebildet, doch ist seine Menge so gering, daß der durch ihn zurückgehaltenen Wassermenge keine Bedeutung zukommt.

Häufig benutzt wird auch die Methode von Saare[1]), nach welcher der Wassergehalt der Stärke aus ihrem jeweiligen spez. Gewicht ermittelt wird. Das spez. Gewicht absolut trockener Stärke beträgt 1,65, d. h. 1 ccm Stärke wiegt 1,65 g. 100 g trockene Stärke nehmen also einen Raum von 60,60 ccm ein; füllt man diese Menge in einen Meßkolben von 250 ccm, so braucht man, um bis zur Marke aufzufüllen, 250 — 60,60 = 189,40 ccm oder g Wasser. Der Inhalt des Kolbens wiegt dann 289,40 g. Ist die Stärke feucht, so benötigt man zum Auffüllen bis zur Marke in dem Maße weniger Wasser, als der Wassergehalt der Stärke größer ist, oder mit anderen Worten, das Gewicht des gefüllten Kolbens ist um so geringer, je größer der Feuchtigkeitsgehalt ist.

Die Bestimmung wird wie folgt ausgeführt. 100 g Stärke werden in einer Porzellanschale abgewogen, mit destilliertem Wasser angerührt und in einen gewogenen Meßkolben von 250 ccm Inhalt gespült. Man füllt dann bis zur Marke auf, und zwar mit Wasser von $17,5^0$ C. Nach Abwägung des gefüllten Kolbens wird durch Abzug des Kolbengewichtes das Gewicht des Kolbeninhaltes ermittelt und mit dessen Hilfe aus der Tabelle von Saare der Wassergehalt der Stärke abgelesen. Diese Bestimmungsmethode gibt bis auf $0,5\,^0/_0$ richtige Werte. Sie ist jedoch nur für Kartoffelstärke anwendbar. Anwendbar ist auch die bereits mehrfach erwähnte Destillationsmethode mit Kohlenwasserstoffen (siehe S. 69 und 291).

Prüfung auf Säure. Qualitativ wird Stärke auf Säure vermittels verdünnter neutraler Lackmuslösung geprüft. Man tropft auf eine glattgestrichene Stärkeprobe etwas von dieser Lösung. Wird die Stärke blau oder violett, so ist sie vollkommen säurefrei, wird sie weinrot bis ziegelrot, so ist sie schwach bis stark sauer.

Zur quantitativen Bestimmung der Säure verfährt man nach Saare folgendermaßen. Man rührt 25 g Stärke mit 25—30 ccm Wasser zu einem dicken Brei an und titriert diesen unter gutem Rühren mit $^n/_{10}$ Natronlauge. Der Endpunkt ist erreicht, wenn ein Tropfen der Stärkemilch, auf mehrfach gefaltetes Filtrierpapier aufgetragen, durch Lackmuslösung nicht mehr rot gefärbt wird. Als Kontrolle dient eine Stärkeprobe, die neutral reagiert und zu einer ebenso dicken Stärkemilch angerührt wurde. Je nachdem für 100 g Stärke bis 5, bis 8 oder über 8 ccm $^n/_{10}$ Natronlauge verbraucht werden, ist die Stärke „zart sauer", „sauer" oder „stark sauer".

Prüfung auf mineralische Beimengungen. Als mineralische Verfälschungen kommen, allerdings nur in seltenen Fällen, Ton,

---

[1]) Saare, Fabrikation der Kartoffelstärke. 1897. S. 509. Abdruck der Tabelle im Anhang.

Gips, Kreide und Schwerspat in Betracht. Zur Ermittlung solchei Verunreinigungen kann man entweder die Stärke veraschen oder abei sie lösen und den Rückstand untersuchen.

Zur Veraschung bedient man sich eines gewogenen Platintiegels, in welchem man 5—10 g Stärke verbrennt. Da die Asche häufig unverbrannte Rückstände enthält, ist es zweckmäßig, sie nach dem Abkühlen mit Wasser zu befeuchten und von neuem zu glühen.

Der Aschengehalt von Stärke überschreitet in den meisten Fällen nicht $0,5\,^0/_0$. Wenn er größer als $1\,^0/_0$ ist, so darf mit Bestimmtheit auf die Anwesenheit anorganischer Beimengungen geschlossen werden. Ihre genaue Menge und Beschaffenheit ermittelt man dann zweckmäßig durch Veraschung einer größeren Stärkeprobe. Es ist hierbei zu berücksichtigen, daß manche der Beimengungen, z. B. Kreide und Gips, durch Abgabe von Kohlensäure bzw. schwefliger Säure an Gewicht verlieren und die erhaltene Aschenmenge daher kleiner ist als das Gewicht der zugemischten Körper.

Will man zur Ermittlung der Verunreinigungen die Stärke lösen, so wendet man zweckmäßig starke Salpetersäure an oder man übergießt die Stärke nach Verkleisterung mit einem Malzauszug. Man verdünnt dann die erhaltene Lösung und sammelt den Rückstand zwecks weiterer Untersuchung auf einem Filter.

Zur Ermittlung von anorganischen Beimengungen eignet sich auch sehr gut das Mikroskop.

Prüfung auf Rohzellulose. Durch mangelhafte Sorgfalt bei der Fabrikation kann in der Stärke Rohzellulose zurückbleiben. Man prüft auf ihr Vorhandensein am schnellsten und sichersten mittels des Mikroskopes. Zum Ausfärben des Präparates bedient man sich einer Jod-Jodkaliumlösung, durch welche die Stärkekörner tiefblau gefärbt werden, während andererseits die Bruchstücke der Pflanzenzellen hierdurch im Präparat als schwach gelbe Teilchen erscheinen.

Mikroskopische Prüfung der Stärke. Zur Unterscheidung der verschiedenen Stärkesorten und zur Feststellung, ob billigere Stärkearten einer wertvolleren Marke beigemengt worden sind, benutzt man das Mikroskop. Nachstehende Angaben lassen die Unterschiede der einzelnen Arten leicht erkennen.

Kartoffel-Stärke. Die Körner sind eiförmig. Ein fast stets wahrnehmbarer Kern liegt exzentrisch; um ihn herum sind Schichten gleichfalls exzentrisch angeordnet. Ungefähre Größe der Körner: 0,04 mm lang, 0,03 mm breit.

Mais-Stärke. Die Körner sind rund oder vieleckig. Die meisten Körner zeigen einen Kern. Schichtenbildung ist selten. Trockene Körner zeigen radiale vom Kern ausgehende Risse.

Reis-Stärke. Die Körner sind vieleckig (meistens fünf- bis sechseckig). Statt des Kernes zeigen sie häufig sternförmige Höhlungen. Die Körner ähneln denen der Mais-Stärke, sind jedoch bedeutend kleiner als diese.

Weizen-Stärke. Die Körner der Weizenstärke (Roggen- und Gerstenstärke sind von ihr nur schwer zu unterscheiden) haben eine abgerundete Form, die manchmal einen Kern und Schichtenbildung zeigen. Auch netzartige Struktur und Rissebildung kann häufig beobachtet werden. Charakteristisch ist, daß neben größeren Körnern nur kleinere vorhanden sind, Übergangsgrößen kommen nicht vor.

Empfohlen wird auch folgendes Verfahren der verschiedenfarbigen Ausfärbungen der einzelnen Stärkearten.

Mikroskopisch-färberischer Nachweis von Weizen-, Roggen- und Kartoffelstärke nebeneinander. 5—10 g des zu untersuchenden Mehles werden mit $3\,^0/_0$ igem Karbolwasser kurz geschüttelt und 24 Stunden stehen gelassen, worauf man hiervon etwas auf einen Objektträger streicht und lufttrocken werden läßt. Das Präparat wird zunächst in einem Standgefäß 10 Minuten mit einer Mischung, bestehend aus 1 g einer sogen. „Wasserblau-Orcein-Mischung" (Wasserblau 1,0, Orcein 1,0, Eisessig 5,0, Glyzerin 20,0, Alkohol ($86\,^0/_0$ ig) 50,0 mit Wasser zu 100 Teilen) und Eosinlösung (1 g alkohollösliches Eosin zu 100 g $60\,^0/_0$ igem Alkohol) gefärbt, dann gut abgespült und 15 Minuten in einem weiteren Standgefäß mit $1\,^0/_0$ iger Safraninlösung (Grübler) gefärbt, wieder gut abgespült und 20—30 Minuten in einem dritten Standgefäß mit $0,5\,^0/_0$ iger Kaliumbichromatlösung gebeizt, dann mit Wasser und Alkohol abgespült, wenn nötig, mit Xylol aufgehellt und mit Kanadabalsam und Deckglas versehen. Bei dieser Färbung wird die Kartoffelstärke durch aufgenommenes Safranin stark rot, die Weizenstärke nur schwach rosa gefärbt, während die Roggenstärke das Safranin in seine metachromatische Form verwandelt und sich dunkelgelb bis hellbraun färbt mit außerordentlich deutlicher konzentrierter Schichtung, und das Klebereiweiß sich blau färbt.

Bestimmung der Klebfähigkeit von Stärke. Je größer die Kleisterzähigkeit ist, desto besser ist die Klebfähigkeit der Stärke. Eine praktische Prüfung ist hierfür von Schreib[2]) angegeben. Nach seiner Vorschrift rührt man Stärke mit Wasser zu einer Milch an und kocht diese dann über einem Bunsenbrenner unter stetigem Umrühren fertig. Das Kochen soll nicht länger als eine Minute dauern.

---

[1]) E. Unna, Ztschr. Unters. Nahrgs.- u. Genußm. **36**, 49 [1918]; Chem. Ztg. **43**, Beilage 142 [1919] Nr. 77.

[2]) Schreib, Z. f. angewandte Chemie **1**, 694 [1888].

Man entfernt den Brenner, sobald nach erfolgtem Klarwerden der Kleister aufzuschäumen beginnt. Bei Anwendung von 4 g Stärke auf 50 ccm Wasser soll eine normale Stärke einen nach dem Erkalten festen Kleister geben, der nicht mehr aus dem Glas ausfließt. Man erhält nach dieser Methode sehr gut vergleichbare Werte.

Genauer kann man die Klebefähigkeit bzw. die Viskosität bestimmen, wenn man einen wie vorstehend beschrieben hergestellten Stärkekleister in einem Viskosimeter auf Ausflußgeschwindigkeit prüft, in ähnlicher Weise wie die Viskosität von Schmierölen bestimmt wird.

Alaune, schwefelsaure Tonerde.

Als Fällungsmittel für Harzleim, beim Färben, bei der Oberflächenleimung, zum Klären des Wassers und für manche andere Zwecke werden oben genannte Stoffe in großen Mengen in der Papierindustrie angewandt.

In Verwendung stehen:

Ammoniakalaun, Kalialaun und Aluminiumsulfat, sogenannter konzentrierter Alaun. Die theoretische Zusammensetzung dieser Salze zeigt folgende Übersicht.

	Molekulare Formel	Prozent. Zusammensetzung					Mol Gew.
		K_2O	NH_3	Al_2O_3	SO_3	H_2O	
Ammoniakalaun	$(NH_4)_2SO_4Al_2(SO_4)_3 + 24\,H_2O$		3,76	11,27	35,31	49,66	453,5
Kalialaun . . .	$K_2SO_4Al_2(SO_4)_3 + 24\,H_2O$.	9,93		10,77	33,75	45,55	474,5
Aluminiumsulfat	$Al_2(SO_4)_3 + 18\,H_2O$			15,33	36,03	48,64	666,7

Während die Handelswaren der beiden ersten Sorten gewöhnlich dieser theoretischen Zusammensetzung sehr nahekommen, gilt dies nicht im gleichen Maße von dem dritten Produkt. Von diesem sind im Handel hauptsächlich drei Sorten, Rohsulfat, gewöhnliche Ware und hochprozentige Ware. Der Gehalt an Aluminiumoxyd in diesen Sorten schwankt zwischen $8\,{}^0/_0$ bei der geringsten und $18\,{}^0/_0$ bei der besten. (Siehe untenstehende Übersicht.) Die $18\,{}^0/_0$ ige Ware ist infolge des benutzten Rohstoffes, als welcher meist eisenarmer Bauxit verwandt wird, und infolge der Darstellungsweise praktisch absolut eisenfrei und enthält auch sonst nur wenig verunreinigende Stoffe. Die nächste Sorte mit durchschnittlich $15\,{}^0/_0$ Al_2O_3 enthält, da zu ihrer Erzeugung vorzugsweise etwas eisenhältiges Kaolin benutzt wird, häufig schon merkbare Mengen von Eisen. Die dritte Sorte endlich ist in dieser Hinsicht noch bei weitem geringwertiger, und sie eignet sich infolgedessen nur für die Leimung minderer Papiere. Was den Eisengehalt anbelangt, so setzt die Verwendung zu besseren Papieren voraus, daß dieser auf keinen Fall $0,1\,{}^0/_0$ übersteigt.

Zusammensetzung der verschiedenen Handelssorten schwefelsaurer Tonerde.

	Ungefährer Prozentgehalt an			Bemerkung
	Al_2O_3	Unlöslichem	Eisen	
Rohsulfat	8—12	6—25	0,3—1,5	Viel freie Säure.
Gewöhnliche Ware	15	0,1—0,5	0,03—0,01	Bisweilen geringe Mengen Natron.
Hochkonzentrierte Ware	18	0,1—0,3	0,002—0,005	Mit 12 und 18 Mol. Wasser im Handel.

Ein möglichst geringer unlöslicher Rückstand ist nicht allein aus Gründen vorteilhafter Transportverhältnisse, sondern auch vom Standpunkt einer ökonomischen Verwendung das beste. Große Mengen Rückstand erfordern nach dem Auflösen lange Zeit zum Absetzen, und der Bodensatz enthält dann noch erhebliche Mengen Aluminiumsulfat, die, wenn nicht ein nochmaliges Auswaschen stattfindet, beim Ablassen des Schlammes verloren gehen. Das Vorhandensein von freier Säure ist, solange es sich um geringe Mengen handelt, weniger für den Leimungsvorgang von Bedeutung, als vielmehr durch die Tatsache, daß freie Säure leicht zur Zerstörung der bronzenen Armatur der Holländer und Papiermaschinen führen kann.

Der Gehalt an Natron, der bisweilen bei der zweiten Sorte vorkommt, ist für die Verwendung des Tonerdesulfats zur Leimung nachteilig.

Bestimmung des Wassergehaltes. Zur genauen Bestimmung des Wassergehaltes einschließlich des Kristallwassers verfährt man folgendermaßen. Man wiegt in einem geräumigen Porzellantiegel etwa 3 g frisch ausgeglühtes Bleioxyd genau ab und gibt hierzu etwa 0,5 g einer Durchschnittsprobe des Alauns oder der schwefelsauren Tonerde, deren genaues Gewicht man durch abermaliges Wiegen des Tiegels feststellt. Nach gutem Durchmischen des Tiegelinhaltes glüht man ihn über einer Bunsenflamme gut aus und bestimmt nach erfolgtem Abkühlen den Gewichtsverlust.

Schneller kann man zum Ziel kommen, wenn man eine Probe des Alauns (etwa 10 g) in einer Porzellanschale unmittelbar bis zum konstanten Gewicht ausglüht. Das Salz schmilzt anfangs und bläht sich hierbei stark auf, so daß man vorsichtig erwärmen muß. Vor zu starkem Erhitzen muß man sich hüten, da in diesem Falle leicht eine Zersetzung der Tonerdeverbindung eintritt, was am Auftreten des Geruches von schwefliger Säure erkannt werden kann. Aus dem ermittelten Gewichtsverlust kann man nach Abzug des Kristallwassers annähernd den Feuchtigkeitsgehalt feststellen.

Ermittlung des unlöslichen Rückstandes. Eine Durchschnittsprobe der Ware, etwa 5 g, wird grob zerkleinert und in 200 ccm heißem destilliertem Wasser gelöst. Bei guten Sorten soll hierbei eine opalisierende Flüssigkeit entstehen und nur wenig Bodensatz verbleiben. Zur Bestimmung dieses wird er auf einem Filter gesammelt, gut ausgewaschen, dann samt dem Filter im gewogenen Platintiegel naß verascht und späterhin die Asche zur Wägung gebracht.

Das Filtrat samt den Waschwässern wird auf 500 ccm aufgefüllt und zur weiteren Analyse verwandt.

Bestimmung der Tonerde. a) Gewichtsanalytische Methode. 100 ccm der filtrierten Lösung, enthaltend ungefähr 1 g der ursprünglichen Substanz, werden nach Zusatz einiger Tropfen Salpetersäure in einem Becherglas mit Ammoniumchlorid bis auf etwa 80° erhitzt und alsdann soviel Ammoniaklösung zugefügt, daß die Flüssigkeit deutlich, aber nicht zu stark nach Ammoniak riecht. Man erhitzt dann weiter bis zum Sieden und läßt etwa 1—2 Minuten schwach kochen, bis der Geruch nach Ammoniak nur noch schwach bemerkbar ist. Hierauf läßt man den Niederschlag über kleiner Flamme gut absitzen. Nach mehrmaligem Auswaschen mit heißem Wasser und Absetzenlassen wird das gefällte Hydroxyd auf einem Filter gesammelt, auf diesem bis zum Verschwinden der Schwefelsäurereaktion im abfließenden Waschwasser ausgewaschen, worauf das noch feuchte Filter in einem gewogenen Platintiegel verbrannt und verascht wird. Der Rückstand soll keine schwarzen Kohlenteilchen mehr enthalten, er wird nach dem Abkühlen des Tiegels im Exsikkator zur Wägung gebracht.

Eine gelbliche Färbung des Tiegelinhaltes weist auf die Gegenwart von Eisen.

b) **Maßanalytische Bestimmung der Tonerde nach Stock**[1]). Diese Bestimmung eignet sich im allgemeinen nur für reine Salze, da die Gegenwart löslicher Verunreinigungen und von Eisensalzen fehlerhafte Werte geben kann. Sie ist gut für kristallisierte Salze (Alaune) verwendbar. Voraussetzung zur Erlangung einwandfreier Ergebnisse ist die Bedingung, daß in 100 ccm der zu titrierenden Lösung nicht mehr als 0,3—0,5 g Substanz enthalten sind. Weiterhin ist es notwendig, die zur Anwendung gelangende $n/_{10}$ Natronlauge durch Zusatz von Baryumchlorid karbonatfrei zu machen und zum Lösen der Tonerdeverbindung Wasser zu verwen-

---

[1]) **Stock**, Berichte der deutschen chem. Gesellschaft **33**, 548 [1900].

den, das von Kohlensäure durch Kochen befreit wurde. Die zur Bestimmung benutzte Flüssigkeit wird in einem Titrierbecher mit neutraler Baryumchloridlösung (10 ccm $10\,^0/_0$ige $BaCl_2$-Lösung genügen für 1 g Kalialaun) versetzt, dann auf 90^0 C erhitzt und nach Zusatz von Phenolphthalein mit $^n/_{10}$ Natronlauge auf schwache Rosafärbung titriert. Es entspricht 1 ccm $^n/_{10}$ Lauge 0,017 g Al_2O_3.

Bestimmung der Schwefelsäure. 50 ccm der filtrierten Lösung werden zum Sieden erhitzt und mit siedendem Baryumchloryd gefällt, worauf der erhaltene Niederschlag in der bekannten Weise aufgearbeitet wird.

Prüfung auf Eisen. Der in den meisten Fällen sehr geringe Eisengehalt macht bei der Schwierigkeit der Trennung des Eisens von dem Aluminium seine gewichtsanalytische Bestimmung von vornherein aussichtslos. Geeignet ist bei sehr geringen Mengen die kolorimetrische Methode in der von Lunge und v. Kéler gegebenen Ausführungsform[1]).

Ist die Eisenmenge größer, so kann man sie mittels Permanganat bestimmen. Man verfährt dann so, wie folgt beschrieben.

Bestimmung des Eisens nach der Permanganatmethode. Man löst je nach der Eisenmenge eine Probe von 5—10 g auf, fügt zu der auf 100 ccm gestellten Lösung einige Kubikzentimeter konzentrierte Schwefelsäure und erwärmt bis zum Sieden. Zu der heißen Lösung setzt man tropfenweise Permanganat, bis sie dauernd schwach rosa gefärbt bleibt. Nachdem auf diese Weise sämtliche reduzierende Bestandteile oxydiert worden sind, wird das gesamte vorhandene Eisen in die Ferrostufe übergeführt. Das kann auf verschiedene Weise geschehen, z. B. mit Schwefelwasserstoff. Man füllt die Lösung in einen Erlenmeyerkolben, der mit einem doppeltdurchbohrtem und mit Gas-Zu- und Ableitungsrohr versehenem Stopfen verschlossen ist und leitet in die zum Sieden erhitzte Flüssigkeit Schwefelwasserstoff bis zum Farbloswerden ein. Der Überschuß an Schwefelwasserstoff wird dann durch einen gleichfalls unter Kochen eingeleiteten Kohlendioxydstrom vertrieben, worauf man in diesem Strom erkalten läßt und schließlich mit Permanganat austitriert.

1 ccm $^n/_{10}$ Permanganat entspricht 0,005 585 g Fe bzw. 0,007 985 g Fe_2O_3. Über die Reduktion der Eisenlösung mit anderen Stoffen geben die Lehrbücher der analytischen Chemie Auskunft.

Falls es notwendig sein sollte, im Aluminiumsulfat die beiden Oxydationsstufen des Eisens getrennt zu bestimmen, so kann das nach der Methode von Fresenius geschehen. (Reduktion des Ferrieisens mit Zinnchlorürlösung.) In einer Probe führt man die Be-

---

[1]) Man vergleiche den Abschnitt über Wasseruntersuchung S. 17.

stimmung unmittelbar durch, in einer zweiten nachdem man vorher, auch das Ferroeisen durch Oxydation in die Ferristufe übergeführt hat. Genaue Anweisungen für die Durchführung der Bestimmung beider Oxydations-Stufen gibt z. B. Treadwell, Analytische Chemie II, S. 571, 5. Aufl.

Prüfung auf freie Säure. Zur qualitativen Prüfung auf freie Säure (H_2SO_4) verfährt man wie folgt. Man gibt 1 g gepulvertes Aluminiumsulfat in ein Reagenzglas und fügt absoluten Alkohol hinzu. Ist freie Säure vorhanden, so löst diese sich in Alkohol auf und kann nachgewiesen werden durch Zufügen einer Auflösung von Kongorot in absolutem Alkohol: die rote Farbe geht in Blau über.

Nach Donath[1]) soll man eine geringe Menge Jodkaliumstärkelösung und einige Tropfen stark verdünnte Kaliumbichromatlösung zusetzen. Es entsteht Blaufärbung, wenn sehr geringe Mengen freier Säuren vorhanden sind.

Die quantitative Bestimmung der freien Säure im Alaun ist ziemlich schwierig. Es sind verschiedene Methoden hierfür vorgeschlagen worden. Beilstein und Grosset haben eine Methode ausgearbeitet, die auf der Tatsache beruht, daß durch Zusatz von neutralem Ammoniumsulfat zu schwefelsaurer Tonerde diese nahezu quantitativ als Ammoniakalaun niedergeschlagen wird, während die freie Säure in Lösung bleibt. Der Rest des Alauns wird wie das überschüssige Ammoniumsulfat durch Alkohol gefällt, so daß in der alkoholischen Lösung neben der freien Säure nur etwas ·Ammonsulfat verbleibt.

Zur Bestimmung sind erforderlich:
1. eine kalt gesättigte Lösung von neutralem Ammonsulfat,
2. 95 $^0/_0$iger Alkohol (auf neutrale Reaktion zu prüfen),
3. eine $^n/_{10}$ Alkalilösung.

1—2 g genau abgewogener Alaun werden in 5 ccm destilliertem Wasser gelöst und zur Lösung 5 ccm einer kalt gesättigten Ammonsulfatlösung hinzugefügt. Man läßt $^1/_4$ Stunde unter häufigem Umrühren stehen, fügt zwecks Ausfällung 50 ccm 95 $^0/_0$igen Alkohol hinzu und filtriert. Man wäscht den Niederschlag nochmals mit 50 ccm Alkohol aus und dampft auf einem Wasserbad den gesamten Alkohol des Filtrates ab. Den Rückstand nimmt man mit Wasser auf und titriert ihn mit $^n/_{10}$ Alkali unter Benutzung von Phenolphthalein.

Die Werte dieser Methode sind gewöhnlich um etwa 0,25 $^0/_0$ zu hoch.

---

[1]) A. Goldberg, Chem.-Ztg. **41**, 599 [1917].

Nach Iwanow[1]) soll man das neutrale Tonerdesalz mit Ferrozyankalium in kochender Lösung fällen, die Säure bleibt in Lösung und kann mit Alkali titriert werden. Unmittelbar nach dem Zusatz von Ferrozyankalium gibt man einen Überschuß an Chlorbaryum hinzu. Aus der freien Schwefelsäure wird die äquivalente Menge Salzsäure frei, der Überschuß an Chlorbaryum bindet sich an Ferrozyankalium.

Nach Bellucci und Lucchesi[2]) soll man in Tonerdesulfatlösungen auf folgende Weise den Säuren- und Basengehalt bestimmen können: Die Flüssigkeit muß soweit verdünnt werden, daß bei Zusatz von Ammoniak das Aluminiumhydroxyd nicht als gelatinöse Masse, sondern in kleinen einzelnen Flocken ausfällt. Von dieser verdünnten Flüssigkeit werden zwei gleiche, genau abgemessene Mengen mit je 2 ccm n-Schwefelsäure, 3 Tropfen einer wäßrigen $0{,}02\,^0/_0$igen Lösung von Methylorange und 5 Tropfen einer $1\,^0/_0$igen alkoholischen Lösung von Phenolphthalein versetzt. In einer der beiden roten Proben wird unter Vergleich mit der anderen Probe die freie Säure mit n-Sodalösung bis zum Farbenumschlag nach Orange titriert (a ccm n-Sodalösung). Zu derselben Probe werden dann (zur Vermeidung der Fällung basischer Sulfate) 5 ccm einer kalt gesättigten Chlorbaryumlösung zugesetzt, worauf nach Verdünnung auf 200—500 ccm weiter n-Sodalösung unter fortwährendem Schütteln zugegeben wird, bis die Rosafärbung des Phenolphthaleins einige Minuten erhalten bleibt (b ccm n-Sodalösung einschließlich der vorher verbrauchten a ccm). Dann wird die zweite Probe mit 5 ccm Chlorbaryumlösung, wie vorher mit Wasser und schnell mit b—2 ccm n-Sodalösung versetzt, etwa fünf Minuten gekocht und nach dem Abkühlen zu Ende titriert (c ccm n-Sodalösung). Dann ergibt a—2 die freie Schwefelsäure, c—a die gebundene Tonerde und 2—a die freie Tonerde.

Zur Bestimmung der freien Säure bzw. Basizität empfiehlt Griffin[3]) hierzu die von Th. J. Craig[4]) angegebene Methode. Die Methode beruht darauf, daß neutrales Fluorkalium sich mit Aluminiumsulfat unter Bildung beständiger neutral reagierender Verbindungen umsetzt, während gleichzeitig etwa vorhandene Säure hierbei unverändert bleibt. Die Reaktionsgleichung ist die folgende:

$$\mathrm{Al_2(SO_4)_3 + H_2SO_4 + 12\,KF = 2\,(AlF_3 \cdot 3\,KF) + 3\,K_2SO_4 + H_2SO_4}.$$

<hr>

[1]) Iwanow, Chem.-Ztg. **37**, 814 [1913].

[2]) J. Bellucci und F. Lucchesi, Acidimetrische Bestimmungen in den Flüssigkeiten der Aluminiumsulfatfabrikation. Gazz. chim. ital. **49**, I, 216 bis 241, 10/7; Ch. Ztrlbl. **4**, 990—991 [1919], Nr. 24.

[3]) Griffin, Methods of Analysis. New-York 1921, S. 305.

[4]) Man vgl. Papierfabrikant **9**, [1911], Heft 17.

Zur Ausführung der Bestimmung sind die folgenden Lösungen vorrätig zu halten:

Kaliumfluoridlösung: hergestellt durch Auflösung von 500 g KF in 600 ccm H_2O. Diese Lösung wird nach Zusatz von Phenolphthalein mit Kalilauge bzw. Schwefelsäure soweit neutralisiert, daß 1 ccm beim Verdünnnen mit der 10 fachen Wassermenge noch schwache Rosafärbung zeigt. Unlösliche Teile werden abfiltriert, und das klare Filtrat wird schließlich mit Wasser auf 1000 ccm aufgefüllt. Das zur Bereitung der Lösung benutzte Wasser muß durch längeres Auskochen von Kohlensäure befreit werden. Die KF-Lösung muß in einer inwendig ausgewachsten Flasche aufbewahrt werden.

$n/_5$-Alkali bzw. Schwefelsäure. Beide Lösungen sind gegeneinander einzustellen und zwar derart, daß zu der Titrationsprobe gleichzeitig neben 40 ccm Wasser noch 10 ccm der KF-Lösung gegeben werden.

Durchführung der Bestimmung. Hierzu benutzt man nach Griffin zweckmäßig eine genau $5\,^0/_0$ige filtrierte Lösung des Aluminiumsulfates. Bei Anwendung dieser und der im folgenden angegebenen Mengenverhältnisse gestaltet sich dann die Berechnung des Ergebnisses sehr einfach. Man versetzt 68 ccm der Alaunauflösung in einem Titrierbecher mit 35 ccm dest. Wasser und erhitzt zum Sieden. Dann fügt man 10 ccm $n/_5$ Schwefelsäure zu und läßt abkühlen, worauf 18—20 ccm der KF-Lösung und einige Tropfen Phenolphthalein zugegeben werden. Man titriert jetzt mit der $n/_5$-Kalilauge zurück, wobei man diese nur tropfenweise zufügt. Der Endpunkt ist erreicht, wenn die Rosafärbung eine Minute bestehen bleibt. Diese Titration zeigt unmittelbar, ob der Alaun basisch oder sauer ist.

Werden weniger Kubikzentimeter KOH verbraucht, als Säure zugefügt wurde, so liegt ein basischer Alaun vor, und es berechnet sich die Menge an

$$\text{freiem } Al_2O_3 \text{ zu } (\text{ccm } H_2SO_4 - \text{ccm KOH}) \cdot 0{,}25\,.$$

Andererseits ist freie Säure vorhanden, wenn mehr KOH gebraucht wird. Es ist dann die Menge

$$\text{der freien Säure} = (\text{ccm KOH} - \text{ccm } H_2SO_4) \cdot 0{,}72\,.$$

Sind Eisensalze reichlich vorhanden, so beeinflussen sie die Bestimmung etwas und es ist ratsam, etwas mehr KF-Lösung zu nehmen. Anwesende Ammoniaksalze müssen durch Kochen mit einem bekannten Überschuß von $n/_5$-Alkali vor der eigentlichen Bestimmung entfernt werden.

Füllstoffe.

Füllstoffe werden in der Papierfabrik in sehr großen Mengen verbraucht. Als Grundlage für ihren Einkauf dient meistens lediglich die praktische Erfahrung, welche durch Versuche im Betrieb den geeignetsten und billigsten Füllstoff ausfindig macht.

Bei dem Umfange des Bedarfes ist der schlußmäßige Kauf das natürliche. Bei der daher nur nach und nach stattfindenden Auslieferung der gekauften Ware ist sonach ein ständiger Vergleich mit der anfänglich gelieferten Qualität notwendig, da durch sich stetig während der Auslieferung des Schlusses steigernde Abweichungen möglicherweise erhebliche Qualitätsverschlechterungen bewirkt werden können. Außer dieser Vergleichsuntersuchung wird man gewöhnlich nur noch eine Bestimmung des Trockengehaltes der Ware durchführen, besonders dann, wenn die Ware ab Erzeugungsort gekauft wird, um sich vor zu hohen Frachtunkosten zu schützen.

Eingehendere Prüfung von Füllstoffen dürfte nur im Falle erheblicher Abweichungen vom ursprünglichen Kaufmuster und bei einem Wechsel der Bezugsquelle sich als notwendig erweisen.

Je nach der Art und der Herstellung der Füllstoffe kommen für einzelne auch gewisse stets auszuführende Reinheitsproben in Betracht.

a) Allgemeine Untersuchungen.

Feuchtigkeitsbestimmung. Der Wassergehalt von Erden wird in einfacher Weise durch Trocknen von 1—2 g des sorgfältig gezogenen Durchschnittsmusters im Wassertrockenschrank ermittelt. Lediglich bei Gipserden ist es in gewissen Fällen nicht angängig, auf diese Weise zu verfahren, da bisweilen bereits bei 100^0 diese Erden Kristallwasser verlieren. Man verfährt daher zweckmäßig so, daß man eine Probe im Tiegel bis zum konstanten Gewicht glüht. Den Rückstand kann man als Anhydrit betrachten und mit Hilfe seines Betrages berechnen, wieviel Kristallwasser die angewandte Probe enthalten muß gemäß der Verbindung $CaSO_4 \cdot 2\,H_2O$. Aus diesem Wert und dem gefundenen Glühverlust kann der Feuchtigkeitsgehalt der Erde leicht gefunden werden. Wenn auch vom Gesichtspunkte der Frachtersparnis eine trockene Ware Vorteile bringt, so ist doch wiederum zu beachten, daß sehr trockene Erden beim Ausladen und bei der Verwendung starken Verstäubungsverlust ergeben. Auch sind trockene Erden schwer mischbar. Als durchschnittliche Werte für den Feuchtigkeitsgehalt können etwa die folgenden gelten:

böhmisches Kaolin 6—8 bis höchstens 12 $\%$,
englisches Kaolin 5—6, in seltenen Fällen bis 15 $\%$,
Talkum bis 3 $\%$,
Gipserden (Annaline, Lenzin, Brillantweiß, Blütenweiß u. a.)
     bis 1 $\%$,
Schwerspat (Baryt) bis 1 $\%$,
Blanc fixe (Teig) bis 30 $\%$.

Da irgendwelche Festsetzungen bislang nicht gemacht worden sind, so ist es immer empfehlenswert, beim Kauf von vornherein den Höchstfeuchtigkeitsgehalt zu bestimmen.

Farbton (Vergleichsprobe). Zum Vergleich zweier Füllstoffe hinsichtlich ihrer Weiße verfährt man in folgender einfacher Weise. Man bringt auf eine Glasplatte je eine Probe der zu vergleichenden Füllstoffe und preßt sie durch eine zweite darüber gelegte Platte möglichst flach, wobei man darauf achtet, beide Proben in einer längeren Linie in Berührung zu bringen. Nach dem Abheben der zweiten Glasplatte werden die Proben verglichen.

Nach **Sutermeister**[1]) bedient man sich zum Farbtonvergleichen der nachstehend skizzierten Vorrichtung. Ein Holzblock besitzt an

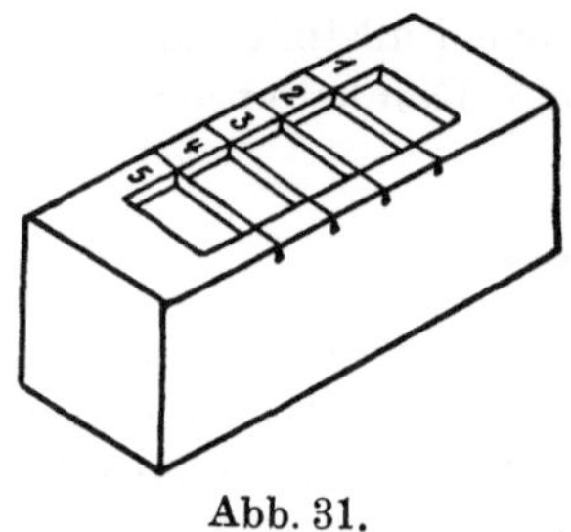
Abb. 31.

seiner oberen Fläche eine Aussparung, welche durch messerartig geformte Eisenstreifen in mehrere kleinere Fächer unterteilt ist. In eines dieser Fächer wird die Standard-, in die anderen werden die zu prüfenden Proben gebracht, an ihrer Oberfläche glatt abgestrichen, worauf der Vergleich erfolgen kann. Die oben sehr schwachen Trennwände der einzelnen Fächer gestatten es, die Proben dicht aneinander zu bringen. Der ganze Block kann mit den Proben sehr leicht gehandhabt werden, und ist es ohne weiteres möglich, ihn je nach den Lichtverhältnissen an verschiedene Stellen des Raumes zu bringen.

Es ist bei dieser Untersuchung notwendig, das Material vorher im Wassertrockenschrank zu trocknen, da die Farbe der Füllstoffe durch Feuchtigkeit sehr beeinflußt werden kann.

Farbstoffe. Die Füllstoffe werden manchmal, um gelbliche Färbungen zurückzudrängen, mit blauen Farbstoffen getönt. Als solche Farbstoffe kommen meistens nur Anilinfarben in Betracht, seltener mineralische Farben wie Ultramarin oder Berliner Blau.

---

[1]) **Sutermeister**, Chemistry of Pulp and Paper Making, New York 1920, S. 302.

Teerfarben können durch Ausschütteln der Füllstoffe mittels Alkohol erkannt werden. Sie sind in ihm mit verhältnismäßig dunklem Farbton löslich.

Die Mineralfarben sind unter dem Mikroskop als blaue Körnchen deutlich erkennbar. Da jedoch nicht selten besonders Tone kleine bläuliche Teilchen enthalten, welche aus dunklen Adern der Lager stammen (Korund), ist die mikroskopische Probe nicht ganz einwandfrei. Um Ultramarin sicher nachzuweisen, verfährt man daher wie folgt. Man gibt in ein Reagenzglas eine Probe des Füllstoffes und übergießt sie mit verdünnter Salzsäure. Das Glas verschließt man dann mit einem Wattepfropfen, mit welchem man einen Streifen angefeuchtetes Bleipapier im oberen Teil des Glases festklemmt. Spuren von aus dem Ultramarin stammendem Schwefelwasserstoff machen sich durch Braunfärbung des Streifens erkennbar.

Ist dem Füllstoff Berliner Blau beigemengt, so verschwindet der blaue Ton nicht durch eine solche Behandlung mit Salzsäure, wohl aber durch Kochen mit verdünnter Natronlauge oder durch Glühen.

Zur Feststellung künstlicher Färbung von Kaolin pflegt man ihn bisweilen mit Terpentin anzureiben. Hierbei soll eine blaugrüne Färbung des Tones auftreten. Diese Probe ist jedoch keineswegs stichhaltig, da auch ungeschönte, besonders englische Kaoline sich derart verhalten. Besser ist es nach Griffin[1]), künstliche Bläuung von Tonen wie folgt nachzuweisen. Man bringt in eine von zwei gleichweißen Porzellanschalen etwas frisch bereitetes klares Kalkwasser und in die andere destilliertes Wasser. In jede der Schalen gibt man nun etwas von dem zu untersuchenden Kaolin. Durch das Kalkwasser wird die künstlich zugesetzte Farbe so verändert, daß beide Proben nach dem Abgießen der Flüssigkeit deutlich voneinander in der Färbung abweichen werden.

Zusätze von Kalksalzen. Teueren Füllstoffen (Blanc fixe, Talkum u. a.) werden manchmal Zusätze von Kreide oder Gips beigefügt. Solche Zusätze können beim Schwerspat schon durch Ermittlung des spezifischen Gewichtes (Pyknometer) festgestellt werden. Zweckmäßiger ist es jedoch, in einem solchen Falle eine chemische Prüfung auszuführen. Man erwärmt zu diesem Zweck eine Probe des Füllstoffes mit verdünnter Salzsäure etwa 10 Minuten lang. Den hierbei erhaltenen Auszug neutralisiert man nach dem Filtrieren mit Ammoniak. Sind Kalksalze vorhanden gewesen, so entsteht nach weiterem Zusatz von Ammoniumoxalat ein kristallinischer Nieder-

---

[1]) Griffin, Methods of Analysis, New York 1921, S. 319, s. a. Sutermeister, Chemistry of Pulp and Papermaking, New York 1920, 303.

schlag von weißem oxalsaurem Kalk. Macht sich eine quantitative Ermittlung dieser Beimengungen notwendig, so verfährt man in der beschriebenen Weise mit etwa 5 g des Füllstoffes und bringt schließlich den erhaltenen Niederschlag nach Glühen als CaO zur Wägung. Statt dessen kann man auch den Niederschlag von Kalziumoxalat nach genügendem Auswaschen mit $n/_{10}$ Permanganatlösung bei 60^0 Wärme bis zur Rotfärbung titrieren (1 ccm $n/_{10}$ Permanganat entspricht 0,028 g CaO oder 0,05 g $CaCO_3$).

Bestimmung der Feinheit. Außer von dem Farbton hängt die Güte eines Füllstoffes noch ab von der Größe seiner Teilchen und von der Menge der sandigen Beimengungen. Je feiner geschlämmt ein natürlicher Füllstoff ist (Kaolin), um so wertvoller ist er für den Papiermacher und um so geringer werden die sandigen Beimengungen sein. Über die erstere gibt schon die mikroskopische Prüfung bei Vergleichen guten Aufschluß. Weiter kann man hierüber Näheres erfahren, wenn man eine Probe des Füllstoffes in einen kleinen mit Wasser gefüllten Standzylinder wirft: je feiner geschlämmt oder gemahlen der Füllstoff ist, um so langsamer wird er sich absetzen. Bei dieser Prüfung sinken etwa vorhandene sandige Beimungungen rasch auf den Boden des Gefäßes. Eine weitere einfache Probe, um solche sandigen Beimengungen besonders beim Kaolin zu ermitteln, besteht darin, daß man eine Probe des Füllstoffes auf ein Blatt Papier bringt und mit einem Messer flach überstreicht. Sandige Teilchen ragen aus der sonst glatten Fläche hervor, sind auch durch ihre Farbe und ihren Glanz erkennbar.

Die bisher wiedergegebenen Prüfungen sind lediglich Vergleichsuntersuchungen. Will man ein mehr objektives Bild von der Feinheit und Reinheit eines Füllstoffes haben, so kann man dies erhalten mit Hilfe von Sieben oder durch eine Schlämmanalyse.

Zur Abtrennung der groben Teilchen durch Siebe benutzt man die bei der Tonprüfung üblichen feinen Seidenflorsiebe, die bis zu 4900 Maschen auf den Quadratzentimeter besitzen. Man stellt mittels warmen Wassers eine vollkommen gleichmäßige Aufschlämmung der gewogenen Füllstoffprobe (50—100 g) her und gießt diese durch das Sieb. Der auf diesem verbleibende Rückstand wird sorgfältig ausgewaschen, getrocknet und zur Wägung gebracht. Durch Anwendung von Sieben verschiedener Feinheitsgrenze von 3600—4900 Maschen auf den Quadratzentimeter ist es möglich festzustellen, wieviel eine bestimmte Größe übersteigende Bestandteile in dem Füllstoff vorhanden sind.

Zur einer genauen Sortierung der verschiedenen Bestandteile nach ihrer Größe benutzt man einen Schlämmapparat in der bekannten, in der keramischen Industrie üblichen Ausführung.

Die quantitative Bestimmung dieser Teile geschieht durch einen Schlemmversuch. Hierbei werden die feinen und leichteren Teile des Füllstoffes durch fließendes Wasser abgeschlemmt, während die schwereren Sandpartikel zurückbleiben, dann gesammelt und gewogen werden können.

Einen für diese Bestimmung geeigneten und leicht herstellbaren Apparat gibt Sutermeister an. Der Apparat ist in Abb. 32 wiedergegeben. Bei dieser Einrichtung bedarf nur das Abheberrohr einer Erläuterung. Es ist mit einem Schwimmer ausgerüstet und in der senkrechten Richtung so leicht beweglich, daß es dem sinkenden Wasserspiegel leicht folgen kann. Die Schwere des Schwimmers ist so gewählt, daß das Ende des Rohres jeweils nur ein wenig unter der Wasseroberfläche liegt. Dadurch wird bewirkt, daß der Einlauf in das Rohr auch während des Absinkens des Spiegels sich nur wenig unter diesem befindet. Ein Anschlag verhindert so weites Sinken, daß die Flasche vollständig leer wird. In die Flasche wird

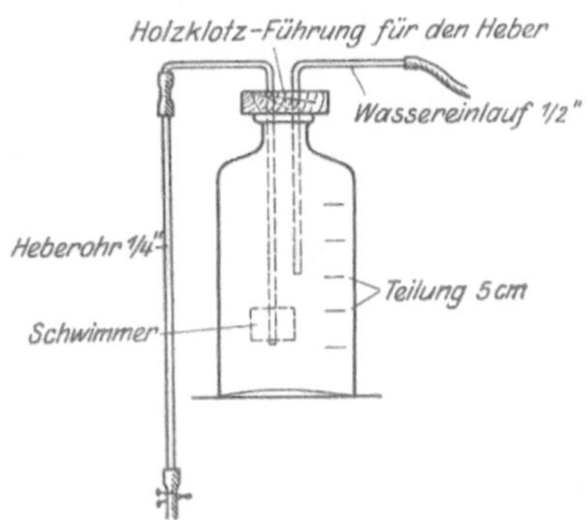

Abb. 32.

eine größere Probe des Füllstoffes gegeben, worauf man die Flasche bis zu einer Marke am Halse mit Wasser füllt und hierbei eine feine, gleichmäßige Verteilung der zu untersuchenden Probe im Wasser herbeiführt. Man läßt jetzt eine (stets gleiche) bestimmte Zeit stehen, worauf man das Heberrohr in Gang setzt. Man wiederholt diesen Versuch nun so oft, bis am Ende der Absetzzeit das Wasser zwischen der oberen Füllmarke und einer auf Grund von Erfahrung gewählten unteren Marke klar ist. Diese Marke muß so gewählt werden, daß mit ziemlicher Gewißheit der unter den gewählten Versuchsbedingungen verbleibende Rückstand als Sand angesehen werden kann. Sutermeister gibt keine genaueren Vorschriften für die Ausführung an, und es dürfte daher ratsam sein, sich durch Herstellung einer Mischung von Kaolin mit ein wenig Sand ein Material zu schaffen, mit dessen Hilfe man den Apparat ausprobiert und die geeignetste Arbeitsweise ermittelt.

Der verbleibende Rückstand wird quantitativ aus der Flasche gespült, auf einem Filter gesammelt, getrocknet und dann für sich gewogen.

Es ist sehr empfehlenswert, den bei dieser Bestimmung gefundenen Rückstand unter dem Mikroskop zu betrachten. Hierbei erfährt man, um was es sich handelt, ob Glimmer oder Sand, und kann die Schwierigkeiten voraussehen, die bei der Verarbeitung des Materials zu erwarten wären.

b) Besondere Uutersuchungen bei einzelnen Füllstoffen.

Kaolin.

Eisen in Kaolin. Der Eisengehalt im Kaolin ist durch den gelben [Farbton, welchen er diesem Füllstoff verleiht, eine unangenehme Erscheinung, falls der Füllstoff nicht für gelbliche Papiere zur Anwendung gelangt. Zu seiner quantitativen Ermittlung behandelt man das Kaolin mit verdünnter Salzsäure in der Wärme und prüft die erhaltene Lösung kolorimetrisch auf Eisen. Bei Vergleichsproben kann man auch so verfahren, daß man die salzsaure Lösung mit einer Lösung von gelbem Blutlaugensalz bekannter Konzentration tropfenweise versetzt und den entstandenen Farbton vergleicht.

Talkum.

Prüfung auf Kalziumkarbonat. Als verhältnismäßig teurer Füllstoff enthält Talkum bisweilen Verfälschungen in Form von kohlensaurem Kalk. Auf diesen wird geprüft dadurch, daß man den „Säureverlust" ermittelt, d. h. den Verlust an Gewicht beim Behandeln mit verdünnter Salzsäure. Nach Wittel und Welwart arbeitet man nach folgender Vorschrift: 1 g Talkum wird mit 200 ccm destillierten Wassers übergossen, dann werden 3 ccm Salzsäure vom spez. Gewicht 1,12 zugefügt, und hierauf wird das Gemisch 15—20 Minuten im Sieden erhalten. Nach Filtration und Trocknen wird der Rückstand gewogen. Der Säureverlust schwankt nach Wittel und Welwart zwischen 1,97 und 11,69 $^0/_0$.

Auf zugesetzten Gips wird in folgender Weise geprüft. Man kocht etwa 2 g Talkum mit 25 ccm Salzsäure (etwa 1 : 4), filtriert und prüft das klare Filtrat mit Baryumchlorid. Falls ein deutlicher Niederschlag erscheint, wird in der gleichen Weise der Versuch auf quantitativer Basis wiederholt und der mit Baryumchlorid erhaltene Niederschlag in bekannter Weise weiterverarbeitet. Es ist zweckmäßig, nach der Fällung längere Zeit zu kochen, um die Umsetzung des Gipses vollständig zu machen. Es ist

$$BaSO_4 \cdot 0{,}7375 = CaSO_4 \cdot 2H_2O .$$

Wenn Talkum mit Baryt und ähnlichem verfälscht ist, so gibt sich das deutlich bei der Bestimmung des spez. Gewichtes zu erkennen. Dies kann nach bekannten Regeln durchgeführt werden. (Pyknometer.) Man kann annehmen, daß bei einem spez. Gewicht größer als 2,9 eine Beimengung von Baryt, Feldspat oder ähnlichem vorliegt. Gewöhnlich ist das spez. Gewicht 2,7 bis 2,9.

Als natürliche Beimengung ist Kalziumkarbonat nur bis zu $4\,^0/_0$ zu betrachten.

Schwerspat, Blanc fixe.

Zusatz von Bleisulfat. Schwerspat wird manchmal durch Zusatz von Bleisulfat gefälscht. Ein solcher Zusatz läßt sich folgendermaßen ermitteln. Man erwärmt eine Probe des Füllstoffes mit kohlensaurem Natron und läßt dann etwa 12 Stunden stehen. Nach dieser Zeit wird filtriert, ausgewaschen und der Rückstand mit sehr verdünnter Salpetersäure behandelt. Entsteht beim Einleiten von Schwefelwasserstoff in die dann erhaltene schwach saure Flüssigkeit ein brauner bis schwarzer Niederschlag, so ist Blei anwesend.

Säurereste. Künstlicher Schwerspat (Blanc fixe) enthält häufig von der Herstellung her im Teig verbliebene Säurereste. Qualitativ ermittelt man solche mittels blauem Lackmuspapier, das man in den mit Wasser verdünnten Teig eintaucht.

Zur quantitativen Bestimmung größerer Säurereste verreibt man in einem Mörser 10—20 g Teig mit heißem Wasser, spült in ein Becherglas, kocht auf und titriert mit $^n/_{10}$ Lauge.

Zusammenstellung der gebräuchlichsten Füllstoffe.

Gattung	Sorte	Spez. Gewicht	Bemerkung
Karbonate	Kohlensaurer Kalk, Kreide, $CaCO_3$	2,6—2,8	
	Kohlensaurer Baryt, Patentweiß, Witherit, $BaCO_3$	4,2—4,3	
Sulfate	Schwefelsaurer Kalk Wasserfreies Salz: Annaline $CaSO_4$ Wasserhaltiges Salz: Pearl Hardening $CaSO_4 + 2\,H_2O$ Andere Bezeichnungen: Satinite, Brillantweiß, Gips	2,8—3,0 2,2—2,4	In Wasser löslich im Verhältnis 1 : 400. Viel Verlust im Abwasser, bis zu $70^0/_0$. Satinite künstlich erzeugt aus Kalkmilch und Aluminium-Sulfat. Enthält Tonerde neben Kalziumsulfat. Kommt als Paste in den Handel.
	Schwefelsaurer Baryt, Blanc fixe, Permanentweiß, Schwerspat, $BaSO_4$	4,3—4,5	Wenn im Stoff erzeugt, nur etwa $35^0/_0$ Verlust. Bei Anwendung von fertigem Füllstoff Verluste bis zu $50^0/_0$.

Zusammenstellung der gebräuchlichsten Füllstoffe.
(Fortsetzung.)

Gattung	Sorte	Spez. Gewicht	Bemerkung
Silikate	Kieselsaure Tonerde, China-Clay, Porzellanerde, Kaolin, $H_2Al_2(SiO_4)_2 + H_2O$	2,2—2,8	Wichtigster Füllstoff. Es bleiben bis 70% im Papierstoff.
	Kieselsaure Magnesia, Talkum, $H_2Mg_3(SiO_3)_4$	2,7—2,8	Etwa 50—60 % bleiben im Stoff.
	Kieselsaure Magnesium-, Aluminium-, Kalzium-Verbindung, Asbestine, Agalite, Nematolyte.	2,2—2,5	Enthält bis 96% kieselsaure Magnesia. Es bleiben bis zu 80% des Füllstoffs im Papier.

Aussehen der Füllstoffe unter dem Mikroskop.

Zur schnellen Ermittlung der Art eines Füllstoffes läßt sich auch sehr gut das Mikroskop anwenden. Besonders charakteristische Merkmale enthält folgende Übersicht.

Füllstoff	Aussehen unter dem Mikroskop
Kaolin	Die einzelnen Teilchen sind ziemlich gleichförmig, meistens rund, ohne scharfe Ecken. Nur bei geringeren Sorten treten große Verschiedenheiten der Teilchen hervor.
Talkum	Schuppenförmige Kristallbruchstücke.
Asbestine, Agalite	Nadelförmige, faserige, ungleichartige Bruchstücke.
Kalziumsulfate	Gemenge von nadelartigen und größeren Bestandteilen. Bringt man einen Tropfen Salzsäure zusammen mit etwas Füllstoff auf das Präparatenglas, erwärmt vorsichtig und raucht schließlich langsam ab, so scheidet sich der anfangs gelöste Gips in Form von langen Nadeln wieder ab, die deutlich unter dem Mikroskop wahrgenommen werden können.
Schwerspat	Stellt sich unter dem Mikroskop als ein Gemenge verschieden großer, eckiger Teilchen dar.

Bestimmung der Konzentration fertiger Erdmilch.

Es ist empfehlenswert, bisweilen zu prüfen, ob die fertige Erdlösung tatsächlich die vorgeschriebene Konzentration aufweist. Zur Ermittlung dieser kann man nach Sutermeister[1] wie folgt verfahren.

---

[1] Sutermeister a. a. O. S. 297.

Notwendig ist nur eine Flasche von etwa 1 l Inhalt, die mit der zu untersuchenden Erdmilch, z. B. Kaolin, gewogen wird. Es sei nun

x   das Gewicht des trockenen Kaolins in der Flasche,
2,6 sein spez. Gewicht,
y   das Gewicht der Wassermenge in der Kaolinmilch in der Flasche,
w   das Gewicht der Flasche voll mit Kaolinmilch,
c   der Rauminhalt der Flasche in ccm oder das Gewicht der Wassermenge, die die Flasche aufnehmen kann in g,
f   das Gewicht der leeren Flasche in g.

Es ist dann

$$x = w - f - y,$$

$$y = c = \frac{x}{2,6},$$

$$x = w - f - c + \frac{x}{2,6},$$

$$x = \frac{2,6\,(w - f) - 2,6\,c}{1,6},$$

$$x = 1,625\,w - 1,625\,(f + c).$$

Sind die erforderlichen Konstanten also einmal bestimmt, so genügt eine einzige Wägung für die Kontrolle.

Es ist nicht zu übersehen, daß bei anderen Füllstoffen die entsprechenden spez. Gewichte einzusetzen sind.

Farbstoffe.

Ultramarin.

Ultramarin ist der am häufigsten benutzte blaue Mineralfarbstoff, der infolge seines reinen und ziemlich unveränderlichen Farbtones immer noch große Vorzüge gegenüber Teerfarbstoffen besitzt. Ultramarin kommt in verschiedener Tönung und Farbkraft in den Handel. Von Einfluß auf die Färbung ist auch seine Mahlung. Ein Nachteil dieses Farbstoffes ist seine mehr oder weniger starke Empfindlichkeit gegen schwefelsaure Tonerde und freie Säure selbst. Ultramarin enthält bisweilen Verfälschungen in Form von Ton, Gips, Schwerspat, ferner zur Erzielung dunkler Töne Beimengungen von Glyzerin und Sirup. Aus vorstehendem zeigt sich ohne weiteres, auf welche Punkte sich eine Untersuchung des Ultramarins zu erstrecken hat.

Prüfung auf Färbvermögen. Man kann auf zwei verschiedene Arten verfahren:

a) Man mischt 1 Teil der Probe mit 5 Teilen eines weißen Kaolins und rührt mit einer bestimmten Wassermenge zu einem Brei an. In der gleichen Weise wird ein Normalmuster zu einer Paste angerieben, und beide Farbstoffe werden dann auf ihren Ton verglichen. Es gelingt auf diese Weise, einen guten Maßstab für die Farbkraft zu erhalten.

Eine mehr praktische Prüfung ist die folgende. Sie besteht darin, daß man eine abgewogene Menge aufgeschlagenen Papierstoffes mit einer bestimmten Farbstoffmenge ausfärbt, dann ein Handmuster aus dem Brei schöpft und dieses mit einer gleichartigen Ausfärbung des Normalmusters vergleicht.

Prüfung der Feinheit. Man bringt eine Probe Ultramarin auf ein kleines Sieb, das aus feinster Seidengaze besteht und verreibt mit dem Finger. Gröbere Teilchen lassen sich gut herausfühlen.

Statt dessen kann man auch die folgende Probe anwenden. 1 g Ultramarin wird in einer Flasche mit 200 ccm Wasser gut geschüttelt, worauf man die Flasche stehen läßt. Das Wasser bleibt um so länger blau gefärbt, je feiner der Farbstoff gemahlen ist. Ultramarine, die bei dieser Probe sich unvollkommen oder gar nicht verteilen, sind für die Zwecke der Papierfärberei unbrauchbar.

Prüfung auf Alaunbeständigkeit. Man schüttelt 0,05—0,1 g des zu prüfenden Farbstoffes mit 10 ccm einer $10\,^0/_0$igen filtrierten Lösung von schwefelsaurer Tonerde in einem Reagenzglas. Man vergleicht hierbei sein Verhalten mit dem eines bekannten Ultramarines. Widerstandsfähige Ultramarine verblassen erst nach Tagen, hingegen empfindliche bereits nach wenigen Minuten.

Prüfung auf Verfälschungen. a) Mineralische Stoffe. Sie können unter dem Mikroskop gut erkannt werden. Neben den blauen Teilchen sind farblose, unregelmäßige Körnchen enthalten, die, wenn es sich um Schwerspat oder Ton handelt, in Wasser unlöslich sind.

Zur Feststellung von Gips kocht man Ultramarin mit Wasser, filtriert und fügt zum Auszug oxalsaures Ammon: eine mehr oder weniger starke Trübung läßt auf Gegenwart von Gips schließen.

Ultramarin enthält bisweilen von seiner Darstellung her Reste von Glaubersalz, die unvollständige Verteilbarkeit des Farbstoffes im Wasser bewirken können. Man prüft auf diesen Stoff vermittels eines wässerigen Auszuges aus einer Farbstoffprobe. Dieser Auszug gibt in einem solchen Falle mit Baryumchlorid eine weiße Fällung und der bei seinem Eindampfen auf einem Platintiegel-Deckel erhaltene Rückstand färbt die nicht leuchtende Bunsenflamme stark gelb.

b) Organische Beimengungen. Zur Prüfung auf Glyzerin und Sirup stellt man sich einen wässerigen Auszug des Farbstoffes her. Diesen Auszug dampft man zur Trockene ein und erhitzt ihn dann vorsichtig. Auf das Vorhandensein der genannten Stoffe kann geschlossen werden, wenn hierbei Bräunung eintritt und sich der charakteristische Geruch verbrennender organischer Substanzen bemerkbar macht.

Teerfarbstoffe.

Wichtig erscheint vor allem die Feststellung, ob ein einheitlicher Farbstoff oder ein Gemenge von Farbstoffen vorliegt. Zur Prüfung befeuchtet man ein Stück Filtrierpapier mit Wasser, hält es wagrecht und bläst dann eine kleine Menge von fein gepulvertem Farbstoff derart auf die feuchte Papierfläche, daß sich die Teilchen gesondert als Farbpünktchen im Wasser des Papierblattes lösen können. Die verschiedenen Farbflecke geben Anhaltspunkte für die Zahl und die Farbtöne der etwa gemischten Farbstoffe. Weitere Unterschiede können unter Umständen bei den in Wasser nur mit ähnlichem Farbton löslichen Farbstoffen durch Aufblasen auf konzentrierte Schwefelsäure ermittelt werden.

Von Bedeutung ist ferner die Feststellung der Farbstoffklasse für das anzuwendende Färbeverfahren. Meist wird freilich der Name des Farbstoffes bekannt sein und der Lieferung eine Färbe-Vorschrift beigegeben sein. In Zweifelsfällen kann man sich durch Probefärbungen auf Spinnfasern verhältnismäßig leicht darüber unterrichten, ob man es mit einem sauren, basischen oder substantiven, Beizen- oder Küpen-Farbstoff zu tun hat.

Zur Erkennung eines etwa vorhandenen sauren Farbstoffes bringt man in die ungefähr $1\,{}^0/_0$ige kochende Lösung nach Zusatz von einigen Tropfen Essigsäure ein Wollgarnsträngchen ein, hält unter häufigem Umziehen des Strängchens die Färbeflüssigkeit $^1/_4$—$^1/_2$ Stunde im Kochen, spült dann aus und beobachtet, ob aus der Farblösung der Farbstoff ganz oder doch größtenteils ausgezogen ist und beim kräftigen Spülen auf den Fasern des Wollsträngchens verbleibt.

Zur Erkennung der basischen Farbstoffe verwendet man ein durch Einlegen in Tannin und Fixieren mit Brechweinstein gebeiztes Baumwollgarnsträngchen an.· Basische Farbstoffe fixieren sich auf derart gebeizten Fasern sehr vollständig. Die Lösungen von basischem Farbstoff geben übrigens bei vorsichtigem Zusatz von Tanninlösung eine Fällung, so daß eine Ausfärbung sich vielfach erübrigt.

Der Nachweis substantiver Farbstoffe gelingt durch Ausfärbung in einer 2—$5\,{}^0/_0$igen Farbstofflösung, der man Kochsalz oder Glaubersalz in solchen Mengen beigefügt hat, daß 10—$20\,{}^0/_0$ des Fasergewichtes an Salz vorhanden sind. Substantive Farbstoffe lassen sich beim kochenden Ausfärben binnen $^1/_2$ Stunde auf der Baumwollfaser fixieren.

Küpenfarbstoffe können an ihrem Verhalten zu Hydrosulfit und Alkali erkannt werden. Sie gehen bei der Behandlung mit diesen Reagenzien meist unter Färbänderung in Lösung.

Beizenfarbstoffe färben in Suspension oder Lösung ungebeizte Baumwolle oder Wolle nicht an. Kocht man aber in der Farbstoffbrühe ein Strängchen gebeizter Faser — besser noch verwendet man Streifchen von Baumwollstoff, der mit Beizen bedruckt ist —, so kann an der Farbveränderung der gebeizten Faser der Beizcharakter des Farbstoffes erkannt werden.

Probefärbung. Die Ausgiebigkeit von Farbstoffen, ihren Farbton auf Papierstoffen, kann man nur durch Probefärben erkennen. Man nimmt eine bestimmte Menge Papierstoffbrei, setzt eine entsprechende Menge Farbstofflösung dazu, fällt mit Tonerdesulfat, gegebenenfalls mit Harzleim und Tonerdesulfat unter Umrühren, am besten in einem dickwandigen Glasgefäß (sogenannte „Stutzen") aus und saugt die gefärbte Papiermasse auf einer Nutsche über Filtriereinlagen aus feinem Baumwollstoff ab. Filter samt Niederschlag werden in einer Presse — wozu eine Kopierpresse genügt — abgepreßt, worauf sich die Filtriertuchschicht bei einiger Vorsicht ohne Verletzung des entstandenen Papierblattes abheben läßt. Das Papierblatt wird darauf an der Luft, besser heiß getrocknet, wobei man durch Spannung ein Einschrumpfen und Blasigwerden verhüten muß. Zur Trocknung ist der im Abschnitt: „Bleicherei" empfohlene Apparat sehr geeignet.

Tannin.

Das für Färbezwecke benutzte Tannin kommt als ein gelbliches Pulver oder aber in kristallähnlichen Schuppen in den Handel. Charakteristisch ist die schwarz-blaue Färbung, die seine wässerige Lösung mit Eisenchlorid gibt und seine Fähigkeit, Eiweiß und Leim zu fällen.

Die Prüfung des Tannins erstreckt sich gewöhnlich auf die Bestimmung seines Wassergehaltes und den Nachweis etwa vorhandener anorganischer Verunreinigungen.

Bestimmung des Wassergehaltes. Man trocknet 1—2 g Tannin bei 100^0 bis zur Gewichtskonstanz und ermittelt den Gewichtsverlust. Der Wassergehalt darf $12^0/_0$ nicht übersteigen.

Prüfung auf anorganische Verunreinigungen. Ihre Ermittlung geschieht durch eine Aschenbestimmung, die man mit 1—2 g Tannin durchführt. Der meist aus Zinkoxyd bestehende Aschengehalt soll $0,15^0/_0$ nicht übersteigen.

Andere Chemikalien.

Formaldehyd.

Der technische Formaldehyd kommt als eine $40^0/_0$ige Lösung (Formol) in den Handel.

Von den Verunreinigungen, auf die Formalin für die Zwecke der Leimung zu prüfen ist, kommt hier bloß freie Säure in Betracht. Außer dieser Prüfung sollte die Lösung stets quantitativ auf ihren Gehalt an Formaldehyd untersucht werden.

Prüfung auf freie Säure. Man versetzt 10 ccm Formaldehyd mit 10 Tropfen Normalalkalilauge. Die Lösung darf dann nicht mehr sauer reagieren. Formaldehyd enthält nicht selten bis zu $0,2^0/_0$ Ameisensäure.

Quantitative Bestimmung. Zur schnellen quantitativen Bestimmung kann die Ermittlung des spez. Gewichtes dienen (siehe folgende Tabelle). Da Formaldehyd stets etwas Methylalkohol enthält, ist diese Bestimmung jedoch nicht ganz verläßlich.

Zur genauen quantitativen Bestimmung benutzt man die von W. Fresenius und L. Grünhut[1]) gegebene Vorschrift. Die Methode beruht auf folgender Umsetzung des Formaldehyds in alkalischer Lösung mit Wasserstoffsuperoxyd:

$$2\,H \cdot CHO + H_2O_2 + 2\,NaOH = 2\,H \cdot COONa + H_2 + 2\,H_2O.$$

Die praktische Ausführung ist die folgende. Man wägt etwa 3 g Formalinlösung in einem engen Wägeröhrchen mit eingeschliffenem Stopfen ab. Das geöffnete Wägeglas läßt man dann, ohne daß es umfällt, in einen Erlenmeyerkolben von etwa 500 ccm Inhalt gleiten, der bereits mit 25—30 ccm kohlensäurefreier doppeltnormaler Natronlauge beschickt ist. Durch Kippen und Umschwenken mischt man dann das Formol mit der Lauge und gibt gleichzeitig 50 ccm $3^0/_0$iges H_2O_2 zu, die man unter weiterem Umschwenken langsam innerhalb 3 Minuten durch einen Trichter zufließen läßt. Man läßt dann 5—10 Minuten stehen und titriert nach dem Abspülen des Trichters das überschüssige Alkali mit doppeltnormaler Säure unter Benutzung von Lackmus als Indikator zurück.

1 ccm 2 N.-Lauge entspricht 0,06 g CH_2O. Die eigene Azidität der Formalinlösung sowie die des Wasserstoffsuperoxydes ist bei dieser Bestimmung zu berücksichtigen.

---

[1]) **Fresenius** und **Grünhut**, Z. f. analytische Chemie **44**, 13 [1905].

Spez. Gewichte reiner wässeriger Formaldehydlösungen
bei 18°, bezogen auf Wasser von 4°, nach Auerbach.

g CH_2O in 100 ccm Lösung	g CH_2O in 100 g Lösung	Spez. Gewicht
2,24	2,23	1,0054
4,66	4,60	1,0126
11,08	10,74	1,0311
14,15	13,59	1,0410
19,89	18,82	1,0568
25,44	23,73	1,0719
30,17	27,80	1,0853
37,72	34,11	1,1057
41,87	37,53	1,1158

Bestimmung von Mineralsäuren.

Schwefel- und Salzsäure. Beide Säuren gelangen häufig in
Papier- und Zellulosefabriken zur Anwendung. Zur rascheren Ermittelung ihres Gehaltes dient die Bestimmung des spezifischen Gewichtes
mit Hilfe eines Aräometers. Die genaue Gehaltsermittelung geschieht
durch Titration einer genau abgemessenen und entsprechend verdünnten Probe mit $n/_{10}$ Alkalilösung, wobei man Methylorange als
Indikator verwendet.

Schwefelsäure kommt in konzentriertem Zustand als ölige
Flüssigkeit vom spezifischen Gewicht 1,85 in den Handel. Verdünnte
Säuren werden fast ausnahmslos aus der konzentrierten durch Ein-
laufenlassen in Wasser hergestellt. (Größte Vorsicht notwendig,
Säure muß in dünnem Strahl ins Wasser laufen, wobei ständig gerührt werden muß!) Konzentrierte Säure enthält bisweilen von ihrer
Darstellung her geringe Mengen Blei. Sie können nachgewiesen
werden durch Verdünnen mit Wasser, wobei das Blei als Sulfat in
feiner Trübung ausfällt.

Salzsäure wird gewöhnlich als eine 30—36$^0/_0$ige Auflösung
des Chlorwasserstoffgases gehandelt. Diese wässerige Auflösung enthält stets Eisen, dem sie ihre gelbe Farbe verdankt. Wenn sonst
keine Hindernisse vorliegen, benutzt man daher in allen Fällen, wo
Säure mit dem Papierstoff in Berührung kommt (z. B. am Ende der
Bleiche) vorzugsweise Schwefelsäure, selbst auf die Gefahr einer Anreicherung des Halbstoffes mit unlöslichen Salzen.

Es entspricht:

1 ccm $n/_{10}$ Alkalilösung $= 0,0049$ g H_2SO_4
1 ccm „   „ $= 0,00365$ g HCl.

Weitere beachtenswerte Literatur:

Heinrich Salvaterra. Bestimmung der Verseifungszahl in Montanwachs. Chem.-Ztg. **44**, 129 [1920] Nr. 19.

J. Marcusson, Die technischen Kumaronharze. Chem.-Ztg. **43**, 110—111, 122—123 [1919] Nr. 28 und 31. Vorschrift für die Analyse von Kumaronharzen.

Bericht über die Arbeiten des Unterausschusses zur Unterscheidung der Kumaronharze. Kunststoffe **9**, 190—192 [1919] Nr. 14.

M. Clark, Studien über technisches Kasein I. Journ. of Ind. and Engin. Chem. **12**, 1162, Dezember 1920, Nr. 12. Papierfabrikant **19**, 147 [1921 Nr. 7.
Ausführliche Abhandlung über Bereitung, Eigenschaften und Untersuchung von Kasein.

W. M. Clark, H. F. Zoller, A. O. Dahlberg und A. C. Weimar, Studien über technisches Kasein II. Journ. of Ind. and Engin. Chemistry **12**, Nr. 12, Dezember 1920; Papierfabrikant **19**, Zeitschriftenschau 197 [1921] Nr. 9.

R. H. Shaw, Studien über technisches Kasein III. Analysen-Methoden für Wasser, Asche, Fett und Zucker. Journ. of Ind. and Engin. Chemistry **12**, Nr. 12. Dezember 1920; Papierfabrikant **19**, Zeitschriftenschau 221 [1921] Nr. 10.

Ch. Chorower, Verschiedenes Verhalten der Kaseinarten (Kuh- und Ziegenkasein) in bezug auf Viskositätsbildung. Chem.-Ztg. **44**, 605—606, 613—614 [1920] Nr. 99 und 100.

Harper F. Zoller, Untersuchungen über technisches Kasein. IV. Wertbestimmung mittels der Boraxlöslichkeitsprobe für Handelskaseine. (III. Mitt. vgl. Shaw, Journ. Ind. and Engin. Chem. **12**, 1168; vorst. Ref.); Journ. Ind. and Engin. Chem. **12**, 1171—1173, Dez. (28./6.) 1920. Washington (D. C.), Dep. of Agriculture. Chem. Zentralbl. II, 514 [1921] Nr. 11.

Paul Krais, Praktische Arbeit mit Wilhelm Ostwalds Farbenatlas. Prometheus 1909, S. 367. Färber-Ztg. **31**, 19 [1920] Nr. 2.

P. W. Codwise, Die Bestimmung des Aluminiums im Aluminiumsulfat. „Paper" **26**, 13—15, 7. April 1920, Nr. 5; P.-F. **18**, 487 [1920] Nr. 36.
Ein Muster Aluminiumsulfat, das etwa 40 ccm einer $^n/_{10}$ Ätznatronlösung entspricht, wird genau ausgewogen und in genau 25 ccm destillierten Wassers in einem 100 ccm Becherglas gelöst. Man erhitzt zum Kochen und fügt 1 Tropfen einer 1%'igen alkalischen Phenolphthaleinsösung hinzu. Das Becherglas wird dann auf ein Stück weißen Papiers gesetzt unter einer 50 ccm Bürette, aus der man 10 ccm einer $^n/_{10}$ Ätznatronlösung einlaufen läßt. Die Flüssigkeit wird nun erneut zum Kochen erhitzt und unter Umrühren genau 60 Sekunden gekocht. Weitere ccm der Ätznatronlösung werden dann zugefügt, und das Kochen wird wiederholt. Die Zufügung von Ätznatron und das Kochen wird ein drittes Mal wiederholt. Nunmehr wird Ätznatron zugefügt, bis eine leichte Rosafärbung hervorgerufen wird. Man erhitzt dann nochmals zum Kochen und kocht 60 Sekunden, die Farbe wird jetzt verschwinden. Es wird nun so lange Ätznatron vorsichtig hinzugefügt, bis eine deutlich bleibende rosa Farbe bei 60 sekundenlangem Kochen hervorgerufen wird. (Notwendig wird etwa 1 ccm Ätznatronlösung sein.) Der Endpunkt wird erreicht, wenn 2 Tropfen über die erste bleibende rosa Färbung hinaus, mit anderen Worten 3 Tropfen einer äquivalenten Menge Säure die

Farbe vollständig zum Verschwinden bringen. Bevor man die Daten berechnet, ist es erforderlich, auf die Gegenwart freier Säure zu prüfen. Sollte solche gefunden werden, so muß man ihr Äquivalent von der gefundenen Menge Ätznatron abziehen. Die Berechnung gründet sich auf die Reaktion und auf die Umsetzung von Aluminiumsulfat und Ätznatron zu Aluminiumhydroxyd. Natriumsulfat wird berechnet in Prozent Aluminiumoxyd. 1 ccm einer $^n/_{10}$ Ätznatronlösung entspricht einer Lösung von 0,001 703 g Al_2O_3. Bei dem Verfahren wird nur das gebundene Aluminium bestimmt, die Werte fallen daher niedriger aus, als bei der gewichtsanalytischen Bestimmung, bei welcher auch das nicht gebundene Alumium mitbestimmt wird.

Der Nachweis von verholzten Unreinigkeiten in Baumwolle und Baumwollabfall. „Paper" **26**, 13—14, vom 5. Mai 1920, Nr. 9.

B. Untersuchung von Abwässern.

Allgemeines. Der Untersuchung der Abwässer wird in vielen Fällen durchaus nicht jene Bedeutung zugemessen, welche ihr wirklich zukommt. Zwei wichtige Gründe sind es, die eine solche Untersuchung rechtfertigen. Es ist bekannt, daß gerade wegen des Abwassers nicht selten sehr unliebsame Streitigkeiten mit dem Wassernachbar im Unterlauf veranlaßt werden. Eine genügende Kontrolle des Gesamtabwassers der Anlage und die Ergreifung von geeigneten Maßregeln auf Grund des Ausfalles dieser Untersuchung ist gewiß ein Vorbeugungsmittel gegen das Entstehen solcher Zwistigkeiten, zumal derartige Klagen der Nachbarn nicht selten ganz unberechtigt sind, andererseits aber in vielen Fällen wesentlich übertrieben wird.

Weiterhin ist die Abwasseruntersuchung auch vom ökonomischen Standpunkt aus gerechtfertigt. Es ist gewiß nicht zuviel gesagt, wenn man behauptet, daß eine dauernde Untersuchung der Abwässer der einzelnen Betriebsabteilungen einen guten Anhaltspunkt für die Beurteilung ihres Arbeitens in wirtschaftlicher Hinsicht ergibt.

Aus diesen Betrachtungen folgt, daß bei der Untersuchung von Abwässern zu unterscheiden ist, ob es sich um solche handelt, die von einer der verschiedenen Betriebsabteilungen stammen, oder ob das Gesamtwasser einer Anlage vorliegt.

Bei den erstgenannten, also bei unvermischten Abwässern von den Papier- und Entwässerungsmaschinen, von den Waschholländern, von der Chlorwasserbereitung, von der Leimküche, von der Schleiferei und von den verschiedenen anderen Abteilungen ist in erster Linie der Verlust an verwertbaren Substanzen der Anlaß zur Untersuchung. Der Zweck der Untersuchung des Gesamtwassers ist hingegen zumeist die Feststellung der Schädlichkeit für Anwohner, für die Fischzucht und die der Eignung für weitere gewerbliche Zwecke.

Für beide Arten der Untersuchungen können hier in Anbetracht der großen Verschiedenheit der praktischen Verhältnisse nur allgemeine Richtlinien gegeben werden.

Untersuchung des Gesamtabwassers. Die Prüfung des gesamten Abwassers zerfällt in eine Untersuchung an Ort und Stelle, d. h. in eine örtliche Begehung und Betrachtung des Abwasserlaufes und in eine chemische Untersuchung auf schädliche Stoffe im Laboratorium.

Es sei nun von vornherein darauf aufmerksam gemacht, daß den Ergebnissen einer im eigenen Laboratorium vorgenommenen Wasseranalyse vor Gericht keine unbedingte Beweiskraft zukommt. Eine solche besitzen lediglich die Analysen von vereideten Sachverständigen, welche aber in ihrem Gutachten gewiß auch die im Laboratorium der Fabrik gewonnenen Ergebnisse heranziehen und besprechen werden und ihnen damit doch eine gewisse Bedeutung verleihen.

Die Prüfung an Ort und Stelle hat sich hier auf folgende Punkte zu erstrecken:

1. Äußeres Aussehen des Wassers.
2. Geruch.
3. Reaktion.

Zu 1. Es ist zu beachten, ob das Abwasser unverhältnismäßig stärker getrübt oder gefärbt ist als normal, ferner, ob es sichtbare Mengen von Abfallstoffen enthält. Es ist endlich festzustellen, wie weit unterhalb der Fabrik solche Verunreinigungen jeweils beobachtet werden können und wann das Abwasser äußerlich einwandfrei erscheint. Es sei bemerkt, daß trübes oder gefärbtes Wasser an und für sich nicht schädlich zu sein braucht, daß hierüber lediglich die Untersuchung der Schwebestoffe Aufschluß geben kann, ein Umstand, der besonders bei Angaben von Laien beachtet zu werden verdient.

Zu 2. Von den Gerüchen, auf die hier zu prüfen wäre, kommen als schädlich in Betracht: schweflige Säure, Chlor, Schwefelwasserstoff und Merkaptane (Natron-Sulfat-Kochverfahren).

Zu 3. Die Reaktion des Abwassers wird durch Eintauchen von empfindlichem Lackmuspapier an verschiedenen Stellen des fließenden Abwassers festgestellt.

Untersuchung im Laboratorium. Hierzu ist die Entnahme einer genügend großen Probe notwendig, und diese muß tatsächlich eine gute Durchschnittsprobe darstellen. Solange es sich um stets gleichmäßig abfließendes Wasser handelt, ist die Probeentnahme rasch durchgeführt. An einer Stelle des Unterlaufes werden aus der Mitte und von den beiden Seiten, von der Oberfläche und aus größeren oder geringeren Tiefen mittels eines Schöpfers bzw. einer erst unter der Oberfläche des Wassers zu öffnenden Flasche Proben genommen. Diese werden in einem größeren mit dem zu untersuchenden Wasser ausgespülten Gefäß gesammelt, worauf nach gutem Durchmischen zur eingehenden Untersuchung eine Probe von etwa 5—10 l in verschließbare Flaschen gegeben wird.

Läuft das Abwasser in wechselnder Zusammensetzung ab, so muß die Probeentnahme über einen längeren Zeitraum verteilt werden und z. B. einige Stunden lang alle $^1/_4$ Stunden eine Probe in der oben beschriebenen Weise entnommen werden.

Wird von Zeit zu Zeit Wasser abgelassen, das in seiner Beschaffenheit wesentlich von dem normalen Abwasser abweicht, z. B. beim Abstoßen von Ablauge, Reinigen der Chlorkalkauflöser usw., so ist es zweckmäßig, dieser Verschiedenheit dadurch Rechnung zu tragen, daß man das normale Abwasser und jenes, das zu diesen Zeitpunkten abfließt, getrennt voneinander untersucht, also zweierlei Proben entnimmt.

In vielen Fällen wird zu ermitteln sein, ob die in einen öffentlichen Flußlauf einmündenden Abwässer diesen selbst derart verunreinigen, daß sein Wasser schädliche Beschaffenheit annimmt. Dann ist die Wasserprobe unter der Einmündungsstelle des Abwasserkanals in den Fluß erst dort zu entnehmen, wo eine vollkommene Mischung beider stattgefunden hat. Dies kann je nach der Fließgeschwindigkeit des Flusses und je nach seinem Lauf — ob gerade oder gewunden — früher oder später der Fall sein. Krümmungen, Buhnen, Landzungen, Wehre und ähnliches befördern das Vermischen.

Bei der Untersuchung im Sinne des letztgenannten Zweckes ist es endlich notwendig, auch oberhalb der Anlage aus dem Fluß eine Probe zu entnehmen, um dadurch festzustellen, ob und welche schädlichen Stoffe schon vor Einlauf der Abwässer im Wasser vorhanden sind. Auch darauf wäre zu achten, ob nicht erst durch das Zusammentreffen des Abwassers mit andern Abwässern Reaktionen ausgelöst werden, die zur Schädlichmachung des Flußwassers führen können; derart, daß z. B. durch Einwirkung von Säure auf Chlorkalkreste Chlor in erheblicher Menge ziemlich plötzlich entbunden wird.

Wenn auch die Durchführung der Probeentnahme in allen Fällen die gleiche wie beschrieben ist, so muß doch nach den jeweiligen Verhältnissen selbst bestimmt werden, wo überall solche entnommen werden müssen, um ein einwandfreies Ergebnis zu erhalten.

Eigentliche Untersuchung. Die entnommene Probe ist möglichst bald nach Entnahme zu untersuchen, da ihre Zusammensetzung durch Entweichen von Gasen, Ausscheidung unlöslicher Stoffe und ähnliches sich ändern kann. Als Konservierungsmittel, wenn die Untersuchung nicht sofort vorgenommen werden kann, hat sich der Zusatz von einigen Tropfen Chloroform als zweckmäßig bewährt.

Bei der. Untersuchung im Laboratorium sind zunächst die an Ort und Stelle ausgeführten Untersuchungen zu wiederholen. Bei der Prüfung auf den Geruch sei erwähnt, daß dieser sich deutlicher bemerkbar macht, wenn man eine Wasserprobe auf 40—50° C erwärmt.

1. **Abdampf- und Glührückstand.** 250—500 ccm Wasser werden in einer ausgeglühten und gewogenen Platinschale auf dem Wasserbad zur Trockene eingedampft. Der Rückstand wird nach dem Trocknen bis zur Gewichtskonstanz bei 105° gewogen.

Der Rückstand wird geglüht, darauf mit Ammoniumkarbonat befeuchtet und nochmals schwach geglüht. Der nach dem Erkalten gewogene Rückstand gibt die Menge der wasserfreien Mineralstoffe an. Der Verlust gibt einen gewissen Anhaltspunkt dafür, wie groß annähernd die Menge der organischen Stoffe ist. Allerdings kommt hier auch die Menge des vorhandenen Kristallwassers oder der abgespaltenen Kohlensäure in Betracht, die jedoch gewöhnlich nicht sehr groß sein wird.

2. **Bestimmung der Schwebe- und Sinkstoffe.** Zur Bestimmung der Menge dieser Stoffe werden je nach den Verhältnissen 250—1000 ccm Abwasser durch einen mit Asbest beschickten gewogenen Goochtiegel filtriert. Dieser wird bei 105° getrocknet und nach dem Erkalten gewogen, wodurch die Gesamtmenge (anorganische + organische) der genannten Stoffe bestimmt ist.

Der Tiegel wird dann geglüht und späterhin wieder gewogen. Die Differenz ergibt die Menge der organischen Stoffe.

Sind erhebliche Mengen von Sink- und Schwebestoffen vorhanden, so kann man zur Beschleunigung der Analyse so verfahren, daß man die hierzu bestimmte Wasserprobe in einem Standzylinder längere Zeit ruhig stehen läßt, die überstehende ziemlich klare Flüssigkeit abhebert, durch den Trichter gibt und dann erst mit dem trüben Rest ebenso verfährt.

Enthält das Abwasser viel freien Kalk, so leitet man vor dem Filtrieren überschüssige Kohlensäure in das Wasser, worauf man wie vorher verfährt. Da man in diesem Fall ohnehin die Menge des freien Kalkes später bestimmt, so läßt sich auch die ihm entsprechende Menge Kohlensäure errechnen und von dem gefundenen Gesamtrückstand in Abzug bringen.

3. **Bestimmung der freien Säure.** Da in den Abwässern der Papier- und Zellstoffindustrie Metalloxyde (Zink, Kupfer, Eisen) kaum vorhanden sind, so lassen sich die freien Säuren unmittelbar

mit $n/_{10}$ Lauge titrieren, wobei man Methylorange als Indikator anwenden kann.

4. **Bestimmung der Alkalinität.** Die Alkalinität der in Frage stehenden Abwässer kann bewirkt sein durch freien Kalk, durch Abwässer der Natronzellstoff-Kochungen, durch solche von den Mischern usw. Vorherrschen werden im allgemeinen aber wohl saure Abwässer. Die Alkalinität eines Abwassers wird durch Titration mit $n/_{10}$ Salzsäure unter Benützung von Methylorange als Indikator bestimmt. Die Alkalinität rechnet man je nach der vorherrschenden Base auf Milligramm CaO oder Milligramm Na_2O im Liter um.

5. **Schweflige Säure.** Die Menge der freien schwefligen Säure wird dadurch bestimmt, daß man je nach Maßgabe der Verhältnisse 250—500 ccm Abwasser in einer Retorte oder einem Kolben mit vorgelegtem Kühler in frisch bereitete Jodlösung bei eintauchendem Vorstoß auf ungefähr die Hälfte des Volumens abdestilliert. Im Destillat wird dann die hierbei gebildete Schwefelsäure durch Fällen mit Baryumchlorid nach erfolgtem Ansäuern mit Salzsäure gewichtsanalytisch ermittelt.

Die gebundene schweflige Säure wird im Destillationsrückstand bestimmt, indem man diesen mit Phosphorsäure ansäuert, darauf in der beschriebenen Weise destilliert und weiter verfährt. Wenn, wie es gewöhnlich der Fall ist, die schweflige Säure sowohl im gebundenen als freien Zustand vorhanden ist, so wird schon bei der ersten Destillation — also bereits vor dem Zufügen der Phosphorsäure — teilweise gebundene Säure mit abgespalten, wodurch eine genaue Trennung beider Formen unmöglich wird. In solchen Fällen bestimmt man zweckmäßig die Gesamtmenge der schwefligen Säure durch einmalige Destillation nach Zusatz von Phosphorsäure.

Stutzer[1]) destilliert die Ablauge mit $25\,^0/_0$iger Essigsäure, nachdem er die Luft im Destillationsapparat durch Kohlensäure verdrängt hat. Das Destillat fängt er in Jodlösung auf, die gebildete Schwefelsäure wird als Baryumsulfat bestimmt. Nach Stutzer wird die als Sulfit vorhandene schweflige Säure völlig in Freiheit gesetzt. Die esterartig an Kohlehydrate gebundene schweflige Säure wird nur teilweise in Freiheit gesetzt, Ligninsulfosäuren werden nur zu etwa $3,3\,^0/_0$ gespalten.

Vogel[2]) leitet zur Bestimmung der freien schwefligen Säure 8—10 Stunden lang einen Kohlensäurestrom bei Zimmertemperatur durch die Ablauge und fängt die ausgetriebene schweflige Säure in Jodlösung auf, deren unverbrauchter Anteil mit Natriumthiosulfat

---

[1]) Stutzer, Chem.-Ztg. **34**, 1067 [1910].
[2]) Vogel in Enzyklopädie der technischen Chemie. Berlin 1, 79 [1914].

zurücktitriert wird. Die fester gebundene schweflige Säure wird in der gleichen Probe durch Zugabe von konzentrierter Salzsäure bestimmt, indem unter weiterem Durchleiten mit Kohlensäure aufgekocht wird, wobei Vorsicht vonnöten, da die Lauge stark stößt. Die ausgetriebene schweflige Säure wird in frisch vorgelegter Jodlösung aufgefangen, der Jodüberschuß wird dann durch Natriumthiosulfat bestimmt.

6. Schwefelwasserstoff und Sulfide. Durch die Ablaugen von Natronzellstoffanlagen können den Abwässern Sulfide (Na_2S, CaS) zugeführt werden, welche beim Zusammentreffen mit säurehaltigen Abläufen Schwefelwasserstoff entbinden. Die Bestimmung des Schwefelwasserstoffes durch Titration mit Jod ist nur bei der Anwesenheit von geringeren Mengen organischer Stoffe genau. Bei Anwesenheit größerer Mengen solcher Stoffe ermittelt man durch einen Vorversuch, wieviel Jodlösung man für 250 ccm Abwasser bis zur Blaufärbung benötigt. Nicht ganz diese ermittelte Menge gibt man dann in einen Kolben, setzt rasch die 250 ccm Abwasser zu, schüttelt gut durch und fügt nach dem Zusatz von Stärkelösung soviel Kubikzentimeter Jodlösung hinzu, daß Blaufärbung erreicht wird. Die exakte Bestimmung dieser Verbindungen ist ziemlich schwierig durchführbar und zeitraubend und muß für solche Zwecke auf Spezialwerke verwiesen werden. (Vgl. C. Weigelt, Vorschriften für die Entnahme und Untersuchung von Abwässern und Fischwässern. Berlin 1900. Ferner W. Marzahn, Über ein neues Verfahren zur Bestimmung des Schwefelwasserstoffes im Abwasser durch Titration. Hyg. Rundschau 1919, Nr. 16, S. 557—560: Wasser und Abwasser **15**, 208 [1920] Nr. 7; C. C. IV 776 [1919] Nr. 19.)

Bei dem bisher am häufigsten gebrauchten Verfahren wird der Schwefelwasserstoff abdestilliert und in Bromwasser aufgefangen, die dabei gebildete Schwefelsäure mit Chlorbaryum ausgefällt und aus dem Gewicht des Baryumsulfates der Schwefelwasserstoff berechnet. Dies ist als Gewichtsanalyse zeitraubend und wegen der Bromdämpfe unangenehm. Der Verfasser (Marzahn) empfiehlt deshalb, den abdestillierten Schwefelwasserstoff in eine Cadmiumacetatlösung einzuleiten, das dabei entstehende Cadmiumsulfid mit einer eingestellten Jodlösung in Cadmiumjodid umzusetzen und durch Zurücktitrieren mit Natriumthiosulfat den Jodverbrauch zu bestimmen. Daraus läßt sich die Schwefelwasserstoffmenge leicht berechnen. Dieses Verfahren erfordert nur kurze Zeit ($^3/_4$ Stunde) und hat sich nach dem Verfasser gut bewährt.

7. Bestimmung von Chlor. Durch die Abläufe der Bleichanlage kommen stets mehr oder weniger große Mengen von Chlor in freier und gebundener Form in das Gesamtwasser der Anlage.

Freies Chlor. Man versetzt 100—500 ccm des Abwassers mit 1 g Jodkalium und Salzsäure (nach R. Schultz ist Essigsäure zu empfehlen) und titriert das in Freiheit gesetzte Jod mit $n/_{10}$ Thiosulfat, wobei man erst gegen Ende der Titration etwas Stärkelösung zusetzt. Es entspricht 1 ccm $n/_{10}$ Jod 0,003546 g Chlor.

Gebundenes Chlor. Dieses wird zweckmäßig durch Titration mit $n/_{10}$ Silberlösung bestimmt. In diesem Fall müssen jedoch vorher die silberverbrauchenden organischen Stoffe durch Oxydation mit Permanganat entfernt werden. 100—250 ccm Wasser werden nach dem Filtrieren zum Sieden erhitzt, worauf sie mit wenig Permanganat versetzt und dann weiter gekocht werden, bis sich die Manganoxyde flockig abscheiden. Ein dann noch vorhandener rötlicher Ton — bei zu reichlichem Zusatz von Permanganat — kann leicht durch Zutropfenlassen von absolutem Alkohol beseitigt werden. Nach dem Absetzen des flockigen Niederschlages filtriert man die Flüssigkeit, wäscht heiß aus und titriert das klare Filtrat mit $n/_{10}$ Silberlösung, von welcher 1 ccm 0,003546 g Chlor entspricht.

8. Bestimmung der Basen. Kalzium, Aluminium, Kalium und Natrium werden, falls es sich als notwendig erweisen sollte, nach den bekannten allgemeinen Methoden bestimmt. Es ist dann zweckmäßig, stets eine größere Wassermenge anzuwenden und diese durch Eindampfen vor der Bestimmung auf kleineres Volumen zu bringen.

9. Oxydierbarkeit — Reduktionsvermögen. Wichtig für die Beurteilung des Abwassers ist sein Gehalt an gelösten oder suspendierten organischen Stoffen insofern, als für ihre Oxydation oft erhebliche Mengen des im Wasser gelösten Sauerstoffes verbraucht werden und dieses dadurch z. B. schädlich für Fische machen. Die bekannteste Methode zur Bestimmung der Oxydierbarkeit ist die Ermittlung seines Verbrauches an Kaliumpermanganat. Obwohl diese Methode kein absolutes Maß für den Gehalt an oxydierbaren Stoffen im Wasser gibt, erhält man doch, wenn es sich um das gleiche Wasser handelt und die Ausführung stets genau gleich eingehalten wird, gut vergleichbare Werte.

Benützt wird zur Ausführung immer filtriertes Abwasser, das so verdünnt wird, daß die jeweils angewandte Menge beim Kochen mit $n/_{10}$ Permanganatlösung noch gerötet bleibt. Die Bestimmung wird zweckmäßig in saurer Lösung (nach Kubel) ausgeführt. Da eine Verdünnung mit destilliertem Wasser stets vorgenommen werden muß und dieses selbst Permanganat verbraucht, so ist dieser Verbrauch durch einen blinden Versuch zunächst zu ermitteln.

Die eigentliche Bestimmung wird in der unter Abschnitt Betriebswasser vorgeschriebenen Form durchgeführt.

Aus dem erhaltenen Verbrauch an Kaliumpermanganat in Milligramm im Liter Abwasser kann man nach Kubel und Wood[1]) den Gehalt an organischen Stoffen im Wasser erhalten, wenn man jenen Wert mit 5 multipliziert. Durch ihre Feststellung ist nämlich als Norm anzusehen, daß 1 Gewichtsteil Permanganat im Durchschnitt 5 Gewichtsteilen organischer Stoffe entspricht.

Auch auf Milligramm Sauerstoff je Liter läßt sich der obige Wert für den Permanganatverbrauch umrechnen, und zwar durch Multiplikation mit 0,08. Unter Zugrundelegung eines mittleren Sauerstoffgehaltes von 2,8 ccm im Liter bei fließendem Wasser läßt sich dann die nach Oxydation der organischen Stoffe ungefähr verbleibende Sauerstoffmenge berechnen.

Beurteilung der Schädlichkeit der Abwässer. Abwässer können durch Einlauf in einen Fluß dessen Unbrauchbarwerden für weitere gewerbliche Zwecke herbeiführen. Sie können weiter das Wasser für die Fischzucht schädlich beeinflussen und ebenso eine Schädigung des Grund- und Brunnenwassers bewirken. Eine genaue Feststellung dieser Schädlichkeit ist nicht die Aufgabe des Fabriklaboratoriums. Diesem fällt es lediglich zu, durch Analysen zu ermitteln, ob ein gewisser Gehalt an Abfallstoffen, der sich als noch nicht schädlich erwiesen hat, nicht überschritten wird.

Schädlichkeit für gewerbliche Zwecke. Hauptbedingung für die meisten technischen Betriebe ist ein gutes Kesselspeisewasser. Einerseits sollen durch die Abwässer nicht zuviel Härtebildner abgeführt werden, also Stoffe wie Kalziumsulfat und -karbonat, sowie Magnesiumsalze. Andererseits darf das Abwasser nicht große Mengen solcher Stoffe enthalten, welche das Kesselblech selbst angreifen, also freie Säuren, Ammoniumsalze, viel gelösten Sauerstoff, Humussubstanzen, Fette und Öle (von Maschinenschmierung stammend) und ähnliches.

Der Schädlichkeitsgrad von Abwässern der Papier- und Zellstoff-Fabriken hängt in dieser Beziehung lediglich davon ab, welche Menge Flußwasser zur Aufnahme des Abwassers zur Verfügung steht, und davon, wie weit unterhalb der Anlage der nächste technische Betrieb liegt, der auf die Entnahme des Flußwassers angewiesen ist.

Auch für die Beurteilung, ob das Wasser für die speziellen Zwecke dieses Betriebes noch ohne Anstand verwendbar sein wird, sind diese Punkte maßgebend. Daraus folgt auch, daß bei etwaigen Untersuchungen zur Feststellung der bekannten Eignung für diesen weiteren gewerblichen Zweck dem Wasserlauf erst kurz vor der

---

[1]) Kubel und Wood, vgl. Lunge, Untersuchungsmethoden. 7. Aufl. 1921, S. 602.

neuen Verbrauchsstelle eine Probe entnommen werden muß, die auf die jeweils schädlichen Stoffe zu prüfen wäre.

Schädlichkeit für die Fischzucht. Schädlich für die Fische kann ein zu geringer Gehalt an Sauerstoff sein, der wiederum durch große Mengen oxydierbarer organischer Stoffe bedingt ist, weiter ein großer Gehalt an mineralischen Stoffen, von denen hier in Betracht kommen: Schweflige Säure, freie Salz- und Schwefelsäure, freier Kalk, Schwefelwasserstoff, Chlornatrium (elektrische Bleiche) und Soda. Haselhoff[1] hat durch eingehende Untersuchungen festgestellt, daß im allgemeinen als Grenzzahlen, bei welcher Erkrankungen von Fischen beobachtet worden sind, die folgenden Werte gelten. (Sie geben den Gehalt in Milligramm in 1 Liter an.)

1. **Sauerstoff:** Bei 2,8 ccm, d. i. bei ungefähr $^1/_3$ der gewöhnlich im Wasser vorkommenden Menge Sauerstoff können Fische noch fortkommen. Allerdings ist nun zu beachten, daß Wässer infolge von Sauerstoffmangel leicht faulen können und hierdurch wiederum die Fische zu schädigen vermögen, z. B. durch reichliche Bildung von Kohlensäure und Schwefelwasserstoff.

2. **Schweflige Säure** 20—30 mg.

3. **Freie Schwefelsäure** 35—50 mg SO_3.

4. **Freie Salzsäure** 50 mg.

5. **Freier Kalk** 23 mg CaO.

6. **Schwefelwasserstoff** 8—12 mg.

7. **Chlornatrium** 15 g.

8. **Soda** 5 g.

Diese Grenzzahlen sollen nach Haselhoff durchaus nicht als unbedingt feststehend betrachtet werden, da einerseits die einzelnen Fischarten verschieden empfindlich gegen diese Stoffe sind, andererseits auch die Fische derselben Art je nach Alter und Größe ein anderes Verhalten zeigen.

Abwässer, welche größere Mengen organischer Stoffe enthalten, können in frischem Zustand bisweilen ganz unschädlich sein, später aber durch Fäulnis solcher Stoffe besonders an ruhigen Stellen des Flußlaufes nachteilig für die Fische werden. Von die Schädlichkeit verstärkendem Einfluß ist auch die Temperatur des Abwassers, was unter Umständen beim Ablassen von heißen Kocherablaugen mit in Betracht zu ziehen ist.

Schädlichkeit für das Grund- und Brunnenwasser. Eine Verunreinigung des Grundwassers kann überall dort eintreten, wo Abwässer im Boden versickern. Es ist in solchen Fällen notwendig, im gewissen Umkreis von der Sickerstelle gelegentlich das Grund-

---

[1] Haselhoff, vgl. Lunge, Untersuchungsmethoden. 7. Aufl. 628 ff. 1921.

wasser auf schädliche Stoffe aus dem Abwasser zu untersuchen. Für genauere Untersuchungen solcherart verunreinigten Wassers muß auf Sonderabhandlungen verwiesen werden. (Haselhoff, Wasser und Abwässer, ihre Zusammensetzung und Untersuchung. Leipzig 1909.)

Untersuchung der Abwässer der einzelnen Betriebsabteilungen. Der Zweck dieser Untersuchung ist vor allem die Feststellung, ob und welche Mengen verwertbarer Substanzen verloren gehen. Zu diesem Zweck ist also lediglich die Prüfung einer nach den bekannten Regeln genommenen Durchschnittsprobe auf diese brauchbaren Stoffe notwendig. Aus dem gesamten Ablauf und dem Gehalt an verwertbarer Substanz im Liter läßt sich dann ohne weiteres der Gesamtverlust ermitteln.

Bestimmte Methoden können hier nicht gegeben werden in Anbetracht der Mannigfaltigkeit der in Betracht kommenden Fälle. Im allgemeinen wird die Art der Bestimmung nicht abweichen von der sonst üblichen des in Frage kommenden Stoffes. Suspendierte Stoffe wird man durch Filtration mittels Goochtiegel ermitteln oder durch Absitzenlassen, Abgießen der Flüssigkeit und Sammeln des Rückstandes auf einem Filter. Unter Umständen wird man zum Eindampfen einer Probe des Wassers schreiten müssen, um späterhin den Rückstand zu analysieren. Einige der im vorigen Abschnitt beschriebenen Methoden werden auch hier entsprechende Anwendung finden können.

Soll durch die Untersuchung die Wirkung einer Reinigungs- oder Filteranlage geprüft werden, so ist zunächst zu ermitteln, welche Zeit das Wasser zum Durchfluß der Anlage gebraucht. Proben vom unbehandelten und gereinigten Wasser sind dann in entsprechendem Zeitzwischenraum hintereinander zu nehmen, derart, daß die Gewißheit besteht, daß beide Proben ursprünglich gleicher Zusammensetzung waren.

Bei Papiermaschinen-Abwasser-Eindickanlagen, bei denen eine mechaniche Trennung in stoffreiches und klares Wasser eintritt, muß zur genauen Ermittlung der Wirkung auch das Verhältnis der beiden Arten und die Menge des Gesamtzuflusses bestimmt werden.

VIII. Anhang.

1. Herstellung von Normallösungen.

a) Normalsäure und Normallauge.

Als Normalsäure verwendet man zweckmäßig Salzsäure, da
diese vor Schwefelsäure und Oxalsäure die Vorzüge hat, allgemeiner verwendbar und genauer einstellbar zu sein. Zu ihrer Darstellung verdünnt man reine Salzsäure auf etwa 1,020 spez. Gew., wodurch zunächst eine etwas zu starke Säure erhalten wird. Die genaue Einstellung dieser Säure erfolgt mit käuflichem, chemisch reinem Natriumkarbonat. Vor der Verwendung wird dieses Salz von Wasser und
etwa in Spuren vorhandenem Bikarbonat befreit. Man erhitzt es zu
diesem Zweck unter öfterem Umrühren mit einem Thermometer in
einem Platintiegel auf einem Sandbad bei einer Temperatur von
$270-300\,^0$ etwa 30 Minuten lang. Um neues Verändern der Soda,
durch Anziehen von Luftfeuchtigkeit zu vermeiden, bringt man sie
möglichst heiß in ein verschließbares Wägegläschen und läßt längere
Zeit im Exsikkator erkalten. Für die Titerstellung von Normalsäure,
die 36,47 g HCl im Liter enthält, wägt man 4 Proben von etwa 2 g
nacheinander in die zur Titration verwendeten Titrierbecher ab. (Bei
Darstellung der ebenfalls viel benutzten $^n/_5$ Säure werden Proben
von etwa 0,4 g Soda abgewogen.) Diese Proben werden in etwa
100 ccm destilliertem, aufgekochtem und gegebenenfalls neutralisier-
tem Wasser gelöst und mit der in eine Bürette gefüllten Säure
titriert. Werden hierzu a ccm verbraucht und ist die angewandte
Sodamenge w, so müßte im Falle, daß die Säure tatsächlich normal wäre:

$$a = \frac{w}{\dfrac{Na_2CO_3}{1000 \cdot 2}} = 0{,}053 \text{ sein.}$$

Dies wird selten zutreffen, vielmehr wird,
da die Säure stärker ist, a kleiner als der Wert des Quotienten sein,
welcher die Zahl der Kubikzentimeter wirklicher Normalsäure, die
zur Neutralisation der w g Soda erforderlich sind, angibt. Bezeichnet man diese Zahl mit b, so läßt sich die Anzahl v der Kubikzentimeter der Säure errechnen, die auf 1000 ccm aufzufüllen sind,
um sie tatsächlich normal zu machen. Es ist nämlich $\dfrac{1000}{b} = \dfrac{v}{a}$.

Diese v ccm werden in einen Meßzylinder gegeben und bis auf 1000 ccm verdünnt. Die so erhaltene Säure muß nun noch ein zweites Mal in der gleichen Weise mit geglühter Soda genau daraufhin untersucht werden, ob sie tatsächlich normal geworden ist.

Die erste Einstellung kann man statt mit fester Soda auch mit einer etwa vorhandenen brauchbaren Normalnatronlauge ausführen und dadurch die Zeit der Einstellung abkürzen.

Normalalkalilösung wird durch Auflösen von 50 g reinem Ätznatron (durch Alkohol gereinigt) in 1 l destillierten Wassers dargestellt. Zu ihrer Einstellung titriert man 50 ccm der Lösung mit Normalsäure. Bei Anwendung der obigen Menge Ätznatron ist auch diese Lösung etwas stärker als normal, so daß man zu ihrer Neutralisation mehr als 50 ccm Säure benötigen wird. Aus der Zahl a der tatsächlich verbrauchten ccm findet man die Anzahl w ccm, die auf 1 l zu verdünnen ist, um genaue Normallösung zu erhalten aus der Beziehung $w = \dfrac{50 \cdot 1000}{a}$. Die nach dem Verdünnen erhaltene Lösung ist durch abermalige Titration auf ihre Richtigkeit zu prüfen.

Diese alkalische Normallösung ist gegen das Aufnehmen von Kohlensäure aus der Luft zu schützen.

Als Indikator benutzt man sowohl bei der Einstellung der Säure mit Soda als auch bei der gegenseitigen Einstellung von Säure und Lauge das im Gegensatz zu Phenolphthalein und Lackmustinktur unempfindliche Methylorange in verdünnter wässeriger Lösung $(0,02\,^0/_0\text{ig})$. Bei der Einstellung der Säure geht die durch Zusatz des Indikators gelbliche Lösung der Soda in eine bräunliche über, wenn diese durch die Säure vollkommen neutralisiert ist. Ein weiterhin zugesetzter Tropfen Säure muß, wenn die Titration beendet war, Rotfärbung der Lösung bewirken. Umgekehrt verläuft der Farbenumschlag bei der Einstellung der Lauge.

Bei Normal- und Halbnormallösungen wird der Umschlag oft direkt von Rot nach Gelb erfolgen, bei Fünftel- und Zehntelnormalflüssigkeiten wird man jedoch stets auf die bräunliche Farbe kommen.

Der für die einzelnen mittels der Alkali- und Azidimetrie ausführbaren Bestimmungen geeignetste Indikator ist jeweils an den betreffenden Stellen angegeben, wo auch die für die Berechnung der Analyse notwendigen Daten angeführt sind.

b) Arsenlösung. Jodlösung. Thiosulfatlösung.

Arsenlösung. Als Ausgangslösung benutzt man in der Jodometrie vorteilhaft eine $^n/_{10}$ Auflösung von arseniger Säure. Arsenige Säure ist käuflich in sehr reiner Form erhältlich, sie ist nicht hygroskopisch und ihre wässerige Auflösung ist unveränderlich haltbar. Zur Herstellung der Lösung werden 4,948 g des weißen Pulvers genau abgewogen, nachdem man es vorher zweckmäßig im Exsikkator über Schwefelsäure getrocknet hat. Es wird in wenig heißer Natronlauge gelöst und die Lösung wird mit Salzsäure oder Schwefelsäure neutralisiert (Phenolphthalein). Man fügt 20 g in destilliertem Wasser gelöstes Bikarbonat zu und füllt das Ganze nach dem Erkalten in einem Literkolben bis zur Marke auf. Die erhaltene Lösung entspricht 0,01269 g Jod für 1 ccm.

Jodlösung. Die fast durchgängig benutzte $n/_{10}$ Jodlösung wird wie folgt hergestellt. 12,69 g reines umsublimiertes Jod werden rasch abgewogen und in einer konzentrierten Lösung von 20—25 g Jodkalium in einem Literkolben unter kräftigem Umschütteln gelöst. Durch Verdünnen mit destilliertem Wasser wird diese Lösung auf einen Liter aufgefüllt. Die erhaltene Jodlösung wird mit der $n/_{10}$ Arsenlösung eingestellt. 25 ccm gut durchgemischte Jodlösung werden in einen Titrierbecher gegeben und die arsenige Säure aus einer Bürette so lange zugegeben, bis die Lösung schwach gelb gefärbt ist. Man versetzt sie alsdann mit einigen Tropfen Stärkelösung und titriert nun zu Ende bis zum Verschwinden der Blaufärbung. Die beiden Lösungen sollen einander genau äquivalent sein, die Jodlösung ist nötigenfalls zu korrigieren.

Die Jodlösung ist in gut verschlossenen braunen Flaschen lange haltbar, von Zeit zu Zeit ist eine Kontrolle mit Arsenlösung angebracht.

Die Titrationen mit Jodlösung müssen in neutraler oder schwach saurer (Essigsäure) Lösung ausgeführt werden, da Alkali Jod verbraucht.

Thiosulfatlösung. Die in der Jodometrie ebenfalls häufig benutzte $n/_{10}$ Thiosulfatlösung erhält man durch Auflösen von 25 g des kristallisierten Salzes in 1 l destillierten Wassers. Diese Lösung läßt man etwa acht Tage stehen, damit die den Titer beeinflussende Umsetzung zwischen der im destillierten Wasser enthaltenen Kohlensäure und dem Thiosulfat stattfinden kann. Die Thiosulfatlösung wird dann mittels der $n/_{10}$ Jodlösung eingestellt in der gleichen Weise, wie das bei der Einstellung der Jodlösung angegeben wurde. Die Thiosulfatlösung ist monatelang ohne irgendwelche Veränderung haltbar.

Die als Indikator benutzte Stärkelösung erhält man auf folgende Weise. Man verreibt 5 g Stärke mit wenig Wasser zu einem gleichmäßigen Brei; diesen Brei gießt man unter beständigem Umrühren allmählich in 1 l, in einer Porzellanschale kochendes Wasser und kocht so lange, etwa 2 Minuten, bis eine nahezu klare Lösung erhalten ist. Man läßt diese in einem hohen Glas erkalten und die ungelösten Teile sich absetzen. Die über dem Bodensatz stehende klare Lösung filtriert man durch Faltenfilter in kleine, etwa 50 ccm fassende Fläschchen. Diese Fläschchen erhitzt man bis zum Halse im Wasserbad stehend zwei Stunden lang, setzt einige Tropfen Formalin hinzu und verschließt sie mit durch die Flamme gezogenen dichten Korkstopfen. Derart sterilisierte Stärke ist lange Zeit haltbar. Zum Gebrauch geöffnete Fläschchen verderben etwa nach einer Woche durch Schimmelbildung.

Häufig benutzt wird die wasserlösliche Stärke von Zulkowsky. Sie wird in Form eines dicken Breies aufbewahrt, der nicht eintrocknen darf. Das Reagens wird durch Zugabe einer kleinen Probe des Breies zu kaltem Wasser erhalten.

c) Kaliumpermanganatlösung und Oxalsäurelösung.

Kaliumpermanganat. Meistens wird eine $n/_{10}$ Kaliumpermanganatlösung benutzt. Zur Darstellung einer solchen werden 3,3—3,5 g des Salzes auf einer Handwage abgewogen und in 1 l destilliertem Wassers gelöst. Ein genaues Abwiegen ist zwecklos: das Salz kommt zwar in einem sehr hohen Reinheitsgrad in den Handel, aber gewisse auch im destillierten Wasser enthaltene Stoffe, z. B. organische Substanzen, Ammoniak usw. werden durch Permanganat oxydiert, so daß sich der Titer einer frisch bereiteten Lösung beständig ändert. Man läßt aus diesem Grunde die erhaltene Lösung etwa 8 Tage stehen und bestimmt dann erst ihren Wirkungswert. Dies geschieht am zweckmäßigsten nach Sörensen mittels Natriumoxalat, das wasserfrei kristallisiert und nicht hygroskopisch ist. Man erhitzt das in einem Wägegläschen befindliche Salz etwa 2 Stunden im Wassertrockenschrank und läßt es über Chlorkalzium im Exsikkator erkalten. Man wägt dann etwa 0,25—0,3 g genau ab, löst es in etwa 200 ccm Wasser von 70^0, fügt ungefähr 10 ccm Schwefelsäure 1:3 hinzu und titriert mit der Permanganatlösung bis zur schwachen Rosafärbung. Aus der Beziehung, nach welcher 0,0067 g Natriumoxalat einem Kubikzentimeter, genauer $n/_{10}$ Permanganatlösung entsprechen, läßt sich errechnen, wie weit die hergestellte Lösung von einer solchen abweicht, und daraus ist wiederum bestimmbar, wie stark die Lösung verdünnt werden muß, um sie genau zu einer $n/_{10}$ zu machen[1]. Diese korrigierte Lösung wird in der beschriebenen Weise nochmals auf ihren Titer geprüft.

---

[1] Man vergleiche hierfür das bei der Einstellung der Normalsäure mit Soda Gesagte.

Die erhaltene Lösung, welche in einem Liter 3,1606 g Permanganat enthält, wird in braunen Flaschen vor Licht geschützt aufbewahrt; ihr Titer ist von Zeit zu Zeit zu prüfen.

Oxalsäurelösung. Die als Gegenflüssigkeit zur Permanganatlösung Verwendung findende $n/_{10}$ Oxalsäurelösung wird erhalten durch Auflösen von 6,3 g reiner kristallisierter Oxalsäure in 1 l destillierten Wassers. Die Einstellung dieser Lösung geschieht mit der $n/_{10}$ Permanganatlösung in entsprechender Weise wie deren Einstellung mit Natriumoxalat.

d) Silberlösung. Rhodanammonlösung. Kochsalzlösung.

$n/_{10}$ Silberlösung. Es werden 16,989 g reines kristallisiertes Silbernitrat (das vorher zweckmäßig einige Zeit im Exsikkator aufbewahrt wird) genau abgewogen und ·in 1 l destillierten Wassers gelöst.

$n/_{10}$ Rhodanammoniumlösung. Rhodanammonium ist hygroskopisch und läßt sich ohne Zersetzung nicht trocknen. Aus diesem Grunde kann die Normallösung nicht durch direktes Abwägen des Salzes hergestellt werden. Man wägt daher nur ungefähr die richtige Menge ab, etwa 9 g, löst zum Liter und stellt die Lösung mit der Zehntelsilberlösung ein. Zu diesem Zweck gibt man 20 ccm der Silberlösung in ein Becherglas, verdünnt mit etwa 30 ccm Wasser, fügt 1 ccm Eisenammonlösung hinzu und läßt die Rhodanatlösung unter beständigem Umrühren zur Flüssigkeit fließen, bis eine bleibende Rosafärbung auftritt. Werden hierzu z. B. 19,4 ccm (statt 20) verbraucht, so sind 970 ccm der Rhodanlösung auf 1000 ccm zu verdünnen, um diese genau $n/_{10}$ zu machen. Die so verdünnte Lösung wird von neuem auf ihren Titer geprüft.

Die Indikatorlösung, Eisenammoniumalaunlösung, wird bereitet durch Auflösen des reinen Salzes in Wasser bis zur Sättigung, wobei man soviel Salpetersäure zusetzt, daß die braune Färbung verschwindet. Man verwendet von diesem Indikator stets die gleiche Menge, und zwar für je 100 ccm Flüssigkeit etwa 1—2 ccm Indikatorlösung.

$n/_{10}$ Kochsalzlösung. Die als Gegenflüssigkeit zur Silberlösung gleichfalls verwendete Kochsalzlösung wird durch Auflösen von 5,85 g des chemisch reinen trockenen Salzes in 1 l Wasser erhalten. Will man die Lösungen auf ihre gegenseitige Übereinstimmung prüfen, so gibt man 20 ccm der Kochsalzlösung in ein Becherglas, fügt einige Tropfen Kaliumchromatlösung bis zur Gelbfärbung hinzu und titriert nun mit Silberlösung. Der Endpunkt der Titration wird durch das Auftreten der rötlichen Farbe von Silberchromat angezeigt. Die Kochsalzlösung ist im Falle, daß nicht genau 20 ccm der Silberlösung verbraucht werden, zu korrigieren und von neuem mit der Silberlösung zu vergleichen.

2. Zahlentafeln.

A. Zahlentafeln zu I: Der Kesselhausbetrieb.

Tabelle für die Härtebestimmung nach Clark.

ccm Seifenlösung	Härtegrad	Differenz für 1 ccm Seifenlösung	ccm Seifenlösung	Härtegrad	Differenz für 1 ccm Seifenlösung
3,4	0,5		26,2	6,5	
5,4	1,0	$0{,}25^0$	28,0	7,0	$0{,}277^0$
7,4	1,5		29,8	7,5	
9,4	2,0		31,6	8,0	
11,3	2,5		33,3	8,5	
13,2	3,0		35,0	9,0	
15,1	3,5		36,7	9,5	
17,0	4,0	$0{,}26^0$	38,4	10,0	$0{,}294^0$
18,9	4,5		40,1	10,5	
20,8	5,0		41,8	11,0	
22,6	5,5	$0{,}277^0$	43,4	11,5	$0{,}31^0$
24,4	6,0		45,0	12,0	

Faktorentabelle für die Bestimmung der Härte im Wasser mit Kaliumpalmitatlösung nach Blacher.

Verbrauch an $n/_{10}$ Kaliumpalmitatlösung für 100 ccm Chlorbaryumlösung: (0,523 g i. l)	Bei Anwend. v. 100 ccm Wasser entspricht 1 ccm $n/_{10}$ Kaliumpalmitatlösung an deutschen Härtegraden:	Verbrauch an $n/_{10}$ Kaliumpalmitatlösung für 100 ccm Chlorbaryumlösung: (0,523 g i. l)	Bei Anwend. v. 100 ccm Wasser entspricht 1 ccm $n/_{10}$ Kaliumpalmitatlösung an deutschen Härtegraden:
3,0	4,00	4,6	2,61
3,1	3,87	4,7	2,55
3,2	3,75	4,8	2,50
3,3	3,64	4,9	2,45
3,4	3,53	5,0	2,40
3,5	3,43	5,1	2,35
3,6	3,33	5,2	2,31
3,7	3,24	5,3	2,26
3,8	3,16	5,4	2,22
3,9	3,08	5,5	2,18
4,0	3,00	5,6	2,14
4,1	2,93	5,7	2,10
4,2	2,86	5,8	2,07
4,3[1])	2,79	5,9	2,03
4,4	2,73	6,0	2,00
4,5	2,67		

[1]) Beim Verbrauch von 4,3 ccm ist die Palmitatlösung genau $n/_{10}$.

Wärmeverluste durch Abgase.

CO_2-Gehalt Proz.	Anfangs-temperatur Grad C	Diff. für 0,1 Proz. CO_2	CO_2-Gehalt Proz.	Anfangs-temperatur Grad C	Diff. für 0,1 Proz. CO_2
1	141	14	11	1490	13
2	280	14	12	1620	13
3	419	14	13	1750	13
4	557	14	14	1880	13
5	694	14	15	2005	12
6	830	14	16	2130	12
7	967	13	17	2255	12
8	1096	13	18	2375	12
9	1229	13	19	2500	12
10	1360	13	20	2625	12

Spezifisches Gewicht der Kalkmilch nach Lenart.

Alte Bé.-Grade	Bg.-Grade	Spez. Gewicht bei 20°	1 l enthält CaO g	Gewichts-Prozente CaO	1 l enthält Ca(OH)$_2$ g	Gewichts-Prozente Ca(OH)$_2$ g
1,5	2,7	1,0085	10	0,99	13,2	1,31
2,7	4,8	1,017	20	1,96	26,4	2,59
3,7	6,7	1,0245	30	2,93	39,6	3,87
4,7	8,4	1,0315	40	3,88	52,8	5,13
5,7	10,3	1,039	50	4,81	66,1	6,36
6,7	12,0	1,046	60	5,74	·79,3	7,58
7,6	13,7	1,0535	70	6,65	92,5	8,79
8,5	15,3	1,0605	80	7,54	105,7	9,96
9,5	17,1	1,0675	90	8,43	118,9	11,14
10,35	18,7	1,075	100	9,30	132,1	12,29
11,2	20,3	1,0825	110	10,16	145,3	13,43
12,1	21,9	1,0895	120	11,01	158,6	14,55
13,0	23,6	1,0965	130	11,86	171,8	15,67
13,9	25,1	1,104	140	12,68	185,0	16,76
14,7	26,7	1,111	150	13,50	198,2	17,84
15,55	28,2	1,1185	160	14,30	211,4	18,90
16,4	29,7	1,1255	170	15,10	224,6	19,95
17,2	31,3	1,1325	180	15,89	237,9	21,00
18,0	32,7	1,140	190	16,67	251,1	22,03
18,8	34,2	1,1475	200	17,43	264,3	23,03
19,6	35,7	1,1545	210	18,19	277,5	24,04
20,35	37,1	1,1615	220	18,94	290,7	25,03
21,1	38,5	1,1685	230	19,68	303,9	26,01
21,85	39,9	1,176	240	20,41	317,1	26,96
22,65	41,4	1,1835	250	21,12	330,4	27,91
23,3	42,8	1,1905	260	21,84	343,6	28,86
24,1	44,1	1,1975	270	22,55	356,8	29,80
24,8	45,5	1,205	280	23,24	370,0	30,71
25,5	46,8	1,2125	290	23,92	383,2	31,61
26,2	48,1	1,2195	300	24,60	396,4	32,51

B. Zahlentafeln zu II:

Die Untersuchung der pflanzlichen Rohfaserstoffe.

Tabellen zur Berechnung des Methylalkoholgehaltes aus den gefundenen Farbstärken.

Tabelle I.

a) Unter Verwendung des Types von 5 mg und Verdünnen mit 100 ccm Wasser.

Farbstärke	mg CH_3OH	Differenz
0,4	0,60	
		0,30
0,6	0,90	
		0,27
0,8	1,17	
		0,24
1,0	1,41	
		0,20
1,2	1,61	
		0,21
1,4	1,82	
		0,18
1,6	2,00	
		0,18
1,8	2,18	
		0,18
2,0	2,36	
		0,17
2,2	2,53	
		0,18
2,4	2,71	
		0,17
2,6	2,88	
		0,17
2,8	3,05	
		0,17
3,0	3,22	
		0,18
3,2	3,40	
		0,18
3,4	3,58	
		0,17
3,6	3,75	
		0,18

Farbstärke	mg CH_3OH	Differenz
		0,18
3,8	3,93	
		0,18
4,0	4,11	
		0,19
4,2	4,30	
		0,18
4,4	4,48	
		0,18
4,6	4,66	
		0,17
4,8	4,83	
		0,17
5,0	5,00	
		0,16
5,2	5,16	
		0,16
5,4	5,32	
		0,15
5,6	5,47	
		0,15
5,8	5,62	
		0,15
6,0	5,77	
		0,14
6,2	5,91	
		0,14
6,4	6,05	
		0,15
6,6	6,20	
		0,15
6,8	6,35	
		0,15
7,0	6,50	
		0,16

Farbstärke	mg CH_3OH	Differenz
		0,16
7,2	6,66	
		0,16
7,4	6,82	
		0,16
7,6	6,98	
		0,17
7,8	7,15	
		0,17
8,0	7,32	
		0,48
8,5	7,80	
		0,50
9,0	8,30	
		0,50
9,5	8,80	
		0,50
10,0	9,30	
		1,15
11,0	10,45	
		1,25
12,0	11,70	
		1,40
13,0	13,10	
		1,30
14,0	14,40	
		1,40
15,0	15,80	
		1,35
16,0	17,15	
		1,40
17,0	18,55	
		1,75
18,0	20,30	

Tabelle II.

b) Unter Verwendung des Types von 1 mg und Verdünnen mit 25 ccm Wasser.

Farbstärke	mg CH₃OH	Differenz
0,13	0	
		0,036
0,15	0,036	
		0,092
0,2	0,128	
		0,085
0,25	0,213	
		·0,074
0,3	0,287	
		0,073
0,35	0,360	
		0,066
0,4	0,426	
		0,059
0,45	0,485	
		0,065
0,5	0,550	
		0,056
0,55	0,606	
		0,052

Farbstärke	mg CH₃OH	Differenz
		0,052
0,6	0,658	
		0,050
0,65	0,708	
		0,047
0,7	0,755	
		0,049
0,75	0,804	
		0,047
0,8	0,851	
		0,039
0,85	0,890	
		0,038
0,9	0,928	
		0,038
0,95	0,966	
		0,034
1,0	1,000	
		0,070
1,1	1,070	
		0,062

Farbstärke	mg CH₃OH	Differenz
		0,062
1,2	1,132	
		0,060
1,3	1,192	
		0,063
1,4	1,255	
		0,061
1,5	1,316	
		0,064
1,6	1,380	
		0,060
1,7	1,440	
		0,068
1,8	1,508	
		0,062
1,9	1,570	
		0,060
2,0	1,630	

Tabelle III.

c) Unter Verwendung des Types von 0,3 mg und Verdünnung mit 25 ccm Wasser.

Farbstärke	mg CH₃OH	Differenz
0,096	0	
		0,014
0,10	0,014	
		0,046
0,12	0,060	
		0,040
0,14	0,100	
		0,027
0,16	0,127	
		0,031
0,18	0,158	
		0,029
0,20	0,187	
		0,025
0,22	0,212	
		0,023
0,24	0,235	
		0,023
0,26	0,258	
		0,022
0,28	0,280	
		0,020

Farbstärke	mg CH₃OH	Differenz
		0,020
0,30	0,300	
		0,020
0,32	0,320	
		0,017
0,34	0,337	
		0,017
0,36	0,354	
		0,016
0,38	0,370	
		0,014
0,40	0,384	
		0,015
0,42	0,399	
		0,014
0,44	0,413	
		0,014
0,46	0,427	
		0,013
0,48	0,440	
		0,013
0,50	0,453	
		0,014

Farbstärke	mg CH₃OH	Differenz
		0,014
0,52	0,467	
		0,013
0,54	0,480	
		0,013
0,56	0,493	
		0,013
0,58	0,506	
		0,014
0,60	0,520	
		0,013
0,62	0,533	
		0,013
0,64	0,546	
		0,014
0,66	0,560	
		0,013
0,68	0,573	
		0,014
0,70	0,597	

Umrechnung von Furfurol in Pentosan.

Aus der Menge des gewogenen Niederschlages von Furfurol-Phlorogluzin, dem Phlorogluzid, berechnet man nach Tollens die Menge von Furfurol:

Bei kleinen Mengen Niederschlag durch Division mit 1,82, bei größeren Mengen Niederschlag durch Division mit 1,93, im Mittel mit 1,84.

Genauere Divisoren je nach der Menge des Niederschlages gibt folgende Zusammenstellung:

Erhaltene Phlorogluzidmenge	Divisor für die Berechnung auf Furfurol	Erhaltene Phlorogluzidmenge	Divisor für die Berechnung auf Furfurol
0,20 g	1,820	0,34 g	1,911
0,22 „	1,839	0,36 „	1,916
0,24 „	1,856	0,38 „	1,919
0,26 „	1,871	0,40 „	1,920
0,28 „	1,884	0,45 „	1,927
0,30 „	1,895	0,50 „	1,930
0,32 „	1,904	0,60 „	1,930

Aus dem Furfurol berechnet man dann die betreffenden Pentosane wie folgt:

Pentosane:

$(\text{Furfurol} - 0{,}0104) \times 1{,}68 = \text{Xylan},$

$(\text{Furfurol} - 0{,}0104) \times 2{,}07 = \text{Araban},$

$(\text{Furfurol} - 0{,}0104) \times 1{,}88 = \text{Pentosane (im allgemeinen)}.$

Pentosen:

$(\text{Furfurol} - 0{,}0104) \times 1{,}91 = \text{Xylose},$

$(\text{Furfurol} - 0{,}0104) \times 2{,}35 = \text{Arabinose}.$

$(\text{Furfurol} - 0{,}0104) \times 2{,}13 = \text{Pentosen (im allgemeinen)}.$

C. Zahlentafeln zu III:

Die chemische Analyse in der Natronzellstoffabrikation.

Tabelle für das spez. Gewicht von Sulfatablaugen nach Sieber.

	Bé°	Temp.
Ablauge spindelt beim Eintritt in den Verdampfer . . .	10,5	15°
Nach Eindampfen auf $^7/_8$ des Volumens ungefähr	12,0	„
„ „ „ $^3/_4$ „ „ „	13,8	„
„ „ „ $^5/_8$ „ „ „	15,9	„
„ „ „ $^1/_2$ „ „ „	19,0	„
„ „ „ $^3/_8$ „ „ „	25,0	„
„ „ „ $^1/_4$ „ „ „	30	„
„ „ „ $^1/_8$ „ „ „	37	„

Verdünnung von Sulfatablauge durch Waschwasser nach Sieber.

Temperatur 15° C	Bé°
Ursprüngliche Ablauge spindelt ungefähr	10,5
„ „ $+ 10\%$ Waschwasser „ „	9,5
„ „ $+ 20\%$ „ „ „	8,9
„ „ $+ 30\%$ „ „ „	8,4
„ „ $+ 40\%$ „ „ „	7,9
„ „ $+ 50\%$ „ „ „	7,5

Gehalt von Schmelzsodalösungen nach Sieber.

(In groben Zügen gültig.)

bei Bé°	18	18,5	19	19,5	20	20,5	21	21,5	22	22,5	23	23,5	24
enthält 1 cbm Lösung bei 20° C etwa kg Soda	166	170	175	178	183	187	191	196	200	205	209	213	217

D. Zahlentafeln zu IV:

Die chemische Analyse in der Sulfitzellstoffabrikation.

Messung der Temperaturen im Schmelzofen, Kiesofen usw.

Schmelzpunkte von Seger-Kegeln[1]).

Kegel-Nummer	Tem-peratur	Kegel-Nummer	Tem-peratur	Kegel-Nummer	Tem-peratur	Kegel-Nummer	Tem-peratur	Kegel-Nummer	Tem-peratur
022	590	09	970	5	1230	18	1490	31	1750
021	620	08	990	6	1250	19	1510		(1618)
020	650	07	1900	7	1270	20	1530	32	1770
019	680	06	1030	8	1290	21	1550		(1635)
018	710	05	1050	9	1310	22	1570	33	1790
017	740	04	1070	10	1330	23	1590		(1650)
016	770	03	1090	11	1350	24	1610	34	1810
015	800	02	1110	12	1370	25	1630		(1670)
014	830	01	1130	13	1390	26	1650	35	1830
013	860	1	1150	14	1410	27	1670		(1685)
012	890	2	1170	15	1430	28	1690	36	1850
011	920	3	1190	16	1450	29	1710		(1705)
010	950	4	1210	17	1470	30	1730		
							(1605)		

[1]) Die eingeklammerten Werte sind von Heraeus neu bestimmt und zuverlässiger als die nicht eingeklammerten.

Zusammenhang zwischen Temperatur und Lichtemission.

Beginnende Rotglut	525°
Dunkelrotglut	700°
Kirschrotglut	850°
Hellrotglut	950°
Gelbglut	1100°
Beginnende Weißglut	1300°
Volle Weißglut	1500°

Zusammenhang zwischen Temperatur und elektromotorischer Kraft des Platin-Platinrhodiumelementes.

Temperatur der erhitzten Lötstelle in ° C	Elektromotorische Kraft in Millivolt
300	2,27
400	3,20
500	4,17
600	5,17
700	6,20
800	7,27
900	8,37
1000	9,50
1100	10,67
1200	11,88
1300	13,11
1400	14,38
1500	15,69
1600	17,03

Beziehung zwischen SO_2-Gehalt und Luftüberschuß der Kies-Röstgase nach Remmler.

SO_2-Gehalt %	O-Gehalt	Luftüberschuß in %
5,2	8,6	41
5,6	7,8	37
6,2	6,6	31,5
6,4	6,4	30,5
6,6	6,6	31,5
7,0	6,4	30,5
7,2	6,6	31,5
7,4	6,0	28,5
7,6	5,3	25
7,8	5,0	24
8,0	5,0	24
8,2	5,9	28
8,4	5,4	25
8,6	5,6	27
8,8	5,8	28
9,0	5,0	24

Tafel für die Reichsche Methode zur Untersuchung der Röstgase auf Schwefeldioxyd.

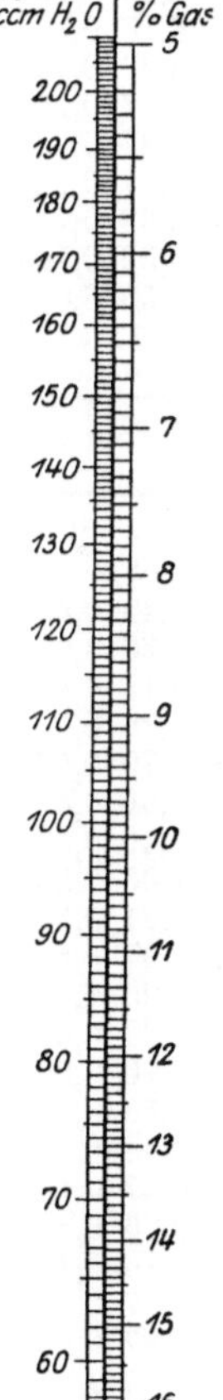

Abb. 33.

Tabelle zur Gasanalyse nach Sander.

a	8,0		8,1		8,2		8,3		8,4		8,5		8,6	
	SO_2	SO_3	SO_2	SO_3	SO_2	SO_3	SO_2	SO_3	SO_2	SO_3	SO_2	SO_3	SO_2	SO_3
b = 200	8,01	1,00	8,10	0,95	8,20	0,90	8,30	0,85	8,39	0,80	8,49	0,75	8,58	0,70
205	7,83	0,98	7,92	0,93	8,02	0,88	8,11	0,83	8,20	0,78	8,30	0,73	8,39	0,68
210	7,66	0,96	7,75	0,91	7,84	0,86	7,93	0,81	8,03	0,76	8,12	0,72	8,21	0,67
215	7,50	0,94	7,59	0,89	7,68	0,84	7,77	0,79	7,86	0,75	7,95	0,70	8,04	0,65
220	7,34	0,92	7,43	0,87	7,52	0,82	7,60	0,78	7,69	0,73	7,78	0,69	7,87	0,64
225	7,19	0,90	7,28	0,85	7,36	0,81	7,45	0,76	7,54	0,72	7,62	0,67	7,71	0,63
230	7,05	0,88	7,13	0,84	7,22	0,79	7,30	0,75	7,38	0,70	7,47	0,66	7,55	0,61
235	6,91	0,86	6,99	0,82	7,07	0,78	7,16	0,73	7,24	0,69	7,32	0,65	7,41	0,60
240	6,77	0,85	6,86	0,80	6,94	0,76	7,02	0,72	7,10	0,68	7,18	0,63	7,26	0,59
245	6,65	0,83	6,73	0,79	6,81	0,75	6,89	0,70	6,97	0,66	7,05	0,62	7,13	0,58
250	6,52	0,81	6,60	0,77	6,68	0,73	6,76	0,69	6,84	0,65	6,92	0,61	7,00	0,57
255	6,40	0,80	6,48	0,76	6,56	0,72	6,64	0,68	6,71	0,64	6,79	0,60	6,87	0,56
260	6,29	0,79	6,37	0,75	6,44	0,71	6,52	0,67	6,59	0,63	6,67	0,59	6,75	0,55
265	6,18	0,77	6,26	0,73	6,33	0,69	6,40	0,65	6,48	0,62	6,55	0,58	6,63	0,54
270	6,07	0,76	6,15	0,72	6,22	0,68	6,29	0,64	6,37	0,61	6,44	0,57	6,51	0,53
275	5,97	0,75	6,04	0,71	6,11	0,67	6,19	0,63	6,26	0,60	6,33	0,56	6,40	0,52
280	5,87	0,73	5,94	0,70	6,01	0,66	6,08	0,62	6,16	0,59	6,23	0,55	6,30	0,51
285	5,77	0,72	5,84	0,68	5,91	0,65	5,98	0,61	6,05	0,58	6,12	0,54	6,19	0,50
290	5,68	0,71	5,75	0,67	5,82	0,64	5,89	0,60	5,96	0,57	6,03	0,53	6,09	0,50
295	5,59	0,70	5,66	0,66	5,73	0,63	5,79	0,59	5,86	0,56	5,93	0,52	6,00	0,49
300	5,50	0,69	5,57	0,65	5,64	0,62	5,70	0,58	5,77	0,55	5,84	0,51	5,90	0,49
c	**11,1**		**10,5**		**9,9**		**9,3**		**8,7**		**8,1**		**7,5**	

a	8,7		8,8		8,9		9,0		9,1		9,2		9,3	
	SO_2	SO_3	SO_2	SO_3	SO_2	SO_3	SO_2	SO_3	SO_2	SO_3	SO_2	SO_3	SO_2	SO_3
b = 200	8,68	0,65	8,77	0,60	8,87	0,55	8,96	0,50	9,06	0,45	9,15	0,40	9,25	0,35
205	8,49	0,63	8,58	0,58	8,67	0,54	8,77	0,49	8,86	0,44	8,95	0,39	9,04	0,34
210	8,30	0,62	8,39	0,57	8,48	0,52	8,58	0,48	8,67	0,43	8,76	0,38	8,85	0,33
215	8,13	0,61	8,21	0,56	8,30	0,51	8,39	0,47	8,48	0,42	8,57	0,37	8,66	0,33
220	7,96	0,59	8,04	0,55	8,13	0,50	8,22	0,46	8,31	0,41	8,39	0,36	8,48	0,32
225	7,79	0,58	7,88	0,54	7,97	0,49	8,05	0,45	8,14	0,40	8,22	0,36	8,31	0,31
230	7,64	0,57	7,72	0,53	7,81	0,48	7,89	0,44	7,98	0,39	8,06	0,35	8,14	0,31
235	7,49	0,56	7,57	0,52	7,65	0,47	7,74	0,43	7,82	0,39	7,90	0,34	7,99	0,30
240	7,35	0,55	7,43	0,51	7,51	0,46	7,59	0,42	7,67	0,38	7,75	0,34	7,83	0,29
245	7,21	0,54	7,29	0,50	7,37	0,45	7,45	0,41	7,53	0,37	7,61	0,33	7,69	0,29
250	7,07	0,53	7,15	0,49	7,23	0,45	7,31	0,41	7,39	0,36	7,47	0,32	7,54	0,28
255	6,95	0,52	7,02	0,48	7,10	0,44	7,18	0,40	7,25	0,36	7,33	0,32	7,41	0,28
260	6,82	0,51	6,90	0,47	6,97	0,43	7,05	0,39	7,12	0,35	7,20	0,31	7,28	0,27
265	6,70	0,50	6,78	0,46	6,85	0,42	6,93	0,38	7,00	0,35	7,07	0,31	7,15	0,27
270	6,59	0,49	6,66	0,45	6,73	0,42	6,81	0,38	6,88	0,34	6,95	0,30	7,03	0,26
275	6,48	0,48	6,55	0,45	6,62	0,41	6,69	0,37	6,76	0,33	6,84	0,30	6,91	0,26
280	6,37	0,48	6,44	0,44	6,51	0,40	6,58	0,37	6,65	0,33	6,72	0,29	6,79	0,26
285	6,26	0,47	6,33	0,43	6,40	0,40	6,47	0,36	6,54	0,32	6,61	0,29	6,68	0,25
290	6,16	0,46	6,23	0,42	6,30	0,39	6,37	0,35	6,44	0,32	6,51	0,28	6,57	0,25
295	6,07	0,45	6,13	0,42	6,20	0,38	6,27	0,35	6,34	0,31	6,40	0,28	6,47	0,24
300	5,97	0,45	6,04	0,41	6,10	0,38	6,17	0,34	6,24	0,31	6,30	0,27	6,37	0,24
c	**7,0**		**6,8**		**5,4**		**5,3**		**4,7**		**4,2**		**3,6**	

Erläuterungen: a $=$ verbrauchte ccm $^n/_{10}$ NaOH nach dem Zusatz von $HgCl_2$; b $=$ aus dem Aspirator ausgeflossene Wassermenge (in ccm); c $=$ als SO_3 vorhandene Schwefelmenge, in Gewichtsprozenten vom Gesamtschwefelgehalt des Gases.

Tabelle zur Gasanalyse nach Sander (Fortsetzung).

a	9,4		9,5		9,6		9,7		9,8		9,9		10,0	
	SO_2	SO_3	SO_2	SO_3	SO_2	SO_3	SO_2	SO_3	SO_2	SO_3	SO_2	SO_3	SO_2	SO_3
b = 200	9,34	0,30	9,44	0,25	9,53	0,20	9,63	0,15	9,72	0,10	9,82	0,05	9,91	—
205	9,14	0,29	9,23	0,24	9,32	0,19	9,41		9,51		9,60		9,69	
210	8,94	0,29	9,03	0,24	9,12	0,19	9,21		9,30		9,39		9,48	
215	8,75	0,28	8,84	0,23	8,93	0,19	9,02		9,11		9,19		9,28	
220	8,57	0,27	8,66	0,23	8,74	0,18	8,83		8,92		9,00		9,09	
225	8,40	0,27	8,48	0,22	8,57	0,18	8,65		8,74		8,82		8,91	
230	8,23	0,26	8,31	0,22	8,40	0,17	8,48		8,56		8,65		8,73	
235	8,07	0,26	8,15	0,21	8,23	0,17	8,31		8,40		8,48		8,56	
240	7,91	0,25	7,99	0,21	8,07	0,17	8,16		8,24		8,32		8,40	
245	7,76	0,25	7,84	0,21	7,92	9,16	8,00		8,08		8,16		8,24	
250	7,62	0,24	7,70	0,20	7,78	0,16	7,86		7,93		8,01		8,09	
255	7,48	0,24	7,56	0,20	7,64	0,16	7,71		7,79		7,87		7,94	
260	7,35	0,23	7,43	0,19	7,50	0,16	7,58		7,65		7,73		7,80	
265	7,22	0,23	7,30	0,19	7,37	0,15	7,44		7,52		7,59		7,67	
270	7,10	0,23	7,17	0,19	7,24	0,15	7,32		7,39		7,46		7,53	
275	6,98	0,22	7,05	0,19	7,12	0,15	7,19		7,26		7,34		7,41	
280	6,86	0,22	6,93	0,18	7,00	0,15	7,07		7,14		7,21		7,28	
285	6,75	0,21	6,82	0,18	6,89	0,14	6,96		7,03		7,10		7,17	
290	6,64	0,21	6,71	0,18	6,78	0,14	6,85		6,92		6,98		7,05	
295	6,54	0,20	6,60	0,17	6,67	0,14	6,74		6,81		6,87		6,94	
300	6,44	0,20	6,50	0,17	6,57	0,14	6,63	0,10	6,69	0,07	6,76	0,03	6,83	
c	3,1		2,6		2,0		1,5		1,0		0,5		—	

Abhängigkeit der Wäscherleistung von der Temperatur des Waschwassers nach Remmler.

Temperatur des Waschwassers ^{0}C	Waschwasser enthält		Temperatur des Waschwassers ^{0}C	Waschwasser enthält	
	Gewichts-$^0/_0$ H_2SO_3	Gewichts-$^0/_0$ H_2SO_4		Gewichts-$^0/_0$ H_2SO_3	Gewichts-$^0/_0$ H_2SO_4
28	0,75	0,28	45	0,26	1,36
33	0,78	0,29	46	0,26	1,36
38	0,41	0,88	48	0,28	1,20
40	0,30	0,84	50	0,20	1,15
41	0,27	1,12	53	0,14	1,65
44	0,24	0,90	55	0,14	0,99

Spez. Gewichte von Lösungen von schwefliger Säure in Wasser.

Spez. Gew.			Proz. SO_2	Spez. Gew.			Proz. SO_2
1,0051	bei	15,5^0	0,99	1,0399	bei	15,5^0	8,08
1,0102	„	„	2,05	1,0438	„	„	8,68
1,0148	„	„	2,87	1,0492	„	„	9,80
1,0204	„	„	4,04	1,0541	„	„	10,75
1,0252	„	„	4,99	1,0597	„	12,5^0	11,65
1,0297	„	„	5,89	1,0668	„	11^0	13,09
1,0353	„	„	7,01				

Tension von schwefliger Säure in kondensiertem Zustand.

Temperatur	Druck	Temperatur	Druck
— 30 ⁰	0,36	20 ⁰	3,30
— 25	0,55	25	3,80
— 20	0,61	30	4,60
— 15	0,76	35	5,30
— 10	1,00	40	6,20
— 5	1,25	45	7,20
0	1,51	50	8,30
5	1,90	55	8,43
10	2,35	60	11,09
15	2,78		

Bestimmung des Gehaltes von Frischlaugen durch Jodtitrationen.

ccm	% SO_2	% CaO	ccm	% SO_2	% CaO	ccm	% SO_2	% CaO	ccm	% SO_2	% CaO	ccm	% SO_2	% CaO	ccm	% SO_2
0,1	0,032	0,028	2,6	0,83	0,73	5,1	1,63	1,43	7,6	2,43	2,13	10,1	3,26	2,83	12,6	4,03
0,2	0,06	0,06	2,7	0,86	0,76	5,2	1,66	1,46	7,7	2,46	2,16	10,2	3,26	2,86	12,7	4,06
0,3	0,10	0,08	2,8	0,90	0,78	5,3	1,70	1,48	7,8	2,50	2,18	10,3	3,30	2,88	12,8	4,10
0,4	0,13	0,11	2,9	0,93	0,81	5,4	1,73	1,51	7,9	2,53	2,21	10,4	3,33	2,91	12,9	4,13
0,5	0,16	0,14	3,0	0,96	0,84	5,5	1,76	1,54	8,0	2,56	2,24	10,5	3,36	2,94	13,0	4,16
0,6	0,19	0,17	3,1	0,99	0,87	5,6	1,79	1,57	8,1	2,59	2,27	10,6	3,39	2,97	13,1	4,19
0,7	0,22	0,20	3,2	1,02	0,90	5,7	1,82	1,60	8,2	2,62	2,30	10,7	3,42	3,00	13,2	4,22
0,8	0,26	0,22	3,3	1,06	0,92	5,8	1,86	1,62	8,3	2,66	2,32	10,8	3,46	3,02	13,3	4,26
0,9	0,29	0,25	3,4	1,09	0,95	5,9	1,89	1,65	8,4	2,69	2,35	10,9	3,49	3,05	13,4	4,29
1,0	0,32	0,28	3,5	1,12	0,98	6,0	1,92	1,68	8,5	2,72	2,38	11,0	3,52	3,08	13,5	4,32
1,1	0,35	0,31	3,6	1,15	1,01	6,1	1,95	1,71	8,6	2,75	2,41	11,1	3,55	3,11	13,6	4,35
1,2	0,38	0,34	3,7	1,18	1,04	6,2	1,98	1,74	8,7	2,78	2,44	11,2	3,58	3,14	13,7	4,38
1,3	0,42	0,36	3,8	1,22	1,06	6,3	2,02	1,76	8,8	2,82	2,46	11,3	3,62	3,16	13,8	4,42
1,4	0,45	0,39	3,9	1,25	1,09	6,4	2,05	1,79	8,9	2,85	2,49	11,4	3,65	3,19	13,9	4,45
1,5	0,48	0,42	4,0	1,28	1,12	6,5	2,08	1,82	9,0	2,88	2,52	11,5	3,68	3,22	14,0	4,48
1,6	0,51	0,45	4,1	1,31	1,15	6,6	2,11	1,85	9,1	2,91	2,55	11,6	3,71	3,25	14,1	4,51
1,7	0,54	0,48	4,2	1,34	1,18	6,7	2,14	1,88	9,2	2,94	2,58	11,7	3,74	3,28	14,2	4,54
1,8	0,58	0,50	4,3	1,38	1,20	6,8	2,18	1,90	9,3	2,98	2,60	11,8	3,78	3,30	14,3	4,58
1,9	0,61	0,53	4,4	1,41	1,23	6,9	2,21	1,93	9,4	3,01	2,63	11,9	3,81	3,33	14,4	4,61
2,0	0,64	0,56	4,5	1,44	1,26	7,0	2,24	1,96	9,5	3,04	2,66	12,0	3,84	3,36	14,5	4,64
2,1	0,67	0,59	4,6	1,47	1,29	7,1	2,27	1,99	9,6	3,07	2,69	12,1	3,87	3,39	14,6	4,67
2,2	0,70	0,62	4,7	1,50	1,32	7,2	2,30	2,02	9,7	3,10	2,72	12,2	3,90	3,42	14,7	4,70
2,3	0,74	0,64	4,8	1,54	1,34	7,3	2,34	2,04	9,8	3,14	2,74	12,3	3,94	3,44	14,8	4,74
2,4	0,77	0,67	4,9	1,57	1,37	7,4	2,37	2,07	9,9	3,17	2,77	12,4	3,97	3,47	14,9	4,77
2,5	0,80	0,70	5,0	1,60	1,40	7,5	2,40	2,10	10,0	3,20	2,80	12,5	4,00	3,50	15,0	4,80

Bestimmung der Zucker in der Sulfitlauge.

a = Milligramme Kupferoxyd.　b = Milligramme Zucker.

a	b	a	b
112,7	46,9	331,7	143,2
118,9	49,5	338,0	146,1
125,2	52,1	344,2	149,0
131,4	54,8	350,5	151,9
137,7	57,5	356,7	154,9
143,9	60,1	363,0	157,8
150,3	62,8	369,3	160,8
156,5	65,5	375,5	163,8
162,8	68,7	381,8	166,8
169,0	70,3	388,0	169,7
175,3	73,5	394,3	172,7
181,5	76,1	400,5	175,6
187,8	78,9	406,8	178,6
194,0	81,6	413,1	181,6
200,3	84,3	419,3	184,7
206,5	87,0	425,6	187,8
212,8	89,7	431,8	190,8
219,1	92,4	438,1	193,8
225,4	95,2	444,4	196,8
231,6	97,8	450,6	199,8
237,9	100,6	456,9	203,0
244,1	103,4	463,1	206,1
250,4	106,3	469,4	209,2
256,6	109,1	475,6	212,4
262,9	111,9	481,9	215,5
269,1	114,7	488,2	218,7
275,4	117,5	494,4	221,8
281,6	120,4	500,7	224,9
287,9	123,2	506,9	228,6
294,2	126,0	513,2	232,1
300,5	128,9	519,5	235,7
306,7	131,8	525,7	239,2
312,9	134,6	532,0	242,7
319,2	137,5	538,1	246,3
325,4	140,4		

E. Zahlentafeln zu V: Die Betriebskontrolle in der Bleicherei.

Spezifisches Gewicht von Steinsalzlösungen ~~für elektro-~~
~~lytische Bleiche~~.

Spez. Ge-wicht	Grade Baumé	100 l Salzlösung enthalten kg NaCl bei		Spez. Ge-wicht	Grade Baumé	100 l Salzlösung enthalten kg NaCl bei	
		15° C	25° C			15° C	25° C
1,000	0,0	0,00	0,28	1,100	13,0	14,85	15,40
1,005	0,7	0,70	1,00	1,105	13,6	15,64	16,20
1,010	1,4	1,40	1,72	1,110	14,2	16,43	17,01
1,015	2,1	2,10	2,44	1,115	14,9	17,22	17,81
1,020	2,7	2,81	3,16	1,120	15,4	18,00	18,60
1,025	3,4	3,54	3,91	1,125	16,0	18,80	19,40
1,030	4,1	4,26	4,65	1,130	16,5	19,60	20,22
1,035	4,7	5,00	5,40	1,135	17,1	20,40	21,04
1,040	5,4	5,73	6,14	1,140	17,7	21,21	21,86
1,045	6,0	6,45	6,88	1,145	18,3	22,03	22,69
1,050	6,7	7,19	7,62	1,150	18,5	22,85	23,52
1,055	7,4	7,94	8,38	1,155	19,3	23,65	24,33
1,060	8,0	8,69	9,15	1,160	19,8	24,46	25,15
1,065	8,7	9,45	9,92	1,165	20,3	25,28	25,98
1,070	9,4	10,22	10,70	1,170	20,9	26,10	26,81
1,075	10,0	10,99	11,48	1,175	21,4	26,91	27,64
1,080	10,6	11,74	12,24	1,180	22,0	27,74	28,48
1,085	11,2	12,50	12,01	1,185	22,5	28,58	29,34
1,090	11,9	13,27	13,80	1,190	23,0	29,42	30,19
1,095	12,4	14,06	14,60	1,195	23,5	30,26	31,05

Tension, spezifisches Gewicht und mittlerer Ausdehnungs-
koeffizient des Chlors nach Knietsch.

Temperatur	Druck	Spez. Gewicht	Mittlerer Ausdehnungskoeffiz.
— 30	1,20 Atm.	1,5485	
— 25	1,50 „	1,5358	
— 20	1,84 „	1,5230	
— 15	2,23 „	1,5100	0,001793
— 10	2,63 „	1,4965	
— 5	3,14 „	1,4836	
0	3,66 „	1,4690	
+ 5	4,25 „	1,4548	0,001978
+10	4,95 „	1,4405	
+15	5,75 „	1,4273	0,002030
+20	6,62 „	1,4118	
+25	7,63 „	1,3984	0,002192
+30	8,75 „	1,3815	
+35	9,95 „	1,3683	0,002260
+40	11,50 „	1,3510	
+50	14,70 „	1,3170	0,002690
+60	18,60 „	1,2830	
+70	23,00 „	1,2430	0,003460
+80	28,40 „	1,2000	

Vergleichung der Gradbezeichnungen von Chlorkalk.

Franz. Grade	Proz. Chlor	Franz. Grade	Proz. Chlor	Franz. Grade	Proz. Chlor	Franz. Grade	Proz. Chlor	Franz. Grade	Proz. Chlor
63	20,28	77	24,79	91	29,29	105	33,80	119	38,31
64	20,60	78	25,11	92	29,62	106	34,12	120	38,63
65	20,92	79	25,43	93	29,94	107	34,44	121	38,95
66	21,25	80	25,75	94	30,26	108	34,77	122	38,27
67	21,57	81	26,07	95	30,58	109	35,09	123	39,59
68	21,89	82	26,40	96	30,90	110	35,41	124	39,92
69	22,21	83	26,72	97	31,23	111	35,73	125	40,24
70	22,53	84	27,04	98	31,55	112	36,05	126	40,56
71	22,86	85	27,36	99	31,87	113	36,38	127	40,88
72	23,18	86	27,68	100	32,19	114	36,70	128	41,20
73	23,50	87	28,01	101	32,51	115	37,02	129	41,53
74	23,82	88	28,33	102	32,83	116	37,34	130	41,85
75	24,14	89	28,65	103	33,16	117	37,66	131	42,17
76	24,47	90	28,97	104	33,48	118	37,99	132	42,49

Chlorkalklösungen (aus bester Ware frisch zubereitet) bei 15º C.

(Nach Lunge und Bachofen ergänzt.)

Spezif. Gewicht	Grade Baumé	g akt. Chlor pro l	Spezif. Gewicht	Grade Baumé	g akt. Chlor pro l
	ca.			ca.	
1,002	0,3	1	1,028	3,9	16
1,004	0,5	2	**1,029**	**4,0**	**17**
1,005	0,8	3	1,031	4,3	18
1,007	1,0	4	1,033	4,5	19
1,009	1,3	5	1,035	4,8	20
1,011	1,5	6	**1,036**	**5,0**	**21**
1,013	1,8	7	1,037	5,2	22
1,014	2,0	8	1,039	5,4	23
1,016	2,3	9	1,041	5,6	24
1,018	2,5	10	1,042	5,9	25
1,019	2,8	11	1,044	6,1	26
1,022	3,0	12	1,046	6,3	27
1,023	3,2	13	1,047	6,5	28
1,024	3,4	14	1,049	6,7	29
1,026	3,6	15	1,051	7,0	30

F. Zahlentafel zu VI:
Die Untersuchung der Zellstoffe.

Absoluttrockengewicht und Normallufttrockengewichte für Holzschliff und Holzzellstoff.

(88 absoluttrocken = 100 lufttrocken.)

Absolut-trocken	Luft-trocken	Absolut-trocken	Luft-trocken	Absolut-trocken	Luft-trocken	Absolut-trocken	Luft-trocken
24,0	27,28	43,5	49,43	63,0	71,58	82,5	93,75
24,5	27,85	44,0	50,00	63,5	72,15	83,0	94,32
25,0	28,41	44,5	50,56	64,0	72,73	83,5	94,89
25,5	28,98	45,0	51,13	64,5	73,29	84,0	95,45
26,0	29,55	45,5	51,70	65,0	73,86	84,5	96,02
26,5	30,12	46,0	52,27	65,5	74,43	85,0	96,59
27,0	30,68	46,5	52,84	66,0	75,00	85,5	97,16
27,5	31,25	47,0	53,41	66,5	75,57	86,0	97,73
28,0	31,82	47,5	53,97	67,0	76,13	86,5	98,29
28,5	32,39	48,0	54,54	67,5	76,70	87,0	98,86
29,0	32,96	48,5	55,11	68,0	77,27	87,5	99,43
29,5	33,53	49,0	55,68	68,5	77,84	88,0	100,00
30,0	34,09	49,5	56,25	69,0	78,40	88,5	100,57
30,5	34,66	50,0	56,82	69,5	78,97	89,0	101,14
31,0	35,23	50,5	57,36	70,0	79,54	89,5	101,70
31,5	35,80	51,0	57,95	70,5	80,11	90,0	102,27
32,0	36,36	51,5	58,52	71,0	80,68	90,5	102,84
32,5	36,93	52,0	59,09	71,5	81,25	91,0	103,41
33,0	37,50	52,5	59,65	72,0	81,82	91,5	103,98
33,5	38,07	53,0	60,22	72,5	82,39	92,0	104,55
34,0	38,64	53,5	60,79	73,0	82,94	92,5	105,11
34,5	39,21	54,0	61,34	73,5	83,52	93,0	105,68
35,0	39,77	54,5	61,93	74,0	84,09	93,5	106,25
35,5	40,34	55,0	62,49	74,5	84,66	94,0	106,82
36,0	40,91	55,5	63,06	75,0	85,22	94,5	107,39
36,5	41,48	56,0	63,63	75,5	85,79	95,0	107,95
37,0	42,04	56,5	64,09	76,0	83,36	95,5	108,52
37,5	42,61	57,0	64,78	76,5	86,93	96,0	109,09
38,0	43,18	57,5	65,34	77,0	87,50	96,5	109,66
38,5	43,75	58,0	65,90	77,5	88,07	97,0	110,23
39,0	44,32	58,5	66,47	78,0	88,64	97,5	110,79
39,5	44,89	59,0	67,04	78,5	89,21	98,0	111,36
40,0	45,45	59,5	67,61	79,0	89,77	98,5	111,93
40,5	46,02	60,0	68,18	79,5	90,34	99,0	112,50
41,0	46,59	60,5	68,75	80,0	90,90	99,5	113,07
41,5	47,16	61,0	69,31	80,5	91,47	100,0	113,64
42,0	47,73	61,5	69,88	81,0	92,04		
42,5	48,30	62,0	70,45	81,5	92,61		
43,0	48,86	62,5	71,02	82,0	93,18		

Nach Feststellung des Absoluttrockengewichtes eines Zellstoffs kann man aus vorstehender Tabelle das Handelsgewicht mit $12^0/_0$ Wasser im Hundert für feuchte Stoffe — von $24^0/_0$ Absoluttrockengehalt an — unmittelbar ablesen.

Klassifikation von Sulfitzellstoffen.

Beziehung zwischen Cl. V. Z., Ligningehalt und Bleichbarkeit. Die Werte für die letztgenannten Zahlen sind vorläufig als Annäherungswerte zu betrachten.

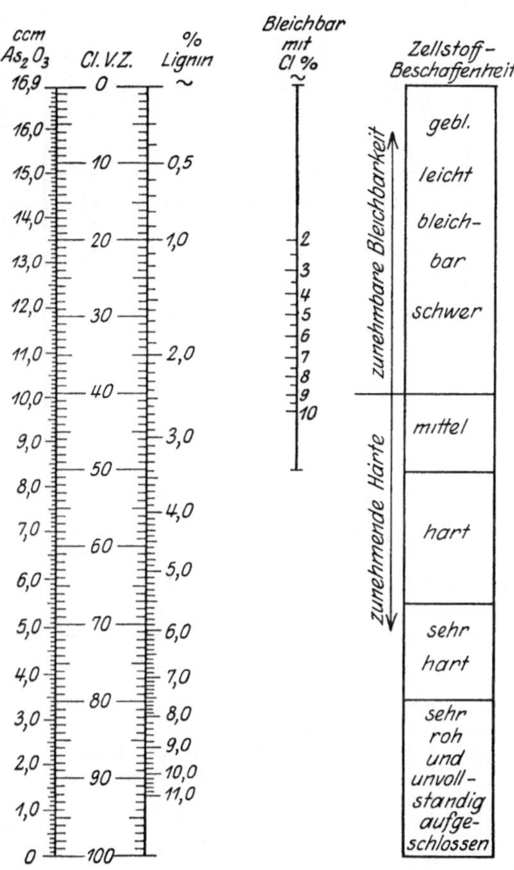

Abb. 34.

G. Zahlentafeln zu VII:
Die chemische Analyse in der Papierfabrikation.

Tabelle zur Bestimmung des Wassergehaltes der Stärke nach Saare.

Gefundenes Gewicht g	Wassergehalt der Stärke $^0/_0$	Gefundenes Gewicht g	Wassergehalt der Stärke $^0/_0$	Gefundenes Gewicht g	Wassergehalt der Stärke $^0/_0$	Gefundenes Gewicht g	Wassergehalt der Stärke $^0/_0$
289,40	0	285,05	11	281,10	21	277,20	31
289,00	1	284,65	12	280,75	22	276,80	32
288,60	2	284,25	13	280,35	23	276,40	33
288,20	3	283,90	14	279,95	24	276,00	34
287,80	4	283,50	15	279,55	25	275,60	35
287,40	5	283,10	16	279,15	26	275,20	36
287,05	6	282,70	17	278,75	27	274,80	37
286,65	7	282,30	18	278,35	28	274,40	38
286,25	8	281,90	19	277,95	29	274,05	39
285,85	9	281,50	20	277,60	30	273,65	40
280,45	10						

Baumé-Grade von Gelatinelösungen bei verschiedenen Temperaturen nach Sieber.

Gelatine $^0/_0$	^{0} Bé 20°C	^{0} Bé 25°C	^{0} Bé 30°C	Gelatine $^0/_0$	^{0} Bé 20°C	^{0} Bé 25°C	^{0} Bé 30°C
1,0	0,3	0,2	0,1	6,0	gallertig	2,2	1,7
1,5	0,5	0,4	0,2	6,5	„	2,4	1,9
2,0	0,7	0,6	0,3	7,0	„	2,6	2,1
2,5	0,9	0,8	0,45	7,5	„	2,8	2,3
3,0	1,15	1,0	0,6	8,0	fest	3,0	2,5
3,5	1,35	1,2	0,75	8,5	„	3,2	2,7
4,0	1,55	1,4	0,9	9,0	„	3,4	2,9
4,5	1,8	1,6	1,1	9,5	„	3,6	3,1
5,0	2,0	1,8	1,3	10,0	„	gallertig	3,3
5,5	2,25	2,0	1,5				

Löslichkeit der Soda bei verschiedenen Temperaturen nach Loewel.

Temperatur in C	0^0	10^0	15^0	20^0	25^0	30^0	38^0	104^0
Natriumkarbonat Na_2CO_3	6,97	12,06	16,20	21,71	28,50	37,24	51,67	45,47
Kristallsoda $Na_2CO_3 + 10\,H_2O$	21,33	40,94	63,20	92,82	149,13	273,64	1142,17	539,63

Harzleimbereitung.

Bei Verseifung von 100 kg Harz mit	sind im fertigen Harzleim gebundenes Harz %	freies Harz %
6 kg Soda	40,6	59,4
7 „ „	47,4	52,6
8 „ . „	54,0	46,0
9 „ „	60,8	39,2
10 „ „	67,6	33,4
11 „ „	74,4	25,6
12 „ „	81,2	18,8
13 „ „	87,8	12,2
14 „ „	94,6	5,4

Aluminiumsulfat-Lösungen bei 15° C. Nach E. Larsson.

Volum-Gewicht	Grade Baumé	100 Liter Lösung enthalten kg				
		Al_2O_3	SO_2	Sulfat mit 13 % Al_2O_3	Sulfat mit 14 % Al_2O_3	Sulfat mit 15 % Al_2O_3
1,005	0,7	0,14	0,33	1,1	1	0,9
1,010	1,4	0,28	0,65	2,2	2	1,9
1,016	2,1	0,42	0,98	3,2	3	2,8
1,021	2,8	0,56	1,31	4,3	4	3,7
1,026	3,5	0,70	1,63	5,4	5	4,7
1,031	4,2	0,84	1,96	6,5	6	5,6
1,036	4,8	0,98	2,28	7,5	7	6,5
1,040	5,4	1,12	2,61	8,6	8	7,5
1,045	6,1	1,26	2,94	9,7	9	8,4
1,050	6,7	1,40	3,26	10,8	10	9,3
1,055	7,3	1,54	3,59	11,8	11	10,3
1,059	7,9	1,68	3,91	12,9	12	11,2
1,064	8,5	1,82	4,24	14,0	13	12,1
1,068	9,1	1,96	4,57	15,1	14	13,1
1,073	9,7	2,10	4,89	16,2	15	14,0
1,078	10,3	2,24	5,22	17,2	16	14,9
1,082	10,9	2,38	5,55	18,3	17	15,9
1,087	11,4	2,52	5,87	19,4	18	16,8
1,092	12,0	2,66	6,20	20,5	19	17,7
1,096	12,6	2,80	6,52	21,5	20	18,7
1,101	13,1	2,94	6,85	22,6	21	19,6
1,105	13,7	3,08	7,18	23,7	22	20,5
1,110	14,2	3,22	7,50	24,8	23	21,5
1,114	14,7	3,36	7,83	25,9	24	22,4
1,119	15,3	3,50	8,16	26,9	25	23,3
1,123	15,8	3,64	8,48	28,0	26	24,3
1,128	16,3	3,78	8,81	29,1	27	25,2
1,132	16,8	3,92	9,13	30,2	28	26,1
1,137	17,4	4,06	9,46	31,2	29	27,1
1,141	17,9	4,20	9,79	32,3	30	28,0
1,145	18,3	4,34	10,11	33,4	31	28,9

Aluminiumsulfalt-Lösungen bei 15° C. Nach E. Larsson. (Fortsetzung.)

Volum-Gewicht	Grade Baumé	100 Liter Lösung enthalten kg				
		Al_2O_3	SO_2	Sulfat mit 13°/₀ Al_2O_3	Sulfat mit 14°/₀ Al_2O_3	Sulfat mit 15°/₀ Al_2O_3
1,150	18,8	4,48	10,44	34,5	32	29,9
1,154	19,2	4,62	10,76	35,5	33	30,8
1,159	19,7	4,76	11,09	36,6	34	31,7
1,163	20,1	4,90	11,42	37,7	35	32,7
1,168	20,6	5,04	11,74	38,8	36	33,6
1,172	21,1	5,18	12,07	39,9	37	34,5
1,176	21,6	5,32	12,40	40,9	38	35,5
1,181	22,1	5,46	12,72	42,0	39	36,4
1,185	22,5	5,60	13,05	43,1	40	37,3
1,190	23,0	5,74	13,38	44,2	41	38,3
1,194	23,4	5,88	13,70	45,2	42	39,2
1,198	23,8	6,02	14,03	46,3	43	40,1
1,203	24,3	6,16	14,35	47,4	44	41,1
1,207	24,7	6,30	14,68	48,5	45	42,0
1,211	25,2	6,44	15,01	49,5	46	42,9
1,215	25,5	6,58	15,33	50,6	47	43,9
1,220	25,9	6,72	15,66	51,7	48	44,8
1,224	26,3	6,86	15,99	52,8	49	45,7
1,228	26,7	7,00	16,31	53,9	50	46,7
1,232	27,1	7,14	16,04	54,9	51	47,6
1,236	27,5	7,28	16,96	56,0	52	48,5
1,240	27,9	7,42	17,29	57,1	53	49,5
1,244	28,3	7,56	17,62	58,2	54	50,4
1,248	28,6	7,70	17,94	59,2	55	51,3
1,252	29,0	7,84	18,27	60,3	56	52,3
1,256	29,4	7,98	18,59	61,4	57	53,2
1,261	29,8	8,12	18,92	62,5	58	54,1
1,265	30,2	8,26	19,25	63,5	59	55,1
1,269	30,5	8,40	19,57	64,6	60	56,0
1,273	30,9	8,54	19,90	65,7	61	56,9
1,277	31,2	8,68	20,23	66,8	62	57,9
1,281	31,6	8,82	20,25	67,9	63	58,8
1,285	31,9	8,96	20,88	68,9	64	59,7
1,289	32,3	9,10	21,20	70,0	65	60,7
1,293	32,6	9,24	21,53	71,1	66	61,6
1,297	33,0	9,38	21,86	72,2	67	62,5
1,301	33,3	9,52	22,18	73,2	68	63,5
1,305	33,7	9,66	22,51	74,3	69	64,4
1,309	34,0	9,80	22,84	75,4	70	65,3
1,312	34,4	9,94	23,16	76,5	71	66,3
1,316	34,7	10,08	23,49	77,5	72	67,2
1,320	35,0	10,22	23,81	78,6	73	68,1
1,324	35,3	10,36	24,14	79,7	74	69,1
1,328	35,6	10,50	24,47	80,8	75	70,0
1,331	35,9	10,64	24,79	81,8	76	70,9
1,335	36,2	10,78	25,12	82,9	77	71,9
1,339	36,5	10,92	25,45	84,0	78	72,8

Namenverzeichnis.

Abel 56.
Allen-Bishop 192.
Ambühl 248.
Anderson 11.
Appelius u. Schmidt 195.
Appitzsch 37.
Arndt 44, 210.
Asker 282.

Bachofen 200.
Bacon 212, 258.
Bamberger 103.
Barnes, J. 198.
Barrett 248.
Baume 63.
Bay 140, 218, 239.
Beadle u. Stevens 121, 212.
Becker 100, 101, 226, 239, 240, 275, 280.
Beilstein u. Grosset 314.
Bellucci u. Lucchesi 315.
Benedikt u. Bamberger 103.
Bergman 115, 117, 128.
Berl 159 (s. a. Lunge).
Bernheimer 172, 177.
Bertelsmann 152.
Bertrand 236.
Besson 72, 75.
Bevan 66, 88, 227, 280, 109.
Binder 49.
Blacher 7, 8, 14, 15, 30.
Blachfelder 217.
Blasweiler 11, 14, 15, 216.
Blattner 204.
Bochter 204.
Böddener u. Tollens 80.
Brand u. Jais 31.
Brauer 302.
Braun 50.
Briggs 109.
Brochet u. Cambier 189.
Bronnert 223.
Brooks 50.
Bruhns 19.
Brunck 36.
Bunsen 197, 203.
Bunte 44.

Chambovet 279.
Chancel 186.
Christiansen 126, 131, 221.
Clark 3, 4, 30.
v. Cochenhausen 4, 5, 7.
Comte 199.
Constam 38.
Contat u. Göckel 203.
Craig 193, 315.
Cross u. Bevan 66, 88, 227, 280.
— Bevan, Briggs 109.
— — Smith 253.

Deniges 189.
Dennstedt 37.
Dernby 20.
Descroizilles 29.
Diamond 153.
Dieckmann 159, 167, 178, 182.
Dienert 215.
Dietz 202.
Dittler 193.
Donath 314.
Dore 84, 93, 110.
Dowell 110.
Dreher 290, 291.
Drehschmidt 151, 152.
Duffing 63.
Dulong 39.

Ebert 193, 199.
Eckhardt 44.
Ehrlich 86.
Engler 52.
Ermen 245.

Fahrion 80.
Faißt u. Knauß 3.
Falke 237.
Farbenfabriken Friedrich Bayer & Co. 240.
v. Fellenberg 86, 104, 189, 278.
Fenner 193.
Ferchland 206.

Ferguson 194.
Findley 49.
Fischer, H. 9.
Fleischer 152.
Frank 63, 165.
Freiberger 218, 235, 236, 245.
Fresenius 202, 313.
— u. Grünhut 329.
Frey 207.
Freymuth 193.
Froboese 11, 177.
Frohberg 175.
Fromhals 64.

Gaefke 68, 82.
Gaulin 49.
Gay-Lussac 198.
Girard 204.
Gierisch 107, 272.
Glaßmann 180.
Gmell 281.
Göckel 203.
Goldberg 32, 49, 166, 314.
Grabe u. Petrén 142.
Graefe 76, 100.
de Gral 46, 48.
Gräulich 48.
Grewin 283.
Griffin 198, 305, 315, 316, 315, 319.
Grimm, H. 28, 209, 251.
— R , 50.
Groschuff 71.
Grün u. Junghahn 209.
Guillauden 233.

Haak 103.
Hägglund 170, 171, 182, 236.
Haller 100, 244.
Haselhoff 340, 341.
Hedallen 198.
Hempel 44.
Hempel-Seidel-Richter 108, 267.

Henneberg 185.
— u. Stohmann 98.
Herbig 207.
Herschel 63.
Herzberg 99.
Herzog 252.
Heuser 94, 107, 125, 178,
    276, 282, 295.
— u. Aschkenasi 195.
— u. Haug 94, 294.
Höhn 164, 165, 167, 168.
Holde 51, 56, 60.
Hollandt 6.
Holliger 36.
Holmberg 190
Hottenroth 193.
Hübner 250.
Hugershoff 39.

Iwanow 315.
Jäger u. Unger 84.
Jais 31.
Jentgen 221, 244.
Jentsch 99, 163.
Jocum u. Neiß 194.
Johnsen 227, 264, 280.
Junghahn 209.

Karaglanow 193.
Kast 220.
Kerenyi 107, 272.
Kernaham 195.
Kershaw 50.
Kertesc 164, 175.
Kirchner 127.
Kjeldahl 228, 248, 305.
Klason 95, 132, 133, 136,
    140, 193, 194, 265.
— u. Carlson 132.
— u. Mellquist 137, 140.
Kleemann 228.
Klemm, P., 61, 211, 254
Klinga 132.
Knöpflmacher 202.
Knowles 195.
Knublauch 49.
Köhler, S. 127, 128.
König 96, 227, 219.
— u. Becker 100, 101, 182,
    245, 280.
— u. Rump 100, 101.
Kolb 253.
Kolthoff 194, 215.
Kotibhasker 110.
Koydl 80.
Kress 120, 123.
Krieger 9, 33, 36, 74.
Kroll 44.
Krull 102, 157, 158, 275, 282.

Kubel 338.
— u. Wood 339.
Kuma-Gawa-Suta 181.

Lane 210.
Legler 11, 12.
Lenander 153.
Lenart 28.
Lenk-Brach 181.
Lenze, Pleus, Müller 81,
    238, 261, 281.
Liebermann 57.
Lindner 185.
Lippmann 178.
List 146.
Lofton u. Merritt 255.
Lohnstein 182.
Lomschakow 42.
Lovibond 212.
Lunge 5, 17, 21, 127, 128,
    130, 138, 156, 201, 339,
    340.
Lunge-Berl 4, 39, 46, 56,
    130, 138, 149, 190, 196,
    202.
Lunge u. Bachofen 200.
— u. Kéler 313.
— u. Lohöffer 114, 117,
    122, 127,
— u. Stierlin 144, 145.
Lux 44.

Mäule 100.
Mahood 93, 96.
Mallison 54
Marcusson 296.
Martens 56.
Marzahn 337.
Meißl 179.
Menaul u. Dowell 110.
Mengler 193.
Merritt 255.
Meunier 193.
Meyer, Hans 103.
Meyer-Jannek 140.
Milbauer 216.
Minor 281.
Moe 112, 125.
Mohnhaupt 11.
Mohr 16.
Mono 44.
Moore 192.
Muck 38.
Müller 81, 238, 261, 281.
—, Ed. Just. 216.

Naughton 123.
Neubauer 66.

Nicolardot 63.
Nilsen 115, 119.
Nishida 229.
Noll 7, 11, 19, 22.

Oeman 169, 170, 173, 174,
    193, 194.
Oliver 124.
Opfermann 152, 153, 259.
Orsat 41.
Ost 218.
— u. Wilkening 100.
Ostwald, Wa. 44.
Oswald 195.

Paeßler 183.
Penot 197.
Pensky 56.
Pentecost 248.
Perger u. Schulte 163.
Pfeiffer 5, 11, 21.
Phillips 193.
Philosophoff 206.
Piest 220.
Pinsch 44.
Pita 229.
Pleus 81, 238, 261, 281.
Posanner u. Dittrich 194.
Prager 179.
Pringsheim u. Kuhn 195.
Pritz 233.
Procter u. Hirst 183.

Quist u. Backman 146.

Rabe 154.
Rafsky 122.
Ralf u. Oliver 124.
Rassow u. Zschenderlein
    93.
Reed 137.
Reich 154, 158.
Remmler 134, 139, 162,
    163, 175.
Renker 88, 258.
— u. König 219.
Reyerson 50.
Richter, E. 66, 108, 219,
    263, 265, 267.
Rieth 183.
Robinoff 217, 218, 234.
Röse 190.
Rodhe 50.
Rodt 22.
Rosenlund 168.
Ruiys 3.
Rupp 207.
Rump 100, 101.

Saare 307.
Salvaterra 287.
Sander 159, 160, 162, 167, 168.
Schaper 49.
Scheufelen 293.
Schilling 154, 158, 159.
Schläpfer 34.
Schmeil, W. 67, 82, 84, 107.
Schmidt, K. 31.
Scholl 245.
Scholze 79.
Schorger 83, 100, 106, 178.
Schreib 309.
Schreiber 62.
Schulz, R. 338.
Schulze, G. A. 44.
Schwalbe 64, 69, 70, 194, 204, 214, 217, 226, 230, 235, 242, 254, 256, 259, 286, 290.
— u. Bay 218, 239.
— u. Becker 226, 239.
— u. Bernheimer 173, 174, 175.
— u. Grimm 28, 251.
— u. Johnsen 220, 227, 280.
— u. Küderling 287, 288.
— u. Robinoff 218.
— u. Schulz 76, 78, 219, 267.
Schwarz, R. 60, 197, 251.
Seeck, Gebr. 66.
Seibert 281.
Seidel 108, 267.
Sieber 78, 89, 102, 105, 145, 146, 147, 163, 180, 189, 190, 194, 258, 272, 275, 278, 296.
Sieber u. Walter 89.

Siegert 45.
Sindall u. Bacon 212, 258.
Small 183.
Smith 253.
Smyth, H. D. 50.
Spiepel 288.
Southcombe 63.
Stadeler 48.
Stock 312.
Stohmann 98.
Strache 44.
Streeb 166.
Stritar 103.
Stroeker 18.
Stutzer 177, 336.
Sutermeister 122, 212, 318, 321, 324.
Svann 133.
Sznaider 144

Tamin (Tomann) 217.
Tausz 133.
Testoni 82, 84.
Thies 229, 245.
Tollens 80, 83.
Tolmann 50.
Torgensen u. Bay 140
Trillich 18.
Trotmann 248.
Tschaplowitz 50.

Unger 84.
Unna 309.

Valenta 58.
Verein Deutscher Eisenhüttenleute 63.
— der Zellstoff- und Papier-Chemiker 222.
Viewog 244, 250.
Vogel 336.
Vollhard 16.

Waentig 107, 222, 272.
— u. Gierisch 107, 272.
— u. Kerenyi 107, 272.
Walter 89.
Wandenbulcke 215.
Wartha 5, 7, 21.
Watson 144.
Weber 44.
Weender 98
Wegner v. Dallwitz 63.
Weigelt 337.
Wells 63.
Wentzel 149, 152.
Wenzel 107, 275.
Weyrich 249.
Wheeler 48.
Williams 159.
Willstätter 33, 102, 275.
— u. Zechmeister 102.
Winkelmann 44.
Winkler 5, 6, 7, 8, 9, 10, 18, 33, 164, 165, 168, 193.
Wislicenus 65, 71, 77.
Withrow 233.
Wittel u. Welwart 322.
Wöber 133.
Wöhler 207.
Wolff 193.
Wolf u. Scholze 79.
Wohl u. Krull 102.
Wrede 211.

Zänker 249.
Zechmeister 102.
Zink u. Hollandt 6.
Zschenderlein 93.
Zschimmer-(Goldberg) 32, 49.
Zweigbergh 266.
Zulkowsky 37, 143.

Sachverzeichnis.

Abbrände s. Kiesabbrände.
Abgase der Natronzellstoffkochung 132.
—, Sulfatzellstoffkochung 132.
Ablauge s. u. Sulfitablauge.
Absorptionsflüssigkeit für Orsat-Apparat 43.
Abwässer 332.
— Beschau an Ort und Stelle 333.
— Beurteilung der Schädlichkeit 339.
— einzelner Betriebsabteilungen 341.
— Gesamtabwasser 333.
— Gründe für Untersuchung 332.
— Probenahme 333, 334.
— Schädlichkeit für verschiedene Verwendungszwecke 339, 340.
— Untersuchung im Laboratorium 333, 334.
Acetylierprobe bei Hadern 251.
Ätzkalk s. Kalk.
— Bewertung des 112.
Ätznatron, Untersuchung 29.
— Bedarf für Wasserreinigung 24.
Alaun s. schwefelsaure Tonerde.
Aluminiumsulfat s. schwefelfreie Tonerde.
Alkali, freies, in Bleichpräparaten 204.
Alkalinität des Wassers 5.
α-Zellulose 221.
Ammoniak 210.
Ammonsulfat 186.
Analysenbeispiel für Sulfatschmelze 128.
Antichlor 209.
Asche in pflanzlichen Rohstoffen 73.
— in Zellstoffen 219.
Aufschlußgrad der Holzzellstoffe 263.

Barytresistenz 226.
Baumwolle, Aufschlußgrad 284.
— und Leinen, Unterscheidung von 252.
— merzerisierte 249.
— Reinheitsprüfung durch Ausfärben 249.
— Schwefelbestimmung in 249.
— Stickstoffgehalt der 248.
— Untersuchung der 244.

Baumwollzellulose, Herstellung reiner 217.
β-Zellulose 221.
Bisulfat 113.
Blanc fixe 323.
Bleichbarkeitsprüfungen, qualitative 210.
— quantitative 210.
Bleichchlor im Chlorkalk 97, 197.
— in der Chlorkalklauge 199.
— in der Hypochloritlauge 201.
Bleichgrad der Holzzellstoffe 263.
Bleichproben, Saugen der 213.
— Schöpfen der 213.
— Trocknen der 214.
Bleichreste, Erkennung der 204.
Braunlauge 121.
Brennstoffe, Luftbedarf 40.

Chlor in pflanzlichen Rohstoffen 74.
— in Wasser 16.
Chlorat in Bleichpräparaten 202.
Chlorbestimmung in pflanzlichen Rohstoffen 74.
— im Wasser nach Mohr 16.
— — nach Volhard 16.
Chlorgas, elektrolytisches 206.
Chlorid in Bleichpräparaten 203.
Chloride im Wasser 16.
Chlorkalk 196.
Chlorkalklösungen, Stärke der 200.
Chlorverbrauchszahl der Holzzellstoffe 272.
Chlorzahl 107.
Cellulose s. Zellulose.

Eisen, Bestimmung im Wasser 17, 33.
Eisengehalt, maximaler für Fabrikationswasser 2.
Englergrade 53.
Enthärtung des Wassers, Chemikalienbedarf 21, 23, 24.
— — Rohstoffe 26.
— — Übelstände bei zu reichlicher 32.

Erden s. Füllstoffe.
Erdmilch s. Füllstoffauflösung.
Ersatzleime 296,
— Untersuchung nach Markusson 296, 297.

Fabrikationswasser, Klarheit des 20.
— zulässiger Eisengehalt des 2.
— s. a. Wasser.
Farbe des Wassers 20.
Farbstoffe s. Ultramarin und Teerfarbstoffe.
Fehlinglösung, Herstellung der 234.
Feuchtigkeit in Holzzellstoffen 257.
— in Zellstoffen 219.
Feuerung, Einstellung 40.
— Luftüberschuß 44.
— Kontrolle der 40.
Flachs 252.
— Aufschlußgrad von 253.
Flüssiges Harz 131.
Formalin, Formaldehyd, Untersuchung von 329.
Frischlaugen, Sulfatzellstoffabrikation 114.
— — Untersuchung nach Lunge 114.
— — Untersuchung nach Bergman 115.
— — Untersuchung nach Nilsen 115.
— — Untersuchung nach Kress 120.
— — Gesamtalkalibestimmung 119, 120.
— — Sulfidbestimmung 119, 120.
— — Sulfitbestimmung 119, 120.
— — Thiosulfatbestimmung 120.
— — wirksame Alkalien 119, 120.
— Sulfitzellstoffabrikation 163.
— — Bestimmungsmethode nach Dieckmann 167.
— — — nach Goldberg 166.
— — — nach Höhn 164, 165, 168.
— — — nach Sander 167.
— — — nach Streeb 166.
— — — nach Winkler 164, 165, 168.
— — Kalkbestimmung (nach der Permang.-Methode) 168, 171.
— — — nach Oemann 170.
— — — nach Hägglund 171.
— — Kritik der Titrationsmethoden 168.
— — Bestimmung des Magnesiagehaltes 171.
— — — der Schwefelsäure 171.
— — — des Gesamtschwefels 172.
— — Spindelung 163.
Füllstoffe 317.
— s. auch unter Kaolin, Schwerspat, Talkum.

Füllstoffe, allgemeine Untersuchungen 317.
— Farbton 318.
— Feinheitsbestimmung 320.
— minderwertige Zusätze 319.
— mikroskopisches Aussehen 324.
— Kalkgehalt, Bestimmung 320.
— Nachweis von Farbstoffen 318.
— Schlemmanalyse 320, 321.
— Wassergehalte, übliche in Erden 318.
— Wassergehaltsbestimmung 317.
—. Zusammensetzung der Handelssorten (Tabelle) 323.
Füllstoffauflösung, Gehaltsbestimmung 324.
Furfurol 80.
— in Zellstoffen 220.
Furfurolschnellmethode 82.
Fuselöluntersuchung 191.

Galaktan 84.
γ-Zellulose 221.
Gasreinigungsmasse 149.
— Schwefelbestimmung 150, 193.
— Trockenverlust 150.
Gegaste Sulfitlauge 163, 166, 169.
— — Kalkbestimmung 170.
Gelaugte Sulfitlauge 166, 169.
Gelatine s. unter Tierleim.
Gerbstoffextrakt, Prüfung auf Sulfitablauge 183, 195.
Gesamthärte 6.
Grädigkeit der Soda 29.
Gummizahl der Zellstoffe 220.

Hadern, Acetylierprobe bei 251.
— rohe und gekochte 251.
Härte, bleibende 1, 4, 6, 15, 21.
— Chemikalienbedarf für Beseitigung der 21, 23.
— Gesamt- 2, 6, 7, 23, 24.
— Gips- 1, 2.
— Karbonat- 1, 23, 24.
— Magnesia- 10, 11, 12, 14, 23, 24.
— permanente 5.
— temporäre 5.
— vorübergehende 1, 5, 15, 21.
Härtebestimmung nach Clark 3, 4.
— nach Blacher 7, 8.
— nach Legler 11 ff.
— nach Pfeiffer-Wartha-Lunge 5.
— Einfluß von Magnesiasalzen 6.
Härtegrade 2.
Harz 283.
— Erzeugungsstätten 283.
— petrolätherunlösliches 288.
— Säurezahl 285.
— Sodazahl 286.
— Sonnenharz 289.

Harz, Sorten 284.
— unverseifbare Bestandteile 284, 285.
— Verseifungszahl 285.
— — bei dunklen Sorten 287, 288.
— Verunreinigungen 284.
— weiches (Baumharz) 283.
— und Fett, flüssiges in der Schwarzlauge 131.
— — in Holzzellstoffen 258.
— — Trennung von 79.
— — und Wachs in pflanzlichen Rohstoffen 75.
— — — in Zellstoffen 219.
Harzleim 289.
— allgemeines, betreffend Untersuchung 295.
— Analysenbeispiele 292, 293, 294.
— äußere Beurteilung 290.
— Freiharzgehaltsbestimmung 291.
— Gesamtalkalibestimmung 292.
— Gesamtharzbestimmung 291.
— mit kolloiden Beimengungen 296.
— Probenahme 290.
— Untersuchungsschema nach Goldberg und Scheufelen 293.
— — nach Heuser 295.
— Wassergehaltsbestimmung 290.
Harzmilch, Gehaltsbestimmung 296.
Heizwert der Kohle 39.
Holzgummi in Baumwollgeweben 245.
— in Zellstoffen 220.
Holzgummizahl, neutrale 220.
— saure 220.
Holzzellstoffe 254.
— Aufschlußgrad der 263.
— Bleichgrad der 263.
— Chlorverbrauchszahl der 272.
— Harz und Fett in 258.
— Lignin der 275.
— Mannan der 261.
— Methylzahl der 279.
— Pentosan der 260.
— Trockengehalt der 257.
— wasserlösliches der 259.
— Zellulose der 280.
Hydratationsgrad 242.
Hydratkupferzahl 242.
Hydratzustand 242.
Hydrolyse, saure, nach Schorger 106.
Hydrolysierzahl 243.
Hydrozellulose in Zellstoffen 229.
Hydro- und Oxyzellulose, qualitative
Unterscheidung der 239.
— — quantitative Unterscheidung der
238.
Hygroskopizität der Holzzellstoffe 257.
— der Zellstoffe 219.
Humusstoffe im Wasser 19.
— Einfluß auf die Farbe des Wassers 20.

Jodkaliumstärkepapier, Herstellung
von 204.
Jute 252.

Kaliumpalmitatlösung 7.
Kalk, Bedarf für Wasserreinigung 21,
22, 23, 24.
— für Hadernkochung 26.
— Löslichkeit abhängig von Reinheit
28.
— Untersuchung für die Zwecke der
Wasserreinigung 26.
Kaustizierversuch 112.
Kalkhärte des Wassers 9, 15.
Kalkmilch, spezifisches Gewicht 28, 348.
Kalkbestimmung im Wasser 9.
— — nach Legler 12, 15.
Kalkschlamm 130.
Kalkstein für Sulfitlauge 134.
— — Bewertung 135.
— — Eisenbestimmung 135.
— — Magnesiabestimmung 135.
— — unlösliches 135.
Kalkstein für Sulfitablauge 185.
Kalkwasser für Wasserreinigung 21.
— für Wasserenthärtung 23.
— Kaolin 322.
— Eisengehalt 322.
Kasein 303, 331.
— Asche 303.
— Bestimmung der Verunreinigungen
304.
— Fettgehalt 304.
— Kaolinbindungsvermögen 305.
— Löslichkeitsbestimmung 303, 304.
— Prüfung auf Säure 304.
— Prüfung auf Stärke 305.
— quantitative Bestimmung 305.
— Wassergehalt 303.
Kaustizitätsbestimmung 117.
Kaustizierte Laugen s. Frischlaugen.
Kaustizierschlamm 130.
Kaustische Soda, Untersuchung 29.
Kesselhaus, Verluste 44, 46.
— Wärmebilanz 46.
Kesselspeisewasser, Prüfung des 30.
Kies s. Schwefelkies.
Kiesabbrände 144.
— Berechnung der Schwefelverluste
142.
— Kupferbestimmung 148, 193.
— Schwefelgehalt 144, 146.
Kieselgur für Kupferzahl 234.
Kieselsäure in pflanzlichen Rohstoffen
75.
Klarheit des Wassers 20.
Kocherkontrolle, Sulfatzellstoffabrikation 121.
— — s. a. Kochlaugen.

Kocherkontrolle, Sulfitzellstoffabrika-
tion 172.
Kochgut, Aufschlußgrad 175.
Kochlaugen, Sulfitzellstoffabrikation
172.
— — Kalkbestimmung 172, 174, 175.
— — SO_2-Bestimmung 172, 174.
— — organisch gebundenes SO_2 174.
— — organische Substanz 175.
— — Schwefelsäure 175.
— Sulfatzellstoffabrikation 121.
— — Ges. Alkali 122, 125.
— — Schwefelalkali 123.
— — Silikat 124.
— — Sulfat 124.
— — organische Verbindungen 127.
Kohlenuntersuchung 33.
Kohle, Bestimmung der Asche 35.
— Einfluß d. Asche auf Verschlackung
35.
— Grubenfeuchtigkeit 34.
— Heizwert 39.
— Koksbestimmung nach Muck und
Constam 38.
— Probenahme 33, 48, 49.
— Schwefelbestimmung nach Eschka
35.
— — Brunck 36.
— — Krieger 36.
— Wasserbestimmung 34.
— Selbstentzündung 48, 49.
— Schwefelgehalt deutscher 38.
Kohlensäure, Bestimmung im Wasser 18.
Kodenswasser, Ölgehalt 32.
Konsistentes Fett 59.
Kumaron-Harz 331.
Kupferoxydammoniaklösung 218.
Kupferzahl in Zellstoffen 230.

Laboratoriumsplansichter 66.
Lauge, kaustifizierte 114.
Leinen 252.
— Aufschlußgrad von 253.
— u. Baumwolle, Unterscheidung von
252.
Lignin 99.
— nach v. Fellenberg 105.
— in Holzzellstoffen 275.
— Salpetersäuremethode 108.
— Salzsäuremethode 101.
— Schwefelsäuremethode 100.
— in Zellstoffen 228.
Literatur, Abschnitt Fabrikationswas-
ser 33.
— — Kohle 48.
— — Öle 63.
— — Papier 331.
— — Sulfatzellstoffabrikation 133.
— — Sulfitzellstoffabrikation 192.

Magnesiabestimmung im Wasser 10, 11.
— — nach Legler 12, 14.
Magnesiahärte des Wassers 15.
Mannan 84.
— in Holzzellstoffen 261.
Mercaptanbestimmung 132.
Methylalkohol, Abspaltung aus Zell-
stoffen 220.
Methylfurfurol 83.
— in Zellstoffen 220.
Methylpentosan 83.
— in Zellstoffen 220.
Methylzahl 103.
— der Holzzellstoffe 279.
Merzerisationsgrad 250.
Mineralschmieröle 50.
Mitscherlichprobe 173, 193, 194.

Natriumbisulfit 209.
Natriumhydroxyd 29.
— für Wasserenthärtung 23.
Natriumperborat 260, 208.
Natriumsulfid in der Weißlauge 119.
Natriumsulfit 209.
— in der Weißlauge 119.
Natriumsulfat 113.
Natriumsuperoxyd 206.
Natriumthiosulfat 209.
— in der Weißlauge 120.
Natronlauge 29.
Natron- und Sulfitzellstoff, Unterschei-
dung von 254.
Natronzellstoffkochlauge, Bestimmung
der Na-Salze in der 126.

Öl, Alkaligehalt 56.
— Asche 58.
— Asphaltgehalt 58.
— Bestimmung im Kondenswasser 32.
— Cholesterinprobe 57.
— Flammpunkt 55.
— Harzölnachweis 57.
— Nachweis von fetten Ölen 58.
— — Steinkohlenölen 58.
— — Seife 59.
— — Zeresin 59.
— Säuregehalt 56.
— Stockpunkt 56.
— Spez. Gew. 51.
— Wassergehalt und Bestimmung 57.
— Untersuchung gebrauchter Öle 59.
— Viskositätsbestimmung 52, 63.
— — bei kleinen Proben 54.
Organische Substanz, Bestimmung im
Wasser 19.
Orsatapparat, Handhabung 42.
Oxyzellulose, Bestimmung mit Baryt
241.
— quantitative Bestimmung 238.

Oxyzellulose in Baumwollgeweben 245.
— in Zellstoffen 229.
Oxydierbarkeit des Wassers 19.

Palmitatlösung für Härtebestimmung 8.
Pektin 86.
— in Zellstoffen 220.
Pentosan 80.
— in Holzzellstoffen 260.
— in Zellstoffen 220.
Permutitverfahren 25.
Pflanzliche Rohstoffe, Asche in 73.
— — Chlor in 74.
— — Harz, Fett, Wachs in 75.
— — Kieselsäure in 75.
— — Schwefel in 74.
— — spez. Gewicht der 66.
— — Untersuchung der 64.
— — Vakuumtrocknung der 68.
— — Wassergehalt der 67.
— —· Zellulose in 88.
Phosphorsäureprüfung 186.
Putzprobe 60.
Putzwolluntersuchung 66.

Quellgrad 242.
Quellungszustand 242.

Rauchgasanalyse 41.
— Auswertung der 45.
Rauchgase, Temperaturmessung der 44.
— Wärmeverlust durch 45.
— Zugmessung 44.
Rauchgas - Untersuchungsapparate 44,
    50.
Reich-Apparat 150.
Reinigung des Wassers s. Enthärtung.
Rohstoffe, Zerkleinerung der 65.
Röstgas, Dioxydbestimmung 154, 194
— Trioxydbestimmung 156.
— Untersuchung 154.
— — nach Dieckmann 159.
— — nach Reich-Lunge 154, 156.
— — nach Sander 160.
Röstgasanalysierapparate 154, 157, 158,
    161, 193.

Säuregrad der Maische 187.
Säurereste in gebleichtem Faserstoff
    204.
Säurezahl 244, 285.
Salzsäure, Wertbestimmung 330.
Schillings Gaswaschflasche 158.
Schmelzsoda 127.
Schmierfette, konsistente 59.
Schmieröle 50.
Schmieröl, freies Alkali im 56.
— Asche im 57.
— Asphalt im 59.

Schmieröl, fette Öle im 58.
— Flammpunkt des 55.
— Harzöle im 57.
— Säuregehalt des 56.
— Seife im 59.
— spez. Gew. der 51.
— Steinkohlenteeröle im 58.
— Viskosität der 52.
— Wasser im 57.
— wiedergewonnenes 59.
— Zähflüssigkeit des 52, 54.
— Zeresin in 59.
Schornsteinverluste 44.
Schwarzlauge 121.
— Alkalinität der 122.
— Gesamtgehalt der Natriumsalze in
    der 124.
— Harz u. Fett, flüssiges in der 131.
— Schwefelnatrium in der 122.
— Silikat in der 124.
— Sulfat in der 124
— s. a. Kochlauge-Sulfatzellstoffabr.
Schwefel 136.
— Aschengehalt 136.
— Qualitäten 136.
— Selen 136, 141, 193.
— Wassergehalt 136.
Schwefelabbrände 144.
Schwefel in der Baumwolle 249.
Schwefelkies 137.
— austreibbarer Schwefel 143.
— Schwefelbestimmung 138, 192, 193.
— Selenbestimmungsmethode 140, 193.
— Wasserbestimmung 137.
— Zusammensetzung verschiedener
    Sorten 139.
Schwefel in pflanzlichen Rohstoffen
    74, 75.
Schwefelsäure, Wertbestimmung 330.
Schweflige Säure, Nachweis kleinster
    Mengen 165.
Schwefelsaure Tonerde 310.
— — Aluminiumbestimmung, gewichts-
    analytische 312.
— — — maßanalytische 312, 331.
— — Basengehalt 315.
— — Eisengehalt 310, 311.
— — Eisenbestimmung 313.
— — freie Säure, qualitativ 314.
— — — — quantitativ 314, 315.
— — Handelssorten 310, 311.
— — H_2SO_4-Bestimmung 313.
— — Wassergehalt 311.
— — Unlösliches 312.
— — Zusammensetzung von Handels-
    sorten 310, 311.
Schwerspat 323.
— Verfälschungen 323.
— Säurereste 323.

Siegertsche Formel 45.
Seifenlösung 4, 18.
Soda für Wasserreinigung 21.
Soda, Grädigkeit 29.
— Lagerung 28.
— Reinheitsgrad 29.
— Untersuchung 28.
Spezifisches Gewicht der pflanzlichen
    Rohstoffe 66.
Spritausbeutebestimmung 187.
Stärke 306.   .
— Asche 307.
— Klebfähigkeit 309.
— mikroskopische Prüfung 308.
— — Unterscheidung 309.
— mineralische Beimengungen 307.
— Prüfung auf Säure 307.
— Wassergehaltsermittlung 306.
— Viskosität der Lösung 310.
Stärkelösung, Bereitung 164.
Stickstoff in der Baumwolle 248.
— in Zellstoffen 228.
Strohzellstoff 254.
Sulfat 113.
Sulfatschmelze 127.
Sulfat- u. Sulfitzellstoff, Unterscheidung
    von 254.
Sulfatzellstoffkochlauge, Bestimmung
    der Na-Salze in der 126.
Sulfitablauge 176.
— Bestimmung der freien SO_2 176.
— — des gesamten SO_2 177.
— — des Gerbstoffgehalts 183.
— — der gärfähigen Zucker 182.
— — der Gesamtzucker mit Fehling-
    lösung 178.
— — — — nach Glaßmann 180.
— — — — nach König-Becker 182.
— — — — nach Kuma-Gawa-Suta
    181.
— — der organischen Säuren 178.
Sulfit- u. Natronzellstoffe, Unterschei-
    dung von 254.
Sulfitsprit, Untersuchung 187.
— Aldehydgehalt 189.
— Esterbestimmung 188.
— Fuselölbestimmung 190.
— Methylalkolbestimmung 189, 195.
— Rückstände 188.
— Schwefelgehalt 191.
Sulfit- u. Sulfatzellstoff, Unterscheidung
    von 254.
— — — in Papier 257.

Talkum 322.
— Säureverlust 322.
— Verfälschungen 322.
Tallöl (flüssiges Harz) 130, 131.
Tannin, Untersuchung 328.

Teerfarbstoffe, Untersuchung 327.
Temperaturmessung der Rauchgase 44.
Terpentin bei d. Natronzellstoffkochung
    132.
Terpentinöl, Bewertung 132.
Thiosulfat als Antichlor 209.
Tierleim 298.
— Asche u. deren Untersuchung 299,
    300.
— Ergiebigkeit 302.
— Fettgehalt 301.
— Gehalt an färbenden Substanzen 301.
— Knochenleim, Lederleim 300.
— Quellfähigkeit 301.
— Reaktion 300.
— Viskosität der Lösungen 302.
— Wassergehalt 299.
Transformatorenöl 62.
Trockengehalt der Holzzellstoffe 257.
Trockengehaltsbestimmung in Zell-
    stoffen 219.
Trübung des Wassers 20.
Turmabgase 162.
Turmkontrolle (Sulfitlauge) 162.

Ultramarin 325.
— Alaunbeständigkeit 326.
— Färbevermögen 325.
— Feinheitsbestimmung 326.
— mineralische Beimengungen 326.
— organische Verunreinigungen 326.
Unterchlorige Säure, Unterscheidung
    von Chlor 201.

Vakuumtrocknung der pflanzlichen
    Rohstoffe 68.
Verbandsformel 39.
Verholzung, Bestimmung der mit Phloro-
    glucin 109.
Verseifungszahl 285.
Viskosimeter 52.
— Eichung 53.
Viskosität der Schmieröle 52.

Wärmebilanz der Kesselhausanlage 46.
Wärmeverlust durch Rauchgase 45.
Waschwässer der Röstgaswäscher 162.
Wasserbestimmung mit Petroleum bzw.
    Toluol 69.
Wasser, Chloridbestimmung 16.
— Härte 1 ff.
— Eisengehaltsbestimmung 17, 33.
— Farbe 20.
— Humusgehalt 19.
— Kalkbestimmung 9, 12.
— Kieselsäurebestimmung 33.
— Kohlensäurebestimmung 18.
— Magnesiabestimmung 10, 11, 12, 14.
— organische Substanz im 19.

Wasser, Oxydierbarkeit 19.
— vgl. Bestimmung der Trübung 20.
— gereinigtes, Untersuchung 30, 31.
— Reinigung 21, 25.
— Sauerstoff im 18.
Wassergehalt der Holzzellstoffe 257.
— der pflanzlichen Rohstoffe 67.
— der Zellstoffe 219.
Wasserstoffsuperoxyd 206, 209.
Weißlauge 114.
— Alkalinität der 115.
— Schwefelnatrium in der 119.
— Sulfit in der 119.

Zellstoff, Zellulose im 227.
— s. a. Frischlauge.
— Hydrozellulose im 229.
— Kupferzahl im 230.
— Lignin im 228.
— Oxyzellulose im 229.
— Stickstoff im 228.
Zellulose in Holzzellstoffen 280.
— in pflanzlichen Rohstoffen 88.
Zellulosezahl 242.
Zerkleinerung der Rohstoffe 65.
Zugmessung 44.

Lunge-Berl, Chemisch-technische Untersuchungsmethoden, unter Mitwirkung zahlreicher hervorragender Fachleute herausgegeben von Ing.-Chem. Dr. **E. Berl,** Professor der Technischen Chemie und Elektrochemie an der Technischen Hochschule zu Darmstadt. Siebente, vollständig umgearbeitete und vermehrte Auflage. In **4** Bänden. Erster Band: Mit 291 in den Text gedruckten Figuren und einem Bildnis. 1921.
Gebunden Preis M. 294,—.

Lunge-Berl, Taschenbuch für die anorganisch-chemische Großindustrie. Herausgegeben von Prof. Dr. **E. Berl,** Darmstadt. Sechste, umgearbeitete Auflage. Mit 16 Textfiguren und 1 Gasreduktionstafel. 1921. Gebunden Preis M. 64,—.

Fortschritte in der anorganisch-chemischen Industrie an Hand der deutschen Reichspatente dargestellt. Mit Fachgenossen bearbeitet und herausgegeben von Ing. **Adolf Bräuer** und Dr.-Ing. **J. D'Ans.** Erster Band 1877—1917. Erster Teil. Mit zahlreichen Textfiguren. 1921.
Preis M. 460,—.

Der Betriebschemiker. Ein Hilfsbuch für die Praxis des chemischen Fabrikbetriebes. Von Fabrikdirektor Dr. **Richard Dierbach.** Dritte, teilweise umgearbeitete und ergänzte Auflage von Chemiker Dr.-Ing. **Bruno Waeser,** Magdeburg. Mit 117 Textfiguren. 1921. Gebunden Preis M. 69,—.

Entstehung und Ausbreitung der Alchemie. Mit einem Anhange: Zur älteren Geschichte der Metalle. Ein Beitrag zur Kulturgeschichte. Von Prof. Dr. **E. O. von Lippmann** (Halle a. S.). 1919.
Preis M. 36,—; gebunden M. 48,—.

Papierprüfung. Eine Anleitung zum Untersuchen von Papier. Von Prof. **W. Herzberg,** Stellvertretender Direktor des staatlichen Materialprüfungsamtes in Berlin-Dahlem. Fünfte, verbesserte Auflage. Mit 95 Textfiguren und 23 Tafeln. 1921. Gebunden Preis M. 100,—.

Beilsteins Handbuch der organischen Chemie. Vierte Auflage, die Literatur bis 1. Januar 1910 umfassend. Herausgegeben von der Deutschen Chemischen Gesellschaft. Bearbeitet von **Bernhard Prager** und **Paul Jacobson.** Unter ständiger Mitwirkung von **Paul Schmidt** und **Dora Stern.**
Erster Band: **Leitsätze für die systematische Anordnung — Acyclische Kohlenwasserstoffe, Oxy- und Oxo-Verbindungen.** 1918.
Preis M. 75,—; gebunden M. 130,— (einschl. Teuerungszuschlag).
Zweiter Band: **Acyclische Monocarbonsäuren und Polycarbonsäuren.** 1920. Preis M. 78,—; gebunden M. 120,— (einschl. Teuerungszuschlag).
Dritter Band: **Acyclische Oxy-Carbonsäuren und Oxo-Carbonsäuren.** 1921. Preis M. 316,—; gebunden M. 358,— (einschl. Teuerungszuschlag).
Vierter Band: **Acyclische Sulfinsäuren und Sulfonsäuren. — Acyclische Amine, Hydroxylamine, Hydrazine und weitere Verbindungen mit Stickstoff-Funktionen — Acyclische C-Phosphor-, C-Arsen-, C-Antimon-, C-Wismut-, C-Silicium-Verbindungen und metallorganische Verbindungen.** 1922. Preis M. 352,—; gebunden M. 412,—.

Hierzu Teuerungszuschläge

Literatur-Register der Organischen Chemie geordnet nach M.
M. Richters Formelsystem. Herausgegeben von der Deutschen Chemischen
Gesellschaft, redigiert von **Robert Stelzner**. Dritter Band umfassend die
Literaturjahre 1914 und 1915. 1921. Preis M. 480,—; gebunden M. 513,—.

Biochemisches Handlexikon. Unter Mitwirkung hervorragender
Fachgenossen herausgegeben von Prof. Dr. **Emil Abderhalden.** In
7 Bänden und 3 Ergänzungsbänden.

I. Band, 1. Hälfte, 1911. Preis M. 44,—; gebunden M. 46,50. — 2. Hälfte,
1911. Preis M. 48,—; gebunden M. 50,50. — II. Band, 1911. Preis M. 44,—;
gebunden M. 46,50. — III. Band, 1911. Preis M. 20.—; gebunden M. 22,50.
— IV. Band, 1. Hälfte, 1910. Preis M. 14,—. — 2. Hälfte, 1911. Preis M. 54,—;
zusammen gebunden M. 71,—. — V. Band, 1911. Preis M. 38,—; gebunden M. 40,50. — VI. Band, 1911. Preis M. 22,—; gebunden M. 24,50. —
VII. Band, 1. Hälfte, 1910. Preis M. 22,—. 2. Hälfte, 1912. Preis M. 18,—;
zusammen gebunden M. 43.—. — VIII. Band (1. Ergänzungsband). 1920.
Gebunden Preis M. 200,—. — IX. Band (2. Ergänzungsband). 1922. Gebunden Preis M. 396,—. — X. Band (3. Ergänzungsband). In Vorbereitung.

Chemie der Nahrungs- und Genußmittel sowie der Gebrauchsgegenstände. Von Dr. phil., Dr.-Ing. h. c. **J. König,** Geh. Reg.-
Rat, o. Prof. an der Westf. Wilhelms-Universität Münster i. W. In drei Bänden.

Erster Band: **Chemische Zusammensetzung der menschlichen Nahrungs-
und Genußmittel.** Nach vorhandenen Analysen mit Angabe der Quellen
zusammengestellt. Vierte, verbesserte Auflage bearbeitet von Dr. A.
Bömer. Mit in den Text gedruckten Abbildungen. Unveränderter Neudruck. 1921. Gebunden Preis M. 286,—.

Zweiter Band: **Die Nahrungsmittel, Genußmittel und Gebrauchsgegenstände.** Ein Lehrbuch über ihre Gewinnung, Beschaffenheit
und Zusammensetzung. Von Dr. phil. Dr.-Ing. h. c. J. König,
Geh. Reg.-Rat, Prof. Mit in den Text gedruckten Abbildungen. Fünfte,
umgearbeitete Auflage. 1920. Gebunden Preis M. 118,—

Dritter Band: **Untersuchung von Nahrungs-, Genußmitteln und
Gebrauchsgegenständen.** In Gemeinschaft hervorragender Fachleute
bearbeitet von Prof. Dr. J. König.
Erster Teil: **Allgemeine Untersuchungsverfahren.** Mit 405 Textabbildungen. Vierte, vollständig umgearbeitete Auflage. Zweiter, unveränderter Neudruck. 1920. Gebunden Preis M. 126,—.

Zweiter Teil: **Die tierischen und pflanzlichen Nahrungsmittel.** Mit
260 Abbildungen im Text und auf 14 lithogr. Tafeln. Vierte, verbesserte Auflage. 1914. Gebunden Preis M. 36,—.

Dritter Teil: **Die Genußmittel, Wasser, Luft, Gebrauchsgegenstände,
Geheimmittel und ähnliche Mittel.** Mit 314 Abbildungen im Text
und 6 lithogr. Tafeln. Vierte, verbesserte Auflage. 1918.
Gebunden Preis M. 62,—.

Nachtrag zu Band I: **A. Zusammensetzung der tierischen Nahrungs-
und Genußmittel.** Bearbeitet von Dr. **J. Grossfeld,** Untersuchungsamt
in Recklinghausen, Dr. **A. Splittgerber,** Untersuchungsamt in Mannheim,
Dr. **W. Sutthoff,** Landwirtschaftliche Versuchsstation in Münster i. W.
1919. Gebunden Preis M. 40,—.

Nachtrag zu Band I: **B. Zusammensetzung der pflanzlichen Nahrungs-
und Genußmittel.** In Vorbereitung.

Mechanisch- und Physikalisch-technische Textil-Untersuchungen. Mit besonderer Berücksichtigung amtlicher Prüfverfahren und Lieferungsbedingungen sowie des Deutschen Zolltarifs. Von Prof. Dr. **Paul Heermann.** Zweite Auflage. In Vorbereitung.

Färberei- und textilchemische Untersuchungen. Anleitung zur chemischen Untersuchung und Bewertung der Rohstoffe, Hilfsmittel und Erzeugnisse der Textilveredlungsindustrie. Von Prof. Dr. **Paul Heermann.** Vereinigte vierte Auflage der „Färbereichemischen Untersuchungen" und der „Koloristischen und Textilchemischen Untersuchungen. Mit 7 Textabbildungen. 1918. Gebunden Preis M. 16,—.

Technologie der Textilveredelung. Von Dr. **Paul Heermann,** Professor, Abteilungsvorsteher der Textil-Abteilung am Staatlichen Materialprüfungsamt in Berlin-Dahlem. Mit 178 Textfiguren und einer Farbentafel. 1921. Gebunden Preis M. 120,—.

Betriebspraxis der Textilveredelungsindustrie. Von Prof. Dr. **Paul Heermann,** Berlin. Zweite, unter Mitwirkung von Ing. **Gustav Durst,** Fabrikdirektor in Güttingen, neubearbeitete Auflage von „Anlage, Ausbau und Einrichtungen von Färberei-, Bleicherei- und Appretur-Betrieben". In Vorbereitung.

Verdampfen, Kondensieren und Kühlen. Erklärungen, Formeln und Tabellen für den praktischen Gebrauch. Von Baurat **E. Hausbrand.** Sechste, vermehrte Auflage. Mit 59 Textfiguren und 113 Tabellen. Unveränderter Neudruck. 1920. Gebunden Preis M. 60,—.

Die Wirkungsweise der Rektifizier- und Destillierapparate mit Hilfe einfacher mathematischer Betrachtungen dargestellt. Von Baurat **E. Hausbrand.** Vierte, völlig neubearbeitete und sehr vermehrte Auflage. Mit 14 Textfiguren, 16 lithographischen Tafeln und 68 Tabellen. 1921. Gebunden Preis M. 64,—

Das Trocknen mit Luft und Dampf. Erklärungen, Formeln und Tabellen für den praktischen Gebrauch. Von Baurat **E. Hausbrand.** Fünfte, stark vermehrte Auflage. Mit 6 Textfiguren, 9 lithographischen Tafeln und 35 Tabellen. 1920. Gebunden Preis M. 42,—.

Hilfsbuch für den Apparatebau. Von Baurat **E. Hausbrand.** Dritte, stark vermehrte Auflage. Mit 56 Tabellen und 161 Textfiguren. 1919. Gebunden Preis M. 10,—.

Hierzu Teuerungszuschläge